东北过伐林可持续经营技术

Sustainable Management Techniques of Over-cutting Forests in Northeastern China

张会儒　李凤日　赵秀海　雷相东　等著
张秋良　杨　凯　董希斌

U0302460

中国林业出版社

图书在版编目(CIP)数据

东北过伐林可持续经营技术/张会儒等著. —北京：中国林业出版社，2016.11
ISBN 978-7-5038-8740-6

Ⅰ. ①东…　Ⅱ. ①张…　Ⅲ. ①林区—森林经营—可持续性发展—研究—东北地区　Ⅳ. ①S75

中国版本图书馆 CIP 数据核字(2016)第 239591 号

出版　中国林业出版社(100009　北京西城区刘海胡同 7 号)
E-mail　cfybook@163.com　**电话**　010-83143581
发行　中国林业出版社
印刷　北京中科印刷有限公司
版次　2016 年 11 月第 1 版
印次　2016 年 11 月第 1 次
开本　787mm×1092mm　1/16
印张　29.5
字数　682 千字

《东北过伐林可持续经营技术》
编写人员

（按姓氏笔画排序）

王 飞	王 娟	毛 波	左 强	卢 军	包 也
刘兆刚	闫 琰	孙 楠	李凤日	李亚洲	李春明
李 勇	杨 凯	肖 锐	吴 瑶	何怀江	宋启亮
张会儒	张春雨	张秋良	张晓红	张雄清	陈科屹
金星姬	郎璞玫	赵秀海	胡雪凡	姜立春	贾炜玮
唐守正	符利勇	董利虎	董希斌	董灵波	蒙宽宏
雷相东	雷渊才				

Preface 前 言

　　东北林区（大兴安岭、小兴安岭、长白山）是我国重要的森林资源分布区，不仅为我国重要的林木产品生产基地，而且对于涵养水源、保育土壤、碳汇制氧、净化环境、保护生物多样性、维持区域生态平衡等都具有不可替代的重要作用，对于保障全国乃至东北亚的生态安全具有十分重要的战略意义。由于过去长期以木材利用为目的，过量采伐，形成了大量的过伐林和次生林。自1998年天然林保护工程实施以来，采伐量大幅度下降，森林资源得到了有效的保护和恢复，但森林资源质量低下、生态服务功能薄弱的局面依然存在。如何通过技术手段改善森林结构、实现森林质量和功能的双提高，是迫切需要研究的重大科学问题。

　　2012年至2016年，中国林科院资源信息所、东北林业大学、北京林业大学、内蒙古农业大学、黑龙江省林业科学研究所等单位联合承担了国家"十二五"科技支撑计划课题"东北过伐林森林可持续经营技术研究与示范（2012BAD22B02）"。经过课题组80余人5年的联合攻关，圆满完成了课题的研究任务和目标，本书内容即为课题主要研究成果的体现。

　　本书共分7章，第1章为森林可持续经营研究概述；第2章为长白山过伐林可持续经营技术；第3章为黑龙江大兴安岭过伐林优化经营技术；第4章为黑龙江大兴安岭低质低效林改培技术；第5章为阔叶红松过伐林可持续经营技术；第6章为内蒙古大兴安岭兴安落叶松过伐林可持续经营技术；第7章为小兴安岭过伐林可持续经营技术。

　　具体分工如下：

　　全书由张会儒主持编写，总体设计并拟定了章节内容，完成了统稿、修改和校稿。

　　唐守正负责初稿的审阅。

　　张会儒和唐守正负责第1章，雷相东、陈科屹、胡雪凡参与撰写。

　　雷相东和张会儒负责第2章，雷渊才、李春明、卢军、张晓红、符利勇、张雄清、陈科屹、郎璞玫参与撰写。

　　李凤日负责第3章，刘兆刚，贾炜玮，董利虎，金星姬，董灵波，姜立春参与撰写。

　　董希斌负责第4章，李勇，毛波，宋启亮参与撰写。

　　赵秀海负责第5章，张春雨、王娟、闫琰、何怀江、左强参与撰写。

　　张秋良负责第6章，王飞、包也参与撰写。

　　杨凯负责第7章，孙楠、肖锐、吴瑶、蒙宽宏、李亚洲参与撰写。

　　除以上人员外，许多研究生参与了课题研究的具体工作，课题试验区所在单位吉林省汪清林业局、吉林省蛟河林业实验区管理局、黑龙江大兴安岭加格达奇林业局和新林林业局、黑龙江省兴隆林业局、带岭林业局、内蒙古大兴安岭根河林业局等单位为课题的试验示范提供了良好的工作条件和帮助，在此，对以上人员和单位表示衷心的感谢！

　　特别要感谢科技部和国家林业局长期以来对天然林可持续经营研究的支持，使得研究持续进行和不断深化。

　　本书的内容反映了东北过伐林可持续经营研究的一些新成果，希望该书的出版对我国森林可持续经营研究有所推动。由于著者水平有限，书中错误和疏漏难以避免，加之由于时间短，有些内容还是阶段性成果，需要在实践中进一步检验和深化研究，殷切期盼有关专家和读者批评指正。

2016 年 8 月于北京

The northeast forest region, include forest area of the Daxing'anling mountain, Xiaoxing'anling mountain, and Changbai mountain is the important distribution area of forest resources in China. It not only is important base of forest products in China, but also plays an irreplaceable role in water and soil conservation, carbon sequestration, oxygen making, cleaning environment, biodiversity conservation, maintaining regional ecological balance and etc. It has important strategic significance for protecting ecological security of China and northeast Asia. Due to the purpose of wood utilization for a long time in the past, especially massive over harvesting on a large scale, natural forest in China have greatly decreased, a large number of over-cutting forests and secondary forests were formed. Since implementation of Natural Forest Protection Program (NFPP) in 1998, the harvesting amount was significantly decreased, forest resources get effective protection and restoration, but the situation of low quality forest resources and weak ecological service function is still exists. Therefore, how to use technical means to improve the forest structure, realizing the double increase of function and quality of forest is an important scientific problem to be urgent researched.

From 2012 to 2016, Research Institute of Forest Resources Information Technique, the Chinese Academy of Forestry, Northeast Forestry University, Beijing Forestry University, Inner Mongolia Agriculture University, Research Institute of Forest Science of Heilongjiang Province jointly undertake the project named Research and Demonstration of Sustainable Forest Management for Over-cutting Forest of Northeastern China, the Twelfth Five-year Science and Technology Support Plan funded by the Ministry of Science and Technology (Grant No. 2012BAD22B02). This book presented main research achievements of the project.

The book is consisted of 7 chapters that are organized in a logical sequence. The Chapter 1 is an overview of sustainable forest management. The Chapter 2, the sustainable forest management for over-cutting forests of the Changbai mountain. The Chapter 3, the optimizing management for over-cutting forests of the Daxing'anling mountain, Heilongjiang. The Chapter 4, the improvement and transformation for low quality and inefficient forests of Daxing'anling mountain, Heilongjiang. The Chapter 5, the sustainable forest management for broad-leaved Korean pine over-cutting forest. The Chapter 6, the sustainable forest management for Xing'an larch over-cutting forest of the Daxing'anling mountain, Inner Mongolia. The Chapter 7, the sustainable forest management for over-cutting forests of the Xiaoxing'anling mountain.

The contributions of this book are scientists and researchers who have long been engaged in sustainable forest management research of natural forests in China. Dr. Huiru Zhang is a chief editor responsible for the overall book design, review and final proofreading of the book. The specific contribution of each author to the book is as follows:

Shouzheng Tang is responsible for the first draft review.

Huiru Zhang and Shouzheng Tang are responsible for the Chapter 1 (co-authors: Xiangdong Lei, Keyi Chen, Xuefan Hu).

Xiangdong Lei and Huiru Zhang are responsible for the Chapter 2 (co-authors: Yuancai Lei, Chunming Li, Jun Lu, Xiaohong Zhang, Liyong Fu, Xiongqing Zhang, Keyi Chen, Pumei Lang).

Fengri Li is responsible for the Chapter 3 (co-authors: Zhaogang Liu, Weiwei Jia, Lihu Dong, Xingji Jin, Lingbo Dong, Lichun Jiang).

Xibin Dong is responsible for the Chapter 4 (co-authors: Yong Li, Bo Mao, Qiliang Song).

Xiuhai Zhao is responsible for the Chapter 5 (co-authors: Chunyu Zhang, Juan Wang, Yan Yan, Huaijiang He, Qiang Zuo).

Qiuliang Zhang is responsible for the Chapter 6 (co-authors: Fei Wang, Ye Bao).

Kai Yang is responsible for the Chapter 7 (co-authors: Nan Sun, Rui Xiao, Yao Wu, Kuanhong Meng, Yazhou Li).

In addition to the above personnel, many graduate students involved in the specific research work of the project, several forestry institutions of research area, such as the Wangqing forestry bureau and Jiaohe forestry experimental bureau of the Jilin province, the Jagdaqi, Xinlin, Xinglong and Dailing forestry bureau of the Heilongjiang province and Genhe forestry bureau of the Inner Mongolia provided a lot of help in field investigation, I would like to extend my sincere appreciation to all above co-authors, graduate students and institutions. Also, special thanks to the Ministry of Science and Technology and the State Forestry Administration for their long term support in the natural forest sustainable management research of China.

The book presented some new research results of sustainable forest management for over-cutting forests of northeastern China, we hope it can promotes sustainable forest management research in China. Although we had made a great effort to summarize and edit, there may be still some errors and omissions in the book, and some results are only periodically and need to further test and practice, therefore, any comments that from readers are welcome.

Huiru Zhang

August, 2016, Beijing, P. R. China

Contents 目 录

Contents 目 录

第 1 章

森林可持续经营研究概述

　　20 世纪 70 年代，由于人类对自然资源的过度利用，土地荒漠化、生物多样性减少、气候变暖、大气污染等等各种环境问题接踵而来。全球生命支持系统的持续性受到严重的威胁。正如国际生态学会文件《一个持续的生物圈：全球性号令》所说："当前的时代是人类历史上第一次拥有毁灭整个地球生命能力的时代，同时也具有把环境退化的趋势扭转，把全球改变为健康持续状态能力的时代"。于是，作为人类社会发展的模式问题备受人们的关注。1972 年联合国在瑞典召开的有 100 多个国家代表参加的"人类环境会议"标志着环境时代的起点，"罗马俱乐部"成员也在 1972 年发表了《增长极限》一书，提出人类有可能改变这种增长趋势，并在基于长远未来生态和经济持续稳定的条件下，设计出全球平衡的状态，使得地球上每个人的基本物质需求得到满足，并且每个人有平等的机会实现他个人的潜力。真正把可持续发展概念化、国际化，是在 1987 年"联合国环境与发展世界委员会"发表的《我们共同的未来》一书，其中给可持续发展的定义是："可持续发展是这样的发展，它既满足当代人的需要，又不对后代人满足其需要的能力构成危害的发展。"这个定义基本得到了全社会的承认与共识，从此，可持续发展由一个名词变为一个较为严谨的概念，这标志可持续发展进入了一个斩新时期。1992年 6 月在巴西里约热内卢举行的"联合国环境与发展大会"，才真正把可持续发展提到国际日程上，会议通过了《21 世纪议程》、《关于森林问题的原则声明》等 5 个重要文件，明确提出了人类社会必须走可持续发展之路，森林可持续经营是实现林业乃至全社会可持续发展的前提条件（张守攻等，2001）。本章从分析世界森林经营思想理论的发展过程入手，综述国内外森林可持续经营研究现状和进展，提出了森林可持续经营的理论和技术体系。

1.1　世界森林经营思想理论的发展过程

　　森林经营理论产生于 18 世纪后半叶，最早在西欧一些国家中形成，德国是发源地，至今已有 200 多年历史。在 200 多年里，一直在不断发展和完善，以适应经济社会发展及生态环境保护对林业发展的要求。产生较大影响的主要有：森林永续利用、森林多效益永续经营、林业分工论、新林业与生态系统经营、近自然林业、森林可持续经营。

1.1.1 森林永续利用

森林永续利用是指在一定经营范围内持续、均衡地生产木材和林副产品。森林永续利用理论始于 17 世纪中叶，1669 年，法国率先颁布了《森林与水法令》，明确规定森林经营原则是既要满足木材生产，又不得影响自然更新。木材的极限和永恒生产首次被列入国家法规。1795 年，德国林学家 G. L. 哈尔蒂希（G. L. Hartig）提出了"森林永续利用理论"，对后世影响深远，成为各国传统林业发展的理论基础。他在《关于木材税收和木材产量确定（Anweisung zur Taxation der Forste oder zur Bestimmung des Holzertrags der Walder）》一书中首次发表了关于森林永续利用的论述："森林经营管理应该这样调节森林采伐量，通过这种方式使木材收获不断持续，以致世世代代从森林中得到的利益至少达到目前的水平"；同时指出"每个明智的林业领导人必须不失时机地对森林进行估价，尽可能合理地使用森林，使后人至少也能得到像当代人所得到的同样多的利益。从国家森林所采伐的木材，不能多于也不能少于良好经营条件下永续经营所能提供的数量。"同时，他还提出了重要的森林收获调整的方法材积平分法，其计算式如下：$E = V/U + Z/2$（式中：V—蓄积合计、Z—生长量合计、U—轮伐期）（周生贤，2002）。

1819 年，德国森林经济学家 J. C. 洪德斯哈根（J Christian Hurdeshagen）在总结前人经验的基础上，在其《森林调查》中，创立了"法正林（Normal Frost）"学说：基本要求在一个作业级内，每一林分都符合标准林分要求，要有最高的木材生长量，同时不同年龄的林分，应各占相等的面积和一定的排列顺序，要求永远不断地从森林取得等量的木材。洪德斯哈根主张应以此作为衡量森林经营水平的标准尺度。这标志着森林永续利用作业法的形成（祝列克，2006）。

森林永续利用理论的最大贡献就是认识到森林资源并非取之不尽、用之不竭的，只有在培育的基础上进行适度开发利用，才能使森林持久地为人类的发展服务。实现森林资源的永续利用始终是林业发展的最终目标。但是，永续利用强调单一商品或价值的生产，以单一的木材生产和木材产品的最大产出为中心，把森林生态系统的其他产品和服务放在从属的位置，其目的是通过对森林资源的经营管理，源源不断地、均衡地向社会提供木材和其他林副产品。这一理论主要考虑到的是森林蓄积的永续利用，以木材经营为中心，忽视了森林的其他功能、森林的稳定性和真正的可持续经营。

1.1.2 森林多效益永续经营

1867 年，德国林学家冯·哈根（V. Hargen）提出了"森林多效益永续经营理论"，他提出："经营国有林不能逃避公众利益应尽的义务，而且必须兼顾持久地满足对木材和其他林产品的需要和森林在其他方面的服务目标。"他还认为：国有林应作为全民族的财产，不仅为当代人提供尽可能多的成果，以满足人们对林产品和森林防护效益的需求，同时保证将来也能提供至少是相同甚至更多的成果。这就是森林多效益永续理论的早期思想。1905年，恩特雷斯认为森林生产不仅仅是经济效益，"对于森林的福利效益可理解为森林对气候、水和土壤，对防止自然灾害以及在卫生、伦理等方面对人类健康所施加的影响"。蒂特利希（Dieterich）也对森林多种效益的永续经营与木材永续经营的差别做出了进一步的阐述：多种效益的永续不仅是木材、货币收入、盈利，还应有林副产品的利用，并涉及森林的各种效益。柯斯特勒尔（Kostler）在谈到永续利用的条件时指出，"永续性只有在生物健康的森林里才能得到保证，因此必须进行森林生物群落的核查。"泼洛赫曼（Plochmann）也指出，"永续性的出发点不应该再是所生产的多种多样的物质、产量、效益的持续性、稳定性和平衡性，而应该是保持发挥效益的森林系统。"这些思想已将森林永续利用与森林生态系统的稳定和健康紧密联系在一起。在森林多种效益永续利用思想的影响下，20世纪50年代，德国政府批准了森林多种效益永续利用的林业政策，并在森林法中规定了森林经营的三大目标：经济效益、保持自然平衡和提供休憩场所（即现在所说的经济效益、生态效益和社会效益）。美国于20世纪60年代制定了森林多种效益经营的法规，前苏联、罗马尼亚等国也有相类似的举措。第二次世界大战后，美国、瑞典、奥地利、日本、印度等国都采用森林多效益理论，制定新的林业发展战略，取得了很大进展（陈柳钦，2007）。

森林多效益永续经营理论是人类全面认识森林的产物，是从木材均衡收获的永续利用到多种资源、多种效益永续利用的转变。森林多效益永续经营理论强调林业经营三大效益一体化经营，强调生产、生物、景观和人文的多样性。原则上实行长伐期和择伐作业，人工林天然化经营。永续多项利用、多资源、多价值森林经营理论都属于多功能经营理论的范畴。森林多效益永续经营理论的最大贡献就是承认非木材林产品和森林的自然保护与游憩价值绝不亚于木材产品的价值，而且随着社会需求的变化，后者对于人类的价值会日益增加并上升到主导地位。必须通过多目标经营，形成合理的森林资源结构和林业经济结构，最大限度地利用森林地多种功能造福于人类（陈柳钦，2007）。

1.1.3　近自然林业

"近自然林业（Close to Nature Forestry）"是基于欧洲恒续林（Continous Cover Forest，简称CCF）的思想发展起来的。CCF从英文直译为连续覆盖的森林，由德国林学家盖耶尔（Gayer）于1882年率先提出，它强调择伐，禁止皆伐作业方式。1922年缪拉（Moeller）进一步发展了盖耶尔的恒续林思想，形成了自己的恒续林理论，提出了恒续林经营。1924年Krutzsch针对用材林的经营方式，提出接近自然的用材林；1950年又与Weike一起，结合恒续林理论，提出了接近自然的森林经营思想。至此，近自然的森林经营理论雏形与框架已基本形成。在此后的几十年里，为纪念提出这一思想的林学家，并区别于"法正林（Normal Forest）"理论，恒续林（CCF）成了近自然林业的代名词，并在生产实践中得到了广泛应用（邵青还，1991）。

"近自然林业"可表达为在确保森林结构关系自我保存能力的前提下遵循自然条件的林业活动，是兼容林业生产和森林生态保护的一种经营模式。其经营的目标森林为：

混交林—异龄—复层林，手段是应用"接近自然的森林经营法"。所谓"接近自然的森林经营法"就是：尽量利用和促进森林的天然更新，其经营采用单株采伐与目标树相结合的方式进行。即从幼林开始就确定培育目的和树种，再确定目标树（培育对象）与目标直径，整个经营过程只对选定的目标树进行单株抚育。抚育内容包括目的树种周围的除草、割灌、疏伐和对目的树的修、整枝。对目的树个体周围的抚育范围以不压抑目的树个体生长并能形成优良材为准则，其余乔灌草均任其自然竞争，天然淘汰。单株择伐的原则是，对达到目标直径的目标树，依据事先确定的规则实施单株采伐或暂时保留，未达到目标直径的目标树则不能采伐；对于非目的树种则视对目的树种生长影响的程度确定保留或采伐。一般不能将相邻大径木同时采伐，而按树高一倍的原则确定下一个最近的应伐木。

　　近自然经营法的核心是，在充分进行自然选择的基础上加上人工选择，保证经营对象始终是遗传品质最好的立木个体。其他个体的存在，有利于提高森林的稳定性，保持水土，维护地力，并有利于改善林分结构及对保留目标树的天然整枝。由于应用"近自然林业"经营方法时，充分利用了适应当地生态环境的乡土植物，因此，群落的稳定性好，并在最大程度上保持了水土，维护了地力，提高了生物物种的多样性（邵青还，1994）。

　　"近自然林业"并不是回归到天然的森林类型，而是尽可能使林分的建立、抚育以及采伐的方式同潜在的天然森林植被的自然关系相接近。要使林分能进行接近自然生态的自发生产，达到森林生物群落的动态平衡，并在人工辅助下使天然物种得到复苏，最大限度地维护地球上最大的生物基因库——森林生物物种的多样性。

　　"近自然林业"森林经营模式的特点是充分利用自然规律和自然力，以减轻森林经营中的盲目性和无谓的资金消耗，节省了人力财力，降低经营成本，保证了森林面积的恒定和永续利用原则，提高生物多样性和生态系统稳定性，获得较高的经济效益和明显的生态效益以及良好的社会效益。

1.1.4　林业分工论

　　20 世纪 70 年代，美国林业学家 M. 克劳森、R. 塞乔博士和 W. 海蒂等人分析了森林多效益永续经营理论的弊端后，提出了森林多效益主导利用的经营指导思想。他们认为：永续利用思想是发挥森林最佳经济效益的枷锁，大大限制了森林生物学的潜力，若不摆脱这种限制，就不可能使林地和森林资源发挥出最佳经济效益，未来世界森林经营是朝各种功能不同的专用森林方向发展，而不是走向森林三大效益一体化，这就是林业分工论的雏形。后来，他们又进一步提出，不能不加区分地对所有林地进行相同的集约经营，而应该选择在优质林地上进行集约化经营，同时使优质林地的集约经营趋向单一化，实现经营目标的分工。到了 20 世纪 70 年代后期，这种分工论的思想明确形成，即在国土中划出少量土地发展工业人工林，承担起全国所需的大部分商品材任务，称为"商品林业"；其次划出一块"公益林业"，包括城市林业、风景林、自然保护区、水土保持林等，用以改善生态环境；再划出一块"多功能林业"。

　　林业分工论通过专业化分工途径,分类经营森林资源,使一部分森林与加工业有机结合,形成现代化林业产业体系,一部分森林主要用于保护生态环境,形成林业生态体系。同时建立与之相适应的经济管理体制和经营机制。林业分工论通过局部的分而治之,达到整体上的合而为一,体现了森林多功能主导利用的经营指导思想,使林地资源处于合理配置的状态,发挥最符合人类需求的功效,达到整体效益最优。基于林业分工论,衍生出了两种林业发展模式,即法国模式和澳新模式。法国把国有林划分三大模块,即木材培育、公益森林和多功能森林;澳大利亚和新西兰模式(简称澳新模式)把天然林与人工林实行分类管理,即天然林主要是发挥生态、环境方面的作用,而人工林主要是发挥经济效益(陈柳钦,2007)。林业分工论对中国林业经营政策产生了深远影响,基于此理论,中国国有林区实行森林分类经营,将森林划分为公益林、一般公益和商品林。但由于这种分类与资金投资渠道密切挂钩,实际上为分类管理而非真正的分类经营。

1.1.5　新林业与生态系统经营

　　1985 年美国著名林学家 J. 福兰克林(J. F. Franklin)提出了一种"新林业(New Forestry)"理论:以森林生态学和景观生态学的原理为基础,以实现森林的经济价值、生态价值和社会价值相统一为经营目标,建成不但能永续生产木材和其他林产品、而且也能持久发挥保护生物多样性及改善生态环境等多种效益的林业。新林业的基本特点有三:其一,森林是多功能的统一体;其二,林林经营单位是景观和景观的集合;其三,森林资源管理建立在森林生态系统的持续维持和生物多样性的持续保存上(赵士洞等,1991)。

　　新林业理论的主要框架是由林分和景观两个层次组成的。林分层次的经营目标是保护和重建不仅能够永续生产各种林产品,而且也能够持续发挥森林生态系统多种效益的森林生态系统。景观层次的经营目标是创建森林镶嵌体数量多、分布合理、并能永续提供多种林产品和其他各种价值的森林景观。新林业的最大热点是在林业用地上也强调保持和改善林分质量与景观结构的多样性。在采伐前便有目的地保留林中所有的树种,保护藤条灌草、枯枝落叶以及幼树幼苗,保留枯立木、风倒木。坚持采伐后的森林仍是由各种径级的林木组成的、能够生产各种林产品并持续发挥生态效益的天然林。森林环境不变,树种结构不变,生物多样性不变。维持森林的复杂性、整体性和健康状态,是新林业思想的核心。从林分水平到景观水平,再到考虑等级背景和生态边界的多规模水平,这一空间系统途径的拓宽,使森林经营体现了自然的生态学基础。新林业最显著的特点是把森林资源视为不可分割的整体,不但强调木材生产,而且极为重视森林的生态和社会效益。因此,在林业实践中,主张把采伐林木和保护环境融为一体,以真正满足社会对木材等林产品的需要,而且满足其对改善生态环境和保护生物多样性的要求。"新林业"理论的关键在于承认森林生态系统的复杂性并以此作为林业实践的基础。许多林学家认为,新林业是一种新的森林经营哲学,它避免了传统林业生产和纯粹自然保护者之间的矛盾,找到了一条发展林业的合理道路。1990 年美国林务局制定了《林业新远景规划》,该规划主要是以实现森林的经济效益、生态效益和社会效益的统一为经营目标,建立一种不但能永续生产木材和其他林产品,而且也能发挥保护生物多样性和改善生态环境等多种效益的林业(赵秀海等,1994)。

1992年,美国农业部林务局基于类似的考虑,提出了对于美国的国有林实行"生态系统经营(Forest Ecosystem Management)"的新提法,其含义与"新林业"类似。其定义是:"在不同等级生态水平上巧妙、综合地应用生态知识,以产生期望的资源价值、产品、服务和状况,并维持生态系统的多样性和生产力"。"它意味着我们必须把国家森林和牧地建设为多样的、健康的、有生产力的和可持续的生态系统,以协调人们的需要和环境价值"。

生态系统经营的内涵主要包括以下4点(邓华锋,1998):

(1)以生态学原理为指导

突出体现在:①重视等级结构:即经营者在任一生态水平上处理问题,必须从系统等级序列中(基因、物种、种群、生态系统及景观)寻找联系及解决办法;②确定生态边界及合适的规模水平;③确保森林生态系统完整性:即维持森林生态系统的格局和过程,保护生物多样性;④仿效自然干扰机制:"仿效"是一个经营上的概念,不是"复制"以回到某种原始自然状态。

(2)实现可持续性

可持续性从生态学角度看,反映一个生态系统动态地维持其组成、结构和功能的能力,从而维持林地的生产力及森林动植物群落的多样性;从社会经济方面看,则体现为与森林相关的基本人类需要(如食物、水、木质纤维等)及较高水平的社会与文化需要(如就业、娱乐等)的持续满足。因此,反映在实践上应是生态合理且益于社会良性运行的可持续森林经营。

(3)重视社会科学在森林经营中的作用

首先,承认人类社会是生态系统的有机组成,人类在其中扮演调控者的角色。人类既是许多可持续性问题的根源,又是实现可持续性的主导力量。森林生态系统经营不仅要考虑技术和经济上的可行性,而且要有社会和政治上的可接受性。它把社会科学综合进来,促进处理森林经营中的社会价值、公众参与、组织协作、冲突决策,以及政策、组织和制度设计,改进社会对森林的影响方式,协调社会系统与生态系统的关系。其次,森林经营越来越面对如何处理社会关于森林的价值选择问题。社会关于森林的价值,既是冲突的,又是变动不拘的。森林价值的演变,形成了森林经营思想的演变。

(4)进行适应性经营(Adaptive Management)

这是一个人类遵循认识和实践规律,协调人与自然关系的适应性的渐进过程。

从以上森林生态系统经营的概念及内涵可以看出,森林生态系统经营的核心是生态系统的长期维持与保护,生态系统经营超越了人为划分的界线,以生态系统为对象,它协调社会经济和自然科学原理经营森林生态系统,并确保其可持续性。生态系统经营概念提出后,虽在美国各地得到应用和推广,有自己理论体系,也得到广泛的认同,但由于理论提出时间不久,成功案例研究不多,实践中具体可操作和技术体系有待进一步发展。

1.1.6　森林可持续经营

对于森林可持续经营的(Sustainable Forest Management, 简称 SFM)概念, 由于人们对森林的功能、作用的认识, 要受到特定社会经济发展水平、森林价值观的影响, 可能会有不同的解释。国内外学者和一些国际组织先后提出了各自的看法。国际上几个重要文本的解释如下:

联合国粮农组织的定义是: 森林可持续经营是一种包括行政、经济、法律、社会、技术以及科技等手段的行为, 涉及天然林和人工林。它是有计划的各种人为干预措施, 目的是保护和维持森林生态系统及其各种功能。1992 年联合国环境与发展大会"通过的《关于森林问题的原则声明》文件中, 把森林可持续经营定义为: 森林可持续经营意味着在对森林、林地进行经营和利用时, 以某种方式, 一定的速度, 在现在和将来保持生物多样性、生产力、更新能力、活力, 实现自我恢复的能力, 在地区、国家和全球水平上保持森林的生态、经济、社会功能, 同时又不损害其他生态系统。

国际热带木材组织(ITTO)的定义是: 森林可持续经营是经营永久性的林地过程, 以达到一个或更多的明确的专门经营目标, 考虑期望的森林产品和服务的持续"流", 而无过度地减少其固有价值和未来的生产力, 无过度地对物理和社会环境的影响。

《赫尔辛基进程》的定义是: 可持续经营表示森林和林地的管理和利用处于以下途径和方式: 即保持它们的生物多样性、生产力、更新能力、活力和现在、将来在地方、国际和全球水平上潜在地实现有关生态、经济和社会的功能, 而且不产生对其他生态系统的危害。

《蒙特利尔进程》的定义是: 当森林为当代和下一代的利益提供环境、经济、社会和文化机会时, 保持和增进森林生态系统健康的补偿性目标。

森林可持续经营思想内涵可以归纳为以下 3 点(祝列克, 2001):

(1)生态环境可持续性

森林可持续经营过程中生态环境的持续性, 关注的是森林生态系统的完整性以及稳定性。通过退化生态系统的重建和已有森林生态系统的合理经营, 保障森林生态系统在维护全球、国家、区域等不同层次生态环境稳定性方面所发挥的环境服务功能的持续性。其中的关键是保护生物多样性, 保持森林生态系统的生产力和可再生能力以及生态系统的长期健康。

(2)经济可持续性

森林可持续经营过程中, 经济可持续性的主体是森林经营者。经济可持续性关注的是经营者的长期利益。传统的森林经营思想认为, 森林的经济效益就指木材及其他能获得货币价值的林副产品, 这种观念很难适应森林可持续经营的经济持续性要求。经济可持续性除了包括上述的直接的经济效益以外, 还应考虑森林的存在而产生的各种生态环境价值的经济体现。因此, 在森林可持续经营过程中, 实现经济可持续性, 经营者获得直接的经济效益以外, 还应需要生态补偿、国家扶持等外部环境的支持。

（3）社会可持续性

森林可持续性的社会持续性，强调满足人类基本需要和高层次的社会文化需求。持续不断的提供林产品以满足社会需要，这是森林可持续经营的一个主要目标。合理的森林经营不仅可提高森林生态系统的健康和稳定性，促进社会经济可持续发展，还能满足人类精神文化的需求。作为社会经济大系统的林业产业，担负着为社会发展提供生活资料与生产资料的重要任务。随着全球范围内，不可再生资源的不断消耗，森林作为主要的再生资源，其满足人类社会物质需求的作用会越来越显著。

根据森林可持续经营的概念和内涵可以看出，森林可持续经营是一种包含行政、经济、法律、社会、科技等手段的行为，涉及天然林和人工林；是有计划的各种人为干预措施，目的是保护和维持及增强森林生态系统及其各种功能；并通过发展具有环境、社会或经济价值的物种，长期满足人类日益增长的物质需要和环境需要。从技术上讲，森林可持续经营是各种森林经营方案的编制和实施，从而调控森林目的产品的收获和永续利用，并且维持和提高森林的各种环境功能。

从世界森林经营思想理论的发展过程可以看出，各种森林经营理论的诞生，都反映了人类在不同时期对森林资源的认识程度和经营思想。虽然不同的经营思想产生的时代背景不同，理论体系和经营技术体系不同，但是，每个思想都具有其合理的部分，是需要继承和发展的，这就是强调人与森林和谐共处，通过合理的经营方式，达到经济效益、生态效益以及社会效益的协调、平衡发展，发挥森林的多功能效益，实现人类社会的可持续发展。因此，只要各种理论符合可持续发展的理念，都可视为指导森林可持续经营的理论。

1.2　国内外森林可持续经营研究现状

1.2.1　国外研究现状

1.2.1.1　森林可持续经营的标准和指标

1992 年的联合国环发大会明确了森林的可持续经营问题。从此，关于森林可持续经营的标准与指标体系的制定，在全球范围内广泛开展。就其范围来看，森林可持续经营标准与指标体系有 3 个层次：国际水平、国家水平及亚国家水平（区域水平、森林经营单位水平）。

国际水平的森林可持续经营标准与指标体系有 9 个：赫尔辛基进程、蒙特利尔进程、国际热带木材组织进程、非洲木材组织进程、非洲干旱地区进程、塔拉波托倡议、近东进程、中美洲进程、亚洲干旱森林进程，共约有 150 个国家和地区参与其中。各进程内容大致都包含：林木资源状况；生物多样性；森林的健康与活力；森林的生产性功能；森林的保护功能；社会经济效益和需求；法律、政策和机构框架（徐松浚等，2013）。

国家水平标准与指标体系是世界各国根据自身国情，并以与国际研究接轨为原则制定的国家级森林可持续经营标准及指标体系。目前新西兰、日本、俄罗斯、加拿大、美国、印度尼西亚、波兰、意大利、韩国、澳大利亚等国先后制定了国家级标准与指标体系框架(徐松浚等，2013)。

亚国家水平亚国家水平标准与指标体系是与各地实际相结合并具有实践意义的体系，包括区域水平及森林经营单位水平的体系。如加拿大出版了标准与指标的应用手册，美国林务局开展的"地方单元标准与指标的制定"项目等。

目前，衡量森林可持续经营的标准仍是争论的焦点。发达国家主张制定国际统一的标准和指标，而发展中国家则主张应根据各国实际情况来确定。各国应积极参与标准与指标体系的制定，各标准和指标应相互协调，发达国家应为发展中国家提供财政和技术援助(陆文明，1999)。虽无法形成统一标准与指标体系，但达成共同的森林公约则是可行的，这已是大势所趋(周国林，1997)。

1.2.1.2　森林可持续经营模式

实现森林可持续经营的基础是拥有健康稳定的森林。如何实现森林的可持续经营已成为国际上研究的热点。如美国的生态系统经营、德国的近自然森林经营、加拿大的"模式林"、其他国家的分类经营等。"森林生态系统经营"就是把森林作为生物有机体和非生物环境组成的等级组织和复杂系统来看待，是一种用开放的复杂的大系统来经营森林资源，是以人为主体的、由人类参与经营活动的、由人类社会—森林生物群落—自然环境组成的复合生态系统。森林生态系统经营的指导思想是人类与自然的协同发展。其经营目标是从森林生态系统管理的整体作用出发，以维持森林生态系统在自然、社会系统中的服务功能为中心，通过森林生态系统管理，维持整个生态系统的健康和活力，注重景观水平上的效果，将生态系统整体的稳定性和经济社会系统的稳定性结合起来，向社会提供可持续的产品和服务。德国"近自然森林经营"是从整体出发视森林为永续的生态系统，从"自然更新—快速生长期—顶极群落期—自然衰退期"的整体尺度来经营森林，力求利用发生的自然过程，保持系统结构和功能稳定在一个较高的水平，实现生态与经济合理的一种贴近自然的森林经营模式。加拿大"模式林"是在对森林可持续经营进行判断的基础上，在整个国家建立不同类型示范林网络，通过试验、示范找出最佳、有效的可持续林业实践技术，在此基础上制定适合森林可持续经营的森林管理系统。澳大利亚新西兰森林分类经营体系是以森林为经营对象，根据森林的类别和功能特征、森林所处的地理区域特征、林地质量和地力条件的差异、经营目的等因素综合考虑对森林的分类并实行分类经营、分类管理。其实质都是为了维护森林生态系统健康，发挥森林的多种功能和自我调控能力。

目前国际森林可持续经营研究的发展趋势为：①把森林作为一个生态系统来经营管理，强调人是生态系统的一部分，突出森林生态系统对人类社会的多种功能。②突出气候变化和生物多样性保护等全球环境问题下的森林经营技术的调整与适应。③重视森林多种目标的协调。④研究森林多功能的计量及经营效果评价。作为一种崭新的森林经营思想，森林可持续经营的理论框架和方法体系还需要不断地发展与完善，特别是对于中国复杂多样化的森林生态系统的经营管理技术和示范模式更需要大量的研究和实践检验。

1.2.1.3 森林可持续经营认证

森林认证作为促进森林可持续经营的市场机制,创立于20世纪90年代,经过了20多年的时间,在世界范围内取得了快速发展。森林认证作为保护与利用森林资源协调与发挥森林环境效益与经济效益的有力市场调节手段,受到大多数国家、政府和非政府组织以及贸易组织的广泛支持和认可(徐斌,2005)。目前世界上有多个认证体系同时运作,其中两个影响较大的国际森林认证体系是森林管理委员会(Forest Stewardship Council, FSC)和森林认证体系认可计划(Programme for the Endorsement of Forest Certification, PEFC)。同时,很多国家还发展了国家森林认证体系,如美国、英国、加拿大、印度尼西亚、马来西亚和巴西等,其中大部分也加入了国际体系PEFC。

根据FRA2015研究数据,全球经过国际认证(PEFC和FSC)的森林面积由2000年的0.138亿 hm^2 上升到了2014年的4.375亿 hm^2,约占森林总面积的11.1%(UNECE, 2014),每年平均增长量约为0.3亿 hm^2。

森林认证作为一种手段,存在着自身的缺点。如认证改善了什么、认证的费用、哪一种认证系统最合适、各认证体系相互承认问题、认证的公平性、认证的效率、政府的角色以及其他手段等(洪菊生等,2003)。森林认证并非解决全球林业问题的灵丹妙药,森林的命运依赖于公众的意识和态度以及所采取的相应行动。

1.2.2 国内研究现状

1.2.2.1 森林可持续经营的标准和指标

我国是蒙特利尔进程成员国,于2002年正式发布实施了《中国森林可持续经营标准与指标》,随后又制定发布了中国东北地区、西北地区、西南地区、亚热带地区和热带地区5个区域水平的标准和指标体系(黄雪菊等,2015)。1997~2000年,我国在东北国有林区的黑龙江伊春市、西北干旱少林区的甘肃张掖市、南方集体林区的江西分宜县进行了亚国家水平指标体系的研制工作。2000年,我国作为亚太区域示范林项目的参与国,参与了示范林水平的森林可持续经营标准与指标的制定和验证工作(徐松浚等,2013)。

近年来,针对我国内部的地域分异,关于经营单位水平级的森林可持续经营标准与指标的研究正逐渐展开。从而逐渐建立起并不断完善我国国家级—亚国家级—森林经营级的完整森林可持续经营标准与指标体系。王金叶等(2001)在"温带和北方森林可持续经营标准与指标"及"中国森林可持续经营标准与指标"的基础上,制定出了符合张掖地区的森林可持续经营标准与指标。该标准包括生物多样性、森林生态系统生产力的维持、森林生态系统健康与活力维持、水土保持、森林对全球碳循环贡献的保持、森林长期多种社会经济效益的保持和加强、法律及政策、信息及技术支持8个标准,共计83个指标。黄海霞(2002)根据祁连山水源涵养林的现状,提出了祁连山水源涵养林可持续经营的7个标准,共28个指标。姜春前(2003)提出了社区水平的森林可持续经营标准与指标，用以评价我国南方亚热带集体林区的森林可持续经营状况，有 11 个标准，共计 41 个指标。宋新章等(2004)针对黑龙江林区的现实状况，从林区社会、经济、资源、环境协调统一的角度，建立起与区域可持续发展进程相一致的单位经营水平上的森林可持续经营标准与指标体系，包括 9 个标准，共计 31 个指标。林媄(2006)以福建省永安市为例，探索了南方山区以集体林为主的县域森林可持续经营标准与指标，包括 7 个标准，共计 48 个指标。张志华等(2007)通过对国内外森林可持续经营标准和指标体系的总结、归纳与分析研究，针对北京生态公益林的实际情况，构建了一套适合北京生态公益林的可持续经营标准及指标体系，包括 7 个标准，共计 37 个指标。

学者们根据各研究区域的具体情况建立的标准和指标体系在具体内容上存在一定的差异，但在基本内容是一致的，都把森林作为一个复杂的生态系统，寻求获得森林多种效益的可持续。从这些标准和指标的内容来看，都是在全球级水平和国家级水平的框架体系下对其中部分内容的具体展开和细化。在全球 9 大区域进程中，蒙特利尔进程、亚洲干旱地区进程和国际热带木材组织进程符合我国大部分地区森林的实际情况，因此结合应用的比较广泛。同时，对全球级水平和国家级水平的小部分内容选择性地有所舍弃。舍弃的这部分内容不代表不重要，只是在小尺度水平上不能体现其价值或者作用甚微。这样制定出的森林可持续经营的标准和指标才具有双重性，它既能反映全球或国家级的共性要求，又符合当地特殊林情的发展需要；既能从宏观上得以监控，又能在微观上得以操作。

1.2.2.2 森林可持续经营技术

我国对森林经营技术的研究，大致可分为 4 个阶段：① 从 20 世纪 50 年代到 70 年代前期，主要受前苏联经营管理模式的影响，对原始林的主要经营活动是森林区划和资源清查、大面积开发利用(皆伐)；对次生林的研究主要是次生林的成因等一些单项技术。60 年代在长白山和小兴安岭林区开展了东北阔叶红松林择伐方式的实验，对合理确定采伐木和保留木的径级标准和过伐林的生长过程、自然稀疏过程及其心腐规律进行了研究，提出了采育择伐作业是阔叶红松林合理的采伐更新方式。② 20 世纪 70 年代建立了全国森林资源监测体系，在看到前 20 年的高强度采伐引起的森林质量急剧下降，又引入国际兴起的森林多功能、多效益和多目标利用的概念，提出的采育兼顾伐、采育择伐等作业方式。如在东北小兴安岭带岭林区进行了阔叶红松林结构和天然更新规律的研究。对东北东部天然次生林的组成、结构、功能、生产力和林分经营以及种群动态和演替规律开展了系统研究，采取了"栽针留阔"、"栽针引阔"和"栽针选阔"等有效方法，简称栽针保阔动态经营体系，以改变次生林的群落结构和组成，使人工改变和自组织过程融为一体，成为天然和人工相互交融的针阔混交林。③ 20 世纪 80 年代，由于可采森林资源锐减，木材供需矛盾突出，主要研究集中在人工林的培育上，形成了杨树、杉木、马尾松等主要人工用材树种的培育技术。④ 20 世纪到 90 年代以后，由于森林分类经营和林业生态工程的实施，研究的重点主要集中在林业生态工程的构建技术和商品林培育利用技术等方面，形成了天然林保护、资源综合监测及商品林定向培育及高效利用技术。在分类经营、近自然经营、生态系统管理和可持续经营等方面进行了探讨，发展了近自然森林经营方法，提出了结构化森林经营方法与技术；明确提出了由共性技术原则和个性技术指标构成的"东北天然林生态采伐技术体系框架"，针对 5 种模式林分提出了适用的生态采伐模式，提出了森林多目标经营规划技术方法。

综观我国已有的技术现状，虽然开展了森林可持续经营标准指标及单项经营技术的研究，但未考虑森林多种功能间相互关系，未定量揭示变化环境下森林结构对与多种功能的影响，基础理论研究不够，整体上尚未真正形成森林可持续经营技术体系及与区域和森林类型相一致的可持续经营技术，与林业生产管理实践脱节。因此，需在充分吸纳相关学科进展的基础上，通过对森林可持续经营技术的研究与开发，建立适合我国国情、林情的森林可持续经营技术体系及其试验示范区，发展森林可持续经营的理论和方法，提出我国主要森林类型的可持续经营模式，在森林可持续经营的理论与技术方面赶上乃至超过世界同类研究的国际水平，并在生产实践中得到推广和应用。

1.2.2.3 森林可持续经营认证

我国的森林认证研究始于 20 世纪 90 年代。值得注意的是，早在 1999 年，我国就已有一家森林经营单位向森林管理委员会授权的认证机构正式提出了包括森林经营和森林产品的认证需求（陆文明，1999）。到 2001 年，我国有两家森林经营单位进行了 FSC 的森林认证预评估，这表明我国在森林认证方面取得实质性进展。随后，中国森林认证领导小组成立，并且在国家林业局科技司下设办公室具体负责森林认证工作，这标志着我国政府开始启动中国森林认证进程（徐斌，2001）。到 2010 年底，我国的国家森林认证体系已建成并开始了认证实施。2014 年，我国森林认证体系与 PEFC 体系成功实现互认，标志着我国森林认证体系正式走上了国际舞台（胡延杰等，2015）。

近年来，我国对森林认证的研究主要集中在森林认证的动力机制、影响评价、存在的问题、与国外森林认证工作的对比分析和方法借鉴等方面（唐小平等，2011；张佩等，2014；丛之华等，2014）。赵劼等（2008）指出了我国森林认证研究的发展方向，他认为我国应从国情和林情的实际出发，建立国家森林认证体系；同时应开展国际和区域合作，实现与国际重要森林认证体系接轨，使其真正成为促进森林可持续经营的有效工具，发挥森林的生态、经济和社会效益。当前，我国开展森林认证的困难不是来自于技术层面的障碍，更多的应是在政府的引导下，本着简化程序、简便易行的原则进一步推动森林认证工作的开展（王亚明等，2011）。面对国际森林认证发展的新趋势，胡延杰等（2015）给出了我国促进我国森林认证发展的 5 点启示，包括强化森林认证市场推广、协调森林认证与木材合法性认定关系、提高森林认证对森林可持续经营的贡献、拓宽认知领域和发掘认证潜力、协调国家认证体系和国际认证体系关系。由此看来，我国在森林认证方面的研究已经取得了不俗的成就，但森林是不断变化的，林业会随着经济和社会的发展而发展，从长远看，森林认证需要时常更新、与时俱进，才能为森林可持续经营做出贡献。

1.3　森林可持续经营技术体系

森林可持续经营技术体系，是指在森林经营理论指导下，围绕可持续经营目标，由共性技术和个性技术组成的一系列支撑技术的综合，是科学经营管理森林的技术保障。

共性技术主要包括可持续经营的标准和指标、森林可持续经营规划（方案）、森林经营技术规程、森林经营效果监测评价、森林可持续经营决策支持系统、生态采伐作业技术要求等。个性技术是指针对具体森林类型的森林可持续经营技术标准和指标。二者结合就形成了森林可持续经营技术模式，按照这种作业技术模式经营，最终将使现实林分导向模式林分，实现森林的可持续经营。

1.3.1　森林可持续经营共性技术

森林可持续经营的共性技术是指适用于所有森林类型的或者针对一定区域森林的通用性原则规定，包括立地质量评价及适地适树、可持续经营规划（方案）、森林可持续经营决策支持系统、生态采伐作业要求、森林经营监测评价等。

1.3.1.1　立地质量评价与适地适树

立地（site）和立地质量（又称地位质量，site quality）是两个既有联系又有区别的概念。立地在生态学上又称作"生境"，是森林或其他植被类型生存的空间及与之相关的自然因子的综合，是林木生长的基础。立地质量则是指在某一立地上既定森林或者其他植被类型的生产潜力，它与树种相关联，并有高低之分。

立地质量评价是实现科学森林经营的一项基础工作，是适地适树、科学制定森林经营措施的重要保证。通过立地评价研究能够选择生产力最高的造林树种，提出适宜的经营措施，并预估将来的生产力及木材产量和其他生态效益。

世界林业发达国家都十分重视立地质量评价和生产力估计研究。自 20 世纪 20 年代起，立地分类和立地质量评价受到广泛重视，欧洲和北美等大部分发达地区的国家已经开展了大区域、大范围的立地质量评价工作。如英国的生态立地分类，是一种客观的进行立地分类和评价的方法，它将气候影响和土壤质量相结合，根据乡土植物群落的生态需求及其他树种的合适性和收获潜力进行分类和评价。已开发了包括在线生态立地分类决策支持系统及 ESC-DSS 与地理信息系统的结合 ES-GIS，用于林分—景观—区域的森林经营规划。评价方法除传统的立地指数方法外，还包括生长量指数（材积、胸径等）、基准胸径优势高指数、林分平均高指数等间接方法。但立地质量评价的对象主要以纯林为主，混交林较少。

我国在 20 世纪 80 年代末期，立地分类研究达到高潮，形成了两大分类体系：詹昭宁主编的《中国森林立地类型》和张万儒主编的《中国森林立地》。前者主要完成立地分类，未做立地质量评价研究工作，后者完成了南北方用材林人工纯林的立地评价和生长估计，建立了数量化地位指数模型。部分省份如福建、山西、黑龙江等也开展了相应的立地分类和评价工作。为树种选择、生产力预估和经营提供了依据。此外，计算机和航空航天遥感技术的发展，为森林立地研究提供了现代化的技术手段，推动森林立地分类和评价技术方法的不断创新和发展，提供了应用空间数据综合分析立地分类和评价立地质量的新方法。

1.3.1.2　森林可持续经营规划(方案)

森林可持续经营规划(方案)是按照可持续经营的原理与要求，对经营单位在一定时期内经营活动的地点、时间、原因、完成者等要素的一个统筹优化安排，是指导区域、经营单位开展森林可持续经营的一个中长期战略规划文件。

森林可持续经营要求实现森林经营的多个目标，但这些目标常常是相互冲突的，因此需要通过多目标规划来实现。森林经营规划主要在三个层次上进行：战略(strategical)、战术(tactical)和作业(operational)规划(Murray and Church，1995)。在战略规划中确定长远的目标，侧重于实现超过十年的长期目标，景观规划主要在这个层次。如野生动植物栖息地，荒野保护，或木材采伐量指标(Murray and Church，1995)。在这个水平上的主要决策，是在相当长的规划时限为一个大面积的土地上在有关土地分配和为投入和产出而聚集的目标。当战略规划层次的可选经营方案很多时，经营决策者就会做出相关的所谓中间或战术计划。在这个层面的决策包括：规划详细的经营区或经营单位、道路建设、采运以及为缩短规划时限确定一个最优计划(Weintraub and Cholaky，1991)。第三个层面是所谓的作业层次，涉及确定一个区域的森林土地利用计划，代表着短期的森林作业的问题，如采集、生产、采运、种植、病虫害防治、林火管理以及道路建设和维护(Murray and Church，1995)。

森林经营多目标规划问题通常包括建立目标函数，确定约束条件和利用优化算法求解结果三个步骤。目标函数主要包括经济和商品生产、野生动植物生境、生物多样性、娱乐游憩和其他目标五大类别。约束条件包括经济和商品生产、水流、碳贮存、森林结构、野生动植物、最大最小收获年龄和其他约束六大类别。优化方法已经成功应用到森林规划方面，使用优化方法建立模型可以得到森林可持续经营的最佳决策方案。线性规划方程已经无力处理空间限制和理想空间条件。现在应用比较广泛的算法有人工神经网络、混沌优化、蒙特卡洛整数规划、模拟退火算法、遗传算法、禁忌搜索算法等。

森林经营规划除了是多目标的以外，还具有空间分布属性，因此，还要用空间规划的思路和方法来研究。

一个森林景观就是一个具有任意边界的空间单元，包含特定的功能性的交互作用区域(Turner，1989)。空间性或者景观结构指的是斑块的相对空间排列和它们之间的相互关联。这代表了景观元素的空间和非空间特征，可以支持一定数量的功能和过程(Baskent and Jordan，1995)。森林空间规划研究森林景观空间发展的格局和趋势，瞄准森林经营管理活动和使用的确定的工具来发展、实施和评价森林规划和可选择的森林政策(Bettinger and Sessions，2003)。森林空间规划是一个有效的森林建模途径，适用于空间需求和多个经常会产生冲突的经营目标。空间信息需求通常与经营管理单元(如林分、采伐块、野生动物生境和龄级)大小、形状、邻接和分布有关，也与最小和最大化采伐块大小限制，邻接约束，连接性和核心区域等有关。经营管理目标，比如木材供应、野生动物生境、水质和生物多样性是多个方面的并且是空间自然分布的（Baskent，2001）。

空间模型与非空间模型至少有两个方面的不同。首先，在一个空间模型中，每一个林分或者景观单位（一个斑块）必须作为一个单独的组成，而在一个非空间模型中，林分通常被聚集成多层或者分割开作为建模的结果来应用。第二，一个空间模型会纳入林分的相对位置来控制管理采伐的地理分布。总的来说，这些都构成了空间管理的功能。并且，一个森林空间规划模型用景观水平的结构化测量数据可以提供空间结构的测度和森林的展示（Baskent and Jordan，1991）。非空间的目标在计算它们的功效时不需要空间信息，一般只是计算规划地区资源的数量。比如，需要根据一些指标来制定目标，要有一定量的生境来实现，如过熟林生态演替（Bettinger et al.，2002）。

1.3.1.3　森林可持续经营决策支持系统

森林可持续经营是一项复杂的系统工程，各种经营措施的作用是不相同的，而且对森林的发育和生长存在交互作用，如何根据林分现实状态和经营目标，综合考虑各种经营措施的作用和影响，制定科学合理的经营方案，这就是森林可持续经营决策优化问题。

解决这样复杂的森林经营优化决策问题，需要采用各种决策优化方法，借助于计算机信息技术，将各种经营技术组装集成为森林可持续经营决策支持系统，实现森林可持续经营的辅助决策。Davis，L.（1987）认为森林经营管理工作者的中心任务就是决策，即在各种不同的方案中作出选择。决策是人们为了实现既定的目标，根据其偏好或效用，对多个方案进行理性选择的过程（亢新刚等，2001）。在决策过程中人是决策的主体。根据决策的人的多少，可将决策分为单人决策和多人决策。多人决策又称之为群决策。其次，决策是人有目的的思维活动，它是人对其未来行为所作的有方向性的设计。决策分析的过程是一个复杂的过程，它包括信息的收集、确定目标、制订方案和选择分析等环节（代力民等，2005）。森林资源是一个国家或地区的重要的再生生物资源，它与人类的物质生活和精神生活息息相关。合理的森林经营是保证森林资源持续发展永续利用的基础，但由于森林资源具有空间分布、动态变化的特点，因此在制定科学决策时需要大量的森林资源信息，但由于人脑思维的局限性，很难对系统的问题进行全面的考虑，作出的决策往往缺乏科学性（李晓宝等，1995）。随着计算机技术和地理信息技术的发展，利用计算机快速准确的功能及地理信息系统的空间分析功能使森林资源的科学管理成为了可能。近年来发展起来的森林经营决策支持系统为森林资源的科学经营提供了可靠的工具和保障。

森林经营决策支持系统是决策支持系统（DSS）的一个分支，它是在决策支持系统的基础上发展起来的。因此它具备决策支持系统的结构，在建立过程中它遵循决策支持系统的原则。张志耀等将森林资源经营管理决策支持系统（简称 FDSS）定义为以现代计算机技术为基础，运用决策支持系统的最新思想和理论方法，用来解决森林经营管理决策中的非结构化和半结构化管理决策问题的计算机辅助决策帮助系统。在森林资源经营管理中的各类决策问题的决策过程中，对管理决策者提供包括数据、模型、方案、方法和背景材料等方面的支持，帮助决策者制定出正确的方针、政策和经营措施。针对森林系统是一个滞后的强惯性系统，FDSS采取以"支持—决策—（后果）评价—再支持—再决策—再评价"的决策模式和控制策略。由于林业经营中，经营的目标多样，不确定因素很多，因此，在决策过程中必须结合决策者的经验和判断能力，充分发挥管理决策者的能动性和FDSS的支持作用，启发决策者的决策经验和决策智慧，为决策者制定各类方针、政策和经营措施提供理论基础和科学依据（徐天蜀，2001）。

常用的决策优化模型及方法主要有：数学规划、系统动力学、模糊数学、灰色系统理论等方法。目前，这些决策优化模型和方法已在林业上得到广泛应用，如木材生产计划的安排、林地更新造林决策、林业生产结构调整、森林合理布局、森林收获调整、森林经营方案优化、木材集运最优化、林道规划、林业投资决策分析、野生动物管理、种群控制决策等方面。

数学规划是运筹学的一个重要分支，也是它最重要的基础之一。它是研究在某些约束条件下函数的极值问题的有效方法。数学规划包括以下几个分支：①线性规划。研究在线性约束条件下线性目标函数的极值问题，是数学规划的基础。②非线性规划。是指在约束条件和目标函数中出现非线性关系的规划。③整数规划。规定部分或全部变量为整数的规划。④组合规划。讨论在有限集中选择一些子集使目标函数达到最优的问题。⑤参数规划。在目标函数和约束条件中带有参数的规划。⑥随机规划。指某些变量为随机变量的规划。⑦动态规划。是处理多阶段决策的一种方法。⑧目标规划。解决多个目标的线性规划问题。此外还有几何规划、分数规划、模糊规划等。在这些众多内容中，线性规划是最基本最重要的分支，它在理论上最成熟、方法上最完善、应用上最广泛，其他分支都是线性规划的发展和推广。

1.3.1.4 森林生态采伐作业

森林采伐作业对生态环境的不利影响是客观存在的，为了减轻这些不利影响，维护生态系统的稳定性，森林采伐作业必须在一定的生态约束下进行，以维持森林生态系统的生产力，保护森林的生物多样性，实现森林可持续发展。森林生态采伐作业技术包括采伐方式优化与伐区配置、集材方式选择和集材机械的改进、保护保留木的技术措施、伐区清理措施的改进等方面。

（1）采伐方式优化与伐区配置

采伐方式选择的合理与否在于其适用的条件。大面积连片皆伐作业应避免。择伐作业的强度必须有所控制。对东北林区的天然林或次生林，实行低强度大面积择伐作业，采用低强度的集中凑载、原本或原条等多种工艺方案相结合的作业方式更适合林分资源状况，不但可以降低作业成本，而且有效保护了保留林分（张殿忠，1994）。亢新刚等（1998）在长白山林区对针阔混交林的研究表明，对云冷杉、红杉为主的异龄林实行低强度择伐（10%~20%），既能保持原有的森林生态系统结构和功能，又能产生较好的经济效益，并且有利于土壤、生物多样性、生态系统和景观维护。

在伐区配置方面，目前最为常见的是小面积块状和带状皆伐，伐区相邻布置。美国"新林业"理论创立者Franklin教授从景观生态学的原理出发，对美国西北部天然林棋盘式的伐区配置提出异议,认为应当适当集中伐区来取代现行的分散小块伐区配置,从而降低森林景观的破碎程度,也有利于降低伐区作业生产成本(赵士洞等,1991)。

(2)集材方式选择和集材机械的改进

减少集材作业对林地生态的影响,要结合各地经济技术发展的特点,通过改进作业机械、完善作业技术予以解决。加拿大森林工程研究所(FERIC)认为,对于新的作业系统和采伐机械,目前至关重要的是要寻求一条有效的途径,即要保护生态,也要提高劳动生产率。伐区机械应满足以下要求;轻便、灵活、快速,少破坏地表和幼树,还要经济。特宽低压轮胎集材机可以减少集材拖拉机的接地压力,因而44英寸甚至更宽轮胎的集材机已在美国南部潮湿立地的采伐作业中得到广泛应用;英国的卡特匹勒公司开发了以橡胶履带代替钢履带的拖拉机;芬兰 Plustech 公司研制出可灵活用于林内采集作业的步行式的伐区联合机,其特点是接地部分由 6 个支柱组合代替车轮或履带,避免了传统的伐区机械行走部分与土壤持续接触而形成连续的车辙,大大减少了机械与林地土壤接触面积。法国目前应用的伐区作业机械大多是 6 轮和 8 轮的宽基低压轮胎,其生产效率高且对土壤破坏小(Sorenson,1994;Jamieson,1995;Coutier,1995;Hedin,1995;Jones,1995;Harrison,1995)。

在山地林区为减少采伐作业对林地生态的破坏,索道集材得到了广泛的应用。德国、奥地利等国架空索道集材的比例已由 12a 前的 8% 提高到 25%;挪威对高山移动式索道集材给予补贴已有 10 余年之久。林道网发达的一些国家,用单跨自行式索道集材卓有成效。前苏联、捷克斯洛伐克等国经研究,拟在 20°以上坡地采用窄带皆伐的索道集材(陈如平,1993)。近几年,我国在架空集材索道的结构和类型的完善方面进行了一些有益的探索,适合山地条件的天然林择伐集材索道和轻型人工林间伐集材索道已开始得到应用(邹新球,1991;冯建祥,1991)。

畜力集材具有对土壤破坏小,对幼树幼苗损伤小,无废气污染等优点,为发展中国家一种经济又满足生态保护的可行的集材方式。我国东北林区近几年使用牛、马车等畜力集材的比例有所上升(WangLihai,1995)。印度、泰国等国家利用驯象等集材已有悠久的历史(William,1995;Twaee,1995)。

直升飞机和飞艇集材近几年在瑞士、加拿大、日本等国得到发展,主要用于其他设备不可及的山区以采伐珍贵树种,此法可保留 75% 的幼树(陈如平,1993)。

在坡度小的伐区,传统上仍沿用拖拉机集材为主,通过提高林道网密度,减少集材拖拉机的通过次数以降低对林地土壤的压实程度,完善作业方法如拖拉机不越出集材道,装车场铺设灌木和枝桠,采用犁耕法等恢复集材道上的土壤;伐区作业尽量避开雨季,在寒冷地带增加冬季作业的比重以充分利用冰雪道集材等措施,都能减少作业对森林生态环境的不利影响(史济彦,1998)。

(3)保护保留木的技术措施

降低采伐作业对保留木损伤的措施主要有:定向伐木、合理选择机械设备、合理配置集材道和楞场、限制采伐强度等。通过培训熟练工人提高伐木操作技术,增强作业时的环保意识,加强前后工序的合作,严格管理等都可有效地减少保留木的损伤。Jennifer

等(1996)在巴西亚马逊热带林采伐的调查表明，作业前伐除藤本(其缠结作用可导致更多的树木被拖刮)可以有效地减少保留木的损伤。在马来西亚等地的调查表明，通过改进作业技术可减少 14 至 13 的保留木损伤 (Pinard，1996；William，1994；Bragg，1994)。在择伐作业中，通过深开下口，多打楔子，树倒前快速拉锯，可使伐木倒向准确，减少周围树木的损伤。林内造材、集材中定线路均可避免对保留木大面积的干扰和损害(周新年等，1992)。

(4)伐区清理措施的改进

杨玉盛等(1997)研究指出，在南方山地林区，天然林采伐后应尽量采用不炼山方法清理林地，把剩余物散铺或带状堆腐，从而达到减少对土壤干扰，增加幼林地地表覆盖度，保蓄养分之目的。以全面劈杂，带状清理林地代替全面炼山。采用化学灭草代替人工劈草炼山，可降低成本，且枯死杂草覆盖林地，可保持水土，提高土壤肥力。"新林业"创始人 Franklin 教授将"生物学遗物"的概念应用到采伐上，认为伐区清理要尽量把采伐剩余物留在迹地上，保留一些倒木和活立木，依靠迹地留下的大量有机物为下一代的森林更新创造良好的物质基础，这是维持和恢复森林生态系统的重要途径。并为野生动物提供必需的生态，为下一代的更新提供种源，增加森林结构的特殊性(赵士洞，1991)。

1.3.1.5　森林经营监测评价

森林经营的监测评价就是在森林经营单位这个层次上，开展森林资源、森林经营状况，包含环境、社会、经济效益等各方面内容的长时间准确的序列信息的获取以及实施结果评价，以帮助和指导森林经营实践。监测以及监测过程中的信息反馈是实现森林可持续经营的核心。因此，在森林经营中开展综合监测评价，定期监测其可持续经营状况及变化趋势，不断修改和调整森林经营，提高环境、社会和经济综合效益，是引导我国的森林经营单位实现可持续经营的必然要求，也是目前迫切需要研究解决的问题。

开展森林经营的综合监测与评价工作，可通过对森林经营的结果进行定期的记录、监测，来评价森林经营方案中各项森林经营活动是否会对环境、社会和经济等各方面造成一些负面影响，各项活动的实施是否达到了预期的目标，并提出相应的改正措施，以期实现森林可持续经营这个最终的目标。因此，森林的监测和评价工作是森林经营过程中一个重要的、不可缺少的环节。它有助于制定合理的森林经营决策，促进森林的可持续经营，实现人与自然的和谐发展。

在目前森林经营中，虽然还没有硬性规定要求开展涵盖这些内容的综合监测评价，但是随着人们对环境保护意识和社会权利意识的加强，以及国内和国际社会不同层面对森林资源及生态环境状况的信息需求和对木材来源合法性追踪要求的不断增加，在森林经营过程中开展综合监测与评价逐渐成为了新的发展趋势。

森林经营监测和评价体系的建立和实施相对复杂，常常跨越多个学科，对森林经营者的要求较高。鉴于森林监测与评价的重要性，国际上有很多森林可持续经营标准和指标以及一些指导方针，都对森林资源监测进行了要求。森林管理委员会(FSC)认证标准是诸多标准中对森林资源监测要求较为全面的一个。FSC 原则和标准中"原则 8—森林经营单位的森林监测与评价",要求森林经营单位建立一套森林经营的监测和评价体系,并且要与其经营规模相适应,以期对森林经营过程中环境和社会等方面的影响进行监测和评价,不断修正森林经营活动,趋利避害,促进森林资源的可持续经营(刘小丽等,2012)。

一个科学的森林经营监测和评价体系应具有全面的监测内容,与监测内容相关的合理有效的监测方法,同时应能够保障监测的有效实施,并对经营活动进行反馈。因此,建立森林经营综合监测体系可遵循以下步骤(刘小丽等,2012):首先,监测和评价指标的选取。监测内容是整个监测体系的核心,因此,能否选择科学的监测和评价指标就成为了关键。这些指标应能够体现出森林经营活动对环境、社会和经济等方面所产生的影响。在此基础上,进一步确定各指标下包括的因子,构建完整的监测指标层,进而形成一套监测指标体系。第二,监测方法的确定。通过所选取的监测因子,结合森林经营单位的具体情况,选取适当的监测方法。第三,监测体系的实施。在监测指标体系及其相应监测方法明确的基础上,结合经营单位自身的资源状况,建立监测的实施体系,确保经营单位具有足够的资金和人力,有效地运行这一体系。第四,监测结果的分析和评价方法。要求经营单位根据监测的目标,确保在监测体系运行后,各项监测因子监测结果能够进行科学有效的分析和评价,以了解森林经营对社会、环境、经济状况所造成的影响并预测其变化趋势,实现监测的预期目的。第五,监测保障体系的建立。任何监测和评价都需要人力和物力的保障,因此,应指定专门的技术人员并留出专项资金,以确保各项监测活动的有效进行。

1.3.2　森林可持续经营个性技术

由于不同森林类型的结构存在很大差异,其内部物种关系以及能量和物质交换规律也不尽相同,虽然遵守森林可持续经营的共性原则,但在一些关键经营参数和技术指标上确有其独特性,因此在经营时需要针对具体森林类型制定适合的个性技术。

1.3.2.1　林分生长与收获预估

估测树木或林分的生产能力以及在不同立地条件下采取特定的营林技术措施后林分可能生产的效应是森林经营决策的核心问题。因此,在正确的森林经营决策之前,必须掌握林分结构、动态变化规律,以及预测林分对即将实施措施的反应,这就是林分生长与收获预估。

林分生长量估测的方法有直接法和间接法两种。直接法是结合森林调查的动态数据进行估测,是比较传统的方法。目前常用的是间接法,即利用数学模型间接预估林分生长量和收获量,因此,也称林分生长与收获预估模型。

Avery 和 Burkhart 将林分生长收获模型定义为:森林生长收获模型为依据森林群落在不同立地、不同发育阶段条件下的现实状况、用一定的数学方法处理后,能间接地对森林生长、死亡及其他内容进行预估的图表、公式和计算机程序等(Avery T E and Burkhart H E,1983)。1987 年世界林分生长模型和模拟会议上将森林生长模型定义为:是指描述林木生长与林分状态和立地条件之间关系的一个或者一组数学函数;模拟是使用生长模型对林分在各种条件下的发展状况的估计（Bruce D et al，1987）。

林分生长和收获预估模型根据模型的预估结果可以分为三类：全林分模型、径阶分布模型和单木生长模型。全林分生长模型（Whole Stand Model）是以林龄，立地及林分密度等林分测树因子模拟林分生长和收获的模型，可以直接提供单位面积的收获量。径阶分布模型（Size-Class Distribution Model）是以林分变量及直径分布作为自变量而建立的林分生长和收获模型。单木生长模型（Individual Tree Model）是以单株林木为基本单位，从林木的竞争机制出发，模拟林分中每株树木生长过程的模型，需要将所有单木总和方可求出收获量。根据竞争指标的是否含有林木间的距离信息，可把单木生长模型分为：与距离无关的单木生长模型（Distance-Independent Individual Tree Model，简称 DIIM）和与距离有关的单木生长模型（Distance-Dependent Individual Tree Model，简称 DDIM）。

以上 3 类模型各有其优点及局限性。全林分模型可以直接提供较准确的单位面积上林分收获量及整个林分的总收获量。但却无法知道总收获量在不同大小（不同径阶）林木上的收获量。因此，其预估值无法较准确地反映林分的材种结构、木材产量以及林分的经济价值。而径阶分布模型可以给出林分中各阶径的林木株数，因而可以反映林分可提供各材种的产量，这对经营者来说，是很有意义的。但是，由于林分直径分布的动态变化不稳定，很难用同一种统计分布律准确描述不同发育阶段的林分直径分布规律，这给林分直径分布的动态估计带来困难，从而限制了这类模型的实际应用。单木生长模型能够提供最多的信息，由此可以推断林分的径阶分布及林分总收获量。因此，从理论上讲，在这 3 类模型中，单木生长模型适用性最大。但是，由于单木生长模型，尤其是与距离有关的模型，要求输入量多，模拟林木生长时的计算量大，应用成本高，这使其在实际应用中有较大的限制。在森林经营实践中，应视其经营技术水平、经营目的及经营对象的实际状况，选用林分生长和收获模型。

目前，这方面的研究主要集中在利用近代统计模型和方法，如混合模型、度量误差模型建立相容性模型、提高模型的估计精度、各类模型的整体化以及模型的可视化等方面。此外，在全球气候变化背景下，探讨森林生长对气候的响应机制及模拟这种响应也成为研究的热点。

1.3.2.2　林分状态诊断及评价

林分状态诊断及评价是指对经营对象林分按照经营目标要求，进行与所处发展阶段相适应的问题诊断和分析评价，它是制定林分经营方案的前提和依据。在对林分进行林分状态诊断及评价基础上，确定林分当前的组成、健康、结构状态以及经营的关键因子，进而确定未来林分的经营方向、目标和需要采取的作业法。

（1）诊断评价内容

林分状态诊断及评价包括林分生长与生产力状况、林分结构特征、林分健康状况等内容。

林分生长与生产力状况诊断评价主要是分析该立地条件下，现有林分在所处发展阶段的生物生产力水平的高低，一般用林分生长特征指标来表达林分生产力，主要有平均胸径、平均树高、平均优势高、单位断面积、单位蓄积量、生物量等。如果生产力水平太低，则可能存在林分的立地不适应问题，当然，这需要结合林分特征和经营情况进行综合分析评价。

林分结构特征诊断评价是分析该立地条件下，现有林分在所处发展阶段的结构是否满足林分功能正常发挥的要求。因为林分的结构决定林分的功能，有什么样的林分结构，就有相应的林分功能。反之，林分功能的强弱，能够反映林分结构的合理与否。林分结构包括非空间结构和空间结构。林分非空间结构包括树种组成、蓄积、郁闭度、株数、直径分布和林分更新以及多样性等（龚直文等，2009）。林分空间结构是指与树木空间位置有关的结构（Kint et al.，2003），林分空间结构决定了树木之间的竞争势及其空间生态位，在很大程度上决定了林分的物种多样性、稳定性和发展方向（Pretzsch，1997；Pommerening，2002）。目前，林分空间结构分析已成为国际上天然林经营模拟技术的主要研究内容。

林分空间结构可以从以下 3 个方面加以描述：①树种的空间隔离程度，或者说树种组成和空间配置情况（描述非同质性）；②竞争指数是定量描述林木竞争和个体大小分化程度的指数（描述非均一性）；③林木个体在水平地面上的分布形式，或者说是种群的空间分布格局（描述非规则性）。

林分健康状况诊断评价是分析该立地条件下，现有林分在所处发展阶段的健康与活力特征情况。评价指标的选择及权重的确定是林分健康状况诊断评价的关键环节，目前主要的评价指标包括物种多样性、林分结构复杂性、生产力、有害因子发生程度、生命力/活力、更新能力、土壤质量、产品和服务、社会因素等 10 个大类。不同研究者对不同指标的重要性认识不同，建立的林分健康评价指标及建立统一的评价标准和评价体系也各不相同。雷相东等研究提出林分层次森林健康评价通用最小数据集，即用选取反映森林健康的关键和敏感最少的指标来评价森林健康。该最小数据集共包括物种多样性、林分结构复杂性、林分生产力、有害因子发生程度、树木活力、天然更新能力、土壤质量 7 个方面 21 个指标（张会儒，雷相东等，2014）。

（2）诊断评价方法

通用性诊断和评价的方法很多，但归结起来可分为三类：基于专家知识的主观评价法、基于统计数据的客观评价法、基于系统模型的综合评价方法。具体到林分状态诊断与评价，常用的主要有：综合指数评价法、主成分分析法、模糊综合评判法、人工神经网络法等（张会儒、雷相东等，2014）。

综合指数评估法产生于 20 世纪 60 年代，是将原始数据用某一特定的统计方法构造一个综合性指标，以便相互之间的比较，解决了多指标在评估时经常出现的此好彼差的矛盾，从而实现了从时间和空间角度对多因素系统环境进行综合评估。

主成分分析（Principal Component Analysis，简称 PCA）这种方法是利用降维的思想，把多指标转化为几个综合指标的多元统计分析方法。主要优点：根据评价指标中存在着一定相关性的特点，用较少的指标来代替原来较多的指标，并使这些较少的指标尽可能地反映原来指标的信息，从根本上解决了指标间的信息重叠问题，又大大简化了原指标体系的指标结构；另外，各综合因子的权重不是人为确定的，而是根据综合因子的贡献率的大小确定的，这就克服了某些评价方法中人为确定权数的缺陷，使得综合评价结果唯一，而且客观合理。它的主要缺点是：计算过程比较繁琐，并且对样本量的要求较大；评价的结果跟样本量的规模有关系；主成分分析法假设指标之间的关系都为线性关系。但在实际应用时，若指标之间的关系并非为线性关系，那么就有可能导致评价结果的偏差。

模糊综合评判法是利用多个指标刻画事物的本质与特征，对一个事物的评价采用模糊语言分为不同程度的评语。主要优点：首先隶属函数和模糊统计方法为定性指标定量化提供了有效的方法，实现了定性和定量方法的有效集合；其次，在客观事物中，一些问题往往不是绝对的肯定或绝对的否定，涉及模糊因素，而模糊综合评判方法则很好地解决了判断的模糊性和不确定性问题。最后，所得结果为一向量，克服了传统数学方法结果单一性的缺陷。主要缺点：该方法不能解决评价指标间相关造成的评价信息重复问题；且各因素权重的确定带有一定的主观性；同时，在某些情况下，隶属函数的确定有一定困难；尤其是多目标评价模型，要对每一目标、每个因确定隶属度函数，过于繁琐，实用性不强。

人工神经网络（Artificial Neural Network，简称ANN）是在对大脑的生理研究的基础上，用模拟生物神经元的某些基本功能元件（人工神经元），按各种不同的联结方式组成的一个网络。模拟大脑的某些机制，实现某个方面的功能，可以用在模仿视觉、函数逼近、模式识别、分类和数据压缩等领域，它不需要任何先验公式，就能从已有数据中自动地归纳规则，而获得这些数据的内在规律，具有自学习性、自组织性、自适应性和很强的非线性映射能力，尤其适合于因果关系复杂的非确定性推理、判断、识别和分类等方面的问题。

1.3.2.3　林分作业法

林分作业法也称之为林分经营技术模式，是根据林分特征和经营目标，从森林建立、培育到收获利用所采用的一系列技术措施的综合，是针对特定森林类型把经营目标、技术过程和作业处理等三大类要素集成为一个整体的技术工具。按照乔木林目的树种构成、起源、造林、抚育、采伐、更新方式、产品类型和作业空间格局等环节划分不同的作业法，形成相应的作业技术体系。森林作业法一经确定应该长期持续执行，不得随意更改。

林分作业法按森林树种和起源可划分为：①乔林作业法：主要针对由实生而高大的林木构成的森林执行，以培育结构合理并有尽可能高的生长量、蓄积量和产品价值（包括非物质化的服务功能性产品）的森林为目标的各类森林经营的集成技术；②矮林作业法：针对主要由多次采伐利用后的萌生林木构成的森林所执行的作业法，技术要点是尽可能多和快的生产能源用材或小型材；③中林作业法：针对上层实生林木和下层萌生林木构成森林，同时生产大量小型材或能源用材，并产出少量但高价值大径材的营林技术；④竹林作业法：生产性竹林或竹乔混交林使用的作业法；⑤其他特殊作业法：针对灌木林、退化森林和特殊地段的稀疏或散生木林地需要执行的作业法（John D. Matthews，2015）。

林分作业法按采伐更新方式可以分为：①同龄林皆伐作业法，可用于乔林和矮林；

②两层同龄林渐伐作业法，通常用于天然更新能力强的乔林，以促进和利用天然更新为主要特征；③异龄林择伐作业法，是乔林、中林、矮林都可能使用的作业法。

林分作业法按产品类型可分为大、中、小径材作业法。

林分作业法按抚育采伐作业的空间格局（强度）指标可分为块状、团状、带状、群状，径级或单株等作业方式。

林分作业法设计包括 3 方面的内容：①林分特征描述，即经营作业对象的初始状态情况；②林分培育目标，即未来林分发展方向与主导功能相结合确定的经营目标；③作业技术措施设计，包括抚育、间伐、主伐、更新等环节的具体措施及技术参数指标。

参考文献

陈柳钦 . 2007. 林业经营理论的历史演变 . 中国地质大学学报（社会科学版），7(2)：50 - 56

陈如平 . 1993. 发达国家木材采运工业现状和发展趋势 . 世界林业研究，(6)：10 - 15

丛之华，万志芳，杨兴龙，等 . 2014. 基于理论基础视角的森林认证运行机理分析 . 世界林业研究，27(1)：89 - 92

代力民，邵国凡 . 2005. 森林经营决策——理论与实践 . 沈阳：辽宁科学技术出版社，2005

邓华锋 . 1998. 森林生态系统经营综述 . 世界林业研究，(4)：9 - 16

冯建祥，刘宏，罗桂生，等 . 1991. SJ 0.4 2 轻型遥控人工林集材索道研究 . 福建林学院学报，11(2)：159 - 164

龚直文，亢新刚，等 . 2009. 天然林林分结构研究方法综述 . 浙江林学院学报，26(3)：434 - 443

洪菊生，陈永福，黄清麟 . 2003. 森林可持续经营研究 . 北京：中国科学技术出版社

胡延杰，陈绍志，李秋娟 . 2015. 森林认证国际新进展及启示 . 林业经济，(8)：97 - 100，108

黄海霞 . 2002. 祁连山水源涵养林可持续经营标准与指标体系的建立 . 甘肃林业科技，27(2)：15 - 18

黄雪菊，白彦锋，姜春前，等 . 2015. 森林可持续经营标准和指标体系研究 . 林业经济，(6)：108 - 111

姜春前 . 2003. 临安示范林森林可持续经营标准、指标与可持续性分析 . 中国林业科学研究院博士论文

亢新刚，罗菊春，孙向阳，等 . 1998. 森林可持续经营的一种模式 . 见：森林可持续经营学术研讨会论文集 . 林业资源管理，(特刊)：51 - 58

亢新刚 . 2011. 森林经理学(第 4 版). 北京：中国林业出版社

李晓宝，曹宁湘 . 1995. 森林经营方案决策支持系统研究初探 . 西南林学院学报 . 15(1)：1 - 7

林崑 . 2006. 南方山区县域森林可持续经营标准与指标：以福建省永安市为例 . 山地学报，24(B10)：313 - 317

刘小丽，张守攻，徐斌，等 . 2012. 森林经营综合监测评价探讨 . 林业资源管理，(6)：7 - 11

陆文明 . 1999. 森林可持续经营的标准和指标体系及期国际进展 . 中国林业，(5)：37 - 38

邵青还 . 1991. 第二次林业革命——接近自然的林业在中欧兴起 . 世界林业研究，4(4)：1 - 4

邵青还 . 1994. 德国异龄混交林恒续经营的经验和技术 . 世界林业研究，7(3)：8 - 14

史济彦 . 1988. 建立兼顾生态效益和经济效益的新型采运作业系统 . 森林采运科学，4(2)：6 - 11

宋新章，赵清峰，张成林 . 2004. 黑龙江省经营单位水平森林可持续经营标准与指标的研究 . 林业科技，29(5)：21 - 23

唐小平，王红春，赵有贤 . 2011. 国内森林认证发展历程及趋势 . 林业资源管理，(3)：1 - 4

王金叶，车克钧，常宗强，等.2001. 张掖地区森林可持续经营标准与指标. 西北林学院学报，16
　（Z1）：74－79

王亚明，于玲，韩菲.2011. 关于中国开展森林认证的几点建议. 林业经济，（4）：36－39

徐斌，陆文明，刘开玲.2005. 世界森林认证体系评估与比较. 世界林业研究，18(3)：11－15

徐斌.2001. 我国开展森林认证的进展. 林业科技管理，（4）：12－15

徐松浚，徐正春.2013. 我国森林可持续经营研究进展. 安徽农学通报，19(7)：136－138

徐天蜀，彭世揆，杨树华.2001. 林业及生态系统管理决策支持系统研究综述. 西南林学院学报，
　（1）：50－63

杨玉盛，何宗明，马祥庆，等.1997. 论炼山对杉木人工林生态系统影响的利弊及对策. 自然资源学
　报，12(2)：153－159

张殿忠，朱守林.1994. 论低强度择伐作业系统. 见：夏国华主编. 山地条件下的森林采运作业国际学
　术会议论文集. 长春：吉林人民出版社.61－65

张会儒，雷相东，等.2014. 典型森林类型健康经营技术研究. 北京：中国林业出版社

张佩，杨伦增.2014. 中国实施森林认证的影响研究综述. 林业经济，36(8)：103－108

张守攻，朱春全，肖文发.2001. 森林可持续经营导论. 北京：中国林业出版社

张志华，彭道黎，靳云燕.2007. 北京市生态公益林可持续经营标准及指标体系. 浙江林学院学报，24
　（4）：482－486

张志耀，陈立军.1998. 森林资源经营管理决策支持系统. 系统工程理论与实践，10：119－125

赵劼，陆文明.2008. 以森林认证促进我国森林可持续经营的途径分析. 世界林业研究，21(5)：
　60－63

赵士洞，陈华.1991. 新林业—美国林业一场潜在的革命. 世界林业研究，（1）：35－39

赵秀海，吴榜华，史济彦.1994. 世界森林生态采伐理论的研究进展. 吉林林学院学报，10(3)：
　204－210

周国林，谭慧琴.1997. 世界森林可持续经营发展近况、趋势及我国的原则. 世界林业研究，2：1－8

周生贤.2002. 中国林业的历史性转变 北京：中国林业出版社，

周新年，邱仁辉.1992. 福建省天然林择伐研究. 福建林业科技，19(4)：56－60

祝列克，智信.2001. 森林可持续经营. 北京：中国林业出版社

祝列克.2006. 林业经济论. 北京：中国林业出版社

邹新球，朱燕高，黄开芬，等.1991. 天然林择伐集材索道试验研究. 福建林学院学报，11(4)：
　392－396

Avery，T. E. and Burkhart，H. E. 1983. Forest Measurement(3th edition). McGRAW-HILL，INC. New York

Baskent，E. Z.，2001. Combinatorial optimization in forest ecosystem management modeling. Turk. J. Agric.
　For. 25，187－194

Baskent，E. Z.，Jordan，G. A.，1991. Spatial wood supply simulation modeling. Forestry Chronicle，67 (6)，
　610－621

Baskent，E. Z.，Jordan，G. A.，1995. Characterizing spatial structure of forest landscapes. Can. J. For.
　Res. 25，1830－1849

Bettinger，P.，Graetz，D.，Boston，K.，Sessions，J.，Chung，W.，2002. Eight heuristic planning tech-
　niques applied to three increasingly difficult wildlife planning problems. Silva Fennica，36 (2)，561－584

Bettinger，P.，Sessions，J.，2003. Spatial forest planning：to adopt，or not to adopt？J. Forestry，101 (2)，

24 - 29

Bragg. 1994. Residual tree damage estimates from partial cutting simulation. Forest Production Journal, 44(7, 8): 19 - 22

Bruce D, Wensel L C. 1987. Modelling forest growth, approaches, definitions and Problems in proceeding of IUFRO conefrence. Forest growth modeling and prediction, (1): 1 - 8

Coutier. 1995. Fraser's move to shelterwood logging: Asuccess story. Canadian Forest Industries, 115(7 8): 18 - 24

Davis L S and Johnson K N. 1987. Forest management (3rd Ed). McGram-Hill Book Company

Harrison. 1995. Mechanized CT Lispart of the answer. Canadian Forest Industries, 115(7 8): 40 - 44

Hedin. 1995. Small patchcuts: cost implications. Canadian Forest Industries, 115(10): 28 - 32

Jamieson. 1995. Change with a purpose. Canadian Forest Industries, 115(3): 22 - 31

Jennifer etal. 1996. Logging damage during planned and unplanned logging operations in the eastern Amazon. For. Ecol. and Manage. 89: 57 - 77

John D. Matthews 著, 王宏, 楼瑞娟译. 2015. 营林作业方法. 北京: 中国林业出版社

Jones. 1995. The careful timber harvest: A guide logging esthetics. Journal of Forstry, 93(2): 12 - 15

Kint V, Meirvenne M V, Nachtergale L, Geudens G, Lust N. 2003. Spatial methods for quantifying forest stand structure development: a comparison between nearest-neighbor indices and variogram analysis. Forest Science, 49(1): 36 - 49

Murray A T, Church R L. 1995. Heuristic solution approaches to operational forest planning problems. OR Spektrum, 17: 193 - 203

Pinard M A and Putz F E. 1996. Retaining forest biomass by reducing logging damage. Biotropica, 28: 278 - 295

Pommerening A. 2002. Approaches to quantifying forest structures. Forestry, 75(3): 305 - 324

Pretzsch H. 1997. Analysis and modeling of spatial stand structures. Methodological considerations based on mixed beech-larch stands in Lower Saxony. Forest Ecology and Management, 97(3): 237 - 253

Sorensen. 1994. Going where heavies fear to tread. Canadian Forest Industries, 114(3): 24 - 26

Tawee Kaewla iad. 1995. Use of elephants as low impact method for thinning teak plantations. In: IUFRO. Caring for the forest: Research in a changing world Abstracts of invited papers. 20th IUFRO World Congress, Hampere, Finland. 221

Turner, M. G., 1989. Landscape ecology: the effect of pattern on process. Annu. Rev. Ecol. Syst. 20, 171 - 197

Wang Lihai. 1995. Assessmen of animal skidding and ground machine skidding under mountain conditions. In: IUFRO. Caring for the forest: Research in a changing world Abstracts of invited papers. 20th IUFRO World Congress, Hampere, Finland. 230

Weintraub A, Cholaky A. 1991. A hierarchical approach to forest planning. Forest Science, 37 (2): 439 - 460

William Cordero and Andrew Howard. 1995. Use of oxen in logging operations in rural areas of Costa Rica. In: IUFRO. Caring for the forest: Research in a changing world Abstracts of invited papers. 20th IUFRO World Congress, Hampere, Finland. 219

William, etal. 1994. Residual tree damag estimates from partial cutting simulation. For. Prod. Jour. 44(7, 8): 19 - 22

第 2 章

长白山过伐林可持续经营技术

长白山林区我国原始天然林的集中分布区，也是我国生物多样性最丰富的地区，是天然林保护工程的重点地区。它不但是东北重要的生产木材及非木质林产品的主要基地，在促进林区增收、维持林区社会稳定方面发挥着重要的作用，同时在保障东北平原良好的农业生产环境、维持着鸭绿江、松花江、图们江三大流域生态系统的结构和功能、固沙保土、增加碳汇等方面，具有更为重要的地位和作用，生态地位尤为重要。但该区域宜林地少，增加森林面积的空间有限。森林以采伐和火灾后形成的天然过伐林和天然次生林为主，林分质量不高，恢复生长缓慢。按森林近自然程度可分为原始林、过伐林、次生林、退化林和人工林。本章以长白山林区的两种过伐林为主要对象，重点研究过伐林的结构特征，不同经营措施对过伐林的林分结构和生物多样性等的影响，建立过伐林基础生长模型，开展以目标树单株经营为核心的近自然采育更新技术试验，评估各种森林经营技术实施的效果，提出两种典型过伐林的可持续经营模式。通过目标树单株经营法，诱导形成混交、复层、异龄、稳定、高效的森林群落，使林分结构和功能趋于优化，提高长白山过伐林区天然林的质量，发挥出最佳的生态、经济和社会效益。主要包括研究区域及森林类型概述、可持续经营试验研究、过伐林基础生长和经营模型研究和可持续经营模式等内容。

2.1 研究区域及森林类型概述

2.1.1 研究区域

研究区域为吉林省汪清林业局。位于延边朝鲜族自治州东部。所处的地理坐标为东经123°56′~131°04′，北纬43°05′~43°40′。林区属长白山系的中低山丘陵区，海拔360~1477m，属温带大陆性季风气候，主要特征是冬季漫长而寒冷降水少，夏季短促温暖多雨，年平均气温 3.9℃，极端最高温 37.5℃，极端最低温 -37.5℃，无霜期为 138 天，年平均降雨量 550mm，其中 5~9 月的降水量为 438mm，占全年总降水量的 80%。流经的水系主要有珲春河水系、绥芬河水系和嘎牙河水系。根据汪清县 1981~1984 年土壤普查资料，汪清林业局属于低山灰化土灰棕壤区，在海拔 800~1000m 之间的高山地区为针叶林灰棕壤，而在海拔较低的沟谷地区，土壤类型为草甸土、泥炭土、沼泽土或者冲积土，土壤粒状结构湿润、松散，植物根系多分布于土厚 40cm 左右处。

该区植被属长白山植物区系，植物种类繁多。根据吉林省汪清林业局 2008 年森林资源调查报告，该局现有国土面积为 299874.8hm²，林业用地面积为 299639.7 hm²，有林地面积为 291652hm²，全局森林覆盖率到达 95.95%，总森林蓄积量达到 3973.7 万 m³，平均公顷蓄积量 136m³。林业局主要以天然林为主，天然林面积为 273257.3 hm²，占有林地面积的 93.7%，主要以阔叶混交林、蒙古栎天然纯林和针阔混交林为主，这三种森林类型的面积占全局有林地面积的 73.8%、蓄积的 77.6%。全局人工林面积为 18394.7hm²，仅占有林地面积的 6.3%，主要以长白落叶松（Larix olgensis）为主，其面积和蓄积分别占人工林面积和蓄积的 48.9% 和 55%。在全局林分各组成树种蓄积中，主要的针叶树种有长白落叶松、冷杉（Abies nephrolepis）、红松（Pinus koraiensis）、云杉（Picea jezoensis）等。主要阔叶树种有蒙古栎（Quercus mongolica）、白桦（Betula platyphylla）、杨树（Populus ussuriensis）、枫桦（Betula costata）、色木（Acer mono）、水曲柳（Fraxinus mandshurica）、黄波罗（Phellodendron amurense）、胡桃楸（Juglans mandshurica）、榆树（Ulmus propinqua）、椴树（Tilla amurensis）等。主要林下小乔木和灌木有毛榛子（Corylus mandshurica）、青楷槭（Acer tegmentosum）、花楷槭（Acer ukurnduense）、山樱桃（Cerasus sachalinensis）、胡枝子（Lespedeza bicolor）、忍冬（Lonicera altamanni）、刺五加（Acanthopanax senticosus）、五味子（Schisandra chinensis）、珍珠梅（Sorbaria xirilowii）、山梅花（Philadelphus incanus）、柳叶绣线菊（Spiraea salicifolia）、粉枝柳（Salix rorida）、刺梅蔷薇（Rosa acicularis）等。主要草本植物有苔草（Carex siderosicta）、木贼（Equisetum hiemale）、蚊子草（Filipendula palmata）、大叶章（Deyeuxia langsdorffii）、轮叶玉孙（Paris quadrifolia）、蒿类（Kobresia）、山茄子（Brachybotrys pariformis）、山芹菜（Spuriopimpinella brachycarpa）、轮叶百合（Lilium dislichum）等。

汪清林业局始建于 1947 年。建局以来，其森林经营大致经历了采伐、培育、保护和科学经营四个阶段。第一阶段从 1947~1958 年，为过量采伐阶段。新中国成立初期为支援国家建设，借鉴了前苏联林业经营模式，采取皆伐和强度择伐，建局最初 10 年共采伐林木 336.8 万 m³，使成过熟林资源锐减；第二阶段 1959~1998 年，为采育兼顾经营阶段。从 1959 年起，汪清局废除了大面积顺序皆伐和带状皆伐等采伐方式，树立以育为主、采育结合的思想，实施采育兼顾伐，建立了采育林；第三阶段 1998~2004 年，为注重保护阶段。自天保工程启动以后，汪清林业局采取了普遍护林、大力造林、减少采伐、培育资源的森林经营措施，逐渐把森林可持续经营理念引入到森林经营工作中；第四阶段从 2004 年至今，为步入科学经营阶段。自 2004 年被确定为首批全国森林可持续经营试点单位后，全面正式地步入了森林可持续经营新阶段。

2.1.2　森林类型

过伐林是指原始林经过量的不合理择伐后，残留的异龄复层混交林，是介于原始林和次生林之间的一种过渡型的森林植被类型。长白山林区的过伐林可划分两个类型组。针阔叶混交林类型组：本类型组是长白山原始地带性森林植被，即阔叶红松林被"拔大毛"后遗留下来的一种森林植被类型；阔叶混交林类型组：本类型组是长白山阔叶红松林遭到连续性破坏，残留的以原生阔叶林为主的阔叶混交林组。在本研究中，针阔叶混交林类型组主要为云冷杉阔叶混交林，阔叶混交林类型组主要为蒙古栎阔叶混交林。详细林分描述见 2.2.2。

2.2　可持续经营试验

2.2.1　美国目标树经营体系

美国关于目标树经营的相关研究开始于 20 世纪 70 年代，研究重点是目标树释放对东部硬木幼龄林单株木直径生长和林分蓄积量的影响（Phares 等，1971；Trimble，1975；Ellis，1979），随着目标树经营体系的不断完善、应用和推广，目标树经营对林木生长量、林分生长量和林分结构的影响研究也逐渐增多（Heitzman，1991；Ward，2007；Patrick 等，2008）。

2.2.1.1　什么是目标树经营

目标树经营（CTR，crop tree releasing）是一种通过降低邻木冠层竞争、增加目标树生长空间、提高单株木质量的营林技术，可以看作一种特殊的疏伐或抚育间伐（Miller 等，2007）。"目标树（crop tree）"是指表现出促进实现经营目标的理想特征，有能力应对各种干扰，并保持多年竞争力的林木（Stringer 等，1988）。

目标树经营（CTR）体系最初来源于上层疏伐法（crown-thinning）和透光伐作业（release operation），是指砍伐与优良上层木相竞争的居于林冠上、中层的林木，也砍伐林冠下层的濒死木和枯立木。在 20 世纪 50 年代美国大规模人工造林的背景下，针对北方硬木林主要为同龄幼龄林的特点，1958 年出版的《新英格兰北方硬木林经营指南》在上层疏伐法和透光伐作业的基础上，提出了用于指导北方硬木林林分抚育的目标树疏伐法（Crop Tree Thinning）（Adrian 等，1958），具体指采伐影响目的树种生长的亚优势木或中等木。之后，为研究目标树疏伐法对同龄硬木林分的影响，Trimble G R 于 1971 年提出了"目标树经营（crop tree release）"一词。基于长期研究成果，Perkey，A. W. 等（1994）出版了《东部硬木林目标树经营》，根据木材、野生动植物、美学和水质等不同经营目标，提出对应的目标树选择标准和经营措施，用于指导美国东部私有林经营（Perkey 等，1971）。随着在各州不同森林类型中的广泛应用，多位学者将目标树经营技术进行总结，形成了系统的方法体系（Leak 等，1987）。

2.2.1.2　目标树经营的技术要素

(1)目标树选择标准

经营目标(木材生产、野生动物栖息地、景观游憩林等)不同,目标树选择标准也不同(Houston 等,1995)。目标树选择需要考虑的主要特征包括树种、树冠级、起源、树干质量、活力和风险以及立地质量(见表 2-1)(Miller 等,2007)。理想的目标树应该是树干通直、17 英尺内无分叉、无病虫害、树冠健康,活冠率达 30% 以上,并且没有枯梢迹象的林木。

树种选择市场价值较高、满足经营目标、适应立地条件,对生物多样性维持起重要作用的树种,通常是处于主林层上层的群落树种,并且冠形饱满、树冠高度应至少达到 1/4 树高,无明显机械损伤和病虫危害的优势木或亚优势木、实生树或萌生树,如美国新泽西州的硬木目标树种包括糖槭、白蜡、橡树、黄桦和鹅掌楸(Vodak,2004)。"东北部森林目标树经营实用手册"介绍了可作为目标树的 16 种树种的识别特征(Perkey 等,2001)。

表 2-1　满足经营目标的目标树特征

标准	经营目标		
	野生动物*	木材	多样性
树种	为野生动物提供食物、且产量大的树种	在当地市场具有相对较高价值的商品材种	不一定满足野生动物或木材目标的其他种
冠层等级冠形	优势木、亚优势木、中等木 活冠率 >30%	优势木、亚优势木、中等木 均匀分布、活冠率 >30%	优势木、亚优势木、中等木 活冠率 >30%
树干特征	正常树皮纹理、显示出较好的生活力和健康	通直、树皮纹理清晰、木材完好、无病虫害	不重要
风险	健康、有活力、无低叉、溃疡或其他显示出生长期较短、不能满足经营目标的可见迹象	健康、有活力、无低叉、溃疡或其他显示出生长期较短、不能满足经营目标的可见迹象	健康、有活力、无低叉、溃疡或其他显示出生长期较短、不能满足经营目标的可见迹象
林龄	任何年龄、能够达到满足目标的预期年龄	任何年龄、能够达到满足目标的预期年龄	任何年龄、能够达到满足目标的预期年龄
其他	树皮纹理清晰、适合蝙蝠栖息、昆虫依附、鸟类筑巢	无影响木材质量的嫩枝或病害等明显特征	有相对稀有的物种,多样性包括树种、年龄、规模和林分结构标准,取决于特定目标

*以提高野生动物栖息地多样性为总目标。

(2)目标树密度

确定目标树密度的基本原则是忽略目标树的分布,尽可能选择上层林冠的林木(优势木和亚优势木)。总数不超过 150~175 株/hm²(Lamson,1987;Miller 等,2006),具体株数由林分结构和演替阶段而定。幼龄林林分密度大,可适当提高目标树的密度,并在之后的疏伐中逐渐伐去部分目标树。

（3）"树冠重叠"释放作业技术

"树冠重叠"释放作业技术的核心是通过抑制或伐除与目标树树冠相重叠的竞争木，为目标树提供更多的生长空间（Lamson 等，1990；Healy 等，1999；Johnson 等，2002）。根据目标树释放后能够自由生长的树冠比例，"树冠重叠"释放作业技术可分为 4 种情况：1 个方向、2 个方向、3 个方向和 4 个方向的释放。如图 2-1 所示，以目标树为中心，用虚拟的两条相互垂直的线段将目标树的树冠划分为 4 个象限，如果伐除 N 个象限周围的邻木，则表示目标树经过 N 个方向的

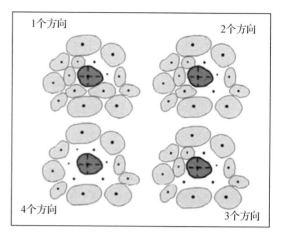

图2-1　经过不同程度释放的目标树树冠投影图

释放，获得 N 个方向的自由生长空间，N 值可为 1、2、3 或 4。完整的（4 个方向）"树冠重叠"释放作业技术主要是针对幼树和速生树种（如黄杨），不完整的（1、2 或 3 个方向）"树冠重叠"释放作业技术可用于原木用材树种，以降低嫩芽分支的风险，提高木材质量。值得注意的是，"树冠重叠"释放作业技术仅伐除或抑制与目标树树冠重叠、树冠级大于目标树的邻木，在不影响经营目标的前提下，应尽可能地保留目标树树冠以下的邻木，这对于保护目标树、提高林分综合效益具有重要作用（Miller 等，2007）。

（4）实施时间

阔叶幼龄林实施 CTR 处理的最佳时间是林分开始郁闭和郁闭后的 10~15 年。立地质量不同，林冠郁闭时的时间也不同。立地质量好的林分，林冠约在 8~10 年间郁闭。立地质量差的林分，林冠约在 13~15 年间郁闭。林龄较高、接近大径材或小锯材的尺度时，仍有机会释放目标树，在林分成熟过程中提高生活力、生长量和间距。但是当林龄超过 25~30 年时，未经 CTR 的目标树株树将会持续下降。

对于锯材林分，CTR 可结合商业间伐来实施，从而有利于选定的目标树、提高木材销售价格，补偿其他经营成本。推迟 CTR 实施之间直到商业间伐的时间，所带来的问题是林龄较大的林分中现有目标树的株树可能会大大减少。理想做法是在林龄较小时实施 CTR，并在上层林冠保留尽可能多的目标树，如 Trimble（1971）指出实施目标树经营的最佳林龄为 9~12 年，Voorhis（1990）指出立地指数为 55 的美国北方硬木混交林中，8 年生纸皮桦是实施目标树经营的最佳时间，由于成熟林分的蓄积量和林分价值主要集中于上层林冠（优势木和亚优势木）的林木（Lamson，1987），因此在幼龄林阶段选择目标树并应用 CTR，能够通过提高上层林冠林木比例来提高林分成熟时的价值。

2.2.2　实验设计

为研究以目标树单株经营为核心的近自然采育更新技术，选择云冷杉阔叶混交林和蒙古栎阔叶混交林两种过伐林，采用完全随机区组设计，建立森林经营长期固定样地。

2.2.2.1　随机区组设计

对于云冷杉阔叶混交林和蒙古栎阔叶混交林，采用随机区组设计（如图 2-2），共 4 种处理、3 个重复，开展近自然目标树单株经营和传统间伐的对比实验。4 种处理为：

处理 1（T0）：对照样地，不进行任何措施。

处理 2（T1）：常规经营样地，即按目前当地的经营技术进行采伐设计。

处理 3（T2）：目标树经营密度 1，即按目标树单株经营进行采伐设计，用材目标树密度为 100 株／公顷。

处理 4（T3）：目标树经营密度 2，即按目标树单株经营进行采伐设计，用材目标树密度为 150 株／公顷。

区组	处理			
I	T0	T1	T2	T3
II	T1	T0	T3	T2
III	T3	T1	T0	T2

图 2-2　随机区组设计示意图

2.2.2.2　样地基本情况

根据实验设计，每种森林类型共设置样地 12 块，每个样地面积为 1hm²。

（1）云冷杉阔叶混交林

位于金岭沟林场 28 林班 1～11 小班（图 2-3），为云冷杉和阔叶树混交林。除云冷杉外，还包括红松、落叶松、白桦、椴树、色木、枫桦等。2013 年共设置试验样地 12 块，每块 1 公顷，其中采伐实验样地 9 块，含常规抚育样地 3 块和目标树单株经营样地 6 块。目的是通过目标树的标记和择伐及人工促进天然更新，培育云冷杉和阔叶树混交林，目标树的理想株树为 150～250 株。样地基本因子见表 2-2。

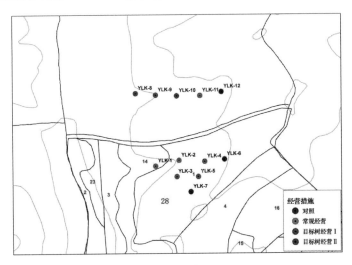

图 2-3　云冷杉阔叶混交林样地分布图

表 2-2   云冷杉阔叶混交林样地一览表

样地号	平均胸径 （cm）	平均高 （m）	株数 （株/hm²）	断面积 （m²/hm²）	蓄积量 （m³/hm²）	树种组成	处理
YLK-1	17.2	13.6	934	21.7	173.89	2 臭 2 落 1 云 1 红 1 椴 1 枫桦 1 白 1 杂	T1
YLK-2	15.8	12.6	1224	23.88	191.62	2 云 2 落 1 红 1 臭 1 椴 1 枫 1 云 1 色 1 榆	T1
YLK-3	16.4	12.4	1232	25.94	206.44	2 椴 臭 1 云 1 落 1 枫 1 杨 1 白 1 色 1 榆	T2
YLK-4	16.1	12.9	1165	23.67	182.55	2 云 1 臭 1 红 1 落 1 椴 1 枫 1 杨 1 榆 1 白桦	T2
YLK-5	15.6	13.5	1328	25.21	190.3	1 云 1 臭 1 红 1 椴 1 落 1 枫 1 杨 1 色 1 榆 1 杂	T2
YLK-6	15.6	11.6	1422	27	209.52	1 臭 1 云 1 红 1 落 1 枫 1 椴 1 杨 1 色 1 木 1 白	T0
YLK-7	15.5	11.8	1539	28.85	224.21	2 椴 1 云 1 臭 1 红 1 落 1 枫 1 色 1 杂 1 水	T0
YLK-8	15.6	11.4	1309	25.01	201.02	2 臭 1 红 1 白 1 云 1 落 1 椴 1 枫 1 杂 1 杨	T3
YLK-9	15.7	11.3	1436	27.91	221.8	2 臭 2 落 1 红 1 椴 1 枫 1 云 1 杨 1 色	T3
YLK-10	16.8	13.2	1195	26.35	203.64	1 云 1 臭 1 枫 1 红 1 落 1 椴 1 白桦 1 红 1 色 1 榆	T3
YLK-11	16.4	13.2	1301	27.62	218.09	2 落 2 云 1 臭 1 红 1 白 1 枫 1 杨 1 云 1 椴	T1
YLK-12	15.8	13.9	1437	28.18	209.13	3 落 2 水 1 红 1 臭 1 枫 1 白 1 云	T0

（2）蒙古栎阔叶混交林

样地位于汪清林业局塔子沟林场 28 林班 1～11 小班（图 2-4）。以蒙古栎为主要树种，其他树种还包括红松、白桦、水曲柳、黄波罗、胡桃楸等。2013 年共设置试验样地 12 块，每块 1 公顷，其中采伐实验样地 9 块，含常规抚育样地 3 块和目标树单株经营样地 6 块。目的是通过目标树的标记和择伐及人工促进天然更新，培育蒙古栎红松阔叶混交林，目标树的理想株树为 100～150 株/公顷。样地基本因子见表 2-3。

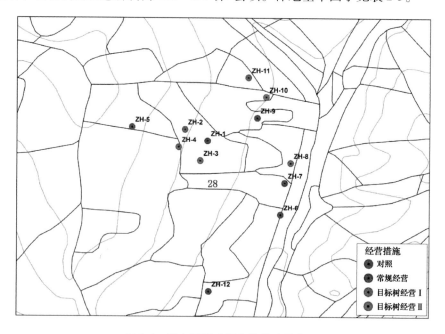

图 2-4   蒙古栎阔叶混交林样地分布图

表 2-3　蒙古栎阔叶混交林样地一览表

样地号	平均胸径 （cm）	平均高 （m）	株数 （株/hm²）	断面积 （m²/hm²）	蓄积量 （m³/hm²）	树种组成	处理
ZH-1	17.6	11.1	773	18.78	123.69	6 栎 1 桦 1 杨 1 红 1 杂	T1
ZH-2	16.3	11.3	898	18.7	120.55	4 栎 2 杨 1 桦 1 色 1 椴 1 红	T2
ZH-3	15.4	10.4	1055	19.72	128.36	5 栎 2 桦 1 色 1 杨 1 椴	T3
ZH-4	16.2	11.1	996	20.47	135.76	4 栎 2 桦 1 色 1 椴 1 红 1 杂	T2
ZH-5	18.0	10.2	1049	26.61	176.53	5 栎 1 桦 1 色 1 椴 1 红 1 杂	T0
ZH-6	17.2	14.0	560	13.05	90.15	3 栎 3 桦 3 杂 1 落	T0
ZH-7	15.3	9.1	1030	18.88	120.33	5 栎 2 桦 1 红 1 黑 1 杂	T1
ZH-8	15.7	11.3	1051	20.34	136.74	5 栎 3 桦 1 黑 1 红	T3
ZH-9	17.2	10.1	801	18.64	125.66	6 栎 1 黑 1 胡 1 水 1 杂	T1
ZH-10	17.3	12.0	947	22.29	153.06	6 栎 2 桦 1 黑 1 杂	T3
ZH-11	17.1	11.1	1011	23.1	160.11	4 栎 3 桦 1 杨 2 杂	T2
ZH-12	19.2	11.5	688	19.86	137.16	5 栎 2 落 1 桦 1 水 1 杂	T0

2.2.2.3　作业情况

云冷杉阔叶混交林作业区的总蓄积为 1591m³，采伐的活立木蓄积为 156.11 m³，出材量为 94 m³，蓄积采伐强度 4.76%~24.72%，目标树株数 122~317 株，其中用材目标树 78~130 株（见表 2-4）。

表 2-4　云冷杉阔叶林试验林采伐概况汇总表

样地号	伐前株数	伐前蓄积 （m³）	采伐株数	采伐蓄积 （m³）	蓄积采伐强度 （%）	目标树株数 （其中用材目标树）
YLK-1	715	159	64	33.73	21.21	—
YLK-2	817	172	75	42.52	24.72	—
YLK-3	890	189	28	9.48	5.02	122（92）
YLK-4	873	165	26	7.60	4.61	159（87）
YLK-5	1027	176	31	8.62	4.90	317（78）
YLK-8	849	177	45	11.14	6.29	173（117）
YLK-9	809	193	33	9.18	4.76	152（110）
YLK-10	883	184	45	14.09	7.66	186（130）
YLK-11	878	176	54	19.75	11.22	—

蒙古栎阔叶混交林作业区总蓄积为 1190m³，采伐的活立木蓄积为 66.23 m³，出材量为 32 m³，蓄积采伐强度 2.08%~11.31%，目标树株数 155~252 株，其中用材目标树 77~123 株（见表 2-5）。

表 2-5　蒙古栎阔叶混交林试验林采伐概况汇总表

样地号	伐前株数	伐前蓄积 （m³）	采伐株数	采伐蓄积 （m³）	蓄积采伐强度 （%）	目标树株数 （其中用材目标树）
ZH-1	763	126	21	11.97	9.50	—
ZH-2	869	127	59	8.72	6.87	155（77）

（续）

样地号	伐前株数	伐前蓄积（m³）	采伐株数	采伐蓄积（m³）	蓄积采伐强度（%）	目标树株数（其中用材目标树）
ZH-3	1032	128	51	5.55	4.33	208(91)
ZH-4	992	138	25	4.88	3.53	180(72)
ZH-7	981	116	16	4.94	4.26	—
ZH-8	1047	136	36	15.39	11.31	252(123)
ZH-9	793	119	19	2.47	2.08	—
ZH-10	929	146	36	5.57	3.82	195(123)
ZH-11	992	154	28	6.74	4.38	178(87)

2.2.3 经营效果分析

由于伐后时间较短，本节只对采伐前后结果进行分析。

2.2.3.1 云冷杉过伐林采伐前后林分结构特征对比分析

（1）数据来源

见2.2.2.2中（1）部分。

（2）方法

林分结构通常分为非空间结构和空间结构。非空间结构通常指树种结构、直径结构、生物多样性等。空间结构则主要包括林木的空间分布格局、树种的空间隔离状况、林木的空间竞争状况等。它们的有机组合构成一定的结构规律，并决定着森林的功能。在非空间结构方面，本书先后对比分析了不同采伐措施下林分在林分平均因子、直径分布、主要树种重要值以及树种多样性方面发生的变化；在空间结构方面，基于相邻木的空间位置关系，分别从林分和目标树两个水平上，对比分析了不同的采伐措施下，在各类空间结构指标上的变化，包括混交度、角尺度、竞争指数。各指标的具体计算方法和取值意义参照相关资料（孟宪宇，2006；张金屯，2011；惠刚盈等，2010；张会儒等，2014）。

（3）结果与分析

1）非空间结构特征

①林分平均因子：实施不同的采伐措施处理前后，各样地林分平均因子统计情况见表2-6。由表2-6可知，相对于目标树抚育伐，常规生长伐对林分的密度、平均胸径、平均高、断面积和蓄积都产生了较大程度的影响，各指标下降幅度皆为最大，在蓄积量方面表现得最为明显。两种目标树抚育伐对林分的影响较小，特别是在平均胸径和平均高方面，各样地变化幅度均不到2%。可见，目标树抚育伐在对林分进行改造的同时，最大限度地保留了过伐林原有的结构。

表 2-6　林分因子变化情况

样地号	密度 (trees/hm²)		平均胸径 (cm)		平均高 (m)		断面积 (m²/hm²)		蓄积量 (m³/hm²)	
	伐前	伐后	伐前	伐后	伐前	伐后	伐前	伐后	伐前	伐后
1	722	658	16.6	15.7	15.6	15.1	20.1	16.4	166.4	132.7
2	817	743	15.7	14.7	16.2	15.6	21.3	16.7	177.1	134.6
3	890	863	16.3	16.1	15.1	14.9	24.5	23.4	201.5	192.1
4	873	847	15.7	15.6	15.1	15.0	21.4	20.4	169.3	161.7
5	1027	995	15.1	15.0	15.8	15.7	23.3	22.3	181.5	172.8
8	850	804	16.0	15.8	14.9	14.8	22.3	20.9	183.0	171.8
9	809	776	17.5	17.4	16.5	16.4	24.3	23.1	197.7	188.5
10	883	836	16.8	16.6	15.7	15.6	23.9	22.1	189.4	175.3
11	878	825	16.4	16.1	16.3	16.1	22.7	20.4	179.7	160.0

②树种组成：实施不同的采伐处理前后，各样地树种组成变化情况见表 2-7。在表 2-7 中，树种组成一列既反映了采伐前后不同树种在胸高断面积比重方面发生的变化，也反映出各树种在样地中按胸高断面积比重大小的排序变化。由表 2-7 可知，采伐前各样地主要组成树种基本一致，主要树种包括云杉、冷杉、落叶松、红松、椴树、枫桦等。经采伐后，各样地在树种构成方面并没有发生改变，但各树种胸高断面积之和占林分总胸高断面积的比重则有所调整。采取常规生长伐的 1 号、2 号、11 号样地有一个共同的变化，即红松在样地中的比重有较为明显的上升，而其余部分针叶树种的比重则有所下降。特别是 11 号样地，经常规生长伐后，红松已经成为样地中胸高断面积比重最大的树种，但样地中冷杉的比重呈现出下降，云杉的比重排序位置降到杨树之后。2 号样地中红松的比重也得以增加，但落叶松比重则出现下降，云杉的比重排序降到椴树之后。在所有经过目标树抚育伐 I 处理后的样地中，4 号样地的红松比重得到了提高，虽然冷杉比重有所下降，但仍然处在优势地位。5 号样地中云杉比重有所下降，但所处地位也没有发生变化。经目标树抚育伐 II 处理后的所有样地都展现出一个共同的趋势，即样地中针叶树种的比重上升，部分阔叶树种比重下降。其中，10 号样地变化明显，经采伐后，红松比重上升，并成为样地中胸高断面积比重最大的树种，而原本比重最大的枫桦已经表现出明显下降，排序降到了冷杉之后。8 号样地红松所占比重有所增加，而杂木比重呈现下降。9 号样地中，落叶松比重有所上升，而杂木、榆树比重皆出现下降。

表 2-7　树种组成变化情况

样地号	树种组成		针阔比	
	伐前	伐后	伐前	伐后
1	2 落 2 冷 1 云 1 红 1 椴 1 枫 1 杂 + 白 + 色 - 榆 - 其他	2 落 2 冷 1 红 1 云 1 椴 1 枫 1 杂 + 色 + 白 - 榆 - 其他	7:3	6:4
2	3 落 1 冷 1 红 1 云 1 椴 1 枫 + 杂 + 杨 + 色 + 榆 + 白 - 其他	2 落 2 红 1 冷 1 椴 1 云 1 枫 1 杨 1 杂 + 色 + 白 + 榆 - 其他	6:4	6:4

（续）

样地号	树种组成		针阔比	
	伐前	伐后	伐前	伐后
3	2落1冷1枫1椴1白1杨 1云1红1色+榆+杂−水−红−其他	2落1冷1枫1椴1杨1白 1云1红1色+榆+杂−水−红−其他	5:5	5:5
4	2云2冷1椴1红1落1枫 +杨+杂+榆+白−其他	2云1冷1红1椴1落1枫 +杨+杂+榆+白−其他	6:4	6:4
5	2椴2云1枫1落1冷1红 1色+杨+杂+榆+白−其他	2椴1云1枫1落1冷1红 1色+杨+杂+白−其他	5:5	5:5
8	2冷1白1红1落1云1杂 1椴+色−杨−其他	2冷2白2红1落1云 1椴+杂+色−杨−其他	6:4	6:4
9	2冷2红1椴1枫1云1落 1色+杂+杨+白−榆−其他	2冷2红1椴1枫1落1云 1色+杨+白−杂−其他	6:4	6:4
10	2枫1冷1红1落1云1椴 1白1杨+杂−水−其他	1红1冷1枫1云1落1椴 1白1杨+杂−水−其他	5:5	5:5
11	2冷1红1落1白1枫1云 1杨1椴1水+榆+色−其他	2红2落1冷1枫1白1杨 1云1椴1水+色+榆−其他	5:5	5:5

③林分直径分布：采伐前后各样地直径分布情况见图2-5至图2-7。从图中可以看出，绝大部分样地整体上呈现出典型或者波纹状的反"J"形分布，即随着径阶的增大，林木株树呈现急剧减少的趋势，达到一定直径后，株树减小幅度逐渐趋于平缓，这说明该片过伐林基本符合典型天然异林龄的直径分布结构。这也证实了过伐林有机会通过合理经营措施在较短的时期内恢复到原始林的林分结构这一观点。图2-5表示的是采取常规生长伐处理的样地在采伐前后直径分布的变化情况，其采伐的林木分布范围分散，除小阶级外，其余各个径阶均有被采伐的林木。而从图2-6与图2-7可以看出，采用目标树抚育伐处理的样地，其采伐的林木径阶有明显集中分布的趋势，主要集中在12~30径阶之间。这一现象符合不同采伐方式选择不同采伐木的结果。常规生长伐侧重从林分平均水平控制采伐木，且在采伐过程中兼顾处理不符合经营目的和影响幼树幼苗更新的

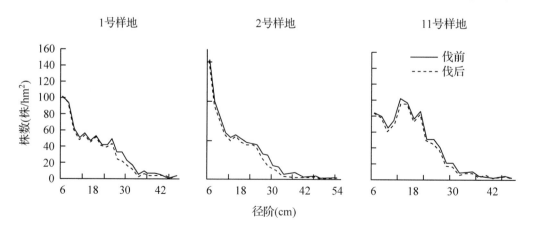

图2-5　常规生长伐对林分直径分布的影响

林木；而目标树抚育伐依据单株目标树，确定周围的干扰树并实施抚育，对一般木不作处理。从整体上看，各样地抚育后的林分直径分布主要范围依然在 6~60 径阶之间。从直径分布的 q 值来看，林分在经过不同采伐方式处理后，各林分 q 值均在 1.2~1.7 之间浮动，这说明经抚育采伐处理后的径阶株数分布情况仍然合理，在改善林分结构的同时没有破坏林分原有的合理直径分布结构。

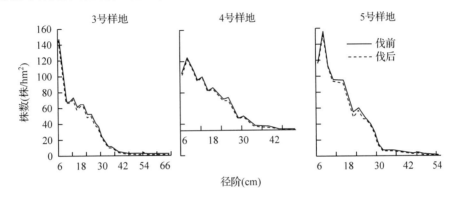

图 2-6　目标树抚育伐 I 对林分直径分布的影响

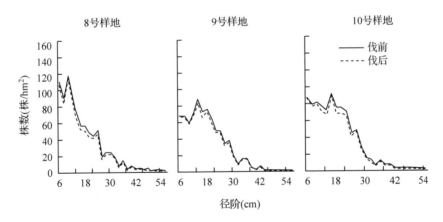

图 2-7　目标树抚育代 II 对林分直径分布的影响

表 2-8　林分平均 q 值变化情况

作业类型	样地号	平均 q 值	
		伐前	伐后
常规生长伐	1、2、11	1.3666	1.3919
目标树抚育伐 I	3、4、5	1.2176	1.2119
目标树抚育伐 II	8、9、10	1.2365	1.2318

④主要树种重要值：由表 2-9 可以看出不同采伐措施下各样地内主要树种重要值的变化情况。从云杉的重要值来看，在经常规生长伐处理的 1 号、2 号和 11 号样地中，皆表现出减小的变化；而采取两种目标树抚育伐处理的所有样地中，除 5 号样地外，其余

样地中云杉的重要值均被提高。从冷杉的重要值变化情况可以看出，经常规生长伐处理后，冷杉的重要值减小幅度较大，即冷杉在样地中的相对重要性下降明显；而采取目标树抚育伐处理下冷杉的重要值总体上保持不变或出现极小幅度减少，即冷杉在样地中的相对重要性能得到较好的保持。落叶松重要值在采伐后的变化趋势大致与云杉的变化情况类似，仅在11号样地发生差异，即经常规生长伐后，落叶松重要值有所增加。在所有的主要树种中，红松的重要值变化最为理想，无论是在常规生长伐还是目标树抚育伐处理下，其重要值均呈现不同程度的增加。椴树的重要值变化趋势也较为理想，除5号样地外，其余样地经抚育采伐后椴树的重要值也呈现出不同程度的增加。枫桦的重要值变化较为复杂，但整体上呈现出减小的趋势。

表2-9　主要树种重要值的变化情况

样地号	云杉		冷杉		落叶松		红松		椴树		枫桦	
	伐前	伐后	伐前	伐后	伐前	伐后	伐前	伐后	伐前	伐后	伐前	伐后
1	10.5	9.9	15.7	14.2	17.7	17.4	9.3	10.6	13.5	14.3	9.0	9.1
2	8.8	8.0	12.6	11.7	18.5	17.1	8.9	10.4	14.2	14.9	9.4	9.7
3	6.2	6.3	13.3	13.3	15.6	15.8	5.5	5.7	14.0	14.1	12.8	12.3
4	14.4	14.6	15.1	14.9	9.7	9.5	11.0	11.4	14.9	15.0	12.8	12.8
5	12.1	11.9	13.0	12.6	10.0	9.4	7.8	8.0	16.9	17.4	13.4	13.7
8	9.3	9.5	19.2	18.6	10.3	10.7	11.6	12.1	8.5	8.0	10.1	10.1
9	11.4	11.2	18.6	18.6	10.2	10.2	12.1	12.5	14.1	14.1	12.7	12.1
10	11.7	12.3	14.2	14.3	11.4	11.8	11.6	12.2	10.5	10.6	14.4	13.2
11	8.7	8.0	15.0	14.4	12.8	13.6	11.9	12.9	10.9	11.3	10.7	10.2

⑤生物多样性：图2-8、图2-9、图2-10分别显示了各样地采伐前后在物种多样性指数(H)、优势度(C)和均匀度(J)方面的变化情况。从生物多样性指数来看，采取常规生长伐处理的3块样在采伐前后呈现出3种不同的变化，即1号样地物种多样性指数上升、2号样地指数保持不变、11号样地指数下降，而且上升和下降的变化幅度均比其他样地大。由此可以看出，常规生长伐对样地物种多样性的影响具有很大的不确定性。采取目标树抚育伐Ⅰ进行采伐的样地中，4号和5号样地的物种多样性指数有小幅度的下降。而采取目标树抚育伐Ⅱ进行采伐的样地中，8号和9号样地的物种多样性指数均有小幅度的上升。从优势度指数来看，除2号样地外，其余样地在采伐前后的变化情况恰好与生物多样性指数的表现相反，即采伐后生物多样性指数增加的样地，其优势度却在减小，如样地1、8、9；而采伐后生物多样性指数减少的样地，其优势度却在增加，如样地4、5、10、11。从均匀度指数来看，除样地3以外，各样地采伐前后的变化趋势和物种多样性指数完全保持一致。可以看出，目标树经营过程中只采伐对目标树产生直接干扰的林木，保留一般林木，特别关注生态目标树这一系列措施确保了样地中生物多样性的稳定。

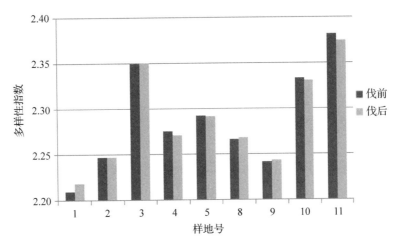

图 2-8　生物多样性指数变化情况

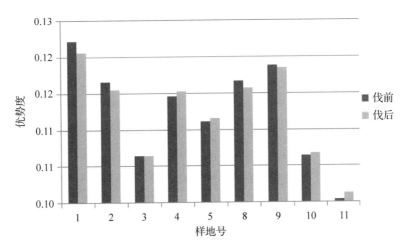

图 2-9　优势度指数变化情况

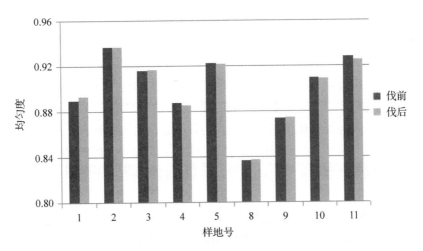

图 2-10　均匀度指数变化情况

2）空间结构分析

①树种空间隔离程度

A. 林分水平：各样地采伐前后的混交度频率分布变化情况见表2-10。可以看出，采伐前各样地的隔离情况均比较理想，强度混交与极强度混交的林木频率之和在各样地中皆超过68%，其中9号样地达到了80%以上；零度混交和弱度混交的频率均非常小，两者之和最大值不超过15%。经过不同的采伐措施后，各样地在不同混交度的频率情况发生了变化。实施常规生长伐后，强度混交与极强度混交之和在整体上呈现微弱增加，但1号样却出现了下降的情况。而采取目标树抚育伐处理的林分，其强度混交与极强度混交的比重之和整体上呈现一定幅度的增加，仅样地9出现了小幅度的下降。从整体上看，各样地经抚育采伐后，零度混交与弱度混交的分布频率之和呈现出下降，仅9号样地出现了小幅度的增加。中度混交的变化情况比较复杂，采伐后增减情况在不同样地各有出现。

表2-10　样地水平混交度频率分布变化情况

| 样地号 | 混交度 | | | | | | | | | |
| | 0 | | 0.25 | | 0.5 | | 0.75 | | 1 | |
	伐前	伐后	伐前	伐后	伐前	伐后	伐前	伐后	伐前	伐后
1	0.0105	0.0019	0.1140	0.1017	0.1789	0.1919	0.2526	0.2361	0.4439	0.4683
2	0.0044	0.0048	0.0697	0.0594	0.1698	0.1894	0.3875	0.3676	0.3687	0.3788
3	0.0071	0.0074	0.0514	0.0426	0.1541	0.1471	0.3424	0.3529	0.4451	0.4500
4	0.0402	0.0341	0.0473	0.0504	0.1521	0.1496	0.3156	0.3244	0.4448	0.4415
5	0.0131	0.0099	0.0645	0.0605	0.1314	0.1321	0.3417	0.3346	0.4492	0.4630
8	0.0610	0.0383	0.0872	0.0781	0.1686	0.1792	0.2863	0.2971	0.3968	0.4074
9	0.0047	0.0049	0.0644	0.0640	0.1758	0.1691	0.3642	0.3596	0.3909	0.4023
10	0.0042	0.0059	0.0349	0.0367	0.1534	0.1554	0.3515	0.3475	0.4561	0.4545
11	0.0042	0.0045	0.0606	0.0526	0.1648	0.1697	0.3113	0.3138	0.4592	0.4595

各样地采伐后的平均混交度变化情况见图2-11。由图2-11可知，采伐前绝大部分样地的平均混交度都达到了强度混交的状态，仅8号和12号样地未达到，但也处于非常接近强度混交的状态。采伐后，除10号样地有极小幅度的下降，其余样地在各种采伐措施下的平均混交度都得到了不同程度的提升，均向着更为理想的混交度靠近。特别是原本混交度较低的1号和8号样地，通过采伐活动平均混交度得到了较大幅度的提升，但8号样地的平均混交度仍然还有很大的提升空间。3号和5号样地在采伐前就已处于较高水平的混交状态，经目标树抚育伐Ⅰ后，平均混交度仍然保持了一定幅度的提升。而经常规生长伐处理的2号、11号样地，以及经目标树择伐的4号、9号样地提升的幅度较小。

B. 目标树水平：采伐前后样地内目标树水平的混交度频率分布变化情况见表2-11。可以看出，采伐前各样地目标树的混交度情况均比较理想，强度混交与极强度混交的林木频率之和在各样地中占绝对地位，其中2号、3号、5号、10号样地均超过80%；零

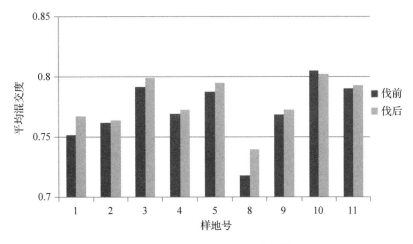

图 2-11　样地水平平均混交度变化情况

度混交和弱度混交的频率均非常小，除 8 号样地以外，两者之和均不未超过 10%。经过不同的采伐措施后，各样地的目标树在不同混交度的分布频率发生了变化。经常规生长伐后，2 号和 11 号样地在强度与极强度混交处的频率之和出现了小幅度的下降。经目标树抚育伐 I 处理的 3 号、4 号样地，其强度混交与极强度混交的频率之和呈现出较大幅度的增加，5 号样地保持了采伐之前高度混交的状态。经目标树抚育伐 II 处理的样地中，8 号样地内的目标树在强度和极强度混交的频率之和表现出一定幅度的增加，9 号样地保持不变，而 10 号样地出现了小幅度的下降。从整体上看，经目标树抚育伐后，使样地内的目标树处于强度和极强度混交状态的林木频率之和得到增加。

表 2-11　目标树水平混交度频率分布变化情况

样地号	混交度									
	0		0.25		0.5		0.75		1	
	伐前	伐后	伐前	伐后	伐前	伐后	伐前	伐后	伐前	伐后
1	0.0000	0.0000	0.0506	0.0380	0.2025	0.1772	0.1899	0.1899	0.5570	0.5949
2	0.0143	0.0143	0.0714	0.0286	0.0857	0.1429	0.3429	0.3000	0.4857	0.5143
3	0.0000	0.0000	0.0141	0.0141	0.1831	0.1549	0.3099	0.3380	0.4930	0.4930
4	0.0274	0.0274	0.0000	0.0274	0.2329	0.1507	0.2603	0.3014	0.4795	0.4932
5	0.0308	0.0154	0.0154	0.0000	0.0615	0.0923	0.3385	0.2615	0.5538	0.6308
8	0.0333	0.0222	0.1556	0.1111	0.1333	0.1667	0.2333	0.2778	0.4444	0.4222
9	0.0211	0.0211	0.0526	0.0316	0.2211	0.2421	0.2737	0.2842	0.4316	0.4211
10	0.0000	0.0000	0.0105	0.0211	0.1368	0.1368	0.3789	0.3263	0.4737	0.5158
11	0.0000	0.0000	0.0500	0.0500	0.1750	0.2000	0.2875	0.2625	0.4875	0.4875

采伐前后各样地内目标树的平均混交度变化情况见图 2-12。由图 2-12 可知，采伐前绝大部分样地内目标树的平均混交度都达到了强度混交的状态，仅 8 号样地未达到，但也处于非常接近强度混交的状态。采伐后，绝大部分样地其目标树的平均混交度都得到了不同程度的提升，均向着更为理想的混交状态靠近，仅 11 号样地出现下降。经目

标树抚育伐Ⅰ处理后的 3 号、4 号、5 号样地，其混交度提升较明显，特别是 5 号样地，在原本高水平混交度的基础上又得到最大幅度的提升。经目标树抚育伐Ⅱ处理后的各样地中，目标树的平均混交度有一定幅度的提升，但提升幅度不及前者。

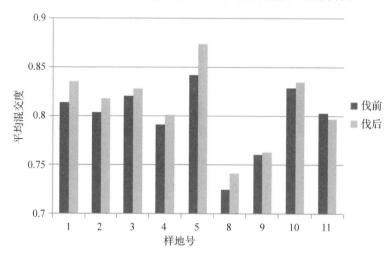

图 2-12　目标树水平平均混交度变化情况

②林木空间分布格局

A. 林分水平：各样地采伐前后的角尺度分布频率变化情况见表 2-12。可以看出，各样地采伐前角尺度取值为 0 和 1 的频率均较低。角尺度值为 1 时，取值最高的 8 号样地的频率也仅为 11%，而其余样地的频率全部在 10% 以下；而角尺度值为 0 时，仅 10 号样地的频率超过了 1%，而其余样地的频率全部在 1% 以下。各样地角尺度取值为 0.5 的频率均超过 50%。这说明在各样地中有超过一半以上的林木处于较为理想的随机分布状态，少有或极少有林木处于均匀和极不均匀状态。经过不同的采伐措施后，各样地角尺度在各取值处的分布频率发生了变化。经过常规生长伐处理后的各样地中，角尺度取值为 0.5 的频率均呈现出下降的变化，其中 2 号样地的下降幅度较为明显。取值为 0 和 1 的频率除了在个别样地有极小幅度增长外，也主要呈现出下降的变化。经常规生长伐的样地中，角尺度频率出现增长的部分主要出现在取值为 0.25 和 0.75 处。而经过目标树抚育伐处理的各样地中，除 10 号样地外，其余样地在角尺度取值为 0.5 处的频率均呈现出增加的变化，其中经过目标树抚育伐Ⅰ处理后的样地其增长幅度较大。除 8 号样地在取值为 0 处的频率有极小幅度的增加外，其余经目标树抚育伐处理后的各样地在角尺度取值为 0 和 1 时的频率主要呈现出下降的变化，两种极端情况相比取值为 1 处的频率降幅更为明显，而两种目标树抚育伐相比又以经目标树抚育伐Ⅰ处理后的降幅更为明显。

各样地在不同采伐措施前后的平均角尺度变化情况见表 2-12。可以看出，采伐之前，2 号、4 号、10 号和 11 号样地处于随机分布状态，1 号、3 号、5 号、8 号和 9 号样地处于聚集分布状态，没有出现均匀分布的样地。经采伐后，2 号和 3 号样地出现了变化，经常规生长伐处理的 2 号样地从随机分布变为了聚集分布；而经目标树抚育伐Ⅰ处理的 3 号样地从聚集分布转变成了随机分布。其余样地保持了原有的分布状态，没有发生改变。除 8 号和 9 号样地以外，其余样地均表现出向理想随机分布状态(0.5)靠近的趋势。

表 2-11　样地水平角尺度分布频率变化情况

样地号	角尺度									
	0		0.25		0.5		0.75		1	
	伐前	伐后	伐前	伐后	伐前	伐后	伐前	伐后	伐前	伐后
1	0.0018	0.0038	0.1877	0.1939	0.5754	0.5720	0.1719	0.1708	0.0632	0.0595
2	0.0058	0.0048	0.1988	0.2022	0.5980	0.5730	0.1509	0.1557	0.0464	0.0642
3	0.0043	0.0044	0.1997	0.2000	0.5663	0.5809	0.1583	0.1529	0.0713	0.0618
4	0.0029	0.0030	0.2138	0.2193	0.5739	0.5807	0.1478	0.1467	0.0617	0.0504
5	0.0084	0.0074	0.1947	0.2025	0.5615	0.5630	0.1661	0.1617	0.0693	0.0654
8	0.0073	0.0077	0.1424	0.1470	0.5887	0.5988	0.1512	0.1485	0.1105	0.0980
9	0.0078	0.0066	0.2009	0.1970	0.5542	0.5550	0.1852	0.1938	0.0518	0.0476
10	0.0126	0.0088	0.2064	0.2141	0.5830	0.5718	0.1715	0.1804	0.0265	0.0249
11	0.0014	0.0015	0.2113	0.2147	0.5859	0.5826	0.1535	0.1562	0.0479	0.0450

表 2-12　样地水平平均角尺度变化情况

样地号	伐前					伐后				
	N	$\overline{W}_{sp}$	$\sigma_{\overline{W}}$	u	分布	N	$\overline{W}_{sp}$	$\sigma_{\overline{W}}$	u	分布
1	570	0.5268	0.0095	2.8318	聚集	521	0.5221	0.0099	2.2348	聚集
2	689	0.5083	0.0086	0.9622	随机	623	0.5181	0.0091	1.9975	聚集
3	701	0.5232	0.0086	2.7122	聚集	680	0.5169	0.0087	1.9466	随机
4	697	0.5129	0.0086	1.5039	随机	675	0.5056	0.0087	0.6427	随机
5	837	0.5233	0.0078	2.9705	聚集	810	0.5188	0.0080	2.3587	聚集
8	688	0.5538	0.0086	6.2323	聚集	653	0.5456	0.0089	5.1493	聚集
9	637	0.5181	0.0090	2.0193	聚集	609	0.5197	0.0092	2.1500	聚集
10	717	0.4983	0.0085	0.2009	随机	682	0.4996	0.0087	0.0461	随机
11	710	0.5088	0.0085	1.0352	随机	666	0.5071	0.0088	0.8095	随机

B. 目标树水平：采伐前后各样地目标树水平的角尺度分布频率变化情况见表 2-13。可以看出，各样地采伐前目标树的角尺度取值为 0 和 1 的频率均较低。角尺度值为 1 时，取值最高的 8 号样地的频率也仅为 12%，而其余样地的频率全部在 10% 以下；角尺度值为 0 时，频率均不超过了 2%。各样地角尺度取值为 0.5 的频率均超过 50%，这说明在各样地中有超过一半以上的目标树处于随机分布状态，处于均匀和聚集状态的目标树极少。经过不同的采伐措施后，各样地目标树的角尺度在各取值处的分布频率发生了变化。经常规生长伐处理的样地中，1 号和 2 号样地在取值为 0.5 处的分布频率有所增加，取值为 0 处的频率也呈现增加。而 11 号样地在取值为 0.5 处的分布频率出现下降，但取值为 0 和 1 的极端分布情况没有改变。经过目标树抚育伐 I 处理后，各样地角

尺度取值在 0.5 处的目标树分布频率没有发生改变。经过目标树抚育伐Ⅱ处理后，8 号样地中角尺度取值在 0.5 处的目标树分布频率有所增加，而 9 号和 10 号样地在该处的分布频率却出现下降。

采伐前后各样地目标树水平的平均角尺度变化情况见表 2-14。采伐之前，2 号、3 号、4 号和 11 号样地内的目标树整体处于随机分布状态；1 号、5 号、8 号和 9 号样地内的目标树整体处于聚集分布状态；10 号样地内目标树处于均匀分布状态。经采伐处理后，1 号和 3 号样地的目标树分布状态发生了改变。经常规生长伐处理的 1 号样地，目标树分布状态由聚集变为随机分布；经目标树抚育伐Ⅱ处理的 3 号样地，目标树分布状态由随机变为均匀分布。其余各样地目标树分布状态没有改变，平均角尺度值变化较为复杂，没有呈现明显的规律。

表 2-13　目标树水平角尺度分布频率变化情况

样地号	角尺度									
	0		0.25		0.5		0.75		1	
	伐前	伐后	伐前	伐后	伐前	伐后	伐前	伐后	伐前	伐后
1	0.0000	0.0127	0.1899	0.1899	0.5949	0.6076	0.1519	0.1266	0.0633	0.0633
2	0.0000	0.0143	0.2286	0.1857	0.5857	0.6143	0.1429	0.1429	0.0429	0.0429
3	0.0000	0.0000	0.2113	0.2254	0.6620	0.6620	0.0845	0.0704	0.0423	0.0423
4	0.0000	0.0000	0.1918	0.2192	0.6301	0.6301	0.1233	0.0959	0.0548	0.0548
5	0.0154	0.0000	0.1846	0.1846	0.5385	0.5385	0.1692	0.1846	0.0923	0.0923
8	0.0000	0.0111	0.1444	0.1444	0.5667	0.6000	0.1667	0.1444	0.1222	0.1000
9	0.0105	0.0105	0.1684	0.1368	0.5579	0.5474	0.2211	0.2632	0.0421	0.0421
10	0.0105	0.0105	0.2421	0.2632	0.5789	0.5579	0.1368	0.1474	0.0316	0.0211
11	0.0000	0.0000	0.2250	0.2375	0.5250	0.5000	0.2125	0.2250	0.0375	0.0375

表 2-14　目标树水平平均角尺度变化情况

样地号	伐前					伐后				
	N	$\overline{W}_{sp}$	$\sigma_{\overline{W}}$	u	分布	N	$\overline{W}_{sp}$	$\sigma_{\overline{W}}$	u	分布
1	570	0.5222	0.0095	2.3407	聚集	521	0.5095	0.0099	0.9600	随机
2	689	0.5000	0.0086	0.0000	随机	623	0.5036	0.0091	0.3941	随机
3	701	0.4894	0.0086	1.2349	随机	680	0.4824	0.0087	2.0278	均匀
4	697	0.5103	0.0086	1.1977	随机	675	0.4966	0.0087	0.3930	随机
5	837	0.5346	0.0078	4.4131	聚集	810	0.5462	0.0080	5.7906	聚集
8	688	0.5667	0.0086	7.7228	聚集	653	0.5444	0.0089	5.0188	聚集
9	637	0.5289	0.0090	3.2294	聚集	609	0.5474	0.0092	5.1697	聚集
10	717	0.4842	0.0085	1.8664	均匀	682	0.4763	0.0087	2.7319	均匀
11	710	0.5156	0.0085	1.8381	随机	666	0.5156	0.0088	1.7815	随机

3）林木空间竞争状况

①林分水平：各样地采伐前后在样地水平上的平均 Hegyi（1974）竞争指数变化情况

见表 2-15。可以看出，各样地的 Hegyi 竞争指数差异较大，这是由于部分样地中一些特殊情况造成的，如部分林木之间距离极小，并且对象木和竞争木之间胸径差异又极大时，会从整体上过高地估计平均 Hegyi 竞争指数的值。采伐后，除 3 号样地外，各样地的平均 Hegyi 竞争指数均减小，说明采伐后各样地林木的平均竞争压力在减小，生长空间有所改善。3 号样地出现的差异情况，这可能是由于在目标树抚育伐过程中，部分大树作为目标树的干扰树在经营过程中被采伐处理，出现了样本数的减少小于竞争指数的减少，使得平均竞争指数反而增加。减小幅度最大的出现在经目标树抚育伐Ⅱ处理的 10 号样地，减幅达 30%。从整体上看，经目标树抚育伐Ⅰ处理的样地减幅最小。

表 2-15　样地水平 Hegyi 竞争指数变化情况

样地号	Hegyi 竞争指数	
	伐前	伐后
1	7.3252	7.1188
2	5.1418	4.2407
3	39.5080	40.3362
4	46.0369	43.5128
5	8.4711	8.4122
8	33.3025	29.3651
9	3.9830	3.7602
10	11.1159	7.7674
11	3.9304	3.6699

②目标树水平：各样地采伐前后在目标树水平上的平均 Hegyi 竞争指数变化情况见表 2-16。可以看出，各样地目标树水平上的平均 Hegyi 竞争指数均在下降，且整体上比样地水平在采伐后的降幅明显。降幅最大的同样出现在经目标树抚育伐Ⅱ处理的 10 号样地，降幅高达 59%。从整体上看，经目标树抚育伐Ⅰ处理的样地减幅最小。这与样地水平上表现出的情况情况一致。此外，从图 2-13 至图 2-15 可以直观地看出，各种采伐措施下各样地中的林木分布点格局及变化情况。

表 2-16　目标树水平 Hegyi 竞争指数变化情况

样地号	Hegyi 竞争指数	
	伐前	伐后
1	1.2870	1.1243
2	1.2326	1.0853
3	4.5888	4.4252
4	2.2292	2.0935
5	1.7258	1.5504
8	14.5163	12.9742
9	1.4743	1.2433
10	3.2541	1.3338
11	1.7132	1.6257

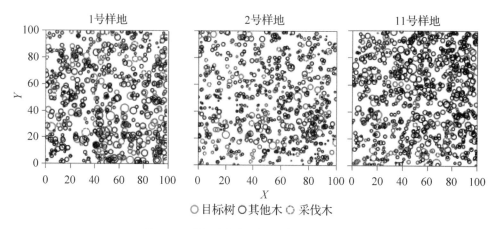

图 2-13 常规生长伐对林木点格局的影响

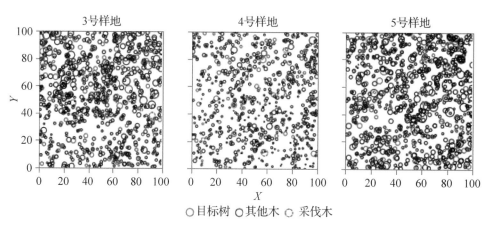

图 2-14 目标树抚育伐 I 对林木点格局的影响

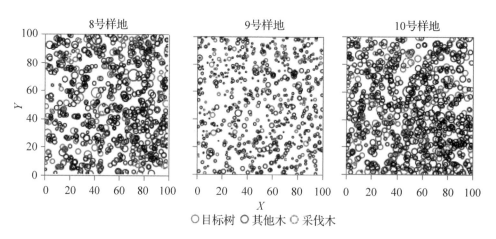

图 2-15 目标树抚育伐 II 对林木点格局的影响

（4）结论

①非空间结构的变化情况：从林分平均因子的变化情况来看，实施常规生长伐处理

后的样地较经过目标树抚育伐处理后样地的各因子变化幅度更为明显。其中，经目标树抚育伐Ⅱ处理后的样地又较目标树抚育伐Ⅰ处理后的样地的变化幅度明显。从整体上比较，变化幅度呈现出常规生长伐＞目标树抚育伐Ⅱ＞目标树抚育伐Ⅰ。从树种组成的变化情况来看，各种抚育采伐对样地内针、阔叶树种的整体比例影响不明显，但样地内各树种的比重却发生了部分改变。其中，红松受益明显，不同采伐措施下都出现了红松比重上升的代表样地。目标树抚育伐更能保证目的针叶树种在样地中的地位，特别是目标树抚育伐Ⅱ，而常规生长伐则可能使部分样地出现"减针加阔"的情况。从直径分布的变化情况来看，常规生长伐对样地径阶分布的影响范围较广，在各个径阶上均有林木被采伐，采伐木的分布较为分散。而目标树抚育伐对直径分布的影响主要集中在中小径阶，对径阶两端的分布影响极小。各种抚育采伐均没有破坏林分原有的反"J"形直径分布结构。从主要树种的重要值变化情况来看，常规生长伐整体上降低了主要经营树种云冷杉在样地中的地位，而目标树抚育伐使云冷杉在样地中的地位稳中有升。从树种多样性的变化情况来看，常规生长伐对样地内树种多样性的影响有很大的不确定性，而目标树抚育伐能在一定程度上保障生物多样性的稳定。两种目标树抚育伐对样地生物多样性方面的影响没有表现出明显差异。

②空间结构的变化情况：在树种隔离程度方面，从样地水平上看，各样地在原本树种混交度较高的情况下，各类采伐活动整体上对样地内树种的混交情况产生了进一步的正向影响，其中目标树抚育伐的影响较常规生长伐更为明显；从目标树水平看，目标树抚育伐Ⅰ对目标树的混交度改善明显。在林木分布格局方面，从样地水平看，常规生长伐降低了样地中呈随机分布林木的频数，同时也降低了绝对均匀和聚集分布林木的频数，表现出向过渡状态集中的趋势。目标树抚育伐使样地中更多的林木转变成了随机分布状态，其中目标树抚育伐Ⅰ对样地的影响更为明显。各种抚育采伐均能改善林分平均水平的分布状况，其中也以目标树抚育伐Ⅰ的表现最好；从目标树水平看，常规生长伐对目标树在角尺度取值为0.5处的频率提高明显。各采伐平均角尺度变化情况复杂，没有发现明显规律。在林木空间竞争方面，样地水平和目标树水平的表现基本一致，但对目标树生长空间的改善最为明显，特别是目标树抚育伐Ⅱ。

(5)讨论

①经常规生长伐、目标树抚育伐Ⅰ和目标树抚育伐Ⅱ处理后，样地在非空间结构指标和空间结构指标表现出的差异性变化，主要是由于不同的采伐木选择原则和不同的采伐强度的双重因素造成的。常规生长伐注重从林分平均水平上对采伐活动进行整体控制，且在采伐过程中对非目的树种会进行适当处理。而目标树抚育伐主要依据单株对象木的属性以及干扰树的情况而开展的，在本次过伐林研究中，目标树抚育伐采伐强度较常规生长伐小。此外，上述两点因素还具有"放大镜"的效果，即不同样地之间原本并不明显的细微差异在经过不同经营措施的采伐活动后会变得明显，这也是差异产生的原因之一。

②常规生长伐和目标树抚育伐在林分改造过程中各有所长。常规生长伐从林分水平上控制采伐过程，可操作性较强；目标树抚育伐对林分的经营改造更为精细、集约。两

者在森林经营过程中并不冲突，可以在某种尺度水平上或者林分生长过程中集中体现各自的优势，甚至是实现优势互补。

③在本次研究中，各种经营措施的采伐强度在整体上均保持了较低水平。在结合了现场踏查情况和调查数据分析的基础上，常规生长伐的采伐强度在 25% 以下，目标树抚育伐的强度在 10% 以下。这主要是由于过伐林的林分结构特征决定的，过伐林是介于原始林和天然次生林之间的一种类型，偏离原始林林分结构的距离较次生林要小的多。本文研究的该片过伐林区从数据层面也显示了，林分部分保留了原始林复层、异龄结构等优良的林分特征。因此，对该片过伐林开展经营活动时，以低强度的采伐经营活动为宜。这既符合理论上的要求，也是一种较为经济的作业方式。

④值得注意的是，本书开展的林分结构变化分析是基于林分实施采伐活动后即时的变化情况，所得出的结果和反映出的结论均具有强烈的时效性，即仅能反映了林分经采伐后与初始林分的比较，要想进一步理清不同经营措施对过伐林的完整影响，需要后期持续的、动态的观测和研究。在采取不同的采伐过后，林分会持续地生长变化，在不同的生长时期林分的变化趋势将有所不同，反映出的情况也将有所差异。我们需要对采取经营措施后的林分进行长期的跟踪监测，分析林分各个方面在不同时期的发展、变化和演替情况，这样才能总结出更加完整、可靠的，能用于指导生产实践活动的结论。

2.2.3.2　蒙古栎阔叶混交林采伐前后林分结构特征对比分析

（1）数据来源

见 2.2.2.2 中（2）部分。

（2）指标选取与计算

1）林分生长：平均胸径、平均树高、断面积、蓄积量、生物量。

2）群落结构：树种重要值、直径结构、林分密度（株树密度、林分密度指数）、树种多样性（多样性指数、优势度指数）（克拉特等，1991；王伯荪等，1996；孟宪宇，2006）。

①树种重要值：

$$IVI_i = \left(n_i / \sum n_j \times 100 \right) + \left(Ba_i / \sum Ba_j \times 100 \right) + \left(f_i / \sum f_j \times 100 \right)$$

式中：n_i、Ba_i、f_i 分别为树种 i 的株数、胸高断面积和绝对频率，n_j、Ba_j、f_j 分别为所有树种的总株数、总胸高断面积和总绝对频率。

②SW 多样性指数：

$$SW = - \sum_{i=1}^{s} P_i \cdot \log_2 P_i = 3.3219 \left(\lg N - \sum_{i=1}^{s} n_i \cdot \lg n_i / N \right)$$

③ED 优势度指数：

$$ED = \sum_{i=1}^{s} n_i (n_i - 1) / (N(N - 1))$$

式中：SW 为 Shannon-Wiener 多样性指数，s 为种数，n_i 为第 i 个种的个体数，N 为群落（样地）全部个体总数，P_i 为第 i 个种的个体总数的百分数，ED 为 Simpson 生态优势度。

④Reineke 密度指数：

$$DI = N(D/20)^{\beta}$$

式中：DI 为 Reineke 密度指数，N 为林分平均密度（每公顷株树），D 为断面积平均直径，β 为自稀疏系数（1.6）。

3）空间结构指标：混交度 M、大小比 U、角尺度 W（惠刚盈等，2010）

①混交度 M：

$$M_i = \frac{1}{4}\sum_{j=1}^{4} V_{ij}$$

式中：V_{ij} 为离散变量，其值定义为当参照树与第 j 株相邻木非同种时 $V_{ij}=1$，反之 $V_{ij}=0$。

②大小比 U：

$$U_i = \frac{1}{4}\sum_{j=1}^{4} K_{ij}$$

式中：K_{ij} 为离散变量，其值定义为当参照树比第 j 株相邻木小时 $K_{ij}=1$，反之 $K_{ij}=0$。

③角尺度 W：

$$W_i = \frac{1}{4}\sum_{j=1}^{4} Z_{ij}$$

式中：Z_{ij} 为离散变量，其值定义为第 j 个 α 角小于标准角 $\propto_0$ 时 $Z_{ij}=1$，反之 $Z_{ij}=0$。

以上概念都是针对一个空间结构单元而言的，在计算林分空间结构指数时，需要计算林分内所有结构单元的参数平均值，将其作为林分空间结构综合定量评价的基础。其中：通过林分平均混交度来表征林分中树种的空间配置情况；通过林分平均大小比数研究林分内树木的生长状况；通过林分平均角尺度来反映林木的水平分布格局。运用 Winkelmass 林分空间结构分析软件计算固定样地的结构参数。

4）竞争指标：Hegyi 指数 H（Hegyi，1974）：

$$CI_i = \sum_{j=1}^{n_i} \frac{d_j}{d_i \cdot L_{ij}}$$

式中：CI_i 为对象木 i 的竞争指数，L_{ij} 为对象木与竞争木 j 之间的距离，d_i 为对象木 i 的胸径，d_j 为竞争木 j 的胸径，n_i 为对象木 i 所在竞争单元的竞争木株数。

（3）结果分析

①林分生长：蒙古栎过伐林各样地采伐后林分株树、平均胸径、平均高、断面积、蓄积量和生物量等林分生长因子均有所降低（见表 2-17）。按林木株树和蓄积量计算，常规经营的 3 个样地的采伐强度分别为 1.83%、1.31%、1.09% 和 6.37%、3.46%、1.74%；CTR1 的 3 个样地的采伐强度分别为 4.51%、1.72%、1.71% 和 6.67%、2.88%、4.22%；CTR2 的 3 个样地的采伐强度分别为 3.79%、2.30%、1.63% 和 4.04%、9.76%、4.16%，属于轻度干扰，符合近自然经营的技术要求。

表 2-17　蒙古栎过伐林样地采伐前后林分生长因子对比

经营方式	样地号	株数		平均胸径（cm）		平均高（m）		优势平均高（m）		断面积（m²）		蓄积量（m³）		生物量（kg）	
		伐前	伐后	伐前	伐后	伐后	伐前	伐后	伐前	伐前	伐后	伐前	伐后	伐前	伐后
常规经营	ZH-01	1040	1021	15.5	15.2	9.8	9.7	22.2	21.2	19.51	18.40	138.09	129.30	69797.31	64511.88
	ZH-07	1226	1210	14.2	14.1	9.7	9.6	21.5	21.1	19.37	18.77	141.80	136.90	66112.95	63495.34
	ZH-09	1744	1725	11.9	11.8	7.1	7.0	21.8	21.8	19.49	19.12	141.07	138.62	68290.29	66971.25
CTR1	ZH-02	1331	1271	13.7	13.6	9.3	9.2	21.5	21.5	19.59	18.32	135.59	126.54	67412.22	62902.89
	ZH-04	1393	1369	14.1	14.0	9.4	9.3	21.2	21.2	21.68	21.02	154.49	150.04	74706.86	72229.05
	ZH-11	1634	1606	13.6	13.5	8.6	8.5	22.7	22.7	23.86	22.96	177.46	169.98	84804.96	81258.90
CTR2	ZH-03	1344	1293	13.9	13.8	9.7	9.6	21.6	21.6	20.28	19.46	141.59	135.87	70034.21	67122.19
	ZH-08	1563	1527	13.3	12.8	8.6	8.4	22.2	21.8	21.60	19.73	163.22	147.29	77135.91	68860.18
	ZH-10	2209	2173	11.6	11.5	6.8	6.7	22.9	22.9	23.29	22.42	180.09	172.60	83398.65	80305.13

②群落结构

A. 直径结构：从总体上看，采伐前后各样地直径分布都具有倒 J 形的特性（图 2-16）。各样地采伐前后 q 值见表 2-18。

表 2-18　蒙古栎过伐林样地采伐前后邻径级株数之比 q 值

经营方式	常规经营			CTR1			CTR2		
样地号	ZH-01	ZH-07	ZH-09	ZH-02	ZH-04	ZH-11	ZH-03	ZH-08	ZH-10
伐前 q 值	1.19	1.26	1.25	1.22	1.25	1.22	1.23	1.24	1.23
伐后 q 值	1.20	1.27	1.26	1.22	1.25	1.23	1.23	1.26	1.23

采伐前，除样地 ZH-01 外，其他样地的 q 值都在 1.2 ~ 1.3 之间，径级结构合理。de Liocourt 认为理想天然异龄林 q 值一般在 1.2 ~ 1.5 之间）。样地 ZH-01 的 q 值为 1.19，略低于理想值，径级分布不够合理。采伐后，样地 ZH-01 的相邻径级株数之比 q 值达到 1.2，采伐调整了样地 ZH-01 的直径结构，同时也保证了其他样地直径结构的稳定性。

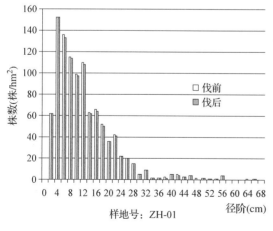
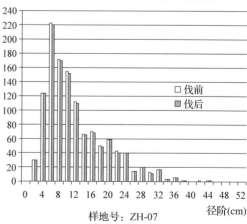

图 2-16　蒙古栎过伐林样地采伐前后直径分布

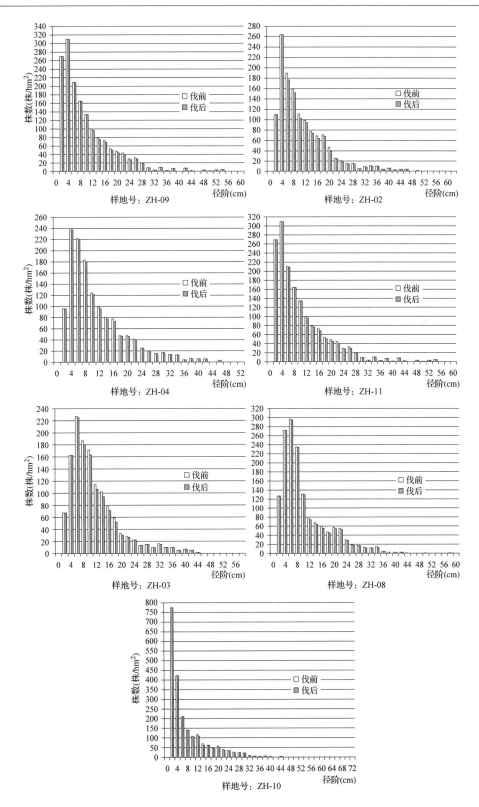

图 2-16　蒙古栎过伐林样地采伐前后直径分布（续）

B. 主要优势种的表现：蒙古栎过伐林样地乔木层主要有：蒙古栎、红松、色木、杨树、白桦、水曲柳、椴树、杂木、落叶松、黑桦、云杉、冷杉等树种，各树种在不同的样地中呈现不同的重要值(见表2-19)，各样地都以树种蒙古栎的重要值为最大。与伐前林分相比，伐后乔木层保留了伐前林分的树种和树种重要值排序，但是各树种重要值发生了变化：常规经营的3个样地，白桦的树种重要值呈现出降低趋势，其他树种重要值变化无规律，原因可能是常规经营的采伐木包括多种树种、多个径级。目标树择伐CTR1的3个样地，在红松重要值增加、白桦重要值降低的同时，蒙古栎、杨树保持不变，而椴树、白桦、水曲柳的重要值表现出不同程度的下降；目标树择伐CTR2的3个样地，主要表现为蒙古栎和红松的重要值增加，白桦、杨树和黑桦重要值降低。各样地不同树种重要值的变化表明：相对于常规经营，目标树经营更加注重对优势树种和顶极树种的抚育，采伐木为影响目标树生长的林木和枯损木，多为白桦、杨树等先锋树种，对维持蒙古栎和红松在林分中的相对重要性更加有利。

表2-19 蒙古栎过伐林样地采伐前后树种重要值对比

样地号	树种	重要值		样地号	树种	重要值		样地号	树种	重要值	
		伐前	伐后			伐前	伐后			伐前	伐后
ZH-01	蒙古栎	116	118	ZH-07	蒙古栎	100	103	ZH-09	蒙古栎	94	94
	红松	62	64		杂木	83	84		云杉	60	60
	色木	42	42		红松	55	55		杂木	69	68
	杨树	23	32		白桦	20	18		红松	18	19
	白桦	27	24		黑桦	15	14		杨树	14	14
	水曲柳	11	1		落叶松	7	7		水曲柳	13	13
	椴树	12	12		杨树	7	6		色木	6	6
	杂木	4	4		色木	6	6		椴树	7	7
	落叶松	2	2		水曲柳	3	3		白桦	8	7
	冷杉	1	1		榆树	3	3		黑桦	8	8
					云杉	1	1		落叶松	2	3
									冷杉	1	1
ZH-02	蒙古栎	70	70	ZH-04	蒙古栎	80	80	ZH-11	蒙古栎	78	78
	红松	58	61		红松	55	57		红松	38	39
	色木	56	57		色木	55	55		杂木	32	33
	杨树	50	50		白桦	39	38		白桦	44	43
	椴树	29	28		椴树	32	31		色木	34	34
	白桦	27	25		杨树	21	21		冷杉	66	66
	杂木	7	6		杂木	17	17		椴树	23	24
	冷杉	2	2		冷杉	2	2		黑桦	12	12
	黄波罗	1	1						杨树	15	15
									榆树	2	2
									水曲柳	3	1

（续）

样地号	树种	重要值		样地号	树种	重要值		样地号	树种	重要值	
		伐前	伐后			伐前	伐后			伐前	伐后
ZH-03	蒙古栎	79	82	ZH-08	蒙古栎	91	93	ZH-10	蒙古栎	100	101
	色木	53	53		红松	71	73		云杉	51	51
	红松	52	55		杂木	60	61		红松	38	39
	白桦	46	41		白桦	38	34		杂木	26	26
	杨树	29	28		落叶松	12	13		白桦	28	2
	椴树	25	25		黑桦	11	9		色木	12	12
	杂木	11	11		水曲柳	7	7		冷杉	10	10
	落叶松	3	3		色木	6	6		水曲柳	9	9
	冷杉	2	2		冷杉	3	3		榆树	8	7
					杨树	1	1		椴树	7	7
									黑桦	7	7
									杨树	4	4

③林分密度：经营前后各样地林分密度都有所降低（表 2-20）。自稀疏系数为 1.6 时，伐前林分密度指数在 687.49~922.02 之间，林分较稀疏（一般林分密度指数在 1200~1600 之间），伐后林分密度指数略有降低，在 653.43-891.71 之间。因此，3 种处理采用低强度的择伐方式有利于维持林分密度结构。

表 2-20 蒙古栎过伐林样地采伐前后林分密度指标对比

经营方式	样地号	株数密度（株/hm²）		Reineke 密度指数	
		伐前	伐后	伐前	伐后
常规经营	ZH-01	1040	1021	687.49	653.43
	ZH-07	1226	1210	707.57	688.13
	ZH-09	1744	1725	762.93	749.55
CTR1	ZH-02	1331	1271	718.57	674.49
	ZH-04	1393	1369	790.24	768.19
	ZH-11	1634	1606	881.05	851.09
CTR2	ZH-03	1344	1293	737.61	710.59
	ZH-08	1563	1527	810.18	750.10
	ZH-10	2209	2173	922.02	891.71

④树种多样性：蒙古栎过伐林各样地乔木层树种多样性如表 2-21 所示。常规经营的 3 个样地，伐前、伐后多样性指数基本不变，样地 ZH-01 的均匀度指数增加、优势度指数降低。目标树经营的 6 个样地多样性指数降低，CTR1 的样地 ZH-02 和 CTR2 的样地 ZH-08 均匀度指数降低、优势度指数增加。结果表明，采用目标树经营方式采伐后，林分乔木层树种多样性有所下降，结合前文的树种重要值分析，可以得出采伐保持了群落的树种丰富度，降低了树种分布的均匀度。

表 2-21 蒙古栎过伐林样地采伐前后群落多样性指数

经营方式	样地号	SW		E		ED	
		伐前	伐后	伐前	伐后	伐前	伐后
常规经营	ZH-01	1.68	1.68	0.68	0.67	1.58	1.59
	ZH-07	1.54	1.54	0.64	0.64	1.41	1.41
	ZH-09	1.69	1.69	0.68	0.68	1.47	1.48
CTR1	ZH-02	1.74	1.72	0.79	0.78	1.11	1.12
	ZH-04	1.79	1.78	0.81	0.81	1.11	1.11
	ZH-11	2.06	2.05	0.86	0.86	1.47	1.35
CTR2	ZH-03	1.85	1.84	0.72	0.72	1.67	1.67
	ZH-08	1.57	1.55	0.68	0.67	1.22	1.23
	ZH-10	1.84	1.83	0.74	0.74	1.43	1.43

⑤林分空间结构：蒙古栎过伐林林分空间结构可从不同样地平均角尺度 $\overline{W}$、平均大小比数 $\overline{U}$、平均混交度 $\overline{M}$（表 2-22）看出。从总体上看，各样地伐前伐后林分空间结构基本保持不变。林分平均角尺度表明了样地内林木的水平分布格局，样地 ZH-07 伐前林木平均角尺度为 0.516，落在（0.475，0.517）的范围内，林木水平分布格局为随机分布，伐后为团状分布。其他样地伐前、伐后林木平均角尺度均大于 0.517，林木水平分布格局为团状分布。大小比数量化了参照树与其相邻木的大小相对关系，常规经营的 3 个样地伐后林分平均大小比数略有降低，CTR1 的样地 ZH-02 伐后林分平均大小比数略有提高，其他样地伐后林分平均大小比数略有降低，说明除样地 ZH-02 外，采伐提高了样地优势树种的优势地位。平均混交度说明了样地内树种空间隔离程度，伐前样地 ZH-11 的 $\overline{M}$ 为 0.720，表示轻度混交（双株混交），其他样地的 $\overline{M}$ 值在 0.5 左右，表示中度混交（单行混交）；伐后各林分的 $\overline{M}$ 略有增加，但是混交程度基本不变。

表 2-22 蒙古栎过伐林样地采伐前后林分空间结构指数对比

经营方式	样地号	$\overline{W}$		$\overline{U}$		$\overline{M}$	
		伐前	伐后	伐前	伐后	伐前	伐后
常规经营	ZH-01	0.541	0.539	0.493	0.492	0.594	0.597
	ZH-07	0.516	0.521	0.490	0.489	0.570	0.571
	ZH-09	0.553	0.551	0.504	0.503	0.468	0.471
CTR1	ZH-02	0.543	0.546	0.491	0.493	0.552	0.601
	ZH-04	0.544	0.540	0.494	0.492	0.600	0.605
	ZH-11	0.526	0.525	0.490	0.488	0.720	0.722
CTR2	ZH-03	0.543	0.538	0.494	0.492	0.592	0.660
	ZH-08	0.524	0.523	0.498	0.493	0.589	0.560
	ZH-10	0.534	0.531	0.511	0.510	0.581	0.584

⑥林木竞争指数：在竞争半径为 5m 的条件下，蒙古栎过伐林各样地林分平均竞争指数见表 2-23。各样地采伐后的 $\bar{H}$ 值均有所下降，采伐缓解了样地的林木竞争压力。对比样地林木对蒙古栎、蒙古栎和红松的平均竞争指数 $\bar{H}1$ 和 $\bar{H}2$，结果表明除样地 ZH-03 外，采伐不同程度地降低了林木对蒙古栎和红松的竞争压力，这可能是由于样地 ZH-03 的采伐木没有分布在蒙古栎和红松的 5m 半径内。对比各样地之间的 $\bar{H}$ 值，表明样地 ZH-10 的林木平均竞争指数最大，后期经营中应适当调整。

表 2-23 蒙古栎过伐林样地采伐前后林分 Hegyi 竞争指数对比

经营方式	样地号	竞争指数 $\bar{H}$		对蒙古栎的平均竞争指数 $\bar{H}1$		对蒙古栎和红松的平均竞争指数 $\bar{H}2$	
		伐前	伐后	伐前	伐后	伐前	伐后
常规经营	ZH-01	9.00	8.81	3.45	3.43	5.88	5.87
	ZH-07	7.85	7.82	2.19	2.19	3.18	3.18
	ZH-09	18.56	18.42	6.35	6.23	7.41	7.30
CTR1	ZH-02	11.14	11.33	2.10	1.93	3.84	3.70
	ZH-04	10.51	10.14	2.75	2.73	4.44	4.43
	ZH-11	15.30	15.06	4.52	4.38	6.84	6.74
CTR2	ZH-03	9.38	9.00	2.07	2.11	3.57	3.62
	ZH-08	11.95	11.67	3.15	3.02	5.13	5.02
	ZH-10	22.90	22.43	8.59	8.59	11.73	11.38

（4）结论

综上所述，按林木株数和蓄积量计算，各样地采伐强度均小于 10%，属于轻度干扰。三种经营方式均调整了林分径级结构，一定程度上调整了林分空间结构和树种组成，降低了对优势树种的竞争压力，保护了林分的树种多样性和结构的稳定性，达到了预期经营目的。目标树经营方式 CTR1 和 CTR2 在伐除影响目标树生长的干扰木的同时，也伐除了病木、腐木等生态意义和培育希望较低的损伤木，改善了林分的健康状况，提高了目标树的竞争能力和树种优势。针对部分样地还存在林木混交度偏低、对蒙古栎和红松的竞争压力偏高等问题，可以在林木生长监测的基础上，在后期森林经营中适当调整。

2.3 过伐林基础生长和经营模型

2.3.1 云冷杉阔叶混交林幼树树高—胸径模型

树高（H）和胸径（D）是林业调查中最重要的两个因子。但是，树高数据相对来说更难获取，而且要花费大量的时间，因此在固定和临时样地调查中，一般只测量一定比例的树高。用这些测量了树高和胸径的树木的数据可以建立树高直径模型，并且可以预测野外调查中没有测量树高的树木的高度。树高经常用于估计树木材积和林分的生长，树高曲线在林业生产和实践中广泛应用。很多生长和收获模型中都用树高和胸径作为最基本的输入变量，树高往往部分是实测的，部分是预测的（如 Curitis 等，1967；Wykoff，1990 等；Amey，1985）。在很多情况下，树高的生长数据是缺失的，树高—胸径方程也可以用作树高生长模型（如 Larsen 和 Hann，1987；Wang 和 Hann，1988）。在异龄林和混交林中评价立地生产力也经常涉及拟合树高—胸径方程（如 Stout 和 Shumway，1982；Huang 和 Titus，1993；Vanclay，1995）。胸径测定简单方便、准确，树高测定则相对复杂、困难且不太精确，同时树高受立地条件等因素的影响很大，同一胸径的树木，在不同的立地条件下，树高差别很大。实践中，不论是临时样地还是固定样地，树高的测定仅在一部分测定胸径的样木中进行，然后用树高—胸径关系模型来估计树高，因此构建简单而准确的树高—胸径模型十分必要。

　　树高—胸径的关系一直是研究的热点，树高和胸径之间的关系不仅可以用于分析树木的垂直结构特征，还可以用于生长与收获模型。自 20 世纪 30 年代以来，大量的树高—胸径关系模型被建立了，用以材积计算、生长过程表建立、生物量估算等。比如 Trorey（1932）基于立地用建立了树高—胸径模型，Schumacher（1939）在木材收获研究中评估并应用了新的树高—胸径模型，Myers（1940）也用数学方法描述了树高曲线。随着研究的不断进展，直到现在，树高—胸径曲线仍然处于研究的前沿。

　　虽然一般性树高—胸径模型得到了大量的研究，但是几乎所有的研究都是针对中年、成年树木的，所使用的胸径起测值一般为 5cm，所以研究幼树的树高—胸径关系，可以为分析天然林下的幼树更新具有科学意义。对于幼树的树高生长的研究鲜有报道，郑元润（1997）描述了沙地云杉小树高生长与环境条件的关系，童跃伟（2013）分析了红楠幼树生长与存活的影响的因素，其他的研究还包括对幼树生物量估测、生理、生态等方面。本研究的目标是要建立长白山云冷杉针阔混交林中的幼树树高—胸径模型，分析影响不同的幼树树种树高生长的因子。

　　云冷杉林在经济产出、环境保障和社会效益等诸方面具有很高的价值。云冷杉自然整枝进行得很慢，因此，未经破坏的云杉冷杉林往往具有稠密郁闭的林冠，在形成群落环境方面有强烈的建群作用。在幼龄林时，往往只有立木层和活地被层，结构简单。云冷杉林下阴暗潮湿，适于云冷杉幼苗幼树的生长。因此，云冷杉林冠下幼树天然更新良好，云冷杉林可以依靠天然更新保持结构的稳定和功能的完备。研究云冷杉针阔混交林幼树树高—胸径的规律，可以分析云冷杉针阔混交林的天然更新特点，同时也可以研究采伐强度对幼树树高生长过程的影响。

2.3.1.1　研究区域

　　研究地点位于吉林省汪清县金沟岭林场，地处北纬 43°17′~43°25′，东经 130°05′~130°20′，经营面积 16286 hm²。林场为低山丘陵地貌，海拔 550~1 100 m，平均坡度 10°~25°，极少陡坡在 35°以上。该区属季风性气候，全年平均气温 4 ℃左右，年积温 2144 ℃，其中 1 月平均气温最低，在 -32 ℃左右，7 月平均气温最高，在 32 ℃左右。年降水量 600~700 mm，多集中在 7 月。早霜从 9 月开始，晚霜延至第 2 年 5 月，生长期 120 天。本区土壤以暗棕壤为主。

该地区立地条件较好，植物种类繁多，主要乔木树种有：冷杉、鱼鳞云杉、红松、红皮云杉、杨树、椴树、色木、榆树白桦、水曲柳、枫桦等。

2.3.1.2　数据来源与研究方法

（1）数据的收集和统计

2013 年 9 月在研究地建立了 12 块云冷杉针阔混交林，位置图见图，调查了所有的树高 $H \geqslant 1.3$m 且 1.0cm $\leqslant$ 胸径 $D < 5.0$cm 的幼树的详细信息，包括树高、胸径、冠幅、坐标等，12 块样地的基本统计量见表 2-24。为了建立树高—胸径模型，把数据分成 2 部分，其中约 75% 为建模样本，约 25% 为检验样本。两个样本数据集的基本统计量见表 2-25 和表 2-26。图 2-17，图 2-18 是散点图。建模样本树高服从正态分布。

表 2-24　12 块样地基本因子统计

样地	变量	株数	平均值	最小值	最大值	标准差
1	胸径		14.5	1.1	102.0	0.32137
	树高	934	13.9	1.8	31.0	0.25557
	冠幅		2.1	0.3	6.4	0.03006
2	胸径		12.6	1.0	54.0	0.27189
	树高	1224	13.1	1.6	32.7	0.25389
	冠幅		2.0	0.4	6.4	0.03068
3	胸径		13.2	1.1	110.0	0.27570
	树高	1233	12.6	1.9	30.6	0.20977
	冠幅		1.8	0.2	6.6	0.02158
4	胸径		13.7	1.6	49.5	0.24455
	树高	1167	13.6	0.6	27.9	0.21121
	冠幅		1.9	0.2	6.7	0.02548
5	胸径		13.3	1.0	54.3	0.22240
	树高	1328	14.4	1.7	29.7	0.20780
	冠幅		2.0	0.5	6.7	0.02381
6	胸径		12.7	1.1	70.2	0.23752
	树高	1422	11.9	1.7	29.6	0.19852
	冠幅		2.2	0.4	8.3	0.02629
7	胸径		12.4	1.0	47.8	0.23515
	树高	1540	12.1	1.5	33.0	0.21068
	冠幅		2.0	0.3	6.7	0.02793
8	胸径		12.3	1.1	55.5	0.26372
	树高	1310	11.4	1.9	34.2	0.21093
	冠幅		2.0	0.4	6.4	0.02488

（续）

样地	变量	株数	平均值	最小值	最大值	标准差
9	胸径	1438	12.3	1.0	72.0	0.26122
	树高		11.5	1.5	34.4	0.23167
	冠幅		1.4	0.3	5.9	0.02200
10	胸径	1195	14.3	1.2	53.2	0.25306
	树高		13.7	1.7	27.5	0.21760
	冠幅		2.2	0.5	5.8	0.02431
11	胸径	1301	13.7	1.0	48.0	0.23806
	树高		13.6	1.7	33.2	0.23299
	冠幅		1.6	0.3	5.3	0.02166
12	胸径	1437	14.0	1.0	56.0	0.19314
	树高		15.1	1.6	31.1	0.20945
	冠幅		1.5	0.4	4.6	0.01897

表 2-25 建模样本数据统计结果

树种	样本数	变量	平均值	标准差	最小值	中值	最大值
椴树	186	胸径	3.7763	0.76028	1.7	4.0	4.9
		树高	4.7936	1.07892	2.2	4.8	7.0
红松	101	胸径	2.9059	1.15064	1.0	2.8	4.9
		树高	3.1218	1.02466	1.5	2.9	5.8
冷杉	1069	胸径	2.4889	1.05441	1.0	2.4	4.9
		树高	2.8585	0.79670	1.5	2.7	5.7
色木	293	胸径	3.1956	0.90191	1.0	3.1	4.9
		树高	4.6594	1.18880	2.1	4.6	7.0
云杉	197	胸径	2.4606	1.03794	1.0	2.4	4.9
		树高	2.5868	0.74535	1.5	2.4	5.5

表 2-26 检验样本数据统计结果

树种	样本数	变量	平均值	标准差	最小值	中值	最大值
椴树	49	胸径	3.81429	0.77969	1.9	4.0	4.9
		树高	4.76939	0.96979	2.6	4.6	6.4
红松	34	胸径	3.27353	1.05696	1.0	3.25	4.8
		树高	3.17353	0.77276	1.8	3.2	4.9
冷杉	349	胸径	2.59032	1.06512	1.0	2.5	4.8
		树高	2.91605	0.82739	1.6	2.7	5.2
色木	93	胸径	3.08172	0.89357	1.0	3.1	4.8
		树高	4.58280	1.21106	2.0	4.4	7.0
云杉	61	胸径	2.33607	0.91160	1.0	2.2	4.7
		树高	2.49180	0.66915	1.7	2.4	4.7

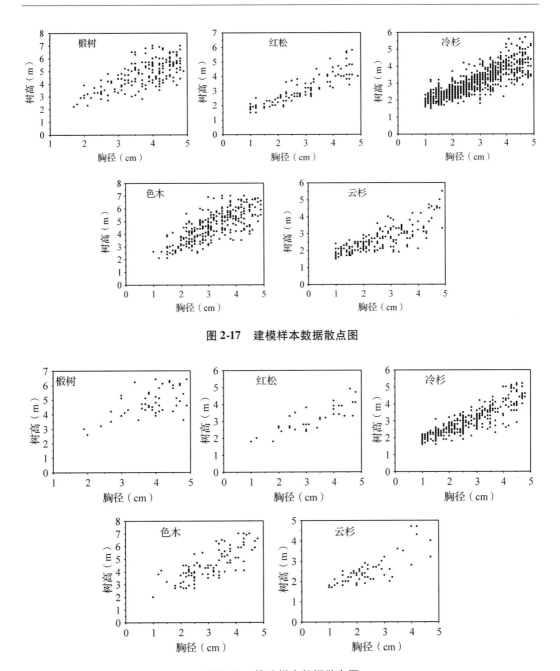

图 2-17　建模样本数据散点图

图 2-18　检验样本数据散点图

（2）备选模型

在多数模型中经常用线性模型来描述树高—胸径之间的关系，非线性的模型形式一般能适用于面积较大的区域。本研究中采用了 35 个线性和非线性模型来拟合幼树的树高—胸径关系，探讨最适合幼树的树高曲线形式（表 2-27）。

表 2-27　常用树高—胸径经验模型

模型编号	模型表达式	作者
线性模型		
1	$h = a_0 + a_1 d$	
2	$h = \dfrac{1}{a_0 + a_1 d^{-1}}$	Vanclay(1995)
3	$\log(h - 1.3) = a_0 + a_1 \log d$	Prodan(1965); Curtis (1967)
4	$h = a_0 + a_1 d + a_2 d^2$	Henricksen(1950); Curtis (1967)
5	$h = a_0 + a_1 \log(d)$	Curtis(1967), Arabatzis and Burkhart (1992)
6	$h = a_0 + a_1 d + a_2 d^2 + a_3 d^3$	Curtis(1967)
7	$h = a_0 + a_1 d^{-1} + a_2 d^2$	Curtis(1967)
非线性模型		
8	$h = 1.3 + a_0 d^{a_1}$	Stoffels and van Soest (1953); stage (1975)
9	$h = 1.3 + \exp(a_0 + a_1/(d+1))$	Schreuder et al. (1979)
10	$h = 1.3 + a_0 d/(a_1 + d)$	Wykoff et al. (1982)
11	$h = 1.3 + a_0[1 - \exp(-a_1 d)]$	Bates and Watts(1980); Ratkowsky(1990)
12	$h = 1.3 + d^2/(a_0 + a_1 d)^2$	Meyer(1940); Farr et al. (1989); Moffat et al. (1991)
13	$h = 1.3 + a_0 \exp(a_1/d)$	Loetsch et al. (1973) Schumacher
14	$h = 1.3 + 10^{a_0} d^{a_1}$	Burkhart and Strub(1974); Buford(1986)
15	$h = 1.3 + a_0 d/(d+1) + a_1 d$	Larson(1986); Watts(1983)
16	$h = 1.3 + a_0[d/(1+d)]^{a_1}$	Curtis (1967); Prodan(1968)
17	$h = 1.3 + a_0/[1 + a_1 \exp(-a_2 d)]$	Pearl and Reed(1920)
18	$h = 1.3 + a_0[1 - \exp(-a_1 d)]^{a_2}$	Richards(1959)
19	$h = a_0(1 - \exp(-a_1 d))^{a_2}$	Richards(1959)
20	$h = 1.3 + a_0[1 - \exp(-a_1 d^{a_2})]$	Yang et al. (1978); Baily(1979)
21	$h = 1.3 + a_0 \exp[-a_1 \exp(-a_2 d)]$	Winsor(1932)
22	$h = 1.3 + d^2/(a_0 + a_1 d + a_2 d^2)$	Curtis (1967); Prodan(1968)
23	$h = 1.3 + a_0 d^{[a_1 d^{(-a_2)}]}$	Sibbesen(1981)
24	$h = 1.3 + a_0^{\exp[a_1/(d+a_2)]}$	Ratkowsky(1990)
25	$h = 1.3 + a_0/(1 + a_1^{-1} d^{-a_2})$	Ratkowsky and Reedy(1986)
26	$h = 1.3 + a_0 + a_1/(d + a_2)$	Tang(1994)
27	$h = 1.3 + a_0 \exp(-a_1 d^{-a_2})$	Stage(1963); Zeide(1989)
28	$h = 1.3 + a_0 \exp[-\exp(-a_1(d - a_2))]$	Seber and Wild(1989)
29	$h = 1.3 + \exp(a_0 + a_1 d^{a_2})$	Curtis et al. (1981); Larsen and Hann (1987); Wang and Hann(1988)
30	$h = 1.3 + \exp(a_0 + a_1/(d+1))$	Schreuder et al. (1979)
31	$h = 1.3 + a_0(1 - \exp(-a_1 d))^{a_2}$	Peng et al. (2001)
32	$h = a_0 + a_1 d + a_2 d^2 + a_3 d^3$	幂函数
33	$h = a_0 + \exp(a_1 + a_2/d)$	Kozak (1988)
34	$h = \exp(a_0 + a_1 d^{-0.5} + a_2 d^{-1} + a_3 d^{-2})$	Kozak (1988)
35	$h = a_0 + \exp(a_1 + a_2 d + a_3 (lnd)^2)$	Kozak (1988)

注：h—树高(m)；d—胸径(cm)；$a_0 \sim a_3$ 模型参数。

（3）参数估计

多数经验方程及理论生长方程属于典型的非线性回归模型，估计参数时需采用非线性最小二乘法(OLS)。常用非线性回归模型参数估计方法包括：①牛顿(Newton)迭代法；②改进的高斯—牛顿(Gauss-Newton)迭代法；③多元割线法；④梯度法，又称最速下降法；⑤阻尼最小二乘法—麦夸特迭代法等。许多高级统计软件包，如 SAS，SPSS，Statistica、DPS 等，均提供了非线性回归模型参数估计的方法，本书主要使用 Statistica 来做模型参数估计。

回归模型参数初始值的确定方法主要有两种：①经验或前人的相关研究得到合适的回归参数初始值；②在参数空间中进行格点搜索，也即用格点的形式来对参数进行各种试验挑选。对每一种挑选，计算剩余残差平方和（$RMSE$），最后选择最小的 $RMSE$ 所对应的参数向量作为参数初始值。

对于回归模型的比较，采用以下拟合统计量作为比较和评价备选模型的标准。

剩余离差平方和：$RMSE = \sqrt{\sum_{i=1}^{n} \dfrac{(\hat{h}_i - h_i)^2}{n - p}}$

决定系数：$R^2 = 1 - \dfrac{\sum_{i=1}^{n}(h_i - \hat{h}_i)^2}{\sum_{i=1}^{n}(h_i - \bar{h}_i)^2}$

调整的决定系数：$R_{adj}^2 = 1 - \dfrac{(n-1)\sum_{i=1}^{n}(\hat{h}_i - h_i)^2}{(n-p)\sum_{i=1}^{n}(h_i - \bar{h})^2}$

式中：h_i 为实测值；$\hat{h}_i$ 为模型估计值；p 为方程参数个数；n 为样本数。

根据所计算的各方程的拟合统计量，选择剩余残差平方和最小（$RMSE$），决定系数（R^2）或调整的决定系数（R_{adj}^2）最大，并应考虑最接近图解法的散点分布趋势的方程式作为最佳方程。

（4）模型检验

模型的检验是采用建模时未使用过的独立样本数据，对所建模型的预测性能进行综合评价，从而确定最佳模型。检验内容包括：视图分析（Visual techniques）、预测误差分析（Deviance measures）和统计检验（Statistical tests）等。

①视图分析：检验模型性能的最有效方法之一就是利用独立样本数据绘制各自变量及模型估计值与模型残差值的散点图。有时也采用观测值与相应的模型估计值绘制散点图进行分析，但多数情况是利用模型估计值与模型残差值之间的散点图。

②误差统计量：独立检验过程中，利用独立检验样本数据，通过以下几种误差统计量作为比较和评价模型预测能力的指标：

平均误差（Mean residual）

$$MR = \sum_{i=1}^{n} \left(\frac{h_i - \hat{h}_i}{n} \right)$$

均绝对误差（Absolute mean residual）

$$AMR = \sum_{i=1}^{n} \left| \frac{h_i - \hat{h}_i}{n} \right|$$

均相对误差（Relative absolute residual）

$$RAR = \frac{1}{n}\sum_{i=1}^{n}\left(\frac{h_i - \hat{h}_i}{y_i}\right) \times 100\%$$

均相对误差绝对值（Relative absolute mean residual）

$$RAMR = \frac{1}{n}\sum_{i=1}^{n}\left|\frac{h_i - \hat{h}_i}{y_i}\right| \times 100\%$$

式中 h_i 为实测值；$\hat{h}_i$ 为模型预估值；$\bar{h} = \sum h_i / n$；n 为样本数。

这四个模型预测的误差统计量作为反映模型预估效果优劣的指标，分析者将选择 MR、AMR、RAR 和 $RAMR$ 值小的模型作为最佳模型。同时，要用视图判断法来观察残差的散点图，残差分布要求均匀、不发散。

2.3.1.3　结果与分析

（1）模型拟合

对 35 个模型的参数进行了估计。比较了这 35 个模型，其中能求解并计算标准差的模型有 1、2、3、4、5、6、7、8、9、12、14、15、16、22 和 30，共 15 个。表 2-28 是模型的参数估计结果，大多数模型的拟合效果良好，尤其是红松和冷杉，在 1～5cm 的区间内表现较为稳定。除了椴树外，大多数模型的决定系数都超过了 0.5，红松和冷杉一般都超过了 0.7。

表 2-28　模型参数估计结果

模型	树种	样本数	变量	估计值	标准差	t	p-value	决定系数 R^2	调整决定系数 R^2_{adj}
1	椴树	186	a_0	1.2532	0.3025	4.1429	0.0000	0.4364	0.4334
			a_1	0.9374	0.0785	11.9368	0.0000		
	红松	101	a_0	0.8383	0.1315	6.3740	0.0000	0.7787	0.7764
			a_1	0.7858	0.0421	18.6616	0.0000		
	冷杉	1069	a_0	1.2301	0.0312	39.3265	0.0000	0.7497	0.7494
			a_1	0.6542	0.0115	56.5296	0.0000		
	色木	293	a_0	1.4972	0.1694	8.8353	0.0000	0.5636	0.5621
			a_1	0.9895	0.0510	19.3858	0.0000		
	云杉	197	a_0	1.1646	0.0814	14.2954	0.0000	0.6478	0.6460
			a_1	0.5779	0.0305	18.9384	0.0000		
2	椴树	186	a_0	0.0650	0.0138	4.6873	0.0000	0.4437	0.4407
			a_1	0.5344	0.0552	9.6707	0.0000		
	红松	101	a_0	0.0842	0.0158	5.3307	0.0000	0.7535	0.7510
			a_1	0.6622	0.0556	11.9032	0.0000		
	冷杉	1069	a_0	0.1462	0.0040	36.2078	0.0000	0.7144	0.7141
			a_1	0.4710	0.0113	41.4388	0.0000		
	色木	293	a_0	0.0742	0.0078	9.4126	0.0000	0.5743	0.5728
			a_1	0.4350	0.0270	15.7600	0.0000		
	云杉	197	a_0	0.1690	0.0155	10.9057	0.0000	0.5869	0.5847
			a_1	0.4982	0.0428	11.6339	0.0000		

（续）

模型	树种	样本数	变量	估计值	标准差	t	p-value	决定系数 R^2	调整决定系数 R^2_{adj}
3	椴树	186	a_0	-0.0631	0.1303	-0.4849	0.6282	0.4364	0.4333
			a_1	0.9898	0.0865	11.4395	0.0000		
	红松	101	a_0	-0.8469	0.1216	-6.9599	0.0000	0.7836	0.7815
			a_1	1.3234	0.0836	15.8294	0.0000		
	冷杉	1069	a_0	-0.5249	0.0255	-20.5856	0.0000	0.7502	0.7499
			a_1	1.0553	0.0189	55.7916	0.0000		
	色木	293	a_0	0.1527	0.0636	2.3988	0.0171	0.5655	0.5640
			a_1	0.9156	0.0466	19.6421	0.0000		
	云杉	197	a_0	-0.8144	0.0891	-9.1367	0.0000	0.6528	0.6510
			a_1	1.1592	0.0584	19.8436	0.0000		
4	椴树	186	a_0	-0.7222	1.1150	-0.6477	0.5179	0.4467	0.4406
			a_1	2.1277	0.6516	3.2651	0.0013		
			a_2	-0.1698	0.0923	-1.8397	0.0674		
	红松	101	a_0	1.2393	0.3039	4.0781	0.0001	0.7834	0.7789
			a_1	0.4570	0.2287	1.9977	0.0485		
			a_2	0.0568	0.0388	1.4619	0.1469		
	冷杉	1069	a_0	1.3526	0.0748	18.0787	0.0000	0.7504	0.7500
			a_1	0.5474	0.0603	9.0717	0.0000		
			a_2	0.0195	0.0108	1.8021	0.0718		
	色木	293	a_0	0.1280	0.5007	0.2558	0.7982	0.5759	0.5730
			a_1	1.9271	0.3270	5.8922	0.0000		
			a_2	-0.1476	0.0508	-2.9013	0.0040		
	云杉	197	a_0	1.6802	0.1857	9.0445	0.0000	0.6642	0.6607
			a_1	0.1282	0.1493	0.8583	0.3917		
			a_2	0.0829	0.0269	3.0730	0.0024		
5	椴树	186	a_0	0.6794	0.3432	1.9791	0.0492	0.4458	0.4428
			a_1	3.1525	0.2591	12.1654	0.0000		
	红松	101	a_0	1.2954	0.1289	10.0428	0.0000	0.7122	0.7093
			a_1	1.8770	0.1199	15.6506	0.0000		
	冷杉	1069	a_0	1.6317	0.0277	58.9005	0.0000	0.7044	0.7042
			a_1	1.5015	0.0297	50.4292	0.0000		
	色木	293	a_0	1.4238	0.1707	8.3374	0.0000	0.5705	0.5690
			a_1	2.8959	0.1473	19.6599	0.0000		
	云杉	197	a_0	1.5519	0.0716	21.6479	0.0000	0.5814	0.5793
			a_1	1.2822	0.0779	16.4583	0.0000		
6	椴树	186	a_0	0.3664	4.1752	0.0877	0.9301	0.4469	0.4378
			a_1	1.0799	3.9264	0.2750	0.7835		
			a_2	0.1499	1.1852	0.1265	0.8994		
			a_3	-0.0312	0.1154	-0.2706	0.7869		
	红松	101	a_0	2.0461	0.7391	2.7682	0.0067	0.7865	0.7799
			a_1	-0.6408	0.9452	-0.6779	0.4994		
			a_2	0.4867	0.3612	1.3472	0.1810		
			a_3	-0.0503	0.0421	-1.1968	0.2342		
	冷杉	1069	a_0	1.7838	0.1868	9.5485	0.0000	0.7519	0.7512
			a_1	-0.0355	0.2392	-0.1487	0.8817		
			a_2	0.2500	0.0921	2.7127	0.0067		
			a_3	-0.0273	0.0108	-2.5176	0.0119		
	色木	293	a_0	1.3279	1.3111	1.0128	0.3120	0.5773	0.5730
			a_1	0.5890	1.3905	0.4236	0.6722		
			a_2	0.3127	0.4676	0.6686	0.5043		
			a_3	-0.0495	0.0500	-0.9901	0.3229		

（续）

模型	树种	样本数	变量	估计值	标准差	t	p-value	决定系数 R^2	调整决定系数 R^2_{adj}
6	云杉	197	a_0	0.5520	0.4486	1.2304	0.2200	0.6768	0.6718
			a_1	1.6702	0.5790	2.8847	0.0044		
			a_2	-0.5309	0.2245	-2.3647	0.0190		
			a_3	0.0732	0.0266	2.7534	0.0065		
7	椴树	186	a_0	5.9222	0.9835	6.0217	0.0000	0.4445	0.4385
			a_1	-6.5319	2.0738	-3.1497	0.0019		
			a_2	0.0468	0.0285	1.6415	0.1024		
	红松	101	a_0	2.2550	0.2688	8.3886	0.0000	0.7810	0.7765
			a_1	-0.6288	0.3710	-1.6949	0.0933		
			a_2	0.1162	0.0123	9.4272	0.0000		
	冷杉	1069	a_0	2.5887	0.0720	35.9516	0.0000	0.7478	0.7473
			a_1	-0.8082	0.0964	-8.3808	0.0000		
			a_2	0.0910	0.0037	24.6442	0.0000		
	色木	293	a_0	5.0694	0.4078	12.4318	0.0000	0.5653	0.5623
			a_1	-3.7765	0.7297	-5.1758	0.0000		
			a_2	0.0808	0.0153	5.2790	0.0000		
	云杉	197	a_0	2.0567	0.1745	11.7892	0.0000	0.6659	0.6625
			a_1	-0.3089	0.2322	-1.3306	0.1849		
			a_2	0.0958	0.0092	10.4335	0.0000		
8	椴树	186	a_0	0.9388	0.1931	4.8617	0.0000	0.4364	0.4333
			a_1	0.9898	0.1459	6.7845	0.0000		
	红松	101	a_0	0.4287	0.0556	7.7152	0.0000	0.7836	0.7815
			a_1	1.3234	0.0959	13.8059	0.0000		
	冷杉	1069	a_0	0.5916	0.0158	37.4377	0.0000	0.7502	0.7499
			a_1	1.0553	0.0219	48.1513	0.0000		
	色木	293	a_0	1.1649	0.0880	13.2422	0.0000	0.5655	0.5640
			a_1	0.9156	0.0582	15.7338	0.0000		
	云杉	197	a_0	0.4429	0.0316	11.4973	0.0000	0.6528	0.6510
			a_1	1.1593	0.1437	19.1951	0.0000		
9	椴树	186	a_0	2.4684	0.1392	17.7280	0.0000	0.4431	0.4401
			a_1	-5.7563	0.8229	-6.9956	0.0000		
	红松	101	a_0	2.4359	0.1222	19.9314	0.0000	0.7797	0.7774
			a_1	-7.1873	0.6324	-11.3652	0.0000		
	冷杉	1069	a_0	2.0077	0.0320	62.7698	0.0000	0.7430	0.7428
			a_1	-5.3737	0.1561	-34.4182	0.0000		
	色木	293	a_0	2.4359	0.0745	32.7103	0.0000	0.5741	0.5726
			a_1	-5.0447	0.4071	-12.3907	0.0000		
	云杉	197	a_0	1.9551	0.1010	19.3568	0.0000	0.6327	0.6309
			a_1	-5.8620	0.4502	-13.0200	0.0000		
12	椴树	186	a_0	0.9519	0.1160	8.2048	0.0000	0.4427	0.4397
			a_1	0.2798	0.0295	9.4888	0.0000		
	红松	101	a_0	1.4827	0.1573	9.4238	0.0000	0.7816	0.7794
			a_1	0.2370	0.0393	6.0301	0.0000		
	冷杉	1069	a_0	1.0911	0.0290	37.5917	0.0000	0.7417	0.7414
			a_1	0.3537	0.0091	38.8715	0.0000		
	色木	293	a_0	0.7807	0.0522	14.9510	0.0000	0.5743	0.5728
			a_1	0.2950	0.0151	19.5630	0.0000		
	云杉	197	a_0	1.3432	0.1119	12.0054	0.0000	0.6343	0.6324
			a_1	0.3371	0.0340	9.9122	0.0000		

（续）

模型	树种	样本数	变量	估计值	标准差	t	p-value	决定系数 R^2	调整决定系数 R^2_{adj}
14	椴树	186	a_0	-0.0274	0.0566	-0.4850	0.6282	0.4364	0.4333
			a_1	0.9898	0.0866	11.4358	0.0000		
	红松	101	a_0	-0.3678	0.0529	-6.9567	0.0000	0.7836	0.7815
			a_1	1.3234	0.0835	15.8429	0.0000		
	冷杉	1069	a_0	-0.2280	0.0110	-20.6500	0.0000	0.7502	0.7499
			a_1	1.0553	0.0193	54.8216	0.0000		
	色木	293	a_0	0.0663	0.0276	2.3982	0.0171	0.5655	0.5640
			a_1	0.9156	0.0467	19.6279	0.0000		
	云杉	197	a_0	-0.3537	0.0387	-9.1292	0.0000	0.6528	0.6510
			a_1	1.1593	0.0584	19.8561	0.0000		
15	椴树	186	a_0	-0.0131	0.5171	-0.0254	0.9798	0.4364	0.4333
			a_1	0.9282	0.1054	8.8039	0.0000		
	红松	101	a_0	-0.9962	0.2651	-3.7578	0.0003	0.7822	0.7800
			a_1	0.8718	0.0614	14.1939	0.0000		
	冷杉	1069	a_0	-0.1653	0.0655	-2.5227	0.0118	0.7500	0.7498
			a_1	0.6712	0.0168	39.9859	0.0000		
	色木	293	a_0	0.4411	0.3098	1.4238	0.1556	0.5646	0.5631
			a_1	0.9488	0.0701	13.5296	0.0000		
	云杉	197	a_0	-0.3425	0.1708	-2.0055	0.0463	0.6500	0.6482
			a_1	0.6166	0.0442	13.9565	0.0000		
16	椴树	186	a_0	10.0659	12.5885	0.7996	0.4250	0.4450	0.4420
			a_1	4.4330	5.5745	0.7952	0.4275		
	红松	101	a_0	8.9383	1.9053	4.6914	0.0000	0.7722	0.7698
			a_1	5.3332	0.8868	6.0138	0.0000		
	冷杉	1069	a_0	5.8413	—	—	—	0.7313	0.7311
			a_1	3.7730	—	—	—		
	色木	293	a_0	9.6575	—	—	—	0.5756	0.5741
			a_1	3.7668	—	—	—		
	云杉	197	a_0	5.4127	1.5021	3.6035	0.0004	0.6163	0.6143
			a_1	4.1159	1.0027	4.1047	0.0001		
22	椴树	186	a_0	2.6815	1.7780	1.5081	0.1333	0.4469	0.4408
			a_1	-0.4929	0.9367	-0.5262	0.5994		
			a_2	0.2203	0.1381	1.5950	0.1124		
	红松	101	a_0	0.9419	1.5160	0.6213	0.5358	0.7832	0.7787
			a_1	1.5096	1.0047	1.5025	0.1362		
			a_2	-0.0632	0.1320	-0.4785	0.6334		
	冷杉	1069	a_0	-0.1076	0.1952	-0.5515	0.5814	0.7504	0.7499
			a_1	1.7738	0.1779	9.9723	0.0000		
			a_2	-0.0453	0.0265	-1.7097	0.0876		
	色木	293	a_0	-2.7560	0.0160	-167.1710	0.0000	0.2564	0.2513
			a_1	2.8455	0.0132	215.0221	0.0000		
			a_2	-0.2876	0.0051	-56.0067	0.0000		
	云杉	197	a_0	-1.3992	0.4506	-3.1051	0.0022	0.6668	0.6634
			a_1	3.4014	0.4898	6.9444	0.0000		
			a_2	-0.3119	0.0593	-5.2614	0.0000		
30	椴树	186	a_0	2.4684	0.1392	17.7280	0.0000	0.4431	0.4401
			a_1	-5.7563	0.8229	-6.9956	0.0000		
	红松	101	a_0	2.4359	0.1222	19.9314	0.0000	0.7797	0.7774
			a_1	-7.1873	0.6324	-11.3652	0.0000		

（续）

模型	树种	样本数	变量	估计值	标准差	t	p-value	决定系数 R^2	调整决定系数 R^2_{adj}
30	冷杉	1069	a_0	2.0077	0.0320	62.7698	0.0000	0.7430	0.7428
			a_1	-5.3737	0.1561	-34.4182	0.0000		
	色木	293	a_0	2.4359	0.0745	32.7103	0.0000	0.5741	0.5726
			a_1	-5.0447	0.4071	-12.3907	0.0000		
	云杉	197	a_0	1.9551	0.1010	19.3568	0.0000	0.6327	0.6309
			a_1	-5.8620	0.4502	-13.0200	0.0000		

通过模型的比较和评价，得出 5 个树种最优的模型，见表 2-29。所有的模型形式中，模型 6 的拟合效果最好，决定系数 R^2 最高。

表 2-29　模型筛选结果

树种	模型	参数	估计值	决定系数 R^2	调整决定系数 R^2_{adj}
椴树	6	a_0	0.3664	0.4469	0.4378
		a_1	1.0799		
		a_2	0.1499		
		a_3	-0.0312		
红松	6	a_0	2.0461	0.7865	0.7799
		a_1	-0.6408		
		a_2	0.4867		
		a_3	-0.0503		
冷杉	6	a_0	1.7838	0.7519	0.7512
		a_1	-0.0355		
		a_2	0.2500		
		a_3	-0.0273		
色木	6	a_0	1.3279	0.5773	0.5730
		a_1	0.5890		
		a_2	0.3127		
		a_3	-0.0495		
云杉	6	a_0	0.5520	0.6768	0.6718
		a_1	1.6702		
		a_2	-0.5309		
		a_3	0.0732		

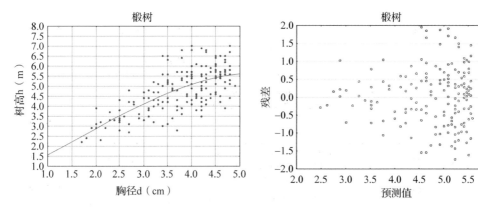

图 2-19　模型拟合曲线和残差图

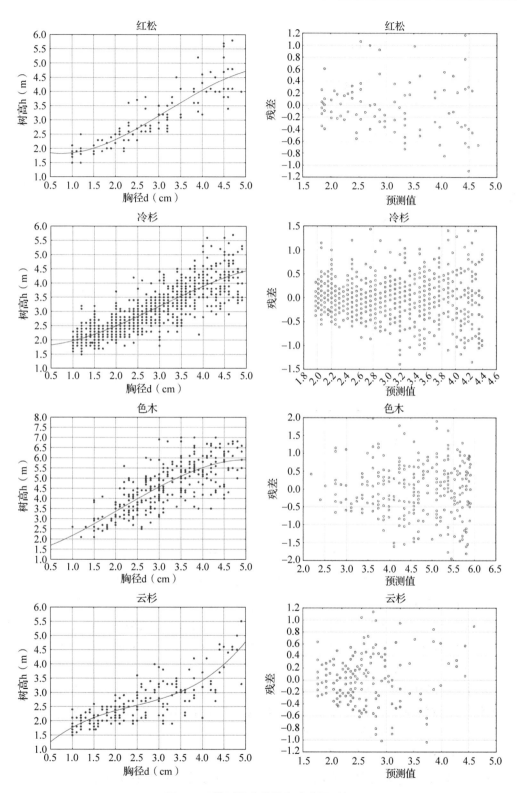

图 2-19　模型拟合曲线和残差图(续)

模型的拟合树高曲线如图 2-19 所示，5 个树种的残差分布比较均匀，没有发散的情况，可以看出拟合的曲线有较好的表现效果。

（2）模型检验

表 2-30 是模型的检验结果，表明 5 个树种的模型检验结果都较好，冷杉的相关系数最高，达到了 0.88，椴树最小，是 0.69。平均误差都比较小，云杉和冷杉的均绝对误差最小。均相对误差绝对值只有红松较大，为 −8.07%，其他的都小于 ±4%。

表 2-30 模型检验结果

树种	相关指数	平均误差	均绝对误差	均相对误差	均相对误差绝对值
椴树	0.6920	−1.33E-02	0.5724	−1.98%	11.94%
红松	0.8271	−0.23482	0.4450	−8.07%	14.35%
冷杉	0.8814	−1.60E-02	0.2876	−2.40%	10.13%
色木	0.7746	3.31E-02	0.6075	−2.06%	14.04%
云杉	0.8641	−4.34E-02	0.2348	−3.24%	9.79%

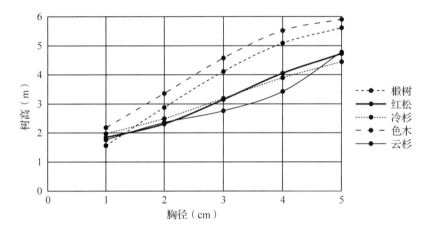

图 2-20 5 个树种模型拟合曲线的比较

用拟合的结果分析这 5 个树种生长过程，研究发现胸径 1.0cm 时，椴树的树高是最小的（1.6m），而色木是最大的（2.2m）。随着胸径增大，椴树幼树生长加快，与色木的树高生长相平行，而色木在幼树阶段一直是树高最大的，在胸径 5.0cm 时，达到了 5.9m。红松和冷杉幼树的生长相类似，处于中间位置，而冷杉在胸径 5.0cm 时，树高最小（4.4m）。云杉幼树在胸径 2.0~4.0cm 时，树高是最小的，但是生长速度很快，在 5.0cm 时，树高达到 4.8m。结果见图 2-20 所示，幼树的树高生长受很多因素的制约，光照条件、土壤腐殖质层厚度及相邻木等对林下更新的幼树生长有不同程度的影响，用这种模型可以模拟幼树的高生长过程。

2.3.1.4 结论

森林采伐后，林木及环境诸因子发生了一系列变化，将对森林更新产生一定的影响。东北过伐林区由于长期不合理的采伐，对森林更新产生不利的影响，甚至可能对云冷杉针阔混交林的更新带来困难。一般来说除灌和施肥等抚育措施对幼树的生长有很重要的作用，研究幼树树高—胸径的关系可以更科学的实施人工促进天然更新。本研究可以得出以下结论：

①从现在的幼树树高—胸径模型的研究结果来看，幼树的树高生长受到了不同程度的压制，很多常规的树高曲线都不适合幼树树高的模拟，比如常用的 Schumacher、Richards、Kozak 式等，其他的抛物线式、幂函数式也不适用。研究结果表明 Curtis(1967)的三次多项式能较好的模拟幼树树高—胸径曲线，拟合的决定系数最高的是红松(0.7865)，最低的是椴树(0.4469)，并且针叶树种明显大于阔叶树种。在云冷杉针阔混交林林下更新的幼树中，云杉、冷杉和红松的生长较好，一定的遮阴有利于高生长。而阔叶树种，如椴树和色木的天然更新能力不足，幼树的高生长能力还需要人工抚育等措施来促进。

②分析 5 个树种生长过程，研究得出幼龄椴树的树高是最小的，而色木是最大的，随着胸径生长，椴树幼树生长加快，而色木在幼树阶段一直是树高最大的。红松和冷杉幼树的生长相类似，处于中等高度。模拟的结果表明，如果对红松、云杉和冷杉这些价值较高的幼树实施人工促进天然更新等措施，会加快云冷杉针阔针阔混交林的更新、演替能力，提高林分的潜在质量。

③树高—胸径模型是林分密度等综合因子的体现，光照条件、土壤腐殖质层厚度、相邻木、直射光、上层树种及草本和灌木等因子对幼树树高的生长也有很大的影响。另外，幼树的树高生长完全不同于成年树，仅仅用胸径来模拟幼树的生长是不够的，还应考虑幼树的生长环境的影响，比如坡向、坡位、立地条件、海拔和林分密度等。同时，幼树树种本身的生物学特性也决定了幼树树高生长的复杂性，比如红松幼树虽然能够忍受林下荫蔽的环境条件，但生长极其缓慢。林下红松幼树的正常生长要求有一定光照条件的保证，同时又需要周围相邻木提供荫蔽。把这些环境因素、林分条件、竞争等加入到幼树树高—胸径模型的研究中，在将来会提高模型的精度。

2.3.2　蒙古栎林生长模型

由于固定样地数据常常有层次结构，这种"样地效应"或"树木效应"使误差不满足独立同分布的假设。随机误差至少包括样地间、样地内个体间及同一个体多次重复测量的随机效应。而混合模型作为一种有力的工具用于多层次重复测量数据，通过规定不同的协方差结构来表示相关的误差情况，允许数据间具有相关性及异方差，从而提高预测精度并解释随机误差的来源。此方法既可以反映总体平均变化趋势，又可以提供数据方差、协方差等多种信息来反映个体之间的差异。蒙古栎主要分布于东北三省、内蒙古等地，是东北次生落叶阔叶林的主要组成树种。蒙古栎不仅是我国主要用材树种，同时还具有保持水土、涵养水源等作用(陈新美等，2008；洪玲霞等，2012)。近几年国内关于蒙古栎的研究较多(杜纪山，2000；亢新刚等，2001；王春霞等，2005；陈新美等，2008；于洋等 2011；程徐冰等，2011；沈琛琛等，2012；洪玲霞等，2012)。

2.3.2.1　基于两层次非线性混合模型的蒙古栎林分断面积模拟研究

林分断面积预估模型是描述林木或林分断面积生长变化的方程式，一直是林分生长和收获模型体系的重要组成部分。断面积预测的可靠性直接影响森林经营决策，因此提高模型的估计精度尤为重要。

国内外一些学者利用混合模型方法对林分的断面积进行了研究（Fang 等，2001；Budhathoki 等，2005）。这些研究表明，在模拟林分断面积时，混合模型方法要比传统的回归方法精度高。本章节主要是从 Richards 和 Schumacher 方程中找出一个模拟精度最高的模型作为构建非线性混合效应模型的基础模型。然后，分样地效应、坡向效应及两层效应进行模拟，另外考虑多次连续观测的时间序列相关性及估计中存在的异方差问题。最后确定科学合理的断面积非线性混合效应模型，并对某一样地未来林分断面积分不同情况进行预测。

（1）断面积模型的选择

研究林分断面积生长的模型种类很多，例如 Logistic 方程、Schumacher 方程、Gompertz 方程、Richards 方程和 korf 方程等。Richards 型方程因其具有较好的数学性质和生物学意义而成为常用的断面积生长预估模型。而 Schumacher 模型在模拟过程中容易收敛，很方便地获取模拟结果，得到了众多学者的推崇。本章节在预估林分断面积时选择了 Richards 和 Schumacher 式作为基本模型形式，通过地位质量指标、年龄和密度指标这 3 个自变量的变化来预估林分断面积。具体模型形式如下：

$$G = b_1 H^{b_2} \{1 - \exp[-b_4 N^{b_5}(t - t_0)]\}^{b_3} \tag{2-1}$$

$$G = \exp(b_0 + b_1/t) N^{b_2} H^{b_3} \tag{2-2}$$

这 2 个式中，G 为年龄 t 时的断面积、N 为单位面积株数，H 为林分优势木平均高，t 为林分年龄，t_0 为林木生长到胸高时的年龄（本研究中 t_0 取 2 年）。b_0，b_1，b_2，b_3，b_4，b_5 为待估参数。

（2）传统最小二乘模拟结果

利用 SAS 软件对式（2-1 ~ 2-2）2 个模型采用最小二乘回归参数估计方法进行拟合，选择确定系数、均方根误差及平均绝对残差对模拟结果进行比较分析。结果见表 2-31。

表 2-31　基于传统最小二乘方法的 2 种模型的蒙古栎林分断面积的模拟结果

公式	模型参数估计值						确定系数 R^2	均方根误差 $RMSE$	平均绝对残差 $\lvert \overline{E} \rvert$
	b_0	b_1	b_2	b_3	b_4	b_5			
(2-1)		1.4758	1.2416	0.5571	0.0076	0.8658	0.7667	4.4650	3.4331
(2-2)	-2.2520	-30.3123	0.4003	1.1484			0.7873	4.1273	3.2978

从表 2-31 可以看出，自变量包括林分公顷株数、林龄及优势木平均高的 Richards 型和 Schumacher 断面积模型的模拟精度都很高，相对来说即式（2-2）的确定系数略高，而均方根误差和平均绝对残差略小，因此选择式（2-2）作为构建混合模型的基础模型。

（3）非线性混合效应模型模拟结果

①样地效应：在模型中，哪个参数为固定效应哪个为混合效应一般依赖于所研究的数据。如果没有关于随机效应方差协方差结构的先验知识并且满足收敛条件，Pinheiro等（2000）建议模型中所有的参数首先应全部看成是混合的，然后再分别参数进行拟合，最后选择模拟精度较高的形式来估计优势木高度。本章节按照此方法进行参数选择和模拟。最后模拟的结果有 4 种（如表 2-32）。

表 2-32　基于样地效应混合模型的蒙古栎林分断面积模拟结果

混合效应参数	样本容量	−2Log Likelihood	AIC	BIC
无	506	2863.9	2875.9	2901.3
b_0	506	2560.7	2572.7	2598.1
b_1	506	2570.4	2582.4	2607.7
b_2	506	2573.8	2585.8	2611.2
b_3	506	2563.1	2575.1	2600.4

表 2-32 的模拟结果说明：无论哪个参数作为混合效应参数，其模拟效果都要比传统最小二乘方法效果好。1 个参数作为混合参数时，b_0 的模拟效果最好；2 个参数以上时，模型均不收敛。进行方差分析表明，b_0 与不考虑随机效应的 LRT 值为 303.1，$p <$ 0.0001。因此，最后确定的混合模型的基本形式如式（2-3）：

$$G = \exp(b_0 + u_i + b_1/t)N^{b_2}H^{b_3} + \varepsilon_i$$
$$(u_i) \sim N(0, D)$$

(2-3)

式中 u_i 为随机效应参数，本研究中 $i = 1, 2\cdots, 203$，i 为样地数目。

在利用混合模型方法模拟林分断面积时，不可忽视的两个问题就是误差的异方差和连续观测数据的自相关性。通常判断是否存在异方差问题最直观的方法就是利用断面积残差分布图，图 2-21a 和 2-21b 分别是传统回归模型与 b_0 作为混合效应参数的断面积残差分布结果。

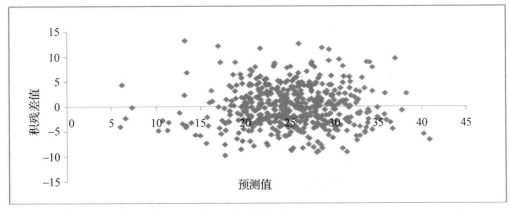

图 2-21a　基于传统回归方法的断面积残差与断面积预测值关系分布图

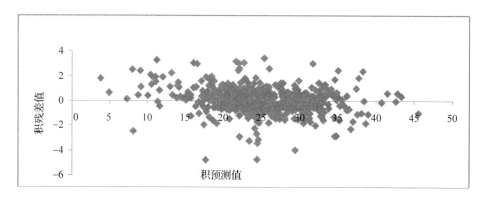

图 2-21b　基于混合模型的断面积残差与断面积预测值关系分布图

由于混合模型方法本身会减少异方差的影响，因此图 2-21b 表示出估计的断面积残差值比图 2-21a 的残差值分布范围要小得多，而且并不随估计值的增大而增大，趋向正态分布。为了更好地解决异方差问题，采用幂函数和指数函数两种函数形式来表达异方差的影响。具体计算结果如表 2-33。

表 2-33　考虑样地效应及异方差的蒙古栎林分断面积模拟结果

模型形式	参数个数	异方差方程	-2Log Likelihood	AIC	BIC	LRT	p 值
结构 1	6	不考虑	2560.7	2572.7	2598.1		
结构 2	7	幂函数	2547.0	2561.0	2590.6	13.7126	0.0002
结构 3	7	指数函数	2549.6	2563.6	2593.1	11.1550	0.0008

根据表 2-33 的模拟结果，幂函数和指数函数形式的异方差方程的 LRT 值表明，考虑异方差后可以提高模型的模拟精度，且差异显著。幂函数在 3 个评价指标上要小于指数函数的 3 个指标值，因此作为本研究断面积的异方差方程。本研究所用的断面积数据是连续 2 次观测，因此本研究没有考虑时间序列相关性误差。因此最后采取的非线性混合效应模型的模型形式如(式 2-4)：

$$
\begin{cases}
G = \hat{G} + \varepsilon_i \\
\varepsilon_i \sim N(0, R_i) \\
R_i = \sigma_i^2 \Psi_i^{0.5} \times \Gamma_i(\theta) \times \Psi_i^{0.5} = \sigma^2 \times \hat{G}^{a/2} \times \hat{G}^{a/2} \\
\Psi_i^{0.5} = \hat{G}^{a/2} \\
\hat{G} = \exp(b_0 + u_i + b_1/t) \times n^{b_2} \times h^{b_3} \\
u_i \sim N(0, D) \\
i = 1, 2, \cdots, 253
\end{cases}
\tag{2-4}
$$

利用 S-PLUS 的 NLME 模块对上述混合模型进行模拟，模拟结果见表 2-34。

表 2-34　综合考虑样地效应、异方差后的模拟结果

参数值	估计值	标准差	自由度	t 值	p 值
b_0	−2.7135	0.3318	244	−8.1765	<0.0001
b_1	−25.4152	1.4054	244	−18.0844	<0.0001
b_2	0.3753	0.0209	244	17.8974	<0.0001
b_3	1.3420	0.0946	244	14.1719	<0.0001
样地间方差协方差矩阵			$\hat{D} = 0.1502$		
残差			$\sigma^2 = 20.5104$		
异方差			$a = 0.8015$		

在模拟蒙古栎林分断面积时，样地效应、异方差是不能够忽略的，结合表 2-34 的模拟结果，可为吉林省蒙古栎每个样地计算出合理的随机效应，不仅可以提高估计精度，而且可以提供样地的个性化方程。

②坡向效应：在考虑坡向的随机效应及选择随机参数时与样地效应的方法一致。利用 SAS 软件最后模拟的结果有 10 种(如表 2-35)：

表 2-35　基于坡向效应混合模型的蒙古栎林分断面积模拟结果

混合效应参数	样本容量	−2Log Likelihood	AIC	BIC
无	506	2863.9	2875.9	2901.3
b_0	506	2861.3	2873.3	2898.6
b_1	506	2858.6	2870.6	2895.9
b_2	506	2861.1	2873.1	2898.5
b_3	506	2861.4	2873.4	2898.7
$b_0\ b_1$	506	2851.2	2867.2	2900.9
$b_0\ b_2$	506	2859.6	2875.6	2909.4
$b_0\ b_3$	506	2856.4	2872.4	2906.2
$b_1\ b_2$	506	2852.0	2868.0	2901.8
$b_1\ b_3$	506	2851.3	2867.3	2901.1
$b_2\ b_3$	506	2858.8	2874.8	2908.6

表 2-35 的模拟结果说明：选择 1 个随机效应参数时，b_1 的模拟效果最好。选择 2 个随机效应参数时，b_0 和 b_1 的模拟效果最好。进行方差分析，b_1 与无随机效应参数比，$LRT = 5.3128$，$P = 0.0212$。b_0 和 b_1 的模拟效果与 b_1 相比，$LRT = 7.4102$，$P = 0.0246$。这些结果表明，参数 b_0 和 b_1 同时作为混合效应参数，无论对数似然值、AIC 或 BIC 值都最小，因此最后确定的混合模型的基本形式如式(2-5)：

$$\begin{cases} G = \exp(b_0 + u_{1i} + (b_1 + u_{2i})/t)N^{b_2}H^{b_3} + \varepsilon_i \\ \begin{pmatrix} u_{1i} \\ u_{2i} \end{pmatrix} \sim N(0, D) \end{cases} \quad (2\text{-}5)$$

式中：u_i 为随机效应参数，本书中 $i = 1, 2, \cdots, 8$，i 为坡向数目。

与分析样地效应时的方法一致，在考虑坡向效应时也要考虑异方差和自相关问题。

图 2-22a 和 2-22b 分别是传统回归模型与 b_0 和 b_1 同时作为混合效应参数的断面积残差分布结果。

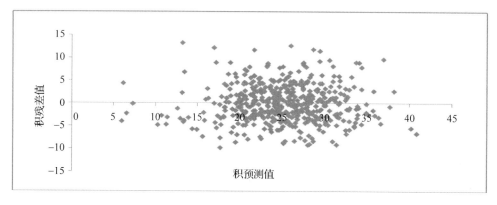

图 2-22a　基于传统回归方法的断面积残差与断面积预测值关系分布图

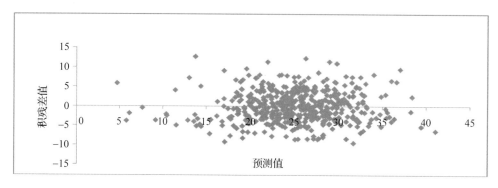

图 2-22b　基于混合模型的断面积残差与断面积预测值关系分布图

图 2-22b 表示出估计的断面积残差值比图 2-22a 的残差值分布范围要小,并不随估计值的增大而增大,趋向正态分布,虽然没有考虑样地效应时明显,仍然存在着明显的异方差问题。为了更好地解决异方差问题,采用幂函数和指数函数两种函数形式来表达异方差的影响。具体计算结果如表 2-36。

表 2-36　考虑区域效应及异方差的蒙古栎林分断面积模拟结果

模型形式	样本容量	参数个数	异方差方程	−2Log Likelihood	AIC	BIC	LRT	p 值
Structure 1	506	8	不考虑	2851.2	2867.2	2900.9		
Structure 2	506	9	幂函数	2850.9	2868.9	2906.9	0.3421	0.5586
Structure 3	506	9	指数函数	2851.1	2869.1	2907.1	0.0669	0.7959

根据表 2-36 的模拟结果,幂函数和指数函数形式的异方差方程的 LRT 值表明,考虑异方差后没有提高模型的模拟精度,且考虑后差异并不显著。因此,本数据在考虑坡向的随机效应时,异方差可忽略不计。本研究所用的断面积数据是连续 2 次观测,因此本研究没有考虑时间序列相关性误差。因此最后采取的非线性混合效应模型的模型(2-5)。

利用 S-PLUS 的 NLME 模块对上述混合模型进行模拟，模拟结果见表 2-37。

表 2-37　综合考虑区域效应、异方差和时间序列相关性后的模拟结果

参数	估计值	标准差	自由度	t 值	p 值
b0	−2.3813	0.3015	494	−7.8981	<0.0001
b1	−31.2960	3.1625	494	−9.8958	<0.0001
b2	0.4028	0.0221	494	18.2271	<0.0001
b3	1.1942	0.0796	494	15.0002	<0.0001
坡向间随机效应方差协方差矩阵	$\hat{D} = \begin{pmatrix} 0.1149 & 6.9282 \\ 6.9282 & 0.9840 \end{pmatrix}$				
残差	$\sigma^2 = 16.0063$				

表 2-37 的模拟结果，可为吉林省蒙古栎每个坡向计算出合理的随机效应，不仅能够计算坡向间的差异性还可以提高未来林分预测的准确性。

③两层效应：根据以上的研究结果，同时考虑样地效应和坡向效应，最初确定的多层次混合效应模型如式(2-6)：

$$\begin{cases} G = \exp(b_0 + u_i + v_{1\,ij} + (b_1 + v_{2ij})/t)N^{b_2}H^{b_3} + \varepsilon_i \\ u_i \sim N(0, D_1) \\ \begin{pmatrix} v_{1\,ij} \\ v_{2\,ij} \end{pmatrix} \sim N(0, D_2) \\ i = 1,2\cdots 283 \\ j = 1,2\cdots 8 \end{cases} \tag{2-6}$$

其中，i 指的是样地数目，j 指的是坡向数目，D_1 为样地的随机效应方差协方差矩阵，D_2 为坡向的随机效应方差协方差矩阵。

利用 S-PLUS 软件对上式进行模拟，并且随机减掉一个随机效应参数进行方差分析，具体模拟结果见表 2-38。

表 2-38　同时考虑样地效应和坡向效应模拟结果

模型	坡向效应		样地效应	−2log likelihood	AIC	BIC	LRT	p 值
	b_0	b_1	b_0					
结果 1	×	×	×	2559.6	2577.5	2615.5		
结果 2	×			2851.2	2867.2	2900.9	291.6	<0.0001
结果 3		×	×	2559.6	2573.6	2603.2	0.126	0.9387
结果 4	×		×	2560.6	2574.6	2604.2	1.071	0.5852
结果 5	×			2861.2	2873.3	2898.6	301.7	<0.0001
结果 6			×	2560.7	2572.7	2598.1	1.165	0.7613

表 2-38 中 LRT 值是结果 1 与结果 2~6 的方差分析结果。

从这个表中可以看出，结果 6 即只考虑 b_0 的样地效应时，3 个指标值最低，因此可作为描述断面积模型的最佳随机参数。对同时考虑坡向效应和样地效应的结果 1 与结果

6 进行方差分析，LRT = 1. 165 $p = 0.7613$，说明利用本数据在模拟蒙古栎林林分断面积时，同时考虑样地效应和坡向效应并不比单独考虑样地效应模拟精度高，因此，在实际应用中，还要具体情况具体分析。

（4）小结

①利用复相关系数、均方根误差和平均绝对残差来评价传统最小二乘模拟结果表明，以林龄、优势木平均高和单位面积林分株数为自变量的 Schumacher 断面积模型精度高于 Richards 模型的精度。

②无论是考虑坡向效应、样地效应还是两层效应进行模拟，Schumacher 模型中无论哪个参数作为混合参数，模拟的效果都好于传统的回归估计方法；而考虑样地效应时 b_0 作为混合参数的模拟精度最高；考虑坡向效应时，b_0 和 b_1 同时作为混合参数的模拟精度最高；在考虑两层效应时，并没有显示出更高的模拟效果，与 b_0 作为样地效应时没有显著差异。

2.3.2.2　基于两层次非线性混合效应模型方法的蒙古栎林树高曲线研究

树高曲线方程是林木生长与收获模型中的一个重要组成部分，也是林分蓄积计算的一个重要因子。研究树高与胸径关系的非线性混合模型的学者很多（Calama 和 Montero，2004；Dorado 等，2006；Uzoh 和 Oliver，2008；Budhathoki 等，2008）。本章节利用非线性最小二乘方法从 6 个常用的曲线方程中找出模拟精度最高的模型作为基础模型，利用基础模型及模拟数据构建非线性混合效应模型，分别考虑样地效应、不同立地因子效应及两层次效应，通过变化混合参数个数，采用 S-plus 软件进行模拟，选择模型收敛及其对数似然值 −2LL（ −2 * Log Likelihood）和 AIC（Akaike Information Criterion）值最小的混合模型作为最优模型，并利用验证数据进行新样本单元随机参数估计和树高预测。

（1）树高曲线基础模型

研究林分树高与胸径关系的生长模型种类很多。由于林分密度和地位指数对树高的生长也具有一定的影响。本研究考虑了这些影响，采用以下 6 种常用的模型形式（Patricia *et al*，2008）：

$$h = 1.3 + \exp[a_1 + b_1 / (D + 1)] + e_i \tag{2-7}$$

$$h = 1.3 + a_1 (B_A)^{a_2} (1 - e^{-a_3(N)^{b_1}D}) + e_i \tag{2-8}$$

$$h = 1.3 + a_1 (h_a)^{a_2} (1 - e^{-a_3(N)^{b_1}D}) + e_i \tag{2-9}$$

$$h = 1.3 + a_1 (1 - e^{-a_2D})^{a_3} + e_i \tag{2-10}$$

$$h = 1.3 + a_1 (1 - e^{-a_2D}) + e_i \tag{2-11}$$

$$h = 1.3 + \left[(a_1 + a_2 B_A + a_3 h_a) \exp\left(\frac{b_1}{D} \right) \right] + e_i \tag{2-12}$$

式中：h 为单木树高；D 为单木胸径；B_A 为林分公顷断面积；h_a 为优势木平均高；N 为林分公顷株数；a_1，a_2，a_3，b_1 为模型参数；e_i 为模型的误差项。

（2）传统模型模拟结果

运用 SAS 软件对蒙古栎样地数据利用式 2-7 ~ 2-12 分别进行拟合，结果见表 2-39。

表 2-39　蒙古栎数据拟合结果

公式	模型参数估计值				复相关系数	均方根误差	平均绝对残差
	a_1	a_2	a_3	b_1	R'	$RMSE$	$|\bar{E}|$
2.7	3.3384			−14.2747	0.7653	2.2096	1.7072
2.8	12.2025	0.1412	0.3695	−0.2441	0.7661	2.2246	1.7037
2.9	11.2903	0.2135	0.1419	−0.1255	0.7586	2.2592	1.7384
2.10	16.3898	0.2419	12.3487		0.7734	2.1825	1.6866
2.11	22.8682	0.0478			0.7491	2.3074	1.7842
2.12	22.4896	0.0328	0.1908	−12.3601	0.8115	2.0005	1.5081

从表 2-39 的拟合结果可以看出，考虑林分断面积和优势木平均高的式(2-12)的 R' 值比其他 5 个模型高，并且 $RMSE$ 和 $|\bar{E}|$ 值比其他 5 个模型都低。因此本研究选择式 2-12 作为基础模型来构造非线性混合效应模型。

（3）非线性混合模型模拟结果

①样地效应：本研究在式 2-12 的基础上，首先来确定模型的混合参数个数，考虑蒙古栎林的样地效应，利用 s-plus 软件对蒙古栎模拟数据进行模拟计算。模拟计算结果见表 2-40。

表 2-40　基于样地效应混合模型收敛的模拟结果

模拟结果	混合参数	AIC	−2 LL
M1	a_1	2472.6	2458.6
M2	a_2	2496.2	2482.2
M3	a_3	2495	2481
M4	b_1	2410.1	2396.1
M5	a_1，a_2	2476.9	2458.9
M6	a_1，a_3	2458.7	2440.8
M7	a_1，b_1	2309.4	2291.4
M8	a_2，a_3	2493.5	2475.5
M9	a_2，b_1	2328	2310
M10	a_3，b_1	2313.7	2295.7
M0	无	2714.4	2702.4

从表 2-40 看出收敛的情况共有 10 种，1 个参数和 2 个参数作为混合效应都能够收敛，并且两个指标值均小于传统最小二乘方法，3 个参数以上的结果均未能够收敛。1 个参数作为混合效应时，b_1 的模拟效果最好（M4）；2 个参数作为混合效应时，a_1，b_1 的模拟效果最好（M7）。M4 和 M7 分别与传统方法进行方差分析，结果分别为 LRT = 306.2，$p < 0.0001$ 和 LRT = 410.9，$p < 0.0001$，说明考虑混合效应后明显提高了模拟精度。进一步对 M4 与 M7 进行方差分析，结果为，LRT = 104.7，$p < 0.0001$，说明增加了混合效应参数个数，相应的也提高了模型精度，并且达到显著程度。因此选择 M7 作为样地效应的最适方程。

②立地因子效应：考虑所有立地因子效应，只有坡向因子效应对树高曲线的拟合有显著差异。研究方法同上，本部分考虑坡向的随机效应，模拟计算结果见表2-41。

表 2-41　基于坡向效应混合模型收敛的模拟结果

模拟结果	混合参数	AIC	−2LL
M11	a_1	2714.6	2700.6
M12	a_2	2714.9	2700.9
M13	a_3	2715.1	2701.1
M14	b_1	2712.6	2698.6
M15	a_1，a_2	2714.1	2696.1
M16	a_1，a_3	2715.7	2697.7
M17	a_1，b_1	2714.1	2696.1
M18	a_2，a_3	2712.9	2694.9
M19	a_2，b_1	2711.5	2693.5
M20	a_3，b_1	2713.8	2695.8
M21	a_1，a_2，a_3	2715.9	2691.9
M22	a_1，a_3，b_1	2718.9	2694.9
M23	a_1，a_2，b_1	2716.7	2692.7
M24	a_2，a_3，b_1	2715.3	2691.3

从表2-41看出收敛的情况共有14种，这14个结果分别与传统方法进行方差分析，只有M19与传统方法有明显差异，其中，LRT = 8.7887，$p = 0.0322$，其余均不显著，因此，只选择 a_2，b_1 作为模型的混合参数。

③两层次效应模拟结果：根据以上的结果，在构建两层次树高曲线时，首先选择样地效应的 a_1，b_1 以及坡向效应的 a_2，b_1 作为混合参数。然后依次递减参数个数，最后选择合适的两层次方程。具体结果见表2-42。

表 2-42　同时考虑样地效应和坡向效应模拟结果

模型	坡向效应		样地效应		−2LL	AIC
	a_2	b_1	a_1	b_1		
M25	×	×	×	×	不收敛	
M26	×	×	×		2461.4	2481.4
M27	×	×		×	2395.2	2415.2
M28		×	×	×	2289.9	2309.9
M29	×		×	×	2284.9	2304.9
M7			×	×	2291.4	2309.4

从表2-42的结果可以看出，同时考虑样地效应的 a_1，b_1 以及坡向效应的 a_2，b_1 作为混合参数时，模型不能够收敛。进一步随机去掉一个参数，M29 即样地效应的 a_1，b_1 以及坡向效应的 a_2 作为混合参数时，模型模拟精度最高。然后再减去一个参数，样地效应的 a_1，b_1 的模拟精度最高（M7）。对 M29 和 M7 进行方差分析，LRT = 13，$p = 0.013$，差异显著。因此，在应用本数据构建基于混合效应模型方法的树高曲线时，最

适合的两层次方程是考虑样地效应的 a_1，b_1 以及坡向效应的 a_2 作为混合参数。

（4）随机参数估计和树高预测

在研究混合效应模型的应用过程中，重要的一项内容是预测未来林分的生长状况。可根据不同的情况进行预测。如果想要获得验证数据（没有参与建模数据）的随机效应值，就需要知道验证数据的部分信息。根据公式 9 和 M7、M19 和 M29 的模拟结果，本研究每个样地选择 3 株标准木作为预先信息来估计随机效应参数值，并以坡向为南坡的样地 109（验证数据）为例，对 3 株标准木进行树高计算。样地 109 的林分公顷株数为1000 株，优势木平均高为 17.4m，公顷断面积为 32.28m^2，3 株标准木的胸径和树高分别是为第一株 21cm 和 18m，第二株 20.4cm 和 18m，第三株 19.5cm 和 17m。

①传统最小二乘方法：如果没有新样本单元的预前信息，就不能够确定随机效应参数，因此只能够利用固定效应参数即 M0 式进行预测。计算结果为：

$$h_1 = 1.3 + \left[(a_1 + a_2 B_A + a_3 h_a) \exp\left(\frac{b_1}{D_1}\right) \right] + e_i = 16.2$$

$$h_2 = 1.3 + \left[(a_1 + a_2 B_A + a_3 h_a) \exp\left(\frac{b_1}{D_2}\right) \right] + e_i = 16$$

$$h_3 = 1.3 + \left[(a_1 + a_2 B_A + a_3 h_a) \exp\left(\frac{b_1}{D_3}\right) \right] + e_i = 15.6$$

预测值与测量值误差的绝对值是：$\Delta h_1 = 1.8$m，$\Delta h_2 = 2$m，$\Delta h_3 = 1.4$m。

②样地效应：如果知道新样本单元部分树木的树高信息，在这种情况下就能够确定随机效应参数。根据 M7 式的模拟结果计算随机参数值，样地 109 计算结果如下：

计算结果是：a_1 的随机参数值为 -0.3391，b_1 的随机参数值为 1.5608，估计的树高如下：

$$h_1 = 1.3 + \left[(a_1 + b_{1i} + a_2 B_A + a_3 h_a) \exp\left(\frac{b_1 + b_{2i}}{D_1}\right) \right] + e_i = 17.8$$

$$h_2 = 1.3 + \left[(a_1 + b_{1i} + a_2 B_A + a_3 h_a) \exp\left(\frac{b_1 + b_{2i}}{D_2}\right) \right] + e_i = 17.5$$

$$h_3 = 1.3 + \left[(a_1 + b_{1i} + a_2 B_A + a_3 h_a) \exp\left(\frac{b_1 + b_{2i}}{D_3}\right) \right] + e_i = 17.1$$

预测值与测量值误差的绝对值是：$\Delta h_1 = 0.2$m，$\Delta h_2 = 0.5$m，$\Delta h_3 = 0.1$m。

③坡向效应：由于在模拟数据中所有的坡向情况都包括，因此，不需要重新计算新样地的随机效应参数值，直接利用模拟数据中的随机效应参数值，南坡的随机参数值 a_2 的随机参数值为 -0.0059，b_1 的随机参数值为 0.4803，估计的树高如下：

$$h_1 = 1.3 + \left[(a_1 + (a_2 + b_{1l}) B_A + a_3 h_a) \exp\left(\frac{b_1 + b_{2l}}{D_1}\right) \right] + e_i = 16.4$$

$$h_2 = 1.3 + \left[(a_1 + (a_2 + b_{1l}) B_A + a_3 h_a) \exp\left(\frac{b_1 + b_{2l}}{D_2}\right) \right] + e_i = 16.2$$

$$h_3 = 1.3 + \left[(a_1 + (a_2 + b_{1l}) B_A + a_3 h_a) \exp\left(\frac{b_1 + b_{2l}}{D_3}\right) \right] + e_i = 15.8$$

预测值与测量值误差的绝对值是：$\Delta h_1 = 1.6\text{m}$，$\Delta h_2 = 1.8\text{m}$，$\Delta h_3 = 1.2\text{m}$。

④两层效应：利用 M29 计算出的结果来估计随机效应参数值，样地 109 的计算结果是：坡向效应 a_2 的随机参数值是 0.0360，样地效应 a_1 是 -0.4776，样地效应 b_1 是 0.9661，估计的树高如下：

$$h_1 = 1.3 + \left[(a_1 + b_{1i} + (a_2 + b_{1l})B_A + a_3 h_a)\exp\left(\frac{b_1 + b_{2i}}{D_1}\right) \right] + e_i = 17.9$$

$$h_2 = 1.3 + \left[(a_1 + b_{1i} + (a_2 + b_{1l})B_A + a_3 h_a)\exp\left(\frac{b_1 + b_{2i}}{D_2}\right) \right] + e_i = 17.6$$

$$h_3 = 1.3 + \left[(a_1 + b_{1i} + (a_2 + b_{1l})B_A + a_3 h_a)\exp\left(\frac{b_1 + b_{2i}}{D_3}\right) \right] + e_i = 17.2$$

预测值与测量值误差的绝对值是：$\Delta h_1 = 0.1\text{m}$，$\Delta h_2 = 0.4\text{m}$，$\Delta h_3 = 0.2\text{m}$。

（5）小结

①考虑样地效应的影响时，a_1，b_1 作为混合参数的模拟效果最好；考虑坡向效应的影响时，a_2，b_1 作为混合参数的模拟效果最好。

②在同时考虑坡向和样地效应时，考虑样地效应的 a_1，b_1 以及坡向效应的 a_2 作为混合参数时模型的模拟精度最高。

③考虑坡向效应或样地效应的影响，不仅能够反映蒙古栎胸径—树高关系模型的整体平均变化趋势，同时还能够反映蒙古栎坡向或样地之间的生长差异，这给进行抽样调查来反映总体变化及强调个体差异的研究提供了一定的技术参考。

2.3.2.3 基于两层次非线性混合模型方法的蒙古栎林优势木平均高研究

在评价林分立地生产力时，通常用地位级和地位指数来表示。由于林分平均高受经营措施的影响较大，表现出不稳定性，采用林分的优势木平均高（反映地位指数）就能够避免这一现象发生。因此在进行不同立地条件下林分的生长对比时，需要准确估计优势木平均高。传统的统计分析方法要求数据满足独立性和常量方差，而在实际中数据很难满足。利用混合效应模型方法可以得到更加符合现实的结果。不仅能够提高优势木平均高的估测精度，而且能够反映不同样地或立地条件下立地生产力的差异。

利用混合效应模型方法建立优势木平均高模型的思路主要是以基本理论生长方程为基础，考虑样地和单木水平上的随机效应（Fang 和 Bailey，2001；Meng 等，2009；Yang 和 Huang，2011）。本章节基于非线性混合效应模型方法，构建了样地层次，立地因子层次，以及两层次的优势木平均高方程。通过变化混合参数个数，采用 S-plus 软件进行模拟，选择模型收敛及其对数似然值 -2LL（-2Log Likelihood）和 AIC（Akaike Information Criterion）值最小的混合模型作为最优模型，并利用验证数据对新样本单元随机参数进行估计和模型预测。

（1）基础模型

研究林分优势木平均高的模型种类很多，例如 Logistic 方程、Mitscherlich 方程、Gompertz 方程、Richard 方程和 korf 方程等。而 Richards 形式适应性强，准确性高，参数有一定的生物学意义，得到了广泛应用。为了避免优势高和地位指数之间的不相容性，Fang 和 Bailey(2001)在预测优势木平均高时，对传统的 Richard 式进行了修改，具体形式如式 2-13：

$$HD = \beta_1 \left(\frac{1 - e^{-\beta_2 t}}{1 - e^{-\beta_2 t_0}} \right)^{\beta_3} + \varepsilon \tag{2-13}$$

其中，HD 指优势木平均高，β_1 为优势高渐近参数，β_2 为尺度参数，β_3 为形状参数，t 为林龄，t_0 为标准林龄(根据蒙古栎林生长情况取 40 年)，ε 为随机误差。

(2)结果与分析

①样地效应：表 2-43 列出了 1 个参数和 2 个参数作为随机参数最优模拟结果。

表 2-43　样地效应混合效应模型模拟结果

模型形式	混合参数	−2LL	AIC	参数估计值			LRT 值	p 值
				β_1	β_2	β_3		
M1	无	1292.9	1302.9	14.7420	0.0573	1.3930		
M2	β_1	919.7	929.7	13.6282	0.1139	0.8757	373.2（M1/M2）	<0.0001
M3	$\beta_1 \beta_2$	879.2	893.2	15.0925	0.0466	0.6056	40.4935（M2/M3）	<0.0001

表 2-43 的结果表明，选择 1 个参数作为混合效应时，β_1 的模拟效果最好；选择 2 个参数作为混合效应时，β_1 和 β_2 的模拟效果最好。所有带有混合效应参数计算的 −2LL 和 AIC 值都比传统最小二乘方法的模型值要小，并且随着混合参数个数的增加，这 2 个值逐渐减小。对 M1 ~ M3 分别进行方差分析比较结果表明，混合效应模型比传统模型适合描述存在样地差异的优势木平均高。M3 式与 M2 式进行方差分析，$p < 0.0001$，表明差异极显著，说明 M3 模型精度最高。

②立地因子效应：考虑所有立地因子效应，只有坡向因子效应对林分的优势木平均高有显著差异。与样地效应模拟方法相同，最后的模拟结果见表 2-44。

表 2-44　坡向效应混合效应模型模拟结果

模型形式	混合参数	−2LL	AIC	参数估计值			LRT 值	p 值
				β_1	β_2	β_3		
M4	β_1	1273.5	1285.5	14.8454	0.0585	1.3937	19.4（M5/M1）	<0.0001
M5	$\beta_1 \beta_2$	1259.7	1275.7	14.9578	0.0575	1.1975	13.8（M6/M5）	<0.0001
M1	无	1292.9	1302.9	14.7420	0.0573	1.3930		

表 2-44 的结果表明，选择 1 个参数作为混合效应时，β_1 的模拟效果最好；选择 2 个参数作为混合效应时，β_1 和 β_2 的模拟效果最好。3 个参数同时作为混合效应参数时，模型不能够收敛。带有混合效应参数的 M4 和 M5 式最后计算的 −2LL 和 AIC 值都比传统最小二乘方法的模型值要小。方差分析表明，M5 与 M4 式相比，结果为 $p < 0.0001$。说明，M5 式的模拟精度最高，差异及其显著。

③同时考虑坡向及样地效应：在实际在应用这些模型时，样地效应和坡向效应同时存在，并且呈嵌套结构。在构建模型时，应同时考虑。结合以上的模拟结果，利用 S-PLUS 软件对两层次模型进行模拟，结果如表 2-45：

表 2-45　同时考虑样地和坡向效应模拟结果

模型	坡向效应			样地效应			AIC	−2LL	LRT	p 值
	β_1	β_2	β_3	β_1	β_2	β_3				
M6	×	×		×	×		890.4	870.4		
M7	×			×	×		890.0	874.0	3.566	0.1681
M8		×		×	×		894.3	878.3	7.868	0.0196
M9	×	×		×			915.4	899.4	28.973	<0.0001
M10	×	×			×		1282.6	1266.6	396.221	<0.0001
M11				×	×		893.2	879.2	8.799	0.0321
M12	×	×					1275.7	1259.7	389.295	<0.0001

表中 M7 ~ M12 的 LRT 值和 P 值为 M7 ~ M12 与 M6 的比较结果。

从表 2-45 的方差分析说明，M6 式与 M7 式的 $p = 0.1681$，大于 0.05，没有明显差异，说明随机减少 β_2 的坡向效应参数并没有降低模型的精度。进一步减少一个随机参数，结果表明，无论是减少坡向效应参数还是样地效应参数，方差分析表明差异显著。因此，本着在相同精度情况下，模型参数越少越好的原则，考虑可用 M7 代替 M6。为了验证 M7 模型的精度是否最高，对 M7 与 M8 ~ M12 进行方差分析，结果差异均显著，因此，M7 可作为两层次混合效应精度最高的方程。

（3）模型预测

在研究混合效应模型的应用过程中，重要的一项内容是预测未来林分的生长状况。可根据不同的情况进行预测。本书在验证数据中（未参与建模）选择的新样本单元是坡向为东北坡的样地 4，分不同的情况进行预测。样地 4 在 1997 年测量时的林龄为 68，优势木平均高是 15.9，在 2007 年测量时林龄为 78，优势木平均高是 16.2。根据公式 4 和 M3、M5 和 M7 的模拟结果来计算新样本单元的随机效应参数并预估优势木平均高值。

①传统最小二乘方法：假如只知道林分年龄，没有进行过优势木平均高的测量。在这种情况下就不能够确定随机效应参数，因此只能够利用固定效应参数即 M1 式进行预测。计算如下：

$$HD = \beta_1 \left(\frac{1 - e^{-\beta_2 t}}{1 - e^{-\beta_2 t_0}} \right)^{\beta_3} = 14.7420 \cdot \left(\frac{1 - e^{-0.0573 \times 68}}{1 - e^{-0.0573 \times 40}} \right)^{1.3930} = 16.6$$

$$HD = \beta_1 \left(\frac{1 - e^{-\beta_2 t}}{1 - e^{-\beta_2 t_0}} \right)^{\beta_3} = 14.7420 \cdot \left(\frac{1 - e^{-0.0573 \times 78}}{1 - e^{-0.0573 \times 40}} \right)^{1.3930} = 16.8$$

预测值与测量值的误差是：第一次测量是 0.7m，第二次测量是 0.6m。

②样地效应：如果知道某一期林分的林分年龄和优势木平均高，就能够确定随机效应参数。本研究选择 1997 年数据作为已知数据，根据 M3 式的模拟结果计算随机参数值，计算结果如下：

计算结果是：β_1 的随机参数值为 −0.3187，β_2 的随机参数值为 −0.001，估计的优势木平均高如下：

$$HD = (\beta_1 + b_{1i}) \left(\frac{1 - e^{-(\beta_2 + b_{2i})t}}{1 - e^{-(\beta_2 + b_{2i})t_0}} \right)^{\beta_3} = (15.0925 - 0.3187) \cdot \left(\frac{1 - e^{-(0.0466 - 0.001) \times 68}}{1 - e^{-(0.0466 - 0.001) \times 40}} \right)^{0.6056} = 15.98$$

$$HD = (\beta_1 + b_{1i}) \left(\frac{1 - e^{-(\beta_2 + b_{2i})t}}{1 - e^{-(\beta_2 + b_{2i})t_0}} \right)^{\beta_3} = (15.0925 - 0.3187) \cdot \left(\frac{1 - e^{-(0.0466 - 0.001) \times 78}}{1 - e^{-(0.0466 - 0.001) \times 40}} \right)^{0.6056} = 16.15$$

预测值与测量值的误差是：第一次测量是 0.08m，第二次测量是 0.05m。

③坡向效应：由于在模拟数据中所有的坡向情况都包括，因此，不需要重新计算新样地的随机效应参数值，直接利用模拟数据中的随机效应参数值，即 β_1 的随机参数值为 0.3529，β_2 的随机参数值为 0.0076，估计的优势木平均高如下：

$$HD = (\beta_1 + b_{1l}) \left(\frac{1 - e^{-(\beta_2 + b_{2l})t}}{1 - e^{-(\beta_2 + b_{2l})t_0}} \right)^{\beta_3} = (14.9578 + 0.3529) \cdot \left(\frac{1 - e^{-(0.0575 - 0.0076) \times 68}}{1 - e^{-(0.0575 - 0.0076) \times 40}} \right)^{1.1975} = 16.57$$

$$HD = (\beta_1 + b_{1l}) \left(\frac{1 - e^{-(\beta_2 + b_{2l})t}}{1 - e^{-(\beta_2 + b_{2l})t_0}} \right)^{\beta_3} = (14.9578 + 0.3529) \cdot \left(\frac{1 - e^{-(0.0575 - 0.0076) \times 78}}{1 - e^{-(0.0575 - 0.0076) \times 40}} \right)^{1.1975} = 16.69$$

预测值与测量值的误差是：第一次测量是 0.67m，第二次测量是 0.49m。

④两层效应：由于方程 M7 的模拟精度最高，利用其计算出的结果来估计随机效应参数值，计算结果是：β_1 的随机参数值为坡向效应是 0.2055，样地效应是 -0.5760，β_2 的样地效应是 -0.0021，估计的优势木平均高如下：

$$HD = (\beta_1 + b_{1i} + b_{1l}) \left(\frac{1 - e^{-(\beta_2 + b_{2i})t}}{1 - e^{-(\beta_2 + b_{2i})t_0}} \right)^{\beta_3} = (15.162 + 0.206 - 0.576) \cdot \left(\frac{1 - e^{-(0.0452 - 0.0021) \times 68}}{1 - e^{-(0.0452 - 0.0021) \times 40}} \right)^{0.6140} = 15.95$$

$$HD = (\beta_1 + b_{1i} + b_{1l}) \left(\frac{1 - e^{-(\beta_2 + b_{2i})t}}{1 - e^{-(\beta_2 + b_{2i})t_0}} \right)^{\beta_3} = (15.162 + 0.206 - 0.576) \cdot \left(\frac{1 - e^{-(0.0452 - 0.0021) \times 78}}{1 - e^{-(0.0452 - 0.0021) \times 40}} \right)^{0.6140} = 16.10$$

预测值与测量值的误差是：第一次测量是 0.05m，第二次测量是 0.10m。

(4) 小结

①当考虑林分的标准年龄的优势高时避免了 β_1 的不稳定性，因此提高了优势木平均高估计的准确性和稳定性。本研究所选择的模型参数中，β_1 是最灵活、变化最不稳定的参数，在估计时最能够体现优势高的变化，因此在拟合时应首先考虑其作为混合参数。

②修改后的 Richards 形式的优势木平均高与林龄关系的非线性混合效应模型的估计精度比传统的回归模型估计精度明显提高，增加随机效应参数个数能够提高模型的估计精度。

③在考虑样地效应时，β_1 和 β_2 同时作为混合参数模拟精度最高；当考虑坡向效应时，β_1 和 β_2 同时作为混合参数模拟精度最高。当考虑两层效应时，β_1 可同时考虑样地效应和坡向效应，而 β_2 只考虑样地效应。

④利用验证数据进行随机参数的计算和优势木平均高的预测时，考虑随机效应的预测精度要好于传统最小二乘方法的预测精度。当考虑随机效应时，坡向效应的预测精度最差，而样地效应和两层效应预测精度几乎没有大的差别，这说明样地之间存在的差异要大于坡向间的差异。从本研究可以看出，由于多层次效应能够反映不同坡向的差异也能够反映同一坡向内不同样地的差异，因此在预测优势木平均高时，应同时考虑多层效应，以便于更精确地描述立地质量。

2.3.2.4　基于两层次线性混合效应模型的单木胸径生长量模拟研究

单木生长模型是定量研究林木生长过程的有效手段，既可对林木的生长做出现实的评价，也可用来预估未来林分各因子的变化；既是编制和修订各种林业数表的基础，也是森林经营中各种措施实施的依据。单木直径生长模型的研究结果可应用于异龄林、混交林等多种林分类型，并能够描述不同经营措施对林木生长的影响，可以直接判定单株木的生长状况和生长潜力，以及判定采用林分密度控制措施后的各保留木的生长状况，这些信息对于林分的集约经营是非常有价值的。在林业生产中，幼林抚育、成林抚育间伐、成熟林采伐等生产环节都与林木的生长过程密切相关。因此，有必要对单木的生长及模型构建进行深入的研究。

越来越多的学者研究如何应用随机效应模型来模拟和预测单木直径的生长（Uzoh 和 Oliver，2006）；Calama 和 Montero，2005）这些学者在利用线性混合效应模型来模拟单木直径生长时，都认为当考虑随机效应后，模型的精度会有很大的提高。本研究利用线性混合效应模型方法来模拟单木直径生长，在模拟过程中分截距效应和随机参数效应两种情况对样地层次、区域层次及两个层次进行模拟，最后利用验证数据对模拟的结果进行验证。

（1）影响单木生长的因子

大量研究表明，影响单木个体生长的因素很多，包括树木大小及活力指标、立地、竞争及林分特征等，其中以个体间的竞争作用最为重要，因为林木间的竞争作用是影响林木生长、形态变化和存活的主要因素之一。目前很多学者在模拟单木直径生长时，同时考虑了单木直径大小、林分密度、竞争状态及立地条件等因素对单木直径生长的影响（Calama and Montero，2004；Zhao et al.，2004）。

①树木大小：一般来说，直径大的树木其生长量就越大。因此树木的生长量与调查期初的直径有一定的关系。本研究分别采用期初直径、期初直径的对数及期初直径的平方等函数形式进行模拟。

②立地条件：立地条件的好坏对树木的生长也具有很大的影响，而描述立地条件的因子主要包括优势木平均高和地位指数两个指标。本研究分别考虑这两个因子。

③林分密度：单木直径生长量还受林分密度的影响，在外业调查中可直接获取的林分密度包括林分单位面积株数、林分断面积等，本研究考虑了这两个因子的影响。

④竞争：每株树木的生长并不只受初始直径和立地条件的影响，最重要的是受竞争的影响，每株树在生长过程中都要受到相邻树木与其竞争地位和经营措施的影响。本研究选择了样地内大于对象木断面积之和与对象木直径的比值及对象木单木直径与林分平方平均直径的比值来衡量竞争对单木直径生长的影响。

（2）传统回归方法结果

为了避免在模拟过程中估计值出现负值，因此把因变量变成 $\ln(\bar{d}+1)$，综合考虑对直径生长有影响的因子，选择不同的自变量形式分别进行模拟，并采用方差膨胀因子来去掉存在多重共线性的自变量，最终确定的模型公式如（2-14）式：

$$\ln(\bar{d}+1) = b_0 + b_1 d + b_2 H_d + b_3 B_a + b_4 \frac{BAL}{d} + \varepsilon \qquad (2\text{-}14)$$

其中，d 为胸径，B_a 为样地总断面积，H_d 为林分的优势木平均高，BAL 为样地内大于目标树断面积之和，$\bar{d}$ 为单木直径生长量，ε 为估计误差。最后模拟的结果如表 2-46：

表 2-46　蒙古栎单木直径生长量传统最小二乘模拟结果

参数	估计值	标准差	自由度	t 值	p 值　$Pr > |t|$
Intercept	0.8808	0.0249	20109	35.2605	<0.0001
d	0.0018	0.0007	20109	2.6502	0.008
H_d	0.0217	0.0019	20109	11.6035	<0.0001
B_a	−0.0089	0.0007	20109	−13.3598	<0.0001
$\dfrac{BAL}{DBH}$	−1.7337	0.0643	20109	−26.9471	<0.0001
AIC	22799.7				
BIC	22855.1				
−2loglikelihood	22785.7				
ε	0.4258				

从上述研究结果可看出，蒙古栎受单木初始直径大小的影响，随着直径增大，直径生长量增大。BA 反映林分的密度特征，从模拟结果看，密度与直径生长量呈现负相关，密度大的林分直径生长量越小。优势木平均高在模型中差异显著，与直径生长量呈现正相关。对直径生长量影响最大的是竞争指标，这个指标越大直径生长量越小，充分说明了处于竞争有利地位的蒙古栎直径生长越快，而处于劣势的树木生长缓慢。

（3）截距效应模拟结果

①样地层次：在研究线性混合效应模型时，样地间存在着明显的差异，因此要考虑样地层次的随机效应，模型形式如（2-15）式：

$$\ln(\bar{d}_{ijk} + 1) = b_0 + b_1 d_{ij} + b_2 H_{di} + b_3 BA_i + b_4 \frac{BAL_{ij}}{DBH_{ij}} + u_i + \varepsilon_{ij} \qquad (2\text{-}15)$$

其中，i 指样地编号，j 为某一样地内树木编号，u_i 为样地的随机截距效应。

利用 SAS 软件的 PROC MIXED 模块对（2-15）式进行模拟，结果如表 2-47：

表 2-47　考虑样地随机截距效应后直径生长量模拟结果

参数 parameter	估计值 Estimate	标准差 Error	自由度 DF	t 值 t Value	p 值 $Pr > |t|$
Intercept	0.8453	0.1006	19840	8.4039	<0.0001
d	0.0016	0.0007	19840	2.4314	0.0150
H_d	0.0293	0.0073	269	4.0140	<0.0001
B_a	−0.0115	0.0023	269	−5.3093	<0.0001
$\dfrac{BAL}{DBH}$	−1.7828	0.0614	19840	−29.0352	<0.0001
AIC	19581.2				
BIC	19644.5				
−2loglikelihood	19565.2				
R	0.3855				
G	0.1918				

对比表 2-47 和 2-46 可以发现，当考虑样地的截距效应后，AIC 值从 22799.7 减少

到 19581.2，BIC 值从 22855.1 减少到 19644.5，对数似然值从 22785.7 减少到 19565.2。经方差分析后表明差异显著，LRT = 3220.5，$p < 0.0001$。说明当考虑样地效应后能够提高模拟精度。

②坡向层次：在研究线性混合效应模型时，也存在着坡向层次的效应，具体模型形式如(2-16)式：

$$\ln(\bar{d}_{ijk} + 1) = b_0 + b_1 d_{ijk} + b_2 H_{dij} + b_3 BA_{ij} + b_4 \frac{BAL_{ijk}}{DBH_{ijk}} + v_i + \varepsilon_{ijk} \qquad (2\text{-}16)$$

其中，i 指坡向编号；j 样地编号；k 为某一样地内树木编号，v_i 为坡向的随机截距效应。

利用 SAS 软件的 PROC MIXED 模块对(2-16)式进行模拟，结果如表 2-48：

表 2-48　考虑坡向随机截距效应后直径生长量模拟结果

参数	估计值	标准差	自由度	t 值	p 值
Intercept	0.8291	0.0285	20102	29.1059	< 0.0001
d	0.0019	0.0007	20102	2.7382	0.0062
H_d	0.0247	0.0019	20102	12.7513	< 0.0001
BA	− 0.0091	0.0006	20102	− 13.5922	< 0.0001
$\frac{BAL}{DBH}$	− 1.7125	0.0643	20102	− 26.6292	< 0.0001
AIC 值	22732				
BIC	22795.2				
对数似然	22716				
R	0.4249				
G	0.0325				

对比表 2-48 和 2-46 可以发现，当考虑坡向的截距效应后，AIC 值从 22799.7 减少到 22732，BIC 值从 22855.1 减少到 22795.2，对数似然值从 22785.7 减少到 22716。虽然没有考虑样地效应影响减少的多，但是经方差分析后表明差异达显著水平，LRT = 69.7，$p < 0.0001$ 说明当考虑坡向效应后也能够提高模拟精度。

③两层次影响：在实际模拟林分单木直径生长时，存在着多层次的随机效应，本研究中包括坡向效应和样地效应，因此在模拟过程中根据需要同时考虑这两层效应。依据在截距上的效应，具体直径生长量多元多层次线性混合模型形式如(2-17)

$$\ln(\bar{d}_{ijk} + 1) = b_0 + b_1 d_{ijk} + b_2 H_{dij} + b_3 BA_{ij} + b_4 \frac{BAL_{ijk}}{DBH_{ijk}} + v_i + u_{ij} + \varepsilon_{ijkm} \qquad (2\text{-}17)$$

其中，v_i 为坡向效应参数，u_{ij} 为样地效应参数，其他参数意义同上。利用 S-PLUS 软件进行模拟，其结果如表 2-49。

表 2-49　综合考虑样地效应和区域效应的(2-17)式模拟结果

参数	估计值	标准差	自由度	t 值	p 值
Intercept	0.8451	0.1003	19840	8.4237	< 0.0001
d	0.0016	0.0007	19840	2.4315	0.0150

（续）

参数	估计值	标准差	自由度	t 值	p 值
H_d	0.0294	0.0073	262	4.0150	<0.0001
BA	−0.0114	0.0022	262	−5.3094	<0.0001
$\dfrac{BAL}{DBH}$	−1.7829	0.0614	19840	−29.0350	<0.0001
AIC 值	19581.2				
BIC	19644.4				
对数似然	19565.2				
R	0.3855				
G_u	0.1918				
G_v	0.0020				

综合考虑样地效应和坡向效应后，这三个指标值并没有降低，经过方差分析，LRT = 0.002，$p = 0.9627$，说明差异不显著。因此，本数据的分析说明，在考虑随机截距效应时，样地的随机效应部分包括了坡向的随机效应。

（4）随机参数模拟结果

①样地层次：线性混合效应模型中，除了截距效应外，另一种情况是随机参数效应。与截距效应不同的是，随机参数效应因选择的参数个数不同而会产生出很多模拟结果。因此，本部分首先把所有参数作为混合参数，然后随机减去一个参数来进行模拟，并进行方差分析，最后找出一个模拟效果最好的模型作为随机参数线性混合效应模型。

利用 SAS 软件对数据按不同参数组合作为混合参数进行模拟，然后利用 AIC、BIC 和 −2Log Likelihood 进行模拟效果评价，模拟结果见表 2-50。

表 2-50　基于样地随机参数效应的直径生长量线性混合模型收敛结果

模型	混合效应参数	−2Log Likelihood	AIC	BIC	LRT	p 值 $Pr > \lvert t \rvert$
Model 1	int$d$ H_d BA $\dfrac{BAL}{DBH}$	18322.8	18364.8	18530.9		
Model 2	d H_d BA $\dfrac{BAL}{DBH}$	18355.3	18387.3	18513.9	32.5	<0.0001
Model 3	int$d$ H_d BA	18834.9	18866.9	18993.5	512.1	<0.0001
Model 4	int$d$H$_d$$\dfrac{BAL}{DBH}$	18331.6	18363.6	18490.1	8.7	0.1196
Model 5	int$d$ BA $\dfrac{BAL}{DBH}$	18328.1	18360.1	18486.6	5.2	0.3852
Model 6	intH_dBA $\dfrac{BAL}{DBH}$	18573.7	18605.7	18732.2	250.9	<0.0001
Model 7	d BA $\dfrac{BAL}{DBH}$	18419.7	18443.7	18538.6	91.5	<0.0001
Model 8	int$d$ BA	18860.8	18884.8	18979.7	532.7	<0.0001
Model 9	int$d$ $\dfrac{BAL}{DBH}$	18350.3	18374.3	18469.2	22.1	0.0002
Model 10	int BA $\dfrac{BAL}{DBH}$	18577.8	18601.8	18696.7	249.7	<0.0001

注：表中 Model 2~6 的 LRT 和 P 值是和 Model 1 进行比较，Model 7~10 的 LRT 和 P 值是和 Model 5 比较的结果。

从表 2-50 中可以看出，4 个参数作为混合效应参数时，Model 5 的模拟精度最高。对 Model 5 与 Model 1 进行方差分析，LRT = 5.2，$p = 0.3852$，说明与全部参数作为混合参数时（Model 1 式）差异不显著。因此，依据参数越少越好的原则，可用 Model 5 代替 Model 1。在此基础上，再随机减去一个参数，其余作为混合效应参数，结果形成 Model 7~10。Model 7~10 与 Model 5 进行方差分析，结果为表 2-50 所示，差异均显著。因此，选择 Model 5 作为最后的模拟形式。Model 5 的模拟结果如表 2-51 示。

表 2-51　综合考虑样地随机效应、异方差和时间序列相关性后的模拟结果

参数 parameter	估计值 Estimate	标准差 Error	自由度 DF	t 值 t Value	p 值 Pr > | t |
Intercept	0.8048	0.1000	19840	8.0449	< 0.0001
d	0.0036	0.0013	19840	2.6962	0.0070
H_d	0.0276	0.0069	269	3.9796	0.0001
BA	− 0.0100	0.0022	269	− 4.5070	< 0.0001
$\dfrac{BAL}{DBH}$	− 1.9251	0.1521	19840	− 12.6532	< 0.0001
样地间随机参数矩阵	$D = \begin{pmatrix} 0.4259 & -0.4000 & -0.293 & -0.497 \\ -0.4000 & 0.0171 & -0.695 & 0.671 \\ -0.293 & -0.695 & 0.0144 & -0.479 \\ -0.497 & 0.671 & -0.479 & 2.0859 \end{pmatrix}$				
残差	$\sigma = 0.3666$				

②坡向层次：坡向间也同样存在着参数的随机效应，在实际应用中也不能够忽略，与考虑样地间的参数随机效应模拟方法一致，本部分同样本部分首先把所有参数作为混合参数，然后随机减去一个参数来进行模拟，并进行方差分析，最后找出一个模拟效果最好的模型作为随机参数线性混合效应模型。最后模拟结果见表 2-52。

表 2-52　基于坡向随机参数效应的直径生长量线性混合模型收敛结果

模型	混合效应参数 mixed effect parameters	−2Log Likelihood	AIC	BIC	LRT	p 值 Pr > | t |
Model 1	int d H_d BA $\dfrac{BAL}{DBH}$	22338.8	22380.8	22546.9		
Model 2	d H_d BA $\dfrac{BAL}{DBH}$	22594.3	22626.3	22752.8	255.4	< 0.0001
Model 3	int d H_d BA	22350.2	22382.2	22508.7	11.4	0.0437
Model 4	int d H_d $\dfrac{BAL}{DBH}$	22416.1	22448.1	22574.6	77.3	< 0.0001
Model 5	int d BA $\dfrac{BAL}{DBH}$	22586.6	22618.6	22745.1	247.7	< 0.0001
Model 6	int H_d BA $\dfrac{BAL}{DBH}$	22363.4	22395.4	22522.0	24.6	0.0002

注：表中 Model 2~6 的 LRT 和 P 值是和 Model 1 进行比较的结果。

从表 2-52 中可看出，随机减少一个参数后与全部都是混合效应参数相比，差异均显著，Model 3 虽然没有达到极显著，但也小于 0.05。因此，最后确定的坡度效应的随机参数方程的模拟结果见表 2-53。

表 2-53　综合考虑坡向随机参数效应的模拟结果

参数	估计值	标准差	自由度	t 值	p 值
Intercept	0.8436	0.1833	20102	4.6008	< 0.0001
d	0.0027	0.0015	20102	2.3468	0.0008
H_d	0.0209	0.0051	20102	2.5930	0.0012
BA	− 0.0075	0.0026	20102	− 2.8810	0.0040
$\dfrac{BAL}{DBH}$	− 1.7032	0.1142	20102	− 14.9101	< 0.0001
样地间随机参数矩阵	$D = \begin{pmatrix} 0.5107 & & & & \\ 0.978 & 0.0037 & & & \\ -0.935 & -0.933 & 0.0365 & & \\ -0.119 & -0.097 & -0.235 & 0.0071 & \\ 0.657 & 0.741 & -0.685 & 0.068 & 0.2670 \end{pmatrix}$				
残差	$\sigma = 0.4204$				

③两层次影响：参考样地效应和坡向效应的模拟结果，本段研究把样地效应和坡向效应结合起来同时考虑。根据以上的结果，可随机去掉一个参数进行模拟，然后选择模拟精度最高的模型形式作为基础的线性混合效应模型。结果如表 2-54（表中的 × 表示此参数为混合参数）：

表 2-54　综合考虑样地和区域随机参数效应的模拟效果比较

模型形式	坡向效应					样地效应					−2Log Likelihood	AIC	BIC	LRT	p 值 Pr > | t |
	int	d	H_d	BA	bli	int	d	H_d	BA	bli					
M1	×	×	×	×	×	×	×		×	×	18338.2	18400.2	18645.4		
M2		×	×	×	×	×	×		×	×	18335.8	18387.8	18593.4	2.4	0.7898
M3	×	×	×	×					×	×	18337.2	18389.2	18594.8	1.0	0.9588
M4	×	×	×			×			×	×	18340.2	18392.2	18597.9	2.0	0.8453
M5	×		×	×	×				×	×	18335.9	18387.9	18593.5	2.3	0.8023
M6	×		×	×	×				×	×	18337.1	18389.1	18594.7	1.1	0.9502
M7	×	×	×	×	×				×	×	18415.3	18469.3	18682.8	77.1	< 0.0001
M8	×	×	×	×	×					×	18854.5	18908.5	19122.1	516.3	< 0.0001
M9	×	×	×	×	×					×	18347.9	18401.9	18615.4	9.6	0.0464
M10	×	×	×	×	×	×			×	×	18557.9	18611.9	18825.4	219.6	< 0.0001
M11		×	×	×					×	×	18336.8	18380.8	18554.8	1.0	0.906
M12		×	×						×	×	18335.2	18379.2	18553.2	0.6	0.9609
M13		×		×					×	×	18333.8	18377.8	18551.8	2.0	0.7352
M14		×		×	×				×	×	18336.6	18380.6	18554.6	0.8	0.9397
M15		×		×					×	×	18338.3	18376.3	18526.6	4.5	0.2103
M16		×							×	×	18337.8	18375.8	18526.0	3.9	0.2651
M17			×	×					×	×	18338.3	18376.3	18526.6	4.5	0.2074
M18		×							×	×	18339.6	18373.6	18508.0	1.8	0.4056
M19			×	×	×				×	×	18348.5	18402.5	18517.0	9.2	0.0098

注：表中 LRT 值是 M2 ~ M10 与 M1 的计算结果。

　　从这个表方差分析可以看出，随机去除一个坡向效应参数，模型的精度并没有降低，而随机去除一个样地效应参数，模型精度都明显下降。表 2-54 中，Model 2 的精度最高，因此，为了进一步找出更合适的模型，应进一步在 Model 2 的基础上，随机减去一个参数，如此类推。表 2-54 表明，在 Model 2 模型的基础上随机减去一个坡向参数，结果与 Model 2 无明显差异，而随机减去样地参数，差异显著。Model 13 的精度最高，因此还要在 Model 13 的基础上，继续减少随机坡向参数，直到满意的结果为止。从表 2-54 中可看出 m18 模型为最适合形式，再随机减少参数，差异均显著。因此最终确定的方程如下：

$$\ln(\bar{d}_{ijk} + 1) = b_0 + u_{ij}^{(0)} + (b_1 + v_i^{(0)} + u_{ij}^{(1)})d_{ijk} + b_2 H_{ij} +$$
$$(b_3 BA_{ijk} + u_{ij}^{(2)}) + (b_4 + u_{ij}^{(3)})\frac{BAL_{ijk}}{DBH_{ijk}} + \varepsilon_{ijk} \qquad (2\text{-}18)$$

　　其中，v_i 为坡向的参数随机效应，u_{ij} 为样地的参数随机效应。

　　（5）小结

　　①无论是样地效应、坡向效应还是考虑两层效应，AIC、BIC 和 -2loglikelihood 值都比传统最小二乘方法低，对验证数据进行验证，结果为均方根误差和平均绝对残差都要比最小二乘方法小，而确定系数要高于最小二乘方法。因此可以说明在模拟过程中考虑随机效应要比不考虑随机效应模拟精度高。

　　②截距效应和参数随机效应都表明，不考虑误差效应与考虑误差效应的模拟结果没有大的差异，虽然考虑误差效应后精度略有降低，但在实际中更有现实和统计学意义，不至于在某一样地或某一区域估测时造成大的误差偏差。另外还表明，双层效应模拟精度要略高于样地效应，但双层效应和样地效应模拟精度都远高于坡向效应。

2.3.2.5　蒙古栎林单木断面积模型

　　（1）基础模型选择

　　本研究选用线性函数（模型Ⅱ.1）、Richard 函数［模型Ⅱ.2］、Logistic 函数［模型Ⅱ.3，模型Ⅱ.4］、指数函数［模型Ⅱ.5］、Weibull 函数［模型Ⅱ.6］和 Wykoff（1990）提出的模型Ⅱ.7 等 7 种常用模型（表 2-55）对蒙古栎胸高断面积生长进行分析。由于单木断面积和直径之间可以相互转化，因此本书假定模型中因变量 Y 有四种取值情况，分别为胸高断面积增量（BAI）、第二期胸高断面积（BA）、直径增长量（DI）以及第二期胸高直径（$\tilde{D}$），自变量都为前期胸高直径（D）。计算时，首先根据建模数据求出各模型参数估计值，然后利用模型Ⅱ.1—模型Ⅱ.7 对建模数据和检验数据进行分析，计算平均残差（$\bar{e}$）、残差方差（σ^2）、均方误差（δ）及相对平均残差（$\bar{e}\%$）等 4 种评价指标（Yang and Huang，2011）。对 7 种候选模型进行比较选出一个最优基础模型，4 种评价指标的计算见公式（2-19至公式（2-22）。

表 2-55　候选基础模型

函数	函数表达式	函数形式或来源
Ⅱ.1	$Y = \varphi_1 + \varphi_2 D$	Linear

（续）

函数	函数表达式	函数形式或来源
Ⅱ.2	$Y = \varphi_1 \left[1 - \exp(-\varphi_2 D) \right]^{\varphi_3}$	Richards
Ⅱ.3	$Y = \varphi_1 / \left[1 + \varphi_2 \exp(-\varphi_3 D) \right]$	logistic
Ⅱ.4	$Y = \varphi_1 / \left[1 + \exp(\varphi_2 + \varphi_3 \ln(D+1)) \right]$	logistic
Ⅱ.5	$Y = \varphi_1 D^{\varphi_2}$	Exponential
Ⅱ.6	$Y = \varphi_1 \left[1 - \exp(-\varphi_2 D^{\varphi_3}) \right]$	Weibull
Ⅱ.7	$Y = \varphi_1 D^{\varphi_2} \exp(-\varphi_3 D^2/100)$	Wykoff

注：D 为前期胸高直径；φ_1，φ_2 和 φ_3 分别为形式参数。

$$\bar{e} = \sum_{i=1}^{M} \sum_{j=1}^{M_i} \sum_{k=1}^{n_{ij}} e_{ijk}/N = \sum_{i=1}^{M} \sum_{j=1}^{M_i} \sum_{k=1}^{n_{ij}} (y_{ijk} - \hat{y}_{ijk})/N \tag{2-19}$$

$$\sigma^2 = \sum_{i=1}^{M} \sum_{j=1}^{M_i} \sum_{k=1}^{n_{ij}} (e_i - \bar{e})^2/(N-1) \tag{2-20}$$

$$\delta = \sqrt{\bar{e}^2 + \sigma^2} \tag{2-21}$$

$$\bar{e}\% = 100 \times \bar{e}/\bar{y} \tag{2-22}$$

其中，y_{ijk}，$\hat{y}_{ijk}$ 和 $\bar{y}$ 分别为因变量的观测值、预测值和观测值的平均值。

（2）形式参数构造

形式参数如何构造争议较大（Gregoire et al，1995），目前还没有一个统一的标准。本书总结几种常见方法如下：

①在保证计算收敛的前提下，首先考虑模型中所有形式参数都为混合参数，即所有形式参数都含有固定效应和随机效应部分（Pinheiro and Bates，1995）；

②当所有形式参数都为混合参数，模型计算不收敛时，则利用每个林场或样地对应的数据分别估计出模型中形式参数的值，如果形式参数的估计值在不同林场或样地数据中差异较大，或者形式参数估计值的置信区间在不同林场或样地数据中重叠较小，则认为该形式参数需考虑林场或样地随机效应（Fang and Bailey，2001；Calama and Montero，2004）；

③利用评价指标 AIC 和 BIC（Pinheiro and Bates，1995）对所有形式参数组合类型进行比较（一般 AIC 和 BIC 越小越好）选出一种最优构造类型（符利勇等，2012）。

以上方法中，方法①最简单，但当模型中形式参数较多时，特别是两水平非线性混合效应模型，经常计算不收敛（Panhard and Samson，2009），因此只能利用后两种方法，本书是选用方法③。

（3）林分变量

胸高断面积（直径）增长量除与期初树木胸高直径相关外，还受其他林分变量的影响，例如单木或林分大小变量、立地条件变量以及林分竞争变量等（Monserud and Sterba，1996；Calama and Montero，2005）。本书将考虑这些变量对胸高断面积（直径）增长量的影响，对应的林分因子分别为：

①单木或林分大小变量：对象木的期初胸高断面积（BA0），林分年龄（AGE），林分

密度(M);

②立地条件变量:地位级指数(SI),坡度正切(ST),海拔高度(A);

③林分竞争变量:样地算术平均胸径(AD)、对象木胸高直径与样地算术平均直径的比(RAD)、样地算术平均胸高断面积(ABA)、对象木胸高断面积与样地算术平均胸高断面积的比(RABA)、样地平方平均直径(SD)、样地平方平均胸高断面积(SBA)、对象木胸高直径与样地平方平均直径的比(RSD)、对象木胸高断面积与样地平方平均胸高断面积的比(RSBA)、样地胸高总断面积(TBA)、对象木胸高断面积与样地胸高总断面积的比(RBA)、样地中大于对象木直径树木的总株数(GN)、样地中大于对象木直径所有树木的胸高直径和(GSD)以及样地中大于对象木直径所有树木的胸高断面积和(GS-BA)。

以上林分变量可以按照不同组合形式作用在形式参数 φ_1,φ_2 和 φ_3 上,为避免模型过多参数及模型中变量间共线性,利用传统的逐步回归方法(唐守正等,2008)确定林分变量。

(4)模型参数估计

本书混合效应模型计算是在 S-Plus 软件 nlme 函数上实现,该函数为 LB 算法(Lindstrom and Bates,1990),主要包含两个步骤:罚最小二乘步(PNLS)和线性混合效应步(LME),模型中所有待估参数是通过这两个步骤相互交替运算得到(Lindstrom and Bates,1990),详细计算见符利勇和唐守正(2012)。选用限制极大似然参数估计方法(restricted maximum likelihood,REML)(Yang et al.,2011)。

(5)模型预测和评价

利用总体平均模型(PA 模型)、考虑林场水平的 NLMEMs,同时考虑林场以及嵌套在林场中的样地水平的 NLMEMs 对蒙古栎胸高断面积进行预测,方法的详细介绍见符利勇和孙华(2013)。

利用评价指标 $\bar{e}$,ξ,δ 和 $\bar{e}\%$ 以及似然比检验对 PA 模型、考虑林场效应的胸高断面积混合模型和同时考虑林场和林场与样地交互效应的胸高断面积混合模型进行比较。

(6)结果与分析

①基础模型:表 2-56 为模型Ⅱ.1 至模型Ⅱ.7 且因变量分别为 BAI、$\tilde{D}$、BA 和 DI 分析建模数据和检验数据时的评价指标(其中建模数据用来拟合,检验数据用来验证)。当因变量为胸高断面积增长量(BAI)、第二期胸高直径($\tilde{D}$)、第二期胸高断面积(BA)和直径增长量(DI)时,对应的模型Ⅱ.2、模型Ⅱ.4、模型Ⅱ.7 和模型Ⅱ.3 拟合效果较好。其中,模型Ⅱ.7 且因变量为 BA 拟合效果最好,因此把该模型作为构建胸高断面积生长量混合模型的基础模型。

$$BA_{ijk} = \varphi_{1ij}D_{ijk}^{\varphi_{2ij}}\exp(-\varphi_{3ij}D_{ijk}^2/100) + \varepsilon_{ijk} \qquad (2-23)$$

其中,BA_{ijk} 和 D_{ijk} 分别为第 $i(i=1,\cdots,M)$ 个林场第 $j(j=1,\cdots,M_i)$ 个样地中第 k ($k=1,\cdots,n_{ij}$)株蒙古栎第二期胸高断面积(cm^2)和前期胸高直径(cm);φ_{1ij}、φ_{2ij} 和 φ_{3ij} 为形式参数;ε_{ijk} 为误差项。

表 2-56　模型评价指标

模型	建模数据				检验数据			
	$\bar{e}$	$\bar{e}\%$	σ^2	δ	$\bar{e}$	$\bar{e}\%$	σ^2	δ
$Y = BAI$								
Ⅱ.1	0.00	0.00	32.31	32.31	−0.25	−0.61	37.88	37.88
Ⅱ.2	0.07	0.17	32.17	32.17	−0.35	−0.84	37.80	37.80
Ⅱ.3	−0.28	−0.68	32.33	32.33	−0.34	−0.83	37.98	37.98
Ⅱ.4	−0.01	−0.04	32.17	32.17	−0.41	−0.98	37.81	37.81
Ⅱ.5	−0.70	−1.73	32.41	32.41	−0.83	−2.02	37.99	38.00
Ⅱ.6	22.05	54.14	36.79	42.89	22.25	53.91	41.98	47.51
Ⅱ.7	−0.24	−0.58	32.24	32.24	−0.53	−1.28	37.82	37.82
$Y = \bar{D}$								
Ⅱ.1	1.08	2.66	33.61	33.63	1.29	3.13	38.43	38.45
Ⅱ.2	0.97	2.38	32.88	32.90	0.43	1.04	38.03	38.03
Ⅱ.3	1.78	4.37	71.95	71.97	2.18	5.29	61.81	61.85
Ⅱ.4	1.10	2.71	32.46	32.48	1.04	2.53	37.87	37.88
Ⅱ.5	1.05	2.58	32.47	32.49	0.59	1.43	37.87	37.88
Ⅱ.6	5.68	13.96	33.97	34.44	5.11	12.39	38.80	39.14
Ⅱ.7	4.24	10.40	35.95	36.19	3.43	8.32	39.87	40.02
$Y = BA$								
Ⅱ.1	0.00	0.00	104.46	104.46	−9.94	−24.09	90.51	91.05
Ⅱ.2	1.85	4.54	32.64	32.69	1.49	3.61	37.87	37.90
Ⅱ.3	−12.62	−31.00	58.79	60.13	−10.89	−26.38	55.95	57.00
Ⅱ.4	−0.81	−2.00	32.28	32.29	−1.03	−2.49	37.88	37.89
Ⅱ.5	1.20	2.96	32.37	32.39	0.84	2.04	37.79	37.80
Ⅱ.6	−0.01	−0.03	32.86	32.86	−0.35	−0.85	37.97	37.97
Ⅱ.7	−0.25	−0.61	32.12	32.12	−0.65	−1.57	37.77	37.77
$Y = DI$								
Ⅱ.1	1.08	2.66	33.61	33.63	1.29	3.13	38.43	38.45
Ⅱ.2	0.91	2.22	32.31	32.32	0.66	1.61	37.81	37.82
Ⅱ.3	0.85	2.08	32.27	32.28	0.60	1.46	37.79	37.80
Ⅱ.4	0.88	2.15	32.40	32.41	0.67	1.62	37.84	37.85
Ⅱ.5	0.87	2.13	32.89	32.90	0.88	2.13	38.06	38.07
Ⅱ.6	0.91	2.24	32.31	32.32	0.65	1.59	37.81	37.82
Ⅱ.7	1.09	2.68	32.31	32.33	0.74	1.78	37.84	37.84

②形式参数构造：基础模型(2-23)能衍生出 7 种不同随机效应参数组合的两水平 NLMEMs，各模型相应的参数构造形式以及统计量 AIC 和 BIC 见表 2-57。从表 2-57 中可知，模型Ⅱ.11 和模型Ⅱ.14 计算不收敛。在所有计算收敛的模型中，模型Ⅱ.12 的 AIC 和 BIC 最小，故当林场效应和林场与样地间的嵌套效应同时作用在形式参数 φ_1 和 φ_3 上时拟合效果较好。相应的模型表达式为：

$$BA_{ijk} = (\beta_1 + u_{1i} + u_{1ij}) D_{ijk}^{\beta_2} \exp[-(\beta_3 + u_{3i} + u_{3ij}) D_{ijk}^2 / 100] + \varepsilon_{ijk} \qquad (2\text{-}24)$$

其中，β_1、β_2 和 β_3 为固定效应参数，u_{1i} 和 u_{3i} 是由林场产生的随机效应参数，u_{1ij} 和 u_{3ij} 是由林场和样地的交互效应产生的随机效应参数。

表 2-57　混合模型参数构造及评价指标

模型	φ_1	φ_2	φ_3	AIC	BIC
II.8	$\beta_1 + B + B \cdot P$	β_2	β_3	64026	64067
II.9	β_1	$\beta_2 + B + B \cdot P$	β_3	64125	64166
II.10	β_1	β_2	$\beta_3 + B + B \cdot P$	64567	64608
II.11	$\beta_1 + B + B \cdot P$	$\beta_2 + B + B \cdot P$	β_3	N	N
II.12	$\beta_1 + B + B \cdot P$	β_2	$\beta_3 + B + B \cdot P$	63387	63455
II.13	β_1	$\beta_2 + B + B \cdot P$	$\beta_3 + B + B \cdot P$	63428	63496
II.14	$\beta_1 + B + B \cdot P$	$\beta_1 + B + B \cdot P$	$\beta_1 + B + B \cdot P$	N	N

注：B、P 和 N 分别表示林场、样地和模型计算不收敛。

③误差项方差协方差（R）结构：表 2-58 为 3 种残差方差模型的评价指标。从表中得知，残差方差模型为幂函数时对应的 AIC 和 BIC 值最小，似然函数值最大，与独立等方差类型差异显著（$p < 0.0001$），但与指数函数和常数加幂函数差异不显著。从而说明，指数函数、幂函数和常数加幂函数都能消除残差异方差，其中幂函数效果最好，参数 γ 的估计值为 0.7913。

表 2-58　异方差函数评价指标

残差方差模型	自由度 df	AIC	BIC	Loglik
独立等方差	10	63387	63455	-31683
指数函数	11	61664	61739	-30821
幂函数	11	61533	61608	-30755
常数加幂函数	12	61535	61617	-30755

④林分变量：通过对单木或林分大小变量、立地条件变量以及林分竞争变量等 19 个林分变量综合分析与比较，得到模型（10）中形式参数 φ_1、φ_2 和 φ_3 的最终表达式为：

$$\varphi_{1ijk} = \beta_1 + \beta_4 ST_{ij} + \beta_5 RAD_{ijk} + \beta_6 \log(TBA_{ij}) + u_{1i} + u_{1ij}$$

$$\varphi_{2ijk} = \beta_2 + \beta_9 / RABA_{ijk} + \beta_{10} \log(GSBA_{ijk} + 1)$$

$$\varphi_{3ijk} = \beta_3 + \beta_7 / TBA_{ij} + \beta_8 RBA_{ijk}^2 + u_{3i} + u_{3ij}$$

其中，ST_{ij} 和 TBA_{ij} 分别为第 i 个林场第 j 个样地的地位级指数和胸高总断面积；RAD_{ijk}、$RABA_{ijk}$ 和 RBA_{ijk} 分别为第 i 个林场第 j 个样地中第 k 株样木对应的胸高直径与相应样地算术平均直径比、胸高断面积与相应样地算术平均胸高断面积比以及胸高断面积与相应样地胸高总断面积比；$GSBA_{ijk}$ 为第 i 个林场第 j 个样地中大于第 k 株样木直径所有树木的胸高断面积之和。胸高断面积混合模型为：

$$BA_{ijk} = (\beta_1 + \beta_4 ST_{ij} + \beta_5 RAD_{ijk} + \beta_6 \log(TBA_{ij}) + u_{1i} + u_{1ij}) D_{ijk}^{[\beta_2 + \beta_9 / RABA_{ijk} + \beta_{10} \log(GSBA_{ijk} + 1)]} \times$$
$$\exp[-(\beta_3 + \beta_7 / TBA_{ij} + \beta_8 RBA_{ijk}^2 + u_{3i} + u_{3ij}) D_{ijk}^2 / 100] + \varepsilon_{ijk}。 \tag{2-25}$$

当模型（2-25）只考虑林场效应，表达式为：

$$BA_{ijk} = (\beta_1 + \beta_4 ST_{ij} + \beta_5 RAD_{ijk} + \beta_6 \log(TBA_{ij}) + u_{1i}) D_{ijk}^{[\beta_2 + \beta_9/RABA_{ijk} + \beta_{10}\log(GSBA_{ijk}+1)]} \times$$
$$\exp[-(\beta_3 + \beta_7/TBA_{ij} + \beta_8 RBA_{ijk}^2 + u_{3i}) D_{ijk}^2/100] + \varepsilon_{ijk} \qquad (2\text{-}26)$$

⑤模型参数估计：假定模型(2-23)至模型(2-26)中残差方差模型为幂函数，各自的固定效应参数和方差协方差参数估计值及评价指标见表 2-59。表 2-59 中，模型(2-23)对应的评价指标 AIC 和 BIC 最大而似然函数值最小，由似然比检验得知与其他 4 个混合模型差异显著($p < 0.001$)。模型(2-25)对应的评价指标 AIC 和 BIC 最小而似然函数值最大，与模型(2-24)和模型(2-26)差异显著($p < 0.001$)故选用模型(2-25)预估蒙古栎胸高断面积。

表 2-59　各模型参数估计量及评价指标

	参数	模型(10)	模型(11)	模型(12)	模型(13)
固定效应参数	β_1	1.52	1.28	4.60	4.33
	β_2	1.84	1.92	1.96	1.85
	β_3	−0.001	0.0066	−0.014	−0.008
	β_4	—	—	−0.0188	−0.1260
	β_5	—	—	−0.0602	−0.0408
	β_6	—	—	−0.3648	−0.2870
	β_7	—	—	195.3190	75.9951
	β_8	—	—	−0.0713	−0.0170
	β_9	—	—	−0.0040	−0.0131
	β_{10}	—	—	0.0011	0.0003
方差参数	$\sigma_{(1)1}^2$	—	0.0280	0.0229	0.0489
	$\sigma_{(1)3}^2$	—	0.0002	0.0007	0.0015
	$\rho_{(1)13}$	—	0.999	1	0.8780
	$\sigma_{(2)1}^2$	—	0.1967	0.1127	—
	$\sigma_{(2)3}^2$	—	0.0131	0.0072	—
	$\rho_{(2)13}$	—	0.949	0.934	—
	σ^2	3.9909	3.2302	3.2773	3.5123
	γ	0.7729	0.7913	0.7843	0.7928
评价指标	AIC	63093	61533	61339	62102
	BIC	63168	61608	61462	62204
	LogLik	−31535	−30755	−30651	−31036

注：$\beta_1 \sim \beta_{10}$ 为固定效应参数；$\sigma_{(1)1}^2$，$\sigma_{(1)3}^2$ 和 $\rho_{(1)13}$ 为 $u_i = (u_{1i}, u_{3i})^T$ 的方差协方差参数；$\sigma_{(2)1}^2$，$\sigma_{(2)3}^2$ 和 $\rho_{(2)13}$ 为 $u_{ij} = (u_{1ij}, u_{3ij})^T$ 的方差协方差参数。

⑥模型预测和评价：利用模型(2-23)至模型(2-26)对检验数据进行预测从而进一步对模型进行评价，评价指标见表 2-60。从表 2-60 中得知模型(2-23)除 $\bar{e}$ 外，其他三个评价指标都最大，说明考虑林场和样地所产生的随机效应能提高模型预测精度。在 3 个混合模型中，模型(2-25)的评价指标最小说明当同时考虑林场和样地对胸高断面积生长的影响以及林分变量 ST，RAD，TBA，GSBA，RABA 时预测效果最好。除此之外还可得知模型(2-26)的评价指标明显大于模型(2-25)说明样地对胸高断面积的影响较大。

表 2-60　　各模型预测检验数据时的评价指标

模型	$\bar{e}$	$\bar{e}\%$	σ^2	δ
模型(10)	− 0.38	− 2.42	37.83	37.83
模型(11)	0.18	− 0.79	32.15	32.15
模型(12)	0.10	0.06	19.22	19.22
模型(13)	0.40	0.60	27.66	27.66

（7）结论与讨论

本研究主要目的是构建单木蒙古栎胸高断面积模型，选用 6 种常见函数形式和一个常用胸高断面积模型（Wykoff，1990；Yang et al. 2009）。以往胸高断面积生长量模型分析中，常把胸高断面积生长量或直径生长量作为因变量（Yang et al. 2009；Uzoh and Oliver，2008），本研究为寻找最佳基础模型，除把前面两个变量作为因变量外，同时还考虑了后期胸高断面积和后期直径。通过分析建模数据和检验数据得知，因变量为后期胸高断面积（BA），即模型(10)预测效果最好。

构建混合效应模型时，最关键步骤是对基础模型中形式参数构造（Fang and Bailey，2001；Calama and Montero，2004）的确定。本书通过计算所有可能的随机效应参数组合并对它们进行比较，最后得到最佳的随机效应组合，这种方法对模型计算是否收敛性依赖较大。如果收敛满足，Pinheiro and Bates（1995），Calama and Montero（2004）等建议随机效应同时作用在每个形式参数上时模型拟合效果最好，但通常由于基础模型中形式参数个数较多或同时考虑多个水平逐级嵌套随机效应使得模型计算收敛困难。

林分变量 ST，RAD，TBA，GSBA 和 RABA 被作为模型协变量预测蒙古栎胸高断面积。对于立地变量，ST 对胸高断面积有显著的影响，但 SI 对胸高断面积生长无显著的影响，与 Wykoff（1990）和 Uzoh and Oliver（2008）得出的结论不一致，这可能是由于模型中增加样地效应而消除 SI 对胸高断面积生长的影响。对于竞争变量，除包含 Yang et al（2009）建议的 TBA 和 GSBA 外，本研究还发现 RAD，RABA 和 RBA 对胸高断面积有显著的影响。关于林分密度，与其他林分变量相比，它对胸高断面积生长的影响非常小，这与 Uzoh and Oliver（2008）得出的结论一致。胸高断面积生长除受林场和样地随机影响外，还受其他变量的影响，如气候和遗传因子等（Yang et al，2009），但这些因子在实际应用时很难调查测到，这需进一步研究。

通过对 7 种常见函数形式和 4 个因变量进行比较，确定模型(10)作为构建胸高断面积混合模型的基础模型。基础模型的最佳随机效应组合方式是林场效应和样地随机效应同时作用在形式参数 φ_1 和 φ_3 上，即模型(11)；利用指数函数、幂函数和常数加幂函数 3 个候选模型对模型(11)的残差方差进行分析和比较得知幂函数能明显消除异方差；当模型(11)考虑 ST，RAD，TBA，GSBA，RABA 和 RBA 等林分变量时能进一步提高模型预测精度，即模型(12)；通过对不考虑随机效应模型（PA 模型）、不考虑林分变量模型（模型11）、考虑林场效应模型（模型13）以及同时考虑林场和样地模型（模型12）比较得知同时考虑林场和样地效应能明显提高模型预测精度。因此建议在分析胸高断面积或其他的林分因子生长量时，如果数据满足嵌套结构或多水平结构，例如在不同林场中设置不同的样地，或者不同样地中对不同树木进行重复观测等，都可使用逐级嵌套多水平非线性混合效应模型来提高模型预测精度。

2.3.3　过伐林经营模型

林分动态变化过程通常都包括 3 个过程：生长、枯损和更新。但是由于很难获取更新数据，因此在林分动态变化生长过程中常用进界来代替更新。同样，模拟林分动态变化过程的模型包含了生长模型、枯损模型和进界模型 3 种模型（Nebel et al.，2001；Kariuki，2005；Mirmanto，2009）。研究过伐林林分动态变化模型可以使我们更深入地了解过伐林林分动态发展的模式，为合理地开展经营森林提供理论依据。

众所周知，单木直径的生长很大程度上受到林分密度的影响。间伐（或择伐等）后林分的密度减少了，对单木直径的生长影响较大。主要体现在以下几个方面：①增加了单木的生长空间；②被砍伐林木的一些枝叶落在林地上，甚至整株都放在林地上，增加了林地的养分；③被间伐的对象一般都是生长处于劣势或者被压状态，保留木的活力更强，提高了单木的生长力。

在很多单木生长模型中，并未考虑经营措施的效应。这些模型一般都是基于一个假设：间伐效应可以通过一些林分变量来表达，这些变量受到林分密度的影响，也就是受到间伐的影响。有个可行的方法那就是在生长模型中引入一个描述经营措施的变量。经过经营措施执行后，林分的株树密度肯定会发生变化，尤其是间伐后，林分密度递减。因此，相同的林分密度在不同的林分（如一个未间伐的密度为 N 的林分和一个间伐后的密度为 N 的林分）中林木的生长力不一样。有很多的研究将森林经营措施当做一个分类变量引入生长模型中。这些模型在预测经营措施后单木生长变化情况时精度有所提高，而且也合理。然而该方法并未考虑直径结构分布的变化。

枯损模型是林分动态变化模型的一个重要组成部分。林木枯损是个自然过程，在森林生态系统演替中发挥了重要作用（Franklin et al. 1987）。引起林木枯损的因素有很多，Vanclay（1995）根据林木枯损原因将林分的枯损分为两类：正常枯损（regular mortality）和非正常枯损（irregular mortality）。正常枯损主要是因为林木对水分，养分，光照条件的竞争而导致（Peet and Christensen，1987）；非正常枯损主要是由于人为的随机干扰或者自然灾害，如：森林火灾、大风、雪灾、干旱以及森林病虫害等（Kneeshaw and Bergeron，1998）。正是由于非正常枯损的随机性，许多学者在研究枯损时，通常只对正常枯损的林分进行研究（Monserud and Sterba 1999）。

对于林分枯损估计，很多学者通常先利用 Logistic 回归模型估计单木枯损率（Zhao et al.，2004；向玮等，2008），然后通过各单木累加得到样地中林木枯损总株数，这个估计过程不仅需要详细的单木信息，而且存在误差积累的缺点。而根据林分枯损与林分因子，立地条件等关系直接建立林分枯损模型可以避免这一缺点，因此如何建立一个精确的林分枯损模型尤为重要。

林分经过经营措施后，保留木有了更大的生长空间，而且阳光、养分充足，各保留木之间的竞争压力减少了，随之引起的单木枯损也减少了。因此，调查间隔期内可能有大量的样地没有发生林分枯损现象（Monserud and Sterba 1999），这意味着在林分枯损的数据中包含有大量的零数据，即林分枯损数据的结构是离散的。如果继续用最小二乘方法分析，会产生较大的偏差。为此，一些学者提出利用两阶段法（two-stage approach）来研究林分枯损（Eid and Øyen，2003），即第一步通过 logistic 模型求得林分枯损的概率，第二步建立林木枯损株数模型。然而利用 logistic 模型判定林分枯损时，得到的是个概率值，需要通过一个概率阈值将其转化为二分类变量才能判断枯损与否，而目前没有一个公认的确定概率阈值的方法。

　　进界指的是调查间隔期内林木达到一定的调查规则的测量水平（如：1.3m 树高，5cm 胸径）。进界是林分动态变化发展的一个重要过程之一，进界模型与生长模型、枯损模型构成了林分动态变化模型系统。进界过程在多层次的林分材积研究中发挥了重要的作用，如果我们不考虑进界过程，那么无法正确预测将来的林分生长与收获（Andreassen，1994）。由于长白山系树种大多属于慢生树种，生长比较慢，在一定生长调查期内，进界数据离散，甚至出现大量的"0"数据。Lexørd（2003）和 Adame 等（2010）利用了二步骤方法对进界模型进行了研究。他们认为在进界株树数据结构中方差并不稳定，利用 Log 转换可以使得方差相对稳定。因此他们在第二阶段进界株树模型中利用 Log 转换，使得预测进界株树预测结果相对稳定。Lexørd（2003）在模型中考虑了位置参数、立地条件以及林分的结构特征，并且发现这些参数在模型中都显著。随着进界模型研究的深入，人们发现进界过程比较随机，而且数据结构离散，如果利用传统的高斯模型来拟合很难得到精确的预测值。Fortin 和 DeBlois（2007）在硬木混交林中提出利用零膨胀模型来研究各树种的进界情况，研究结果发现零膨胀模型拟合该类数据具有较大的优势。

2.3.3.1　模型建立

　　森林生长主要受到林分年龄、密度、立地等因素的影响。本研究通过引入间伐哑变量分析间伐与否对各森林类型生长、枯损和进界的影响。

　　（1）单木直径生长模型

　　本研究利用经验方程（2-27）来分析过伐林单木直径生长状况：

$$D_2 = \exp\left\{(A_1/A_2)\mathrm{Ln}(D_1) + (1 - A_1/A_2)\left[x_1 + x_2 Thin + x_3 A_1 + x_4 \mathrm{Ln}(H_1)\right]\right\} \quad (2\text{-}27)$$

式中：D_1，D_2 为前后期的胸径（cm）；A_1，A_2 为前后期的林龄（yr）；$Thin$ 为哑变量，间伐即为1，无间伐为0；H_1 为林分平均高；x_1，$x_2\cdots$，x_4 为参数。

　　（2）林分平均直径生长模型

　　对于过伐林林分平均直径生长模型同样采取经验方程：

$$Dm_2 = \exp\left\{(A_1/A_2)\mathrm{Ln}(Dm_1) + (1 - A_1/A_2)\left[x_1 + x_2 Thin + x_3 \mathrm{Ln}(H_1)\right]\right\} \quad (2\text{-}28)$$

　　（3）林分平均断面积生长模型

$$B_2 = \exp\left\{(A_1/A_2)\mathrm{Ln}(B_1) + (1 - A_1/A_2)\left[x_1 + x_2 Thin + x_3 \mathrm{Ln}(H_1)\right]\right\} \quad (2\text{-}29)$$

式中：B_1，B_2 为前后期的林分断面积（m^2/hm^2）。

　　（4）活立木林分断面积生长模型

$$LB_2 = \exp\left\{(A_1/A_2)\mathrm{Ln}(LB_1) + (1 - A_1/A_2)\left[x_1 + x_2 Thin + x_3 \mathrm{Ln}(H_1)\right]\right\} \quad (2\text{-}30)$$

式中：LB_1，LB_2 为前后期的活立木林分断面积（m^2/hm^2）。

（5）进界模型

调查间隔期内可能有大量的样地没有发生林分进界现象，这意味着在进界的数据中包含有大量的零数据，即进界数据的结构是离散的。如果继续用最小二乘方法分析，会产生较大的偏差。本研究利用计数模型为基础建立进界模型，并在模型中考虑间伐强度的随机效应。

①Poisson 模型：Poisson 模型是分析计数型数据的一种最简单的方法，其概率质量函数（PMF）如下：

$$P(Y_i = y_i) = \frac{e^{-\lambda_i}\lambda_i{}^{y_i}}{y_i!}, \tag{2-31}$$

则 Poisson 回归模型为：

$$\lambda_i = \exp(X_i\beta) \tag{2-32}$$

式中：Y_i 为随机变量，λ_i 为 Poisson 分布的期望，X_i 为自变量（年龄、密度、优势木平均高、相对植距等），β 为参数向量。Poisson 分布的性质有：

- Poisson 分布期望与方差相等：$\mathrm{Var}[Y_u \mid X_u] = E[Y_u \mid X_u] = \lambda_u$；
- Poisson 分布期望 λ_i 较小时呈偏态，$\lambda_i >= 20$ 时近似正态；
- n 很大，p 很小，$np = \lambda$ 为常数时二项分布趋近于 Poisson 分布；
- n 个独立的 Poisson 分布相加仍符合 Poisson 分布

根据 Poisson 分布的概率质量函数，得知其对数似然函数为：

$$LL = \sum_{i=1}^{n} [-\lambda_i + Y_i\mathrm{Log}(\lambda_i) - \mathrm{Log}(Y_i)] \tag{2-33}$$

有了以上对数似然函数，我们就可以求得 β 的估计值。

②负二项（NB）模型：负二项分布又称复合 Poisson 分布或 Γ-Poisson 分布。在 Poisson 分布中，参数 θ 为一常数，在负二项分布中，参数 θ 是服从 Γ 分布时的随机变量。即负二项分布是当 Poisson 分布强度参数 θ 服从 Γ 分布时所得的复合分布。负二项模型是 Poisson 模型的广义形式（Evans et al.，2000），不同的地方就是多了个离散参数 θ，它能够解释数据的异质性，因此，它比 Poisson 分布更具有适用性（MacNeil et al.，2009）。在 Poisson 分布中，事件数的方差等于 λ_i，但在负二项分布中，事件数的方差等于 $\lambda_i(1 + \theta\lambda_i)$，当 $\theta \to 0$ 时，说明事件发生是随机的，此时负二项分布退化为 Poisson 分布；反之，说明事件的发生不独立因而存在着聚集性。负二项分布中的参数 λ_i 是不定的、变化的，且其变化是有规律的。也就是说，负二项分布个体出现的概率是不相等的，一部分个体出现的概率要大一些，另一部分则要小一些，从而使方差偏大（陈平等，1998）。负二项模型的概率质量函数（PMF）为：

$$P(Y_i = y_i) = \frac{\Gamma(y_i + \theta^{-1})}{\Gamma(y_i + 1)\Gamma(\theta^{-1})}\left(\frac{\theta^{-1}}{\theta^{-1} + \lambda_i}\right)^{\theta^{-1}}\left(\frac{\lambda_i}{\theta^{-1} + \lambda_i}\right)^{y_i} \tag{2-34}$$

$$\lambda_i = \mathrm{Exp}(X_i\beta + e) = \mathrm{Exp}(X_i\beta)\mathrm{Exp}(e),\ \mathrm{Exp}(e) \sim Gamma(\theta^{-1}, \theta^{-1}) \tag{2-35}$$

式中：e 为方差异质性部分，Γ 为伽玛函数。根据负二项分布的概率质量函数，我们可以知道其似然函数为：

$$LL = \sum_{i=1}^{n} \left[\mathrm{Log}\left(\frac{\Gamma(Y_i + \theta^{-1})}{\Gamma(Y_i + 1)\Gamma(\theta^{-1})} \right) - (Y_i + \theta^{-1})\mathrm{Log}(1 + \theta\lambda_i) + Y_i\mathrm{Log}(\theta\lambda_i) \right] \quad (2\text{-}36)$$

③零膨胀（Zero-inflated）模型：在现实生活中，会有很多的过离散数据，零膨胀模型就是为了拟合零过多数据而发展起来的，其基本思想是把事件发生数的发生看成两种可能的情形：第一种对应零事件的发生假定服从贝努里分布（Bernoulli），第二种对应事件假定服从 Poisson 分布或负二项分布。在零膨胀模型中，零数据有两个主要来源：一是那些从未可能发生的零部分；二是在 Poisson 或负二项理论分布下没有发生的离散部分。实际上，Logit 模型常用来拟合零部分，离散部分可以用 Poisson 模型或负二项模型来模拟。设有一个服从零膨胀分布的离散随机变量 y（样地中林木枯损数），p 为零部分的概率，它的概率质量函数（PMF）为：

$$P(Y_i = y_i) = \begin{cases} p + (1-p)f(0) & y_i = 0 \\ (1-p)f(y_i) & y_i = 1,2,3,\cdots \end{cases} \quad (2\text{-}37)$$

在方程（2-37）中，一般认为 $0 < p < 1$，它是对模型的多零部分的解释。在零部分中常用 logit 模型来拟合，即：$\mathrm{logit}(p) = \mathrm{Log}\left(\frac{p}{1-p} \right) = X_i\delta$，$\delta$ 为参数向量。在离散部分，通常利用截尾 Poisson 分布或者负二项分布。因此，模型形式与 Poisson 模型或负二项模型一样。

④零膨胀 Poisson 模型（ZIP）

在公式（2-37）中，如果 Y_i 服从一个参数为 λ_i 的 Poisson 分布，就可以得到 ZIP 模型。当 $p = 0$ 时，ZIP 模型将变成一个普通的 Poisson 模型。ZIP 模型的概率质量函数（PMF）为：

$$P(Y_i = y_i) = \begin{cases} p + (1-p)\mathrm{Exp}(-\lambda_i) & y_i = 0 \\ \dfrac{(1-p)\mathrm{Exp}(-\lambda_i)\lambda_i^{y_i}}{y_i!} & y_i > 0 \end{cases} \quad (2\text{-}38)$$

对于 ZIP 分布，其期望和方差分别为：

$$E(Y_i) = (1-p)\lambda_i \quad (2\text{-}39)$$

$$Var(Y_i) = E(Y_i)(1 + \lambda_i - E(Y_i)) \quad (2\text{-}40)$$

则其似然函数为：

$$LL = \sum_{i=1}^{n} \left[\begin{array}{l} I(Y_i = 0)\mathrm{Log}[p + (1-p)\mathrm{Exp}(-\lambda_i)] + \\ I(Y_i > 0)[\mathrm{Log}(1-p) - \lambda_i + Y_i\mathrm{Log}(\lambda_i) - \mathrm{Log}(Y_i!)] \end{array} \right] \quad (2\text{-}41)$$

根据以上似然函数，通过极大似然估计法估计出 ZIP 模型的参数向量。

⑤零膨胀负二项模型（ZINB）

在计数模型中，负二项分布是泊松分布的广义形式。同样，也可以将 ZIP 模型推广到 ZINB 模型。即：在离散部分，负二项模型来模拟。ZINB 的概率质量函数（PMF）有：

$$P(Y_i = y_i) = \begin{cases} p + (1 - p)\left(\dfrac{\theta^{-1}}{\theta^{-1} + \lambda_i}\right)^{1/\theta} & y_i = 0 \\[3mm] (1 - p)\dfrac{\Gamma(y + \theta^{-1})}{\Gamma(y + 1)\Gamma(\theta^{-1})}\left(\dfrac{\theta^{-1}}{\theta^{-1} + \lambda_i}\right)^{1/\theta}\left(\dfrac{\lambda_i}{\theta^{-1} + \lambda_i}\right)^{y_i} & y_i > 0 \end{cases} \qquad (2\text{-}42)$$

对于 ZINB 分布，其期望和方差分别为：

$$E(Y_i) = (1 - p)\lambda_i \qquad (2\text{-}43)$$

$$Var(Y_i) = E(Y_i)(1 + \lambda_i(1 + \theta) - E(Y_i)) \qquad (2\text{-}44)$$

当 $\theta \to 0$ 时，ZINB 模型就退化为 ZIP 模型。从 (18) 式中可以看出，观测数据中的过离散现象可以通过方差项中 $E(Y_i)\lambda_i\theta$ 来描述。参数 θ 的引入并没有改变 ZINB 模型的均值函数，方差总是大于 ZIP 模型的方差。当在负二项部分引入解释变量后，就可以得到 ZINB 回归模型。

则其似然函数为：

$$LL = \sum_{i=1}^{n} \begin{bmatrix} I(Y_i = 0)\mathrm{Log}\left[p + (1 - p)\left(\dfrac{\theta^{-1}}{\theta^{-1} + \lambda_i}\right)^{\theta^{-1}}\right] + I(Y_i > 0)\mathrm{Log}(1 - p) + \\[2mm] \mathrm{Log}[\Gamma(Y_i + \theta^{-1})] - \mathrm{Log}[\Gamma(Y_i + 1)] - \mathrm{Log}[\Gamma(\theta^{-1})] - \theta^{-1}\mathrm{Log}(\theta) - \\[2mm] \theta^{-1}\mathrm{Log}(\theta^{-1} + Y_i) + Y_i[\mathrm{Log}(\lambda_i) - \mathrm{Log}(\theta^{-1} + \lambda_i)] \end{bmatrix} \qquad (2\text{-}45)$$

然后根据上述的似然函数，通过极大似然估计法估计出 ZINB 模型的参数。

⑥Hurdle 模型：Hurdle 模型最早是由 Mullahy (1986) 提出，Hurdle 模型又叫两部分 (Two-part) 模型：第一部分模拟零个数，如二分类模型 (如 logit 模型)；第二部分是模拟正数计数，如 Poisson 模型、负二项模型等。Hurdle 模型跟零膨胀模型相似，都可以看作两个统计过程的混合，但是 Hurdle 模型与零膨胀模型的区别是 Hurdle 模型假设零数据来源于一个统计过程，而零膨胀模型有两个来源。Hurdle 模型的概率质量函数 (PMF) 为：

$$P(Y_i = y_i) = \begin{cases} p & y_i = 0 \\[2mm] (1 - p)\dfrac{f(y_i)}{1 - f(0)} & y_i > 0 \end{cases} \qquad (2\text{-}46)$$

式子 (20) 所对应的均值和方差为：

$$E(Y_i) = \frac{1 - p}{1 - f(0)}\lambda_i \qquad (2\text{-}47)$$

$$Var(Y_i) = P(Y_i > 0)Var(Y_i \mid Y_i > 0) + P(Y_i = 0)E(Y_i \mid Y_i > 0) \qquad (2\text{-}48)$$

在本研究中，第一部分 (hurdle 部分) 利用常用的 logit 模型 (与零膨胀模型零部分一样)，第二部分分别利用 Poisson 模型和负二项模型进行比较研究，记为 Hurdle-Poisson 模型和 Hurdle-NB 模型。

Hurdle-Poisson 模型 (HP)：Hurdle-Poisson 模型是 Hurdle 模型中较为常用的一种，其概率质量函数 (PMF) 为：

$$P(Y_i = y_i) = \begin{cases} p & y_i = 0 \\[2mm] \dfrac{(1 - p)\mathrm{Exp}(-\lambda_i)\lambda_i^{y_i}}{[1 - \mathrm{Exp}(-\lambda_i)]y_i!} & y_i > 0 \end{cases} \qquad (2\text{-}49)$$

根据 HP 分布的概率质量函数，可以得到其似然函数为：

$$LL = \sum_{i=1}^{n} \left[\begin{array}{l} I(Y_i = 0)\text{Log}(p) + \\ I(Y_i > 0)\{\text{Log}(1 - p) - \lambda_i + Y_i\text{Log}(\lambda_i) - \text{Log}[1 - \text{Exp}(-\lambda_i)] - \text{Log}(Y_i!)\} \end{array} \right] (2\text{-}50)$$

然后利用上面似然函数，通过极大似然估计法估计 HP 模型的参数。

Hurdle-NB 模型（HNB）：Hurdle-NB 模型是 Hurdle 模型的另一种形式，在截尾非零计数部分用负二项模型来拟合，其概率质量函数（PMF）为：

$$P(Y_i = y_i) = \begin{cases} p & y_i = 0 \\ (1 - p) \dfrac{\Gamma(y_i + \theta^{-1})}{\Gamma(\theta^{-1})\Gamma(y_i + 1)} [(1 + \theta\lambda_i)^{\theta^{-1}} - 1]^{-1} \left(\dfrac{\lambda_i}{\lambda_i + \theta^{-1}}\right)^{y_i} & y_i > 0 \end{cases} (2\text{-}51)$$

根据 HNB 分布的概率质量函数，可以得到其似然函数为：

$$LL = \sum_{i=1}^{n} \left[\begin{array}{l} I(Y_i = 0)\text{Log}(p) + \\ I(Y_i > 0)\text{Log}(1 - p) + \text{Log}[\Gamma(Y_i + \theta^{-1})] + Y_i\text{Log}(\theta\lambda_i) - \text{Log}[\Gamma(Y_i + 1)] - \\ \text{Log}[\Gamma(\theta^{-1})] - (Y_i + \theta^{-1})\text{Log}(1 + \theta\lambda_i) - \text{Log}\{1 - [1/(1 + \theta\lambda_i)]^{1/\theta}\} \end{array} \right] (2\text{-}52)$$

则根据以上似然函数，利用极大似然函数法估计出 HNB 模型的参数。在以上模型中，在截距参数中引入间伐的哑变量参数，分析间伐对过伐林进界的影响。

（6）林分枯损模型

由于林分枯损的数据结构也是离散的，因此采用的模型构建方法与进界模型一样，都采用计数模型分析，并在计数模型中引入间伐的随机参数分析间伐对林分枯损的影响。

2.3.3.2　结果分析

（1）蒙古栎过伐林

表 2-61　蒙古栎单木直径生长模型参数估计及模型评价统计量

参数	估计值	标准误	R^2	RMSE
x_1	2.4698	0.0417		
x_2	0.2187	0.0149	0.9574	1.6398
x_3	0.0143	0.0005		
x_4	0.1026	0.0202		

注：R^2 为决定系数，RMSE 为均方根误差。

由表 2-61 可以发现蒙古栎过伐林单木直径生长模型决定系数达到 0.9574，拟合精度很高，而且间伐变量的参数估计值在 0.05 水平上显著，可见间伐后明显促进了蒙古栎林单木直径的生长。

表 2-62　蒙古栎林分平均直径生长模型参数估计及模型评价统计量

参数	估计值	标准误	R^2	RMSE
x_1	1.0593	0.2537		
x_2	0.2200	0.1062	0.7739	1.4360
x_3	0.7125	0.1008		

　　由表 2-62 可以发现蒙古栎过伐林林分平均直径生长模型决定系数达到 0.7739，拟合精度较好，而且间伐变量的参数估计值在 0.05 水平上显著，可见间伐后明显促进了蒙古栎林林分平均直径的增加。

表 2-63　林分平均断面积生长模型参数估计及模型评价统计量

参数	估计值	标准误	R^2	RMSE
x_1	2.0258	0.3201		
x_2	−0.9401	0.1287	0.8401	2.7892
x_3	0.7127	0.1251		

　　由表 2-63 可以发现间伐后蒙古栎过伐林林分平均断面积在 0.05 水平上显著减少，这是由于间伐后造成林分内林木株树减少，直接导致林分断面积减少。

表 2-64　活立木林分断面积生长模型参数估计及模型评价统计量

参数	估计值	标准误	R^2	RMSE
x_1	1.4857	0.2526		
x_2	0.1612	0.0672	0.9206	2.0783
x_3	1.0046	0.0982		

　　由表 2-64 可以发现蒙古栎过伐林林分活立木林分平均断面积生长模型决定系数达到 0.9206，拟合很好，而且间伐变量的参数估计值在 0.05 水平上显著，可见间伐后明显促进了蒙古栎林活立木林分平均断面积的增加，这是由于间伐后促进蒙古栎林分平均直径的增加。

表 2-65　零膨胀模型和 Hurdle 模型参数估计及评价统计量

参数	ZIP 模型		ZINB 模型		Hurdle-Poisson 模型		Hurdle-NB 模型	
	估计值	p 值	估计值	p 值	估计值	p 值	估计值	p 值
				离散部分				
截距	4.96 ± 0.0861	< 0.05	4.13 ± 0.3635	< 0.05	4.97 ± 0.0863	< 0.05	4.33 ± 0.3803	< 0.05
A	−0.0095 ± 0.0024	< 0.05	−0.0166 ± 0.0065	< 0.05	−0.0096 ± 0.0024	< 0.05	−0.0193 ± 0.0070	< 0.05
H	−0.04 ± 0.0086	< 0.05	−0.08 ± 0.0299	< 0.05	−0.04 ± 0.0087	< 0.05	−0.08 ± 0.0320	< 0.05
B	−0.07 ± 0.0036	< 0.05	—		−0.07 ± 0.0036	< 0.05	—	—
				零部分				
截距	−2.14 ± 0.2523	< 0.05	−3.42 ± 1.1746	< 0.05	−2.13 ± 0.2494	< 0.05	2.13 ± 0.2494	< 0.05
LogL	1796.9		1122.2		1795.9		1115.6	
AIC	1806.9		1132.2		1805.9		1125.6	
BIC	1822.6		1147.9		1821.6		1141.2	

表 2-66　NB 模型参数估计及评价统计量

参数	估计值	p 值
截距	4.03 ± 0.3603	< 0.05
A	−0.0162 ± 0.0068	< 0.05

（续）

参数	估计值	p 值
H	-0.07 ± 0.0306	< 0.05
LogL	1122.9	
AIC	1130.9	
BIC	1143.4	

由表 2-65、2-66 可知，HNB 模型模拟蒙古栎过伐林进界株树精度最高。因此，以 HNB 模型为基础，引入间伐哑变量分析间伐对蒙古栎过伐林进界的影响情况，发现间伐对过伐林进界影响不显著（-0.1195 ± 0.2799，$P > 0.05$）。

表 2-67　零膨胀模型和 Hurdle 模型参数估计及评价统计量

参数	ZIP 模型		ZINB 模型		Hurdle-Poisson 模型		Hurdle-NB 模型	
	估计值	p 值	估计值	p 值	估计值	p 值	估计值	p 值
	离散部分							
截距	2.72 ± 0.1116	< 0.05	2.05 ± 0.3315	< 0.05	2.72 ± 0.1113	< 0.05	2.33 ± 0.3253	< 0.05
A	-0.03 ± 0.0023	< 0.05	-0.03 ± 0.0061	< 0.05	-0.03 ± 0.0023	< 0.05	-0.03 ± 0.0061	< 0.05
B	0.04 ± 0.0040	< 0.05	0.07 ± 0.0138	< 0.05	0.04 ± 0.0040	< 0.05	0.06 ± 0.0141	< 0.05
	零部分							
截距	-2.79 ± 0.3335	< 0.05	-3.85 ± 0.9035	< 0.05	-2.77 ± 0.3260	< 0.05	-2.77 ± 0.3260	< 0.05
LogL	1756.8		1152.3		1757.3		1157.4	
AIC	1764.8		1162.3		1765.3		1167.4	
BIC	1777.3		1177.9		1777.8		1183.0	

表 2-68　NB 模型参数估计及评价统计量

参数	估计值	p 值
截距	1.61 ± 0.3576	< 0.05
A	-0.0259 ± 0.0061	< 0.05
B	0.08 ± 0.0140	< 0.05
LogL	1153.5	
AIC	1161.5	
BIC	1174.0	

由表 2-67、2-68 可知，NB 模型模拟蒙古栎过伐林林分枯损株数精度最高。因此，以 NB 模型为基础，引入间伐哑变量分析间伐对蒙古栎过伐林样木枯损的影响情况，发现间伐能够减少蒙古栎过伐林枯损率，减少样木的竞争，提高蒙古栎的存活率（-0.4052 ± 0.1919，$P < 0.05$）。

（2）针阔混交林

表 2-69　单木直径生长模型参数估计及模型评价统计量

参数	估计值	标准误	R^2	RMSE
x_1	2.8059	0.0638		
x_2	0.0232	0.0110	0.9598	1.6710
x_3	0.0154	0.0004		
x_4	0.0689	0.0272		

　　由表 2-69 可发现，间伐参数估计值为 0.0232，且在 0.05 水平上显著。因此，间伐能够促进针阔混交林单木直径的生长。而且，引入间伐哑变量后，单木直径生长模型的 R^2 达到 0.9598，模拟精度很高。

表 2-70　林分平均直径生长模型参数估计及模型评价统计量

参数	估计值	标准误	R^2	RMSE
x_1	2.3546	0.1355		
x_2	-0.0545	0.0914	0.6197	1.7645
x_3	0.2324	0.0341		
x_4	-0.2159	0.0343		

　　由表 2-70 可发现，间伐对针阔混交林林分平均直径的生长影响不显著。这可能是由于混交林林分结构比较复杂，在短期内间伐不对林分平均直径的生长有影响。

表 2-71　林分平均断面积生长模型参数估计及模型评价统计量

参数	估计值	标准误	R^2	RMSE
x_1	3.0438	0.8702		
x_2	-1.7713	0.1656	0.6159	5.6522
x_3	0.5030	0.3322		

　　由表 2-71 可以发现间伐后针阔混交林林分平均断面积在 0.05 水平上显著减少，这是由于间伐后造成林分内林木株树减少，直接导致林分断面积减少。

表 2-72　活立木林分断面积生长模型参数估计及模型评价统计量

参数	估计值	标准误	R^2	RMSE
x_1	1.0694	0.3636		
x_2	0.0328	0.0067	0.9509	2.1164
x_3	0.8720	0.1384		

　　由表 2-72 可以发现针阔混交林林分活立木林分平均断面积生长模型决定系数达到 0.9509，拟合很好，而且间伐变量的参数估计值在 0.05 水平上显著，可见间伐后明显促进了混交林活立木林分平均断面积的增加，这是由于间伐后促进混交林单木直径的增加。

表 2-73　零膨胀模型和 Hurdle 模型参数估计及评价统计量

参数	ZIP 模型		ZINB 模型		Hurdle-Poisson 模型		Hurdle-NB 模型	
	估计值	p 值	估计值	p 值	估计值	p 值	估计值	p 值
				离散部分				
截距	5.14 ± 0.0479	<0.05	4.54 ± 0.2133	<0.05	5.14 ± 0.0480	<0.05	4.54 ± 0.2158	<0.05
A	-0.0063 ± 0.0008	<0.05	-0.008 ± 0.003	<0.05	-0.0063 ± 0.0009	<0.05	-0.0087 ± 0.0032	<0.05
H	-0.06 ± 0.0034	<0.05	-0.08 ± 0.0161	<0.05	-0.06 ± 0.0034	<0.05	-0.07 ± 0.0163	<0.05
B	-0.04 ± 0.0016	<0.05	—	—	-0.04 ± 0.0016	<0.05	—	—

（续）

参数	ZIP 模型		ZINB 模型		Hurdle-Poisson 模型		Hurdle-NB 模型	
	估计值	p 值	估计值	p 值	估计值	p 值	估计值	p 值
	零部分							
截距	-3.89 ± 0.4519	<0.05	-16.22 ± 13.94	<0.05	-3.89 ± 0.4518	<0.05	-3.89 ± 0.4518	<0.05
LogL	4047.6		2025.6		4047.6		2026.2	
AIC	4057.6		2035.6		4057.6		2036.2	
BIC	4075.2		2053.2		4075.2		2053.8	

表 2-74　NB 模型参数估计及评价统计量

参数	估计值	p 值
截距	4.54 ± 0.2133	<0.05
A	-0.0081 ± 0.0032	<0.05
H	-0.08 ± 0.0306	<0.05
LogL	2025.6	
AIC	2033.6	
BIC	2047.7	

由表 2-73、2-74 可知，NB 模型模拟混交林进界精度最高。因此，以 NB 模型为基础，引入间伐哑变量分析间伐对混交林进界的影响情况，发现间伐对混交林进界株树影响不显著（ -0.2079 ± 0.1090 ， $P = 0.0577$ ）。

表 2-75　零膨胀模型和 Hurdle 模型参数估计及评价统计量

参数	ZIP 模型		ZINB 模型		Hurdle-Poisson 模型		Hurdle-NB 模型	
	估计值	p 值	估计值	p 值	估计值	p 值	估计值	p 值
	离散部分							
截距	1.95 ± 0.0773	<0.05	1.79 ± 0.1814	<0.05	1.95 ± 0.0771	<0.05	1.80 ± 0.1829	<0.05
A	-0.01 ± 0.0014	<0.05	-0.02 ± 0.0031	<0.05	-0.01 ± 0.0014	<0.05	-0.01 ± 0.0032	<0.05
B	0.04 ± 0.0024	<0.05	0.05 ± 0.0060	<0.05	0.04 ± 0.0024	<0.05	0.05 ± 0.0061	<0.05
	零部分							
截距	-2.22 ± 0.2185	<0.05	-2.69 ± 0.3431	<0.05	-2.16 ± 0.2071	<0.05	-2.16 ± 0.2071	<0.05
LogL	1962.9		1535.5		1965.3		1541.8	
AIC	1970.9		1545.5		1973.3		1551.6	
BIC	1985.0		1563.1		1987.4		1569.5	

表 2-76　NB 模型参数估计及评价统计量

参数	估计值	p 值
截距	1.90 ± 0.2334	<0.05
A	-0.01 ± 0.0035	<0.05
B	0.03 ± 0.0066	<0.05
LogL	1579.6	
AIC	1587.6	
BIC	1601.7	

由表 2-75 可知，ZINB 模型模拟混交林样地枯损株数精度最高。因此，以 ZINB 模型为基础，引入间伐哑变量分析间伐对混交林样木枯损的影响情况，发现间伐对混交林枯损率影响不显著(0.1374 ± 0.1147，$P = 0.2319$)。

2.3.3.3　小结与讨论

在本研究中，不同的森林类型的过伐林其生长响应不一致。在蒙古栎过伐林中，间伐对单木直径、林分平均直径、活立木林分断面积生长有显著的促进作用，对林分断面积的生长在间伐后 10 年间是减少的，而对蒙古栎的进界株树作用不显著。此外，由于间伐后林木空间增大，减少了林木间的竞争使得蒙古栎的枯损率减少。而在针阔混交林中，间伐仅对单木直径和活立木林分断面积的生长有促进作用，而对林分平均直径、进界概率和枯损率作用不显著。这或许是因为混交林可以形成层次多或冠层厚的林分结构，生长比较稳定，间伐短期内不会影响混交林的生长。当然，对于林分断面积的生长，间伐对混交林的影响与蒙古栎一致，短期内使得林分断面积减少。有学者认为对于贫瘠干燥土壤上生长的森林，其间伐所带来的促进作用要远远大于肥沃的土壤(Assmann，1970；Hamilton，1976)。这或许也正解释了蒙古栎林和混交林在间伐后响应的差异性。一般来说混交林的土壤要比纯林的土壤肥沃些。Canellas 等(2004)发现不同的间伐强度对西班牙中部山区的栎类(*Quercus pyrenaica*)林分的直径生长影响差异显著，而对其林分断面积的生长影响不显著。这也与本研究得到的结论一致：间伐对林分断面积的生长变化影响不显著，但是对于活立木林分断面积的生长具有促进作用。Franklin 等(1987)利用一般线性模型分析了森林生长与间伐的关系，发现间伐后的林分其树干生物量的净生长量显著高于未间伐的林分，其森林枯损率也显著低于为枯损的林分。Soucy 等(2012)发现间伐 15 年后，黑云杉的蓄积生长量与未间伐的差异不显著，但是在 33 年后期生长量显著高于未间伐的林分。而对于东北的几种过伐林，也证实了在间伐后的短期内(10 年)，其间伐的影响作用不显著。

2.4　可持续经营技术模式

可持续森林经营是一个长期的作业过程，根据不同的自然条件和培育目标在具体地段的经营计划和措施都是不同的，需要进行多学科的综合分析。把森林自然类型、经营目标类型和生态功能类型等有机结合起来，提出森林经营类型的组织体系，进一步根据不同类型的主导功能目标和自然特征要求制定相应的经营计划，并设计对应的林分作业法来规范长期的经营活动。

2.4.1　云冷杉阔叶混交林可持续经营模式

2.4.1.1　林分特征描述

该云冷杉阔叶混交林起源于天然云冷杉针叶过伐林，经过高强度多次择伐后，白桦、椴树、色木等更新侵入，同时云杉、冷杉幼苗天然更新，形成了针阔混交的林相。

树种结构以云杉、冷杉为主，并伴有落叶松，这 3 种针叶树种为优势树种组，约占 6 成，白桦、椴树、色木是主要的伴生树种，约占 3 成，其他成分为水曲柳、黄波罗等珍贵阔叶树种，尤其是林内零星分布东北红豆杉，整体林相较为稳定。从垂直结构上看，林分平均高为 16.5~18.6m，云杉、冷杉、落叶松和杨树在林分上层，中下层为阔叶树种。从直径结构上看，林分平均胸径为 20.1~26.7cm，林分整体上为典型的倒"J"形分布。

2.4.1.2　目标林相

以云冷杉、红松为主伴生珍贵阔叶的针阔混交异龄林，针叶树种的比例约为 6~7 成，其他为阔叶树种，包括水曲柳、黄波罗、胡桃楸和椴树等。

2.4.1.3　培育目标

以用材为主要目的，兼顾生态功能，包括生物多样性、涵养水源、固碳等多种功能。

2.4.1.4　目标树单株经营模式

（1）目标树和采伐木选择标准

三种森林类型的目标树选择标准如表 2-77 示。

表 2-77　目标树选择标准

指标	森林类型
	云冷杉阔叶林
树种	云杉、冷杉、椴树 *、色木 *、红松 *、红豆杉 *、水曲柳 *、黄波罗 *
冠层等级	用材目标树为优势、亚优势木，生态目标树不限
活力	冠长率 > 0.25
干材质量	用材目标树树干 6~8m，干形通直、无损伤生态目标树不限
其他	目标树分布尽可能均匀，距离约为平均胸径的 25 倍。

注：* 为生态目标树；直径不是目标树选择的标准。

干扰树是指与目标树形成竞争（树冠交叉）的树木，也是本次需要标注为采伐木的树木。事实因此，其主要指标是竞争。树冠与目标树形成侧方或上方相交而影响其生长的林木即确定为干扰树。

目标树树冠以下的邻木不进行采伐，这些树木并不会明显抑制目标树的树冠。多数情况下，保留目标树周围中等冠级之上的树木和功能欠佳的中等冠级树木是有利的，此类树木在野生动物和美学价值方面可能具有重要性，还可以为目标树遮荫、降低利于嫩枝发芽的光照，从而提高木材质量和价值。

目标树周围生长不良，已经不再可能对目标树形成竞争的其他林木，如林内的濒死木、枯立木和其他断梢木等，如果没有直接的经济利用价值，则不作为干扰树伐除，而留给自然进程自己去处理。

根据云冷杉阔叶混交林内林木的生物学特征来选取目标树和干扰树，考虑树种的速生性、珍贵性、演替竞争性等因子，具体见表 2-78。

表 2-78　云冷杉阔叶混交林主要树种及其生态和经营学特性

编号	主要树种名称	速生性	珍贵性	演替竞争性
1	云杉	2	2	4
2	冷杉	2	2	4
3	白桦	2	3	1~3
4	椴树	1	3	2
5	胡桃楸	3	1	4
6	色木	3	3	3
7	水曲柳	3	1	4
8	杨树	1	3	1
9	榆树	2	3	2
10	红松	3	1	5

注：速生性：1—速生，2—中生，3—慢生；珍贵性：1—珍贵，2—优质，3——一般；演替竞争性：1—典型先锋种，2—长寿命先锋树种，3—机会树种，4—亚顶级种，5—顶级种。

（2）目标直径设计

对象木达到目标直径的，可以进行采伐利用，具体见表 2-79。

表 2-79　目标直径表

树种	目标直径（cm）
针叶树	40
软阔叶树（杨、椴）	40
硬阔叶树（水曲柳、核桃楸、黄波罗、蒙古栎、白桦、枫桦等）	50

（3）其他需要采伐的树木

其他局部密度过大丛生木（需要定株）的树木。可依实际情况保留 2~3 株可作为潜在目标树的树木。

（4）经营作业法设计

在完成本底调查的基础上，进行针对性的经营措施设计，主要包括：

①林木分类标记：核心是目标树的选择原则和标准，可能的目标树种：红松、云杉、冷杉、水曲柳、黄波罗、胡桃楸、椴树等。

②采伐干扰树：A：按目标树四个象限的干扰树设计采伐；B：按目标树密度设计采伐。要想培育优质大径材，就要给树冠保留足够的发育空间。

③人工促进天然更新：割灌、破土增温等围绕幼苗幼树采取措施，为提供种子、种子发芽和幼苗幼树生长等创造有利条件。

④林下补植对天窗及林间空地补植云杉、水曲柳、黄波罗、蒙古栎、紫椴等树种。补植方法为采伐后林隙处补植和林下群团状补植。注意群间交差错开，避免全林补植作业，节约投入。

⑤采伐剩余物处理：有选择清林，形成多层级更新层进而形成复层林。

2.4.2　蒙古栎阔叶混交林可持续经营模式

2.4.2.1　模式林分特征描述

　　蒙古栎，是栎属中耐寒、耐干旱、耐瘠薄的树种，具有很强的萌蘖和有性繁殖能力。柞树林主要分布于我国的东北和华北地区，为东北天然次生落叶阔叶林的主要组成树种和我国的主要用材树种。在吉林省中东部山区及半山区常形成多代萌生的次生蒙古栎纯林，在东部山区常成为阔叶红松林的重要组成树种。柞树林是在逆行演替过程中保留下来，是在森林屡遭破坏、环境条件极差的生境上形成的群落类型。在部分地段常出现几株或十几株生长在一起的情况，其空间分布以集群分布为主。另外，柞树林的成林方式主要以天然萌生为主，林木主要呈丛状聚集分布，虽然经过自疏或人为干扰，成林后林木聚集程度会有所下降，但林分整体上空间分布型仍呈聚集分布。由于大部分柞树林的现实林分生长不良，柞树林长期以来一直被作为改造的对象，加上乱砍滥伐，使柞树资源遭到了极大的破坏。

　　目前我国大部分地区的柞树林主要有以下几个类型：

　　①柞木纯林及混交林：主要为萌生或多代萌生，生长较好，密度大的蒙古栎林，它是原生植物群落经过反复破坏而形成的相对稳定的林分，其主要树种为蒙古栎。在东北，常与黑桦、紫椴、山杨、白桦组成阔叶混交林，针阔比为1∶9，其中柞树占7成或8成以上的称为纯林，7成以下柞树为主的叫混交林。

　　②柞木低产林：包括3种类型，第一种是老龄过熟型：组成树种主要有大径阶（老龄过熟）柞树、黑桦、杨树，少量的白桦及小径阶的柞树、黑桦、椴树、白桦、杨树等，林相分层明显，林龄较大，多为近成熟林，主干不明显，树干弯曲，树冠较大，心腐严重，公顷蓄积量可达120~180m³，生长量很低，有的已出现负增长，并且出材率极低，一般为15%~30%。第二种是郁闭度较低的低产林：郁闭度<0.4，且林木分布不均，林木天然更新达不到更新标准。第三种是柞木矮林：一般树高多为7~10m，胸径5.0~9.0cm，郁闭度0.7~1.0，林木生长缓慢，质量低劣，出现明显矮化现象，生态功能低下，已无培育前途。

2.4.2.2　目标林分结构

　　①保留蓄积量的数量应以保持林地生产力在回归期中最高为准。

　　②选择采伐木时，适当多保留大径材和有培养前途的树木，采伐掉那些干扰树、生长不良的树木。

　　③保留林分中可适当提高针叶树种的蓄积比例，增加物种多样性。可控制在针阔比为3∶7左右。

　　④林木中的大中小径级蓄积比例为4∶4∶2或5∶3∶2。

　　⑤伐后保留郁闭度不能低于0.7。

　　⑥保留林分的分布接近于均匀分布，均匀度接近于0.45左右。

2.4.2.3　关键技术

（1）柞木纯林

①主伐方式为择伐，原则上不采取皆伐。主要是利用平均胸径 20cm 以上的蒙古栎林。在分析资源现状的基础上，确定合理永续利用的开发顺序。对天然树种更新良好的林分，主伐时可采用中度择伐，保留密度大于 0.7 以上。伐后进行人工更新，更新树种以针叶树为主。

②抚育间伐：对中、幼龄林，要及时进行透光抚育和生长抚育，同时尽量保留林下针叶树种的幼苗和幼树。如果林地条件恶劣，"老头蒙古栎"和"小老树"多，林分郁闭度低，一般不进行透光抚育，只对其生长良好，密度较大的进行低强度间伐，间伐后使其郁闭度在 0.7 左右。

③基于蒙古栎的经济价值较高，因此如经营水平很高时，以培养大径材为目的，可采用目标树作业体系，进行单株择伐。

④对分布于陡、急、险坡上有水土保持作用的林分，需通过封山育林措施来保持该地区的生态环境，防止水土流失。

（2）柞木低产林

①老龄过熟型：可采取对上层老龄过熟的霸王树、部分丛生的林木进行择伐，采伐后，根据保留目的树种的多少进行全面、团（块）状改造，实行基地化管理。

②郁闭度较低的低产林：可采取小面积皆伐或带状、团（块）状改造；若上层林木目的树种经营价值较高，长势良好，具有培育前途，可采取填充型改造技术（即林冠下造林），造林前应对林地中的灌木、无经营价值的亚乔木及非目的树种进行适度清理。

（3）柞木矮林

如林地坡度较小（坡度小于 5°），土壤条件较好的，可施行小面积皆伐、补植其他树种的改造方式；坡度 6~10° 的地块，可采取开拓效应带的改造技术。具体做法是：除保留针叶、珍贵树种外，伐除效应带内所有林木，清理保留带内病腐木及非目的树种和灌丛，然后在效应带和保留带上分别选择落叶松、樟子松、云杉、蒙古栎、白桦和红松、云杉、水曲柳、胡桃楸、黄波罗等树种，栽植人工更新层，填补空白生态位，使得生态位效能得到充分发挥，形成人工、天然共同组成的有序带状复层混交林分。

另外根据蒙古栎属阳性树种喜光耐寒的特性，依据土壤特征，对陡坡薄层土蒙古栎林，林分分布于山脊及山顶部，产地条件差、土层薄，石砾含量多，水分含量极低，要充分发挥它的水土保持作用，坚决禁止采伐，对疏林地带可充分利用其蔽荫性进行冠下营造红松及樟子松。对斜坡和平缓坡土层比较厚、土壤较肥沃、立地质量高、林地有相对高的生产潜力的蒙古栎林或蒙古栎混交林，应当通过抚育改造的方式，清除非目的树种，使其变成蒙古栎纯林，培育成蒙古栎速生丰产林，或者进行改造，引进针叶树种，从而达到提高林分质量和增加单位面积产量的目的。

2.4.2.4　采伐强度

蒙古栎林的采伐强度遵循以下标准：

①对禁伐区内的蒙古栎林分，坚决杜绝一切采伐活动，对大的天窗、空地进行补植

或补播一些针叶树种。

②对限伐区要严格控制采伐强度，一般可控制在伐前蓄积量的 15% 以内。

③对商品林经营区可按每公顷蓄积量的大小，确定适宜的采伐强度，一般每公顷蓄积 $100m^3$ 以上的强度可在 20% 左右，$80 \sim 100\ m^3$ 的强度控制在 15% 左右，$60 \sim 80m^3$ 的强度控制在 15% 以内，低于 $60\ m^3$ 的强度控制在 10% 以内。由于蒙古栎是喜光树种，可通过中强度采伐给蒙古栎林分创造一个适宜的生长环境，从而使其更好地发挥其生态效能，提高林地生产力和经济效能。由于很多蒙古栎林为残次林，因此也可适当增加采伐强度，适当补植一些有很高经济价值的针叶树种，在林冠下天然更新较差的林分没有培养前途的林分，原则上采用皆伐方式，皆伐后及时进行人工造林。

2.4.2.5　择伐周期(回归年)

①择伐周期是商品用材林的林分生态系统处于最优结构状态时采伐周期。

②择伐周期的计算公式：

$$A = \frac{-\log(1-s)}{\log(1+P)}$$

式中：A 为择伐周期，s 为择伐强度，p 为保留木蓄积生长率。

③择伐周期应控制在 $10 \sim 15$ 年之间。

2.4.2.6　伐木技术

①控制树倒方向，减少伐木时对母、幼树，保留树的砸伤量，克服倒向紊乱，横竖交叉等现象，为打枝，造材创造条件。总的树倒方向应与集材道成 $30° \sim 45°$ 角为宜。

②降低伐根。为了充分利用森林资源，伐根要降低到零，最高不能超过 10cm。

③伐除规定范围内的所有伐倒木，包括病腐木、秃头木和其他价值较低的树种。保留有生态价值的活立木和枯立木，如有鸟巢和猛禽栖息的林木。减少摔伤、砸伤、劈裂和抽心现象。确保安全伐木。

2.4.2.7　集材方式

选择集材方式时，要本着技术上可行，经济上合理，有利于森林更新，森林保护和森林生态平衡，便于管理和安全作业，因地因林制宜，选择生态型的集材方式。

①可采资源分散，出材量小的伐区及散生木和块状散生木，选择人力串坡、畜力集材方式。这种方式即经济适用，又对森林干扰损伤小，但畜力集材支道最大坡度不超过 16°，重载逆坡不超过 2°。

②山地伐区集材提倡索道直角横向集材方式，既有利于生态环境保护，又较为经济，比较适用于非皆伐作业区集材。

③人力串坡，拖拉机接运集材。这种方式木材损失相对较小，集材效率高，冬季作业对地表破坏小，有利于生态保护。

2.4.2.8　更新方式

蒙古栎林的天然更新情况较好，一般都是根蘖萌生，幼苗幼树呈聚集状分布，可以进行人工育苗和人工更新造林，人工育苗应采用苗圃育苗；人工更新造林可采用直播和丛状造林方式。如果林中空地、疏林地母树分布不均匀，不能够保证林分的充分更新，应实行补播的方法，以补充天然下种的不足。如果在蒙古栎林中其他树种特别是针叶树种的更新能力很差，为了调整蒙古栎林中针阔叶树树种的比例就要对针叶树种在天然更新的基础上，采取人工辅助的办法，促进天然更新。

2.4.3　落叶松云冷杉林可持续经营模式

2.4.3.1　森林类型概况描述

该类型起源为落叶松人工林，但由于有保留树种，并由天然更新入侵，逐渐发展成为落叶松云冷杉为主的针阔混交林。树种组成除长白落叶松外，还伴生有红松、鱼鳞云杉、臭冷杉和一些阔叶树如白桦、色树等。其中造林前保留有部分云杉、冷杉和阔叶树种。从林层结构看，此种类型结构较简单，除主林层长白落叶松外，第二层多由鱼鳞云杉和红松所构成。林分平均高为 16.2~19.2m。更新树种主要有臭松、红松、云杉、色树等。已经发展为近天然的人工林。

2.4.3.2　目标林相

以云冷杉为主的针阔混交复层异龄林，云冷杉、红松组成在 6~8 成，阔叶树种 2~4 成。阔叶树主要包括水曲柳、胡桃楸、黄波罗、蒙古栎、紫椴等珍贵阔叶树。

2.4.3.3　经营目标

用材为主兼顾生物多样性保护和碳汇的多功能林。

2.4.3.4　发育阶段划分及主要措施

根据树种组成及各林分垂直结构，将该类型划分为三个阶段：

①建群阶段：是指落叶松造林至幼林郁闭，先锋树种如白桦开始出现。主要是采取管护措施，清除影响落叶松和天然更新阔叶幼苗生长的杂草和灌木。

②竞争阶段：指林分郁闭开始高生长的速生期，林下开始出现云杉、冷杉等更新幼苗。可采取透光伐和疏伐，调节林分密度。同时采取人工促进天然更新措施。

③质量生长阶段：落叶松林木开始出现分化，树木高度差异显著，生活力强的树木占据林冠的主林层，优势木和被压木可以明显的识别出来，优良的目标树也可以明显地标记出来，云杉、冷杉、红松等树种出现大量天然更新。可选择目标树，并采伐干扰树，同时采取人工促进天然更新措施，在天然更新不足或缺少高价值针阔叶树种，补植红松、水曲柳、胡桃楸、黄波罗、蒙古栎、紫椴等乡土和珍贵树种。

④近自然阶段：落叶松树高生长趋于缓慢或停止，云杉、冷杉等开始进入主林层，落叶松达到目标直径，部分保留的云冷杉达到目标直径，可进行目标树单株择伐。

⑤云冷杉为主的针阔混交复层异龄恒续林阶段。主林层的云冷杉、红松、水曲柳、胡桃楸、黄波罗等的优势木达到目标直径，次林层明显形成，林下层有大量更新。可采伐目标树，并选择新的目标树。

2.4.3.5　目标树与干扰树选择

可作为目标树的树种包括：落叶松、云杉、冷杉、红松*、水曲柳*、黄波罗*、胡桃楸*、椴树*、白桦*、枫桦*，其中*同时为生态目标树。用材目标树要求树干 6~8m 干形通直、无损伤，树冠比大于等于 0.25，生态目标树不限。干扰树是指与目标树形成竞争的树木，树冠与目标树形成侧方或上方相交而影响其生长的林木即确定为干扰树，也是本次需要标注为采伐木的树木。

2.4.3.6　主要树种目标直径

落叶松 40cm + ；

红松 45 ~ 80cm + ；

鱼鳞云杉、红皮云杉 45 ~ 60 cm + ；

臭松 50 cm + ；

水曲柳、核桃楸、黄波罗 45 ~ 60 cm + ；

椴树 35 ~ 60 cm + ；

蒙古栎 45 cm + 。

参考文献

陈新美，张会儒，武纪成，朱光玉. 2008. 柞树林直径分布模拟研究. 林业资源管理，1：39 - 43

程徐冰，韩士杰，张忠辉，周玉梅，王树起，王学娟. 2011. 蒙古栎不同冠层部位叶片养分动态，应用生态学报，22(9)：2272 - 2278

杜纪山，唐守正，王洪良. 2000. 天然林区小班森林资源数据的更新模型. 林业科学，36(2)：26 - 32

范春楠，庞圣江，郑金萍. 2013. 长白山林区 14 种幼树生物量估测模型. 北京林业大学学报. 2：003

符利勇，李永慈，李春明，唐守正. 2012. 利用 2 种非线性混合效应模型(2 水平)对杉木林胸径生长量的分析. 林业科学，3：6 - 43

符利勇，孙华. 2013. 基于混合效应模型的杉木单木冠幅预测模型. 林业科学，49(8)：65 - 74

符利勇，唐守正. 2012. 基于非线性混合模型的杉木优势木平均高. 林业科学，48(7)：66 - 71

符利勇. 2012. 非线性混合效应模型及其在林业上应用. 中国林业科学研究院博士论文.

洪玲霞，雷相东，李永慈. 2012. 蒙古栎林全林整体生长模型及其应用. 林业科学研究，25(2)：201 - 206

惠刚盈，Klaus von Gadow. 2010. 结构化森林经营原理. 北京：中国林业出版社

惠刚盈，赵中华，胡艳波. 2010. 结构化森林经营技术指南. 北京：中国林业出版社

亢新刚，崔相慧，王虹. 2001. 冀北次生林 3 个树种林分生长过程表的编制. 北京林业大学学报，23(3)：39 - 42

克拉特 J L，等. 1991. 用材林经理学——定量方法. 范济洲等，译. 北京：中国林业出版社

李希菲，唐守正，袁国仁. 1994. 自动调控树高曲线和一元立木材积模型. 林业科学研究. 7(5)：512 - 518

孟宪宇. 2006. 测树学. 北京：中国林业出版社

沈琛琛，雷相东，王福有，马武，沈剑波. 2012. 金苍林场蒙古栎天然中龄林竞争关系研究. 林业科学研究，25(3)：339 - 345

唐守正，郎奎建，李海奎. 2008. 统计和生物数学模型计算. 北京：科学出版社

童跃伟，项文化，王正文. 2013. 地形、邻株植物及自身大小对红楠幼树生长与存活的影响. 生物多样性. 21(3)：269 - 277

王伯荪，余世孝，彭少麟，等. 1996. 植物群落学实验手册. 广州：广东高等教育出版社. 1 - 22，100 - 106

王春霞, 刘万成, 刘瑰琦, 等. 2005. 大兴安岭林区蒙古栎生长过程研究. 中国林副特产, 5: 12 – 14

向玮, 雷相东, 刘刚, 等. 2008. 近天然落叶松云冷杉林单木枯损模型研究. 北京林业大学学报, 30 (6): 90 – 98

于洋, 王海燕, 雷相东, 张会儒, 赵琨. 2011. 东北过伐区蒙古栎天然林土壤有机碳研究. 西北林学院学报, 26(2): 57 – 62

张会儒, 雷相东, 等. 2014. 典型森林类型健康经营技术研究. 北京: 中国林业出版社

张金屯. 2011. 数量生态学. 北京: 科学出版社

郑元润, 徐文铎. 1997. 沙地云杉小树高生长与环境条件关系的数量化模型. 生态学杂志. 16(6): 62 – 66

Adame P, del Rìo M, Cañellas I. 2010. Ingrowth model for pyrenean oak stands in north-western Spain using continuous forest inventory data. European Journal of Forest Research, 129 (4): 669 – 678

Adrian M G, Viaor S J. 1958. A management guide for northern hardwoods in New England: Northeastern Forest Experiment Station research paper NE-112. UPPER DARBY, PA: USDA Forest Service Northeastern Forest Experiment Station, 1 – 22

Andreassen K. 1994. Development and yield in selection forest. Meddelelser fra Skogforsk, 47 (5): 1 – 37

Assmann E. 1970. The principles of forest yield study. Pergamon Press Ltd, Oxford, New York, Toronto, Sydney, Braunschweig

Budhathoki C B, Lynch T B, Guldin J M. 2008. Nonlinear mixed modeling of basal area growth for shortleaf pine. Forest Ecology and Management, 255, 3440 – 3446

Calama R, Montero, G. 2004. Interregional nonlinear height-diameter model with random coefficients for stone pine in Spane. Can. J. For. Res. 34, 150 – 163

Calama, R. , Montero, G. 2005. Multilevel linear mixed model for tree diameter increment in stone pine (pinus pinea): a calibrating approach. Sliva Fennica. 39(1), 37 – 54

Canellas I, Rio MD, Roig S, Montero G. 2004. Growth response to thinning in Quercus pyrenaica Willd. Coppice stands in Spanish central mountain. Annals of Forest Science, 61: 243 – 250

Curtis R O, 1967. Height-diameter and height-diameter-age equations for second-growth Douglas-fir. For. Sci. 13, 365 – 375

Curtis R O, Clendenen G W, Demars D J, 1981. A new stand simulator for coast Douglas-fir DFSIM user's guide. USDA For. Serv. Gen. Tech. Rep. PNW – 128

Dieguez-Ar U, Dorado F C, Gonzalez J G A, Alboreca AR. 2006. Dynamic growth model for Scots pine (Pinus sylvestris L.) plantations in Galicia (north-western Spain). Ecological Modelling, 191(2): 225 – 242

Eid T, Øyen B H. 2003. Models for prediction of mortality in even-aged forest. Scandinavian journal of forest research, 18(1): 64 – 77

Ellis R C. 1979. Response of crop trees of sugar maple, white ash, and black cherry to release and fertilization. Canadian Journal of Forest Research, 9(2): 179 – 188

Fang Z, Bailey R L. 2001. Nonlinear Mixed Effects Modeling for Slash Pine Dominant Height Growth Following Intensive Silvicultural Treatments. Forest Science, 47: 287 – 300

Feldpausch TR et al. 2010. Height-diameter allometry of tropical forest trees. Biogeo sci Discuss 7: 7727 – 7793

Fortin M, De Blois J. 2007. Modeling tree recruitment with zero-inflated models: the example of hardwood stands in southern Québec, Canada. Forest Science, 53 (4): 529 – 539

Franklin J F, Shugart H H, Harmon M E. 1987. Tree death as an ecological process. The causes, consequences and variability of tree mortality. Bioscience, 37(8): 550 – 556

Gregoire T G, Schabenberger O, Barrett J P. 1995. Linear modeling of irregularly spaced, unbalanced, longitudinal data from permanent plot measurements. Canadian journal of forest research, 25: 137 – 156

Hamilton G J. 1976. The Bowmont Norway spruce thinning experiment 1930—1974. Bull For Comm London 54: 109 – 121

Healy W M, Lewis A M, Boose E F. 1999. Variation of red oak acorn production. Forest Ecology and Management, 116(1 – 3): 1 – 11

Hegyi F. 1974. A simulation model for managing jack-pine stands// Fries J ed. Growth models for tree and stand simulation. Sweden: Royal College of Forestry, Stockholm, 74 – 90

Heitzman E, Nyland R D. 1991. Cleaning and early crop-tree release in northern hardwoods: A review. Northern Journal of Applied Forestry, 8(3): 111 – 115

Houston A E, Buckner E R, Meadows J S. 1995. Romancing the crop tree: new perspectives for the private nonindustrial landowner. Forest Farmer, 54(5): 32 – 34

Huang S, Titus S J, 1993. An index of site productivity for uneven-aged and mixed-species stands. Can. J. For. Res. 23, 558 – 562

Johnson P S, Shifley S R, Rogers R. 2002. The ecology and silviculture of oaks. New York: CABI Publishing, 503

Kariuki M. 2005. Modelling dynamics including recruitment, growth and mortality for sustainable management in uneven-aged mixed-species rainforests, PhD thesis, Southern Cross University, Lismore, NSW

Kneeshaw D D, Bergeron Y. 1998. Canopy gap characteristics and tree replacement in the southeastern boreal forest. Ecology, 79(3): 783 – 794

Lamson N I, Smith H C, Perkey A W, et al. 1990. Crown release increases growth of crop trees: Northeastern Forest Experiment Station Research Paper NE-635. Broomall, PA: USDA Forest Service Northeastern Forest Experiment Station, 1 – 8

Lamson N I. 1987. Dbh/crown diameter relationships in mixed Appalachian hardwood stands: Northeastern Forest Experiment Station Research Paper NE-610. Broomall, PA: USDA Forest Service Northeastern Forest Experiment Station, 1 – 3

Larsen D R, Hann D W, 1987. Height-diameter equations for seventeen tree species in southwest Oregon. Oreg. State Univ. For. Res. Lab. Res. Pap. 4

Leak W B, Solomon D S, Sendak P E. 1987. Silviculturalguide for northern hardwood Types in the Northease (revised): research paper NE-603. Broomall, PA: USDA Forest Service Northeastern Experiment Station, 1 – 40

Lexerød N L. 2003. Recruitment models for different tree species in Norway. Forest Ecology and Management, 206 (2): 91 – 108

Lindstrom M J, Bates D M. 1990. Nonlinear Mixed Effects Models for Repeated Measures Data. Biometrics, 46: 673 – 687

Meng S X, Huang S. 2009. Improved Calibration of Nonlinear Mixed-Effects Models Demonstrated on a Height Growth Function. Forest Science, 55(3): 239 – 248

Miller G W, Kochenderfer J N, Fekedulgn D B. 2006. Influence of individual reserve trees on nearby reproduction in two-aged Appalachian hardwood stands. Forest Ecology and Management, 224(3): 241 – 251

Miller G W, Stringer J W, Mercker D C. 2007. Technical guide to crop tree release in hardwood forests. The U-niversity of Tennessee Agricultural Extension Service Publication Series PB1774. Knoxville: University of Tennessee, USA. 12: 1 – 24. http: //trace. tennessee. edu/utk_ agexfores/19

Mirmanto E. 2009. Forest dynamics of peat swamp forest in Sebangau, Central Kalimantan. Biodiversitas, 10 (4): 187 – 194

Monserud R A, Sterba H. 1999. Modeling individual tree mortality for Austrian forest species. Forest Ecology and Management, 113(2): 109 – 123

Monserud R A, and Sterba, H. 1996. A basal area increment model for individual trees growing in even-and uneven-aged forest stands in Austria. For. Ecol. Manage, 80(1 – 3): 57 – 80

Mullahy J. 1986. Specification and testing of some modified count data models. Journal of Econometrics, 33 (3): 341 – 365

Myers H A. 1940, A mathematical expression for height curve, Journal of Forestry 38: 415 – 420

Nebel G, Kvist L P, VanclaybJ K, Vidaurre H. 2001. Forest dynamics in flood plain forests in the Peruvian Amazon: effects of disturbance and implications for management. Forest Ecology and Management, 150(1): 79 – 92

Pandhard X, Samson A. 2009. Extension of the SAEM algorithm for nonlinear mixed models with 2 levels of random effects. Biostatistics, 10(1): 121 – 135

Patrick J B, Andrew P Robinson, Ewel J J. 2008. Sudden and sustained response of Acacia koa crop trees to crown release in stagnant stands. Canadian Journal of Forest Research, 38(4): 656 – 666

Peet R K, Christensen N L. 1987. Competition and tree death. Bioscience, 37(8): 586 – 595

Perkey A W, Wilkins B L, Smith H C. 1994. Crop tree management in eastern hardwoods. USDA research paper NATP-19-93. Morgantown, WV: Northeastern Area State and Private Forestry, Forest Service, USDA. 1 – 108

Perkey A W, Wilkins B L. 2001. Crop tree field guide: selecting and managing crop trees in the Central Appalachians. Northeastern Area State &Private Forestry Technical Paper NA-TP-10-01. Morgantown, WV: Northeastern Area State and Private Forestry, Forest Service, USDA

Phares R E, Williams R D. 1971. Crown release promotes faster diameter growth of pole-sized black walnut: North Center Forest Range Experiment Station research note NC-124. Radnor, PA: USDA Forest Service North Center Forest Range Experiment Station, 5 – 8

Pinheiro J C, Bates D M. 1995. Approximations to the Loglikelihood Function in the Nonlinear Mixed Effects Model. Journal of Computational and Graphical Statistics, 4: 12 – 35

Pinherio J C, Bates, D M. 2000. Mixed-Effects Models in S and S-PLUS. Spring-Verlag, New York, NY

Russell M B, Amatcis R L, Burkhart H E. 2010. Implementing regional locale and thinning response in the loblolly pineheight-diameter relationship. South J. Appl. For. 34: 21 – 27

Schumacher F X. 1939, A new growth curve and its application to timber yield studies, Journal of Forestry 37: 819 – 820

Soucy M, Lussier JM, Lavoie L. 2012. Long-term effects on thinning on growthand yield of an upland black spruce stand. Canadian Journal of Forest Research, 42: 1669 – 1677

Stout B B, Shumway D L. 1982. Site quality estimation using height and diameter. For. Sci. 28, 639 – 645

Stringer J W, Miller G W, Wittwer R F. 1988. Applying a crop-tree release in small-sawtimber white oak stands: Northeastern Forest Experiment Station research paper NE-620. Broomall, PA: USDA Forest Service Northeastern Forest Experiment Station, 1 – 15

Trimble G R. 1971. Early crop-tree release in even-aged stands of Appalachian hardwoods: Northeastern Forest Experiment Station research paper NE-203. Radnor, PA: USDA Forest Service Northeastern Forest Experiment Station, 1 – 12

Trimble G. R. 1975. Summaries of some silvical characteristics of several Appalachian hardwood trees: Northeastern Forest Experiment Station research paper NE-16. Radnor, PA: USDA Forest Service Northeastern Forest Experiment Station, 1 – 5

Trorey, L. G. , 1932, A mathematical method for the construction of diameter height curves based on site, The Forestry Chronicle 8: 121 – 132

Uzoh, F. C. C. , and Oliver, W. W. 2008. Individual tree diameter increment model for managed even-aged stands of ponderosa pine throughout the western United States using a multilevel linear mixed effects model. For. Ecol. Manage. 256, 438 – 445

Vanclay J K. 1995. Growth models for tropical forests: a synthesis or models and methods. Forest Science, 41 (1): 7 – 42

Vodak M C, Fox G L. 2004. Croptree management practice standards: New Jersey forest stewardship Series FS032. New Brunswick, NJ: New Jersey Agricultural Experiment Station, 1 – 2. http: // njaes. rutgers. edu/pubs/subcategory. asp? cat = 6&sub = 46

Voorhis N G. 1990. Precommercial crop-tree thinning in a mixed northern hardwood stand: Northeastern Forest Experiment Station NE-640. Broomall, PA: USDA Forest Service. Northeastern Forest Experiment Station, 1 – 4

Wang, C. H. , Hann, D. W. , 1988. Height-diameter equations for sixteen tree species in the central western Willamette valley of Oregon. For. Res. Lab, Oregon State Univ. , Res. Pap. 51

Ward J S. 2007. Crop-tree release increases growth of black birch (Betula lenta L.) in southern New England. Northern Journal of Applied Forestry, 24(2): 117 – 122

Wykoff, W. R. 1990. A basal area increment model for individual conifers in the northern Rocky Mountains. For. Sci. 36(4), 1077 – 1104

Yang Y, Huang S. 2011. Comparison of different methods for fitting nonlinear mixed forest models and for making predictions. Canadian journal of forest research, 41(8): 1671 – 1686

Yang Y, Huang S, Meng S X, Trincado G, and VanderSchaaf C L. 2009. A multilevel individual tree basal area increment model for aspen in boreal mixedwood stands. Can. J. For. Res, 39, 2203 – 2214

Zhao D, Borders B, Wilson M. 2004. Individual-tree diameter growth and mortatliy models for bottomland mixed-species hardwood stands in the lower Misssissippi alluvial valley. Forest Ecology and Management, 199 (2): 307 – 322.

黑龙江大兴安岭过伐林优化经营技术

1992 年联合国环发大会以后，美国、加拿大、德国等林业发达国家开始重视森林多功能经营理念、模式和技术，以寻求森林生态、经济和社会效益的平衡点。构建多功能、多效益的森林经营模式成为当前林业领域重点研究内容。

大兴安岭林区作为我国唯一的寒温带明亮针叶林区和生物基因库，是我国极为重要的碳储库和未来木材需求的主要供应地。50 多年来，由于过量采伐、森林灾害和经营不当，造成大兴安岭林区森林蓄积总量锐减、森林质量下降和生态功能严重退化。森林经营规划是实现可持续经营的重要手段。传统的森林经营规划以木材生产为主，而森林的多功能利用要求在规划内容、方法和层次上都要不断地调整。尤其在全球气候变化的背景下，如何发挥森林的固碳作用已经成为森林经营的一个重要目标。

本章以大兴安岭过伐林区的天然次生林为对象，基于实测造材样木数据建立了大兴安岭东部林区各主要天然林树种削度方程进行干形预测，根据生物量实测数据采用异速生长模型法建立各树种生物量模型。以大兴安岭林区长期调查的固定样地复测数据为基础，构建了各树种（组）地位级指数导向曲线模型，利用线性分位数回归拟合大兴安岭林区不同林分类型的最大密度线，计算每个林分的林分密度指数（SDI）；采用经验方程法把立地指标、林分大小指标和密度指标等作为自变量直接和林木生长量进行回归，建立与距离无关的单木生长模型；利用逐步回归的方法建立 Logistic 存活概率模型，应用零膨胀泊松（Zero-inflated Poisson）回归模型方法建立进界木株数模型。以森林多功能经营理论为指导，对以上模型进行耦合，建立林分生长与收获模拟系统，利用该系统模拟不同经营措施对木材产量、碳储量和生物多样性的影响；基于多属性效用函数、惩罚函数和多标准决策支持方法（层次分析法）构建大兴安岭地区天然次生林多目标经营优化模型，采用 Hooke&Jeeves 算法进行优化求解，研究林分和景观层次的多目标森林经营规划方法，分析最优经营措施对不同经营目标的影响，以不同指标作为经营目标构建天然次生林的经营模式，为有效的开展大兴安岭天然林的多功能可持续经营和实现森林优化经营提供科学依据。

3.1　研究区域及森林类型概述

3.1.1　研究地区概况

3.1.1.1　自然地理条件

　　大兴安岭东部林区(以下称大兴安岭林区)位于中国东北部边陲,坐落于北纬50°05′01″~53°33′25″,东经121°11′02″~127°01′17″,北部和东北部以黑龙江为界与俄罗斯相望,西邻内蒙古大兴安岭林区,南接内蒙古大杨树林业局和黑龙江省黑河地区。总面积835.17万hm²,占国土面积的0.9%。横贯林区的大兴安岭山脉,是抵御鄂霍次克海和太平洋湿润季风东进、北上,屹立在松嫩平原北侧的巨大天然屏障,生态地位极为重要。大兴安岭林区地跨黑龙江、内蒙古两省区,行政上属黑龙江省管辖。大兴安岭地区下辖三县四区十个林业局位于该地区南端的加格达奇是该地区的政治、经济和文化中心。

　　本林区位于大兴安岭北段东部,横穿林区的伊勒呼里山是大兴安岭的主要支脉,东西走向,长400km,东南与小兴安岭相接壤,海拔高度800m左右,是黑龙江与嫩江水系的分水岭。本林区的地势起伏不大,西高东低,中间高、南北低。最高海拔在大兴安岭与伊勒呼里山相交的太白山,达1528m,最低海拔在本区与黑河市交界处,仅180m。地貌类型可分为山地地貌和台原地貌两类。山地地貌分布普遍。由松嫩平原向山地发展,由东南向西北可划分为浅丘、丘陵、低山和中山,总的山势比较平缓,15°以内缓坡占到80%以上。全区南北长约365km,东西宽335 km,平均海拔573m,平均坡度9.5°,属于低山丘陵缓坡地形。

3.1.1.2　气候

　　大兴安岭林区属于寒温带大陆性季风气候,季节温差大,生长期短。冬季漫长寒冷且大量积雪,夏季短暂温暖而多雨,春秋两季明显,表现为春季温度骤升、秋季温度骤降,一年四季和昼夜温差较大。全区平均气温在为 −2~5℃,极端最低气温可达−53℃,极端最高气温为36.0℃。最冷月为1月份,平均气温为−35.8℃,最热的7月份平均气温18.5℃。年平均光照时间2400~2700h,年积温为1100~2000℃。本区年平均降水量400~500mm,多集中在7~9月份。本区属高纬度山地,无霜期较短,在90~110天之间,日平均气温≥10℃约为108天。春秋两季风大,一般为4~5级,年均风速2m/s。全区冻土厚度都≥2m。伊勒呼里山岭南岛状冻土分布较多,岭北有大面积连片冻土分布。

　　本区特殊的气候条件对森林的产生和演变有很大的影响。由于气候寒冷,能够适应该环境的植物种类不多,特别是组成森林建群种的乔木种类比较单一;由于无霜期短,树木生长缓慢,生长周期长;春秋季气候干旱、风大,极易引起森林火灾,严重时以至干预森林演替规律。

3.1.1.3 水系

本区以大兴安岭主脉和伊勒呼里山主脉为分水岭,形成黑龙江和嫩江一北、一南两大水系。黑龙江为中、俄界河,源于蒙古境内的肯特山,流经本林区 792km,流域面积6.6 万 km^2,年平均径流量 110 亿 m^3。黑龙江水系在本林区有呼玛河,年均径流 57.5万 m^3;额木尔河年均径流 23.8 亿 m^3;盘古河 5.9 亿 m^3。松花江的最大支流嫩江起源于大兴安岭东坡,伊勒呼里山南麓,流流域面积 1.9 万 km^2,年均径流量 28.8 亿 m^3,主要支流有甘河、多布库尔河、那都里河、南瓮河、砍都河等。该区河流密布,水资源特别丰富,年径流量 149 亿 m^3 以上,流域面积 $\geqslant 1000$ km^2 的河流 29 条,大小河流达500 条,具有较大的开发利用价值,保护好本区的水资源,就是保障我国东北地区国民经济可持续发展的根本措施。

3.1.1.4 土壤

该区地质结构主要由花岗岩、砂质片岩和玄武岩等组成,其中花岗岩面积最大,在山地轴部边缘及河谷中有玄武岩分布。成土母质为上述岩石风化后形成的残积物和坡积物。林区土壤 5 个土类,地带性土壤为棕壤和暗棕壤,非地带性土壤有草甸土、灌淤土和沼泽土。

棕壤是大兴安岭地区的主要土壤类型,占总面积的 80% 左右,具有垂直地带性的特色,表层腐殖质含量较高,但有效肥力低,土层浅薄。适宜兴安落叶松、樟子松、山杨、白桦等树种的生长。本区南部低海拔地带分布有暗棕壤土,占总面积的 15% 左右。该土理化性能良好,腐殖质含量较高,肥力较高,覆盖的植被有黑桦、蒙古栎。草甸土多分布在黑龙江、嫩江及其他支流的冲积平原、泛滥地、低阶地的低洼地或山间谷地。草甸土有机质含量高,水分、养分较丰富,土质较疏松。沼泽土多分布在河流两岸低洼处及山间沟谷的低洼处,地表积水,植被为塔头、丛桦,并有少量兴安落叶松。灌淤土分布较少,主要分布在灌溉区,植被以种植作物为主。

土层瘠薄是本区土壤的基本特点,地表土层 20~30cm,土壤 A 层厚度 $\leqslant 10$cm 的薄层土占山地面积 70% 以上。全区林地生产潜力较低,Ⅰ、Ⅱ 地位级的林地面积占3.4%,Ⅰ、Ⅱ、Ⅲ 地位级的面积占 25.2%,林地平均地位级Ⅲ.6 级。A 层以下即出现大量碎石,地表植被一经破坏即造成大量水土流失。

3.1.1.5 野生动植物资源

大兴安岭林区的森林是我国最北部与西伯利亚亮针叶林相联系的森林,有着许多特殊的生物种类,植物资源十分丰富。作为我国唯一的寒温带亮针叶林生态系统,生长着各类高等植物 92 科 371 属 939 种。主要乔木树种有兴安落叶松(*Larix gmelini*)、樟子松(*Pinus sylvestris* var. *mongolica*)、白桦(*Batula platyphlla*)、山杨(*Populus davidiana*)、红皮云杉(*Picea koraiensis*)、蒙古栎(*Quercus mongolica*)、黑桦(*Betula dahurica*)、岳桦(*Betula ermanii*)、杨树(*Populus* spp.)和柳树(*Salix* spp.)等,在高海拔地段还有偃松(*Pinus pumila*)分布。寒温带森林群落林下植物种类比较少,有越橘、杜香、狭叶杜香、兴安杜鹃、红花鹿蹄草、七瓣莲、林奈草等,藓类有真藓和泥炭藓等。

林区野生经济植物有 525 种，其中药用植物有黄芪、沙参、百合、断肠草、柴胡、龙胆、紫菀、杜香、杜鹃等；纤维植物有大叶樟、小叶樟、野古草、羊胡子草、苔草和柳兰等；单宁植物有金老梅、蒿柳、老鹳草、委陵菜、地榆、鼠掌草等；油料植物有榛子、胡枝子、接骨木、苍耳等；食用植物有越橘、稠李、东方草莓、笃斯、蕨菜、黄花菜、猴头菌、木耳、桔梗等；农药植物有白屈菜、狼毒大戟、白头翁、莲子菜等。

林区有鸟类 16 目、40 科、250 种；兽类 6 目、16 科、56 种；鱼类 17 科、84 种；两栖动物 2 目、4 科、17 种，其中属国家一、二类重点保护动物就有 31 种，珍贵树种 8 种。

3.1.1.6 森林资源现状

根据 2015 年森林资源统计，黑龙江省大兴安岭林区总经营面积 8,351,216hm²。林地面积 817.27 万 hm²，其中森林面积 679.38 万 hm²，占 83.12%；疏林地 5.12 万 hm²，占 0.63%；灌木林地 3.20 万 hm²，占 0.39%；未成林地 1.27 万 hm²，占 0.16%；宜林地 128.30 万 hm²，占 15.70%。

大兴安岭东部林区森林覆盖率 81.35%。活立木总蓄积 58735.02 万 m³，其中森林蓄积 54738.85 万 m³，占活立木总蓄积的 93.20%；疏林地蓄积 164.54 万 m³，占 0.28%；散生木蓄积 3831.63 万 m³，占 6.52%。天然林面积 662.11 万 hm²，蓄积 54038.41 万 m³，分别占森林面积和蓄积的 97.46% 和 98.72%；人工林面积 17.27 万 hm²，蓄积 700.44 万 m³，分别占森林面积和蓄积的 2.54% 和 1.28%。该林区森林资源按土地权属和林木权属统计均为国有。

森林全部为乔木林，面积 679.38 万 hm²，蓄积 54738.85 万 m³。乔木林按林种分，防护林面积 313.15 万 hm²，占 46.09%，蓄积 25389.74 万 m³，占 46.38%；特用林面积 49.25 万 hm²，占 7.25%，蓄积 4087.72 万 m³，占 7.47%；用材林面积 316.98 万 hm²，占 46.66%，蓄积 25261.39 万 m³，占 46.15%。乔木林按龄组分，幼龄林面积 150.82 万 hm²，蓄积 4824.22 万 m³，分别占乔木林面积和蓄积的 22.20% 和 8.81%；；中龄林面积 259.42 万 hm²，蓄积 21329.15 万 m³，分别占乔木林面积和蓄积的 38.18% 和 38.97%；近熟林面积 123.34 万 hm²，蓄积 12116.32 万 m³，分别占乔木林面积和蓄积的 18.15% 和 22.13%；成熟林面积 108.06 万 hm²，蓄积 12363.55 万 m³，分别占乔木林面积和蓄积的 15.91% 和 22.59%；过熟林面积 37.74 万 hm²，蓄积 4105.61 万 m³，分别占乔木林面积和蓄积的 5.56% 和 7.50%。

森林平均每 hm² 蓄积量 80.57m³，每公顷年均生长量 2.48m³，平均郁闭度 0.51，每公顷平均株数 1251 株，平均胸径 11.4 厘米。针叶林、针阔混、阔叶林面积之比为 40:10:50。

林木蓄积年均总生长量 1748.58 万 m³，年均总生长率 2.98%。林木蓄积年均净生长量 1186.86 万 m³，年均净生长率 2.02%。林木年均枯损量 561.72 万 m³，年均枯损率 0.96%。

全区森林生态功能总体属中等偏上，完整结构、较完整结构、简单结构占森林群落结构的面积比例分别为 75.07%、24.84%、0.09%。森林健康状况属健康、亚健康、中健康和不健康等级的森林面积分别为 452.38 万 hm²、216.78 万 hm²、8.95 万 hm² 和 1.27 万 hm²,分别占森林面积的 66.59%、31.91%、1.32% 和 0.19%。遭受病虫害、火灾、气候和其他灾害的森林面积为 143.86 万 hm²,占森林面积的 21.18%。在受灾害的森林面积中,轻度灾害占 92.89%,中度灾害 6.67%,重度灾害 0.44%。

3.1.1.7　社会经济状况

大兴安岭东部林区自然资源丰富,森林茂密,保存有我国面积最大的原始寒温带天然针叶林,是我国重要的木材生产基地之一,为国家的经济建设提供了大量木材,做出了巨大贡献。为推进林区由用材林基地向生态林区转变,确定了"实施生态战略,发展特色经济"的总体思路,全面实施了天然林资源保护工程,积极调整林业产业结构,大力发展养殖业和加工业等特色经济,形成了林、农、牧、渔综合发展的格局。

大兴安岭地区由黑龙江省的呼玛县、塔河县、漠河县、新林区、呼中区和版图属内蒙古自治区鄂伦春自治旗的松岭区、加格达奇区组成。大兴安岭地区经过 50 多年的开发和建设,已成为各种设施配套、城镇建设初具规模、生产、生活条件较为良好的林区。截止 2015 年,全区总人口 52.0 万人。少数民族有 24 个,人数达 21536 人,占全区总人口的 4.07%,在少数民族中,人数超过百人的民族有蒙古族、回族、朝鲜族、满族、达斡尔族、锡伯族、鄂温克族、鄂伦春族。

经过 50 年的建设,大兴安岭林区已初步建成以林为主、多种经营,社会功能齐全、经济繁荣发展的社会主义新型林区。到 2015 年,全区实现国内生产总值 134.9 亿元,公共财政收入达到 9.8 亿元。城镇人均可支配收入为 20456 元,农村人均收入 10664 元。截至 2015 年年底,林业在岗职工平均工资达到 33427 元。2015 年大兴安岭地区进出口的贸易总额为 4791 万美元。2015 年,依托丰富的旅游资源优势,进一步加快发展旅游业,全年共接待游客 456 万人次,实现旅游收入 43.4 亿元。旅游饭店、旅游商品的热销拉动了消费品零售的增长,全区社会消费品零售总额实现 58.9 亿元。生态建设成效显著。严格执行国家全面停伐决定,严守生态红线,全区森林面积、活立木总蓄积、森林覆盖率继续保持"三增长"。社会民生明显改善。持续提高职工工资,积极调高低保标准,有序推进教育、医疗、养老等社会事业。

全区城乡文教卫生、金融等服务体系已初步形成。大力完善交通基础设施,先后建成漠河机场和加格达奇机场;漠北高速公路的建成通车;全区公路总里程 1.9 万 km,其中等级公路 2036km,全区所有县区局、86% 的乡镇和 53.8% 的行政村全部通上了等级公路;境内有嫩林、伊加铁路;黑龙江水运航运通航里程达 792km。信息基础设施建设初具规模,邮电通讯的发展已具有相当实力,国家光缆干线已通达全区,大兴安岭移动运行网络实现行政村屯全覆盖,光缆线路达到 7070 km。电信网中心局本地区汇接局工程、公用计算机互联网 163、多媒体互联网 169 并网扩容改造工程、智能网工程等都已完成。政府上网工程建设取得突破,建成了大兴安岭行署、集团公司内部互联网工程,开始了电子政府、网上办公的初步探索。

3.1.2　森林类型概述

大兴安岭东部林区森林属于典型地寒温带针叶林,表现为垂直分布规律,垂直层次简单，林下常有一个生长低矮地灌木层，其构成树种叶子较小，并且多是常绿和革质的。主要林分类型为落叶松林、白桦林、山杨林、樟子松林、云杉林、蒙古栎林、杨桦林、针叶混交林、针阔混交林和阔叶混交林等。各优势树种的面积蓄积分布见表3-1。

表3-1　黑龙江省大兴安岭林区各优势树种（组）面积、蓄积表

优势树种	面积(万 hm²)	百分数	蓄积(万 m³)	百分数	m³/hm²
红皮云杉	2.56	0.38	228.78	0.42	89.37
鱼鳞云杉	4.48	0.66	482.14	0.88	107.62
兴安落叶松	254.37	37.44	22670.55	41.42	89.12
樟子松	11.52	1.70	1261.32	2.30	109.49
蒙古栎	30.63	4.51	2017.46	3.69	65.87
白桦	223.7	32.93	15632.67	28.56	69.88
枫桦	12.77	1.88	764.34	1.40	59.85
黑桦	0.64	0.09	67.81	0.12	105.95
毛赤杨	0.64	0.09	2.30		
赤杨	1.91	0.28	77.60	0.14	40.63
山杨	46.64	6.87	4837.67	8.84	103.72
杨树	0.64	0.09	56.20	0.10	87.81
柳树	0.64	0.09	32.53	0.06	50.83
针叶混	0.64	0.09	1.71		
阔叶混	17.89	2.63	47.35	0.09	
针阔混	69.71	10.26	6558.42	11.98	94.08
合计	679.38	100	54738.85	100	80.57

大兴安岭东部林区森林（全部为乔木林）按优势树种（组）针阔属性归类为针叶林、阔叶林、针阔混交林三类。乔木林中，针叶林和阔叶林比重较为接近，阔叶林面积、蓄积稍微占优。阔叶林面积336.10万 hm²，蓄积23535.93万 m³，分别占乔木林面积、蓄积的49.47%和43.00%；针叶林面积273.57hm²，蓄积24644.50万 m³，分别占乔木林面积、蓄积的40.27%和45.02%。针阔混交林面积69.71万 hm²，蓄积6558.42万 m³，分别占乔木林面积、蓄积的10.26%和11.98%。

在森林各优势树种（组）中，面积和蓄积比重较大的优势树种为落叶松、白桦、山杨，分别占乔木林面积的37.44%、32.93%、6.87%，合计占77.24%；占森林蓄积的41.42%、28.56%、8.84%，合计占78.81%；樟子松林面积为11.3万 hm²，蓄积为1361.32万 m³，分别占森林总面积和蓄积的1.7%和2.3%；其他各优势树种（组）（云杉，山杨，杨树，柞树，黑桦，柳树等）面积为143.15万 hm²，蓄积为10336.64万 m³，分别占森林面积和蓄积的21.05%和18.89%

天然林资源是大兴安岭东部林区森林资源的主要组成部分。由于长期人为活动影响，林区绝大部分天然原生地带性森林植被已所剩无几。林区天然林面积662.11万 hm²，占森林面积的97.46%；蓄积54038.41万 m³，占森林蓄积的98.72%。林区天然林全部为乔木林。

天然林面积以幼中龄林为主，其面积合计占天然乔木林面积的 59.35%。在天然林中，幼龄林面积 145.06 万 hm^2，蓄积 4612.11 万 m^3；中龄林面积 247.91 万 hm^2，蓄积 20840.82 万 m^3；近熟林面积 123.34 万 hm^2，蓄积 12116.32 万 m^3；成熟林面积 108.06 万 hm^2，蓄积 12363.55 万 m^3；过熟林面积 37.74 万 hm^2，蓄积 4105.61 万 m^3。

天然林中阔叶林面积、蓄积稍大。其中，阔叶林面积 336.10 万 hm^2，蓄积 23535.93 万 m^3，其面积和蓄积分别占天然林的 50.76% 和 43.55%；针叶林面积 256.30 万 hm^2，蓄积 23944.06 万 m^3，分别占天然林面积、蓄积的 38.71% 和 44.31%；针阔混交林面积 69.71 万 hm^2，蓄积 6558.42 万 m^3，分别占天然林面积、蓄积的 10.53% 和 12.14%。

天然林各优势树种（组）中，落叶松、白桦和针阔混的面积比重较大，分别占天然林面积的 35.91%、33.79% 和 10.53%，合计占 80.22%；落叶松、白桦和杨树的蓄积比重较大，分别占天然林蓄积的 40.67%、28.93% 和 12.14%，合计占 81.73%。天然林各优势树种（组）面积、蓄积见表 3-2。

表 3-2　黑龙江省大兴安岭天然林各优势树种（组）面积、蓄积表

优势树种	面积（万 hm^2）	面积比（%）	蓄积（万 m^3）	蓄积比（%）	单位蓄积（m^3/hm^2）
云杉	6.4	0.97	705.22	1.31	110.19
兴安落叶松	237.74	35.91	21975.81	40.67	92.44
樟子松	11.52	1.74	1261.32	2.33	109.49
蒙古栎	30.63	4.63	2017.46	3.73	65.87
白桦	223.7	33.79	15632.67	28.93	69.88
枫桦	12.77	1.93	764.34	1.41	59.85
黑桦	0.64	0.1	67.81	0.13	105.95
杨树	0.64	0.1	56.2	0.1	87.81
柳树	0.64	0.1	32.53	0.06	50.83
其他阔叶类	49.19	7.43	4917.57	9.1	99.97
针叶混	0.64	0.1	1.71		2.67
阔叶混	17.89	2.7	47.35	0.09	2.65
针阔混	69.71	10.53	6558.42	12.14	94.08
合计	662.11	100	54038.41	100	81.62

人工林较少，面积 17.27 万 hm^2，仅占森林面积的 2.54%，蓄积 700.44 万 m^3，只占森林蓄积的 1.28%。人工林全部为乔木林。

人工林均为针叶林，面积 17.27 万 hm^2，蓄积 700.44 万 m^3。

人工林的优势树种比较简单，只有云杉和落叶松，以落叶松为主。落叶松面积 16.63 万 hm^2，占人工乔木林面积的 96.29%；蓄积 694.74 万 m^3，占人工乔木林蓄积的 99.19%；云杉面积 0.64 万 hm^2，占人工乔木林面积的 3.71%；蓄积 5.7 万 m^3，占人工乔木林蓄积的 0.81%。

3.1.3　森林群落结构

根据森林所具备的乔木层、下木层、地被物层（含草本、苔藓、地衣）的情况，将

森林群落结构分为完整结构、较完整结构和简单结构。大兴安岭东部林区森林群落结构比较完整，具有乔木层、下木层、地被物层三个层次的完整结构森林占森林面积的75.07%；具有乔木层和其他一个植被层（下木层或地被物层）的较完整结构森林占24.84%；仅有乔木层的简单结构森林占 0.09%。乔木林群落结构见表3-3。

表 3-3   森林群落结构表

单位：万 hm², %

起源	合计		群落结构					
			完整结构		较完整结构		简单结构	
	面积	比例	面积	比例	面积	比例	面积	比例
合计	679.38	100.00	510.01	75.07	168.73	24.84	0.64	0.09
天然	662.11	97.46	496.58	73.09	164.89	24.27	0.64	0.09
人工	17.27	2.54	13.43	1.98	3.84	0.57		

注：大兴安岭东部林区全部森林均为单层林。

3.2   大兴安岭东部林区基础模型系统

3.2.1   主要树种（组）干形预测模型

削度方程是指树干上部任意部位的直径 d 为该位置距地面高 h、全树高 H 及胸高直径 D 的数学函数，即 $d = f(h, H, D)$，用来模拟树干形状变化规律的数学表达式。根据削度方程与材积方程之间的关系，削度方程大致可归为两类：一致性削度方程和非一致性削度方程。如果某一削度方程与材积方程之间，可以通过积分与求导运算相互导出，且两个方程之间参数相同或存在代数关系时，这样的削度方程叫一致性削度方程，否则，就为非一致性削度方程。

树干削度的研究已有 100 多年的历史。任何一个削度方程都不可能完满地描述所有树种树干形状的变化，同时，也不会完全适应某一树种的所有林分。按发展阶段削度方程大致可归为三类：简单削度方程，变指数削度方程和分段削度方程。简单削度方程是用一个简单函数来描述树干削度的变化，如二次抛物线，简单模型很难准确描述干形的变化。分段树干削度模型通常把树干分成几部分，如把树干分成下部、中部和上部，由三个多项式构成树干削度模型，这种模型取得了较好的预估精度。变指数模型通过变化指数来描述树干凹曲线体和抛物线体。这些模型较准确地预测了树干形状。但是，变指数模型的缺点是不能直接积分得到材积估算，必须通过计算机程序来实现预测。

削度方程不但能估计树干任意处的直径和计算树干总材积，还可以估计从伐根高度至任意小头直径的商品材积和出材率。在欧美等国家，树干削度方程已经逐渐取代材积表和材积方程。削度方程也是森林经营管理、森林资产评估、林产品加工业的重要工具，广泛应用于估算树干材积、出材率和重建树干的三维空间及仿真与优化造材。

3.2.1.1　数据来源

本研究以大兴安岭东部林区 4 个天然林树种（白桦、落叶松、山杨和樟子松）造材样木为研究对象，采用削度方程预测干形，每株样木测定树干各相对高度：$0.00H$，$0.02H$，$0.04H$，$0.06H$，$0.08H$，$0.10H$，$0.15H$，$0.20H$，$0.30H$，$0.40H$，$0.50H$，$0.60H$，$0.70H$，$0.80H$，$0.90H$ 等 15 处的带皮直径，进而构建各树种（组）的干形预测模型。本次共收集造材样木 1536 株。将所收集全部数据按 75% 和 25% 的比例分成建模数据和检验数据（表 3-4）。

表 3-4　大兴安岭东部林区 4 个树种样木调查因子统计量

树种	分组	变量	样木数	最小值	最大值	平均值	标准差
白桦	建模数据	树高（m）	297	7	23.2	16.19	3.5
		胸径（cm）	297	5	43.4	18.24	8.22
	检验数据	树高（m）	100	8.2	23.2	16.99	3.89
		胸径（cm）	100	5.4	34.2	19.5	8.35
落叶松	建模数据	树高（m）	470	6.4	30.8	18.45	5.18
		胸径（cm）	470	5.5	61	26.17	13.18
	检验数据	树高（m）	156	6.9	28.8	18.48	5.14
		胸径（cm）	156	5.4	54.6	26.36	13.21
山杨	建模数据	树高（m）	139	6.7	23.3	18.03	3.58
		胸径（cm）	139	5.4	42.1	20.75	8.25
	检验数据	树高（m）	46	12.6	21.9	18.18	2.12
		胸径（cm）	46	13.3	38	23.31	6.41
樟子松	建模数据	树高（m）	246	5.1	24.2	16.35	4.25
		胸径（cm）	246	5	57.6	22.72	12.74
	检验数据	树高（m）	82	5	23.9	16.48	3.57
		胸径（cm）	82	5.4	49.8	26.36	13.1

3.2.1.2　研究方法

（1）备选模型的确定

本课题选用国内外广泛应用的 6 个削度方程进行比较。这 6 个方程涵盖了削度方程的 3 种类型。模型形式如下：

模型 1：Kozak（1969）

$$\left(\frac{d}{D}\right)^2 = b_1(q-1) + b_2(q^2-1) \tag{3-1}$$

模型 2：Sharma and Oderwald（2001）

$$(d)^2 = D^2\left(\frac{h}{1.3}\right)^{2-b_1}X \tag{3-2}$$

模型 3：Max and Burkhart（1976）

$$d^2 = D^2[b_1(q-1) + b_2(q^2-1) + b_3(b_5-q)^2I_1 + b_4(b_6-q)^2I_2] \tag{3-3}$$

模型 4：Zakrzewski（1999）

$$ca_z = \left(\frac{C(Z_0 - s)}{Z_0^{\ 2} + b_1 Z_0^{\ 3} + b_2 Z_0^{\ 4}} \right) \left(\frac{Z^2 + b_1 Z^3 + b_2 Z^4}{Z - s} \right) \tag{3-4}$$

模型 5：Kozak（2004）- Ⅰ

$$d = b_0 D^{b_1} \left[\frac{1 - q^{1/4}}{1 - m^{1/4}} \right]^{\left(b_2 + b_3 \left[1/e^{D/H} \right] + b_4 D \frac{1 - q^{1/4}}{1 - m^{1/4}} + b_5 \left(\frac{1 - q^{1/4}}{1 - m^{1/4}} \right)^{D/H} \right)} \tag{3-5}$$

模型 6：Kozak（2004）- Ⅱ

$$d = b_0 D^{b_1} H^{b_2} \left[\frac{1 - q^{1/3}}{1 - t^{1/3}} \right]^{\left(b_3 q^4 + b_4 \left[1/e^{D/H} \right] + b_5 \left(\frac{1 - q^{1/3}}{1 - t^{1/3}} \right)^{0.1} + b_6 (1/D) + b_7 H^{1 - q^{1/3}} + b_8 \left(\frac{1 - q^{1/3}}{1 - t^{1/3}} \right) \right)} \tag{3-6}$$

式中：d 为树干 h 高处的带皮或去皮直径；D 为带皮胸径；H 为树高；h 为从地面起算的高度；$q = h/H$；$t = 1.3/H$；当 $h/H \leqslant b_5$，$I_1 = 1$；当 $h/H > b_5$，$I_1 = 0$；当 $h/H \leqslant b_6$，$I_2 = 1$；当 $h/H > b_6$，$I_2 = 0$；ca_z 为在 h 高处的横截面积；$Z = (H - h)/H$；$Z = (H - h)/H$；C 为在胸高处的横截面积；$X = (H - h)/(H - 1.3)$；b_0、b_1、b_2、b_3、b_4、b_5、b_6、b_7 和 b_8 为方程参数。

（2）模型评价和检验指标

拟合和检验结果通过以下指标评价：确定系数（R^2）、均方根误差（$RMSE$）、平均误差（MAB）、平均相对误差（MPB）和预估精度（$P\%$）

$$R^2 = 1 - \left[\frac{\sum\limits_{i=1}^{n} (y_i - \hat{y}_i)^2}{\sum\limits_{i=1}^{n} (y_i - \bar{y})^2} \right] \tag{3-7}$$

$$RMSE = \sqrt{\frac{\sum\limits_{i=1}^{n} (y_i - \hat{y}_i)^2}{n - 1}} \tag{3-8}$$

$$MAB = \sum_{i=1}^{n} \left| \frac{y_i - \hat{y}_i}{n} \right| \tag{3-9}$$

$$MPB = \frac{1}{n} \sum_{i=1}^{n} \left| \frac{y_i - \hat{y}_i}{y_i} \right| \times 100 \tag{3-10}$$

$$P\% = \left(1 - \frac{t_{0.05} S_y}{\hat{\bar{y}}} \right) \times 100\% \tag{3-11}$$

式中，y_i 为实测值，$\hat{y}_i$ 为模型预估值，$\bar{y}$ 为观测值的平均值，$\hat{\bar{y}} = \sum \hat{y}_i / n$，$S_y = \sqrt{\frac{\sum (y_i - \hat{y}_i)^2}{n(n-p)}}$；$n$ 为样本数；p 为参数个数。

3.2.1.3　削度方程拟合结果及检验

采用 SAS 9.3 软件的模型模块，利用以上 6 个削度方程分别对大兴安岭东部林区 4 个天然树种的干形数据进行拟合。4 个天然树种削度方程的参数估计及其拟合统计量见表 3-5。采用确定系数（R^2）和均方根误差（$RMSE$）评价各模型的拟合精度。模型拟合的总体评价只能反映总体削度的变化，不能反映各模型是否存在异方差性及无偏性。评价这 2 个指标最直观的方法就是利用残差分布图。为全面比较和评价上述各模型的优劣，利用残差分布图进行比较（图 3-1 至图 3-4）。结果显示，4 个天然针叶树种削度方程的模型 6 和模型 3 不仅具有较高的拟合精度，也显示出良好的等方差性及无偏性。

表 3-5　大兴安岭东部林区 4 个天然树种不同削度方程参数估计值及拟合统计

树种	模型类型	b_0	b_1	b_2	b_3	b_4	b_5	b_6	b_7	b_8	RMSE	R^2
白桦	1		−2.4559	1.1836							1.9579	0.9526
	2		2.0425								2.395	0.929
	3		−3.2417	1.6223	−1.4068	131.434	0.6417	0.0736			1.4191	0.9751
	4		−1.9012	1.0852							1.7054	0.964
	5	1.3356	0.9609	0.5861	−0.1836	−0.0049	1.0488				1.5261	0.9712
	6	0.9500	0.9563	0.0663	0.7239	−0.5921	0.6132	0.5701	−0.0022	0.0412	1.3074	0.9789
落叶松	1		−2.0432	0.8498							3.3598	0.9357
	2		2.0544								2.7326	0.9574
	3		−5.6659	2.8041	−2.7583	148.724	0.8398	0.0784			2.0479	0.9761
	4		−2.0941	1.2104							2.4255	0.9665
	5	1.4896	0.9288	0.4777	−0.1494	0.0024	−0.2896				2.1587	0.9735
	6	0.9326	0.9454	0.0824	0.5085	−0.1812	0.3988	−0.5429	−0.0011	0.1972	1.9393	0.9786
山杨	1		−1.986	0.7883							1.8656	0.9594
	2		2.0376								1.9539	0.9555
	3		−5.1737	2.5842	−2.7318	61.6328	0.7689	0.0935			1.4013	0.9772
	4		−1.8982	1.0341							1.595	0.9703
	5	1.1795	0.982	0.3806	0.2349	0.0124	−1.2998				1.6652	0.9677
	6	0.8552	1.0057	0.0453	0.5873	0.0562	0.3667	−0.6864	−0.0021	0.0626	1.3985	0.9773
樟子松	1		−1.9674	0.7751							1.7829	0.9791
	2		2.0315								2.1322	0.97
	3		−3.8385	1.8302	−1.8169	32.1821	0.7455	0.114			1.433	0.9865
	4		−1.8463	0.9724							1.555	0.9841
	5	1.249	0.975	0.4323	0.0467	0.0014	−3.6258				1.6595	0.9819
	6	1.003	0.982	0.0223	0.4375	0.1871	0.4402	−1.3088	−0.0061	−0.0015	1.3927	0.9872

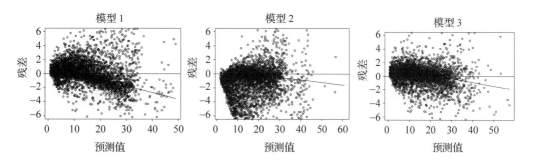

图 3-1　白桦各模型残差分布图

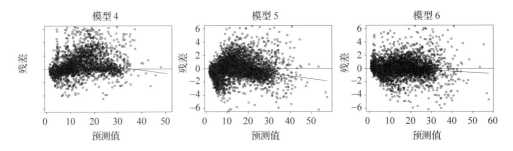

图 3-1　白桦各模型残差分布图(续)

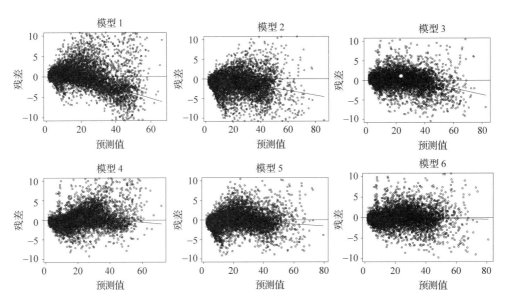

图 3-2　落叶松各模型残差分布图

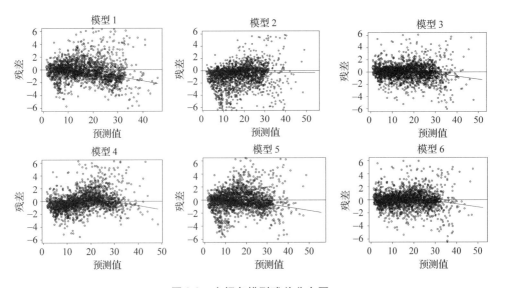

图 3-3　山杨各模型残差分布图

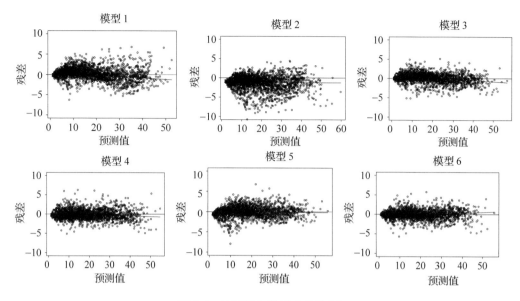

图 3-4　樟子松各模型残差分布图

　　建模数据只能反映模型拟合的好坏，不能反映模型的预测性能。模型的独立性检验是采用建模时未使用过的独立样本数据，对各模型的预测性能进行综合评价。基于表 3-5 的参数估计值和检验数据，利用 SAS 软件计算各削度模型的相对平均误差（MPB）、平均误差（MAB）和预估精度（P%）的统计量（表 3-6）。模型检验结果与模型拟合结果基本一致，即模型 6 和模型 3 的预测精度要高于其他模型。

表 3-6　大兴安岭东部林区 4 个天然树种不同削度方程的独立性检验结果

树种	模型	MAB	MPB（%）	预估精度 P（%）
白桦	1	1.3041	8.5419	0.9939
	2	1.4814	9.7032	0.9928
	3	0.9169	6.0057	0.9957
	4	1.1142	7.2979	0.9944
	5	1.1201	7.3366	0.9949
	6	0.8621	5.6467	0.9958
落叶松	1	2.1979	10.5205	0.9934
	2	1.8678	8.9405	0.9947
	3	1.511	7.2324	0.9957
	4	1.5577	7.4561	0.9952
	5	1.4785	7.0771	0.9957
	6	1.2593	6.0276	0.9962
山杨	1	1.4781	8.1474	0.9918
	2	1.7165	9.4615	0.9904
	3	1.1619	6.4045	0.9933
	4	1.1653	6.4233	0.9932
	5	1.2475	6.8763	0.9926
	6	1.1004	6.0653	0.9934

（续）

树种	模型	MAB	MPB（%）	预估精度 P（%）
	1	1.8496	6.6058	0.9938
	2	2.2433	8.0119	0.9931
樟子松	3	1.4554	5.1982	0.995
	4	1.6281	5.8148	0.9939
	5	1.8156	6.4845	0.9935
	6	1.6417	5.8633	0.9941

3.2.2　地位级指数

在评定林分立地质量时，我国常用地位级和地位级指数作为评定指标。由于我们所收集的各固定样地未测林分优势木平均高，并且在森林经理调查小班因子中也无林分优势木平均高变量，所以无法应用地位级指标。为了便于实际应用，我们采用地位级指数来评价立地质量。基准年龄时的林分平均高作为评价立地的数量指标，这个绝对数量指标称为地位级指数。

3.2.2.1　数据来源

本研究将大兴安岭北部林区 1990～2010 的 4840 块固定样地划分为 6 个优势树种（组）进行整理，构建各树种（组）地位级指数导向曲线模型。将所收集全部数据按 75% 和 25% 的比例分成建模数据和检验数据。各优势树种（组）样地年龄与平均树高调查因子统计量见表 3-7。

表 3-7　大兴安岭东部林区各固定样地林龄与林分平均高统计量

优势树种（组）	林分因子	样本数	最小值	最大值	平均值	标准差
樟子松（云杉）	林龄（a）	186	3	205	72.1	37.1
	林分平均高（m）		1.4	23.4	13.6	4.8
落叶松	林龄（a）	2364	2	252	78	42.5
	林分平均高（m）		1.1	32.3	13.6	4.4
白桦	林龄（a）	1729	2	152	45.7	22.1
	林分平均高（m）		1.2	25	11.4	4
山杨	林龄（a）	304	5	145	45.8	23.4
	林分平均高（m）		1.3	32.3	13.2	4.7
柞树	林龄（a）	193	7	165	70.7	33.6
	林分平均高（m）		1.8	17.5	9.4	2.8
其他阔叶	林龄（a）	64	6	110	39.4	26.9
	林分平均高（m）		1.6	22.3	8.4	4

注：樟子松组包括云杉，其他阔叶树组包括：黑桦、枫桦、柳树、杂木等阔叶树。

3.2.2.2　研究方法

根据各各样地的林分年龄和平均树高数据，用 SAS 9.3 统计软件包，拟合 Logistic 方程、Mitscherlich 方程、Chapman-Richards 方程、Schumacher 方程和 Korf 方程，用均方根误差（RMSE）和调整后确定系数（R_a^2）作为拟合优度进行模型优选。五个方程如下：

Logistic：

$$H = \frac{a}{(1 + ce^{-bA})} \tag{3-12}$$

Mitscherlich：

$$H = a(1 - e^{-bA}) \tag{3-13}$$

Chapman-Richards：

$$H = a(1 - e^{-bA})^c \tag{3-14}$$

Schumacher：

$$H = ae^{-b/A} \tag{3-15}$$

Korf：

$$H = ae^{-bA^{-c}} \tag{3-16}$$

式中：H 为林分平均高，A 为林分年龄，a、b、c 为待定参数。

3.2.2.3　地位级指数导向曲线拟合结果及检验

大兴安岭东部林区各优势树种（组）地位级指数导向曲线式（3-12）、（3-13）（3-14）（3-15）和（3-16）的参数估计结果和模型的拟合统计量见表3-8。通过比较 RMSE、R^2 以及参数的有效性，最终确定采用 Korf 方程作为落叶松、白桦、柞树、樟子松（云杉）和其他阔叶的地位级指数导向曲线，Chapman-Richards 方程为山杨的地位级指数导向曲线。

表 3-8　大兴安岭林区各优势树种（组）地位级指数导向曲线拟合结果

优势树种（组）	方程	参数估计值				拟合统计量	
		a	b	c	A_1	RMSE	R^2
樟子松（云杉）	Logistic	18.5074	0.0412	4.1648	100	2.3452	0.7520
	Mitscherlich	20.2717	0.0188	—	100	2.2271	0.7770
	Chapman-Richards	20.9901	0.0160	0.8943	100	2.2226	0.7770
	Schunacher	22.0241	26.6288	—	100	2.2472	0.7730
	Korf	31.6239	9.0597	0.5820	100	2.1886	0.7840
落叶松	Logistic	18.2449	0.0326	2.7089	100	2.2760	0.6750
	Mitscherlich	18.6078	0.0213	—	100	2.2293	0.6890
	Chapman-Richards	19.9315	0.0140	0.7219	100	2.2091	0.6940
	Schunacher	20.9138	25.6564	—	100	2.2561	0.6810
	Korf	31.7252	6.5594	0.4925	100	2.2023	0.6960
白桦	Logistic	17.2230	0.0490	4.0721	50	2.2472	0.6830
	Mitscherlich	19.0206	0.0222	—	50	2.2023	0.6950
	Chapman-Richards	20.0032	0.0183	0.8952	50	2.2000	0.6960
	Schunacher	19.8875	21.6379	—	50	2.2605	0.6790
	Korf	39.1666	6.7176	0.4555	50	2.1977	0.6960

（续）

优势树种(组)	方程	参数估计值				拟合统计量	
		a	b	c	A_1	RMSE	R^2
山杨	Logistic	21.2774	0.0491	4.7854	50	2.1633	0.7730
	Mitscherlich	24.0843	0.0194	—	50	2.2226	0.7610
	Chapman-Richards	23.1881	0.0227	1.1159	50	2.2181	0.7620
	Schunacher	25.5024	25.7600	—	50	2.3324	0.7360
	Korf	41.1264	8.7521	0.5509	50	2.2627	0.7520
柞树	Logistic	10.8015	0.0546	3.1426	80	1.5232	0.6170
	Mitscherlich	11.1107	0.0325	—	80	1.5133	0.6230
	Chapman-Richards	11.1121	0.0325	0.9987	80	1.5133	0.6190
	Schunacher	12.6548	17.2596	—	80	1.5232	0.6180
	Korf	13.5418	11.1117	0.8352	80	1.5199	0.6190
其他阔叶	Logistic	13.3925	0.0553	3.6789	50	1.4526	0.8120
	Mitscherlich	14.0718	0.0290	—	50	1.3748	0.8330
	Chapman-Richards	14.7863	0.0228	0.8528	50	1.3675	0.8340
	Schunacher	15.1476	17.0831	—	50	1.4422	0.8160
	Korf	24.9390	6.0713	0.4990	50	1.3528	0.8370

注：樟子松组包括云杉，其他阔叶树组包括：黑桦、枫桦、柳树、杂木等阔叶树。

利用独立检验样本，采用平均误差（MAB）、平均相对误差（MPB）以及预估精度 P（%）对各优势树种(组)最优地位级导向曲线模型进行独立性评价，具体结果见表3-9。

表3-9　大兴安岭林区各优势树种(组)地位级指数导向曲线检验结果

优势树种(组)	MAB	MPB	P(%)
樟子松(云杉)	1.95	18.62	93.55
落叶松	1.8	17.36	98.44
白桦	1.62	22.4	98.05
山杨	1.64	15.38	95.63
柞树	1.26	16.09	93.76
其他阔叶	1.09	23.94	95.64

由表3-9可以看出，各优势树种(组)地位级指数导向曲线的平均误差 MAB 在 ±2m 内。各优势树种(组)的平均相对误差 MPB 在25%以内。各优势树种(组)地位级导向曲线的预测精度都在90%以上。总之，所建立的地位级导向曲线与各样本点之间具有较好的切合程度，模型具有一定的预估性。

由各优势树种(组)的平均高生长曲线和基准年龄（A_1），可以计算各样地地位级指数（SCI）：

Korf

$$SCI = H\exp\left[-b\left(A_I^{-c} - A^{-c}\right)\right] \tag{3-17}$$

Chapman-Richards

$$SCI = H\left(\frac{1 - \exp(-bA_I)}{1 - \exp(-bA)}\right)^c \tag{3-18}$$

大兴安岭林区各树种(组)的基准年龄(A_I)确定为：落叶松、樟子松(云杉)：100年；柞树：80 年；白桦、山杨、其他阔叶：50 年。

假设大兴安岭林区各优势树种(组)的地位级指数曲线簇是同型曲线。根据各优势树种(组)的平均高生长曲线，用比例法可以计算出各优势树种(组)各地位级指数(SCI)的平均高生长曲线。图 3-5 为樟子松(云杉)、落叶松、白桦、山杨、柞树和其他阔叶地位级指数曲线(地位指数级为 2m)。

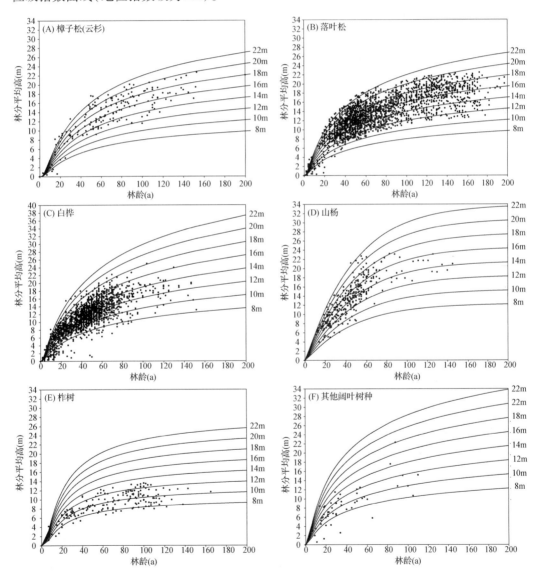

图 3-5　大兴安岭林区各优势树种(组)地位级指数曲线簇

3.2.3 林分密度指数

林分生长与收获预测模型中的一个重要因子是林分密度，它体现对林地生产潜力的现时充分利用程度，也是说明林分竞争状态的一种重要指标。为了精确评价林分密度，林学家提出了各种不同的测定方法，但迄今为止仍然没有找到公认的最可靠的测定方法。因此，人们只能根据具体情况而选择合适的林分密度指标。

林分密度指数（SDI）是利用每公顷株数（N）与林分平均胸径（Dg）之间预先确定的最大密度线关系计算而得。由于 SDI 同时考虑了有关描述密度的两个重要指标，故在全世界范围内得到了广泛的应用，如构造生长收获模型及林分密度管理图等。所有林分密度指标中 SDI 是争论最少、应用最多的测度之一，它不失为较优的密度指标。

3.2.3.1 数据来源

本研究所用数据为大兴安岭北部林区 1990～2010 年的固定样地资料。首先对落叶松林、白桦林、针叶混交林、针阔混交林和阔叶混交林的平均直径和每公顷株数进行异常点删除，即对于小径阶和大径阶中不符合总体趋势的个别样点进行了删除，其统计信息见表 3-10。

表 3-10 大兴安岭东部林区不同林分类型样本信息统计表

林分类型	林分变量	样地数	最小值	最大值	平均值	标准差
落叶松林	平均直径（cm）	1575	8	29.7	14.2	4.23
	每公顷株数	1575	17	3950	1008	690.42
白桦林	平均直径（cm）	749	8.6	23.2	12.1	2.69
	每公顷株数	749	17	3401	1152	671.53
针叶混交林	平均直径（cm）	278	7.8	30.2	14.2	4.28
	每公顷株数	278	33	3901	1128	660.93
针阔混交林	平均直径（cm）	995	9	26.1	13	3.07
	每公顷株数	995	34	3317	1304	670.47
阔叶混交林	平均直径（cm）	598	8.5	24.8	13.4	3.42
	每公顷株数	598	17	3501	1244	645.13

3.2.3.2 研究方法

（1）最大密度林分 N-Dg 方程

为了得出林分的林分密度指数，首先应建立林分最大密度时每公顷株数（N）与林分平均直径（Dg）之间的经验方程。赖内克（Reineke，1933）发现任一具有完满立木度、未经营的同龄林中，只要树种相同，则具有相同的密度线：

$$N = \alpha D_g^{-\beta} \tag{3-19}$$

式中：N 为每公顷株数，株/hm²；D_g 为林分平均胸径，cm；α 为最大密度线的截距；β 为最大密度线的斜率。

对（3-19）式两边取对数可得：

$$\ln N = \ln \alpha - \beta \ln D_g \tag{3-20}$$

（2）最大密度线拟合

1978 年，Koenker 和 Bassett 首次提出了分位数回归的概念，分位数回归是中位数回归的一种推广，形式更为一般化，当误差为非正态分布时，分位数回归对于参数的估计比最小二乘估计更有效。同时相对于最小二乘回归来说，分位数回归的条件比较宽松，能够挖掘更加丰富的信息内容。分位数回归最大的优点是能够度量回归变量在分布上尾和下尾的影响，对于整个条件分布的特征都能够进行捕捉。

分位数回归的定义为：随机变量 Y 的分布函数为 $F(Y)$，设 Y 的分布函数为：

$$F(y) = P(Y \leqslant y) \tag{3-21}$$

设则 Y 的第 τ 分位数为其反函数：

$$Q(\tau) = \inf\{y : F(y) \geqslant \tau\} \tag{3-22}$$

其中，$0 < \tau < 1$，当 $\tau = 1/2$ 时，即 $Q(1/2)$，为中位数回归。

对于 Y 的一个随机样本 $\{y_1, y_2, \cdots, y_n\}$ 来说，样本中位数能够使得（3-23）式取得最小值。

$$样本中位数 = \arg \min_{\xi \in R} \sum_{i=1}^{n} |y_i - \xi| \tag{3-23}$$

同理，与 $Q(\tau)$ 类似，一般情况下第 τ 样本分位数 $\xi(\tau)$ 通过使得（3-23）式取得最小值来进行计算。

$$\xi(\tau) = \arg \min_{\xi \in R} \sum_{i=1}^{n} \rho_\tau(y_i - \xi) \tag{3-24}$$

其中，$\rho_\tau(z) = z(\tau - I(z < 0))$，$0 < \tau < 1$，为损失函数，$I(u)$ 为指示函数，u 是条件关系式，当 z 为真时，$I(u) = 1$；当 z 为假时，$I(u) = 0$。

与最小二乘类似，线性分位数回归 $Q(\tau \mid X = x) = x'\beta(\tau)$ 是通过求解式（3-34）得到的。

$$\hat{\beta}(\tau) = \arg \min_{\xi \in R^P} \sum_{i=1}^{n} \rho_\tau(y_i - x'\beta) \tag{3-25}$$

基于线性分位数回归的优秀品质，为提高最大林分密度指数的拟合效率，本研究利用 SAS 9.3 的线性分位数回归拟合大兴安岭林区不同林分类型的最大密度线。

（3）林分密度指数（SDI）计算

根据林分密度指数的定义采用下式可以得到每个林分的林分密度指数（SDI）：

$$SDI = N \times (D_0/D_g)^{-\beta} \tag{3-26}$$

式中：N 为每公顷株数，株/hm^2；Dg 为林分平均胸径，cm；D_0 为基准直径，cm。

3.2.3.3　不同林型最大密度线拟合结果

由表 3-11 可知，分位数为 0.9000、0.9500 和 0.9625 的不同林型最大密度线参数估计结果中，$\ln\alpha$、β 的 p 值均小于 0.05，即 t 检验均显著。分位数回归中使用不同分位数估计的参数结果之间略有不同。落叶松林和阔叶混交林最大密度线在分位数为 0.9000 时，参数估计值的标准误最小，同时 $\ln\alpha$ 的 t 值最大。在使用分位数回归进行最大密度线拟合时，分位数为 0.9000 的参数拟合结果较稳定，为落叶松林和阔叶混交林的最大密度线的最优线性分位数回归模型。同理，当分位数为 0.9500 时，白桦林和针阔混交林最大密度线的参数拟合结果稳定性强；当分位数为 0.9625 时，针叶混交林最大密度线的参数拟合结果稳定性强。

表 3-11　大兴安岭林区各林分类型最大密度线拟合结果

林分类型	样本数	分位数	参数	估计值	标准误	t 值	p 值
落叶松林	1575	0.9000	$\ln\alpha$	11.4473	0.1525	75.07	<.0001
			β	−1.5499	0.0597	−25.98	<.0001
		0.9500	$\ln\alpha$	11.5787	0.1724	67.17	<.0001
			β	−1.5600	0.0643	−24.27	<.0001
		0.9625	$\ln\alpha$	11.6252	0.1565	74.27	<.0001
			β	−1.5600	0.0605	−25.8	<.0001
落叶松林	749	0.9000	$\ln\alpha$	11.3043	0.3053	37.03	<.0001
			β	−1.5225	0.1252	−12.16	<.0001
		0.9500	$\ln\alpha$	11.1758	0.2506	44.6	<.0001
			β	−1.4344	0.103	−13.93	<.0001
		0.9625	$\ln\alpha$	11.1608	0.28	39.86	<.0001
			β	−1.4161	0.1145	−12.37	<.0001
针叶混交林	278	0.9000	$\ln\alpha$	11.4974	0.2252	51.04	<.0001
			β	−1.5664	0.0858	−18.26	<.0001
		0.9500	$\ln\alpha$	11.4311	0.1675	68.25	<.0001
			β	−1.5230	0.0637	−23.89	<.0001
		0.9625	$\ln\alpha$	11.5459	0.1674	68.96	<.0001
			β	−1.5574	0.0636	−24.49	<.0001
针阔混交林	995	0.9000	$\ln\alpha$	11.5028	0.1995	57.65	<.0001
			β	−1.5637	0.0795	−19.66	<.0001
		0.9500	$\ln\alpha$	11.5736	0.1878	61.63	<.0001
			β	−1.5581	0.0738	−21.12	<.0001
		0.9625	$\ln\alpha$	11.6256	0.2058	56.49	<.0001
			β	−1.5714	0.0817	−19.24	<.0001
阔叶混交林	598	0.9000	$\ln\alpha$	11.0913	0.2724	40.71	<.0001
			β	−1.4116	0.1053	−13.41	<.0001
		0.9500	$\ln\alpha$	11.1481	0.3867	28.83	<.0001
			β	−1.3923	0.1521	−9.15	<.0001
		0.9625	$\ln\alpha$	11.1781	0.3431	32.58	<.0001
			β	−1.4021	0.1355	−10.35	<.0001

3.2.4　主要树种(组)单木生长模型

单木生长模型是以林分中各单株林木与其相邻木之间的竞争关系为基础，描述单株木生长过程的模型。利用单木生长模型，可以直接判定单株木的生长状况和生长潜力，以及判定采用林分密度控制措施后的各保留木的生长状况，这些信息对于林分的集约经营是非常有价值的。因此，在森林优化经营中，单木生长模型具有其特殊的意义。目前，建立单木生长模型的方法有：生长量修正法、生长分析法和经验方程法。在这 3 个方法中，经验方程法是把立地指标、林分大小指标和密度指标等作为自变量直接和林木生长量进行回归，该方法构造的模型简单，模型的精度和预测能力较好。

3.2.4.1　数据来源

本研究建立大兴安岭林区单木生长模型的数据主要来源于 1990、1995 年、2000 年、2005 年和 2010 年固定样地资料，即每隔 5 年的固定样地。共所获取的大兴安岭林区设置的固定样地共计 5406 块，有效样地为 4840 块，面积为 0.06hm²。4840 块样地有效复位保留木总数是 90095 株。对异常点进行删除，最终复位保留木总数为 87601，其中 75% 的数据用来建立与距离无关的单木生长模型，剩余 25% 的样木用来进行模型的检验，详见表 3-12。

表 3-12　大兴安岭东部林区各树种（组）调查因子统计

树种（组）	分组	样本数	统计量	胸径（cm）	海拔（m）	林分平均直径（cm）	每公顷株数（株/hm²）	每公顷断面积（m²/hm²）
云杉	建模数据	1779	最小值	5	260	7.4	217	1.69
			最大值	51.2	991	26.4	3217	37.68
			平均值	10	622.2	12.8	1410	17.56
			标准差	5.5	162.2	2.8	576	7.1
	检验数据	455	最小值	5	260	6.9	233	1.06
			最大值	50.9	930	25.2	3283	37.68
			平均值	10.3	623.8	12.8	1417	17.51
			标准差	5.4	163.2	2.8	581	7.1
落叶松	建模数据	26214	最小值	5	210	6	33	0.09
			最大值	60.1	1190	29.7	3917	39.59
			平均值	11.3	624.3	12.1	1667	17.67
			标准差	7	231.9	3.1	778	6.69
	检验数据	6554	最小值	5	210	6	83	0.81
			最大值	57.2	1190	29.7	3917	39.59
			平均值	11.5	624.3	12.1	1667	17.71
			标准差	7.1	231.9	3.1	776	6.7
樟子松	建模数据	2438	最小值	5	210	5.6	33	0.27
			最大值	62	1052	32.1	3933	33.26
			平均值	15.1	598	13.4	1481	18.71
			标准差	8.7	197.9	3.9	662	6.87
	检验数据	609	最小值	5	210	6.1	100	0.34
			最大值	48.3	1052	32.1	3933	33.26
			平均值	14.7	602.2	13.3	1489	18.71
			标准差	8.2	197.3	3.9	659	6.8
柞树	建模数据	7734	最小值	5	245	5.3	50	0.22
			最大值	44.7	845	31.6	3917	36.47
			平均值	10.4	476.2	12.4	1479	16.25
			标准差	7.2	111.7	3.5	650	6.44
	检验数据	1934	最小值	5	245	5.3	17	0.22
			最大值	44.5	845	31.6	3583	36.47
			平均值	10.5	476.6	12.4	1475	16.23
			标准差	7.3	111.9	3.6	652	6.44

（续）

树种(组)	分组	样本数	统计量	胸径 (cm)	海拔 (m)	林分平均 直径(cm)	每公顷株数 (株/hm²)	每公顷断面 积(m²/hm²)
白桦	建模数据	16923	最小值	5	250	5.1	17	0.05
			最大值	57.1	1180	29.7	3917	36.49
			平均值	9.9	664.6	12	1628	17.28
			标准差	4.4	204.2	3	690	6.32
	检验数据	4231	最小值	5	250	5.3	100	0.22
			最大值	44.7	1180	29.7	3917	36.49
			平均值	10	664.1	12	1630	17.31
			标准差	4.5	204.3	3	688	6.31
黑桦(枫桦)	建模数据	1253	最小值	5	220	6.3	83	0.47
			最大值	41.6	1065	23.1	3450	32.87
			平均值	9.8	487	10.6	1359	10.81
			标准差	5.5	120.6	3.6	686	5.46
	检验数据	313	最小值	5	220	6.3	83	0.47
			最大值	34.3	950	22.7	3167	32.87
			平均值	9.5	485.4	10.7	1326	10.75
			标准差	5	116.5	3.6	694	5.65
山杨	建模数据	11452	最小值	5	160	5.3	33	0.08
			最大值	60.1	1180	27.2	3950	37.31
			平均值	11.3	488.6	11.1	1748	16.42
			标准差	7	138.3	3.2	682	7.13
	检验数据	2863	最小值	5	210	6	83	0.81
			最大值	58.4	1190	29.7	3917	39.59
			平均值	10.6	624.3	12.1	1667	17.71
			标准差	5.4	231.9	3.1	776	6.7
杂木(柳树)	建模数据	2279	最小值	5	250	6	167	0.48
			最大值	35.4	1150	25.7	3950	36.47
			平均值	8.3	514.7	11.5	1365	13.82
			标准差	3.8	153	3.1	603	6.83
	检验数据	570	最小值	5	250	6	233	1.01
			最大值	29.8	1050	24.1	3917	33.61
			平均值	8.2	513.9	11.7	1341	13.69
			标准差	3.5	149.6	3.2	601	6.66

3.2.4.2　研究方法

（1）单木生长模型因子

本研究建立的是与距离无关的单木生长模型，因此建立模型并不需要树木的空间信息。由于模型是为了在一定范围的生态系统中应用，变量的选择被限制在立地、林分、和树木的特征上，这可以在应用在这个范围中的一般的林分调查中获得。尤其是树木的特征，如树种、胸径和树高可以与一般的林分密度措施和立地特征（坡度、坡位和植被类型）一起获得。

直径生长量的预估在建立单木生长模型过程中是最关键和重要的，因为直径生长量往往作为其他预估方程的参数。因此，对直径生长量的估计是十分必要的。在实际建立模型过程中，我们并不直接预估直径的生长量，而是预估直径平方定期生长量。所以，本研究我们将平方直径的对数作为模型的因变量，选择树木大小、竞争和立地变量 3 个主要因子为自变量构建函数式。

$$\ln(DGI) = f(SIZE, COMP, SITE) = a + b \times SIZE + c \times COMP + d \times SITE \quad (3\text{-}27)$$

式中，DGI 为林木定期直径生长量（带皮）（本研究时间间隔期为 5 年）；$SIZE$ 为林木大小因子的函数；$COMP$ 为竞争因子的函数；$SITE$ 为立地因子的函数；a 为截距；b 为林木大小变量的向量系数；c 为竞争因子的向量系数；d 为立地因子的向量系数。

①林木大小因子：通常来讲，直径大小与生长量大小成正比，直径越大，生长量越大。所以，对于林木大小的影响，本研究采用林木的胸径（D）的函数形式：

$$b \times SIZE = b_1 \ln(D) + b_2 D^2 + b_3 \overline{D} \quad (3\text{-}28)$$

其中：D 为前期数据胸径；$\overline{D}$ 为林分算术平均胸径。

②竞争因子：树木的生长不仅受林木大小的影响，更重要的是竞争对它的影响。树木在生长过程中，都要受到周围相邻木、竞争环境等影响，而竞争因子的种类又特别繁多。因此，在对竞争影响因子的选择上，我们既要考虑它在理论方面的合理性，又要考虑它在实践上的可行性。所以，本研究选用的竞争指标有：林分每公顷断面积；林分密度指数；对象木直径与林分平均直径之比；大于对象木的树木断面积之和；林分郁闭度来表达竞争对单木生长的影响。具体函数表达式如下：

$$c \times COMP = c_1 \times G + c_2 \times SDI + c_3 \times RD + c_4 \times P + c_5 \times TPH + c_6 \times BAL \quad (3\text{-}29)$$

其中：G 为林分每公顷断面积；SDI 为林分密度指数；RD 为对象木与林分平均直径之比；P 为郁闭度；BAL 为大于对象木的树木断面积之和；TPH 为每公顷株数。

③立地因子：立地条件对描述树木的生长也是十分重要的因子，虽然它包括的因子对树木的生长没有直接的影响，但是它间接地影响了树木所处环境的温度、光照强度、湿度等特征。所以，立地条件方面的调查能够更加全面、充分地表达树木的生长。它通常包括：坡度、坡向、经度、纬度、海拔等，本书选用的与立地条件有关的影响因子有坡度、坡向、海拔。具体函数表达式为：

$$d \times SITE = d_1 \times SCI + d_2 \times SL + d_3 \times SL^2 + d_4 \times SLS + d_5 \times SLC + d_6 \times ELV \quad (3\text{-}30)$$

其中：SCI 为地位级指数；SL 为坡度的正切值（即坡率值）；SLP 为坡向；ELV 为海拔；SLS 为坡率和坡向 SLP 的组合项：$SLS = SL\sin(SLP)$；SLC 为坡率和坡向 SLP 的组合项：$SLC = SL\cos(SLP)$。其中，坡向以正东为零度起始，按逆时针方向计算，所以阴坡的 SLS 为正值，SLC 为负值；阳坡正好相反，SLS 值为负值，SLC 值为正值。

将式（3-28）、（3-29）、（3-30）代入 3-27 中，其模型参数详见表 3-13，整理得：

$$
\begin{aligned}
\ln(DGI) &= f(SIZE, COMP, SIZE, SITE) = a + b \times SIZE + c \times COMP + d \times SITE \\
&= a + b_1 \ln(D) + b_2 D^2 + b_3 D_g + c_1 \times G + c_2 \times SDI + c_3 \times RD + c_4 \times P + \\
&\quad c_5 \times TPH + c_6 \times BAL + d_1 \times SCI + d_2 \times SL + d_3 \times SL^2 + d_4 \times SLS + \\
&\quad d_5 \times SLC + d_6 \times ELV
\end{aligned}
\quad (3\text{-}31)
$$

表 3-13　单木生长模型中估测 $\ln(DGI)$ 的一般方程

因变量自变量	解释
$\ln(DGI) = b_0 + b_1\ln D + b_2 D^2 + b_3\bar{D}$	树木变量： D—所测树木的直径 $\bar{D}$—林分算术平均胸径
$c_1 \times G + c_2 \times SDI + c_3 \times RD + c_4 \times P + c_5 \times TPH + c_6 \times BAL$	竞争指标： G—林分每公顷断面积 SDI—林分密度指数 RD—对象木与林分平均直径之比 P—郁闭度 TPH—每公顷株数
$d_1 \times SCI + d_2 \times SL + d_3 \times SL^2 + d_4 \times SLS + d_5 \times SLC + d_6 \times ELV$	立地变量： SCI—地位级指数 SL—坡度正切值 SLS—$SL\sin(SLP)$ SLC—$SL\cos(SLP)$ ELV—海拔

（2）单木生长模型自变量确定

本研究对各个自变量进行筛选时采用全部子回归方法。首先进行全部子回归，即模型中引入自变量较多时，随着自变量数量的不断增加，模型的相关系数在增大，本研究采用相关系数 R^2 和 AIC 来对模型拟合效果进行评价，并选出适合树种（组）的自变量，进而选出适合各树种（组）的单木生长模型。但在实际应用中，为了减少森林调查中的作业量，节省人力、物力，所建立的生长模型不应包括太多的变量。因此，当多个变量进入模型时，随着不断向模型中增加变量，模型的调整相关指数达到一定数值且不发生较大的变化，并且保持在一定的水平上，参考相关系数与自变量个数的变化趋势，将模型中对调整相关系数影响小的变量去掉，以得到最终模型。

3.2.4.3　单木生长模型拟合结果及检验

表 3-14 为大兴安岭东部林区各树种（组）单木生长模型拟合结果。由表 3-14 可知，绝大多数树种（组）单木生长模型的相关系数 R^2 都在 0.35 以上，杂木（柳树）单木生长模型拟合效果最差，黑桦（枫桦）单木生长模型拟合效果最好。而所有模型的均方根误差 RMSE 都较小。在所建立的大兴安岭东部林区不同树种（组）单木生长模型中，林木大小本身（$\ln D$）对模型的影响最大，且为正值，这说明林木本身大小对林木未来的生长起到促进作用，而 D 变量在一些树种（组）的模型中是显著的，且符号为负，这是避免直径无限制的增长。在大兴安岭东部林区，竞争因子 SDI、G、BAL 及其变形的参数值为负的，表明竞争因子对林木生长具有抑制作用。立地因子 SCI 的综合影响为正的，这表明立地条件越好越能促进林木的生长。总的来看，林木大小因子中的 $\ln D$、竞争因子中的 SDI、BAL 和 G，以及立地因子中的 SCI 经常被引入到单木生长模型，且其系数较大，表明这几个因子对于单木生长来说影响较大。

表 3-14　大兴安岭东部林区各树种（组）单木生长模型拟合结果

树种（组）	Intercept	lnD	D	SCI	BAL/ ln(D+0.01)	BAL/ (D+0.01)	G	R^2	RMSE
云杉	−0.25911	1.13682	−0.00213	0.07403	—	−0.11965	−0.01452	0.4195	0.7333
落叶松	0.61622	0.95679	−0.02006	0.03449	—	−0.24636	−0.01533	0.3353	0.9030
樟子松	−0.54791	2.10142	−0.06276	—	—	−0.06858	−0.0226	0.5364	0.7608
柞树	1.04606	0.79997	−0.0084	0.00447	−0.05979			0.3167	0.7628
白桦	0.51084	1.05179	−0.00696	0.02966	−0.081		−0.02533	0.3462	0.8329
黑桦（枫桦）	−0.56493	2.24268	−0.0984	0.02473	—	−0.06228	−0.04316	0.4588	0.6583
山杨	0.71736	1.3686	−0.01495	0.0079	−0.09961		−0.01843	0.4238	0.7831
杂木（柳树）	0.65399	1.08802	—	0.00951	−0.07498			0.3214	0.7540

在独立检验样本中，大兴安岭东部林区各树种（组）的最终拟合方程中的每个自变量代入，得到各树种（组）单木直径生长的估计值。对实测值和估计值用前面所述的方法进行检验。检验结果见表 3-15。由表 3-15 可知，大兴安岭林区各树种（组）单木生长模型的平均误差 MAB 都小于 1，平均相对误差 MBP 在 30% 以内。大兴安岭东部林区各树种（组）单木生长模型的预测精度都在 95% 以上。总之，所建立的单木生长模型曲线与各样本点之间具有较好的切合程度，模型具有一定的预估性。

表 3-15　大兴安岭东部林区各树种（组）单木生长模型检验结果

树种（组）	MAB	MPB	P（%）
云杉	0.56	29.78	97.77
落叶松	0.53	20.13	99.15
樟子松	0.52	16.60	98.40
柞树	0.44	16.94	99.01
白桦	0.50	21.06	99.16
黑桦（枫桦）	0.42	14.63	97.65
山杨	0.45	14.59	99.34
杂木（柳树）	0.51	18.31	97.37

3.2.5　主要树种（组）单木存活模型

林木枯损或存活模型是林木生长和收获预估模型系统的重要组成部分。随着森林集约化经营管理的提高，特别是商品林的生产和经营管理，使得人们更加关注林木在未来时刻的生长和存活状态，以便为造林初始密度设计、间伐、主伐等营林生产活动提供有力的依据。按林木生长的三大类模型来划分，林木枯损或存活模型也可有林分、径阶和单木三个水平。在林分水平上，通常研究林木存活模型或枯损模型，其主要预估林分的林木株数随时间的变化情况。在研究径阶和单木水平时则为存活模型，预测径阶内林木存活比率或单木存活概率。为了获取更为详细的林木生长情况，林木生长和收获预估研究更加关注单木水平上各种模型的建立，其中单木存活（枯损）模型也得到了广泛的研究。

3.2.5.1 数据来源

本研究建立大兴安岭林区单木枯损模型的数据主要来源于1990、1995 年、2000 年、2005 年和 2010 年固定样地，共计 5406 块，有效样地为 4840 块。对固定样地内异常数据进行删除，4840 块样地最终有效复位的保留木及枯损木总数为 97111 株，其中约75% 的数据用来建立单木生存模型，剩余约 25% 的样木用来进行模型的检验，保留木和枯损木株数见表 3-16。

表 3-16　大兴安岭东部林区各树种(组)保留木及枯损木株数统计

树种(组)	保留木	枯损木
云杉	2554	112
落叶松	25816	2216
樟子松	3722	182
柞树	11668	938
白桦	26812	1302
黑桦(枫桦)	1325	138
山杨	16183	1647
杂木(柳树)	2015	481

3.2.5.2 研究方法

(1) 单木存活模型形式

由于林木枯损(或存活)的分布是不确定过程，存在着随机波动。所以，这些变量只能通过大量实验和调查数据建立概率统计模型。统计模型范畴很广，包括线性模型、非线性模型、线性混合模型等等，而大多数模型都是以处理定量数据为基础的。由于林业调查的因子在很大程度上都是定性数据。因此，因变量包含两个或更多个分类选择的模型在林业调查数据分析中具有重要的应用价值。Logistic 回归模型就是一种常见的处理含有定性自变量的方法，也是最流行的二分数据模型。二项分组数据 Logistic 回归分析是将概率进行 Logit 变换后得到的 Logistic 线性回归模型，即一个广义的线性模型，这时可以系统地应用线性模型的方法对其进行处理。一个林木存活的分布可以用"是"或"不是"来表示，所以在选择可能影响林木存活(或枯损)的因子后，运用 Logistic 回归模型来模拟林木枯损的分布是可行的。

由于研究现象的发生概率 $P(Y=1)$ 对因变量 X_i 的变化在 $P(Y=0)$ 和 $P(Y=1)$ 附近不是很敏感，所以需要寻找一个 $P(Y=1)$ 的函数，使它在 $P(Y=0)$ 和 $P(Y=1)$ 附近变化幅度较大，同时希望 $P(Y=1)$ 的值尽可能地接近 0 或 1。以下公式即为寻找到的关于 $P(Y=1)$ 的函数，称为 $P(Y=1)$ 的 $Logit$ 变换。

$$Logit(P(Y=1)) = \ln\left(\frac{P(Y=1)}{1-P(Y=1)}\right) \tag{3-32}$$

二项分布 Logit 函数形式可由以下公式表示：

$$\ln\left(\frac{P(Y=1)}{1-P(Y=1)}\right) = X\beta = \beta_0 + \sum \beta_j X_j = \beta_0 + \beta_1 X_1 + \beta_2 X_2 + \cdots + \beta_p X_p \tag{3-33}$$

其中，P 表示事件发生的概率，β 表示回归系数，X 表示自变量。

为了更加清楚地描述这种函数形式，这种函数可以进一步被写成：

$$P(Y_i) = \frac{1}{1 + e^{-X\hat{\beta}}} \tag{3-34}$$

为更准确地建立林木枯损模型，在自变量选择时应考虑树种变量、立地质量和竞争变量。

（2）模型参数估计与拟合优度检验

估计 Logit 概率模型与估计多元回归模型的方法是不同的。多元回归采用最小二乘，将解释变量的真实值与预测值的平方和最小化。而 Logit 变换的非线性特征使得在估计模型的时候采用极大似然估计的迭代方法，找到系数的"最可能"的估计。这样在计算整个模型拟合度的时候，就采用似然值而不是离差平方和。回归模型建立后，需要对整个模型的拟合情况做出判断。

在本研究中，对于模型的拟合优度可以用 ROC 曲线来评价。ROC 曲线下面积越大，则拟合效果越好。其中，AUC 是描述 ROC 曲线面积的重要指标，其公式为：

$$AUC = \frac{(n_c + 0.5(t - n_c - n_d))}{t} \tag{3-35}$$

其中，t 为不同数据类型的总数目，n_c 为 t 中一致的数目，n_d 是 t 中不一致的数目。$t - n_c - n_d$ 为平局的数目。

（3）模型结果检验

为进一步检验模型结果，需要以建立概率回归模型为基础预测事件 A 的发生概率，并与实际观测值作对比，计算正确率。这里，选取了不同树种（组）25% 的数据作为独立检验数据。当建立的三种概率回归模型通过拟合优度检验后，以数据模型为基础，以胸径 D、D^2、地位级指数 SCI、相对直径 BAL 等为变量对林木出现枯损的概率进行预测。由随机函数在林木出现枯损概率的取值范围内产生一个随机数，作为林木是否出现枯损的临界值，大于这个临界值的概率表示为"林木枯损"，否则，表示为"林木未枯损"。最后，将预测结果与独立检验样本进行对照，分别计算出"林木枯损"时模型预测的正确率和"林木未枯损时"时模型预测的正确率，来检验模型的预测效果。

3.2.5.3　单木枯损模型拟合结果及检验

基于以上原理与研究方法，以大兴安岭东部林区林木存活为研究对象，使用 SAS 9.3 软件的 PROC Logistic 模块，利用逐步回归的方法对 8 个树种（组）建立存活概率模型。以林木是否存活的二项分类数据为因变量，胸径 D、D^2、SCI、和 BAL 为自变量建立回归模型，用 ROC 曲线（AUC）来评价模型的拟合优度，其拟合结果见表 3-17。

从建立的模型参数来看，胸径（D）的参数符号为正值，表明林木直径大，则该径阶林木的存活概率越大。而 $\ln(G)$、BAL 及其变形 $BAL/\ln(D + 0.01)$ 的参数符号为负，说明了林木竞争越大，林木的存活概率越小。对于地位级指数（SCI）来说，其参数值为正值，说明立地质量越好，林木的存活概率越大。从模型的 AUC 可知，只有樟子松和黑桦的 AUC 值大于 0.7，其余树种都在 0.7 以下，这说明只有樟子松和黑桦（枫桦）的单木存活模型拟合效果较好，其余树种(组)相对较差。

表3-17　大兴安岭东部林区各树种(组)存活模型拟合结果

树种(组)	Intercept	LND	D^2	D	SCI	BAL/ ln(D+0.01)	BAL	ln(G)	AUC
云杉	0.4339	0.4268	-0.0012	—	0.1412	-0.0369	—	—	0.6490
落叶松	2.0396	0.8083	—	-0.0527		-0.0731	—	—	0.6040
樟子松	1.9081	1.0790	—	-0.0739	0.0366	-0.1785	—	—	0.7000
柞树	2.7344	0.0945	—	—			-0.0288	—	0.5590
白桦	1.5001	1.3982	—	-0.1197	0.0087	-0.1262	—	—	0.6370
黑桦(枫桦)	-1.1020	3.1353	—	-0.2066	0.0290	-0.1179	—	-0.4520	0.7150
山杨	2.0078	0.7870	—	-0.0686	0.0069	-0.1558	—	—	0.6390
杂木(柳树)	1.7311	0.0669	—	-0.0237	0.0161	-0.0796	—	—	0.5740

从模型拟合优度来看，大兴安岭东部林区各树种(组)单木存活模型拟合效果有好有坏，但所建立的模型还需要用预测结果与实际观测值做进一步的对比验证。这里选取了独立的观测数据进行检验。首先，用所建立的各树种(种)最优单木枯损模型预测独立检验数据的枯损概率。然后，用随机数(0~1值)的方法来确定独立检验数据的存活属性，即某林木是否存活。最后与实际值进行比较得出单木存活模型的判断正确率，来检验模型的预测效果。模型检验结果如表3-18所示。

由表3-18可知，大兴安岭东部林区各树种(组)独立检验数据的总正确率在70%以上，独立检验数据的总正确率尚可接受。所有树种"枯损"的判断正确率(即，"0"的判断正确率)比"存活"的判断正确率(即，"1"的判断正确率)要低很多，原因是固定样地中"0"、"1"数值分布不均，"1"的出现次数要远大于"0"出现次数，这降低了模型精度。总的来说，模型的判断正确率较好，可以应用于大兴安岭东部林区林木存活的判断。

表3-18　大兴安岭东部林区各树种(组)枯损模型检验结果

树种(组)	枯损判断率(%)	存活判断率(%)	总正确率(%)
云杉	4.55	95.69	91.93
落叶松	10.2	91.56	85.15
樟子松	15.79	97.57	93.57
柞树	8.65	92.34	86.20
白桦	8.89	95.76	91.59
黑桦(枫桦)	11.11	90.11	85.22
山杨	14.24	91.34	84.21
杂木(柳树)	21.51	83.46	71.89

3.2.6　主要树种(组)进界木株数模型

进界木指林分中胸径从起测胸径以下长到起测胸径(我国为5cm)及以上的树木，由此引起的蓄积、株数等相关生长称为进界生长。进界生长是引起森林资源变化的主要因素之一，是森林动态变化的重要过程。在森林资源变化预测中，进界生长的预测是一个重要的内容。

3.2.6.1 数据来源

本研究建立大兴安岭林区进界木株数模型的数据主要来源于 1990 年、1995 年、2000 年、2005 年和 2010 年固定样地，共计 5406 块，有效样地为 4840 块。分别树种统计其进界木株数，共计 10497 株，统计信息见表 3-19。

表 3-19 大兴安岭东部林区各树种(组)进界木株数统计

树种(组)	样本数	每公顷进界木株数				每公顷株数			
		最小值	最大值	平均值	标准差	最小值	最大值	平均值	标准差
云杉	293	0	733	23	62	17	967	159	216
落叶松	3291	0	1417	38	90	17	3817	500	500
樟子松	563	0	500	7	35	17	1433	125	202
柞树	768	0	1000	60	120	17	2033	300	312
白桦	3585	0	2000	55	148	17	2917	523	497
黑桦(枫桦)	150	0	1000	38	111	17	1383	166	241
山杨	1360	0	1417	35	126	17	2533	231	324
杂木(柳树)	487	0	667	22	72	17	1617	91	163

3.2.6.2 研究方法

林木进界主要与林龄和林分密度有关，其中，林分密度变量包括了每公顷株数和林分断面积。对于天然林来说，很难确定林龄。因此，本研究围绕着密度这个变量应用零膨胀泊松(Zero-inflated Poisson，简记为 ZIP)回归模型方法分析进界木株数。以下对零膨胀泊松回归模型进行详细的阐述。

零膨胀泊松回归模型假设取值为 0 的计数数据和取值服从泊松分布的部分都可以引入协变量，从而构成 ZIP 回归模型。ZIP 混合分布如下：

$$P(Y = y; \varphi, \lambda) = \begin{cases} \varphi + (1 - \varphi)\exp(-\lambda), & y = 0 \\ (1 - \varphi)\dfrac{\lambda^y}{y!}\exp(-\lambda), & y > 0 \end{cases} \tag{3-36}$$

其中参数 φ 表示取值为 0 的非泊松数据所占的比例；当 $0 < \varphi < 1$ 时，数据中存在零过多现象，φ 的值越大，说明数据中含零的比例越大，若 $\varphi = 0$，则式(3-36)化简为标准的泊松分布，说明数据中没有过多的零，我们可通过检验 φ 是够为 0 来判别数据中是否存在零过多现象。

ZIP 模型的基本思想是把事件发生数的发生看成两种可能的情形：第 1 种对应零事件的发生假定服从贝努里分布；第 2 种对应事件假定服从 Poisson 分布。在零膨胀泊松回归模型中，零数据有两个主要来源：一是那些从未可能发生的零部分；二是在 Poisson 理论分布下没有发生的离散部分。实际上，Logit 概率模型常用来拟合零部分，离散部分可以用 Poisson 模型来模拟。

对于本研究来说，大兴安岭东部林区主要树种(组)进界木株数 ZIP 模型如下：

Logit 概率模型

$$Y = \frac{1}{1 + e^{-(a_1 + a_2\ln(N_s) + a_3 G)}}$$ (3-37)

Poisson 模型

$$\ln(N_{in,s}) = b_1 + b_2\ln(N_s) + b_3 G)$$ (3-38)

式中，Y 为 5 年间未发生进界的概率，即"0"；$N_{in,spe}$ 为 5 年间某一树种进界的株数；N_s 为样地中某一树种的每公顷株数；G 为每公顷断面积；s 为树种。

3.2.6.3　进界木株数模型拟合结果

表 3-20 给出了大兴安岭东部地区不同树种(组)进界木 Logit 概率模型和 Poisson 模型拟合结果。由表 3-20 可知，Logit 概率模型中的 a_2 为负值，表明样地中某一树种 s 的每公顷株数越大，越容易产生进界木；a_3 为正值，表明林分断面积越大，越不容易产生进界木。Poisson 模型中的 b_2 为正值，表明随着样地中某一树种 s 的每公顷株数增加，进界株数增加；b_3 为负值，表明随着林分断面积的增加，进界株数减少。总的来说，ZIP 模型可以用来估算样地中进界木的株数。然而，我们要知道进界出现的多零数据并不是唯一的进界数据结构。只有在分析罕见树种或在分析混交林林分中各树种的进界株数、小样地分析进界株数、在短间隔期分析慢生树种才会出现多零数据。随着间隔期的增加，零数据发生的概率逐渐减少。

表 3-20　大兴安岭东部地区不同树种(组)进界木株数模型拟合结果

| 树种 | ZIP 模型 | | | | | |
| | Logit 概率模型 | | | Poisson 模型 | | |
	a_1	a_2	a_3	b_1	b_2	b_3
云杉	0.932200	−0.459400	0.104800	3.451200	0.467000	−0.178100
落叶松	2.688800	−0.585000	0.051800	3.364500	0.299400	−0.056800
樟子松	3.354700	−0.804000	0.148300	4.033500	0.204600	−0.096500
柞树	2.002300	−0.561500	0.055300	4.023300	0.321700	−0.085400
白桦	1.928800	−0.531800	0.097500	4.080900	0.316900	−0.124400
黑桦(枫桦)	0.932200	−0.459400	0.104800	3.451200	0.467000	−0.178100
山杨	1.339600	−0.447000	0.130700	4.180100	0.375700	−0.140900
杂木(柳树)	3.685300	−0.886700	0.066400	3.291900	0.408800	−0.070200

3.2.7　主要树种(组)树高曲线

树高和胸径是森林调查中重要的测量因子，常用来计算材积、立地指数和其他与森林生长和收获、演替和碳汇相关的重要变量。树木胸径可以快速、方便且准确的测量，而树高的测量费时费力。在森林调查时，常常只测量部分树木的树高，缺失的树高则通过不同树种的树高曲线来预测。在一些知名的生长模拟系统如 Prognosis 中，缺失的树高也是通过树高曲线来计算的。树高曲线可用来预测树木材积，确定林分中树木的位置,计算优势木高和立地指数,最终用于描述林分生长动态和演替。

3.2.7.1 数据来源

本研究建立大兴安岭林区树高曲线模型的数据主要来源于两部分:①2010~2014 年所设置的 109 块样地,对每块样地进行胸径和树高的测定,树高采用 Vertex IV 超声波测高器;②大兴安岭采伐样木实测数据。对异常数据进行删除,最终有效样木 28681 株,其中约 75% 的数据用来建立树高曲线模型,剩余约 25% 的样木用来进行模型的检验,见表 3-21。

表 3-21 大兴安岭林区各树种(组)胸径、树高统计量

树种(组)	类别	样本数	最小值	最大值	平均值	标准差
云杉	胸径(cm)	118	5.1	42.0	11.5	6.8
	树高(m)	118	3.2	24.6	9.3	5.1
落叶松	胸径(cm)	15598	2.0	70.0	16.0	10.8
	树高(m)	15598	1.3	31.1	14.0	5.2
樟子松	胸径(cm)	2122	5.0	66.0	25.3	12.6
	树高(m)	2122	4.6	27.5	17.0	4.9
柞树	胸径(cm)	552	1.5	45.7	15.0	7.8
	树高(m)	552	2.0	15.2	9.0	2.5
白桦	胸径(cm)	8349	2.0	45.4	12.5	6.9
	树高(m)	8349	1.5	24.6	13.2	4.1
黑桦(枫桦)	胸径(cm)	445	4.6	38.1	13.7	6.1
	树高(m)	445	5.3	16.8	10.6	2.4
山杨	胸径(cm)	1497	1.7	47.6	15.5	7.7
	树高(m)	1497	2.0	26.1	15.2	4.8

3.2.7.2 研究方法

本研究所选标准树高曲线模型如下:

模型 1:

$$H = 1.3 + a_1 \left(1 - e^{-a_2 D}\right)^{a_3} \tag{3-39}$$

模型 2:

$$H = 1.3 + \frac{a_1}{1 + a_2 e^{-a_3 D}} \tag{3-40}$$

模型 3:

$$H = 1.3 + a_1 e^{\frac{a_2}{D + a_3}} \tag{3-41}$$

模型 4:

$$H = 1.3 + a_1 e^{\frac{-a_2}{D}} \tag{3-42}$$

式中,H 为树高;D 为胸径;a_1、a_2 和 a_3 为模型参数。

3.2.7.3 树高曲线拟合结果及检验

对这 7 个树种(组)分别用上述 4 种模型进行求解,利用 R^2 和 AIC 对这四种模型进

行优选。表 3-22 给出了 7 个树种(组)最优树高曲线的拟合与检验结果。由表 3-22 可知，绝大多数模型的 R^2 在 0.8 以上，柞树树高曲线拟合效果较差；所有模型的预测精度都在 95% 以上。总的来说，所建立的大兴安岭东部林区各树种(组)树高曲线都具有较高的精度，都能对缺失的树高进行很好的预估。

表 3-22　大兴安岭东部林区不同树种(组)树高曲线模型拟合结果

树种(组)	模型类型	拟合结果					检验结果		
		R_a^2	RMSE	a_1	a_2	a_3	MAB	MPB	P(%)
云杉	模型 1	0.9263	1.3714	24.40929	0.07219	1.822031	1.35	11.5	95.91
落叶松	模型 3	0.8499	2.0044	32.17586	-17.8025	5.550862	1.8	15.34	99.51
樟子松	模型 3	0.8439	1.9334	29.10988	-15.8342	4.111013	1.63	11.7	98.97
柞树	模型 3	0.6992	1.5572	17.20201	-13.9915	4.328991	1.12	14.74	97.39
白桦	模型 3	0.8697	1.4787	27.62834	-11.7675	2.973747	1.29	12.08	99.45
黑桦(枫桦)	模型 3	0.8475	0.9331	18.12886	-10.5142	3.399494	0.75	6.82	98.46
山杨	模型 3	0.8588	1.8024	25.97489	-8.12336	-0.01394	1.44	15.89	98.60

3.2.8　主要树种(组)生物量模型及各器官含碳率

通常来说，用于测定树木生物量的方法有皆伐法，平均木标准木法，径级标准木法和异速生长模型法。直接测量树木的生物量尽管是最为准确的，但是这个过程需要大量的人力、物力和财力，且具有一定的破坏性。目前，生物量模型法是比较常用的方法，它是利用林木易测因子来推算难以测定的立木生物量(特别是树根生物量)，可以减少测定生物量的外业工作。根据文献统计，过去几十年全世界已经建立了涉及 100 个树种以上的 2300 个生物量模型(包括总量和各分项)，但是地上生物量模型居多，很少有人关注地下生物量(树根)，这主要的原因是树根很难挖取。总之，异速生长模型法广泛被用于森林生物量和生产力的估测中。

3.2.8.1　数据来源

本研究所用数据为大兴安岭地区、小兴安岭地区 4 个主要树种 327 株样木的生物量实测数据，并测定了部分树干、树枝、树叶和树根的碳含率。样木统计信息详见表 3-23。

表 3-23　各树种解析木统计表

树种	株数	胸径(cm)				树高(cm)				总生物量(cm)			
		最小值	最大值	平均值	标准差	最小值	最大值	平均值	标准差	最小值	最大值	平均值	标准差
云杉	53	5.8	33.6	18.4	7	4.2	24.7	15.6	5.2	7.4	599.7	170.8	148.2
落叶松	122	6.5	38.1	16.1	6.5	5.4	24.4	14.9	3.8	8.5	950.7	151.8	157.7
山杨	54	8.1	35.6	19.2	6.7	8.5	23.3	18.2	3.7	18.7	602.4	185.9	142.6
白桦	98	5.4	33.1	14.4	7.2	7.6	22.9	14.9	4.1	8.8	657.7	140.8	165.5

3.2.8.2　研究方法

(1)生物量异速生长方程

异速生长关系为树木结构和功能指标(如材积、生物量)与易测树木因子(如胸径、树高)间数量关系的统称。在许多研究中，异速生长方程经常被用为生物量模型，是最常见的估计森林生态系统生物量的方法。通常来讲，最常用的异速生长方程有以下两类:

非线性(误差相加):

$$W = a_0 X_1^{a_1} X_2^{a_2} \cdots X_i^{a_i} + \varepsilon \tag{3-43}$$

非线性(误差相乘):

$$W = a_0 X_1^{a_1} X_2^{a_2} \cdots X_i^{a_i} \cdot \varepsilon \tag{3-44}$$

式中, W 为生物量(kg); 自变量 X_1, X_2, $\cdots$, X_i 为树木因子; a_1, a_2, $\cdots$, a_i 为模型的参数; 为误差项。式(3-43)和式(3-44)的唯一区别是误差项的结构, 式(3-43)假设异速生长方程的误差结构是相加型的, 而式(3-44)假设异速生长方程的误差结构是相乘型的。

生物量模型已经被研究了半个多世纪, 大多数生物量模型将胸径(D)作为唯一的预测变量。事实上, 树木的胸径相同, 树高也会有所不同, 因而其生物量之间也会存在一定的差异。因此, 为了提高生物量模型的预测精度, 许多研究将树高(H)作为另一个变量去开展 D-H 变量的生物量方程。在许多研究中选择异速生长方程作为总量和各分项生物量模型, 模型分为一元生物量模型 $W = aD^b$ 和二元异速生长方程 $W = aD^b H^c$、$W = a(D^2 H)$。许多研究表明, 与方程 $W = aD^b$ 相比, 方程 $W = aD^b H^c$ 能显著提高模型的拟合效果, 而方程 $W = a(D^2 H)$ 提高模型的拟合效果非常有限。

在本研究中, 采用 R^2、$RMSE$ 和 AIC 比较两种二元生物量模型 $W = aD^b H^c$ 和 $W = a(D^2 H)$ 的拟合效果, 进而选出最优的二元生物量模型。以仅含 D 和最优 D-H 生物量模型为基础构建大兴安岭东部林区各树种一元和二元可加性生物量模型。

(2)生物量异速生长方程误差结构的确定

异速生长方程 $W = aD^b$, $W = aD^b H^c$ 和 $W = a(D^2 H)^b$ 通常有两种形式的误差结构: 相加型和相乘型。对数转化的线性回归和非线性回归通常被拟合异速生长方程, 选择对数转化的线性回归还是非线性回归主要依赖于异速生长方程的误差结构。如果异速生长方程的误差项是相加型的, 非线性回归最为合适, 其主要通过非线性最小二乘法拟合原始数据, 而如果异速生长方程的误差项是相乘型的, 对数转化的线性回归最为合适。以方程 $W = aD^b$ 为例对生物量模型误差结构进行探讨。

通常来说, 有两种方法去拟合异速生长方程 $W = aD^b$: 1)原始数据的非线性回归(即, NLR); 2)对数转化的线性回归(即, LR)。非线性回归与对数转化的线性回归最本质的区别在于幂函数假设的误差结构不同。在非线性回归中, 假设异速生长方程误差项是正态的、相加的, 其形式如下:

$$Y = aX^b + \varepsilon \qquad \varepsilon \sim N(0, \sigma^2) \tag{3-45}$$

相反, 在对数转化的线性回归中, 假设其误差项是对数正态的、相加的:

$$\log Y = \log a + b \log X + \varepsilon \qquad \varepsilon \sim N(0, \sigma^2) \tag{3-46}$$

这种误差结构其实是一种对数正态分布, 相乘性误差结构出现在幂函数中:

$$Y = aX^b e^\varepsilon \qquad \varepsilon \sim N(0, \sigma^2) \tag{3-47}$$

　　Xiao 等提出了用似然分析法去检验幂函数的误差结构。在这个方法中，赤池信息量准则($AICc$)被用来衡量一个统计模型的拟合优度。对于一个幂函数关系的数据，可以比较容易的计算出原始数据的非线性回归与对数转化的线性回归的似然值（Likelihood）和 $AICc$ 值。$AICc$ 值可以通过以下协定规则进行比较：如果 $|\Delta AICc|$（即两个模型的 $AICc$ 不同）小于 2，两个模型没有明显的区别。否则，拥有较小 $AICc$ 的模型被认为有更好的数据支持。

　　然而，非线性回归是基于未转化的生物量数据，而对数转化的线性回归拟合对数转化的数据。为了比较两种模型形式的 $AICc$，对数转化数据的概率密度函数必须通过雅克比式转化来保持总概率，这种转化可算计算出对数转换数据的似然值，进而可以计算出 $AICc$ 值用来进行模型误差结构的确定。总之，对数转化的线性回归用最大似然法估计其参数 a，b 和 σ^2，之后可以计算出模型的 $\log Y$，进而进行反对数，得出原始数据 Y。为了清楚起见，另 $Z = \log Y = \ln(Y)$ 和 $\log X = \ln(X)$，相乘型误差结构模型有一个正态概率密度函数：

$$f(Z) = \frac{1}{\sqrt{2\pi\sigma^2}} e^{\frac{-(Z-(\log a + b\log X))^2}{2\sigma^2}}$$

　　另 $g(y)$ 和 $G(y)$ 分别代表原始数据的概率密度函数和分布函数。按照定义，$G(Y) = P(Y \leqslant y)$，且 $\log Y$ 是单调的：

$$G(Y) = P(\log Y \leqslant \log y) = F(Z \leqslant \log y) = \int_{-\infty}^{\log y} f(z) \, dz$$

　　进而获取原始数据的概率密度函数：

$$\frac{d}{dy} G(Y) = \frac{d}{dy} \int_{-\infty}^{\log y} f(z) \, dz = f(\log y) \frac{d}{dy} \log y = \frac{f(\log y)}{y}$$

　　这表明相乘型误差结构模型的对数似然值（log-likelihood）的每一项必须除以 y 后，才可以直接比较相加型误差结构模型和相乘型误差结构模型的 $AICc$ 值。

　　为了更好地运用似然分析法去判断模型的误差结构，Xiao 等（2011）给出了使用此方法的步骤：

　　①首先，我们分别用非线性回归（式（3-45））和线性回归（式（3-46））拟合数据，估计出每个模型的参数 a，b 和 σ^2。然后，用以下两个公式分别计算相加型和相乘型误差结构幂函数的似然值：

$$L_{norm} = \prod_{i=1}^{n} \left(\frac{1}{\sqrt{2\pi\sigma_{NLR}^2}} e^{\frac{-\left[y_i - \left(a_{NLR} X_i^{b_{NLR}} \right) \right]^2}{2\sigma_{NLR}^2}} \right) \tag{3-48}$$

$$L_{logn} = \prod_{i=1}^{n} \left(\frac{1}{y_i \sqrt{2\pi\sigma_{LR}^2}} e^{\frac{-\left[\log y_i - \log \left(a_{LR} X_i^{b_{LR}} \right) \right]^2}{2\sigma_{LR}^2}} \right) \tag{3-49}$$

其中，n 为样本数。因此，每个模型的 $AICc$ 能够通过以下公式进行计算：

$$AICc = 2k - 2\log L + \frac{2k(k+1)}{n-k-1} \tag{3-50}$$

　　其中，k 是模型参数的个数（a，b 和 σ^2）。将非线性回归的 $AICc$ 命名为 $AICc_{norm}$，对

数转换的线性回归的 $AICc$ 命名为 $AICc_{\ln}$。

②如果 $AICc_{norm} - AICc_{\ln} < -2$，可以判断幂函数的误差项是相加的，模型应该用非线性回归进行拟合；如果 $AICc_{norm} - AICc_{\ln} > +2$，则幂函数的误差项是相乘的，模型应该用对数转化的线性回归进行拟合；如果 $|AICc_{norm} - AICc_{\ln}| \leqslant 2$，两种误差结构的假设都不合适，此时模型求平均值可能是最好的办法。

通常来说，胸径 (D) 和生物量关系非常密切，异速生长方程 $W = a \cdot D^b$ 经常被用来作为生物量模型。对于本章节来说，我们首先用非线性回归和对数转化线性回归分别拟合落叶松总量及各分项生物量模型，得出每个模型的 3 个参数，之后计算出 ΔAIC_C 值（即 $AICc_{norm} - AICc_{\ln}$）去判断异速生长方程的误差结构，进而选择用非线性回归还是对数转化线性回归去拟合生物量模型。

（3）可加性生物量模型的构建

为了满足立木总生物量等于各分项生物量之和这一逻辑关系，就需要各分项生物量模型之间具有可加性或相容性。目前，国内外主要有两种非线性形式的可加性生物量模型：①分解型可加性生物量模型，②聚合型可加性生物量模型。总的来看，分解型可加性模型我国使用较多，而国外研究者主要利用聚合型可加性生物量模型来解决生物量方程的可加性问题。分解型可加性生物量模型只能用加权回归来消除异方差，而聚合型加性生物量模型可以用加权回归或对数转换来消除异方差。总之，聚合型可加性生物量模型似乎更好，其不仅能解决立木总生物量等于各分项生物量之和这一逻辑关系，而且考虑同一样木总量、各分项生物量之间的内在相关性。因此，本研究用聚合型可加性生物量模型来构建大兴安岭东部林区各树种一元和二元可加性生物量模型。

本研究所建立的聚集型可加性生物量模型有三个"可加性"：①各分项生物量之和等于总生物量，②树干、树枝、树叶生物量之和等于地上部分生物量，③树枝和树叶生物量之和等于树冠生物量。此外，由于异速生长方程 $W = aD^b$，$W = a(D^2H)^b$ 和 $W = aD^b H^c$ 有两种形式的误差结构，因而分别有两种不同的可加性生物量模型形式：

一元可加性生物量模型：

假定 $W = aD^b$ 误差结构是可加型的，7 个非线性方程的可加性生物量模型系统如下：

$$\begin{cases} W_r = a_r D^{b_r} + \varepsilon_r \\ W_s = a_s D^{b_s} + \varepsilon_s \\ W_b = a_b D^{b_b} + \varepsilon_b \\ W_f = a_f D^{b_f} + \varepsilon_f \\ W_c = W_b + W_f + \varepsilon_c = a_b D^{b_b} + a_f D^{b_f} + \varepsilon_c \\ W_a = W_s + W_b + W_f + \varepsilon_a = a_s D^{b_s} + a_b D^{b_b} + a_f D^{b_f} + \varepsilon_a \\ W_t = W_r + W_s + W_b + W_f + \varepsilon_t = a_r D^{b_r} + a_s D^{b_s} + a_b D^{b_b} + a_f D^{b_f} + \varepsilon_t \end{cases} \qquad (3\text{-}51)$$

假定 $W = a \cdot D^b$ 误差结构是相乘型的，7 个线性方程的可加性生物量模型系统如下：

$$
\begin{cases}
\ln W_r = \ln(a_r) + b_r \ln D + \varepsilon_r = a_r^* + b_r \ln D + \varepsilon_r \\
\ln W_s = \ln(a_s) + b_s \ln D + \varepsilon_s = a_s^* + b_s \ln D + \varepsilon_s \\
\ln W_b = \ln(a_b) + b_b \ln D + \varepsilon_b = a_b^* + b_b \ln D + \varepsilon_b \\
\ln W_f = \ln(a_f) + b_f \ln D + \varepsilon_f = a_f^* + b_f \ln D + \varepsilon_f \\
\ln W_c = \ln(W_b + W_f) + \varepsilon_c = \ln(a_b D^{b_b} + a_f D^{b_f}) + \varepsilon_c \\
\ln W_a = \ln(W_s + W_b + W_f) + \varepsilon_a = \ln(a_s D^{b_s} + a_b D^{b_b} + a_1 D^{b_f}) + \varepsilon_a \\
\ln W_t = \ln(W_r + W_s + W_b + W_f) + \varepsilon_t = \ln(a_r D^{b_r} + a_s D^{b_s} + a_b D^{b_b} + a_f D^{b_f}) + \varepsilon_t
\end{cases}
\tag{3-52}
$$

二元可加性生物量模型：

对于异速生长方程 $W = a D^b H^c$，假设误差结构为相加型的，含有树高变量的可加性生物量模型系统构造如下：

$$
\begin{cases}
W_r = a_r D^{b_r} H^{c_r} + \varepsilon_r \\
W_s = a_s D^{b_s} H^{c_s} + \varepsilon_s \\
W_b = a_b D^{b_b} H^{c_b} + \varepsilon_b \\
W_f = a_f D^{b_f} H^{c_f} + \varepsilon_f \\
W_c = a_b D^{b_b} H^{c_b} + a_f D^{b_f} H^{c_f} + \varepsilon_c \\
W_a = a_s D^{b_s} H^{c_s} + a_b D^{b_b} H^{c_b} + a_f D^{b_f} H^{c_f} + \varepsilon_a \\
W_t = a_r D^{b_r} H^{c_r} + a_s D^{b_s} H^{c_s} + a_b D^{b_b} H^{c_b} + a_f D^{b_f} H^{c_f} + \varepsilon_t
\end{cases}
\tag{3-53}
$$

假定 $W = a D^b H^c$ 误差结构是相乘型的，7 个线性方程的可加性生物量模型系统如下：

$$
\begin{cases}
\ln W_r = \ln(a_r) + b_r \ln D + c_r \ln H + \varepsilon_r = a_r^* + b_r \ln D + c_r \ln H + \varepsilon_r \\
\ln W_s = \ln(a_s) + b_s \ln D + c_s \ln H + \varepsilon_s = a_s^* + b_s \ln D + c_s \ln H + \varepsilon_s \\
\ln W_b = \ln(a_b) + b_b \ln D + c_b \ln H + \varepsilon_b = a_b^* + b_b \ln D + c_b \ln H + \varepsilon_b \\
\ln W_f = \ln(a_f) + b_f \ln D + c_f \ln H + \varepsilon_f = a_f^* + b_f \ln D + c_f \ln H + \varepsilon_f \\
\ln W_c = \ln(a_b D^{b_b} H^{c_b} + a_f D^{b_f} H^{c_f}) + \varepsilon_c \\
\ln W_a = \ln(a_s D^{b_s} H^{c_s} + a_b D^{b_b} H^{c_b} + a_1 D^{b_f} H^{c_f}) + \varepsilon_a \\
\ln W_t = \ln(a_r D^{b_r} H^{c_r} + a_s D^{b_s} H^{c_r} + a_b D^{b_b} H^{c_b} + a_f D^{b_f} H^{c_f}) + \varepsilon_t
\end{cases}
\tag{3-54}
$$

对于异速生长方程 $W = a(D^2 H)^b$，分别用合并变量 $D^2 H$ 替换式（3-51）式（3-52）的变量 D 来开展含有胸径和树高的可加性生物量模型：

$$
\begin{cases}
W_r = a_r(D^2H)\,b_r + \varepsilon_r \\[4pt]
W_s = a_s(D^2H)\,b_s + \varepsilon_s \\[4pt]
W_b = a_b(D^2H)\,b_b + \varepsilon_b \\[4pt]
W_f = a_f(D^2H)\,b_f + \varepsilon_f \\[4pt]
W_c = a_b(D^2H)\,b_b + a_f(D^2H)\,b_f + \varepsilon_c \\[4pt]
W_a = a_s(D^2H)\,b_s + a_b(D^2H)\,b_b + a_f(D^2H)\,b_f + \varepsilon_a \\[4pt]
W_t = a_r(D^2H)\,b_r + a_s(D^2H)\,b_s + a_b(D^2H)\,b_b + a_f(D^2H)\,b_f + \varepsilon_t
\end{cases}
\tag{3-55}
$$

和

$$
\begin{cases}
\ln W_r = \ln(a_r) + b_r\ln(D^2H) + \varepsilon_r = a_r^{*} + b_r\ln(D^2H) + \varepsilon_r \\[4pt]
\ln W_s = \ln(a_s) + b_s\ln(D^2H) + \varepsilon_s = a_s^{*} + b_s\ln(D^2H) + \varepsilon_s \\[4pt]
\ln W_b = \ln(a_b) + b_b\ln(D^2H) + \varepsilon_b = a_b^{*} + b_b\ln(D^2H) + \varepsilon_b \\[4pt]
\ln W_f = \ln(a_f) + b_f\ln(D^2H) + \varepsilon_f = a_f^{*} + b_f\ln(D^2H) + \varepsilon_f \\[4pt]
\ln W_c = \ln(a_b\,(D^2H)^{b_b} + a_f\,(D^2H)^{b_f}) + \varepsilon_c \\[4pt]
\ln W_a = \ln(a_s\,(D^2H)^{b_s} + a_b\,(D^2H)^{b_b} + a_1\,(D^2H)^{b_f}) + \varepsilon_a \\[4pt]
\ln W_t = \ln(a_r\,(D^2H)^{b_r} + a_s\,(D^2H)^{b_s} + a_b\,(D^2H)^{b_b} + a_f\,(D^2H)^{b_f}) + \varepsilon_t
\end{cases}
\tag{3-56}
$$

其中，W_t，W_a，W_r，W_s，W_b，W_f 和 W_c 分别代表总生物量、地上生物量、地下生物量、树干生物量、树枝生物量、树叶生物量和树冠生物量，其单位为千克（kg）。D 代表胸径，其单位为厘米（cm）。log 为自然对数，a_i，b_i，c_i，a_i^{*}（$\ln(a_i)$）是回归系数，ε_i 是误差项，i 为 r，s，b 和 f，分别代表地下、树干、树枝和树叶。

对于每个异速生长方程都有两种形式的可加性生物量模型系统，选用哪一种模型系统去拟合东北林区各树种生物量是一个关键的决定。如果大兴安岭东部林区各树种总量及各分项生物量模型的误差结构是相加型的，那么非线性可加性生物量模型系统应该被用来拟合生物量数据。如果大兴安岭东部林区各树种总量及各分项生物量模型的误差机构是相乘型的，那么对数转换的可加性生物量模型系统应该被选择。本研究采用 Xiao 等（2011）提出的似然分析法去确定大兴安岭东部林区各树种总量及各分项生物量模型的误差结构。

（4）模型评价与检验

由于生物量数据很难获取，样本较小，不能将整个样本分成建模样本和检验样本进行建模。因此，模型拟合应该用全部数据，而评价么模型预测能力应该用"刀切法"，也被称为预测平方和法（PRESS）。在立木生物量评价和比较时，将确定系数（R^2）、均方根误差（RMSE）、"刀切法"平均误差（MAB）、"刀切法"平均相对误差（MPB）和预测精度（P%）5 个指标作为基本评价指标。具体计算公式：

"刀切法"残差：

$$
e_{i,-i} = (Y_i - \hat{Y}_{i,-i})
\tag{3-57}
$$

"刀切法"平均误差：

$$MAB = \frac{\sum_{i=1}^{N} |e_{i,-i}|}{N} \tag{3-58}$$

"刀切法"平均相对误差：

$$MPB = \frac{\sum_{i=1}^{N} \left(\frac{|e_{i,-i}|}{Y_i} \right) \times 100}{N} \tag{3-59}$$

"刀切法"预测精度：

$$P\% = 1 - \frac{t_\alpha \cdot \sqrt{\frac{e_{i,-i}^2}{N-p}}}{\hat{Y} \cdot \sqrt{N}} \times 100 \tag{3-60}$$

3.2.8.3　主要树种生物量模型拟合结果与检验

（1）大兴安岭东部林区主要树种最优二元生物量模型选择

本研究计算了大兴安岭东部地区 4 个主要树种两种生物量模型 $W = aD^b H^c$ 比 $W = a(D^2 H)$ 的 R^2，$RMSE$ 和 AIC 来比较这两种模型的拟合效果。将生物量模型 $W = a(D^2 H)$ 的 AIC 命名为 AIC_1，将生物量模型 $W = aD^b H^c$ 的 AIC 命名为 AIC_2。根据 R^2，$RMSE$ 计算公式和定义，R^2 值越大表明模型拟合效果越好，$RMSE$ 值越小模型拟合效果越好。根据 AIC 协定规则，如果 $\Delta AICc(AIC_1 - AIC_2) > 2$，则生物量模型 $W = aD^b H^c$ 较好；如果 $|\Delta AICc| \leqslant 2$，则两个生物量模型有着相同的拟合效果；如果 $\Delta AICc < -2$，则生物量模型 $W = a(D^2 H)$ 较好。

表 3-24 给出了大兴安岭东部林区 4 个主要树种总量及各分项生物量两种非线性生物量模型的拟合统计量。结果表明，山杨树干和白桦树干生物量 $W = a(D^2 H)$ 模型获得了略大的 R^2，略小的 $RMSE$ 和 AIC。其余树种总量及各分项生物量都为 $W = aD^b H^c$ 模型获得较大的 R^2，较大的 $RMSE$ 和 AIC。对于本研究 5 个树种的 35 个总量及各分项生物量模型，94% 的生物量模型 $\Delta AICc > 2$，6% 的生物量模型 $|\Delta AICc| \leqslant 2$。总的来说，$W = aD^b H^c$ 更适合拟合生物量，为大兴安岭东部林区 5 个主要树种总量和各分项生物量最优模型。

表 3-24　4 个主要树种总量及各分项生物量两种非线性生物量模型拟合统计量

树种	各分量	$W = a(D^2 H)^b$			$W = aD^b H^c$		
		R^2	$RMSE$	AIC_1	R^2	$RMSE$	AIC_2
云杉	总量	0.982	19.99	471.9	0.994	11.99	418.6
	地上	0.986	13.15	427.5	0.993	9.15	390
	树根	0.927	10.02	398.6	0.957	7.73	372.1
	树干	0.989	9.39	391.7	0.991	8.52	382.5
	树枝	0.873	5.29	330.9	0.917	4.28	309.4
	树叶	0.831	3.48	286.4	0.896	2.72	261.6
	树冠	0.902	7.11	362.2	0.957	4.69	319.2

（续）

树种	各分量	$W = a(D^2H)^b$			$W = aD^bH^c$		
		R^2	RMSE	AIC_1	R^2	RMSE	AIC_2
落叶松	总量	0.979	22.99	1113.6	0.981	21.69	1101.7
	地上	0.983	14.9	1007.6	0.985	13.9	990.9
	树根	0.907	14.25	998.4	0.907	14.23	998.3
	树干	0.979	14.41	999.7	0.98	14.01	992.4
	树枝	0.935	2.99	617.6	0.945	2.75	600.1
	树叶	0.86	0.9	325.3	0.9	0.77	285.6
	树冠	0.941	3.38	647.6	0.957	2.91	611.5
山杨	总量	0.978	20.94	569.7	0.980	19.85	480.9
	地上	0.974	19.62	478.7	0.975	19.07	476.5
	地下	0.958	4.41	317.4	0.965	4.02	308.5
	树干	0.974	15.71	454.7	0.973	15.82	456.4
	树枝	0.925	5.91	349	0.952	4.74	326.2
	树叶	0.915	0.88	143.7	0.95	0.68	115.8
	树冠	0.93	6.5	359.3	0.957	5.05	333.1
白桦	总量	0.992	14.91	811.7	0.994	13.14	787.9
	地上	0.992	11.1	753.9	0.993	10.87	750.7
	地下	0.956	8.6	703.9	0.968	7.39	675.1
	树干	0.99	9.15	716.1	0.99	9.12	716.3
	树枝	0.969	5.24	606.6	0.979	4.32	570.1
	树叶	0.967	0.87	254.1	0.976	0.74	223.1
	树冠	0.972	5.72	624.1	0.982	4.58	581.5

（2）大兴安岭东部林区主要树种生物量模型误差结构分析

利用大兴安岭东部林区 4 个主要树种生物量实测数据，进行一元和二元生物量模型误差结构的确定。本研究分别用假设误差结构为相加型和假设误差结构为相乘型的异速生长方程 $W = aD^b$ 和 $W = aD^bH^c$ 来拟合各树种总量及各分项生物量数据，获取了非线性模型的 $AICc_{norm}$ 和对数转换线性模型的 $AICc_{ln}$。然后，用 $\Delta AICc$（$AICc_{norm} - AICc_{ln}$）来表示这两种模型 $AICc$ 值的不同。表 3-25 给出了各树种 2 个生物量模型似然分析法统计结果。结果表明，仅山杨地下生物量异速生长方程的 $\Delta AICc < -2$，其余各树种生物量模型的 $\Delta AICc$ 都 >0。似然分析法显示绝大多数两个异速生长方程的 LR 模型获得较小的 $AICc$，$\Delta AICc$ 值大于 2。因此，至少对于本数据，可以认为各树种总量和各分项生物量模型的误差结构是相乘型的，对数转换线性回归更适合被用来拟合生物量数据。

表 3-25　东北林区各树种生物量模型误差结构似然分析统计信息（$\Delta AICc$）

树种	模型类型	总生物量	地上生物量	地下生物量	树干生物量	树枝生物量	树叶生物量	树冠生物量
云杉	$W = aD^b$	29.84	46.09	28.76	44	36.3	41.79	26.64
	$W = aD^bH^c$	15.9	26.03	28.89	27.42	44.53	45.09	35.71

（续）

树种	模型类型	总生物量	地上生物量	地下生物量	树干生物量	树枝生物量	树叶生物量	树冠生物量
落叶松	$W=aD^b$	113.08	85.76	141.68	80.99	93.66	13.87	70.14
	$W=aD^bH^c$	122.89	110.19	133.29	123.42	90.96	16.44	73
山杨	$W=aD^b$	26.38	25.91	−24.56	23.22	36.16	20.86	41.83
	$W=aD^bH^c$	23.86	30.95	−17.17	29.93	37.04	18.52	43.35
白桦	$W=aD^b$	108.19	120.54	85.77	110.63	176.54	86.63	176.47
	$W=aD^bH^c$	98.58	108.08	85.77	93.82	179.22	86.13	179.03

（3）大兴安岭东部林区主要树种可加性生物量模型拟合结果与检验

对于本研究来说，各树种总量和各分项生物量模型的误差结构都是相乘型的，基于异速生长方程 $W=aD^b$ 和 $W=aD^bH^c$ 的对数转化的可加性模型系统应该被用来拟合生物量数据。为了清楚地描述，以下将大兴安岭东部林区 4 个树种只含有胸径变量的可加性生物量模型命名为一元可加性生物量模型，将含有胸径和树高的可加性生物量模型命名为二元可加性生物量模型。

表 3-26 给出了大兴安岭东部林区 4 个树种一元、二元可加性生物量模型系统参数估计值和拟合优度。对于一元可加性生物量模型来说，树干生物量模型的斜率参数 b_s^* 最为稳定，树枝生物量模型的斜率参数 b_b^* 最不稳定。在所建立的二元可加性生物量模型中，树干生物量模型的斜率参数 b_s^* 也最为稳定，最不稳定的斜率参数出现在树枝和树叶生物量模型中。而模型参数 c_r^*，c_s^*，c_b^* 和 c_f^* 相对较小，且变异较大。

表 3-26　4 个主要树种对数转换的可加性生物量模型系统参数估计值和拟合优度

树种	各分量	一元可加性生物量模型				二元可加性生物量模型				
		a_i^*	b_i^*	R_a^2	RMSE	a_i^*	b_i^*	c_i^*	R^2	RMSE
云杉	总量	—	—	0.991	0.11	—	—	—	0.992	0.10
	地上	—	—	0.991	0.1	—	—	—	0.994	0.08
	地下	−4.5348	2.7325	0.959	0.23	−4.4414	2.9125	−0.2394	0.957	0.24
	树干	−3.624	2.7284	0.985	0.14	−3.6515	2.1572	0.6269	0.992	0.1
	树枝	−3.7168	2.1926	0.92	0.28	−3.777	2.8199	−0.6586	0.937	0.25
	树叶	−3.5764	1.9801	0.921	0.26	−3.6374	2.6167	−0.6677	0.934	0.24
	树冠	—	—	0.952	0.21	—	—	—	0.966	0.17
落叶松	总量	—	—	0.970	0.18	—	—	—	0.981	0.14
	地上	—	—	0.969	0.18	—	—	—	0.984	0.13
	地下	−4.2973	2.7610	0.906	0.35	−4.7142	2.6598	0.2533	0.906	0.35
	树干	−2.8701	2.5798	0.959	0.21	−4.137	1.8838	1.1768	0.982	0.14
	树枝	−4.9082	2.5139	0.913	0.31	−4.5242	2.69	−0.3208	0.913	0.31
	树叶	−4.2379	1.8784	0.856	0.32	−3.5144	2.1924	−0.5867	0.865	0.31
	树冠	—	—	0.934	0.25	—	—	—	0.934	0.25

（续）

树种	各分量	一元可加性生物量模型				二元可加性生物量模型				
		a_i^*	b_i^*	R_a^2	RMSE	a_i^*	b_i^*	c_i^*	R^2	RMSE
山杨	总量	—	—	0.978	0.14	—	—	—	0.983	0.12
	地上	—	—	0.972	0.16	—	—	—	0.981	0.13
	地下	-3.9690	2.4020	0.934	0.23	-2.8210	2.4595	-0.4421	0.935	0.23
	树干	-2.2319	2.3450	0.967	0.17	-3.6391	1.9797	0.8518	0.982	0.13
	树枝	-6.7768	3.2079	0.936	0.3	-6.2843	3.4203	-0.4056	0.94	0.29
	树叶	-6.4023	2.5459	0.953	0.22	-5.8296	2.6883	-0.3396	0.953	0.22
	树冠	—	—	0.955	0.25	—	—	—	0.958	0.24
白桦	总量	—	—	0.987	0.14	—	—	—	0.991	0.11
	地上	—	—	0.984	0.15	—	—	—	0.991	0.12
	地下	-2.9527	2.2634	0.936	0.29	-3.1235	2.3259	-0.0046	0.938	0.29
	树干	-2.3549	2.4096	0.977	0.18	-3.5897	1.9148	0.9454	0.989	0.12
	树枝	-5.7625	3.0656	0.975	0.23	-5.3152	3.1561	-0.2616	0.977	0.22
	树叶	-5.9711	2.5871	0.959	0.26	-5.8035	2.5915	-0.0674	0.959	0.26
	树冠	—	—	0.981	0.19	—	—	—	0.982	0.19

由表 3-26 可知，所建立的 4 个树种一元可加性生物量模型的 R^2 都大于 0.85，均方根误差 RMSE 都较小。绝大多数树种总量、地上和树干生物量模型拟合效果更好，其 R^2 大于 0.95，RMSE 都小于 0.20，而绝大多数树种地下、树枝、树叶和树冠生物量模型有着相对较小的 R^2，和较大的 RMSE。对于二元可加性生物量模型来说，所有生物量模型的 R^2 都大于 0.86，RMSE 小于 0.35。与一元可加性生物量模型一样，总量、地上和树干生物量模型拟合效果更好，而地下、树枝、树叶和树冠生物量模型有着相对较小的 R^2，和较大的 RMSE。从表 3-26 可以看出，绝大多数总量及各分项二元可加性生物量模型的 R^2 和 RMSE 都优于一元可加性生物量模型。总的来看，对于这 4 个树种，增加树高作为变量能显著提高总量、地上和树干生物量模型的 R^2 和 RMSE。二元可加性生物量模型可以提高绝大多数地下、树枝、树叶和树冠生物量模型的 R^2 和 RMSE，但其提高 R^2 和 RMSE 的幅度较小。

之后，我们用 3 个指标评价 4 个树种对数转换的可加性生物量模型。表 3-27 给出了模型检验统计量。所建立的一元可加性生物量模型中，绝大多数树种总量及各分项生物量模型的平均相对误差 MPB 在 30% 以内，其中总量、地上和树干生物量模型的平均绝对误差百分比较小，地下、树叶、树枝和树冠生物量模型的平均绝对误差百分比较大。

对于二元可加性生物量模型来说，4 个树种总量及各分项生物量模型的平均相对误差 MPB 在 30% 以内，其中总量、地上和树干生物量模型的平均绝对误差百分比较小，地下、树叶、树枝和树冠生物量模型的平均绝对误差百分比较大；所建立的 5 个树种一元、二元可加性生物量模型中，总量、地上和树干生物量模型的预测精度 P% 相对较大，都在 94% 以上，而地下、树枝、树叶和树冠生物量模型的预测精度相对较小，但也都在 88% 以。从表 3-27 可以看出，绝大多数总量及各分项二元可加性生物量模型的评价优于一元可加性生物量模型。这说明添加树高进入生物量模型，不仅能提高模型的拟合效果，而且也能提高模型的预测精度。总的来说，本研究所建立的大兴安岭东部林区4个主要树种总量、地上和树干生物量模型的预估精度较好，树枝、树叶、树冠和树根生物量模型的预估精度较差。所建立的立木生物量模型曲线与各样本点之间具有较好的切合程度，所建立的可加性生物量模型能很好地对各树种生物量进行估计。

表3-27 大兴安岭东部地区4个主要树种对数转换的可加性生物量模型检验结果

树种	各分量	一元可加性生物量模型			二元可加性生物量模型		
		MAB	MPB	P(%)	MAB	MPB	P(%)
云杉	总量	12.44	8.36	96.89	10.43	7.63	97.41
	地上	9.73	8.06	96.69	7.42	7.04	97.59
	地下	5.97	19.11	93.68	6.54	20	93.31
	树干	10.23	11.23	95.35	6.51	8.93	97.13
	树枝	3.15	24.87	91.86	3.31	23.47	91.44
	树叶	2.08	21.96	91.29	2.08	20.38	91.32
	树冠	3.78	17.34	94.07	3.59	15.3	94.16
落叶松	总量	19.01	14.29	93.51	15	11.63	95.40
	地上	13.39	15.02	94.06	9.37	10.36	95.71
	地下	9.97	26.58	88.19	10.16	26.92	88.05
	树干	13.21	17.45	93.25	9.23	11.43	94.9
	树枝	1.86	26.73	91.92	1.93	27.44	91.15
	树叶	0.62	27.1	92.17	0.64	27.62	91.93
	树冠	2.03	21.01	93.42	2.08	21.52	92.7
山杨	总量	18	11.10	96.21	14.81	9.75	96.72
	地上	16.83	13.10	95.74	13.54	10.39	96.3
	地下	3.25	17.34	95.85	3.75	19.49	95.33
	树干	14.99	14.02	95.57	10.92	9.91	96.47
	树枝	3.46	26.02	93.22	3.45	23.54	93.01
	树叶	0.47	17.34	94.32	0.48	17.88	94.19
	树冠	3.58	20.72	93.74	3.6	18.96	93.57
白桦	总量	13.64	10.85	96.50	9.98	9.11	97.73
	地上	13.92	12.23	94.82	8.82	8.94	96.88
	地下	6.15	24.92	93.4	5.81	23.86	93.79
	树干	12.25	14.29	94.48	6.9	9.69	97
	树枝	3.21	19.09	93.82	3.13	18.48	94.15
	树叶	0.56	20.91	95.28	0.56	21.37	95.46
	树冠	3.49	16.01	94.35	3.42	15.96	94.68

3.2.8.4 主要树种各器官含碳率

为了研究不同树种各个器官的含碳率与林木大小之间的关系，将每一个树种的胸径分别按照5～10cm、10～15cm、15～20cm、20～25cm、25cm以上的等级，将其进行分级，然后分别研究各树种每个等级中各个器官含碳率差异的显著性。本部分主要探讨大兴安岭东部林区 4 个主要树种的各个器官含碳率在不同大小的样木中是否存在显著性差异。结果显示，4 个树种各个径级之间，各个器官的含碳率差异均表现为不显著（表 3-28）。

表 3-28　大兴安岭东部林区 4 个树种不同径级各器官含碳率比较

树种	器官	平均含碳率 ± 标准偏差					检验结果	
		5~10 cm	10~15 cm	15~20 cm	20~25 cm	25 cm 以上	F 值	P 值
云杉	树干	0.4386 ±0.0350	0.5377 ±0.0476	0.4827 ±0.0667	0.4266 ±0.0067	0.4836 ±0.0547	1.16	>0.05
	树叶	0.4471 ±0.0186	0.5378 ±0.0751	0.5070 ±0.0615	0.4478 ±0.0110	0.4987 ±0.0417	0.98	>0.05
	树枝	0.4625 ±0.0028	0.5619 ±0.0818	0.5066 ±0.0585	0.4343 ±0.0107	0.5043 ±0.0540	1.29	>0.05
	树根	0.4499 ±0.0110	0.5367 ±0.0688	0.4978 ±0.0647	0.4414 ±0.0102	0.4976 ±0.0447	0.90	>0.05
落叶松	树干	0.4678 ±0.0173	0.4669 ±0.0247	0.4620 ±0.0275	0.4793 ±0.0266	0.4802 ±0.0277	0.99	>0.05
	树叶	0.4806 ±0.0140	0.4812 ±0.0241	0.4784 ±0.0250	0.4854 ±0.0289	0.4814 ±0.0142	0.13	>0.05
	树枝	0.4779 ±0.0183	0.4707 ±0.0252	0.4692 ±0.0295	0.4812 ±0.0287	0.4781 ±0.0274	0.49	>0.05
	树根	0.4649 ±0.0199	0.4592 ±0.0299	0.4642 ±0.0297	0.4808 ±0.0238	0.4796 ±0.0401	1.21	>0.05
山杨	树干	0.4510 ±0.0267	0.4592 ±0.0324	0.4331 ±0.0132	0.4445 ±0.0032		0.50	>0.05
	树叶	0.4710 ±0.0222	0.4620 ±0.0263	0.4373 ±0.0116	0.4561 ±0.0004		1.23	>0.05
	树枝	0.4661 ±0.0323	0.4692 ±0.0326	0.4394 ±0.0002	0.4812 ±0.0287		1.21	>0.05
	树根	0.4545 ±0.0263	0.4586 ±0.0266	0.4399 ±0.0123	0.4285 ±0.0025		0.98	>0.05
白桦	树干	0.4746 ±0.0218	0.4613 ±0.0233	0.4543 ±0.0190			1.59	>0.05
	树叶	0.4847 ±0.0290	0.4838 ±0.0201	0.4804 ±0.0053			0.03	>0.05
	树枝	0.4631 ±0.0190	0.4610 ±0.0262	0.4485 ±0.0054			0.48	>0.05
	树根	0.4518 ±0.0232	0.4531 ±0.0205	0.4482 ±0.0072			0.04	>0.05

3.3　林分经营决策系统及可持续经营技术模式

森林经营和规划至少必须在四个实体层次（或水平）上作决策，即林木、林分、森林和景观，各层次的经营问题规模和范围虽然依次增大，但所做出的决策却是相互联系的（Bettinger，2009），然而，各决策之间并不一定互补。林分是森林按照其本身的特征和森林经营管理的需要，区划成许多内部特征相同并与四周邻近部分有显著区别的小块森林。显然，它是地理上连续的同质乔木地带（Davis et al.，2001），又是森林经营措施实施的最基础单元。林分水平决策的目的是为了确定林分可持续经营模式（即最佳经营活动计划），并安排经营活动使经营者的多个经营目标得到最大限度的满足。因此，林分水平的经营决策是森林经营规划当中最直接有效的技术成分，它涉及为林分制订一个好的经营计划同时可以用于森林层次或景观层次规划问题中备选经营方案的形成，从根本上提高森林的生态、经济和社会效益。

3.3.1 林分多目标经营决策原理

在实际林分经营过程中，往往有许多约束可以影响一项最优经营活动计划的制订。单纯通过林分基础模型重复模拟观察应用于某个林分一组经营活动的结果是不科学的，因为预测系统中包含随机过程，那么对于同样一组经营活动进行多次模拟可能会有不同的结果。因此，模拟并不能保证在既定条件下这些经营活动计划是最优的。优化是在众多的经营活动中进行自动搜索，而最优经营活动计划是在目标方程值最大时的经营活动组合，因此它是森林经营决策制定当中的一个重要研究工具（Bettinger，2009）。显然，要从本质上实现森林可持续经营，必须科学地开展森林经营活动，制定森林可持续经营技术及林分的经营指南。因此，通过林分经营决策系统寻求经营问题的最优解成为了一个合理的起点。林分经营决策系统是组合林分生长与收获模拟和数量优化技术，在林分经营过程中平衡各目标间的矛盾、优化经营措施、制定林分经营模式的有效分析工具。

3.3.1.1 林分生长与收获模拟系统

林分生长与收获模拟系统的核心是生长模型，目前对生长模型和模拟的定义比较认同的是 Bruceetal（1987）在世界林分大会上提出的，即生长模型是指一个或一系列数学函数，用来描述林木生长与林分状态和立地条件的关系；模拟是使用生长模型去估测森林在某种条件下的生长。森林经营决策者所使用的经验模型已经不能够满足现代林业多目标经营、多效益经营及可持续经营的要求。实践证明使用单个模型来模拟森林的多种属性是不现实的，也是不可能的，所以由多个模型组成的林分生长与收获模拟系统应运而生。

林分生长与收获模拟系统通常会被视为是一个函数或计算机程序，该函数通过调用决策变量（经营活动）矩阵进入到模拟系统中来模拟指定林分的生长、枯损及收获，之后将模拟结果反馈到目标函数中，而优化算法的工作是寻找一组决策变量能够使得目标函数的值最大（Miina，1996）。Valsta（1993）对于林分生长模型同样进行了深入的研究。其主要的贡献是研究了在给定效应函数和林分模拟器的情况下，探究如何为其选择最优的算法，但对于如何改进和检验模拟器及如何做出最优决策并没有进行研究。Pretzsch 等（2002）基于 SILVA 模拟系统模拟了欧洲的森林经营管理系统，模拟结果对于建模样本范围内的独立数据具有非常好的预测效果。此外，该模型还可以进行子模型扩展，如天然林更新模拟及木材质量模拟，使得该模型在未来林分模拟中具有非常强的灵活性。Jayaraman 和 Rugmini（2008）为模拟林分的生长而通过计算机模拟系统模拟了最优的林分密度，该模拟系统同样需要输入其他子模型以期形成综合的模拟体系。由此可见，采用模拟技术对森林经营进行最优化模拟已经成为森林经营过程中非常常见的方法，在国外已经有很长的发展历史。为满足当今林业多目标可持续经营的目的，生长与收获模拟系统是必不可少的工具，它能提供预测树木未来生长趋势。因为，最佳经营措施的确定很难用更为复杂的模型来估计，然而，对于经营措施的最优化问题可以用数量优化的方法来计算，同时可以依据经营目标和经营措施进行森林决策方案的制订（Pukkala，2002）。

3.3.1.2 林分多目标经营优化模型

早在 20 世纪 80~90 年代通过经济收益度量法已经大量研究了以木材生产为目标的经济优化模型，在这类优化模型中目标函数通常为森林的木材产量和净现值最大，而约束条件则主要为法正龄级分配、木材产量均衡、采伐量小于生长量以及非负约束等。采用目标规划方法建立了同龄林经营中经济收益、木材产量、期末蓄积最大的优化模型。其中代表性研究有 Haight 和 Monserud（1990）分别以净现值和收获量最大为目标，利用 H&J 算法对同龄林和异龄林的经营措施进行了优化，并对优化结果进行了分析，得出异龄林的择伐作业所收获的永续木材量比以培育商品材为目标的人工林要高得多。Miina（1996）基于长白松林分模拟器以最佳林分密度为目标用确定性和随机性优化方法对间伐过程和轮伐期进行了优化，其中间伐过程用 6 个经营决策变量进行控制。国内外其他学者在这方面也做了类似的研究 Baskent et al.，2008；Palahíet al.，2009）。经济收益度量法是通过使用直接和间接的经济学测算方法度量森林多种经营目标（即森林输出产品）的货币价值。但是，这种方法对于森林的非木质林产品、森林的生态服务功能和社会价值的度量仍然存在很多问题。一些估计方法试图克服一些测算问题，包括旅行成本法、条件价值评估法和特征价格函数（Tyrväinen，1999）。这些方法度量森林的非木材效益所采用的经济方法非常具体，通常是将效益转化成货币价值，但经济度量法仍然不是最好的方法，在某种程度上甚至是不可行的。其原因在于每一个规划经济价值的测算是相当复杂的。由价值评估，特征价格或其他方法而获得某一特定用途货币价值的估算，往往只描述了总价值的一部分（Pukkala，2002），另外，在某一次调查中所获得的结果和关系往往不能适用于另一种规划情况。

多属性效用理论是近年来在森林多目标优化经营中，一种更科学的将多种经营目标（木材产量、碳储量、生物多样性和多种风险等）包括在目标函数中的方法（Pukkala and Kangas，1993；Pukkal，1998，2002；Yousefpour et al.，2009；Jin et al.，2016）。这种方法在某些方面与经济方法相似，它们都是将多种森林经营目标转化成为相同的单位，即称为效用。事实上，通过这种转化经营目标的单位会消失。多元输出产品的原始单位首先会被转化为子效用，这种效用从"0"变化到"1"，而不同输出得到的子效用函数通常会被转化成为一个总效用函数。因此，目标方程被表示为一个具有多属性的效用函数，并把所有经营目标（子目标）的满意值融合起来，得到各规划方案的总效用值，最后比较这些效用值来对规划方案进行排序或优选。这种方法最大的优点是它可以通过多标准决策支持方法进行子效用函数的权重选择，平衡各个经营目标间的矛盾，尊重森林经营者的经营目的。对于约束条件的设置往往是在总效用函数基础上引入惩罚函数，构成用一个增广的目标方程（Pasalodos-Tao，2010）。这种构造的主要思想是把一系列关于林业生产要求和林分生长规律的约束问题引入目标函数中，从而将约束优化问题转化为无约束的优化问题。但惩罚函数中包含有许多惩罚系数，在实际应用时，只有正确设置这些系数才可能获得可行解，而要获得适当的惩罚系数则需要大量的实验为基础。

林分多目标经营优化模型是一个多学科、多技术相互交叉和综合利用的问题，该模型是以约束非线性方案而建立了数式，经营措施是林业生产系统的内在因子是生产函数的一部分，因此可以结合进目标函数。但这类模型往往具有高度的复杂性，其主要表现在可行解数量巨大、空间关系处理困难及模型系统内部结构复杂、不可导、不可微、非凸优化等多个方面（Pukkala，2009）。近几十年，随着数学和计算机科学的发展与结合已开发了不同种类的数学模型帮助我们解决不同林分水平优化问题，早期 White（1988）在他的博士论文中将解决林分优化的数学模型分为四类：边际分析，控制论，比较模拟和动态规划，但指出动态规划（DP）是林分水平应用最广的最优化程序。20 世纪 70～90年代，DP 在森林经营问题中地应用进展巨大，Valsta（1993）指出在解决林分经营优化问题时主要的缺点在于维数问题，也就说当使用多数变量来表达经营问题时 DP 是无效的，而 Hooke 和 Jeeves（H&J）算法（1961）作为一种无约束优化算法，在多维的解空间搜索时不要求导数信息，约束问题往往通过增加一个罚函数来表达，Bazaraa 等（1993）指出在求解目标方程的最大最小值时，该法可以求解多个经营目标的优化问题。因此，H&J 被广泛的应用到林分经营优化问题中（Roise，1986；Pukkala，1998；Cao，2003；Pukkala，2009；Zubizarreta-Gerendiain et al.，2014）。因此，Bettinger（2004）重新对解决林分水平优化问题的方法进行了归类：Hooke 和 Jeeves（H&J）（1961）；启发法和元模型；非线性规划和动态规划。

　　综上所述，林分水平经营决策的实质是在不考虑相邻林分变化的前提下，确定林分多目标经营模式，从而更好实现林分的可持续经营。但现阶段在我国利用模拟—优化技术组合多属性效用函数和惩罚函数解决林分水平多目标经营决策问题的研究还鲜有报道。因此，为提出一个能够实现木材产量、碳储量和生物多样性综合效益最大的林分可持续经营模式，以大兴安岭落叶松天然林长期调查数据及本书 3.2 中建立的生长模型为基础建立林分生长与收获模拟系统，利用该系统模拟不同经营措施对木材产量、碳储量和生物多样性的影响；基于多属性效用函数、惩罚函数和多标准决策支持方法（层次分析法）构建落叶松天然林多目标经营优化模型，采用 Hooke&Jeeves 算法进行优化求解；分析最优经营措施对不同经营目标的影响，营建典型森林类型最优经营模式林，建立多功能优化经营试验示范区，从而有效的开展落叶松天然林的多功能可持续经营。

3.3.2　林分多目标经营决策系统实现

3.3.2.1　林分生长与收获模拟系统的建立

　　利用计算机程序将 3.2 节建立的落叶松—白桦混交林立地指数模型（林分的平均高模型）、林分最大密度线、单木胸径生长模型、树高曲线方程、枯损方程、进阶方程、削度方程、生物量模型、碳储量预测模型和 Shsannon-Wiener 生物多样性指数等进行整合，构成林分生长与收获的模拟系统，用以模拟和预估在不同经营措施（决策变量）下林分的增长、枯损和更新的动态变化。同时，每一周期进行林分密度调整，林分密度测定指标用断面积表示。建立林分模拟关键内容是使用单木模型确定林分水平特征，首先需要形成一个林木记录并要求有树种代码、DBH、高度、断面积和单位面积林木株树，对每一林分加上存活概率函数，然后再确定某种状态（是否存活）所有林木材积并应用适当的单位面积林木株数，最后，汇总各林木记录对每一林分水平特征的贡献得到林分水平的估计。

3.3.2.2　目标函数的建立

采用可加性多属性效用函数是将木材产量、碳储量和生物多样性多个经营目标组织到一个林分多目标经营优化模型中，通过多标准决策方法（层次分析法）确定各子效用的权重，利用惩罚函数设置约束条件。可加性效用函数（multi-additive utility function，MAUF）用数学公式可表示为：

$$\text{Maximize} \quad U_j = \sum_{j=1}^{m} w_i u_{ij} \qquad (3\text{-}62)$$

式（3-62）中，U_j 为第 j 个经营方案（即经营决策变量组合）所产生的总效用函数值；u_{ij} 为各目标（木材产量、碳储量和生物多样性）的子效用函数；w_i 为经营目标 i 的相对重要性，m 是目标个数。

$$u_{ij} = q_{ij}/q_i^{\max} \qquad (3\text{-}63)$$

式（3-63）中，q_{ij} 是第 j 个经营方案下目标变量 i 所产生的值，$q_i^{\max}$ 目标变量 i 可能的最大值，这些值均由林分生长与模拟系统计算得到。

由于多目标优化模型为跨期决策模型，建模时必须考虑两方面问题：一是效用（或现金流）在不同时间发生，需要通过某种方法使不同时间的效用具有可比性，解决的方法为"贴现"；二是决策问题涉及未来，必然存在种种不确定性。由于决策理论认为不确定性可以通过处于统计控制状态的经济世界的概率表述来体现，因此就表现为目标变量（效用或现金流）的某种概率分布。解决了以上两方面问题后，多目标优化问题被模型化为静态的确定性问题。

在林分经营过程中所考虑的目标变量不仅仅包括林产品，还包括现有林分提供的服务，它可以通过某些林分状态变量表示。不同目标所产生的效用在不同时间发生，需通过某种方法才能使不同时间的效用具有可比性。效用折现模型是将一个通用的跨期选择模型，利用基数效用衡量方法进行跨期选择分析，以解决多期决策问题。为了能够使不同时间的效用具有可加性，假设时间偏好折现率为常数，即时间偏好的贴现率是时间一致的。因此，林产品（即离散的目标变量）的时间偏好通过贴现率表示为在不同时间点上产品的效用价值之和，可表示为

$$q_{ij} = \sum_{t=t_1}^{t_2} x_{ijt}/(1 + 0.01r_i)^t \qquad (3\text{-}64)$$

式（3-64）中，t 代表年代，x_{ijt} 表示第 j 个经营方案在 t 年获得的目标 i 的数量，r_i 是目标 i 的贴现率。

同理，林分状态变量如碳储量（即连续的目标变量）的时间偏好可以由公式（3-65）表示，即目标变量是林分状态变量在两个时间点上贴现率的积分。

$$q_{ij} = \int_{t_1}^{t_2} x_{ijt}/(1 + 0.01r_i)^t \mathrm{d}t \qquad (3\text{-}65)$$

因此，林分多目标经营规划的跨期决策问题被模型化为静态的确定性问题，求解变得相对容易，森林经营决策者只需选择能最大化目标方程（例如贴现总效用）的行动序

列（即经营措施的组合）即可。

3.3.2.3　约束条件的设置

惩罚函数法是将约束优化问题中的约束违反度乘以惩罚项加到目标函数中，从而构造出带参数的增广目标函数。这种构造的主要思想是把一系列的约束优化问题转化为无约束的优化问题进行求解。在增广目标函数中，惩罚因子的不断变化，导致最优解也不断变化，最终趋于原问题的最优解。现在惩罚函数法一般具有两种形式：外点惩罚法和内点惩罚法。在优化计算中通常都是采用外部惩罚函数法（即是从不可行域到可行域），本研究也是基于外部惩罚函数法构造一个符合林业生产约束和林分生长规律的增广目标函数。即当林分断面积小于 $8m^2/hm^2$，第一次择伐强度小于 20% 和统一择伐强度小于 45% 的经营活动计划将受到惩罚，并阻止选择该组经营活动。

3.3.2.4　经营决策变量

经营决策变量是指林分通过经营措施（即一系列可控的变量）决定每一时期收获哪些林木，以实现多个目标的可持续。那么优化经营措施实质上是找出最优决策变量值的组合。由于择伐次数不是连续变量，所以本研究首先依据目标函数和第一次择伐强度稳定时的确定择伐次数，经大量试验分析择伐次数的最大值为 4~5 次。然后，固定择伐次数（2~5 次）下优化林分的间伐时间、方式和强度。在实际模拟优化过程中，利用样条修匀来获得不同径阶对应的间伐百分数。其中，间伐方式和强度由 Logistic 方程来描述间伐强度和方式与径阶的关系，具体形式如（3-66）所示：

$$p = \frac{1}{\{1 + a_1 \exp[-a_2(d-a_3)]\}^{\frac{1}{a_1}}} \tag{3-66}$$

式（3-66）中，p 代表间伐强度（%），d 代表径阶（cm），a_1，a_2，a_3 是定义间伐强度和方式的参数，由算法优化得来。

3.3.2.5　Hooke&Jeeves（H&J）优化搜索算法

用 Hooke&Jeeves（H&J）优化搜索算法解决林分水平多目标经营优化问题时，是通过特定的搜索模式，对经营决策变量进行优化搜索，以追求稳定的直径分布状态及目标函数的最大化。但是，由于 H&J 是一种无限制条件的优化算法，当优化问题涉及的变量数超过 10 个，非凸优化问题的增加，会导致结果高度依赖初始解，造成优化结果的不稳定（Haight and Monserud 1990），故本研究重复 20 次产生不同的初始解并利用惩罚函数进行约束条件的设置。

H&J 优化搜索算法主要由两个动作构成：探测移动（Exploratory Search）和模式搜索（PatternSearch），算法的每一次迭代都是交替进行探测移动和模式搜索。

探测移动的目的是探测寻找下降的有利方向，沿坐标轴的两个方向进行。

沿正轴方向探测：

若 $f(y_j + \Delta d_j) > f(y_j)$，正轴方向探测成功，令 $y_{j+1} = y_j + \Delta d_j$；

沿负轴方向探测：

若 $f(y_j - \Delta d_j) > f(y_j)$，负轴方向探测成功，令 $y_{j+1} = y_j - \Delta d_j$；

模式搜索的目的是沿着有利于目标函数的下降方向进行加速搜索：

令　$x_{k+1}=y_{m+1}$，$y_1=x_{k+1}+\alpha(x_{k+1}-x_k)$，用 $k+1$ 替代 k

如果探测移动过程中不能获得有效解（$f(y_{m+1})\leqslant f(x_k)$），则需将其步长减半，即用 $\Delta/2$ 替代 Δ，并重新进行搜索。如果步长小于预设的截止准则（$\Delta\leqslant\varepsilon$），搜索将截止。

3.3.3　多目标可持续经营技术模式

本研究以大兴安岭地区不同林地条件下天然次生林为例，依据多属性效用理论建立林分水平的多目标经营规划模型，并利用 H&J 算法进行求解，提出不同林分条件下林分多目标优化经营决策技术，构建林分优化经营模式，旨在为森林多功能经营决策提供科学的依据。

①林分生长与收获模拟器的建立：用于模拟、推演林分生长，支持任意间伐次数、强度和初植密度等经营措施的输入，推算不同经营措施下最终获得的木材产量和碳储量等目标的效用。基础模型系统采用前文所建立的模型。

②目标方程的构建：考虑林分木材产量、碳储量、生物多样性和林分结构等经营目标，利用多属性效用理论建目标方程，采用层次分析法确定各目标的权重，并设置符合林业生产要求和林分生长规律的约束条件。针对任意设定的林分面积、林分密度及间伐措施，对林分生长与收获模拟器生成的木材产量、碳储量和多样性等指标进行评价和综合，实现优化决策个体的多目标效用评价。

③经营决策变量的确定：本研究的经营决策变量包括初植密度、间伐次数、时间、强度、方式和轮伐期等经营措施。

④优化求解技术：基于 H&J 算法，构建林分经营决策自动寻优系统，针对不同立地条件和不同密度的林分，可自动搜索出最优的经营措施组合，从而确定经营模式。

3.3.3.1　培育对象

大兴安岭地区天然次生林

3.3.3.2　经营目标

多目标森林可经营模式主要体现在 3 个方面：①追求最大化的林分数量和质量生长指标，维持林地生产力，实现生产可持续；②以木材生产为主导的多种服务功能并行，保持环境景观和生态服务功能，维护生态系统的完整性；③发挥森林碳汇功能，应对全球气候变化。

3.3.3.3　设计依据

大兴安岭多目标可持续经营应遵循以下法律、法规及标准：

①《中华人民共和国森林法》；

②《森林抚育规程》GB/T 15781—2015；

③《生态公益林建设技术规程》GB/T 18337.3—2001；

④《森林抚育作业设计规定》；

⑤《森林采伐作业规程》；

⑥《大兴安岭森林抚育技术规程》LY/T 2593—2016。

3.3.3.4　主要经营技术措施

（1）抚育作业原则

①全面均匀作业、采劣留优、采弱留壮、采密留稀、强度合理、保护幼苗幼树、保护珍稀植物、保护野生动物栖息地、保护生物多样性。

②抚育采伐作业要与具体的抚育采伐措施、林木分类（分级）要求相结合，林缘保护或弱度抚育、林分内按设计抚育，避免对森林造成过度干扰。

（2）抚育采伐顺序

抚育采伐林木的顺序按以下确定：

①没有进行林木分类或分级的幼龄林，保留木顺序为：目的树种林木、辅助树种林木。

②实行林木分类的，采伐顺序为：干扰树、（必要时）其他树。保留顺序为目标树、辅助树、其他树。

③实行林木分级的，采伐顺序为：Ⅴ级木、Ⅳ级木、（必要时）Ⅲ级木。保留顺序为Ⅰ级木、Ⅱ级木、Ⅲ级木。

（3）控制指标

采取抚育间伐抚育后的林分应当达到以下要求：

①一次间伐蓄积采伐强度不超过蓄积的20%。

②林分平均胸径不小于伐前林分平均胸径。

③抚育后林分的郁闭度不得低于0.6。

④伐后目的树种和辅助树种的林木株数占林分总株数的比例不减少。

⑤抚育作业时不得造成人为天窗。

⑥抚育后采伐木伐根高、灌丛茬高不超过10cm，合格率达85%以上。

⑦幼中龄林抚育间隔期不低于5年。

（4）其他保护措施

①森林抚育作业时应采取必要措施保护林下目的树种及珍贵树种幼苗、幼树。

②适当保留下木，凡不影响作业或目的树种幼苗、幼树生长的林下灌木不得伐除。保留兴安杜鹃等有观赏价值，以及榛子、蓝莓、五味子等有食用药用价值的植物。

③设置缓冲区：作业区根据现地情况，应留出一定宽度的缓冲带，缓冲区不进行抚育作业。

小型湿地、水库、湖泊周围的缓冲带宽度大于50m；自然保护区、人文保留地、自然风景区、野生动物栖息地、科研试验地等周围缓冲带宽度大于30m；溪流缓冲带宽度8~30m，其中溪流河床宽度大于50m的单侧缓冲带不小于30m，溪流河床宽度20~50m的单侧缓冲带不小于20m，溪流河床宽度10~20m的单侧缓冲带不小于15m，溪流河床宽度小于10m的单侧缓冲带不小于8m；公路两侧5m（其中公路两侧5m缓冲带只进行卫生性清理，可设计在小班内）。

3.3.3.5　经营模式应用案例

（1）林分现状

林分为大兴安岭地区松岭林业局大扬气林场 38 林班 11 小班、18 小班，107 林班 4 小班的天然次生林。主要树种为兴安落叶松和白桦，零星有些山杨分布。2013 年 8 月在各林分中分别设置 1 块标准地，分别以林班号—小班号命名，面积大小为 50m×40m。调查各标准地的坡位、坡向、坡度、海拔、土壤、郁闭度、树种组成等林分因子，并采用全林实测法对标准地林木进行及每木检尺、编号和每木定位，起测胸径为 5cm。记录所研究林分的每株样木的位置，每木调查内容包括树种信息、胸径、树高、枝下高、东西南北冠幅等。38-18DF 与 107-4DF 林分地位指数同为 20，但密度相差较大；38-11DF 林分地位指数为 16。样地信息见表 3-29。该研究区域三个主要树种的木材价格见表 3-30。

表 3-29　大扬气林场天然次生林样地属性表

样地号	年龄	树种组成	平均胸径 （cm）	平均高 （m）	地位指数 （SCI/m）	株数密度 （株/hm²）	断面积 （m²/hm²）	蓄积 （m³/hm²）	海拔 （m）	郁闭度
38-18DF	42	7 落 3 白 + 杨	13.8	13.4	19.24	1240	18.48	138	550	0.7
107-4DF	33	7 落 3 白 + 杨	11.9	12.6	20.63	2225	24.66	174	529	0.8
38-11DF	47	6 落 4 白 - 杨	10.16	11.8	16.02	1960	15.89	98	570	0.7

表 3-30　天然次生林各树种木材价格表

树种	材种价格（元/m³）			
	大径材	中径材	小径材	短小径材
落叶松	1200	900	700	600
白桦	1100	800	600	350
山杨	800	600	500	300

（2）经营模式

通过 Standman 软件系统模拟抚育间伐，使用基础模型系统计算不同经营措施下木材产量、碳储量、树种多样性、大小多样性等指标。

以林分自然生长状态下各林分指标为参照，设定 2 类经营模式，第一类经营目标只考虑木材净现值（Net present value，NPV），在获取最大 NPV 的基础上保证合理的径级结构；第二类经营目标考虑木材净现值，碳储量、树种多样性和大小多样性，经设置不同的目标权重进行优化结果比较，在林分立地条件 SCI 为 20 时，四个目标的权重比例为 4:4:1:1 时优化结果最优。当 SCI 为 16 时，本研究分别列出了木材净现值、碳储量权重、树种多样性和大小多样性权重比例为 4:4:1:1 和 3:5:1:1 的优化结果。

本研究将贴现率定为 2%，间伐次数为 4 次。

（3）作业措施

根据各经营模式（包括对照，即林分自然状态生长），采用 Standman 软件系统进模拟不同立地条件、不同密度的林分在不同经营措施下的生长情况，采用林分生长与收获模拟器计算木材产量、碳储量和多样性等目标并进行评价，基于 H&J 算法构建林分经营决策自动寻优系统，确定最优的经营措施组合。

各经营模式具体作业措施见表 3-31。不同林分各经营模式优化结果见表 3-32。不同经营模式下各林分达到稳定状态时林分各因子见表 3-33。各表中，经营模式 1，2，3，4 分别为对照（即自然生长）；经营目标只考虑木材净现值（NPV）；NPV、碳储量、树种多样性和大小多样性权重比例为 4∶4∶1∶1；NPV、碳储量、树种多样性和大小多样性权重比例为 3∶5∶1∶1。林分稳定状态是指林分的直径结构呈现近似双曲线的反"J"型曲线时的状态。

由表 3-31 可以看出，经营模式 3 和 4 与经营模式 2 相比，由于考虑了碳储量和树种多样性等目标，第一次间伐的时间延迟了 10～15 年，经营周期延长了 5～20 年。经营模式 3 和 4 的优化结果显示，虽然其间伐的时间一致，但间伐强度明显不同。

由表 3-32 可知，与经营模式 1 相比，当同一林分采取经营模式 2，3，4 时，林分直径结构达到稳定状态的时间大大缩短，这不仅减少经营成本，更重要的是提高林分经营质量。

表 3-33 中各因子为不同林分在各经营模式下林分达到稳定结构状态时的起始值。其中木材产量为各林分在其经营期内的总蓄积量。分析可知，由于林分在自然生长状态下未经过抚育间伐，因此在林分达到稳定状态时较其他模式林分中现存的大径阶树木较多，株数密度较小，林分的公顷蓄积、断面积、生物量和碳储量都要高于经过抚育的林分。但综合考虑不同经营模式下多次间伐获取的木材，抚育模式下的林分的木材产量要远高于自然生长的林分。

以 38-18DF 林分为例，林分自然生长及各经营模式下林分各因子随年龄变化趋势图见图 3-6。图 3-7 为各经营模式每次间伐后直径分布情况。本研究林分达到稳定状态的衡量标准是林分具有稳定的直径分布。

表 3-31 不同林分不同经营模式作业措施

林分	经营模式	间伐次数	第一次间伐			第二次间伐			第三次间伐			第四次间伐			第五次间伐		
			时间	蓄积强度（%）	株数强度（%）	时间	蓄积强度（%）	株数强度（%）	时间	蓄积强度（%）	株数强度（%）	时间	蓄积强度（%）	株数强度（%）	时间	蓄积强度（%）	株数强度（%）
38-18DF	1																
	2	4	47	74.8	37.3	62	51.9	28.6	77	46.4	30.5	92	51.7	30.8	107	50.6	30.3
	3	4	62	49.7	17.9	82	29.5	12.0	97	25.8	10.9	112	26.4	11.4	127	21.1	9.8
107-4DF	1																
	2	4	43	89.2	62.3	63	43.0	39.1	78	53.2	43.2	93	59.5	32.5	103	57.7	38.3
	3	4	43	30.8	12.5	58	23.4	7.6	73	12.0	4.1	88	52.5	45.4	108	27.6	18.0
38-11DF	1																
	2	4	57	75.9	40.2	72	47.5	49.9	87	47.0	28.7	102	50.0	28.9	117	49.4	30.3
	3	4	67	44.1	13.8	87	16.1	10.3	102	12.8	5.1	117	50.3	53.2	132	26.7	22.7
	4	4	67	36.2	10.0	87	6.9	2.4	102	15.2	6.3	117	59.0	53.1	132	33.7	26.0

表 3-32　不同林分不同经营模式经营效果

林分	经营目标	经营周期(林分平衡状态)(RMB)	净现值(RMB)	木材产量(m³/hm²)		年净收入(RMB)		碳储量(t)		树种多样性		大小多样性	
				经营周期	林分稳定状态	经营周期	林分稳定状态	经营周期	林分稳定状态	经营周期	林分稳定状态	经营周期	林分稳定状态
38-18DF	1	145(187)											
	2	65(102)	146287	4.2	2.8	2940	1821	28	27	0.703	0.680	0.170	0.171
	3	85(127)	97785	2.6	1.8	2192	1502	48	45	0.697	0.654	0.301	0.310
107-4DF	1	135(168)											
	2	75(108)	158581	4.7	3.0	3128	1838	32	24	0.695	0.662	0.173	0.156
	3	70(103)	116174	3.4	2.1	2754	1798	58	41	0.724	0.695	0.294	0.375
38-11DF	1	193(240)											
	2	70(117)	112015	3.6	2.7	2327	1648	28	26	0.688	0.676	0.161	0.163
	3	85(132)	78496	2.5	1.9	1891	1573	48	37	0.684	0.675	0.289	0.381
	4	85(132)	77810	2.6	2.2	2000	1739	50	34	0.684	0.676	0.285	0.359

表 3-33　不同林分不同经营模式林分稳定状态林分因子表

林分	经营模式	经营周期	林分稳定状态年龄	平均胸径(cm)	平均树高(m)	蓄积量(m³/hm²)	断面积(m²/hm²)	公顷株数(株/hm²)	生物量(t/hm²)	碳储量(t/hm²)	木材产量(m³/hm²)
38-18DF	1	145	187	24	18.9	207	24	530	189	92	207
	2	65	107	10.4	11.8	43	7	815	33	16	322
	3	85	127	13.8	14.1	101	14	932	78	38	319
107-4DF	1	135	168	23.3	18.7	215	25	585	189	92	215
	2	75	108	10	11.5	33	5	677	25	12	389
	3	70	103	14.5	14.5	84	11	699	66	32	329
38-11DF	1	193	240	25.1	19.3	193	22	455	191	93	193
	2	70	117	10.1	11.7	42	7	840	32	16	333
	3	85	132	14.7	14.6	77	10	616	60	29	292
	4	85	132	13.6	14	65	9	623	50	24	286

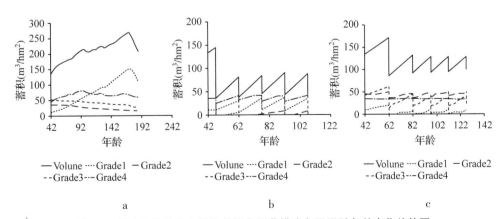

a　　　　　　　　　　　b　　　　　　　　　　　c

图 3-6　38-18DF 林分自然生长及各经营模式各因子随年龄变化趋势图

a. 经营模式 1　b. 经营模式 2　c. 经营模式 3

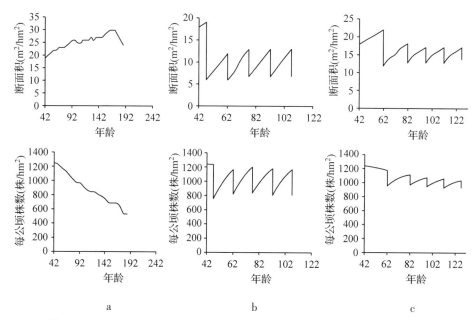

图 3-6　38-18DF 林分自然生长及各经营模式各因子随年龄变化趋势图(续)

a. 经营模式 1　　b. 经营模式 2　　c. 经营模式 3

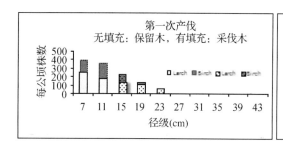 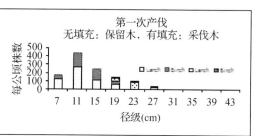

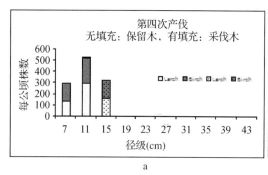 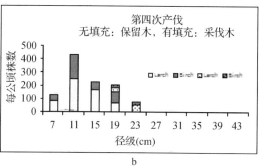

图 3-7　38-18DF 林分各经营模式间伐后直径分布图

a. 模式 2　　b. 模式 3

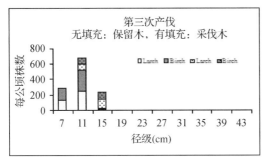
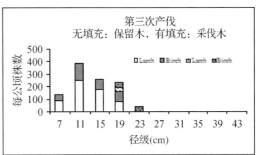

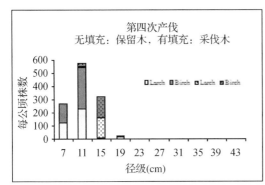
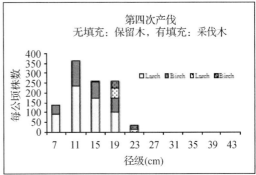

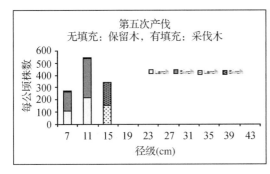
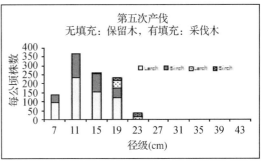

　　　　　　　a　　　　　　　　　　　　　　　　　　b

图 3-7　38-18DF 林分各经营模式间伐后直径分布图（续）

a. 模式 2　b. 模式 3

　　森林具有多种功能效益如木材生产、生物多样性保护、水源涵养及碳汇功能等。黑龙江省大兴安岭过伐林区中大量过伐天然混交林经过不合理的采伐，造成林分结构不稳定，过量的大径木材被伐，蓄积量较低，林分郁闭度较低，林下天然更新情况较差，森林质量和森林生态功能下降。由于过伐林层次结构复杂，对大兴安岭地区过伐林森林功能效益的研究具有一定的难度。本研究以不同目标作为经营目标构建天然次生林的经营模式，试图对今后建立大兴安岭过伐林区森林多功能优化经营试验示范区和实现大兴安岭森林优化经营提供科学依据。

3.4　景观水平多目标优化经营技术

　　景观水平的森林规划问题是多技术相互交叉和综合利用的问题，因此反映这类问题的模型往往具有高度的复杂性。景观水平的森林规划模型综合了林分生长与收获模型、空间数据处理模型、规划求解算法以及其他相关技术，因此其自身的内部组织结构便极为复杂。林分生长与收获模型主要包括林分正常情况和受干扰情况下的生长模拟和预测模型，是进行森林规划研究的基础；空间数据指景观斑块（或林分）、营林措施在空间上的分布与配置，如果将其加入到森林规划模型中，无疑会极大程度减少森林规划模型可行解的数量，同时规划问题的解空间也会呈显著的非线性、非连续性和非凸性等特征，但这类约束通常是实现森林生态效益最大化的保障；约束条件通常包括林分生长规律约束、营林措施空间关系约束、生态条件约束以及其他森林经营政策相方面的约束，这些约束是建立符合林业生产规律的森林经营方案的前提和保障；优化算法是实现森林经营规划目标的主要技术手段。显然，这4个部分各自本身已经是一个相互联系相互制约的复杂系统，然而，景观水平的森林规划模型还需在更高的视角上实现各个部分的有机融合。因此，该模型的研究必须同时具备上述各方面的知识，才能使研究结果具有高度的理论价值和实践应用价值。

3.4.1　森林景观尺度多目标规划模拟

　　森林在抑制全球气候变化中具有重要作用，在《联合国气候变化框架公约》的指导下，全球学者对不同尺度森林碳储量调查（Pan et al，2011）、森林及其林产品碳储量估计（Grote et al，2011）、森林经营对碳储量影响（Powers et al，2011）以及森林碳储量对气候变化的响应（Manusch et al，2014）等方面进行了大量研究。但人们仍需要更多的信息、技术和手段来理解森林在抑制气候变化中的作用。中国作为一个林业大国，截至2013年，森林占陆地面积21.63%，森林蓄积高达1.51×10^{10} m^3，碳储量高达8.43×10^9 t（徐济德，2014）。在2009~2013年间，蓄积生长量估计为2.83×10^8 m^3/a，而收获量仅为8.4×10^7 m^3/a，年均固碳能力达1.15×10^8t，表明我国森林碳汇作用显著（徐济德，2014；Fang et al，2001）。多数研究和森林实践均表明：植树造林和森林经营均可有效吸收化石燃料的CO_2排放，如 Fang et al（2001）研究表明我国自20世纪70年代开始的植树造林活动已经吸收了约0.45Pg C。虽然现阶段关于经营措施对森林碳储量影响的研究逐渐受到重视，但在兼顾森林碳汇功能的同时，如何实现森林的多目标经营仍是当前森林经营管理研究的热点和难点问题。

　　现阶段已有部分学者将碳目标纳入到森林的经营规划研究和实践中，如 Backeus 等（2005）采用 LP 方法建立了区域森林兼顾碳储量与木材生产的规划模型，结果表明碳储量与木材生产净现值呈显著负相关趋势；Hennigar 等（2008）采用 LP 方法建立了加拿大 New Brunswick 地区 30 000ha 林分木材生产与碳储量的长期规划模型；Meng 等（2003）采用 LP 规划软件 CWIZ™ 和木材供应软件 Woodstock™ 研究了加拿大 New Brunswick 北部地区 105000ha 林地 80 年内的木材生产、生境保护以及碳储量的多目标规划问题。我国学者在这方面也有一些有益的研究，如戎建涛等（2012）建立了兼顾碳储量和木材生产的森林经营规划模型，在其研究中以木材生产和碳增量净现值为规划目标，考虑林分生长、木材产量均衡和生长模型等约束，对研究区域进行了 50 年规划期的经营模拟，结果表明：区域内各林型各分期间伐强度介于 1%~15% 之间，择伐强度在 1%~35%；与木材生产经营相比，多目标经营和碳储量经营方案规划期内木材产量净现值减少 2.67% 和 45.43%，但碳储量净现值增加约 29.88% 和 50.42%；同时，碳价格对规划结果有显著影响，规划期内采伐量随碳价格的增加而减少，但碳储量则呈增加趋势。综上分析，目前国内外研究主要集中在木材生产对森林碳储量影响的长期规划方面，但这些研究多是采用传统的精确式算法，且很少涉及复杂的空间收获安排问题。

随着人类对自身生存环境和全球气候的持续变化，森林规划问题也变得越来越复杂，特别是当考虑了森林经营措施的空间约束后。常规的数学优化技术虽已被应用于森林的经营规划中，但当规划模型的决策变量增加时，这类模型的求解速度和能力则显著下降，不能满足当前森林可持续经营的需求。作为一种替代方法，启发式算法在最近 20 年内得到广泛应用。这类算法不仅能够给出每个林分的具体经营措施，同时能够考虑到该措施对周围林分的影响。现阶段常用的启发式算法包括蒙特卡洛整数规划（MCIP；Boston et al，1999）、模拟退火算法（SA；Baskent et al，2002）、禁忌搜索（TS；Bettinger et al，2007）、遗传算法（GA；Lu et al，2000）、门槛接受算法（TA；Bettinger et al，2002）以及其他混合式算法（Li et al，2010）。但启发式算法存在一个明显的不足，即该类算法不能保证规划问题的最优解，但能够在短时间内给出满意解，同时其效率也受规划模型的复杂程度以及算法参数的影响。在众多算法中，已有学者表明模拟退火算法能够获得森林规划问题的满意解，如 Bettinger et al（2002）研究表明 SA 的求解效率与 TA、GD、TS&2-OPT 以及 TS & GA 算法相当，但明显优于 TS 1-OPT、GA 和 MCIP。

为此，本研究以效用函数理论为基础，以模拟退火算法为优化求解技术，以期从景观尺度上建立森林的多目标规划模型。该规划模型以规划周期内的森林碳储量、木材收获和森林经营措施空间分布为目标函数，以邻接约束、均衡收获约束、最小收获年龄约束和收获次数等为约束条件。在优化求解基础上，系统比较、分析和评价不同森林经营方案（或措施）对森林生态系统碳储量的影响，进而建立大兴安岭地区主要林型的最优化经营技术体系，从而为该地区森林的可持续经营提供理论依据和技术支撑。

3.4.1.1　材料与方法

3.4.1.1.1　研究数据

森林经营决策过程受一系列林分特征和结构的综合影响，但现有研究均表明森林龄级分布结构对规划结果的影响尤为显著。因此本研究的模拟数据包括 1 个真实的林分数据和 3 个假设的龄级结构数据。真实林分采用大兴安岭塔河林业局盘古林场的林班数据，该区总经营面积 123903hm²。全区可分为 352 林班，其中①天然落叶松林 106 个林班，总面积 36286hm²；②天然白桦林 50 个林班，总面积 17207hm²；③针叶混交林 125

个林班，总面积 44927hm²；④阔叶混交林 59 个林班，总面积 20522hm²；⑤针阔混交林 4 个林班，总面积 1614hm²；⑥非林地 8 个林班，总面积 2737hm²。假设数据的龄级结构可分为幼龄林结构、中龄林结构和成过熟林结构，这三种结构均在东北地区有一定的代表性。4 种龄级结构的林分除年龄不同外，均具有相同的面积、空间关系以及其他基础属性（如立地、林型等），其龄级分布如图 3-8 所示。

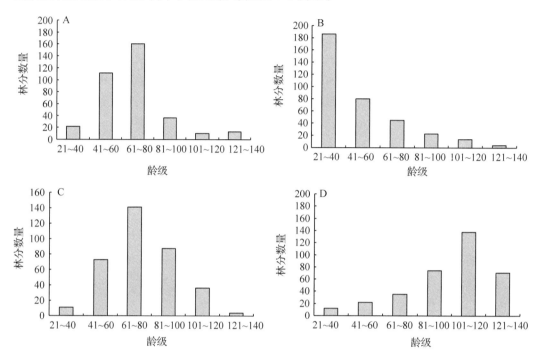

图 3-8　研究区域林龄结构分布

A. 真实　B. 幼龄　C. 中龄　D. 过熟

3.4.1.1.2　森林经营措施

研究区域森林在当地经济发展和生态保护起到重要作用，但由于长期以来的过度采伐和自然干扰，森林资源数量和质量均已发生严重退化。为了有效恢复和保护当地森林资源，黑龙江省政府出台了《大小兴安岭生态功能区建设规划》，该文件明确要求全区应于 2014 年 4 月 1 号全面停止天然林的商业性采伐行为。到目前为止，已有大量研究报道了不同采伐强度对森林生态系统的影响，如于政中等（1996）对吉林汪清林业局金沟岭林场检查法试验表明，该地区森林的最优采伐强度不应超过 20%；成向荣等（2012）比较了不同间伐强度对麻栎人工林碳储量的影响，结果表明 30% 间伐强度要显著优于 15% 和 50% 两种强度；刘琦等（2013）研究表明对阔叶红松林进行 30% 强度的择伐后，森林生态系统碳储量经过约 34 年可恢复到伐前水平。因此，本研究根据前人研究成果以及该文件的相关要求设计了 4 种不同的择伐强度，即轻度择伐（10%）、中度择伐（20%）和重度择伐（30%）以及无采伐（0%），以探讨在满足一定木材生产目标的基础上，增加森林碳汇的可行性。需要指出的是，本研究仅对森林择伐的强度做出了明确约束,因此森林经营主体可根据特定的经营目的选取更为合适的择伐方式,如以木材生产为主的上层择伐、以林分结构调控为主的优化择伐(可参见本书 3.3 节)或以改善林分透光环境的透光伐等,但采伐强度必须按本研究优化输出的强度执行。

3.4.1.1.3　林分生长模拟

森林经营规划过程需要借助相关的林分生长与收获模型预测林分各个阶段的发展状态及其对经营措施的响应。本研究采用本项目所建立的大兴安岭过伐林林分生长与收获预估模型系统来模拟林分的动态生长过程,这些模型均是基于多尺度、多期森林资源连续清查数据,同时采用相关的经验或理论生长模型拟合而来(具体参见本书 3.2 节),该类模型往往具有较高的预测效率和明确地生物学意义。本节研究将上述模型系统进行有效整合,以用于模拟林分的自然生长过程及其对相关森林经营措施的响应,其具体包括平均树高生长模型(HT)、平均直径生长模型(DBH)、立地指数模型(SI)、林分密度指数模型(SDI)、SDI 动态生长模型、林分断面积生长模型(BAS)、林分蓄积生长模型(VOL)、生物量模型(BIO)和碳储量模型(CAR)。一旦对特定林分实施某种强度的择伐作业后,林分年龄、密度、平均树高等会立即发生改变,将变化后的林分属性代回到上述模型系统后,即可实现林分各预测变量对营林措施的动态响应。需要特别指出的是,本研究中林分生长与收获针对不同林型分别进行模拟,因此模拟和规划结果更符合当地森林经营的实际情况。

3.4.1.1.4　森林规划模型

本研究模拟森林经营方案的规划周期为 30 年,分期为 10 年,所建立的规划模型以木材收获、碳储量及森林经营措施空间分布的最大化效用函数值为目标。规划模型涉及木材均衡收获、最小采伐年龄以及最大连续收获面积为约束。目标函数的建立采用效用函数理论,其可用数学公式表示为(Pukkala et al,2003):

$$U = \sum_{i=1}^{I} a_i u_i(q_i) \tag{3-67}$$

式中:U 为效用函数值;I 为规划目标数量;u_i 为子目标的效用函数;q_i 为子目标变量的数量值;a_i 为目标变量 i 的权重;本研究假设所有目标均具有相同的权重,即 $a_i = 0.3333$. 规划模型中的木材收获和碳储量可以通过林分的生长模型预估得到,而经营措施的空间分布采用森林空间指数进行度量(Chen et al,2002):

$$FSV = \sum_{i=1}^{N} NV_i = \sum_{i=1}^{N} \sum_{k=1}^{N} \frac{R_{ik} L_{ik}}{D_{ik}} (i \neq k) \tag{3-68}$$

式中:FSV 为森林经营活动的空间聚集值;N 为林分数量;NV_i 为林分 i 的空间关系值;L_{ik} 和 D_{ik} 分别为林分 i 和 k 之间公共边界的长度和质心距离;R_{ik} 为 0 – 1 型变量;若林分 i 和 k 具有相同的经营措施则 $R_{ik} = 1$,否则 $R_{ik} = 0$。

木材收获子效用函数可表示为两段直线,子效用函数值首先随着木材收获量的增加而增加,当达到一定数值之后,则随着木材收获量的增大而减小;森林碳储量的子效用函数则为单调递增函数,即该效用函数值一直随着碳储量的增加而增加;森林经营活动的空间聚集度同样也为单调递增函数,即该效用函数值随经营活动空间聚集程度的增加而增加。3 个子效用函数的具体形式见图 3-9。

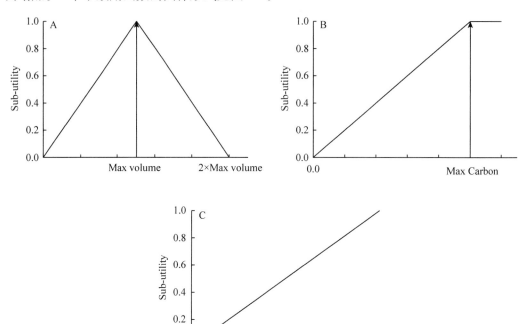

图 3-9　森林经营规划目标的子效用函数形式
A. 木材收获　B. 碳储量　C. 经营措施的空间聚集度

对于该规划模型，本研究设定的约束条件主要包括：①最小采伐年龄约束；②均衡收获蓄积约束；③经营措施的最大空间聚集约束；④经营次数约束。本书规定当林分年龄足够小时，应严格禁止任何形式的采伐活动，以最大限度的保护森林的自然生长，防止人为干扰导致森林生态系统发生退化，其用数学公式表示为：

$$Age_{it} \geqslant Age_{\min} \tag{3-69}$$

式中：Age_{it} 为林分 i 在第 t 规划分期的年龄；$Age_{\min}$ 为林分允许经营活动的最小年龄。

由于森林经营者往往期望能够在不同的经营时期均可获得一定木材收获，从而得到一定的经济效益，以持续保证森林的永续利用和永续经营，因此森林的均衡收获在森林的经营规划中起到重要作用。本研究采用下式约束不同时期的森林收获量：

$$b_l VOL_{t-1} \leqslant VOL_t \leqslant b_u VOL_{t-1} \tag{3-70}$$

式中：VOL_{t-1} 和 VOL_{t+1} 分别为第 $t-1$ 和 $t+1$ 周期的森林木材收获量；b_l 和 b_h 分别为森林蓄积收获量的上下波动范围，本研究假定 $b_l = 0.8$，$b_u = 1.2$。

虽然森林经营措施在一定程度上的聚集有利于森林经营作业，降低经营设备、人员的调动，进而降低森林的经营成本，但大范围的森林连续采伐无疑会破坏森林的景观结构以及生态功能。因此，将森林的经营活动聚集在一定范围内是当前欧美林业发达国家进行森林经营的普遍措施，其用公式可表示为：

$$\sum_{k=1}^{U_n} A_k x_{nk} + A_n \le A_{\max} \quad \forall n \tag{3-71}$$

式中 U_n 为林分 n 的所有邻接单元；k 为林分 n 的一个邻接单元；A_k 和 A_n 分别为林分 k 和 n 的面积；x_{kt} 为林分 k 在分期 t 内采取的经营措施；$A_{\max}$ 是允许的最大连续经营面积。

为了有效遏制森林采伐对森林生态系统的过度干扰，本研究规定在整个规划期内无论每个林分采取何种经营措施，均只允许采伐 1 次，即奇异点约束，可表示为：

$$\sum_{t=1}^{T} x_{nt} \le 1 \quad \forall n \tag{3-72}$$

式中：T 为规划分期数量；t 为一个分期；x_{nt} 为林分 n 在第 t 个分期所采取的经营措施。

3.4.1.1.5　模拟退火算法

用模拟退火算法解决森林的经营决策问题时，可以把每个林分看作一个分子，而所有林分不同经营措施的组合则进一步看作物质的能量状态。森林通常有数以百计的林分组成，因此其目标函数值就相当于热力学中的能量值。通常，森林可持续经营会追求目标函数的最大化(或最小化)，如木材收益、碳储量、经济收益等，同时为了保持林业的可持续生产也往往会要求均衡的木材收获(即各分期收获蓄积严格均等或在一定范围内波动)，这一方面有利于森林经营者在不同时期获得稳定的经济效益，同时也有利于充分利用森林经营和收获的作业设备。模拟退火算法的基本原理是对不同林分经营方式的最优化组合，其通过不断调整每个林分的经营措施以产生新的经营方案，进而比较新方案与旧方案目标函数值的差异。如果目标函数值提高，则无条件接受新解；如果目标函数值下降，则按 Metrololis 接受恶化解：

$$p = e^{(-(U_{\mathrm{new}} - U_{\mathrm{old}})\,/\,Temperature)} \tag{3-73}$$

式中：$Temperature$ 为模拟退火算法的当前温度，U_{new} 和 U_{old} 为搜索过程中当前目标函数值和当前最大目标函数值。算法依据用户设定的相关参数持续重复此过程，直至收敛为止。此时，算法获得的森林经营方案即为该规划问题的最优方案(Bettinger et al，2002；Baskent et al，2002)。

模拟退火算法的参数主要包括初始温度 $T_{\max}$、冷却温度 $T_{\min}$、相同温度下重复次数 T_t 和冷却速率 T_r。显然，随着算法运行时间的延长，温度会逐渐下降，接受新解的可能性也越低。因此，参数的取值会对算法的优化结果产生显著影响。为此，本研究采用试错法评估了一系列参数组合，最终选用如下参数来获得最优的森林经营方案：$T_{\max} = 1$，$T_{\min} = 0.000001$，$T_r = 0.95$，$T_t = 20$。由于模拟退火算法中新解的产生以及接受准则均采用随机策略，因此本研究将每个森林规划问题重复运行 20 次，以获得的最终目标函数值为基础，以期统计变量为评价指标评价不同龄级结构对森林木材收获和碳储量的影响。

3.4.1.1.6　结果评估

启发式算法并不能保证获得规划问题的最优解，也不能保证获得的目标解即为满意解，因此采用重复模拟已成为当前的普遍做法。本研究将各森林规划问题重复运行 20 次，并以其统计值作为评价标准。如果每次优化模拟均以随机初始解为起点，则其优化结果可看做从总体中的一次抽样过程（Bettinger et al，2007），因此可认为这些模拟过程彼此之间满足相互独立的要求，从而可采用相关的统计分析技术（如 T 检验、ANOVA 分析等）。因此，本研究采用 T-检验评价不同林龄结构对森林规划结果的影响，所有显著性检验水平均设为 $\alpha = 0.05$。

3.4.1.2 结果与分析

规划结果验证本文的假设，即林龄结构不仅影响森林规划问题的目标函数值，同时还显著影响算法的优化时间（表 3-34）。成过熟林获得了最大的平均目标函数值（0.6594）和单个目标函数值（0.6623），同时该林分目标函数值的标准差也明显小于其他林分。T-检验结果表明各林龄结构所获得目标函数值间存在显著差异。对于平均优化时间，成过熟林获得满意解的时间最短（2.4483 min），同时其标准差也最小（0.7038 min）。但幼龄林的优化时间则显著增加，平均高达 37min，其标准差达到 15min，这可能是因为幼龄林中多数林分处于不可采伐状态，因此算法需要更多的时间去探索整个解空间以满足木材蓄积收获目标。同时，较大的标准差也说明初始解的质量可能对算法的搜索过程有显著影响，因为该林分也存在优化时间为 4.6667min 的模拟。此外，模拟退火算法的降温方式也可能对规划结果产生影响，本研究要求相同温度下必须产生 20 次满意解，才允许其执行降温过程，而其他部分研究则采用限制非可行解数量的策略来执行降温过程，显然这也是本研究中幼龄林优化时间明显长于其他研究的关键原因。

表 3-34   各林分目标函数值及其运行时间的统计特征

林分	目标函数值				优化时间	
	最小值	最大值	平均值	标准差	平均值（min）	标准差（min）
真实林分	0.6146	0.6253	0.6209	0.0027	4.6417	1.6804
幼龄林[①]	0.5661	0.5927	0.5809	0.0078	37.0208	16.2809
中龄林[②]	0.6329	0.6468	0.6392	0.0025	2.9792	0.9740
成过熟林[③]	0.6572	0.6623	0.6594	0.0013	2.4483	0.7038

注：①为幼龄林占主导的林分；②为中龄林占主导的林分；③为成过熟林占主导的林分

对各龄级结构的森林而言，规划结果均能满足预定的蓄积收获目标，同时成过熟林的收获蓄积显著大于中龄林林分和幼龄林林分（图 3-10A）。各龄级结构森林在 3 个规划分期的收获蓄积也基本满足均衡收获的目标（图 3-10B）。森林经营措施的空间分布聚集程度（即 FSV）均相对较小，仅占潜在最大 FSV 值（即假设所有林分在同一规划分期内被安排相同的采伐强度，此时该值为 180）的 10% 左右（图 3-10C）。本研究对不同龄级结构的森林设置了相同的收获水平，因此规划期末的碳储量随着林分平均年龄的增加而增加（图 3-10D）。因此，在本研究中龄级结构对森林碳储量有显著的影响。

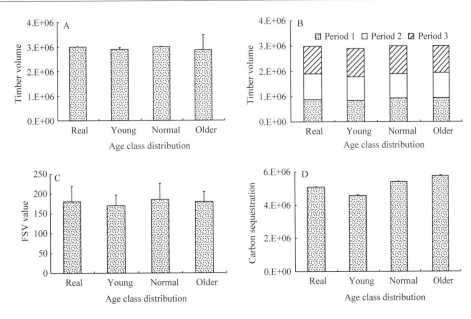

图 3-10 规划期末蓄积收获量(A)、蓄积分布(B)、空间聚集度(C)以及碳储量(D)

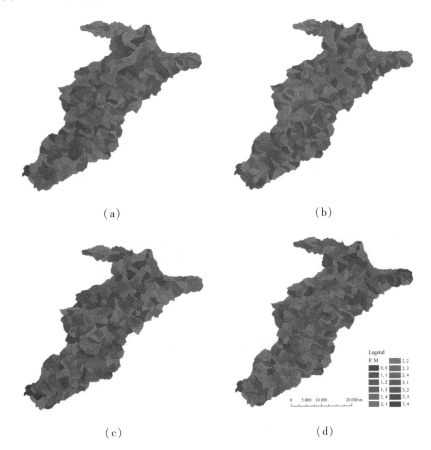

（a）真实 （b）幼龄 （c）中龄 （d）过熟

图 3-11 经营措施空间分布

（a）真实 （b）幼龄 （c）中龄 （d）过熟，其中 P 表示规划分期，M 表示采伐方式

图 3-12 给出了不同龄级结构的森林在规划期初和期末碳密度的相对变化趋势，可以看出研究区域整体森林碳密度整体随林分平均年龄的增加而减小，这是因为中幼龄林与过熟林相比具有更高的碳汇速率。各龄级结构森林碳密度的相对变化依次为 4.48 ± 9.61t/hm², 8.73 ± 10.85t/hm², 2.99 ± 9.19t/hm² 和 1.03 ± 9.77t/hm²，表明合适的森林经营能够实现规划期内木材收获与碳储量的动态协调关系。各森林中碳储量增加的林分数量也受林分龄级结构的影响，其中幼龄林约有 80% 的林分碳密度增加，而中龄林的这一数值减少到 65%，过熟林则仅为 55%。

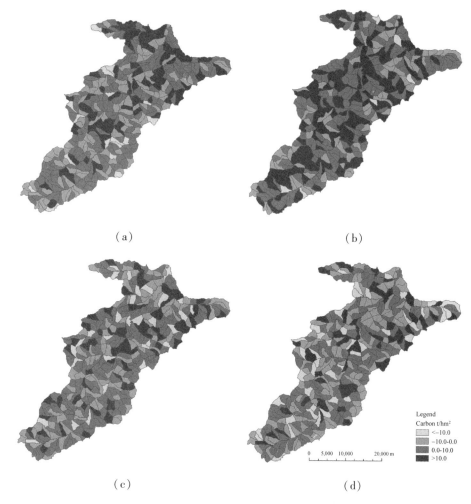

(a)   (b)

(c)   (d)

Legend
Carbon t/hm²
☐ <−10.0
☐ −10.0-0.0
☐ 0.0-10.0
■ >10.0

0 5,000 10,000   20,000 m

图 3-12　各林型规划期内碳密度的空间变化
(a)真实　(b)幼龄　(c)中龄　(d)过熟

3.4.1.3　结论与讨论

本研究目标是建立一个能够用于预测未来森林木材生产和碳储量的规划模型。该规划模型以特定木材收获约束下的森林碳储量最大化为目标，同时要求森林经营措施满足一定的空间分布规则。规划模型的约束条件则应满足收获蓄积均衡、最大连续收获面积以及最小收获年龄约束。规划目标采用效用函数理论将 3 个不同量纲的子目标集成为一个综合指数。研究采用模拟退火算法获得 30 年规划期内最优的森林经营方案。虽然其他启发式算法也可用于该类规划问题（Boston et al，1999；Bettinger et al，2002），但考虑到算法的实施难度，SA 无疑最容易应用于森林经营实践。同时，相关研究结果也验证了 SA 算法的高效性能（Bettinger et al，2002）。该研究同时还检验了 3 种不同龄级结构对森林木材收获和碳储量的影响。

　　理论上，本研究所建立的规划模型可应用于该地区的森林实践，这主要因为：①本研究规划期末的森林碳密度（43.26 t/hm²）与现阶段研真实的森林碳密度水平基本一致（45.06 t/hm²；Li et al，2011），同时考虑到林木产品中同样也储存了大量的碳，说明该规划模型实现了森林碳储量增加的目标。但该规划模型也存在一些不足，如 1）并不是所有的森林和林产品碳储量均包含在该规划模型中，如占全球森林碳储量 50%~85% 土壤碳储量（Lal，2005）。虽然土壤碳储量在全球碳循环中具有重要作用，但现阶段将森林碳储量加入到规划模型中还不可行。②森林规划模型中的约束条件均是基于相关的森林经营法律法规以及森林经营实践提出的，但还有一些其他的要求（如河流附近应限制采伐等）可能会限制该模型的具体应用。③子效用函数的具体形式对森林规划结果及算法的搜索过程有严重影响（Pukkala et al，2003），但在本研究中只将其假设为简单的线性函数，这可能与真实的森林经营情况不符。

　　气候变化会引起森林生长速率和生态服务功能的不确定性，因此将气候变化因素加入到森林规划模型中已成为森林经营者迫切关心的问题之一。为了实现这一目标，可将林分过程生长模型或气候敏感的经验模型融合到森林的规划模型中。同时，因气候变化导致的森林火灾、病虫害等不可预测事件加入到规划模型中对森林可持续经营也具有重要意义。对于多目标的森林经营理论，明确不同目标的经营权重或确定主导森林生态功能是森林经营中的关键，但本研究仅考虑 1 种情况，即各目标的经营权重相同时最优的森林经营方案。显然，当经营目标的权重不同时，所获得的森林经营方案和算法的搜索过程也可能不同。

　　模拟退火算法同其他启发式算法一样，也是一种随机化的搜索过程，同时还需要用户设定具体的参数值，因此 1 次模拟并不能有效地评价规划结果的质量和稳定性。为了确保规划结果的可靠性，本研究首先采用试错法测试了一系列的参数组合情况，确定了最优的参数值；其次，每个规划问题重复运行 20 次，统计结果表明效用函数值得变异系数仅为 0.20%~1.34%，说明了该规划模型的稳定性。但不可忽略的是，任何启发式算法均存在不足，其中最明显的就是这类算法并不能确保获得相应规划问题的最优解，即仅能提供一系列的满意解（Bettinger et al，2002）。因此，基于启发式算法的规划结果必须对其进行效率评价，目前常用是将其与"宽松"的线性规划（即忽略空间约束）问题进行比较。但由于该规划模型不仅涉及木材收获，还有碳储量及经营措施的空间分布，本研究采用了一种自评价过程来验证该算法的性能（Bettinger et al，2007）。

3.4.2　森林景观尺度多目标规划模拟案例

　　根据 3.4.1 章节所述，本研究采用效用函数理论系统分析了林龄结构因素对森林碳储量的影响，但该部分研究是基于盘古林场的林班数据展开的。为此，本节则进一步采用盘古林场的 6421 个小班数据说明森林多目标规划模型的具体应用。规划问题的周期为 30 年，分为 3 个 10 年的规划分期，设定的规划分期内木材收获量为 $3.0 \times 10^6 \mathrm{m}^3$，规划期末林分剩余碳储量目标为 $6.0 \times 10^6 \mathrm{t}$，森林经营措施空间分布的度量值 FSV 为 10000，据此可计算出 3 个子目标效用函数的拐点值。在整个规划期内，林分的最小收获年龄假定为 40 年。模拟退火算法的基本参数设置为：初始温度 = 0.01、冷却温度 = 0.00001、冷却速率 = 0.99、每温度下重复次数为 50 次，该参数集对应的优化次数为 34400 次。因本文所建立的该规划模型的运行效率较低，算法的整个搜索过程约耗时 78 h(约 3.25 天)，最大目标函数值约在 18390 次迭代时获得，此时的目标函数值为 0.5869，获得的总木材收获量为 $2.64 \times 10^6 \mathrm{m}^3$，规划期末碳储量为 $5.10 \times 10^6 \mathrm{t}$，而森林经营措施的空间分布值为 3100。3 个分期的木材收获两分别为 $8.63 \times 10^6 \mathrm{m}^3$、$9.05 \times 10^6 \mathrm{m}^3$、$8.71 \times 10^6 \mathrm{m}^3$，满足均衡约束的要求。

　　算法的迭代过程如图 3-13 所示，在早期阶段目标函数值以较快的速率递增；而当迭代次数处于 5191 次到 18390 次时，目标函数值则呈加到的波动状递增趋势；之后目标函数值逐渐趋于下降趋势，在 25000 次左右达到稳定状态，但此时的目标函数值(约为 0.5840)远低于算法所获得的最大目标函数值。由于该模拟程序的求解效率较低，单次迭代过程耗时约 78 h，因此本文所允许的最大迭代次数明显较少于同类研究，如果继续增大算法的迭代次数，目标函数值仍有继续增加的可能。

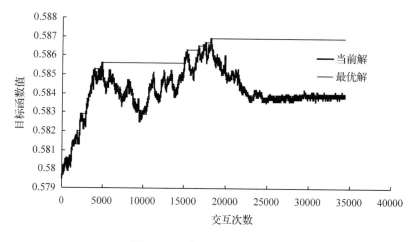

图 3-13　目标函数值变化过程

　　本次模拟获得的最终森林经营方案如图 3-14 所示，可见该森林经营方案满足相关空间约束的要求。在该方案中，整个规划期内进行采伐作业的林分数量为 4691 个林分，其中各规划分期的采伐数量为 1555 个、1564 个和 1574 个，采用不同采伐方式的林分数量为 1484 个、1622 个和 1587 个，可见不同分期与作业方式的数量在各分期基本均等。如果严格按照该方案对研究区域林分进行作业后，规划期末林分的平均碳密度为 40.98 $\mathrm{t/hm}^2$，较规划期初增加了约 15.60%。本研究将所有林分碳密度(CD)的变化划分为 6 个区间：CD $\leqslant -10.00\ \mathrm{t/hm}^2$、$-10.00 < \mathrm{CD} \leqslant -5.00\mathrm{t/hm}^2$、$-5.00 < \mathrm{CD} \leqslant 0.00\mathrm{t/hm}^2$、

$0.00 < CD \leqslant 5.00 t/hm^2$、$5.00 < CD \leqslant 10.00 t/hm^2$ 以及 $CD > 10.00\ t/hm^2$，其对应的林分数量分别为 397、514、898、1143、1319 和 1869 个，可见研究区域规划期末碳密度增加的林分占总林分数量的 70.57% 左右。

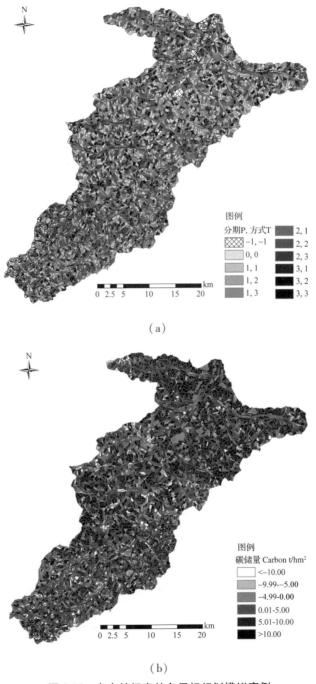

（a）

（b）

图 3-14　盘古林场森林多目标规划模拟案例

（a）森林经营方案；（b）碳密度相对变化

参考文献

成向荣，虞木奎，葛乐，等. 2012. 不同间伐强度下麻栎人工林碳密度及其空间分布. 应用生态学报，23（5）：1175 - 1180

刘琦，蔡慧颖，金光泽. 2013. 择伐对阔叶红松林碳密度和净初级生产力的影响. 应用生态学报，24（10）：2709 - 2716

戎建涛，雷相东，张会儒，等. 2012. 兼顾碳贮量和木材生产目标的森林经营规划研究. 西北林学院学报，27（2）：155 - 162

徐济德. 2014. 我国第八次森林资源清查结果及分析. 林业经济，（3）：6 - 8

于政中，亢新刚，李法胜，等. 1996. 检查法第一经理期研究. 林业科学，32（1）：24 - 34

Backéus S；Wikström P；Lämås T. 2005. A model for regional analysis of carbon sequestration and timber production. For. Ecol. Manag, 216, 28 - 40

Baskent E Z, Sedat K, Yolasigmaz H A. 2008. Comparing multipurpose forest management with timber management, incorporating timber, carbon and oxygen value：a case study. Scandinavian Journal of Forest Research, 23（2）：105 - 120

Baskent EZ；Jordan GA. 2002. Forest landscape management modeling using simulated annealing. For. Ecol. Manag. 165, 29 - 45

Bazaraa MS, Sherali HD, Shetty CM. 1993. Nonlinear programming：Theory and algorithms. Second edition. John Wiley & Sons, Inc. , Hoboken, 639 p

Bettinger P, Boston K, Siry J P, et al. 2009. Forest Management and Planning. Academic Press

Bettinger P；Boston, K；Kim, Y. H, et al. 2007. Landscape-level optimization using tabu search and stand density-related forest management prescriptions. Eur. J. Oper. Res. 176, 1265 - 1282

Bettinger P；Graetz D；Boston K, et al. 2002. Eight heuristic planning techniques applied to three increasingly difficult wildlife planning problems. Silva Fenn. 36（2）：561 - 584

Boston K；Bettinger P. 1999. An analysis of Monte-Carlo integer programming, simulated annealing, and tabu search heuristics for solving spatial harvest scheduling problems. For. Sci, 45, 292 - 301

Bourque CPA；Neilson ET；Gruenwald C. et al. 2007. Optimizing carbon sequestration in commercial forests by integrating carbon managementobjectives in wood supply modeling. Mitig. Adapt. Strat. Glob. Chang, 12：1253 - 1275

Cao T. 2003. Optimal harvesting for even-aged Norway spruce stands using an individual-tree growth model. The Finnish Forest Research Institute. Research Papers, 897：44 p

Chen Y T, Zheng C, Chang C T. 2011. Efficiently mapping an appropriate thinning schedule for optimum carbon sequestration：An application of multi-segment goal programming. Forest Ecology and Management, 262（7）：1168 - 1173

Davis L S, Johnson K N, Bettinger P S, et al. 2001. Forest management to sustain ecological, economic, and social values. Estudio Fao Montes

Fang J Y, Chen A P, Peng C H, et al. 2001. Changes in forest biomass carbon storage in China between 1949 and 1998. Science, 2320 - 2322

GroteR；Kiese R；Grünwald T, et al. 2011. Modelling forest carbon balances considering tree morality and removal. Agric. For. Meteorol, 151（2）, 179 - 190

Haight RG, Monserud RA. 1990. Optimising any-aged management of mixed-species stands: II. Effects of decision criteria. Forest Science, 36(36): 125 – 144

Hennigar, C. R; MacLean, D. A; Amos-Binks, L. J. 2008. A novel approach to optimize management strategies for carbon stored in both forest and wood products. For. Ecol. Manag, 256, 786 – 797

Hooke R, Jeeves T A. 1961. "Direct search" solution of numerical and statistical problems. Journal of Association for Computing Machinery, 8(2): 212 – 229

Jadidi O, Zolfaghari S; Cavalieri S. 2014. A new normalized goal programming model for multi-objective problems: A case of supplier selection and order allocation. Int. J. Prod. Econ, 148, 158 – 165

Jayaraman K, Rugmini R. 2008. Optimizing management of even-aged teak stands using growth simulation model: a case study in kerala. Journal of Tropical Forest Science, 20(1): 19 – 28

JinX, Pukkala T, Li F. 2016. A management planning system for even-aged and uneven-aged forests in northeast China, Journal of Forestry Research, (DOI: 10. 1007/s11676-016-0216-3, online)

Lal R. 2005. Forest soils and carbon sequestration. For. Ecol. Manag, 220, 242 – 258

Li HQ; Lei YC; Zeng WS. 2011. Forest carbon storage in China estimated using forestry inventory data. Sci. Silv. Sin, 47(7), 7 – 12

Lu FD; Eriksson LO. 2000. Formation of harvest units with genetic algorithms. For. Ecol. Manag, 130, 57 – 67

ManuschC; Bugmann H; Wolf A. 2014. The impact of climate change and its uncertainty on carbon storage in Switzerland. Reg. Environ. Chang, 14(4), 1437 – 1450

Meng FR; Bourque, CPA; Oldford, S. P, et al. 2003. Combining carbon sequestration objectives with timber management planning. Mitig. Adapt. Strat. Glob. Chang, 8: 371 – 403

Metropolis N; Rosenbluth AW; Rosenbluth, M. N, et al. 1953. Equation of state calculations by fast computing machines. J. Chem. Physics , 21, 1087 – 1092

Miina J. 1996. Optimising thinning and rotation in a stand of Pinus sylvestris on a drained peatland site. Scandinavian Journal of Forest Research, 11 (1): 182 – 192

Mitchell B R, Bare B B. 1981. A separable goal programming approach to optimizing multivariate sampling designs for forest inventory. Forest Science, 27(1): 147 – 162

Pan Y. D; Birdsey RA; Fang JY, et al. How much carbon is sequestered during the restoration of tropical forest?

Pasalodos-Tato M. 2010. Optimising forest stand management in Galicia, north-western Spain. Tato

Powers M; Kolka R; Palik B, et al. 2011. Long-term management impacts on carbon storage in Lake States forests. For. Ecol. Manag, 262, 424 – 431

Pretzsch H, Biber P, Ďurský J. 2002. The single tree-based stand simulator SILVA: construction, application and evaluation. Forest Ecology and Management, 162(1): 3 – 21

Pukkala T, Kangas J. 1993. A heuristic optimisation method for forest planning and decision-making. Scandinavin Journal of Forest Research, 8(1): 560 – 570

Pukkala T. 2002. Multi-objective forest planning. Managing ForestEcosystems, Vol. 6. Kluwer Academic Publishers, Dorhrecht, The Netherlands, 207 p

Pukkala T. 1998. Multiple risks in multi-objective forest planning: integration and importance. Forest Ecology and Management, 111(111): 265 – 284

Pukkala T. 2009. Population-based methods in the optimization of stand management. Silva Fennica, 43(2):

261 - 274

Pukkala T; Ketonen T; Pykäläinen J. 2003. Predicting timber harvests from private forest-a utility maximization approach. For. Policy Econ, 5, 285 - 296

Roise J P. 1986. A Nonlinear Programming Approach to Stand Optimization. Forest Science, 32(32): 735 - 748

Tyrväinen L. 1999. Monetary valuation of urban forest amenities in Finland. Finnish Forest Research Institute, Research Papers, 739. 55 p

Valsta L. 1993. Stand management optimization based on growth simulators. Finnish Forest Research Institute, Research Papers, 453. 51 p

Yousefpour R, Hanewinkel M. 2009. Modeling of forest conversion planning with an adaptive simulation-optimization approach and simultaneous consideration of the values of timber, carbon and biodiversity. Ecological Economics, 68(6): 1711 - 1722

Zubizarreta-Gerendiain A, Pukkala T, Kellomäki S, et al. 2014. Effects of climate change on optimised stand management in the boreal forests of central Finland. European Journal of Forest Research, 134 (2): 273 - 280.

第4章

黑龙江大兴安岭低质低效林改培技术

低质低效林是指受人为因素的直接作用或诱导自然因素的影响，林分结构和稳定性失调，林木生长发育衰竭，系统功能退化或丧失，导致森林生态功能、林产品产量或生物量显著低于同类立地条件下相同林分平均水平的林分总称。低质低效林改培是指为改善林分结构，开发林地生产潜力，提高林分质量和效益水平，对低质低效林采取的结构调整、树种更替、补植补播、封山育林、林分抚育、嫁接复壮等营林措施。对低质低效林进行改培，具有以下重要意义：①有利稳定森林结构，提高森林质量。通过对低质低效林进行改培，可以改善林木生长状况，调整树种结构和龄组结构等，为本土优势群种创造健康有利的生长环境，使森林尽快转变为能生产优质林木过渡，形成优良的生态林分，优化林分结构，提高林地生产力和抗御灾害的能力，增加物种多样性，使林分结构逐步趋向合理，使其涵养水源、保持水土和净化空气等生态系统功能更加完善，促进人与自然和谐发展，推动林业经济社会可持续发展。②增加森林资源总量，提升森林多种效益。对低质低效林进行改培，加快森林资源培育和林业产业发展步伐，培育优质森林资源，利用科技手段，通过科学规划、稳步实施，目标培育，努力挖掘林地资源的生产潜力，为林木生长创造有利环境，最大限度发挥林地单位面积产量和效益，既可以实现定向培育、集约经营，又可以缩短森林培育周期，缓解可采资源危机的矛盾，也可减轻天然林生存压力，对推进林业建设，提质增效、转型升级、科学发展，逐步达到改善山区林业"大资源、小产业、低效益"的现状，发挥林业的生态、经济、社会等效益具有重要作用。③促进林业全面发展，引导林农增收致富。低质低效林改培既是加快林业发展的重要举措，通过现代林业建设，不断促进林业全面、系统地发展，提高林地产出率、改善生态环境，构建山川秀美的生态林业；也是加快农民增收步伐，繁荣农村经济，推进社会主义新农村建设的惠民工程。对山区农民来说，困难在山，希望在山，潜力在林，出路在林，开展低质低效林改培，激发农民发展林业生产经营的积极性和主动性，有利于促进森林资源的有效保护和高效利用，促进林业产业发展，而且对于调整农村经济结构，促进农民持续增收具有十分重要的意义。

4.1　研究区域及低质低效林类型

4.1.1　研究区域概况

　　研究区位于加格达奇林业局翠峰林场和跃进林场，大兴安岭山脉的东南坡，属于低山丘陵地带。土壤以暗棕壤为主，土壤厚度 15~30cm；坡度多在 15°以下；无霜期为 85~130d；年平均降水量为 494.8mm；属寒温带大陆性季风气候，春秋分明，冬长夏短，且冬季气候寒冷，年平均气温 -1.3℃，最高气温 37.3℃，最低气温 -45.4℃。地势平缓，坡度 6°，土壤厚 20cm，乔木层主要树种有山杨（*Populus davidiana*）、蒙古栎（*Quercus mongolica*）、白桦（*Betula platyphylla*）、黑桦（*Betula dahurica*）等），下木以兴安杜鹃（*Rhododendron dauricum*）为主，地被物以莎草（*Cyperus microiria*）、鹿蹄草（*Pyrola dahurica*）为主。

4.1.2　低质低效林的类型

　　低质低效林形成的原因是多方面的、复杂的，不同的区域、不同的树种或不同的林分类型，其形成原因也各不相同，但总结归纳起来主要分为两种：自然因素和人为因素（李莲芳等，2009；苏月秀等，2012；邓东周等，2010）。气候巨变、自然灾害以及土壤退化等自然因素对森林的影响程度是巨大的。由于低质低效林分布范围广，其形成原因的区域差异也很大，因此人为因素又可以具体分为以下两种。①人为活动的干扰破坏。运用违背森林自然生长规律的经营方式，大量采用皆伐等掠夺式的经营方式，是造成大小兴安岭以及我国其他区域林分低产低效、结构不合理、稳定性差、功能不完善的主要原因。②经营管理不当。技术薄弱、种苗质量差和缺乏科学而有效的经营管理手段是形成低质低效林的重要原因。③违背适地适树原则。由于对造林地自然属性评价不当，造成树种配置、种苗质量和营造技术等方面技术措施失误，导致林木不能适应当地的气候、土壤和有害生物等，会造成林分生长不良甚至死亡，因而导致低质低效林的形成。④造林密度过大。林分密度决定着林分的生产力，但同时也决定着林分对水分的消耗，造林的密度过大，单株营养供应和生长的空间不能满足林木的正常生长需求，也容易形成低质低效林。综合来看，我国森林退化成低质低效林主要是因人为过度干扰造成的，从东北森林的退化能就可以看出森林退化为低质低效林的过程和特征。东北东部山区顶极群落为阔叶红松林，这一地带性植被是第三纪冰川后经历漫长的地质时期演替形成，然而，在短短 100 年时间，由于清末大规模的毁林，日本、俄国大量的消耗木材，国内战争的破坏，再加上毁林开荒等不合理的经营，使得大部分原始林已不复存在，退化成为现在的低质低效林。阻止森林的快速消失，科学合理地利用森林，创造森林与人类和谐的生态环境是一项对人类生存有意义的长期工作。

黑龙江省大兴安岭地区低质低效林类型主要有白桦低质低效林、阔叶混交低质低效林、蒙古栎低质低效林、山杨低质低效林等。

4.2　改培试验方法

4.2.1　试验设计

2009 年春季低质低效林(白桦低质低效林、阔叶混交低质低效林、蒙古栎低质低效林)试验区进行带状改培和块状改培。带状改培试验区设置方式见图4-1，图中空白部分为改培带，按照带宽不同分为 4 种：6m(S1)、10m(S2)、14m(S3)、18m(S4)，改培带的带长 300m，保留改培带内针叶幼苗树种，对非目的阔叶树种进行伐除，每条改培带分成长度为 100m 的 3 段样地，分别栽植西伯利亚红松、樟子松、兴安落叶松，栽植苗木时与相邻保留林带距离 1m，株行距为 2m×1.5m，图中阴影部分为保留带，保留带带宽分别与对应的改培带的带宽一致，分别为 6m、10m、14m 和 18m，带状改培试验区总面积2.88hm²，其中造林面积1.44hm²。块状改培试验区设置方式见图4-2，图中阴影部分为改培样地，块状改培试验区共 3 组，每组由 6 个沿横坡方向排列且面积不同的矩形改培样地组成，6 个改培样地的面积分别为 25m²(G1)、100m²(G2)、225m²(G3)、400m²(G4)、625m²(G5)、900m²(G6)，各块状改培样地之间间隔分别与对应的改培样地的带宽一致，分别为 5m、10m、15m、20m、25m 和 30m，在块状改培试验区改培样地内进行更新造林，造林树种为西伯利亚红松、樟子松、兴安落叶松，栽植苗木时与保留林分距离 1m 左右，株行距为 1.5m×1.5m(宋启亮等，2014)，块状改培试验区总面积1.89hm²，其中造林面积0.68hm²。在带状改培试验区和块状改培试验区中间设置一条带宽为 10m，长度为 300m 的对照样地，试验区总面积5.07 hm²。

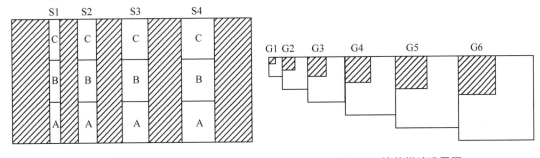

图 4-1　带状样地设置图　　　　　　　　　　图 4-2　块状样地设置图

2013 年春季对山杨低质低效林实验区进行 3S 带状改培。带状改培试验区设置方式见图4-3，图中空白部分为改培带，按照带宽不同分为 3 种：10m(S1、S2、S3)、20m(S4、S5、S6)、30m(S7、S8、S9)，改培带的带长 300m，保留改培带内针叶幼苗树种，对非目的阔叶树种进行伐除，每条改培带分成长度为 100m 的 3 段样地，分别栽植西伯利亚红松(*Pinus sylvestris*)、樟子松(*Pinus sylvestris*)、兴安落叶松(*Larix gmelinii*)，栽植苗木时与相邻保留林带距离 1m，株行距为 2m×1.5m，图中阴影部分为保留带，保留带带宽分别与对应的改培带的带宽一致，分别为 10m、20m、30m、20m、40m、60m、30m、60m、90m。

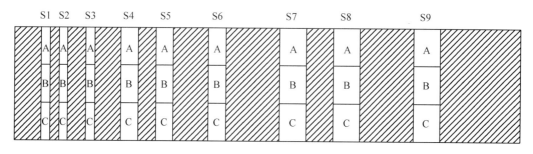

图 4-3　3S 带状样地设置图

4.2.2　土壤特性的采集和测定

在顺山带状改培试验区每条改培带沿山坡上中下随机设置各 9 个样点，在块状改培试验区的每个改培样地按"Z"形设置 5 个样点。在每个样点用容积为 100cm³ 的环刀取环刀样品，同时取表层(0~10cm)土壤 1kg 左右带回实验室，自然风干后，鲜土自然风干并研磨过筛后，分析土壤的化学性质，测定指标包括 pH 值、有机质、全 N、全 P、全 K、水解 N、有效 P 和速效 K 含量。

环刀样品用于分析土壤的物理性质。首先利用电子天平称量各个环刀的质量，并且标记环刀号，在各样地取样点表层土壤用环刀取土样，采样时保持环刀内土壤结构不被破坏，盖好环刀上下盖，带回实验室进行测定，去环刀上下盖，将环刀放入装有清水的平底盆中，盆中水的高度与环刀上沿相平，使环刀样品在水中浸泡 12h，然后取出称重，将环刀放置在干燥砂土上 2h 后再次称量环刀质量，取出环刀中间部分土样，放入称重后的铝盒中，称量湿土质量，然后放入 105℃±2℃ 烘箱中烘干，测定烘干土样质量，利用测量得到的数据计算得到各改培样地土壤容重、最大持水量、毛管持水量、非毛管孔隙度、毛管孔隙度和总孔隙度。

采用森林土壤分析方法对土壤的化学性质进行测定：土壤 pH 值采用水浸，利用 pH 计测定；土壤有机质含量采用酸溶、重铬酸钾氧化法测定；全氮含量采用全自动凯氏定氮仪测定；水解氮含量采用碱解—扩散法测定；全磷含量采用酸溶、钼锑抗比色法测定；有效磷含量采用双酸浸提、钼锑抗比色法测定；全钾含量采用酸溶、火焰光度法测定；速效钾含量采用乙酸铵浸提、火焰光度法测定(宋启亮等，2014)。

土壤呼吸测定：在各个改培样地中选取 5 个观测点，在观测的 24h 前将内径为 20cm 的 PVC 土壤环插入土壤中，保证土壤环露出地面 2~3cm 的高度，并保持 PVC 土壤环内原有枯落物的自然状态。采用 LI-8150 多通道土壤碳通量自动测量系统(LI—COR Inc.，Lincoln，NE，USA)，测定表层土壤呼吸速率，每个观测点连续观测 24h，以 0.5h 为一个测量周期，全天重复测量 48 次，并以平均值作为试验区的土壤呼吸速率。采用 LI-8150 系统配套的 E 型热电偶土壤温度探头和 EC-5 土壤水分传感器测量观测点

10cm 深处的土壤温度和湿度(宋启亮等，2014)。

4.2.3　枯落物的采集与持水性能测定

在顺山带状改培试验区每条改培带沿山坡上中下随机设置各 9 个样点，在块状改培试验区的每个改培样地按"Z"型设置 5 个样点。每个枯落物取样样点的面积为 30cm × 30cm，按未分解层、半分解层分层收集枯落物，带回实验室，将枯落物放入 85 ℃ 干燥箱中烘干后称其干重，以干物质质量推算枯落物的蓄积量，并采用室内浸泡法测定枯落物的持水性能，将烘干后的枯落物放入清水浸泡 24h 后称重，计算枯落物的最大持水率，再根据枯落物蓄积量，计算得到枯落物最大持水量和有效拦蓄量。枯落物吸水速率的测定采用室内浸泡法，把收集到的枯落物样品烘干后放入网袋称重，然后将其放入清水池中，分别测定枯落物在浸泡 0.25，0.5，1，2，4，8，24h 后的湿重，据此计算得到各改培样地枯落物在不同时间段的吸水速率(宋启亮等，2014)。

4.2.4　植物多样性的调查

对不同改培试验区的乔木、灌木、草本植被进行调查，每条改培带设置 3 个样方，样方宽度为改培带的带宽，长度为 20m，每个块状改培样地为一个调查样方，对样方内的乔木进行每木调查，调查乔木的树种、株数、树高和胸径，根据样方的大小，在样方内随机设置 1~5 个大小为 5m × 5m 的灌木样方，调查灌木的种类和盖度，在灌木样方内按照"Z"形设置 5 个 1m × 1m 的草本样方，调查植物的种类和盖度，利用调查数据计算出物种丰富度指数(S)、Shannon-wiener 多样性指数(H')、Pielou 均匀度指数(J)，以此作为不同改培模式的物种多样性评价因子。各个指数按以下公式计算：

$$S = 调查样方内所有物种数的和 \tag{4-1}$$

$$H' = -\sum_{i=1}^{s} p_i \ln p_i \tag{4-2}$$

$$J = H'/\ln S \tag{4-3}$$

式中：$p_i = n_i/N$，表示第 i 个物种的相对多度，n_i 为物种 i 的个体数或盖度，N 为物种 i 所在群落所有物种的个体数或盖度之和。

4.2.5　更新苗木调查

利用胸径尺和树高测量仪对改培样地保留木的胸径和树高进行每木测量，计算出保留木胸径和树高的连年生长率。对试验区内所栽植苗木的地径、树高以及生长量等指标进行测量，并计算出不同改培样地内西伯利亚红松、樟子松、兴安落叶松的成活率和连年生长率(宋启亮等，2014)。

由于大兴安岭地区低质低效林样地保留树木生长缓慢，树木年生长量变化很小，测量结果不完全精确，因此用改培后 5 年时间胸径和树高的平均生长量代替连年生长量。更新幼苗连年生长率是连年生长量与改培后 5 年时间里总生长量的百分比，保存率是更新苗木存活株数与栽植时总株数的百分比。

4.3 改培技术模式综合评价

4.3.1 白桦低质低效林

4.3.1.1 基于灰色系统理论研究白桦低质低效林土壤性质

（1）灰色系统理论基础

灰色系统理论产生于 20 世纪后期，是"黑箱"理论的一种拓广（李晴新等，2010）。由于在系统科学与系统评价工程方面，人们掌握的信息并非除了"黑"就是"白"，往往有多种不确定性，因而多种研究不确定性系统的理论和方法渐渐出现。在扎德教授（L. A. Zadeh）于 20 世纪 60 年代创立模糊数学以后（王顺岩，2009；琚冰源，2010），我国华中科技大学控制科学与工程系邓聚龙教授于 1982 年提出了灰色模型，创立了灰色系统理论（郭倩倩，2011）。灰色系统理论主要通过对"部分"已知信息的析出、生成、拓展，提取有价值的信息，实现对系统行为走向、演化规律正确的描述和评价。

国外对灰色系统理论的研究多见于对自然规律的猜测描述和探索性研究中，Jadhav A·C（2001）应用灰色系统理论研究霉菌在棉花上的生长规律。Joseph W. K 等（2006）应用灰色分析理论研究常用工程的选择问题。Johan A· Westerhuis 等（2007）在已有基础上展开对灰色理论组成的分析。在我国，灰色系统理论尤其是灰色关联分析被广泛应用于项目投资决策、经济效益分析、煤矿勘探预测以及环境的污染等级评定等领域。尤其近年来灰色关联分析被越来越多的研究和应用，以帮助解决生产生活中的实际问题。如齐景顺等在黑龙江大庆地区油气勘探和预测方面应用灰色关联分析，并在大庆外围盆地早期勘探圈闭评价中收效显著，可在相当程度上提高油气井的钻探成功率、降低勘探投资（齐景顺等，2003）。在水环境评价和水质预测方面，辜寄蓉等（辜寄蓉等，2003）利用经典灰色模型，拟合九寨沟历史降雨量数据建立进行灰色分析，预测未来该地区的降水量和水资源情况。赵剑（赵剑，2006）利用灰色关联分析方法，以监测结果中水的 pH 值、溶解氧、氰化物、重金属含量等作为灰变量，对地表水环境进行综合评价。陈林等（陈林等，2009）应用灰色关联分析对不同土地利用类型的土壤水分变化进行研究，通过对不同月份土壤表层、中层、深层水分的变化态势关联分析得出相应的结论。很多学者在研究的基础上对灰色关联分析进行改进并应用，如张蕾等（张蕾等，2004）在对水质监测数据进行灰色评价时改传统的关联曲线分析为灰色区间分析，使评价更加科学客观；在林业方面，灰色系统理论在林业产业结构的研究中也有所应用，如尹少华等（尹少华等，2008）在对湖南林业产业结构预测研究中应用灰色系统理论，并对林业产业内部的各产业进行分析预测。我国学者刘思峰，谢乃明等系的研究了灰色理论在自然科学、社会科学中的应用（刘思峰等，2008）。

在对森林生态系统这一抽象化的概念系统进行评价时，由于包含着涉及社会、经济、环境三方面作用下的多种因素，如林区人为干扰、采伐量、病虫害、气候条件等。

多种因素的共同作用决定了森林生态系统的发展态势，为了确定其中对森林生态系统的发展起主导作用的因素，一般要求对其进行系统分析，常用的系统分析方法有回归分析、方差分析，主成分分析等。其不足之处在于：①需要大量数据，计算量大；②要求样本服从某一个典型的概率分布，要求各因素数据与系统特征数据之间呈线性关系且个因素之间彼此独立；③极易出现量化结果与定性分析不符的现象，歪曲甚至颠倒系统中的关系和规律。灰色关联分析方法可弥补用数理统计方法作系统分析所导致的缺憾。对样本量的多少和规律性不作要求，计算量小，不会出现结果与定性分析结果相背离的情况。

在使用灰色理论对大兴安岭白桦低质低效林改培模式进行评价时，其样地设置见4.2.1，基本思想是根据数据序列曲线几何形状的相似程度来判断其关联程度是否紧密，曲线越接近，相应序列之间关联程度就越大，反之则越小。具体操作时：须先找到系统行为的映射量，即选取反映系统行为特征的数据序列，用映射量来间接地表征系统行为。具体用土壤理化性质表征土壤情况，枯落物蓄积量和持水性能表征涵养水源的功能，腐殖质含量表征土壤肥力，植被种类和盖度情况表征林下生物多样性。

（2）灰色关联分析白桦低质低效林不同诱导改培样地的土壤物理性质

在大兴安岭白桦低质低效林内栽植樟子松（A）、兴安落叶松（B）、西伯利亚红松（C）后，采集不同宽度皆伐带、不同面积林窗样地土壤，测得以上五项物理指标。下面逐一进行分析：

1）不同树种诱导改培后样地土壤密度

经种植樟子松（A）、兴安落叶松（B）、西伯利亚红松（C）后，白桦低质低效林 G_1~G_6、S_1~S_4，各样方土壤密度数据序列分别为 X_A、X_B、X_C（单位 g/cm^3），则有：

$X_A = (0.765,0.84,0.86,1.01,0.85,0.91,0.82,0.61,0.8,0.83)$ 有 $\overline{X_A} = 0.957$

$X_B = (0.45,0.51,0.47,0.54,0.52,0.59,0.54,0.42,0.66,0.51)$ 有 $\overline{X_B} = 0.517$

$X_C = (0.52,0.47,0.57,0.46,0.51,0.56,0.55,0.43,0.56,0.53)$ 有 $\overline{X_C} = 0.509$

为消除量纲取其均值像有：

$X_{A1} = (0.799,0.88,0.89,1.04,0.88,0.95,1.12,1.2,1.09,1.13)$

$X_{B1} = (0.87,0.98,0.91,1.04,1,1.13,1.04,0.81,1.27,0.96)$

$X_{C1} = (1.02,0.93,1.09,0.89,0.99,1.08,1.06,0.83,1.08,1.03)$

经观察不难发现，均值像中各数据差异较大，数据走向易出现混乱。采用弱化缓冲算子 D（取 $d=0.5$）对均值像进行整理，使数据序列振幅减小。

记为一阶弱化序列 XD，则 $XD = (x(1)d, x(2)d, \cdots, x(n)d)$。即：

$XD_{A1} = (0.399,0.44,0.445,0.52,0.44,0.475,0.56,0.6,0.54,0.565)$

$XD_{B1} = (0.44,0.49,0.455,0.52,0.5,0.565,0.52,0.41,0.64,0.48)$

$XD_{C1} = (0.51,0.465,0.545,0.445,0.448,0.54,0.53,0.415,0.54,0.515)$

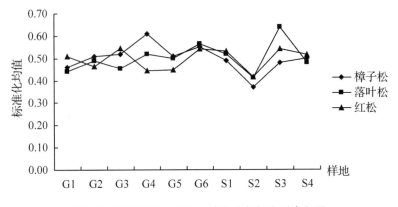

图 4-4 不同诱导方式下土壤密度数据序列走向图

作白桦低质低效林不同诱导方式个样方土壤密度数据走向图如图 4-4 所示。由图 4-4 易于判断：在各样地栽植樟子松、兴安落叶松、西伯利亚红松后，各样地土壤密度略有波动。其中以红松诱导改培的样地土壤密度波动最明显，兴安落叶松次之，樟子松诱导改培的样地土壤密度波动最平缓。所有样方土壤密度中，经落叶松诱导改培的带状样地 S_3 的土壤密度最高，同时带状样地 S_3 在红松诱导改培下也呈现出较高的土壤密度。林窗样地 G_1 在所有样地中土壤密度最低，而 G_4 在栽植樟子松、兴安落叶松、西伯利亚红松后，其土壤密度均高于其他林窗样地。经数据处理，对照地相应的土壤密度数列均值为 0.546，可以判断落叶松诱导改培的带状样地 S_3、樟子松诱导改培的带状样地 S_1、S_2、S_4 的土壤密度高于对照地 CK，其余各样地的土壤密度均不同程度的低于对照地，其中以樟子松诱导改培的林窗样地 G_1 最低，从整体个样方看来，红松诱导改培的样地土壤密度皆不同程度的低于对照地，可见通过栽植红松诱导改培白桦低质低效林，最利于降低土壤密度，改良土壤通透性。

同样的方法分析不同诱导改培下土壤含水率、孔隙度的变化。

2）不同树种诱导改培后样地土壤含水率

在种植樟子松（A）、兴安落叶松（B）、西伯利亚红松（C）后，大兴安岭林区白桦低质低效林 $G_1 \sim G_6$、$S_1 \sim S_4$，以及对照地 CK，各个样方对应的土壤含水率数据序列分别设为 H_A、H_B、H_C（%），则有：

$H_A = (0.28, 0.36, 0.32, 0.2, 0.25, 0.55, 0.28, 0.47, 0.25, 0.39, 0.29)$ 则有 $\overline{H_A} = 0.329$

$H_B = (0.28, 0.35, 0.31, 0.29, 0.3, 0.31, 0.54, 0.39, 0.51, 0.39, 0.41)$ 有 $\overline{H_B} = 0.368$

$H_C = (0.38, 0.42, 0.35, 0.41, 0.4, 0.47, 0.41, 0.49, 0.3, 0.5, 0.34)$ 有 $\overline{H_C} = 0.396$

消除量纲对应的均值像为：

$H_{A1} = (0.85, 1.09, 0.97, 0.61, 0.76, 1.67, 0.85, 1.42, 0.76, 1.18, 0.88)$

$H_{B1} = (0.76, 0.95, 0.84, 0.78, 0.81, 0.83, 1.46, 1.05, 1.31, 1.05, 1.11)$

$H_{C1}=(0.96,1.08,0.89,1.05,1.02,1.21,1.05,1.25,0.75,1.28,0.86)$
由此作白桦低质低效林不同诱导方式土壤含水率数据走向图如图4-5所示。

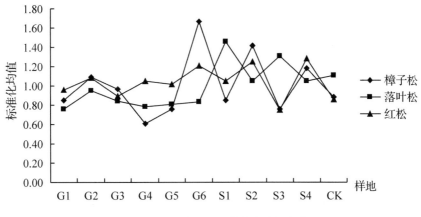

图4-5　不同诱导方式下土壤含水率数据走向图

由图4-5可以看出，经樟子松(A)兴安落叶松(B)、西伯利亚红松(C)诱导改培后土壤含水率数据走向大体一致。红松诱导改培的各样地中除了带状样地S_1的土壤含水率高于对照地CK，其余都小于对照地，林窗样地G_2、G_3和带状样地S_2、S_4的土壤含水率较接近中等水平。整体上看，栽植西伯利亚红松诱导改培的各样地土壤含水率数据序列均值(0.984)低于兴安落叶松(1.02)和樟子松(1.054)诱导改培的相应数据序列均值，同时也低于对照样地CK(1.11)的土壤含水率。结合图4-5易于看出：经落叶松、樟子松诱导改培的各样地土壤含水率均值高于相应的对照地，其中经樟子松诱导改培后的样地土壤含水率最高、落叶松次之。不同改培方式中带状改培S_2、S_4的土壤含水率较接近样方的中等水平。

3) 不同树种诱导后样地土壤孔隙度

诱导种植樟子松(A)、兴安落叶松(B)、西伯利亚红松(C)后，诱导大兴安岭林区白桦低质低效林样地$G_1 \sim G_6$、$S_1 \sim S_4$以及对照地CK，各个样方对应的土壤总孔隙度数据序列分别设为K_A、K_B、K_C、(单位 g/cm^3)，则有：

$K_A=(61.25,55.47,53.06,55.37,54.09,60.54,64.65,60.28,49.56,$
$58.55,53.17)$则有$\overline{K_A}=52.35$

$K_B=(60.13,56.39,53.48,57.21,53.82,62.98,64.31,54.26,49.57,$
$67.69,55.08)\overline{K_B}=58.34$

$K_C=(67.04,58.25,55.18,63.15,57.79,64.77,58.75,64.81,59.64,$
$66.12,54.61)\overline{K_C}=61.51$

消除量纲对应的均值像为：

$K_{A1}=(1.17,0.97,0.93,0.96,0.94,1.06,1.13,1.05,0.86,1.02,0.93)$
$K_{B1}=(1.03,0.97,0.92,0.98,0.92,1.08,1.10,0.93,0.85,1.16,0.94)$
$K_{C1}=(1.09,0.95,0.89,1.03,0.94,1.05,0.95,1.05,0.97,1.07,0.89)$

由此作白桦低质低效林不同树种诱导后土壤总孔隙度数据走向图如图4-6所示。

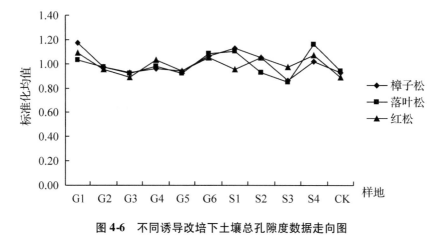

图4-6　不同诱导改培下土壤总孔隙度数据走向图

根据图4-6和原始数据可知：白桦低质低效林不同改培方式在栽植西伯利亚红松、落叶松、樟子松时，其样地土壤总孔隙度变化趋势大体一致。樟子松诱导方式中，林窗改培和带状改培土壤总孔隙度变化不大，除带状改培S_3的总孔隙度明显低于对照样地平均值（57.28 %），同时各个样地总孔隙度均值低于对照地。整体上看以林窗改培G_2、G_4和带状改培S_2、S_4最为接近平均水平。落叶松各样地变化起伏略大，也是以林窗改培中G_2和G_4带状改培中S_2最为接近总体平均水平。西伯利亚红松各样地的土壤总孔隙度最大，且数据序列起伏变化较大。经西伯利亚红松诱导改培的白桦低质低效林各样地平均总孔隙度高于对照地。

综合图4-4、图4-5、图4-6和各组原始数据、均值像可以看出：在白桦低质低效林内栽植樟子松（A）、兴安落叶松（B）、西伯利亚红松（C）后，不同的诱导树种样地土壤物理性质（土壤密度、含水率、总孔隙度）各不相同。其中以西伯利亚红松诱导改培后各个样地的土壤密度、含水率较低，土壤总孔隙度较大，落叶松各个指标居中，而经樟子松诱导改培的低质低效林土壤密度较大、含水率较高，土壤总孔隙度偏低。因为红松改培后样地的土壤密度较低，土壤颗粒表面分子的引力较小，因而土壤颗粒间隙较大，土质疏松，土壤通气、透水性好，但不利于锁住土壤中水分，因此红松林地土壤表层水分易于被植物根系吸收或因其他原因散失，即西伯利亚红松诱导改培后的样地土壤密度低、含水率低；经落叶松、樟子松改培后的样地土壤密度相对较大，土壤颗粒间隙较小。土壤团聚体较多，土质黏重，利于土壤中水分和养分的储存，因此其含水率较高。不同诱导方式的各个样地比照标准样地CK，其土壤的物理性能都在一定程度上有所提高。具体表现为：改培后低质低效林土壤得到了改良，土壤密度、孔隙度、含水率等条件更适宜植物生长。整体上看不同树种改培后样地土壤物理性质较适宜的有：红松改培的林窗样地G_2、G_5和带状样地S_3，兴安落叶松改培后的林窗样地G_2、G_4和带状样地S_2、S_4，以及经樟子松改培后的林窗样地G_2、G_3和带状样地S_3、S_4。

（3）灰色关联分析白桦低质低效林土壤 N、P、K 元素变动情况

分析白桦低质低效林不同改培模式下，土壤 N、P、K 元素变动情况，主要从不同改培模式和诱导方式两方面入手：①通过对不同宽度皆伐带、不同面积林窗白桦低质低效林土壤 N、P、K 元素含量对比来分析其变化情况，从而找出最佳的改培模式。②通过对不同种诱导方式（栽植樟子松、兴安落叶松、西伯利亚红松）白桦低质低效林土壤 N、P、K 元素含量对比找出最佳诱导方式。以下逐一进行分析：

1）不同带宽、不同林窗面积的白桦低质低效林土壤 N、P、K 元素分析

同样应用灰色关联分析方法，探究大兴安岭林区白桦低质低效林土壤中全 N、全 P、全 K 和相应的速效 N（Available Nitrogen）、速效 P（Available Phosphorous，A-P）、速效 K（Available Potassium）的变动关系。具体操作时，以不同面积 G_1~ G_6 林窗和不同带宽 S_1~ S_4 调查样地对应的元素（N、P、K）为数据序列，有（单位 g/kg）：

$$X_N = (0.838, 0.893, 0.670, 0.782, 0.499, 0.614, 1.43, 0.97, 1.12, 0.93)$$
$$\overline{X_N} = 0.875$$

$$X_P = (0.165, 0.142, 0.057, 0.063, 0.032, 0.134, 0.19, 0.115, 0.12, 0.04)$$
$$\overline{X_P} = 0.106$$

$$X_K = (42.816, 39.399, 36.508, 28.370, 36.932, 37.059, 41.34, 39.53, 44.57, 40.33) \quad \overline{X_K} = 386.3$$

为消除量纲，求其均值像有：

$$X_{N1} = (0.99, 1.05, 0.79, 0.92, 0.59, 0.72, 1.68, 1.14, 1.32, 1.09)$$
$$X_{P1} = (1.59, 1.37, 0.53, 0.61, 0.31, 1.29, 1.83, 1.11, 1.15, 0.38)$$
$$X_{K1} = (1.26, 1.16, 1.08, 0.84, 1.09, 1.09, 1.22, 1.16, 1.31, 1.19)$$

同理对应的速效 N、速效 P、速效 K（单位 mg/kg）数据序列为：

$$X_{N'} = (15.82, 21.40, 12.09, 21.39, 10.24, 12.71, 15.71, 12.1, 18.91, 19.25) \quad \overline{X_{N'}} = 15.67$$

$$X_{P'} = (151.17, 37.49, 85.99, 130.45, 23.35, 104.77, 197.47, 95.43, 142.41, 124.22) \quad \overline{X_{P'}} = 109.2$$

$$X_{K'} = (848.215, 822.688, 832.851, 811.546, 897.555, 1057.083, 363.61, 507.81, 503.23, 316.07) \quad \overline{X_{K'}} = 695.9$$

其均值像为：

$$X_{N'1} = (0.97, 1.32, 1.29, 1.32, 0.63, 0.78, 0.88, 0.76, 1.18, 1.16)$$
$$X_{P'1} = (1.39, 0.35, 0.79, 1.19, 0.22, 0.96, 1.81, 0.88, 1.31, 1.14)$$
$$X_{K'1} = (1.22, 1.18, 1.19, 1.17, 1.29, 1.52, 0.52, 0.73, 0.72, 0.45)$$

经处理消除数据序列量纲后数值对应的全 N、全 P、全 K 及相应的速效 N、速效 P、速效 K 走向如图 4-7、图 4-8、图 4-9 所示。

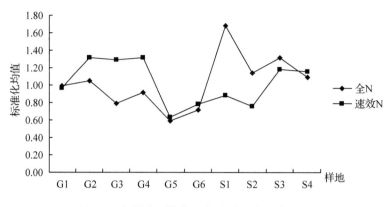

图 4-7　各样地土壤全 N 与速效 N 数值走向图

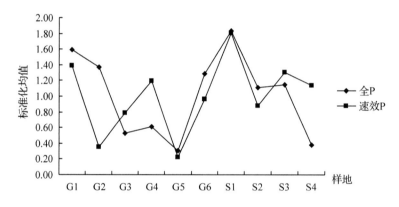

图 4-8　各样地林下土壤全 P 与速效 P 数值走向图

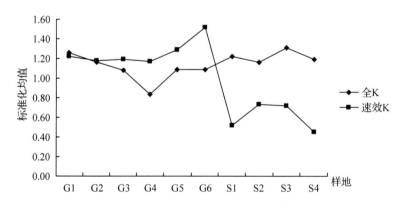

图 4-9　各样地林下土壤全 K 与速效 K 数值走向图

通过图 4-7、图 4-8、图 4-9 和原始数据序列可知：在不同宽度皆伐带、不同面积林窗改培下，土壤中全 N、全 P、全 K 和相应的速效 N、速效 P、速效 K 的关联分析数据走向各不相同。其中图 4-7 不同样方土壤 N 和相应的速效 N 变化较平缓，变动趋势大体相同，土壤全 N 系列中带状样地 S_1（1.43 g/kg）的含量最高，林窗样地 G_2（0.893 g/kg）最接近中等水平（0.875 g/kg）。土壤速效 N 系列中以林窗样地 G_2（21.4 mg/kg）、

G_4（21.39 mg/kg）含量最高，而带状改培中的 S_1（15.71 mg/kg）最接近中等水平。图 4-8 中，各个样方土壤全 P 和相应的速效 P 变化幅度较大，其中以林窗样地 G_5 表现最为突出，全 P 和速效 P 都明显低于其他带状样地和林窗样地。具体在全 P 系列中，带状样地 S_1 和林窗样地土壤全 P 含量最高，除林窗样地 G_5 外，带状样地 S_4 的全 P 含量也较低。在个样方土壤速效 P 系列中，以林窗样地 G_1、G_4 和带状样地 S_1、S_3 的含量较高。其中图 4-9 中，各个样方土壤全 K 和相应的速效 K 变化幅度也较为平缓。其中土壤全 K 中除林窗样地 G_4 较低，其中以林窗样地 G_2 和带状样地 S_3 最接近中等水平。

　　虽然存在个体差异，但整体上看低质低效林样地土壤中 N、P、K 元素含量的高低直接影响到土壤中相应的速效 N、速效 P、速效 K 的含量，一般情况下，土壤中速效 N、速效 P、速效 K 的含量随着林下土壤中全 N、全 P、全 K 含量的提高而提高。而速效 N、速效 P、速效 K 将以离子形式直接作用于林下植被，是影响其生长的主要营养元素。经关联分析可知，不同皆伐带宽度、不同面积林窗下各元素含量变化不明显，其均值序列与 CK 相应序列对比如图 4-10 所示。

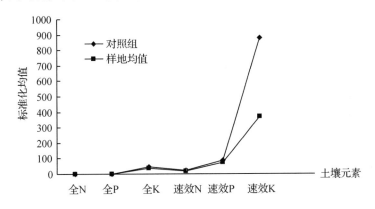

图 4-10　各样地 N、P、K 均值与各对照组数据对比图

　　由图 4-10 可以分析：在未种植其他树种的白桦低质低效林对照样地 CK 中，取样土壤中 N、P、K 元素含量均高于各林窗改培样地中相应元素含量的平均值，以速效 K 的差异现象尤为明显。由于在白桦低质低效林内栽植樟子松（Z）、落叶松（L）、西伯利亚红松（X）后，作物生长大量消耗土壤中的有效元素，其中 N 元素作为植物组成中最基本的组分，以 NO_3^- 和 NH_4^+ 形式大量存在于植物内。P 元素以 $H_2PO_4^-$ 和 HPO_4^{2-} 形式被林下植物吸收。当林下土壤 pH < 7 时以 $H_2PO_4^-$ 状态居多，pH > 7 时以 HPO_4^{2-} 状态居多。而 K^+ 是植物体内最主要的无机溶质，对细胞渗透势的调节起着关键作用，也是作物生长过程中光合作用、呼吸作用等很多生命环节重要酶的活化剂，因此相比对照组 CK，各样地土壤 K 元素含量降低最为明显。

　　2）不同诱导方式白桦低质低效林土壤 N、P、K 元素分析

　　在大兴安岭白桦低质低效林培植樟子松、兴安落叶松、西伯利亚红松后，各样方土壤 N、P、K 与相应的与速效 N、速效 P、速效 K 情况各不相同，以下逐一进行分析。

①不同诱导方式下土壤全 N 与速效 N 情况分析：各样方不同诱导方式下土壤 N 与速效 N 情况见表 4-1。

由表 4-1 可导出樟子松（N_Z）、兴安落叶松（N_L）、西伯利亚红松（N_H）在不同面积 $G_1 \sim G_6$ 林窗和不同带宽 $S_1 \sim S_4$ 样地对应的土壤全 N（g/kg）数据序列，有：

$$N_Z = (1.05, 0.99, 0.67, 0.78, 0.65, 0.71, 1.62, 1.45, 0.89, 0.73)$$

$\overline{N}_Z = 0.954$

$$N_L = (0.83, 0.57, 0.88, 0.94, 0.87, 0.62, 0.95, 0.51, 1.62, 0.95)$$

$\overline{N}_L = 0.874$

$$N_H = (1.21, 0.79, 0.65, 0.75, 0.92, 0.82, 1.73, 0.95, 0.84, 1.12)$$

$\overline{N}_N = 0.978$

表 4-1　不同诱导方式下各样方土壤全 N 与速效 N 情况（不同带宽与对照地）

样方树种	S_1 全 N（g/kg）	速效 N（mg/kg）	S_2 全 N（g/kg）	速效 N（mg/kg）	S_3 全 N（g/kg）	速效 N（mg/kg）	S_4 全 N（g/kg）	速效 N（mg/kg）	CK 全 N（g/kg）	速效 N（mg/kg）
樟子松	1.62	8.37	1.45	19.53	0.89	8.38	0.73	23.25	1.79	25.09
落叶松	0.95	19.57	0.51	12.09	1.69	12.17	0.95	26.97	1.21	20.36
西伯利亚红松	1.73	10.24	0.95	16.52	0.84	15.81	1.12	6.51	1.58	17.89

样方树种	G_1 全 N（g/kg）	速效 N（mg/kg）	G_2 全 N（g/kg）	速效 N（mg/kg）	G_3 全 N（g/kg）	速效 N（mg/kg）	G_4 全 N（g/kg）	速效 N（mg/kg）	G_5 全 N（g/kg）	速效 N（mg/kg）	G_6 全 N（g/kg）	速效 N（mg/kg）
樟子松	1.05	14.28	0.99	20.41	0.67	10.99	0.78	21.54	0.65	11.87	0.71	18.65
落叶松	0.83	19.34	0.57	15.54	0.88	13.51	0.95	23.42	0.87	18.81	0.62	17.13
西伯利亚红松	1.21	27.21	0.79	21.13	0.65	11.48	0.75	19.79	0.92	20.37	0.82	21.56

则对应的均值像有：

$$N_{Z'} = (1.10, 1.04, 0.71, 0.82, 0.68, 0.74, 1.69, 1.52, 0.93, 0.77)$$
$$N_{L'} = (0.95, 0.65, 1.01, 1.08, 0.99, 0.71, 1.09, 0.58, 1.85, 1.07)$$
$$N_{H'} = (1.24, 0.81, 0.66, 0.77, 0.94, 0.84, 1.77, 0.97, 0.86, 1.14)$$

同样不同诱导方式样地对应的土壤速效 N（mg/kg）数据序列有：

$$N_{Z1} = (14.28, 20.41, 10.99, 21.54, 11.87, 18.65, 8.37, 19.53, 8.38, 23.25) \quad \overline{N_{Z1}} = 15.73$$

$$N_{L1} = (19.34, 15.54, 13.51, 23.42, 18.81, 17.23, 19.57, 14.09, 12.17, 26.97) \quad \overline{N_{L1}} = 17.87$$

$$N_{H1} = (27.21, 21.13, 11.48, 19.79, 20.36, 21.56, 10.24, 16.52, 15.81, 6.51) \quad \overline{N_{H1}} = 17.06$$

对应的均值像有:

$N_{Z1'} = (0.91, 1.29, 0.70, 1.37, 0.75, 1.19, 0.53, 1.27, 0.54, 1.47)$

$N_{L1'} = (1.08, 0.87, 0.76, 1.31, 1.05, 0.96, 1.10, 0.88, 0.68, 1.51)$

$N_{H1'} = (1.59, 1.24, 0.67, 1.16, 1.19, 1.26, 0.61, 0.97, 0.92, 0.39)$

两项均值像对应的数据走向如图 4-11、图 4-12 所示。

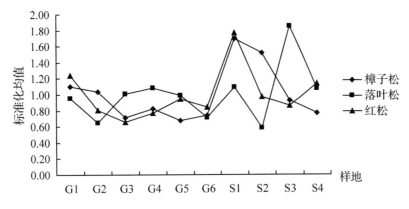

图 4-11　不同诱导方式下样地土壤全 N 数值走向图

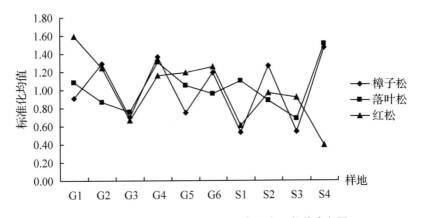

图 4-12　不同诱导方式下样地土壤速效 N 数值走向图

通过图 4-11 结合土壤全 N 原始数据序列可知:大兴安岭白桦低质低效林栽植樟子松、兴安落叶松、西伯利亚红松诱导后,土壤全 N 的均值数据序列走向在两种不同的改培方式中存在较大差异。其中不同面积林窗改培后的样地土壤全 N 均值数据序列走向较为平缓,除落叶松中 G_3 的全 N 含量较高,樟子松和西伯利亚红松两树种林窗改培方式下土壤全 N 数值都是 G_1 较大,其余林窗样地该指标差别不大。不同带宽改培后的样地土壤全 N 均值数据序列走向波动较大,整体以带状改培 S_1 对应的土壤全 N 值较高,带状改培 S_4 对应的土壤全 N 值较低。就不同树种看:不同树种诱导后带状改培模式对应的样地土壤全 N 含量高于林窗改培的相应值,三种树种分别对应的最高值为:樟子松诱导改培下带状改培 S_1 对应的土壤全 N 值最高(1.62 g/kg),对应的林窗改培 G_5 土壤全 N 指标最低(0.69 g/kg);兴安落叶松诱导改培下带状改培 S_3 对应的土壤全 N 值最高(1.69

g/kg），对应的带状改培 S_3 土壤全 N 指标最低（1.69 g/kg）；西伯利亚红松也是带状改培 S_1 对应的土壤全 N 值最高（1.21 g/kg），林窗改培 G_3 土壤全 N 指标最低（0.65 g/kg）；

同样结合土壤速效 N 指标的原始数据和图 4-12 可知：不同诱导方式下林窗改培和带状改培的样地土壤的速效 N 波动较大。整体看以林窗改培 G_4 和带状改培 S_2 对应的土壤速效 N 较高。在具体不同的诱导方式中，樟子松对应的带状改培 S_4 土壤速效 N 指标最高（23.25 mg/kg），对应的林窗改培 G_3 土壤速效 N 指标最低（10.99 mg/kg）；兴安落叶松也对应的带状改培 S_4 土壤速效 N 指标最高（26.97 mg/kg），对应的带状改培 S_3 土壤速效 N 指标最低（12.17 mg/kg）；西伯利亚红松对应的林窗改培 G_4 土壤速效 N 指标最高（27.21 mg/kg），对应的带状改培 S_4 土壤速效 N 指标最低（6.51 mg/kg）。

不同诱导方式下土壤全 N 与速效 N 含量与标准样地 CK 该指标的对比情况各不相同，其中樟子松各样地土壤全 N 与速效 N 含量均低于 CK（1.79 g/kg，25.09 mg/kg）；兴安落叶松样地土壤速效 N 中林窗样地 G_1（19.34 mg/kg）、G_4（23.42 mg/kg）高于 CK（20.36 mg/kg），其余样地土壤速效 N 均低于 CK，且各样方土壤全 N 均不同程度低于 CK；西伯利亚红松土壤全 N 均不同程度上低于 CK（1.58 g/kg），土壤速效 N 指标中林窗样地 G_1（27.21 mg/kg）、G_2（21.13 mg/kg）、G_4（19.79 mg/kg）、G_5（20.37 mg/kg）、G_6（21.56 mg/kg）均不同程度上高于对照地 CK（20.36 mg/kg）。

②不同诱导方式土壤全 P 与速效 P 情况分析：对于样地土壤全 P 和土壤速效 P 进行分析时，首先导出樟子松（P_Z）、兴安落叶松（P_L）、西伯利亚红松（P_H）在不同面积 G_1~G_6 林窗和不同带宽 S_1~S_4 样地对应的土壤全 P（g/kg）数据序列，有：

$P_Z = (0.175，0.161，0.077，0.064，0.036，0.125，0.248，0.05，0.288，0.044)$

$P_L = (0.165，0.143，0.059，0.063，0.04，0.134，0.148，0.145，0.061，0.045)$

$P_H = (0.162，0.099，0.061，0.059，0.032，0.131，0.183，0.155，0.016，0.033)$

对应的均值分别为：0.127 g/kg，0.10 g/kg，0.093 g/kg。

其中三种树种对照样地 CK 的土壤全 P 含量（g/kg）均值分别为（0.051，0.048，0.045），消除量纲对应的均值像为：

$P_{Z'} = (1.38，1.28，0.61，0.50，0.28，0.98，1.95，0.39，2.27，0.35)$

$P_{L'} = (1.65，1.43，0.59，0.63，0.4，1.34，1.48，1.45，0.61，0.45)$

$P_{H'} = (1.74，1.06，0.66，0.63，0.34，1.41，1.97，1.67，0.17，0.35)$

同样地，樟子松（P_{Z1}）、兴安落叶松（P_{L1}）、西伯利亚红松（P_{H1}）在不同面积 G_1~G_6 林窗和不同带宽 S_1~S_4 样地对应的土壤速效 P（mg/kg）数据序列，有：

$P_{Z1} = (155.34，39.48，88.57，127.83，28.21，100.56，296.17，121.86，253.23，143.08)$

$P_{L1} = (143.17，37.49，85.32，98.46，17.03，167.34，115.74，82.47，59.22，119.84)$

$P_{H1} = (148.62，37.21，84.09，120.08，24.73，33.25，28.9，81.95，114.79，109.74)$

对应的均值分别为：126.44 mg/kg，82.61 mg/kg，76.34 mg/kg。其中三种树种对

照样地 CK 的土壤速效 P 含量（mg/kg）均值为分别为（99.31，88.25，76.96）消除量纲对应的均值像为：

$$P_{Z1'} = (1.23，0.31，0.70，1.01，0.22，0.83，2.34，0.96，2.0，1.13)$$
$$P_{L1'} = (1.73，0.45，1.03，1.19，0.21，1.40，2.03，0.99，0.72，1.45)$$
$$P_{H1'} = (1.95，0.49，1.10，1.57，0.32，0.44，0.38，1.07，1.50，1.44)$$

两项均值像对应的数据走向如图 4-13、图 4-14 所示。

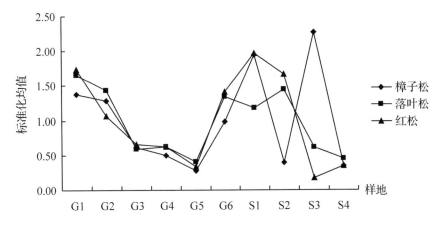

图 4-13　不同诱导方式下样地林下土壤全 P 数值走向图

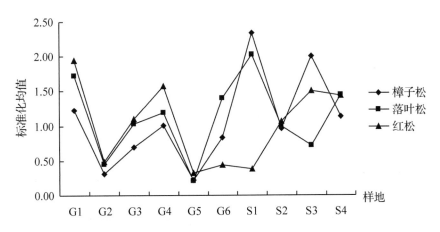

图 4-14　不同诱导方式下样地林下土壤速效 P 数值走向图

由图 4-13 结合不同诱导方式下各样地土壤全 P 含量数据序列（g/kg）可知：不同树种诱导下土壤全 P 含量变化趋势大体相同，林窗改培优于带状改培。其中林窗样地 G_1 和带状样地 S_1 对应的土壤全 P 指标（g/kg）较高，林窗样地 G_5 土壤全 P 指标最低。具体经樟子松诱导改培的带状样地 S_3 全 P 指标最高（0.288 g/kg），是对照样地 CK（0.051 g/kg）的 5.65 倍，林窗样地 G_5 土壤全 P 指标最低（0.036 g/kg）；经兴安落叶松诱导改培的林窗样地 G_1 土壤全 P 指标（0.165 g/kg）最高，是对照样地 CK（0.051 g/kg）的 3.24 倍，林窗样地 G_5 土壤全 P 指标最低（0.04 g/kg）；经过西伯利亚红松诱导改培的带状样地 S_1 全 P 指标最高（0.183 g/kg），是对照样地 CK（0.045 g/kg）的 4.1 倍，林窗样地 G_5 土壤全 P 指标最低(0.032 g/kg)。

由图 4-14 结合土壤速效 P 含量(mg/kg)可知：各林窗样地土壤速效 P 含量较接近且普遍不高，带状样地该指标均值较高但波动较大。樟子松诱导改培的带状样地 S_1 土壤速效 P 指标最高(0.288 mg/kg)，是 CK(126.44 mg/kg)的 2.29 倍，林窗样地 G_5 的该指标最低(28.21 mg/kg)；兴安落叶松诱导改培的林窗样地 G_6 土壤速效 P 指标最高(167.34 mg/kg)，是相应 CK(82.61 mg/kg)的 2.03 倍，而林窗样地 G_5 的该指标最低(17.03 mg/kg)；西伯利亚红松诱导的林窗样地 G_1 的土壤速效 P 指标最高(148.62 mg/kg)，是 CK(76.34 mg/kg)的 1.95 倍，林窗样地 G_5 土壤速效 P 指标最低(24.73 mg/kg)。整体看林窗样地 G_1、G_2 和带状样地 S_1、S_3 的土壤全 P、速效 P 含量较高。

③不同诱导方式土壤全 K 与速效 K 情况分析：对于样地土壤全 K 和土壤速效 K，先导出樟子松(K_Z)、兴安落叶松(K_L)、西伯利亚红松(K_H)在不同面积 $G_1 \sim G_6$ 林窗和不同带宽 $S_1 \sim S_4$ 样地对应的土壤全 K(g/kg)数据序列，有：

K_Z = (38.56，37.59，34.21，29.17，31.12，36.89，35.41，40.22，31.01，37.96)

K_L = (41.09，39.18，36.54，31.75，35.41，39.30，36.47，34.87，50.67，42.76)

K_H = (44.21，39.87，40.35，35.63，38.99，48.35，52.14，43.49，52.04，42.28)

对应的均值分别为：35.21 g/kg，38.80 g/kg，43.74 g/kg。

其中三种树种对照样地 CK 的土壤全 K 含量(g/kg)均值分别为(45.28，52.47，59.62)，消除量纲对应的均值像为：

$K_{Z'}$ = (1.10，1.07，0.97，0.83，0.88，1.05，1.00，1.14，0.88，1.08)

$K_{L'}$ = (1.06，1.01，0.94，0.82，0.91，1.01，0.94，0.90，1.31，1.10)

$K_{H'}$ = (1.01，0.92，0.91，0.81，0.89，1.11，1.19，0.99，1.18，0.97)

同样的，樟子松(K_{Z1})、兴安落叶松(K_{L1})、西伯利亚红松(K_{H1})在不同面积 $G_1 \sim G_6$ 林窗和不同带宽 $S_1 \sim S_4$ 样地对应的土壤速效 K(mg/kg)数据序列，有：

K_{Z1} = (804.27，791.68，599.38，769.14，987.35，801.66，414.93，430.82，682.78，220.61)

K_{L1} = (822.31，800.13，748.58，699.27，756.49，858.93，322.24，656.51，220.41，411.83)

K_{H1} = (765.29，699.32，703.54，824.36，801.52，789.88，353.67，436.13，606.47，315.76)

对应的均值分别为：650.26 g/kg，629.67 g/kg，629.59 g/kg。

其中三种树种对照样地 CK 的土壤速效 K 含量(mg/kg)均值分别为(466.94，389.52，549.21)，消除量纲对应的均值像为：

$K_{Z1'}$ = (1.24，1.22，0.92，1.18，1.52，1.23，0.64，0.66，1.05，0.34)

$K_{L1'}$ = (1.31，1.27，1.19，1.11，1.20，1.36，0.51，1.04，0.35，0.65)

$K_{H1'}$ = (1.21，1.10，1.12，1.31，1.27，1.25，0.56，0.69，0.96，0.51)

两项均值序列对应的数据走向如图 4-15、图 4-16 所示。

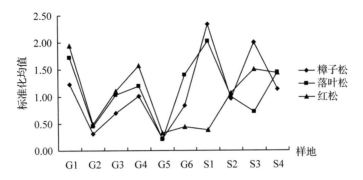

图 4-15　不同诱导方式下样地林下土壤全 K 数值走向图

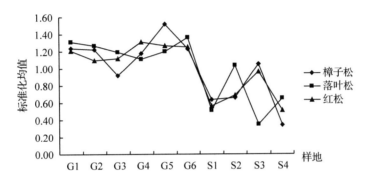

图 4-16　不同诱导方式下样地林下土壤速效 K 数值走向图

结合图 4-15 和原始数据序列可知，各样地土壤全 K 含量变动趋势较为平缓，其中以兴安落叶松诱导下样地土壤全 K 含量值最为集中。具体在樟子松诱导改培下带状改培优于林窗改培，其中带状改培 S_2 土壤全 K 含量最高（40.22 g/kg），带状改培 S_1 最接近中等水平（35.41 g/kg），其中相应 CK 值为 35.21 g/kg）；落叶松诱导的带状改培 S_3 土壤全 K 含量最高（50.67 g/kg），是相应 CK（38.8 g/kg）的 1.31 倍，其余各样方该指标较为接近，以林窗样地 G_4 的土壤全 K 含量最低（31.75 g/kg）；西伯利亚红松诱导的样地中以带状样地 S_1 的土壤全 K 含量最高（52.14 g/kg），是相应 CK（43.74 g/kg）的 1.19倍，同样是林窗样地 G_4 的土壤全 K 含量最低（35.63 g/kg）。

由图 4-16 和原始数据序列易于分析：各样地土壤速效 K 含量在不同改培方式中波动较大，整体以不同面积林窗改培土壤速效 K 含量高于不同带宽的带状改培所对应的该指标。其中经兴安落叶松改培的林窗样地 G_6 土壤速效 K 含量最高，为 858.93 mg/kg，是相应对照地 CK（389.52 mg/kg）的 2.21 倍；而樟子松改培的带状样地 S_4 对应的土壤速效 K 含量最低，为 220.61 mg/kg，仅占相应 CK 的 56.6%。具体到各诱导方式中：樟子松诱导的样地中林窗样地 G_5（987.35 mg/kg）的土壤速效 K 含量最高，是 CK 的 2.11 倍，带状样地 S_4（220.61 mg/kg）的土壤速效 K 含量最低；兴安落叶松诱导改培样地中林窗样地 G_6（858.93 mg/kg）的土壤速效 K 含量最高，带状样地 S_3（220.41 mg/kg）对应的土壤速效 K 含量最低；西伯利亚红松诱导的样地中林窗样地 G_4（824.36 mg/kg）的土壤速效 K 含量最高，带状样地 S_4(315.76 mg/kg)相应的速效 K 含量最低。

（4）大兴安岭白桦低质低效林土壤 pH 值及重金属情况分析

近年来我国土壤酸化现象、重金属污染（尤其是镉污染）现象严重，而土壤酸碱性很大程度上影响土壤重金属离子浓度（刘菊秀等，2001）。大兴安岭林区地处我国北方，林下土壤本身呈酸性或弱酸性（张雪萍，2006），但在试验研究中发现大兴安岭白桦低质低效林中存在较严重的镉（Cd）污染现象。东北老工业基地的振兴使我国的经济水平显著提高，但引起的环境恶化现象同样不容小觑。

1）不同改培方式样地土壤 pH 值的灰色关联分析

由实验室水浸法，以水土体积比 50:1，用酸度计按照 LY/T1239—1999 规定进行测定，得到大兴安岭白桦低质低效林各样方土壤 pH 值，同样采用灰色关联分析法分析数据，首先根据不同诱导方式，导出樟子松（Y_Z）、兴安落叶松（Y_L）、西伯利亚红松（Y_H）在不同面积 G_1~G_6 林窗和不同带宽 S_1~S_4 样地及对照样组 CK 对应的土壤 pH 值数据序列：

$$Y_Z = (5.12，4.88，5.58，4.96，4.96，5.61，5.32，5.09，5.48，4.75，4.88)$$
$$Y_L = (5.05，5.86，5.02，4.74，4.82，5.34，4.84，5.75，5.49，5.78，4.79)$$
$$Y_H = (5.33，5.40，6.24，5.85，6.07，5.73，4.89，5.52，6.31，5.03，5.46)$$

各诱导方式对应的土壤 pH 均值分别为 5.18，5.23，5.62；由此导出各样方消除量纲对应的均值数据序列为：

$$Y_{Z'} = (0.98，0.94，1.08，0.96，0.96，.1.08，1.03，0.98，1.06，0.92，0.94)$$
$$Y_{L'} = (0.97，1.12，0.96，0.91，0.92，1.02，0.93，1.09，1.05，1.11，0.92)$$
$$Y_{H'} = (0.95，0.96，1.11，1.09，1.08，1.02，0.87，0.98，1.12，0.89，0.97)$$

均值数据序列走向图如图 4-17 所示。

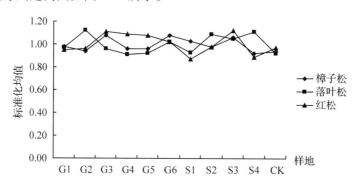

图 4-17　各样地土壤 pH 均值序列与对照组数据走向图

由图 4-17 结合原始数据序列分析可知：各诱导方式在不同改培方式下对应的样地土壤 pH 值变动幅度较平缓，带状改培和林窗改培样地土壤 pH 值变动不大，与对照组 pH 值也较为接近。具体在不同的诱导方式下：樟子松诱导改培的各样地中带状样地 S_2 对应的 pH 值最高（5.48），是相应对照样地土壤 pH 值的 1.12 倍，林窗样地 G_2、G_4、G_5 和带状样地 S_4 的土壤 pH 值最接近 CK（4.88）；兴安落叶松诱导改培的各样地中林窗

样地 G_2 对应的土壤 pH 值最高(5.86)，是相应对照样地土壤 pH 值的 1.23 倍，林窗样地 G_4、G_5 和带状样地 S_1 的土壤 pH 值最接近对照样地(4.79)；西伯利亚红松诱导改培的各样地中带状样地 S_3 的土壤 pH 值最高(6.31)，是相应对照样地土壤 pH 值的 1.16 倍，林窗样地 G_2 和带状样地 S_2 的土壤 pH 值最接近对照样地(5.46)。整体看大兴安岭白桦低质低效林土壤呈弱酸性，不同改培方式、不同诱导方式下土壤 pH 值变动不大，与对照样地的土壤 pH 值差距也不大。

　　2)白桦低质低效林土壤重金属含量变动情况分析

　　近年来重金属污染现象的蔓延越来越受到人们的重视，本节中采用原子吸收法(NY/T1613—2008)，利用 GGX-610 原子吸收分光光度计测定土壤中铜(Cu)、铅(Pb)、镉(Cd)的含量。经测定以上三种元素在白桦低质低效林不同面积林窗、不同宽度皆伐带土壤中含量见表 4-2。

表 4-2　不同面积林窗、不同宽度皆伐带样地土壤 Cu、Pb、Cd 含量

项目 样地	G_2 (mg/kg)	G_3 (mg/kg)	G_4 (mg/kg)	G_5 (mg/kg)	G_6 (mg/kg)	S_1 (mg/kg)	S_2 (mg/kg)	S_3 (mg/kg)	S_4 (mg/kg)	CK (mg/kg)
铜(Cu)	0.062	0.014	0.021	0.017	0.058	0.054	0.068	0.018	0.029	0.009
铅(Pb)	0.037	0.041	0.084	0.042	0.04	0.0101	0.0195	0.0179	0.0113	0.007
镉(Cd)	0.762	0.795	0.694	0.734	0.838	0.587	0.494	0.663	0.657	0.165

　　由表 4-2 中数据可以看出：在不同面积林窗的白桦低质低效林土壤中，不同程度的含有重金属 Cu、Pb、Cd，其中 Cu、Pb 含量甚微(均低于 0.1 mg/kg，在此不作分析)，而 Cd 含量略高。土壤中 Cd 含量平均值为 0.35 mg/kg(刘育红，2006；张兴梅等，2010；陈凌，2009)，而实验测得白桦低质低效林土壤中 Cd 平均含量为 0.797 mg/kg，高于土壤 Cd 含量的平均值，其中以林窗样地 G_6 的土壤 Cd 含量最高，达到 0.838 mg/kg，是白桦低质低效林样地 Cd 平均值的 1.05 倍，同时是土壤中 Cd 平均值的 2.39 倍，其中带状样地 S_2 是所有样地中 Cd 含量最低的，仍达到 0.494 mg/kg，仍高于土壤 Cd 含量的平均值，可见 Cd 污染的严重。而白桦低质低效林对照地 CK 的各重金属指标较低，尤其对照地的 Cd 含量为 0.165 mg/kg，土壤平均 Cd 含量的 47.1%。

　　Cd 污染的蔓延与近年来冶金工业(尤其是有色金属冶炼)的迅速发展有关(陈凌，2009)。森林生态系统中林下土壤出现重金属 Cd 超标现象，主要原因可归结为自然原因和人为干扰(张兴梅等，2010)。如图 4-18 所示，自然界中的镉污染主要来源于工业和农业，大气中 Cd 的来源是火山爆发喷射和火山灰的飞溅，风力扬尘的作用等，森林生态系统中出现的镉污染，还可能是森林火灾造成的副作用、植物的排放和水文作用下的 Cd 积累。另外人为干扰加剧了 Cd 的沉积，尤其是工业中合金、陶瓷的制造，电镀工艺的大量使用，金属熔炼以及含镉废弃物的处理不得当、塑料制品的焚烧等(黄益宗等，2004；冉烈等，2011)。而土壤一旦遭受 Cd 污染就难以消除，镉污染不会因林下植被(研究的樟子松、兴安落叶松、西伯利亚红松和林下灌木、草本)的作用而得到消除。当土壤中 Cd 以水溶性(络合态或离子态)存在时，能被植物根系所吸收并在植物体内积存，植被生命周期结束后 Cd 随植物体的腐烂、降解而凝聚、络合吸附到土壤中，从而

在自然界产生积累。

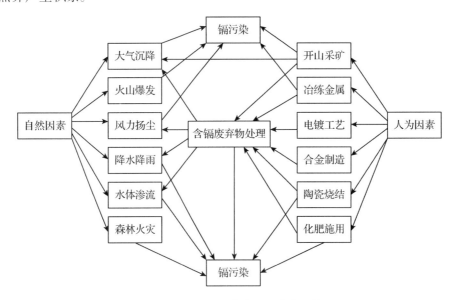

图 4-18　自然界镉污染来源网状分析简图

　　基于白桦低质低效林土壤的酸碱度在一定程度上影响了重金属 Cd 的化学行为和存在形态，高彬等通过控制土壤 pH 值观测芹菜(*Apium graveliens L.*)各部位重金属 Cd、Zn的浓度，结果表明草本植物芹菜吸收重金属 Cd、Zn 的量一定范围内随着土壤 pH 值的降低提高，随着土壤 pH 值的提高而降低(高彬等，2003)。很多学者认为林木根际是树木与土壤进行营养交换的场所，因而研究林木根际土壤的 pH 值与各种元素的含量变化情况(陈永亮等，2004)，陈永亮等通过对胡桃楸、落叶松纯林及其混交林土壤化学性质的研究得出树种根际土壤 pH 值一般小于其相应的非根际土(陈永亮等，2006)。而在对大兴安岭白桦低质低效林各样地进行研究时，采集的各个改培方式下样地土壤多为非根际土，因此所测得的土壤 pH 值比实际林下树木根际土的土壤 pH 值更高，因此实际林下土壤的重金属 Cd 含量应该高于实测值。大兴安岭白桦低质低效林土壤的重金属 Cd含量超标其直接原因在于：在土壤 pH 值较低，土壤呈弱酸性的情况下(尤其当 pH <6.5 时)，土壤中的水溶态 Cd 含量会随着 pH 值的减小而迅速增加；而可交换态(水溶态)Cd 含量在中、碱性条件下，随着土壤 pH 值的增大而迅速下降(杨忠芳等，2005；崔国发等，2000)。究其根本原因，在很大程度上与自然 Cd 沉降和工业快速发展下的人为 Cd 污染有关。因此要对林下土壤 Cd 污染进行防治，应在保证工业含 Cd 废弃物远离林区的前提下，控制林下土壤 pH 值 >6.5，避免施用含 Cd 化肥以及增施有机肥。

　　综上所述，对比不同面积林窗、不同宽度皆伐带白桦低质低效林土壤和对照组 CK的重金属 Cu、Pb、Cd 可以看出：在未经人为干扰的白桦低质低效林土壤重金属含量均低于相应的不同带宽带状改培和不同面积林窗改培的林地。因为除了以上提及的原因，对低质低效林进行的样地清理、穴状整地、林地松土、苗木栽植、林间管理等相应的抚育改培活动，不同程度的加剧了低质低效林重金属的沉积。

4.3.1.2　大兴安岭白桦低质低效林枯落物持水性能分析

（1）樟子松诱导改培的白桦低质低效林枯落物持水性能分析

白桦低质低效林经樟子松（*Mongolica Litv*）诱导改培后，各样方未分解层、半分解层枯落物在不同浸泡时间的持水量情况见表4-3、表4-4。

表4-3　樟子松诱导改培各样地未分解层枯落物蓄积及持水率

项目样方	换算系数	称重(g)	干重(g)	蓄积量(t/hm²)	自然持水率(%)	取重量	0.25h(g)	0.5h(g)	2h(g)	4h(g)	8h(g)	24h(g)	最大持水率(%)
G_1	0.866	32.6	30.08	4.99	15.52	25.7	110.7	90.7	90.7	110.7	101.4	105.7	311.28
G_2	0.902	17.6	18.78	2.79	10.81	13.7	64.7	64.7	59.7	104.7	94.4	94.7	591.24
G_3	0.896	13.6	13.29	2.03	11.54	9.8	39.8	47.8	44.8	49.8	39.6	65.8	571.43
G_4	0.734	45.6	34.96	5.83	36.17	38.1	175.2	190.1	135	160	149.9	155	307.89
G_5	0.889	33.6	29.09	4.68	12.51	24.7	95.7	100.7	100.7	105.7	95.7	100.7	307.69
G_6	1.739	14.6	22.57	3.94	42.5	11.3	50.3	39.3	46.3	46.3	37.6	59.3	424.78
S_1	0.889	32.6	28.98	4.83	27.3	111.3	90.3	91.3	107.3	107.3	97.6	322.34
S_2	0.901	43.6	39.24	6.54	11.11	40.3	163.3	183.3	163.3	200.3	190.3	180.6	384.62
S_3	0.903	15.6	14.09	2.35	10.71	12.2	54.2	63.2	47.2	49.2	57.2	48.4	385.25
S_4	0.844	17.6	14.85	2.48	18.52	13.8	60.6	60.6	55.6	65.6	55.6	46.2	345.59
CK	0.886	74.6	66.75	11.02	12.82	31.3	112.3	31.3	107.3	143.3	134.6	141.3	351.44

表4-4　樟子松诱导改培各样地半分解层枯落物蓄积及持水率

项目样方	换算系数	称重(g)	干重(g)	蓄积量(t/hm²)	自然持水率(%)	取重量	0.25h(g)	0.5h(g)	2h(g)	4h(g)	8h(g)	24h(g)	最大持水率(%)
G_1	0.893	49.6	44.29	7.38	12.01	42.8	135.8	180.8	145.8	130.8	175.8	225.8	427.57
G_2	0.911	41.6	37.91	6.32	9.76	34.3	111.3	105.6	75.3	267.3	355.3	350.3	921.28
G_3	0.865	19.6	16.95	2.83	15.63	14.2	71.2	80.2	25.2	60.2	90.2	72.2	408.45
G_4	0.894	67.6	60.43	10.07	11.86	56.4	164.4	129.4	274.4	304.4	259.4	361.4	540.78
G_5	0.863	37.6	32.44	5.41	15.91	31.7	103.7	85.7	100.7	75.7	155.7	163.7	416.41
G_6	0.889	33.6	29.87	4.98	12.50	26.5	99.5	40.5	40.5	75.5	120.5	122.5	362.26
S_1	0.929	77.6	72.16	12.03	7.53	59.4	180.4	173.4	188.4	196.4	196.4	250.4	321.55
S_2	0.896	54.6	48.95	8.15	11.67	44.3	215.3	220.3	231.3	235.3	220.3	220.3	397.29
S_3	0.905	40.6	36.73	6.12	10.53	33.2	98.2	157.2	149.2	142.2	125.2	135.2	307.23
S_4	0.844	41.6	35.21	5.87	12.50	28.6	105.6	136.6	112.6	110.6	111.6	158.6	454.55
CK	0.889	86.6	72.93	12.15	18.75	78.4	94.4	124.4	84.4	129.4	159.4	156.4	199.49

由于低质低效林枯落物层较土壤层疏松多孔，具有较强的持水能力。由表4-3分析：烘干后的樟子松林下未分解层枯落物在不同浸水时间后称重表现的质量变动趋势大体相同，均表现为取样后浸水0.25h时增重较快，浸水0.5～2h质量略有所回落或增速缓慢，浸水2～4h质量又开始增加，当浸水4～8h再次出现增速缓慢或个别有小幅度回

落现象，浸水 8~24h 枯落物持水质量趋于稳定，整个过程以浸水 4h 后枯落物吸水速度最快、持水质量达到最高。不同面积林窗样地枯落物最大持水率均值（419.05％）高于带状改培样地的最大持水率均值（359.45％），而两种改培方式枯落物的平均持水率均高于相应的对照地 CK（351.44％）。具体樟子松改培不同面积林窗样地未分解枯落物持水性能波动较大，其中 G_1、G_4、G_5 的枯落物最大持水率较低，G_2、G_3 的枯落物最大持水率较高，G_2（591.24％）最高，是相应对照组的 1.68 倍。不同宽度皆伐带改培下各样地的最大持水率变动不大，以 S_2（384.62％）、S_3（385.25％）的枯落物最大持水率较高，而 S_1（322.34％）的枯落物最大持水率最低。其单位面积未分解枯落物蓄积量均不同程度的低于对照地（11.02 t/hm²），其中林窗样地 G_4（5.83 t/hm²）带状样地 S_2（6.54 t/hm²）较高，林窗样地 G_3（2.03 t/hm²）最低。

由表 4-4 可知：各样地取样的枯落物在不同浸水时间后质量变化趋势大体一致，但明显有别于未分解枯落物层的相应值。具体表现为试样浸水后 0.25~0.5h 就有较高的吸水速度，这一期间增重值较 0.5~2h 相应的值高，2~4h 质量增速缓慢个别试样有质量回落现象，4~8h 质量趋于平稳，8~24h 质量又出现小幅度增加并保持一定的增幅。整个过程以 24h 后（即测试结束时刻）枯落物的持水质量最大并且仍有增长趋势。具体以不同面积林窗样地半分解枯落物最大持水率均值（512.81％）高于带状改培样地的最大持水率均值（370.16％），而两种改培方式枯落物的平均持水率均不同程度的高于相应的对照地 CK（199.49％）。具体樟子松改培不同面积林窗样地半分解枯落物持水性能波动较大，其中 G_6（362.26％）的枯落物最大持水率较低，G_2 的半分解枯落物最大持水率（921.28％）最高，是相应对照地的 4.62 倍。不同宽度皆伐带改培各样地的最大持水率变动不大，以 S_4（454.55％）半分解枯落物持水率最高、S_3（307.23％）的最低。样地半分解层枯落物蓄积量较未分解层蓄积量大，但仍然不同程度的低于对照样地（12.15 t/hm²），其中林窗样地 G_4（10.07 t/hm²）和带状样地 S_1（12.03 t/hm²）较高，林窗样地 G_3（2.83 t/hm²）的半分解层枯落物蓄积量最低。

综合表 4-3、表 4-4，樟子松诱导改培的各样地未分解层、半分解层枯落物取样情况及持水性易于发现，樟子松诱导改培后半分解层枯落物的持水性优于未分解层的枯落物的持水性，而不同改培模式下不同面积林窗样地的变动较大，以 G_2 的持水性较好。未分解层枯落物蓄积量低于半分解层的枯落物蓄积量，整体以林窗样地 G_4 带状样地 S_1 枯落物蓄积较高。不同皆伐带宽度下的带状改培的枯落物持水性和枯落物蓄积量结果出入较大，因此以下着重研究经兴安落叶松、西伯利亚红松诱导的不同带宽改培的低质低效林未分解层、半分解层枯落物持水性能。

（2）兴安落叶松诱导改培的白桦低质低效林枯落物持水性能

白桦低质低效林经兴安落叶松（*Larix gmelinii* Rupr）诱导改培后，不同宽度皆伐带（S_1~S_4）和对照地 CK 对应的未分解层、半分解层枯落物在不同浸泡时间的持水量情况如下表 4-5、表 4-6 所示。

表 4-5 兴安落叶松诱导改培带状样地未分解层枯落物蓄积及持水率

项目样方	换算系数	称重(g)	干重(g)	蓄积量(t/hm²)	自然持水率(%)	取重量	0.25h(g)	0.5h(g)	2h(g)	4h(g)	8h(g)	24h(g)	最大持水率(%)
S₁	0.891	53.6	47.77	7.96	12.19	46.7	198.7	160.7	148.7	169.7	165.7	157.4	338.33
S₂	0.887	35.6	31.57	5.26	12.77	31.5	132.5	117.5	137.5	126.5	123.5	115.0	301.59
S₃	0.871	37.6	32.75	5.46	14.81	33.9	132.9	113.9	112.9	122.9	151.9	141.9	362.83
S₄	0.884	24.6	21.74	3.62	13.16	19.5	96.5	91.5	81.5	104.5	87.5	79.01	430.77
CK	0.886	74.6	66.12	11.02	12.82	31.3	112.3	123.3	107.3	143.3	170.3	161.6	311.28

由表 4-5 分析经兴安落叶松诱导的不同带宽样地未分解层枯落物的持水性，可知除样地 S_1 外其余样地未分解层枯落物的持水量在 0.25～0.5h 增加最快、增幅最高，在浸水 0.5～2h 增幅减小或有小范围回落，在浸水 2～4h 持水量开始有稳定的小范围增加，在浸水 4h 时刻到持水量最高点，浸水 4～8h 后大部分有小范围回落，浸水 8～24h 持水量趋于稳定。同时对照样地 CK 在浸水 0.25h 含水量达到一定增幅后就一直有所下滑，浸水 4h 后含水量又开始稳步提高，在浸水 8h 达到最大值（170.3g）后浸水 24h 趋于稳定。各样方最大持水率均值（358.4 %）较高是对照样地（311.3 %）的 1.15 倍。其中 S_4（430.77 %）最高，S_2（301.59 %）最低。其单位面积未分解枯落物蓄积量均不同程度的低于对照组（11.02 t/hm²），其中样地 S_1（7.96 t/hm²）较高，S_4（3.62 t/hm²）最低。

表 4-6 兴安落叶松诱导改培带状样地半分解层枯落物蓄积及持水率

项目样方	换算系数	称重(g)	干重(g)	蓄积量(t/hm²)	自然持水率(%)	取重量	0.25h(g)	0.5h(g)	2h(g)	4h(g)	8h(g)	24h(g)	最大持水率(%)
S₁	0.839	83.6	70.18	11.69	19.23	70.7	299.7	291.7	161.7	277.7	346.7	301.7	387.55
S₂	0.811	69.6	56.45	9.41	23.29	56.5	161.5	195.5	216.5	195.5	228.5	200.5	415.93
S₃	0.882	48.6	42.88	7.15	13.33	41.4	208.4	204.4	70.4	180.4	237.4	212.4	405.79
S₄	0.909	41.6	37.82	6.30	10.01	33.5	135.5	138.5	126.5	178.5	122.5	120.5	361.19
CK	0.842	86.6	72.93	12.15	18.75	78.4	94.4	124.4	84.4	124.4	129.4	159.4	289.49

由表 4-6 分析相应半分解层枯落物的相应指标，各样地在浸水 0.25～0.5h 半分解枯落物含水量就达到了较高水平，0.5～4h 含水量增速缓慢或有不同程度回落。在浸水 8h 后含水量达到最高，浸水 8～24h 半分解枯落物含水量趋于稳定。各样地最高含水率均值（392.64 %）是相应对照组最高含水率（298.49 %）的 1.36 倍。其中 S_2 最高（415.93 %），S_4（361.19 %）最低。其单位面积半分解枯落物蓄积量虽比对应的未分解层蓄积量高，但也在不同程度的低于对照地（12.15 t/hm²），其中样地 S_1（11.69 t/hm²）较高，S_4（6.30 t/hm²）最低。

（3）西伯利亚红松诱导改培的白桦低质低效林枯落物持水性能

白桦低质低效林经西伯利亚红松（*Pinus koraiensis*）诱导改培后，不同宽度皆伐带（S_1～S_4）和对照组 CK 对应的林下未分解层、半分解层枯落物在不同浸泡时间的持水量情况见表 4-7、表 4-8。

表 4-7 西伯利亚红松诱导改培带状样地未分解层枯落物蓄积及持水率

项目 样方	换算 系数	称重 (g)	干重 (g)	蓄积量 (t/hm²)	自然持水 率(%)	取重 量	0.25h (g)	0.5h (g)	2h (g)	4h (g)	8h (g)	24h (g)	最大持水 率(%)
S_1	0.667	48.6	32.4	5.41	50.02	41.3	185.3	166.3	164.3	195.3	192.3	182.6	382.57
S_2	0.867	27.6	23.77	3.96	16.13	24.4	110.4	88.4	108.4	134.4	120.4	110.8	545.92
S_3	0.851	26.6	22.61	3.77	17.65	22.4	105.4	84.4	102.4	123.4	130.4	120.8	526.79
S_4	0.907	26.6	24.13	4.03	10.26	19.4	69.4	82.4	105.4	94.4	95.4	85.7	402.06
CK	0.887	74.6	66.12	11.03	12.82	31.3	112.3	123.3	107.3	143.3	170.3	161.6	351.44

由表 4-7 知西伯利亚红松诱导下未分解层枯落物持水量在不同浸水时段变化趋势与兴安落叶松大体一致，未分解层枯落物在浸水 0.25h 后达到较高持水量，0.5~4h 持水量缓步回落，4~8h 持水量稳步提高，这一过程未分解层枯落物持水量达到最大，并于浸水 8~24h 趋于稳定。最大持水率均值（464.34 %）是相应对照地 CK（351.44 %）的 1.32 倍，其中 S_2（545.92 %）最高，S_1（382.57 %）最低。未分解层枯落物蓄积 S_1（5.4 t/hm²）最高，S_3（3.77 t/hm²）最低，均不同程度低于对照地（11.03 t/hm²）。

表 4-8 西伯利亚红松诱导改培带状样地半分解层枯落物蓄积及持水率

项目 样方	换算 系数	称重 (g)	干重 (g)	蓄积量 (t/hm²)	自然持水 率(%)	取重 量	0.25h (g)	0.5h (g)	2h (g)	4h (g)	8h (g)	24h (g)	最大持水 率(%)
S_1	0.889	27.6	24.53	4.09	12.5	20.5	105.5	83.5	35.5	100.5	77.5	114.5	419.51
S_2	0.768	67.6	51.89	8.65	30.26	61.6	271.6	276.6	180.6	330.6	340.6	297.6	475.65
S_3	0.936	38.6	36.14	6.02	6.82	27.7	104.7	179.7	170.7	118.7	127.7	175.7	541.52
S_4	0.897	41.6	37.33	6.22	11.43	31.3	130.3	119.3	166.3	149.3	161.3	145.3	431.31
CK	0.842	86.6	72.93	12.15	18.75	78.4	94.4	124.4	84.4	124.4	129.4	159.4	156.4

由表 4-8 可知半分解层枯落物在不同时段持水量变动趋势为：浸水 0.25h 后持水量达到较高水平，在以后的浸水过程中 0.5~4h 皆变动不大，浸水 8h 持水量最大，8~24h 持水量趋于平稳。其中最大持水量均值（466.99 %）是相应对照地 CK（156.4 %）的 2.99 倍，其中样地 S_3（541.52 %）最高，S_1（419.51 %）最低。半分解层枯落物蓄积 S_2（8.65 t/hm²）最高，S_1（4.09 t/hm²）最低，均不同程度的低于对照地（12.15 t/hm²）。

综合以上对表 4-3~表 4-8 不同诱导改培下各样方未分解层、半分解层枯落物的蓄积量和持水能力的分析：经改培后的白桦低质低效林样地未分解层、半分解层枯落物最大持水率都不同程度的高于相应的对照组 CK，说明改培后低质低效林枯落物具有更佳的持水性能。半分解层枯落物浸水后的最大持水量高于未分解层，且达到最高持水量的浸水时间更短。说明半分解层枯落物持水能力优于相对应的未分解层，说明半分解层的林下枯落物具有更好地吸收水分、涵养水源、调节林地水文生态特性的功能，能更好地应对林区突发的高强度降水。对于不同浸水时间中枯落物持水量的变化趋势，各组数据的变化情况也符合枯落物吸水的水文过程（张长斌等，2011；韩家永等，2012；李良等，2010）。

对于枯落物蓄积量，虽然取样的白桦低质低效林林窗样地、带状样地的枯落物蓄积量都低于相应的 CK，但不影响枯落物的持水性能和水文特性。即枯落物的量并非越多越好，适量的枯落物蓄积可以有效调节林区水文生态同时不阻碍林木的天然更新，相应的结论李根柱等（樊登星等，2008）在对东北次生林区枯落物对天然更新作用的分析中也有所提及。因此改培后的白桦低质低效林具有较适当的林下枯落物蓄积量，枯落物持水性能半分解层优于未分解层。在具体的改培模式中，樟子松诱导改培的林窗样地 G_4 和带状样地 S_1 的枯落物蓄积量较大，林窗样地 G_2、G_3 和带状样地 S_2、S_3 的枯落物持水性能较好；兴安落叶松改培的带状样地 S_1 枯落物蓄积量较大，带状 S_2 的枯落物最大持水量较高；西伯利亚红松诱导改培的带状样地 S_1、S_2 枯落物蓄积量较大，带状 S_2、S_3 的枯落物最大持水量较高。

4.3.1.3　大兴安岭白桦低质低效林植被多样性

我国作为世界上少数几个"生物多样性特别丰富的国家"（Mega-Diversity Countries）之一，有着丰富的森林、草原、淡水和珊瑚礁等生态系统以及由此而衍生的多种多样的生物物种。而森林生物多样性是生物多样性的重要组成部分，它是指在森林这个综合地域类型中，由所有的森林植物、动物和微生物组成的全部物种和森林生态系统，以及这些物种所存在的生态系统的生态学过程。在森林生态系统中，高大颀长的乔木层、葱郁茂密的灌木层以及品类繁多的草本层构成了森林生态系统特有的生境。对于大兴安岭白桦低质低效林植被多样性，拟考虑从林区乔木层、灌木层、草本层三个方面归类分析其多样性情况。由于各样地因诱导方式的不同，区域内主要乔木树种主要有白桦（*Betula platyphylla*）、黑桦（*Betula dahurica*）、山杨（*Populus davidiana*）几种。

（1）白桦低质低效林灌木层植被种类及分布

在不同面积林窗（$G_1 \sim G_6$）不同宽度皆伐带（$S_1 \sim S_4$）和对照地 CK 中对应的灌木层分布见表 4-9。

表 4-9　不同面积林窗、不同宽度皆伐带样地灌木层种类分布表（%）

样方种类	G_1	G_2	G_3	G_4	G_5	G_6	S_1	S_2	S_3	S_4	CK
蒙古栎	18	30	18	30	25	30	18	24	25	17	35
胡枝子		10	6		18	17	4	6	10		20
兴安杜鹃	7	40	22	5	20	18	7	25	30	60	16
黄刺梅				5	5				5		3
偃松									2		

由表 4-9 可知，各样地灌木层植被主要集中在蒙古栎（*Quercus*）、胡枝子（*Lespedeza Bicolor*）、兴安杜鹃（*Rhododendron dauricum Linn*）这三种，个别样地有少数黄刺梅（*Rosa xanthina Lindl*）、偃松（*Pinus pumila*），整体上看以带状样地 S_3 灌木种类较多但覆盖率低，林窗样地 G_2 和带状样地 S_4 灌木层覆盖率较高，但品类较为单一，林窗样地 G_5 在种类和覆盖率上较为适中。对比对照样地 CK，白桦低质低效林不同改培模式下各样方在覆盖率上与其较为接近，但灌木层分布和种类上不及对照地全面。

（2）白桦低质低效林草本层植被种类及分布

经外业调查白桦低质低效林种的草本植物主要有鸢尾（*Iris tectorum.*）、羊胡子苔草

（*Cyperaceae carex*）、地榆（*Sanguisorba alpina*）、鹿蹄草（*Pyrola incarnata.*）、轮叶沙参（*Adenophora tetraphylla.*）、杏叶沙参（*Adenophora axilliflora.*）、牛蒡（*Synurus deltoides.*）、铃兰（*Convallaria majalis.*）、艾蒿（*Artemisia verlotorum.*）、毛筒玉竹（*Polygonatum inflatum*）、蕨菜（*Pte-ridium excelsum.*）、乌头（*Aconitum carmichaeli.*）、东方草莓（*Fragaria orientalis*）、唐松草（*Thalictrum aquilegifolium*）、狗尾草（*Setaira viridis*）、野豌豆（*Lupinus polyphyllas.*）、苍术（*Atractylis japonica.*）、风毛菊（*Compositae Saussurea.*）、茅香（*Hierochloe.*）、莫石竹（*Moehringia lateriflora*）等。草本层不同面积林窗、不同宽度皆伐带白桦低质低效林草本分布见表4-10。

表4-10　不同面积林窗、不同宽度皆伐带样地草本分布表(%)

样方种类	G₁	G₂	G₃	G₄	G₅	G₆	S₁	S₂	S₃	S₄	CK
鸢尾	3		16	2	2	4	2	3	3	4	3
羊胡子苔草	5	18	12	7	12	15	7	12	14	9	18
地榆	1	1	2.5	2	1	3	2	2	1	2	4
鹿蹄草	0.5		5	1	1	0.5	1	12	5	7	3
轮叶沙参	2	2	2	1	3	3			4	2	2
杏叶沙参	3	6	6	7	10	21	1	9	10	12	9
牛蒡		3	1	1.5	3	5	3		3		
铃兰			1	1	18	2		17			1
艾蒿	1	0.5	8	0.5	2	0.5			1	1	
毛筒玉竹				2		2	2			5	2
蕨菜		1	2		2	1		2	4	15	10
乌头						2		1			
东方草莓				8				1	2	4	4
唐松草		1		1			2		7	8	1
狗尾草	5	3	2	1		1	4		2	1	4
野豌豆			2		1		2		1	2	5
苍术	5	15	15	12	10	8		2		6	15
风毛菊		4	1		2				2		
茅香		3			1		2			2	5
莫石竹				2							

　　由表4-10看出，生长于低质低效林各样方的草本以为多年生草本(如鸢尾、地榆、艾蒿、苍术等)为主，也有少数一年(狗尾草)、二年生草本(如牛蒡、风毛菊等)，多集中在蔷薇科、莎草科、菊科，多为直立草本，也有呈蒲状或略呈半灌木状。

　　以表4-10各样方包含的草本种类数作为考察对象，样方草本丰富度归纳见表4-11。

表4-11　各样方草本种类及盖度归纳表

样方	G₁	G₂	G₃	G₄	G₅	G₆	S₁	S₂	S₃	S₄
草本种类	9	12	14	13	16	15	11	9	16	14
草本盖度(%)	25.5	57.5	75.5	46	71	68	28	60	67	78

结合表 4-10、表 4-11 可知不同改培模式改培后的白桦低质低效林各样方草本层植被分布和盖度均低于相应的对照组。其中以林窗样地 G_3、G_5 和带状样地 S_3、S_4 的草本物种较为丰富，林窗样地 G_3、G_5、G_6 带状样地 S_3、S_4 的草本层覆盖率较高，综合看林窗样地 G_3 和带状样地 S_4 的草本层多样性最好。比照各改培样方和对照组 CK，只有林窗样地 G_5 的草本种类上高于 CK，其余各样方在种类和盖度上都低于对照地。

（3）白桦低质低效林植被多样性计算

在近年来对生物多样性的研究中，多采用物种丰富度指数（S）、物种多样性指数（H'）和均匀度指数（J）作为衡量生物多样性的测度（刘晓红等，2008）。其计算公式如下：

①物种丰富度指数：

$$S = 标准地内所有物种数之和 \tag{4-4}$$

②Shannon-wiener 多样性指数：

$$H' = - \sum_{i=1}^{s} p_i \ln p_i \tag{4-5}$$

③Pielou 均匀度指数：

$$J = H'/\ln S \tag{4-6}$$

式中：S 为种 i 所在样方的物种总数，即丰富度指数；$p_i = n_i/N$，p_i 为第 i 个物种的相对多度，n_i 为种 i 的个体数，N 为所在群落的所有物种的个体数之和（姜帆等，2007）。

根据外业统计数据及公式（4-4）、（4-5）、（4-6），得出大兴安岭白桦低质低效林乔木层、灌木层、草本层的生物多样性指数见表 4-12。

结合表 4-12，乔木层物种丰富度指数中林窗样地 G_4 的与对照地 CK 相同，其他各样地乔木层物种丰富度指数都低于 CK，其中林窗样地 G_1 和带状样地 S_3 乔木层物种丰富度与 CK 相差 2 个物种，低于其他样地；带状样地 S_3 的灌木层物种丰富度较 CK 多 1 个物种，林窗样地 G_2、G_5 该指标与 CK 相同，其他样地均不同程度低于 CK。

表 4-12　白桦低质低效林生物多样性指标

样地	乔木层			灌木层			草本层		
	S	H'	J	S	H'	J	S	H'	J
G_1	2	0.64	0.92	2	0.68	0.98	9	1.37	0.85
G_2	3	0.85	0.77	3	1.34	0.97	12	1.15	0.72
G_3	3	1.01	0.91	3	0.98	0.89	14	1.93	0.88
G_4	4	1.27	0.91	4	1.06	0.97	13	1.78	0.81
G_5	3	1.05	0.96	4	1.08	0.78	16	1.8	0.82
G_6	3	0.84	0.77	3	0.85	0.77	15	1.97	0.89
S_1	3	1.01	0.92	3	0.91	0.83	11	1.4	0.87
S_2	3	1.09	1.01	3	1.02	0.93	9	1.66	0.86
S_3	3	0.66	0.95	5	1.55	0.96	16	1.91	0.83
S_4	2	0.61	0.55	2	0.71	0.64	14	1.69	0.77
CK	4	0.86	0.62	4	1.31	0.94	15	1.97	0.89

不同带宽样地中草本层物种丰富度指数随带宽的增加有递增趋势,而林窗面积较大样地的草本层物种丰富度指数比小面积林窗的高,样地 G_5、S_3 的草本层物种丰富度指数最高,较 CK 多 1 个物种。S_1、S_2 乔木层物种多样性指数高于 CK,林窗样地乔木层物种多样性指数随着采伐面积的增大而提高,当林窗面积大于 $400m^2$ 后,乔木层物种多样性指数下降,样地 G_4 的乔本层物种多样性指数最高,较 CK 高 0.41;带状样地 S_3 灌木层物种多样性指数比照 CK 高 0.24,同时林窗样地 G_2 该指标比 CK 高 0.03,其他样地均低于 CK;除 G_6 草本层物种多样性指数与 CK 相同,其他样地该指标都低于 CK,带状改培试验区中 S_3 该指数最高。除带状样地 S_4 乔木层均匀度指数低于 CK,其他各样地均高于 CK,上升幅度为 $0.15 \sim 0.39$,其中 S_2、S_3、G_5 乔木层均匀度指数较高;带状样地 S_2、S_3 和林窗样地 G_1、G_2、G_4 灌木层均匀度指数较高;林窗样地 G_6 的草本层均匀度指数与 CK 相同,其他各样地都低于 CK,带状样地 S_2 和林窗样地 G_3 草本层均匀度指数下降幅度较大。

4.3.1.4 综合评价白桦低质低效林不同模式改培效果

灰色聚类是建立在灰色关联分析或白化权函数基础上的将观测对象划分成若干可定义类别的方法(吕海龙等,2011;宋启亮等,2010),是近年来广泛应用于质量评估、结构预测、环境评价、工程分析等方面的较为科学有效的分析方法,在社会、经济、工程和生态等诸多方面的应用都较为成功(肖新平等,2005)。按聚类对象的不同,灰色聚类分析一般分灰色关联聚类和灰色白化权函数聚类,其中灰色关联聚类更利于复杂系统的简化,一般将同类因素并归到同属的大类别中,最终用观测因素综合平均指标代替同属的若干因素同时保持信息的完整性(唐智和等,1995;刘刚等,2003;庞博等,2011)。在林业生态评估方面,由于涉及的观测指标较为分散很难对每一个因素进行逐一的判断,因此采用灰色关联聚类分析白桦低质低效林不同改培模式下的生态效果。

(1)灰色关联聚类模型的建立

设有 n 个观测对象,每个对象观测 m 个特征数据,得到数据序列如下:

$X_1 = (x_1(1), x_1(2), \cdots, x_1(n))$

$X_2 = (x_2(1), x_2(2), \cdots, x_2(n))$

$\cdots\cdots\cdots$

$Xm = (x_m(1), x_m(2), \cdots, x_m(n))$

对所有的 $i \le j$,$i, j = 1, 2, \cdots m$,按照 $\gamma_{0i}(k) = \dfrac{m + \zeta M}{\Delta_i(k) + \zeta M}$,$\zeta \propto (0, 1)$,$k = 1, 2, \cdots m$。计算其关联系数。按照 $\gamma_{0i} = \dfrac{1}{n} \sum_{k=1}^{n} \gamma_{0i}(k)$,$i = 1, 2, \cdots, m$。计算出 X_i 与 X_j 的灰色关联度,按照 $\varepsilon_{0i} = \dfrac{1 + |s_0| + |s_i|}{1 + |s_0| + |s_i| + |s_0 - s_i|}$,其中 $s_i = \int_1^n (X_i - x_i(1)) \mathrm{d}t$ 来计算 X_i 与 X_j 的灰色绝对关联度 ε_{ij},得上三角矩阵:

$$A = \begin{pmatrix} \varepsilon_{11} & \varepsilon_{12} & \cdots & \varepsilon_{1m} \\ & \varepsilon_{22} & \cdots & \varepsilon_{2m} \\ & & \cdots\cdots & \\ & & & \varepsilon_{mm} \end{pmatrix}$$

其中，$\varepsilon_{ii}=1$，$i=1,2,\cdots,m$。称 A 为特征变量关联矩阵。取临界值 $r\propto[0,1]$，一般要求 $r>0.5$，当 $\varepsilon_{ij}\geqslant r(i\neq j)$ 时，则视 X_i 与 X_j 为同类特征（陈佳妮等，2010；高翠翠等，2006）。而特征变量在临界值 r 下的分类则称为特征变量的 r 灰色关联聚类。r 的具体值在实际问题中酌情给定，r 越接近 1 则分类越细，每一组分中的变量相对越少；反之 r 越接近 0 则分类越粗，每一组分中的变量相对就越多。

（2）白桦低质低效林生态功能灰色关联聚类分析

对大兴安岭白桦低质低效林不同面积林窗（$G_1\sim G_6$）和不同宽度皆伐带（$S_1\sim S_4$）以及对照组 CK 共 11 组作为观测对象展开聚类分析，依据各样地土壤理化性质、枯落物持水性能、样地植被多样性三方面的 10 个指标进行评价：分别是①土壤密度；②土壤孔隙度；③土壤含水率；④土壤速效 N 含量；⑤土壤速效 P 含量；⑥土壤速效 K 含量；⑦重金属 Cd 含量；⑧枯落物蓄积量（半分解层）；⑨枯落物最大持水率；⑩植被多样性。

采取满分 15 分制，每一个观测对象在各个指标项中的给分用前几章分析中消除量纲的数据序列均值圆整后代替。11 个观测对象在各个指标所得分数见表 4-13。

表 4-13　白桦低质低效林 11 个样方 10 个指标得分情况

观测对象	考察指标									
	1	2	3	4	5	6	7	8	9	10
X_1	10	10	8	10	14	12	8	8	8	3
X_2	7	9	10	13	4	12	8	6	15	6
X_3	11	9	9	13	8	12	7	3	8	8
X_4	10	9	6	13	12	11	7	10	11	5
X_5	14	10	7	6	2	13	8	5	8	7
X_6	10	11	15	8	10	15	6	5	7	7
X_7	10	10	11	9	15	5	5	9	7	3
X_8	8	10	13	8	9	7	6	9	9	6
X_9	10	10	9	11	13	7	7	6	8	7
X_{10}	10	10	12	11	11	5	7	6	8	8
X_{11}	8	9	12	7	8	13	2	12	4	9

对所有的 $i\leqslant j$，$i,j=1,2,\cdots 10$，计算出 X_i 与 X_j 的灰色绝对关联度，得下三角矩阵，见表 4-14。

表 4-14　白桦低质低效林各考察指标关联矩阵

	X_1	X_2	X_3	X_4	X_5	X_6	X_7	X_8	X_9	X_{10}
X_1	1									
X_2	0.65	1								
X_3	0.77	0.67	1							
X_4	0.64	0.82	0.78	1						
X_5	0.79	0.76	0.75	0.88	1					
X_6	0.68	0.82	0.79	0.69	0.86	1				
X_7	0.92	0.54	0.85	0.64	0.32	0.51	1			
X_8	0.71	0.71	0.76	0.42	0.76	0.59	0.88	1		
X_9	0.74	0.59	0.68	0.76	0.73	0.68	0.73	0.90	1	
X_{10}	0.67	0.82	0.76	0.72	0.67	0.72	0.75	0.84	0.73	1

利用表 4-14 即可对白桦低质低效林各考察指标进行灰色聚类分析。

令 $r=0.80$，依次筛选出 $\varepsilon_{ij} \geq 0.8$，有：

$\varepsilon_{4,2}=0.82$，$\varepsilon_{5,4}=0.88$，$\varepsilon_{6,2}=0.82$，$\varepsilon_{6,5}=0.86$，$\varepsilon_{7,1}=0.92$，$\varepsilon_{7,3}=0.85$，$\varepsilon_{8,7}=0.88$，$\varepsilon_{9,8}=0.90$，$\varepsilon_{10,8}=0.84$。

由此可知 X_4 与 X_2 在同一类中，X_5 与 X_4 在同一类中，X_6 与 X_2、X_5 在同一类中，X_1 与 X_3、X_7、X_8 在同一类中，X_9 与 X_8 在同一类中，X_{10}、X_8 在同一类中。

取标号最小的指标作为各类的代表，就得到 10 个指标的聚类：

〔X_2，X_4，X_5，X_6〕，〔X_1，X_3，X_7，X_8，X_9，X_{10}〕

其中 X_2 反应白桦低质低效林土壤孔隙度，X_4、X_5、X_6 分别反应土壤速效 N、P、K 含量，X_1 反应低质低效林土壤密度，X_3 反应土壤含水率，X_7 反应土壤重金属镉（Cd）含量，X_8 反应枯落物蓄积量，X_9 反应枯落物最大持水率，X_{10} 反应低质低效林植物多样性。通过灰色聚类分析：低质低效林土壤孔隙度与土壤速效元素密切相关，原因在于土壤孔隙度的大小，决定土壤中空气含量、土壤微生物存活数量等，直接影响土壤中有效元素的吸收和利用。土壤密度与含水率及枯落物蓄积密切相关：原因在于土壤密度的高低，直接反应土壤颗粒的大小和土壤团聚体的数量，枯落物蓄积的增加会使土壤团聚体增多、细化土壤颗粒、增加土壤密度，因而枯落物蓄积越大越利于枯落物层持水、土壤密度越高。同样的枯落物蓄积量的增加，必然使枯落物持水能力提高。与此同时，枯落物层（包括未分解层和半分解层）物质的主要来源于林间树木的自然凋落和草本植被的枯萎，低质低效林的植被生物多样性越高，则枯落物蓄积越高。而重金属镉（Cd）由于其特定的化学存在形式，会随着植物的枯萎、凋落而产生沉积，随着枯落物的分解而在土壤中产生积累，而且随着生物多样性程度的提高，重金属镉的含量也相应的升高。

4.3.1.5　大兴安岭白桦低质低效林改培模式综合分析

基于以上对白桦低质低效林不同改培方式下各项影响因素的考察，不同的改培方式和诱导方式下对应的各因素优劣存在交叉现象：土壤理化性质好的样地枯落物持水性能和蓄积量未必佳，重金属污染情况较轻的样地也许生物多样性指标较差，而对于大兴安岭白桦低质低效林，评价其改培模式优劣的最终标准在于改培的苗木成活率。不同改培下苗木成活率和生长率见表 4-15。

表 4-15　白桦低质低效林各样地苗木成活率、生长率汇总表

类别	西伯利亚红松		兴安落叶松		樟子松	
样地	成活率(%)	生长率(%)	成活率(%)	生长率(%)	成活率(%)	生长率(%)
S_1	74.5	18.8	60.4	20.5	61.4	20.9
S_2	70.1	19.7	71.5	23.8	60.8	23.7
S_3	64.0	18.2	62.6	21.1	71.5	21.4
S_4	67.1	20.8	63.7	21.0	73.4	18.8
均值	68.9	19.4	64.6	21.6	66.8	21.2
G_1	70.5	20.1	61.9	22.0	54.7	19.9
G_2	71.4	19.8	62.7	21.1	63.4	19.5
G_3	64.8	18.9	68.8	20.7	81.8	20.1
G_4	64.0	19.4	68.0	23.5	72.2	23.3
G_5	61.3	18.5	67.0	21.3	71.0	23.3
G_6	63.4	17.2	65.3	22.4	73.9	20.8
均值	65.9	19.0	65.6	21.8	69.5	21.1
CK	68.5	19.6	69.2	22.3	73.1	23.5

由表 4-15 看出，西伯利亚红松诱导白桦低质低效林带状改培的平均苗木成活率(68.9%)和生长率(19.4%)均不同程度的高于相应的林窗改培(65.9%，19.0%)，但低于其对照样地 CK(68.5%，19.2%)。其中带状样地 S_2、S_4 和林窗样地 G_1、G_2 成活和生长情况较好；兴安落叶松诱导白桦低质低效林带状改培的平均苗木成活率(64.6%)低于相应的林窗改培(65.6%)，生长率二者接近。同样低于其对照样地 CK(69.2%，22.3%)。其中带状样地 S_2 和林窗样地 G_3、G_4、G_5 成活和生长情况较好；樟子松诱导改培的平均苗木成活率(66.8%)低于相应的林窗改培(69.5%)，生长率较接近。低于对照样地 CK(73.1%，23.5%)，其中苗木成活率高的样地生长状况不好，生长率高的样地成活率较低，综合看带状样地 S_2、S_3 和林窗样地 G_3、G_4、G_6 成活和生长情况较好。

大兴安岭白桦低质低效林在不同改培方式(林窗改培、带状改培)和不同诱导方式(栽植樟子松、兴安落叶松、西伯利亚红松)改培后，不同考察指标各不相同，具体归纳如下：

(1)土壤物理性质方面

综合土壤密度、孔隙度(分毛管孔隙度和非毛管孔隙度)、土壤含水率、有机碳含量，以西伯利亚红松改培的林窗样地 G_2、G_5 和带状样地 S_3，兴安落叶松改培后的林窗样地 G_2、G_4 和带状样地 S_2、S_4，以及樟子松改培后的林窗样地 G_2、G_3 和带状样地 S_3、S_4 情况较好。

(2)土壤化学性质方面

樟子松诱导改培的林窗样地 G_2 和带状样地 S_1 的土壤 N 含量较高；兴安落叶松诱导改培的林窗样地 G_1 和带状样地 S_3 的土壤 P 含量较高；西伯利亚红松诱导改培的林窗样地 G_4、G_6 土壤 K 含量较高。各样地土壤普遍呈微酸性，pH 值在 4.5~6.5 范围内，西

伯利亚红松诱导改培的样地土壤 pH 值均值高于其他两种树种。低质低效林 Cd 污染较为严重，且林窗改培样地甚于带状改培的样地，随着林窗面积的增加，土壤镉含量有上升趋势。

（3）枯落物持水性能方面

半分解层枯落物持水性优于未分解层枯落物的持水性，枯落物蓄积各样地均不同程度低于对照组 CK，但最大持水率高于 CK。樟子松诱导改培的样地 G_4、S_1 枯落物蓄积量较高，样地 G_2、G_3、S_2、S_3 枯落物持水性能较好；兴安落叶松改培的样地 S_1 枯落物蓄积量较大，S_2 的枯落物最大持水量较高；西伯利亚红松诱导改培的样地 S_1、S_2 枯落物蓄积量较大，S_2、S_3 的枯落物最大持水量较高。

（4）低质低效林植被多样性方面

植被丰富度方面以林窗样地 G_4、G_5、G_6 和带状样地 S_3、S_4 较好，多样性植被方面以林窗样地 G_3、G_4、G_5 和带状样地 S_2、S_3 较好，均匀度方面以林窗样地 G_2、G_3、G_4、G_6 和带状样地 S_1、S_2、S_3 较好。综合植被丰富度、多样性、均匀度指标，以林窗样地 G_4、G_5 和带状样地 S_2、S_3 的植被多样性情况最好。

综合各方面因素，西伯利亚红松诱导改培的林窗样地 G_2（10m×10m）和带状样地 S_2（带宽 10m）、S_3（带宽 14m）土壤物理性质较好，经落叶松诱导改培的林窗样地 G_2（10m×10m）带状样地 S_2（带宽 10m）土壤化学元素含量最高且 pH 值含量适中，林窗样地 G_4（20 m×20m）、G_5（25 m×25m）和带状样地 S_2（带宽 10m）、S_3（带宽 14m）的植被多样性情况最好，同时 S_2（带宽 10m）枯落物持水率较高、重金属镉含量最低。樟子松诱导改培的样地苗木成活率高的生长状况不好，生长率高的样地成活率较低。综合分析，块状改培模式林窗 G_2（10m×10m）营造西伯利亚红松和顺山带状 S_2（带宽 10m）营造落叶松为大兴安岭白桦低质低效林的最佳改培模式。为达到使低质低效林变高质林、改萌生林为实生林的目的，在改培完成后，每年对改培林地进行科学合理的抚育，改培当年的抚育工作主要为扩穴、培土、扶正、踏实和除草，以后每年进行除草、松土、割灌、砍去竞争植物等抚育措施。

4.3.2　阔叶混交低质低效林

如何对多种改培模式进行评价，进而从中选出最优的一个，目前很多研究都是关于不同改培模式对低质低效林单项指标的影响，评选结果的科学性和全面性不够。有些研究选取了多项指标建立评价模型，对不同改培模式进行综合评价，选取的评价指标各不相同。较高的多样性能增加植物群落的生产力、生态系统营养的保持力和生态系统的稳定性（Tilman D，2000；Sodhi N S 等，2010；Pardini R 等，2009）；枯落物具有改良土壤、拦蓄渗透降水、分散滞缓地表径流、补充土壤水分等作用（高人等，2002；刘少冲等，2005）；土壤物理性质是评价土壤水源涵养能力的重要指标，直接影响到林木根系的生长；土壤肥力状况是影响森林生产力最主要的因素，影响并控制着林木的健康状况（Quesada C A 等，2009；Perez-Bejarano A 等，2010；Nave L E 等，2010）；土壤呼吸强度是评价土壤肥力和土壤质量的重要生物学指标，同时也是预测生态系统生产力与相应气候变化的参数之一(Anderson T H，2003；王淑敏等，2007)。由于不同地区各个类型低质低效林的生态环境、立地条件和植被类型等都有差异，所以各改培模式的改培效果并不相同，筛选出最适宜本地特有类型低质低效林的改培模式，对当地低质低效林改培十分重要。因此，本节以大兴安岭阔叶混交低质低效林为研究对象，通过筛选反映低质低效林改培效果的多个评价指标，运用主成分分析法对不同改培模式建立综合评价模型，对不同改培模式进行定量综合评价，并最终优选出大兴安岭阔叶混交低质低效林最佳的改培模式，为大兴安岭地区低质低效林经营与改培提供参考依据。

4.3.2.1　研究方法

（1）评价指标

于 2012 年 6 月进行调查和取样。对不同改培试验区的乔木、灌木、草本植被进行调查，利用调查数据计算出物种丰富度指数(S)、Shannon-wiener 多样性指数(H')和 Pielou 均匀度指数(J)作为不同改培模式的物种多样性评价因子。

在顺山带状改培试验区每条采伐带沿山坡上中下随机设置各 9 个样点，在块状改培试验区的每个改培样地按“Z”型设置 5 个样点。每个样点进行枯落物和土壤样品的采集与制备。

每个样点按未分解层、半分解层分层收集枯落物，烘干后称其干重，以干物质质量推算枯落物的蓄积量，并采用室内浸泡法测定枯落物的最大持水量。

在每个样点用容积为 100 cm^3 的环刀取环刀样品，同时取表层(0 ~ 10cm)土壤带回实验室，用于分析土壤的化学性质，评价指标有 pH、有机质、全 N、全 P、全 K、水解 N、速效 P 和速效 K 含量。环刀样品用于分析土壤的物理性质，评价指标有容重、最大持水量、非毛管孔隙度、毛管孔隙度、总孔隙度。土壤理化性质的测定采用森林土壤分析方法。

采用 LI-8150 多通道土壤碳通量自动测量系统测定土壤表面 CO_2 通量，每个观测点连续观测 24h，以 0.5h 为一个测量周期，全天重复测量 48 次，并以平均值作为试验区的土壤呼吸速率。

对试验区内所栽植苗木的地径、树高以及生长量等指标进行测量，并计算出不同改培样地内樟子松、西伯利亚红松、兴安落叶松的成活率和生长率。

（2）评价方法

将评价阔叶混交低质低效林不同改培模式的 p 个评价指标记为 X_1，X_2，…，X_p，n 个阔叶混交低质低效林改培模式的 p 项评价指标构建原始数据矩阵 $X = [X_{ij}]_{n \times p}$，其中 X_{ij} 表示第 i 种低质低效林改培模式的第 j 项指标数据($i = 1$，2，…，n；$j = 1$，2，…，p)。

1）原始数据标准化，消除数量级和量纲的影响，正向指标用公式(4-7)进行标准化，逆向指标用公式(4-8)进行标准化。

$$X_{ij}^* = \frac{X_{ij}}{X_j} \tag{4-7}$$

$$X_{ij}^* = \frac{\overline{X}_j}{X_{ij}} \tag{4-8}$$

式中：X_{ij}^* 为 X_{ij} 标准化数据；$\overline{X}_j$ 为第 j 个评价指标的平均值。

2）确定主成分，用 SPSS 软件处理标准化的数据，确定其中特征根大于 1 的前 m 个主成分，建立 m 个主成分与标准化变量间的关系，其公式为：

$$Y_k = b_{k1}X_1^* + b_{k2}X_2^* + \cdots + b_{kp}X_p^* \tag{4-9}$$

式中：Y_k 为第 k 个主成分（$k = 1，2，3，\cdots m$），b_{k1} 是表示第 k 个主成分的因子载荷。

3）确定权重，用第 k 个主成分的贡献率和所选取的 m 个主成分的总贡献率比值表示各个主成分的权重：

$$w_k = \frac{\lambda_k}{\sum_{k=1}^{m} \lambda_k} \tag{4-10}$$

式中：w_k 为第 k 个主成分的权重，λ_k 为第 k 个主成分的贡献率。

4）构造综合评价函数，根据式（4-9）确定的前 m 个主成分与式（4-10）中得到的权重建立综合评价函数：

$$F = \sum_{k=1}^{m} w_k Y_k \tag{4-11}$$

式中：F 为皆伐改培模式的综合评价得分。综合评价的得分越高，则表明该改培模式效果越好。

4.3.2.2　大兴安岭阔叶混交低质低效林不同改培模式评价指标

以不同带宽的顺山带状皆伐改培和不同面积的块状皆伐改培等方式对低质低效林进行改培，顺山带状皆伐改培分为 4 种（6～18m）模式，块状皆伐改培分为 6 种（25～900m²）模式，共 10 种改培模式，选取生物多样性、枯落物、土壤物理性质、土壤化学性质、土壤呼吸速率、更新苗木生长状况等 33 项评价指标，应用主成分分析对不同改培模式的改培效果进行综合评价，为消除各评价指标量纲和数量级的影响，首先利用公式（4-7）、（4-8）对各个评价指标进行标准化处理，大兴安岭阔叶混交低质低效林的土壤呈弱酸性，其 pH 值均低于 7，则当其 PH 值越接近 7 时，越适合地上植被的生长，因此，土壤 PH 为正向指标，按公式（4-7）进行标准化处理；土壤容重值越大，说明土壤被压实的越严重，不利于地上植被的生长，因此，土壤容重为逆向指标，按公式（4-8）进行标准化处理；其他评价指标均为正向指标，按公式（4-7）进行标准化处理，标准化后的结果见表 4-16 至表 4-20。

表 4-16　不同改培模式生物多样性指标标准化

改培样地	乔木层			灌木层			草本层		
	S	H'	J	S	H'	J	S	H'	J
S_1	0.88	0.75	0.64	1.03	0.85	0.82	0.89	1.04	1.10
S_2	1.18	1.38	1.18	1.54	1.51	1.13	0.89	1.09	1.15
S_3	0.88	1.10	1.20	1.28	1.35	1.13	1.22	1.06	0.97

（续）

改培样地	乔木层			灌木层			草本层		
	S	H'	J	S	H'	J	S	H'	J
S_4	1.18	0.59	0.65	1.28	1.30	1.08	0.67	0.87	1.06
G_1	0.59	0.68	1.17	0.77	0.89	1.09	1.11	1.08	1.03
G_2	1.18	1.25	1.07	1.03	1.17	1.15	1.00	1.04	1.04
G_3	1.18	1.21	1.04	0.77	0.89	1.08	1.00	1.03	1.03
G_4	1.18	1.09	0.94	0.77	0.96	1.18	0.89	0.91	0.91
G_5	0.88	0.94	1.02	0.77	0.42	0.51	1.11	1.00	0.94
G_6	0.88	1.01	1.09	0.77	0.66	0.81	1.22	0.87	0.79

表 4-17　不同改培模式枯落物及土壤物理性质指标标准化

改培样地	未分解枯落物		半分解枯落物		土壤物理性质				
	蓄积量 （t/hm²）	最大持水 量（%）	蓄积量 （t/hm²）	最大持水 量（%）	土壤容重 （g/cm³）	最大持水 量（%）	非毛管孔 隙度（%）	毛管孔隙 度（%）	总孔隙度 （%）
S_1	0.97	0.84	1.10	1.80	1.18	1.14	1.05	1.01	1.02
S_2	1.17	1.24	1.18	2.16	1.08	1.05	0.94	1.04	1.02
S_3	1.00	1.00	0.71	1.23	1.04	1.04	0.73	1.09	1.02
S_4	0.76	0.93	0.61	1.24	1.15	1.15	0.81	1.07	1.02
G_1	0.75	0.76	0.72	0.98	1.14	1.16	0.97	1.11	1.08
G_2	0.90	0.76	1.45	0.80	1.35	1.53	0.89	1.27	1.20
G_3	0.78	0.79	1.68	0.75	0.92	0.81	1.37	0.82	0.93
G_4	1.47	1.15	0.97	0.21	0.89	0.78	1.13	0.87	0.92
G_5	0.96	1.32	0.76	0.70	0.70	0.57	0.81	0.88	0.87
G_6	1.24	1.21	0.83	0.13	0.88	0.77	1.29	0.83	0.92

表 4-18　不同改培模式土壤化学性质指标标准化

改培样地	PH	有机质 （g/kg）	全 N （g/kg）	全 P （g/kg）	全 K （g/kg）	水解 N （mg/kg）	有效 P （mg/kg）	速效 K （mg/kg）
S_1	0.95	0.91	1.12	1.03	1.10	1.14	0.62	0.79
S_2	0.91	1.18	0.83	0.98	1.04	0.91	1.17	0.93
S_3	0.96	1.14	1.05	1.04	1.15	1.02	1.10	1.14
S_4	0.95	1.35	1.19	1.13	0.76	1.19	1.38	1.22
G_1	0.96	1.14	0.87	0.98	0.96	0.97	0.96	0.87
G_2	1.09	0.96	1.02	1.14	0.95	0.99	1.13	1.10
G_3	1.04	1.11	1.15	1.02	1.13	1.08	1.23	1.12
G_4	1.06	0.80	0.94	0.96	1.03	1.00	1.02	1.08
G_5	1.07	0.67	1.06	0.88	0.96	0.92	0.78	0.89
G_6	1.01	0.74	0.77	0.83	0.92	0.78	0.60	0.86

表 4-19 不同改培模式土壤碳通量标准化

改培样地	S1	S2	S3	S4	G1	G2	G3	G4	G5	G6
土壤呼吸速率 [$\mu mol/(m^2 \cdot s)$]	0.87	1.28	0.98	0.85	0.91	0.96	1.13	1.12	0.99	0.91

表 4-20 不同改培模式更新苗木生长指标标准化

改培样地	西伯利亚红松		樟子松		落叶松	
	成活率(%)	生长率(%)	成活率(%)	生长率(%)	成活率(%)	生长率(%)
S_1	1.15	1.02	0.99	1.00	0.99	0.97
S_2	1.09	1.03	1.06	1.13	1.03	1.02
S_3	1.07	1.04	1.06	1.02	1.09	1.02
S_4	0.95	0.99	1.02	0.96	1.02	0.97
G_1	1.00	1.05	0.92	0.96	0.86	0.96
G_2	1.07	0.98	1.06	0.94	0.94	0.98
G_3	0.95	1.01	1.04	1.05	1.07	1.03
G_4	0.97	0.99	0.99	1.03	1.00	1.04
G_5	0.88	0.97	0.96	0.95	1.05	1.01
G_6	0.86	0.92	0.90	0.96	0.93	0.99

将标准化的数据进行主成分分析，总方差分析结果见表4-21，前8个主成分的特征根大于1，且累计贡献率达到98.07%，因此选前8个因子已经足够描述各改培模式的总体效果。所选取的8个主成分的因子载荷见表4-22。

表 4-21 总方差分析

主成分	特征值	贡献率(%)	累计贡献率(%)
第1主成分	11.329	34.332	34.332
第2主成分	6.360	19.274	53.605
第3主成分	4.279	12.968	66.573
第4主成分	3.144	9.529	76.102
第5主成分	2.663	8.071	84.173
第6主成分	1.943	5.887	90.060
第7主成分	1.612	4.886	94.946
第8主成分	1.032	3.126	98.072

表 4-22 因子载荷表

	指标	主成分							
		F_1	F_2	F_3	F_4	F_5	F_6	F_7	F_8
乔木	S	0.002	-0.011	0.737	0.425	0.369	-0.310	-0.207	0.014
	H'	-0.010	-0.057	0.858	0.116	-0.403	0.192	-0.179	0.064
	J	-0.031	-0.067	0.207	0.149	-0.919	0.260	0.108	0.076

（续）

指标		主成分							
		F₁	F₂	F₃	F₄	F₅	F₆	F₇	F₈
灌木	S	0.265	0.711	0.205	0.272	0.061	−0.082	−0.143	0.476
	H'	0.422	0.551	0.218	0.618	−0.008	0.025	−0.188	0.202
	J	0.446	0.202	0.163	0.768	−0.086	0.151	−0.199	−0.255
草本	S	−0.137	−0.395	−0.172	−0.236	−0.688	0.416	0.064	0.106
	H'	0.331	0.369	0.263	−0.156	−0.271	0.615	0.417	0.128
	J	0.417	0.680	0.284	0.060	0.324	0.108	0.361	0.061
未分解枯落物	蓄积量(t/hm²)	−0.275	−0.054	0.235	−0.126	−0.222	−0.016	−0.881	−0.051
	最大持水量(%)	−0.649	0.096	0.152	−0.242	−0.302	−0.295	−0.412	0.366
半分解枯落物	蓄积量(t/hm²)	0.220	−0.135	0.815	−0.018	0.121	0.208	0.203	−0.395
	最大持水量(%)	0.271	0.861	0.141	−0.109	0.196	0.157	0.152	0.248
土壤物理性质	土壤容重(g/cm³)	0.940	0.237	−0.021	0.156	0.164	−0.005	0.040	−0.035
	最大持水量(%)	0.963	0.153	−0.004	0.174	0.091	−0.018	0.072	0.054
	非毛管孔隙度(%)	−0.265	−0.210	0.243	−0.115	−0.012	0.019	−0.091	−0.865
	毛管孔隙度(%)	0.881	0.157	−0.084	0.173	−0.058	0.007	0.130	0.366
	总孔隙度(%)	0.969	0.092	0.013	0.156	−0.067	0.016	0.128	0.084
土壤化学性质	PH	−0.056	−0.905	0.328	−0.066	0.011	−0.053	0.051	0.001
	有机质(g/kg)	0.284	0.579	−0.097	0.662	0.127	−0.020	0.315	−0.013
	全 N(g/kg)	−0.020	−0.124	0.021	0.215	0.836	0.167	0.387	0.243
	全 P(g/kg)	0.654	0.104	0.110	0.492	0.492	0.049	0.192	0.161
	全 K(g/kg)	−0.123	0.091	0.346	−0.093	−0.058	0.907	−0.081	−0.085
	水解 N(mg/kg)	0.192	0.181	−0.116	0.336	0.850	0.175	0.212	0.004
	有效 P(mg/kg)	0.133	0.201	0.278	0.859	0.127	−0.132	0.261	0.109
	速效 K(mg/kg)	0.049	−0.210	0.171	0.897	0.263	−0.067	0.027	0.207
土壤呼吸速率(μmol/m²·s)		−0.304	−0.301	0.318	0.763	0.197	−0.306	0.143	−0.111
西伯利亚红松	成活率(%)	0.634	0.492	0.184	−0.068	0.209	0.490	−0.141	0.118
	生长率(%)	0.228	0.591	−0.088	0.263	0.018	0.612	0.263	0.016
樟子松	成活率(%)	0.268	0.224	0.614	0.476	0.270	0.239	0.039	0.368
	生长率(%)	−0.259	0.651	0.555	0.202	−0.096	0.291	−0.209	−0.148
落叶松	成活率(%)	−0.529	0.121	0.403	0.276	0.358	0.288	0.013	0.466
	生长率(%)	−0.595	−0.087	0.581	0.297	−0.128	0.318	−0.282	0.068

由表 4-22 可知，第一个主成分在土壤总孔隙度、土壤最大持水量、土壤容重、土壤毛管孔隙度、全 P 含量、未分解枯落物最大持水量、西伯利亚红松成活率、落叶松生长率、落叶松成活率等指标上有较大载荷；第 2 个主成分在土壤 pH 值、半分解枯落物最大持水量、灌木物种丰富度指数、草本均匀度指数、樟子松生长率等指标上有较大载荷；第 3 个主成分在乔木多样性指数、半分解枯落物蓄积量、土壤呼吸速率、乔木物种丰富度指数、樟子松成活率等指标上有较大载荷；第 4 个主成分在土壤速效 K 含量、有效 P 含量、灌木均匀度指数、有机质含量、灌木多样性指数等指标上有较大载荷；第 5

个主成分在乔木均匀度指数、水解 N 含量、全 N 含量、草本物种丰富度指数等指标上有较大载荷；第 6 个主成分在全 K 含量、草本多样性指数、西伯利亚红松生长率等指标上有较大载荷；第 7 个主成分在未分解枯落物蓄积量上有较大载荷；第 8 个主成分在土壤非毛管孔隙度上有较大载荷。

首先计算出 8 个主成分的因子得分，然后根据公式(4-10)确定每个主成分的权重，8 个主成分的权重依次为(0.35、0.20、0.13、0.10、0.08、0.06、0.05、0.03)，最后利用公式(4-11)构造的综合评价函数计算出不同改培模式的综合得分，各主成分的因子得分及综合得分计算结果见表 4-23。

表 4-23　综合评价结果

改培样地	因子得分 (S_1)	因子得分 (S_2)	因子得分 (S_3)	因子得分 (S_4)	因子得分 (S_5)	因子得分 (S_6)	因子得分 (S_7)	因子得分 (S_8)	综合得分
S_1	0.62	0.70	−0.36	−1.73	1.68	0.92	−0.41	−0.38	0.30
S_2	−0.04	2.17	1.45	−0.09	−0.96	−0.46	−0.30	0.23	0.48
S_3	−0.08	0.03	−0.62	1.07	−0.46	1.73	−0.46	1.52	0.09
S_4	0.02	0.53	−0.93	1.29	1.43	−1.71	0.30	0.44	0.16
G_1	0.69	0.41	−1.60	0.01	−1.20	0.33	1.09	−0.99	0.05
G_2	2.18	−1.29	1.09	0.03	−0.16	−0.40	0.20	0.49	0.65
G_3	−0.89	−0.43	1.18	0.77	0.51	0.74	1.40	−1.37	−0.05
G_4	−0.60	−0.65	0.24	0.66	0.30	0.21	−1.85	−0.66	−0.32
G_5	−1.39	−0.72	0.09	−1.27	−0.07	−0.35	0.97	1.48	−0.67
G_6	−0.52	−0.75	−0.55	−0.74	−1.08	−1.02	−0.95	−0.76	−0.69

由表 4-23 的综合评价结果知：阔叶混交低质低效林顺山带状皆伐改培样地的综合得分总体上好于块状皆伐改培样地，顺山带状皆伐改培样地综合得分从高到低依次是：S_2(0.48)、S_1(0.30)、S_4(0.16)、S_3(0.09)，即以 10m 带宽进行顺山带状皆伐改培的综合得分最高，块状皆伐改培样地综合得分从高到低依次是：G_2(0.65)、G_1(0.05)、G_3(−0.05)、G_4(−0.32)、G_5(−0.67)、G_6(−0.69)，各块状样地的综合得分先是随着块状样地的面积增大而升高，当块状样地的面积大于 100m² 后，各样地的综合得分又随着面积的增大而下降，其中以 100m² 面积进行块状皆伐改培的综合得分最高。

4.3.2.3　大兴安岭阔叶混交低质低效林改培模式综合分析

应用主成分分析法综合评价大兴安岭林区阔叶混交低质低效林不同皆伐改培模式的改培效果，主要筛选出反映森林生态效益的生物多样性、枯落物持水特性、土壤物理性质、土壤化学性质、土壤碳通量和更新苗木生长状况等 6 个层次的 33 项指标，首先将所有指标的原始数据进行标准化处理，提取出了 8 个反映各改培模式总体改培效果的主成分，计算出各主成分的因子得分，并依据各主成分的权重，构建了低质低效林不同改培模式综合评价模型，计算出 10 种改培模式的综合得分，据此筛选出大兴安岭林区阔叶混交低质低效林最优改培模式，使得评价结果更具全面性和科学性。

综合评价大兴安岭林区阔叶混交低质低效林不同带宽顺山带状皆伐改培模式和不同面积块状皆伐改培模式的改培效果，对于带状皆伐改培样地，不同带宽的改培效果依次为 10m 带宽 >6m 带宽 >18m 带宽 >14m 带宽，对于块状皆伐改培样地，不同面积的改

培效果依次为 $100m^2$（$10m \times 10m$）$> 25m^2$（$5m \times 5m$）$> 225m^2$（$15m \times 15m$）$> 400m^2$（$20m \times 20m$）$> 625m^2$（$25m \times 25m$）$> 900m^2$（$30m \times 30m$），其中 10m 带宽顺山带状改培模式和 $100m^2$（$10m \times 10m$）块状改培模式最适宜大兴安岭阔叶混交低质低效林，其改培效果明显优于其他改培模式。

综合比较发现，顺山带状皆伐改培模式总体上优于块状皆伐改培模式，这是因为顺山带状皆伐改培林地内采光条件较好，温度、湿度、光照等微气候环境有利于林地采伐剩余物的分解，提高土壤肥力，同时由于本节试验样地的坡度较小，保留带内植被的枯落物可以有效补充到采伐带内的两侧，所以顺山带状皆伐改培不会降低林地的水土保持能力，而且为改培带内栽植的针叶目的树种创造了良好的生长环境，有利于改培林地植被的更新和生长，最终形成生态效益和经济效益较高的针阔混交林。

顺山带状皆伐改培 10m 带宽的改培效果最佳，随着改培带带宽的增加，改培样地的综合评价值并没有呈现出明显的规律性，各块状改培样地的改培效果随着面积增大而变好，到一定面积后，改培效果又随着面积的继续增大而逐渐变差。其中 $100m^2$（$10m \times 10m$）改培效果明显好于其他面积块状样地。在对低质低效林进行带状和块状皆伐改培后，林地内的微气候环境发生变化，带宽较小的采伐带和面积较小的块状样地变化较小，采伐剩余物也较少，林地的土壤肥力增加不明显，生物多样性没有明显增加，同时也不利于喜阳的引进树种的生长，改培效果不明显，而当采伐带带宽或者块状改培样地面积过大时，虽然在改培后的初期由于大量采伐剩余物和枯落物的分解，使土壤肥力迅速增加，但由于缺少高大乔木，改培后期林地枯落物减少，没有了林冠截留的保护，地表径流增大，土壤侵蚀严重，容易造成水土流失，苗木的保存率也不理想，改培效果也不好，所以选择合理的采伐宽度和采伐面积是低质低效林改培成功的关键因素。

本节通过选择反映森林改培效果的生物多样性、枯落物持水特性、土壤物理性质、土壤化学性质、土壤碳通量和更新苗木生长状况等指标，计算各改培模式的综合得分，关键是各项评价指标的筛选与评价的过程，评价的结果只说明了各改培模式改培效果的相对优劣，并不是该改培模式的实际值，但对于大兴安岭地区阔叶混交低质低效林的改培和经营具有指导和参考意义。由于受到数据收集的限制，一定程度上影响了评价结果的科学性，随着对大兴安岭林区低质低效林经营实践与认识的逐步提高，应该对该地区低质低效林改培效果评价指标进行不断调整和补充。

顺山带状皆伐改培模式总体上优于块状皆伐改培模式，其中 10m 带宽顺山带状改培模式和 $100m^2$（$10m \times 10m$）块状改培模式最适宜大兴安岭阔叶混交低质低效林，其改培效果明显优于其他改培模式。为达到使低质低效林变高质林、改萌生林为实生林的目的，在改培完成后，每年对改培林地进行科学合理的抚育，改培当年的抚育工作主要为扩穴、培土、扶正、踏实和除草，以后每年进行除草、松土、割灌、砍去竞争植物等抚育措施。

4.3.3　蒙古栎低质低效林

以大兴安岭蒙古栎低质低效林为研究对象，采用灰色关联分析法对不同改培模式建立综合评价模型，旨在能为大兴安岭蒙古栎低质低效林筛选出最佳的改培模式，并为我国其他区域或其他类型低质低效林的改培模式提供参考依据。

4.3.3.1　研究方法

（1）评价指标

评价指标见4.3.2.1。

（2）评价方法

采用灰色关联分析法对大兴安岭蒙古栎低质低效林的不同生态改培模式建立综合评价模型，其基本步骤为：设有 n 种生态改培模式，每种生态改培模式有 m 个评价指标，其集合构成了决策矩阵 X：

$$X = (x_{ij})_{m \times n} \quad i = 1, 2, \cdots, m; \quad j = 1, 2, \cdots, n$$

式中：x_{ij} 表示第 j 种改培模式的第 i 项指标实测值。

1）标准化决策矩阵。由于生态改培模式的各评价指标的量纲和量纲单位并不完全相同，为了消除量纲对评价结果的影响，因此，需要对决策矩阵 X 进行标准化处理，使决策矩阵 X 的元素在区间 $[0, 1]$ 上（叶宗裕，2003），从而得到初始化决策矩阵 X'：

$$X'(x'_{ij})_{m \times n} \quad i = 1, 2, \cdots, m; \quad j = 1, 2, \cdots, n,$$

式中：x'_{ij} 表示第 j 种改培模式的第 i 项指标的标准化值。

对于正向指标，其标准化处理公式为：

$$x'_{ij} = x_{ij}/x_{i0} \quad (i = 1, 2, \cdots, m; j = 1, 2, \cdots, n) \tag{4-12}$$

其中 x_{i0} 表示 x_{ij} 在第 i 种评价指标上的最大值，即决策矩阵 X 中第 i 行的最大值。

对于逆向指标，其标准化处理公式为：

$$x'_{ij} = (1/x_{ij})/(1/x_{i0}) \quad (i = 1, 2, \cdots, m; j = 1, 2, \cdots, n) \tag{4-13}$$

其中 x_{i0} 表示 x_{ij} 在第 i 种评价指标上的最小值，即决策矩阵 X 中第 i 行的最小值。

2）计算灰色关联系数。根据初始化决策矩阵 X'，可得到理想对象矩阵 S：

$$S = \{s_i\}_{m \times 1} \quad (i = 1, 2, \cdots, m)$$

式中：s_i 为初始化后的决策矩阵 X' 中第 i 行的最大值。

确定初始化后决策矩阵 X' 和理想对象矩阵 S 后，就可以根据公式（4-14）对灰色关联系数 r_{ij} 进行计算：

$$r_{ij} = \frac{\min\limits_{m} \min\limits_{n} |s_i - x'_{ij}| + \lambda \max\limits_{m} \max\limits_{n} |s_i - x'_{ij}|}{|s_i - x'_{ij}| + \lambda \max\limits_{m} \max\limits_{n} |s_i - x'_{ij}|} \tag{4-14}$$

式中：λ 为分辨系数，其取值范围为 0~1，其值只影响各改培模式灰色关联度的大小，而不会影响各生态模式灰色关联度的排列顺序，一般取 0.5。

3）确定评价指标权重。低质低效林改培的效果是各评价指标综合作用的结果，但各评价指标对低质低效林改培效果的影响程度不一样，因此，需要对不同的评价指标分配不同的权重。目前常用的权重确定方法有很多（吕明捷等，2011；于勇等，2006；王靖等，2001），本节采用相关系数法来确定各评价指标的权重。基本思想为 m 个评价指标中，分别求出第 i 个评价指标与其他 $m-1$ 个评价指标之间的相关系数，然后将它们的绝对值加在一起，我们把它定义为第 i 个评价指标的总相关系数 C_i。C_i 越大，表明第 i 个评价指标与其他 $m-1$ 个评价指标的相关性越显著，则第 i 个评价指标的代表性就越好，第 i 个评价指标数据对低质低效林改培效果的影响就越大，因此，其权重也就越大（张华等，2010）。第 i 个评价指标的权重 n 的计算公式为：

$$\eta_i = \frac{C_i}{\sum_{i=1}^{m} C_i} \tag{4-15}$$

式中：η_i 为第 i 个评价指标的权重；C_i 为第 i 个评价指标的总相关系数。

　　4）计算灰色关联度。已知灰色关联系数和指标权重后，即可根据公式(4-16)计算出各生态改培模式的灰色关联度 b_j：

$$b_j = \sum_{i=1}^{m} (w_i \times r_{ij}) \quad (j = 1, 2, \cdots, n) \tag{4-16}$$

4.3.3.2　大兴安岭蒙古栎低质低效林不同改培模式评价指标

　　对不同的低质低效林改培模式进行综合评价，选择的评价指标应尽可能全面地反应改培的效果。因为土壤作为陆上植物赖以生存的物质基础，为植物的生长提供了所需的水分、养分和微生物，不仅直接影响着陆上植物的生长发育（吕海龙，2012），而且也对植物种类的分布格局具有重要的影响（PASSIOURAJ，2002），因此，低质低效林改培的效果在很大程度上反映为土壤肥力的高低，而土壤肥力又与土壤的物理和化学性质息息相关。因此，根据黑龙江土壤的性质并在相关专家的指导下，本节采用土壤 pH、有机质、全氮、全磷、全钾、水解氮和速效钾来反映低质低效林改培后土壤的化学性质，采用土壤容重、最大持水量、总孔隙度（包括毛管孔隙度和非毛管孔隙度）和总枯落物量（包括未分解层枯落物和半分解层枯落物）来反映低质低效林改培后土壤的物理性质；采用土壤呼吸速率来反映土壤的碳通量；另外，采用苗木成活率和草本生物多样性来反映低质低效林改培后地上植被的生长状况。不同造模式的指标实测值见表 4-24。

表 4-24　不同改培模式的指标实测值

评价指标	S1	S2	S3	S4	G1	G2	G3	G4	G5	G6
有机质	19.13	18.62	18.57	20.08	16.62	31.22	19.68	40.68	15.47	25.30
全氮	8.94	8.25	9.40	10.54	10.11	10.31	13.75	6.88	12.75	10.82
全磷	1.21	1.06	1.13	1.11	1.04	1.62	1.45	1.07	0.90	1.06
全钾	23.39	26.86	29.43	22.99	29.60	37.75	29.81	20.76	25.50	25.49
水解氮	316.40	366.03	341.21	341.21	428.07	390.84	465.29	595.57	521.12	446.68
速效钾	32.11	37.46	42.91	45.03	52.45	51.95	51.26	59.03	35.70	49.61
pH	5.93	6.15	5.76	5.60	6.24	6.47	6.97	5.94	5.29	5.92
容重	0.36	0.54	0.60	0.44	0.75	0.72	0.24	0.77	0.56	0.48
最大持水量	2.44	1.58	1.41	1.88	0.81	1.04	3.78	0.87	1.30	1.48
总孔隙度	0.84	0.85	0.82	0.83	0.60	0.75	0.92	0.66	0.72	0.72
总枯落物量	8.79	8.34	9.81	6.79	3.79	4.69	4.60	3.36	4.20	5.05
土壤呼吸速率	5.54	4.94	6.21	7.02	4.34	4.86	5.06	5.98	5.38	4.75
苗木成活率	0.61	0.72	0.37	0.45	0.32	0.20	0.15	0.75	0.84	0.91
草本多样性	0.67	0.88	0.78	0.73	0.53	0.69	0.76	0.89	0.81	0.77

大兴安岭蒙古栎低质低效林的土壤呈弱酸性，其 pH 值均低于 7，则当其 pH 值越接近 7 时，土壤的酸性就越弱，也就越适合地上植被的生长，因此，土壤 PH 为正向指标，按公式(4-12)进行标准化处理；而土壤容重值越大，说明土壤被压实的越严重，也就越不利于地上植被的生长，因此，土壤容重为逆向指标，按公式(4-13)进行标准化处理；除此之外，其他评价指标均为正向指标，按公式(4-12)进行标准化处理。于是，得到初始化后的决策矩阵 X'：

$$X' = \begin{bmatrix} 0.470 & 0.458 & 0.457 & 0.494 & 0.408 & 0.767 & 0.484 & 1.000 & 0.380 & 0.622 \\ 0.650 & 0.600 & 0.683 & 0.767 & 0.735 & 0.750 & 1.000 & 0.500 & 0.927 & 0.787 \\ 0.747 & 0.651 & 0.697 & 0.687 & 0.641 & 1.000 & 0.897 & 0.659 & 0.556 & 0.656 \\ 0.619 & 0.712 & 0.780 & 0.609 & 0.784 & 1.000 & 0.790 & 0.550 & 0.676 & 0.675 \\ 0.531 & 0.615 & 0.573 & 0.573 & 0.719 & 0.656 & 0.781 & 1.000 & 0.875 & 0.750 \\ 0.544 & 0.635 & 0.727 & 0.763 & 0.889 & 0.880 & 0.868 & 1.000 & 0.605 & 0.840 \\ 0.851 & 0.882 & 0.826 & 0.803 & 0.895 & 0.928 & 1.000 & 0.852 & 0.759 & 0.849 \\ 0.681 & 0.450 & 0.408 & 0.548 & 0.325 & 0.338 & 1.000 & 0.317 & 0.437 & 0.503 \\ 0.646 & 0.419 & 0.373 & 0.499 & 0.214 & 0.276 & 1.000 & 0.230 & 0.345 & 0.393 \\ 0.912 & 0.931 & 0.895 & 0.901 & 0.658 & 0.819 & 1.000 & 0.724 & 0.789 & 0.782 \\ 0.896 & 0.850 & 1.000 & 0.692 & 0.387 & 0.478 & 0.469 & 0.342 & 0.428 & 0.515 \\ 0.788 & 0.703 & 0.885 & 1.000 & 0.619 & 0.692 & 0.721 & 0.852 & 0.766 & 0.676 \\ 0.670 & 0.791 & 0.407 & 0.495 & 0.352 & 0.220 & 0.165 & 0.824 & 0.923 & 1.000 \\ 0.753 & 0.989 & 0.876 & 0.820 & 0.596 & 0.775 & 0.854 & 1.000 & 0.910 & 0.865 \end{bmatrix}$$

由初始化后的决策矩阵 X' 可知，本节中的理想对象矩阵 S 为：

$$S^T = \begin{bmatrix} 1 & 1 & 1 & 1 & 1 & 1 & 1 & 1 & 1 & 1 & 1 & 1 & 1 & 1 \end{bmatrix}$$

根据公式(3)进行计算，可得到灰色关联判断矩阵 R：

$$R = \begin{bmatrix} 0.369 & 0.364 & 0.363 & 0.380 & 0.344 & 0.571 & 0.375 & 1.000 & 0.333 & 0.451 \\ 0.470 & 0.437 & 0.495 & 0.571 & 0.540 & 0.554 & 1.000 & 0.383 & 0.810 & 0.593 \\ 0.551 & 0.471 & 0.506 & 0.498 & 0.463 & 1.000 & 0.750 & 0.476 & 0.411 & 0.474 \\ 0.449 & 0.518 & 0.585 & 0.442 & 0.589 & 1.000 & 0.596 & 0.408 & 0.489 & 0.488 \\ 0.398 & 0.446 & 0.421 & 0.421 & 0.524 & 0.474 & 0.586 & 1.000 & 0.713 & 0.554 \\ 0.405 & 0.459 & 0.532 & 0.567 & 0.736 & 0.721 & 0.702 & 1.000 & 0.440 & 0.660 \\ 0.675 & 0.725 & 0.640 & 0.612 & 0.747 & 0.812 & 1.000 & 0.677 & 0.563 & 0.673 \\ 0.493 & 0.361 & 0.344 & 0.407 & 0.315 & 0.319 & 1.000 & 0.287 & 0.321 & 0.338 \\ 0.780 & 0.818 & 0.748 & 0.758 & 0.475 & 0.631 & 1.000 & 0.529 & 0.595 & 0.587 \\ 0.749 & 0.675 & 1.000 & 0.502 & 0.336 & 0.373 & 0.368 & 0.320 & 0.351 & 0.390 \\ 0.594 & 0.511 & 0.729 & 1.000 & 0.448 & 0.502 & 0.526 & 0.676 & 0.570 & 0.489 \\ 0.485 & 0.589 & 0.343 & 0.380 & 0.323 & 0.284 & 0.271 & 0.638 & 0.801 & 1.000 \\ 0.556 & 0.965 & 0.715 & 0.633 & 0.434 & 0.580 & 0.680 & 1.000 & 0.775 & 0.697 \end{bmatrix}$$

利用 SPSS 对不同生态改培模式的各评价指标的相关系数进行计算，结果见表4-25。

表 4-25　各评价指标的相关系数

指标	有机质	全氮	全磷	全钾	水解氮	速效钾	pH	容重	最大持水量	总孔隙度	总枯落物量	土壤呼吸速率	苗木成活率	草本多样性
有机质	1.00	−0.50	0.28	−0.07	0.51	0.68	0.16	0.46	−0.33	−0.33	−0.42	0.10	0.11	0.35
全氮	−0.50	1.00	0.21	0.33	0.07	−0.08	0.20	−0.53	0.53	0.27	−0.29	−0.20	−0.29	−0.23
全磷	0.28	0.21	1.00	0.70	−0.23	0.30	0.75	−0.17	0.38	0.39	−0.04	−0.16	−0.73	−0.22
全钾	−0.07	0.33	0.70	1.00	−0.25	0.19	0.55	0.19	−0.04	0.05	−0.07	−0.49	−0.68	−0.39

（续）

指标	有机质	全氮	全磷	全钾	水解氮	速效钾	PH	容重	最大持水量	总孔隙度	总枯落物量	土壤呼吸速率	苗木成活率	草本多样性
水解氮	0.51	0.07	-0.23	-0.25	1.00	0.53	-0.01	0.33	-0.21	-0.51	-0.81	-0.17	0.33	0.38
速效钾	0.68	-0.08	0.30	0.19	0.53	1.00	0.46	0.44	-0.22	-0.45	-0.67	-0.14	-0.31	-0.06
pH	0.16	0.20	0.75	0.55	-0.01	0.46	1.00	-0.20	0.48	0.27	-0.21	-0.51	-0.65	-0.22
容重	0.46	-0.53	-0.17	0.19	0.33	0.44	-0.20	1.00	-0.93	-0.81	-0.34	-0.15	0.07	-0.06
最大持水量	-0.33	0.53	0.38	-0.04	-0.21	-0.22	0.48	-0.93	1.00	0.81	0.21	0.07	-0.33	0.03
总孔隙度	-0.33	0.27	0.39	0.05	-0.51	-0.45	0.27	-0.81	0.81	1.00	0.61	0.31	-0.27	0.28
总枯落物量	-0.42	-0.29	-0.04	-0.07	-0.81	-0.67	-0.21	-0.34	0.21	0.61	1.00	0.38	-0.01	0.11
土壤呼吸速率	0.10	-0.20	-0.16	-0.49	-0.17	-0.14	-0.51	-0.15	0.07	0.31	0.38	1.00	0.04	0.33
苗木成活率	0.11	-0.29	-0.73	-0.68	0.33	-0.31	-0.65	0.07	-0.33	-0.27	-0.01	0.04	1.00	0.52
草本多样性	0.35	-0.23	-0.22	-0.39	0.38	-0.06	-0.22	-0.06	0.03	0.28	0.11	0.33	0.52	1.00

由表 4-25 可计算出 C_i，然后根据公式（4-15）即可计算出各评价指标的权重，因此，其权重矩阵 W 为：

$$W = \begin{bmatrix} 0.072 & 0.063 & 0.077 & 0.067 & 0.073 & 0.076 & 0.078 \\ 0.078 & 0.077 & 0.090 & 0.070 & 0.051 & 0.073 & 0.053 \end{bmatrix}$$

根据公式（4-16）进行计算可得到各生态改培模式的灰色关联度 b_j，结果见表 4-26。

表 4-26　各生态改培模式的灰色关联度

样地	S1	S2	S3	S4	G1	G2	G3	G4	G5	G6
b_j	0.535	0.547	0.548	0.531	0.469	0.582	0.717	0.614	0.529	0.554

根据灰色系统理论中灰色关联度分析原则，灰色关联度其实就是相应改培模式与最佳改培模式的相似程度，因此，灰色关联度越大，则该生态改培模式的效果就越好。由表 4-26 可知，各带状改培模式的灰色关联度为 0.531～0.548，其中 14m（S3）的灰色关联度略高于其他 3 种带状改培模式，但这 4 种带状改培模式的改培效果总体上比较相同；各块状改培模式的灰色关联度为 0.469～0.717，除 5m×5m（G1）和 25m×25m（G5）的灰色关联度稍低于带状改培模式外，其他块状改培模式均不同程度高于带状改培模式，其中 15m×15m（G3）的灰色关联度是所有改培模式中最高的，达到了 0.717，说明 15m×15m 块状改培模式最适宜大兴安岭蒙古栎低质低效林，其改培效果最明显。

4.3.3.3　大兴安岭蒙古栎低质低效林改培模式综合分析

对低质低效林进行改培，有利于提高林地利用率、优化森林结构、提高林木生长率、实现林地效益最大化等（尹奉月，2008），目前对低质低效林进行改培的模式比较多，但对改培模式的效果进行定量评价的方法却比较少，主要是主成分分析法，如吕海龙等基于主成分分析法对小兴安岭不同的皆伐改培模式的效果进行研究，结果表明带状皆伐改培模式比块状皆伐改培模式更适合小兴安岭的低质低效林（吕海龙等，2011）；而张泱等采用主成分分析法对小兴安岭不同强度的择伐改培模式进行综合评价，结果表明 22% 的择伐强度比其他择伐强度更加适合对小兴安岭低质低效林进行改培（张泱等，

2010）。除此之外，李芝茹应用灰色聚类分析法对大兴安岭白桦低质低效林土壤重金属、枯落物蓄积、持水性能等生态功能指标进行灰色聚类分析，并对大兴安岭白桦低质低效林的最佳改培模式进行了研究和探讨（李芝茹，2012）。灰色关联分析法和灰色聚类法有相同之处，也是采用灰色关联度来量化研究系统内各指标相似或相异程度的一种方法，但它对样本的数量要求不高，也不需要典型的分布规律（李跃林等，2001），因此，与以往的灰色聚类法又有所区别，且随着灰色系统理论的发展，灰色关联分析法在各行各业中都得到广泛应用（翟国静，1996；张磊等，1996；曾翔亮等，2013）。因此，本节采用灰色关联分析法对大兴安岭蒙古栎低质低效林的不同改培模式建立综合评价模型，并选取土壤有机质、土壤呼吸速率和草本多样性等 14 个反应土壤肥力、土壤碳通量以及地上植被的生长状况的指标纳入该评价模型，最终得到不同改培模式的灰色关联度，其值从大到小的排列顺序为：15m×15m 块状改培模式（0.717）、20m×20m 块状改培模式（0.614）、10m×10m 块状改培模式（0.582）、30m×30m 块状改培模式（0.554）、14m带状改培模式（0.548）、10m 带状改培模式（0.547）、6m 带状改培模式（0.535）、18m带状改培模式（0.531）、25m×25m 块状改培模式（0.529）和 5m×5m 块状改培模式（0.469）。由此可知，块状改培模式在总体上要优于带状改培模式，其中 15m×15m 块状改培模式最适宜大兴安岭蒙古栎低质低效林，其改培效果最明显。这有可能是因为在低质低效林中进行皆伐改培后，地上植被被大量移除，在改培后的初期，林地的水土保持性能下降，而与带状改培模式相比，块状改培模式不易造成水土流失，因此，块状改培模式在总体上要优于带状改培模式。对低质低效林进行皆伐改培后，林地内的阳光、温度等微气候环境会发生改变，使大量的采伐剩余物变得易于分解，从而使土壤肥力增加，实现促进地上植被生长的目标。因此，当生态改培面积太小时，土壤肥力等增加不明显，改培效果也就不明显，而当改培面积太大时，土壤肥力虽然在短期内会大幅增加，但容易造成水土流失，改培效果也会大打折扣，这也许正是 15m×15m 块状改培模式比其他改培模式更适宜大兴安岭蒙古栎低质低效林的原因。

值得一提的是，本节的研究结果与吕海龙等对小兴安岭不同皆伐改培模式的研究结果有所不同，这有可能是因为大小兴安岭的生态环境、立地条件和植被类型等有所差异，这也说明没有哪一种改培模式是放之四海而皆准的，对不同区域不同类型的低质低效林要因地制宜、因林制宜，只有这样才能充分发挥自然资源潜力，有效提高林分质量，达到高产、高效、优质、稳定的目标，保护森林生态环境，实现林区生态、经济和社会可持续发展。

综上所述，带状改培 14m 的改培效果最佳，块状改培 15m×15m 的改培效果最佳，块状改培模式在总体上要优于带状改培模式，其中 15m×15m 块状改培模式最适宜大兴安岭蒙古栎低质低效林，其改培效果最明显。为达到使低质低效林变高质林、改萌生林为实生林的目的，在改培完成后，每年对改培林地进行科学合理的抚育，改培当年的抚育工作主要为扩穴、培土、扶正、踏实和除草，以后每年进行除草、松土、割灌、砍去竞争植物等抚育措施。

4.3.4　山杨低质低效林

本节以大兴安岭地区山杨低质低效林为研究对象，通过筛选出反映山杨低质低效林改培效果的多个评价指标，运用主成分分析法对不同山杨低质低效林改培模式效果建立综合模型，对不同改培模式进行定量综合评价，最终选出大兴安岭地区山杨低质低效林最佳的改培模式，以期为大兴安岭地区山杨低质低效林改培措施的制定提供理论基础和参考依据。

以 2015 年调查数据为基础，选取反映枯落物持水性能、土壤理化性质、土壤呼吸、物种多样性、保留木及更新苗木生长的多个指标，运用灰色关联分析法对大兴安岭山杨低质低效林不同模式改培 3 年后的效果进行定量综合评价。

4.3.4.1　评价方法

采用灰色关联分析法对大兴安岭阔叶混交低质低效林的不同生态改培模式建立综合评价模型，评价方法见 4.3.3.1。

4.3.4.2　结果与分析

对大兴安岭山杨低质低效林不同生态改培模式进行综合评价，选择的评价指标应尽可能全面地反应生态改培的效果。测量 2015 年带状改培试验区诱导改培更新苗木西伯利亚红松、樟子松、落叶松的生长率、保存率；灌木、草本层植被 Shannon-wiener 多样性指数(H')和 Pielou 均匀度指数(J)，保留带内乔木胸径和树高的连年生长量；枯落物总蓄积量、最大持水量和有效拦蓄量；土壤物理性质：土壤容重、非毛管孔隙度、毛管孔隙度、总孔隙度；土壤化学性质：pH、有机质、全 N、全 P、全 K、水解 N、有效 P、速效 K；土壤呼吸速率等共计 28 项评价指标，不同改培模式的各项评价指标的测定数据见表 4-27。

表 4-27　不同改培模式各指标基础数据

	指标	S1	S2	S3	S4	S5	S6	S7	S8	S9	CK
西伯利亚红松	生长率(%)	18.14	19.14	20.47	19.31	18.47	19.01	19.60	19.08	19.21	18.79
	保存率(%)	76.92	80.77	80.51	78.46	66.67	75.00	75.31	72.92	73.33	70.99
樟子松	生长率(%)	19.46	20.69	19.91	19.43	20.03	20.56	19.96	17.85	17.61	17.40
	保存率(%)	74.87	78.85	77.95	76.54	55.56	72.22	74.07	72.22	70.67	69.75
落叶松	生长率(%)	19.55	18.81	19.98	20.72	21.56	20.60	21.10	22.05	21.15	21.30
	保存率(%)	78.46	82.31	81.54	80.38	77.78	80.56	79.01	77.08	76.89	73.46
灌木层	H'	1.14	1.27	1.52	1.52	0.93	0.87	0.93	1.23	1.19	1.26
	J	0.82	0.91	0.94	0.95	0.85	0.79	0.84	0.89	0.74	0.91
草本层	H'	1.87	1.68	1.77	1.97	1.88	1.80	1.96	1.57	1.62	2.08
	J	0.85	0.81	0.77	0.86	0.86	0.78	0.85	0.65	0.68	0.87
乔木层连年生长量	胸径(cm/a)	0.10	0.12	0.11	0.10	0.10	0.10	0.11	0.09	0.09	0.09
	树高(m/a)	0.14	0.15	0.14	0.12	0.13	0.14	0.14	0.13	0.12	0.12
枯落物	蓄积量(t/hm²)	6.81	11.14	10.50	6.27	9.32	10.37	9.43	8.49	5.58	7.53
	最大持水量(%)	38.18	60.19	49.01	27.73	56.96	58.50	52.30	46.46	33.89	42.43
	有效拦蓄量(t/hm²)	29.62	47.31	38.72	21.25	45.24	46.19	40.94	36.62	27.06	33.51

（续）

	指标	S1	S2	S3	S4	S5	S6	S7	S8	S9	CK
土壤物理性质	土壤容重（g/cm³）	0.58	0.61	0.65	0.69	0.62	0.61	0.68	0.71	0.65	0.72
	非毛管孔隙度（%）	20.21	16.15	8.17	10.07	18.16	17.25	23.22	10.18	10.08	12.31
	毛管孔隙度（%）	45.29	51.02	54.60	50.08	48.88	51.79	44.73	50.53	50.56	47.36
	总孔隙度（%）	65.50	67.17	62.77	60.15	67.04	69.04	67.95	60.71	60.64	59.67
土壤化学性质	pH	5.76	5.72	5.74	5.96	5.53	5.61	5.74	5.79	5.88	5.97
	有机质（g/kg）	21.23	21.86	22.05	21.04	22.18	23.08	22.06	22.13	20.28	20.63
	全 N（g/kg）	8.76	9.06	8.85	8.68	8.66	9.67	9.15	8.81	7.74	7.44
土壤化学性质	全 P（g/kg）	2.11	2.13	2.28	2.10	2.09	2.36	2.31	2.06	2.12	1.99
	全 K（g/kg）	9.05	9.18	9.60	8.89	9.47	9.78	9.32	9.12	9.03	8.96
	水解 N（mg/kg）	479.39	508.80	497.50	485.68	469.70	525.19	547.69	523.23	471.74	463.28
	有效 P（mg/kg）	13.38	14.58	14.50	13.29	13.61	14.35	14.19	13.85	13.20	13.13
	速效 K（mg/kg）	52.99	57.09	55.44	52.47	54.40	58.62	57.67	55.62	52.22	50.54
土壤呼吸速率（μmol/m²·s）		5.52	5.68	5.84	5.43	5.36	5.55	5.69	5.51	5.42	5.33

大兴安岭山杨低质低效林的土壤呈弱酸性，其 pH 值均低于 7，则当其 pH 值越接近 7 时，土壤的酸性就越弱，也就越适合地上植被的生长，因此，土壤 pH 为正向指标，按公式（4-12）进行标准化处理；而土壤容重值越大，说明土壤被压实的越严重，也就越不利于地上植被的生长，因此，土壤容重为逆向指标，按公式（4-13）进行标准化处理；除此之外，其他评价指标均为正向指标，按公式（4-12）进行标准化处理。于是，得到初始化后的决策矩阵 X'：

$$
X' = \begin{bmatrix}
0.89 & 0.94 & 1.00 & 0.94 & 0.90 & 0.93 & 0.96 & 0.93 & 0.94 & 0.92 \\
0.95 & 1.00 & 1.00 & 0.97 & 0.83 & 0.93 & 0.93 & 0.90 & 0.91 & 0.88 \\
0.94 & 1.00 & 0.96 & 0.94 & 0.97 & 0.99 & 0.96 & 0.86 & 0.85 & 0.84 \\
0.95 & 1.00 & 0.99 & 0.97 & 0.70 & 0.92 & 0.94 & 0.92 & 0.90 & 0.88 \\
0.89 & 0.85 & 0.91 & 0.94 & 0.98 & 0.93 & 0.96 & 1.00 & 0.96 & 0.97 \\
0.95 & 1.00 & 0.99 & 0.98 & 0.94 & 0.98 & 0.96 & 0.94 & 0.93 & 0.89 \\
0.75 & 0.84 & 1.00 & 1.00 & 0.61 & 0.57 & 0.61 & 0.81 & 0.78 & 0.83 \\
0.86 & 0.96 & 0.99 & 1.00 & 0.89 & 0.83 & 0.88 & 0.94 & 0.78 & 0.96 \\
0.90 & 0.81 & 0.85 & 0.95 & 0.90 & 0.87 & 0.94 & 0.75 & 0.78 & 1.00 \\
0.98 & 0.93 & 0.89 & 0.99 & 0.94 & 0.90 & 0.98 & 0.75 & 0.78 & 1.00 \\
0.88 & 1.00 & 0.91 & 0.83 & 0.84 & 0.90 & 0.97 & 0.81 & 0.76 & 0.78 \\
0.89 & 1.00 & 0.93 & 0.82 & 0.84 & 0.91 & 0.95 & 0.83 & 0.76 & 0.78 \\
0.61 & 1.00 & 0.94 & 0.56 & 0.84 & 0.93 & 0.85 & 0.76 & 0.50 & 0.68 \\
0.63 & 1.00 & 0.81 & 0.46 & 0.95 & 0.97 & 0.87 & 0.77 & 0.56 & 0.70 \\
0.63 & 1.00 & 0.82 & 0.45 & 0.96 & 0.98 & 0.87 & 0.77 & 0.57 & 0.71 \\
1.00 & 0.95 & 0.89 & 0.84 & 0.94 & 0.95 & 0.85 & 0.82 & 0.89 & 0.81 \\
0.87 & 0.70 & 0.35 & 0.43 & 0.78 & 0.74 & 1.00 & 0.44 & 0.43 & 0.53 \\
0.83 & 0.93 & 1.00 & 0.92 & 0.90 & 0.95 & 0.82 & 0.93 & 0.93 & 0.87 \\
0.95 & 0.97 & 0.91 & 0.87 & 1.00 & 0.98 & 0.88 & 0.88 & 0.88 & 0.86 \\
0.96 & 0.96 & 0.96 & 1.00 & 0.93 & 0.94 & 0.96 & 0.97 & 0.98 & 1.00 \\
0.92 & 0.95 & 0.96 & 0.91 & 0.96 & 1.00 & 0.96 & 0.96 & 0.88 & 0.89 \\
0.91 & 0.94 & 0.92 & 0.90 & 0.90 & 1.00 & 0.95 & 0.91 & 0.80 & 0.77 \\
0.89 & 0.90 & 0.97 & 0.89 & 0.89 & 1.00 & 0.98 & 0.87 & 0.90 & 0.84 \\
0.93 & 0.94 & 0.98 & 0.91 & 0.97 & 1.00 & 0.95 & 0.93 & 0.92 & 0.92 \\
0.88 & 0.93 & 0.91 & 0.89 & 0.86 & 0.96 & 1.00 & 0.96 & 0.86 & 0.85 \\
0.92 & 1.00 & 0.99 & 0.91 & 0.93 & 0.98 & 0.97 & 0.95 & 0.91 & 0.90 \\
0.90 & 0.97 & 0.95 & 0.90 & 0.93 & 1.00 & 0.98 & 0.95 & 0.89 & 0.86 \\
0.95 & 0.97 & 1.00 & 0.93 & 0.92 & 0.95 & 0.97 & 0.94 & 0.93 & 0.91
\end{bmatrix}
$$

由初始化后的决策矩阵 X' 可知，本研究中的理想对象矩阵 S 为：

$$S^{\mathrm{T}} = \begin{bmatrix} 1 & 1 & 1 & 1 & 1 & 1 & 1 & 1 & 1 & 1 & 1 & 1 & 1 & 1 & 1 \\ 1 & 1 & 1 & 1 & 1 & 1 & 1 & 1 & 1 & 1 & 1 & 1 & 1 & 1 & 1 \end{bmatrix}$$

根据公式 (4-14) 进行计算，可得到灰色关联判断矩阵 R：

$$R = \begin{bmatrix}
0.33 & 0.46 & 1.00 & 0.49 & 0.36 & 0.44 & 0.56 & 0.45 & 0.47 & 0.40 \\
0.64 & 1.00 & 0.96 & 0.75 & 0.33 & 0.54 & 0.56 & 0.47 & 0.48 & 0.41 \\
0.57 & 1.00 & 0.68 & 0.57 & 0.71 & 0.93 & 0.69 & 0.37 & 0.35 & 0.33 \\
0.75 & 1.00 & 0.93 & 0.84 & 0.34 & 0.64 & 0.71 & 0.64 & 0.59 & 0.57 \\
0.40 & 0.34 & 0.44 & 0.55 & 0.77 & 0.53 & 0.64 & 1.00 & 0.65 & 0.69 \\
0.54 & 1.00 & 0.85 & 0.70 & 0.50 & 0.72 & 0.58 & 0.46 & 0.46 & 0.34 \\
0.46 & 0.57 & 1.00 & 1.00 & 0.36 & 0.33 & 0.36 & 0.53 & 0.50 & 0.56 \\
0.45 & 0.72 & 0.91 & 1.00 & 0.51 & 0.40 & 0.49 & 0.64 & 0.33 & 0.72 \\
0.55 & 0.39 & 0.46 & 0.70 & 0.57 & 0.48 & 0.68 & 0.34 & 0.36 & 1.00 \\
0.84 & 0.64 & 0.52 & 0.92 & 0.92 & 0.55 & 0.84 & 0.33 & 0.36 & 1.00 \\
0.50 & 1.00 & 0.58 & 0.41 & 0.44 & 0.54 & 0.78 & 0.39 & 0.33 & 0.35 \\
0.53 & 1.00 & 0.65 & 0.39 & 0.43 & 0.57 & 0.70 & 0.41 & 0.34 & 0.35 \\
0.39 & 1.00 & 0.81 & 0.36 & 0.60 & 0.78 & 0.62 & 0.51 & 0.33 & 0.44 \\
0.42 & 1.00 & 0.59 & 0.33 & 0.83 & 0.91 & 0.67 & 0.54 & 0.38 & 0.48 \\
0.42 & 1.00 & 0.60 & 0.33 & 0.86 & 0.92 & 0.67 & 0.55 & 0.39 & 0.49 \\
1.00 & 0.66 & 0.47 & 0.37 & 0.60 & 0.66 & 0.39 & 0.34 & 0.47 & 0.33 \\
0.71 & 0.52 & 0.33 & 0.36 & 0.60 & 0.56 & 1.00 & 0.37 & 0.36 & 0.41 \\
0.35 & 0.58 & 1.00 & 0.52 & 0.46 & 0.64 & 0.33 & 0.55 & 0.55 & 0.40 \\
0.58 & 0.72 & 0.44 & 0.35 & 0.71 & 1.00 & 0.82 & 0.37 & 0.37 & 0.34 \\
0.50 & 0.46 & 0.48 & 0.95 & 0.32 & 0.37 & 0.48 & 0.54 & 0.70 & 1.00 \\
0.43 & 0.53 & 0.57 & 0.40 & 0.61 & 0.00 & 0.58 & 0.59 & 0.33 & 0.36 \\
0.55 & 0.65 & 0.58 & 0.53 & 0.52 & 1.00 & 0.68 & 0.56 & 0.37 & 0.33 \\
0.43 & 0.45 & 0.70 & 0.42 & 0.41 & 1.00 & 0.79 & 0.39 & 0.44 & 0.34 \\
0.38 & 0.42 & 0.71 & 0.33 & 0.59 & 1.00 & 0.49 & 0.40 & 0.37 & 0.35 \\
0.38 & 0.51 & 0.45 & 0.40 & 0.34 & 0.65 & 1.00 & 0.63 & 0.35 & 0.33 \\
0.38 & 1.00 & 0.90 & 0.36 & 0.43 & 0.76 & 0.65 & 0.50 & 0.35 & 0.33 \\
0.42 & 0.73 & 0.56 & 0.40 & 0.49 & 1.00 & 0.81 & 0.58 & 0.39 & 0.34 \\
0.45 & 0.62 & 1.00 & 0.39 & 0.35 & 0.48 & 0.64 & 0.44 & 0.38 & 0.34
\end{bmatrix}$$

利用 SPSS 软件对大兴安岭山杨低质低效林不同生态改培模式各评价指标的相关系数进行计算，再根据计算得出的相关系数计算得出 C_i，然后根据公式 (4-15) 即可计算出各评价指标的权重，评价指标的权重分别为：0.02、0.03、0.04、0.03、0.03、0.04、0.03、0.02、0.02、0.02、0.04、0.05、0.04、0.04、0.04、0.03、0.03、0.03、0.05、0.04、0.03、0.05、0.04、0.04、0.04、0.05、0.05、0.04，因此，可以得到权重矩阵 W，再根据公式 (4-16) 进行计算可得到各生态改培模式的灰色关联度 b_j，结果见表 4-28。

表 4-28　各生态改培模式的灰色关联度

	S1	S2	S3	S4	S5	S6	S7	S8	S9	CK
b_j	0.504	0.740	0.680	0.511	0.531	0.725	0.659	0.493	0.414	0.444

根据灰色系统理论中灰色关联度分析原则，灰色关联度其实就是相应的大兴安岭山杨低质低效林生态改培模式与最佳生态改培模式的相似程度，因此，灰色关联度越大，

则该生态改培模式的效果就越好。由表 4-28 中的计算结果可知，山杨低质低效林各带状生态改培模式的灰色关联度为 0.414~0.740，S2 和 S6 的灰色关联度高于其他带状生态改培模式，其中带状生态改培模式 S2 的灰色关联度为 0.740，其改培效果是各带状生态改培模式中最好的，综合比较发现皆伐带 10m，保留带 20m 的带宽顺山带状改培模式改培效果最好。

4.3.4.5　大兴安岭山杨低质低效林改培模式综合分析

对低质低效林进行生态改培，有利于提高林地利用率、优化森林结构、提高林木生长率、实现林地效益最大化等，目前对低质低效林进行生态改培的模式比较多，但对生态改培模式的效果进行定量评价的方法却比较少，主要是主成分分析法，也有研究应用灰色聚类分析法对改培模式进行过探讨。灰色关联分析法和灰色聚类法有相同之处，也是采用灰色关联度来量化研究系统内各指标相似或相异程度的一种方法，但它对样本的数量要求不高，也不需要典型的分布规律，因此，与以往的灰色聚类法又有所区别，且随着灰色系统理论的发展，灰色关联分析法在各行各业中都得到广泛应用（蔡丽平等，2014；李超等，2014）。因此，本研究采用灰色关联分析法对大兴安岭山杨低质低效林的不同生态改培模式建立综合评价模型，主要筛选出反映森林生态效益的更新苗木生长状况、林下植被生物多样性、保留乔木胸径和树高的连年生长率、枯落物持水特性、土壤物理性质、土壤化学性质、土壤碳通量等 28 个指标，纳入该综合评价模型，计算出 9 种改培模式和对照样地 CK 的灰色关联度，据此筛选出大兴安岭林区山杨低质低效林最优改培模式，使得评价结果更具全面性和科学性。

综合评价大兴安岭林区山杨低质低效林改培后第 3 年（2015 年）3S 顺山带状改培模式的改培效果，不同带宽的改培效果依次为 S2（0.740）> S6（0.725）> S3（0.680）> S7（0.659）> S5（0.531）> S4（0.511）> S1（0.504）> S8（0.493）> CK（0.444）> S9（0.414）。顺山带状改培模式中 10m 改培带，20m 保留带（S2）带宽样地改培效果最好，30m 改培带，60m 保留带（S3）带宽样地改培效果也较好。由于带宽较窄的带状改培样地改培过程中样地内光照和温湿度等微环境的变化较小，林下植被更新数量较少，林地枯落物补充量较少，导致枯落物蓄水保水能力较差，而因为枯落物是土壤有机质的重要来源，枯落物量较少也造成了样地土壤理化性质的改善效果一般，林下更新的灌木层和草本层生物量和多样性没有明显增加，保留木胸径和树高生长量也较低，而且保留带内保留木的根系竞争较强，高大乔木的庇荫作用较强，造成了改培样地内栽植的喜阳性针叶树种的生长发育较差。而带宽较宽的带状改培样地没有得到保留带内保留林木枯枝落叶的充足补充，而且改培过程中样地内光照和温湿度等微环境的变化很大，光照强度较强，温度较高，枯落物分解较快，枯落物蓄水保水能力也较差，改培样地土壤破坏程度严重，土壤容重较大，持水通气能力较差，而由于保留带内的保留木对改培样地的庇荫作用有限，改培样地内林冠对降雨的截留作用弱，林地枯落物较少，容易引起地表径流，土壤易受侵蚀，养分易受淋失，土壤保水保肥能力差，由于林地土壤肥力的限制，保留木和更新苗木的生长状况也受到了一定程度的限制。由于不同地区气候条件、生态环境、立地条件和植被类型差异较大，所以选择合理的带宽和面积进行改培是不同地区不同类型低质低效林改培成功的关键。

本研究通过选择反映低质低效林生态改培效果的更新苗木生长状况、林下植被生物多样性、保留乔木胸径和树高的连年生长率、枯落物持水特性、土壤物理性质、土壤化学性质、土壤碳通量等 28 个指标，计算各改培模式改培后第 3 年（2015 年）的灰色关联度，关键是各项评价指标的筛选与评价的过程，评价的结果只说明了各改培模式改培效果的相对优劣，并不是该改培模式的实际值，但对于大兴安岭地区山杨低质低效林的改培和经营具有指导和参考意义。由于受到数据收集的限制，一定程度上影响了评价结果的科学性，随着对大兴安岭林区低质低效林经营实践与认识的逐步提高，应该对该地区低质低效林改培效果评价指标进行不断调整和补充。

综上所述，改培带 10m，保留带 20m 的带宽顺山带状改培模式改培效果最好，为达到使低质低效林变高质林、改萌生林为实生林的目的，在改培完成后，每年对改培林地进行科学合理的抚育，改培当年的抚育工作主要为扩穴、培土、扶正、踏实和除草，以后每年进行除草、松土、割灌、砍去竞争植物等抚育措施。

参考文献

李莲芳，韩明跃，郑畹，等 . 2009. 云南松低质低效林的成因及其分类 . 西部林业科学，38（4）：94 − 99

苏月秀 . 2012. 我国森林经营现状研究 . 北京：北京林业大学学位论文

邓东周，张小平，鄢武先，等 . 2010. 低效林改造研究综述 . 世界林业研究，23（4）：65 − 69

宋启亮，董希斌 . 2014. 大兴安岭不同类型低质林群落稳定性的综合评价 . 林业科学，50（6）：10 − 17

宋启亮，董希斌 . 2014. 大兴安岭 5 种类型低质林土壤呼吸日变化及影响因素 . 东北林业大学学报，42（9）：77 − 82

李晴新，朱琳，陈中智 . 2010. 灰色系统方法评价近海海洋生态健康 . 南开大学学报（自然科学版），43（1）：39 − 43

王顺岩 . 2009. 灰色系统理论在间歇式染色中的应用研究 . 杭州：浙江理工大学学位论文

琚冰源 . 2010. 多属性群决策方法研究 . 西安：安理工大学学位论文

郭倩倩 . 2011. 基于灰色理论的学生成绩分析研究 . 科技创新导报，7（9）：159 − 160

齐景顺，张吉光，杨明杰 . 2003. 灰色关联分析法在油气勘探早期构造圈闭评价中的应用 . 资源调查与评价，20（5）：1 − 4

辜寄蓉，范晓，杨俊义，等 . 2003. 九寨沟水资源灰色系统预测模型 . 成都理工大学学报（自然科学版），30（2）：192 − 197

赵剑 . 2006. 灰色关联分析综合评价法在地表水环境评价中的应用 . 水利科技与经济，12（9）：607 − 608

陈林，王磊，张庆霞，等 . 2009. 风沙区不同土地利用类型的土壤水分灰色关联分析 . 干旱区研究，26（6）：840 − 845

张蕾，王高旭，罗美蓉 . 2004. 灰色关联分析在水质评价应用中的改进 . 中山大学学报（自然科学版），43（S6）：234 − 236

尹少华，姜微，张慧军 . 2008 基于灰色系统理论的湖南林业产业结构预测研究 . 林业经济问题，28（3）：302 − 305

刘思峰，谢乃明，等.2008 灰色系统理论及其应用.北京：科学出版社

刘菊秀，余清发，褚国伟，等.2001.鼎湖山主要森林类型土壤 pH 值动态变化.土壤与环境，10(1)：39 – 41

张雪萍.2006.大兴安岭森林生态系统土壤动物结构及其功能研究.北京：北京林业大学学位论文

刘育红.2006.土壤镉污染的产生及治理方法.青海大学学报(自然科学版)，24(2)：75 – 79

张兴梅，杨清伟，李扬.2010.土壤镉污染现状及修复研究进展.河北农业科学，14(3)：79 – 81

陈凌.2009.土壤镉污染的植物修复技术.无机盐工业，41(2)：45 – 47

黄益宗，朱永官.2004.森林生态系统镉污染研究进展.生态学报，24(1)：102 – 108

冉烈，李会合.2011.土壤镉污染现状及危害研究进展.重庆文理学院学报(自然科学版)，30(4)：69 – 73

高彬，王海燕.2003.土壤 pH 值对植物吸收 Cd、Zn 的影响研究.广西林业科学，32(2)：66 – 69

陈永亮，李淑兰.2004.胡桃楸、落叶松纯林及其混交林土壤化学性质.福建林学院学报，24(4)：331 – 334

陈永亮，周晓燕，李修岭.2006.红松幼苗根际微区 pH 与 N、P、K 的梯度分布.福建林学院学报，26(1)：49 – 52

杨忠芳，陈岳龙，钱镶，等.2005.土壤 pH 对镉存在形态影响的模拟实验研究.地学前缘，12(1)：252 – 260

崔国发，蔡体久，杨文化.2000.兴安落叶松人工林土壤酸度的研究.北京林业大学学报，22(3)：33 – 36

张长斌，赵有福，王福成.2011.夏玛林场林下枯落物涵水能力研究.中国林业，61(12)：29 – 30

韩家永，李芝茹.2012.森林生态系统中枯落物分解实验方法的评析.森林工程，28(1)：6 – 9

李良，翟洪波，姚凯，等.2010.不同林龄华北落叶松人工林枯落物储量及持水特性研究.中国水土保持，30(3)：32 – 34

樊登星，余新晓，岳永杰，等.2008.北京西山不同林分枯落物层持水特性研究.北京林业大学学报，30(S2)：177 – 181

刘晓红，李校，彭志杰.2008.生物多样性计算方法的探讨.河北林果研究，23(2)：166 – 168

姜帆，董希斌.2007.山地退化森林生态系统恢复评价方法的研究.森林工程，23(4)：5 – 7

吕海龙，董希斌.2011.不同整地方式对小兴安岭低质林生物多样性的影响.森林工程，27(6)：5 – 9

宋启亮，董希斌，李勇，等.2010.采伐干扰和火烧对大兴安岭森林土壤化学性质的影响.森林工程，26(5)：4 – 7

肖新平，宋中民，李峰.2005.灰技术基础及其应用.北京：科学出版社

唐智和，王军平.1995.灰色聚类分析在环境质量评价中的应用.油气田环境保护，5(3)：37 – 41

刘刚，陈新军，柳保军，等.2003.灰色聚类分析在石油及天然气地质研究中的应用.新疆石油学院学报，15(1)：26 – 30

庞博，李玉霞，童玲.2011.基于灰色聚类法和模糊综合法的水质评价.环境科学与技术，34(11)：185 – 188

陈佳妮，段文英，丁薇.2010.模糊 C-均值聚类分析在基因表达数据分析中的应用.森林工程，26(2)：56 – 57

高翠翠，苏变萍.2006.改进的灰色聚类方法及应用.西安工程科技学院学报，20(3)：369 – 372

高人，周广柱.2002.辽宁东部山区几种主要森林植被类型枯落物层持水性能研究.沈阳农业大学学

报, 33(2): 115 - 118

刘少冲, 段文标, 赵雨森, 等. 2005. 莲花湖库区几种主要林型枯落物层的持水性能. 中国水土保持科学, 3(2): 81 - 86

王淑敏, 胥哲明, 潘彩霞. 2007. 城市绿地土壤质量评价指标研究进展. 中国园艺文摘, (7): 34 - 40

叶宗裕. 2003. 关于多指标综合评价中指标正向化和无量纲化方法的选择. 浙江统计, (4): 24 - 25

吕明捷, 杜云, 荣超, 等. 2011. 基于相关系数定权的集对分析法在湖泊富营养化评价中的应用. 南水北调与水利科技, 9(1): 96 - 98

于勇, 周大迈, 王红, 等. 2006. 土地资源评价方法及评价因素权重的确定探析. 中国生态农业学报, 14(2): 213 - 215

王靖, 张金锁. 2001. 综合评价中确定权重向量的几种方法比较. 河北工业大学学报, 30(2): 52 - 57

张华, 王东明, 王晶日, 等. 2010. 建设节水型社会评价指标体系及赋权方法研究. 环境保护科学, 36(5): 65 - 68

吕海龙. 2012. 小兴安岭低质林改造后生态系统恢复效果的评价. 哈尔滨: 东北林业大学学位论文

尹奉月. 2008. 低质低效林改造经营项目的示范作用研究. 林业建设, (4): 25 - 27

吕海龙, 董希斌. 2011. 基于主成分分析的小兴安岭低质林不同皆伐改造模式评价. 林业科学, 47(12): 172 - 178

张泱, 董希斌, 郭辉. 2010. 基于主成分分析法综合评价小兴安岭低质林择伐生态改造模式. 东北林业大学学报, 38(12): 7 - 9

李芝茹. 2012. 基于灰色系统理论对大兴安岭白桦低质林改造模式的评析. 哈尔滨: 东北林业大学

李跃林, 李志辉, 李志安, 等. 2001. 桉树人工林地土壤肥力灰色关联分析. 土壤与环境, 10(3): 198 - 200

翟国静. 1996. 灰色关联分析在水质评价中的应用. 水电能源科学, 14(3): 183 - 187

张磊, 张波. 1996. 灰色关联分析模型对大气环境质量预测的应用研究. 上海环境科学, 15(8): 18 - 20

曾翔亮, 董希斌, 高明. 2013. 不同诱导改造后大兴安岭蒙古栎低质林土壤养分的灰色关联评价. 东北林业大学学报, 41(7): 48 - 52

宋启亮, 董希斌. 2014. 大兴安岭低质阔叶混交林不同改造模式综合评价. 林业科学, 50(9): 18 - 25

蔡丽平, 刘明新, 侯晓龙, 等. 2014. 长汀强度水土流失区不同治理模式恢复效果的灰色关联分析. 中国农学通报, 30(1): 85 - 92

李超, 李文峰, 李林润. 2014. 基于灰色关联度模型的区域农业生态系统可持续发展水平评价. 生态科学, 33(2): 373 - 378

Jadhav, A·C, Nimbalkar, R. D, Pawar, N. B. 2001. Incidence of Grey Mildew on Cotton. Journal Maharashtra Agricultural Universities, 26(1): 32 - 34

Joseph W. K, Chan. 2006. Application of Grey Relational Analysis for Ranking Material Options. International Journal of Computer Applications in Technology, 24(4): 210 - 217

Johan A·Westerhuis, Eduard P. P. A. Derks, Huub C. J. Hoefsloot, etl. 2007. Grey Component Analysis. Journal of Chemometrics, 21(10 - 11): 474 - 485

Tilman D. 2000. Causes, consequences and ethics of biodiversity. Nature, 405: 208 - 211

Sodhi N S, Koh L P, Clements R, et al. 2010. Conserving Southeast Asian forest biodiversity in human-modified landscapes. Biological Conservation, 143(10): 2375 - 2384

Pardini R, Faria D, Accacio G M, et al. 2009. The challenge of maintaining Atlantic forest biodiversity: a multi-taxa conservation assessment of specialist and generalist species in an agro-forestry mosaic in southern Bahia. Biological Conservation, 142(6): 1178 – 1190

Quesada C A, Lloyd J, Schwarz M, et al. 2009. Regional and large-scale patterns in Amazon forest structure and function are mediated by variations in soil physical and chemical properties. Biogeosciences Discussion, 6: 3993 – 4057

Pérez-Bejarano A, Mataix-Solera J, Zornoza R, et al. 2010. Influence of plant species on physical, chemical and biological soil properties in a Mediterranean forest soil. European Journal of Forest Research, 129(1): 15 – 24

Nave L E, Vance E D, Swanston C W, et al. 2010. Harvest impacts on soil carbon storage in temperate forests. Forest Ecology and Management, 259(5): 857 – 866

Anderson T H. 2003. Microbial eco-physiological indicators to assess soil quality. Agriculture, Ecosystems and Environment, 9(1 – 3): 285 – 293

PASSIOURA J. 2002. Soil conditions and plant growth. Plant, cell & environment, 25(2): 311 – 318

第 5 章

阔叶红松过伐林可持续经营技术

　　了解群落的组成与结构是研究生态系统功能和过程的基础，对群落组成与结构的分析可以更深入地了解森林生物多样性的分布格局以及生物多样性的形成与维持机制（叶万辉等，2008；Loreau et al.，2001）。自 1980 年在巴拿马 Barro Colorado 岛建立第一个大型监测样地以来，以大型固定监测样地为主的森林群落动态研究与监测受到越来越多的关注，为验证群落生态学理论与模型、理解生物多样性维持机理等提供了基础（郝占庆等，2008；马克平，2008）。此后，采用大面积固定样地进行长期动态监测已经成为森林生态学研究中的一种重要方法和手段（张春雨等，2009）。美国 Smithonian 研究院热带森林研究所（Smithonian Tropical Research Institute）热带森林科学研究中心（Center for Tropical Forest Science，CTFS）已陆续在 15 个国家和地区建立了 20 多个固定监测样地，覆盖了温带、暖温带、亚热带和热带地区的主要森林类型（马克平，2008）。中国地跨热带至寒温带，是全球唯一一个具有完整气候带的国家，也是世界上生物多样性最丰富的国家之一（宾粤等，2011）。因此在主要的气候带内建立森林固定监测样地，对于中国的森林生物多样性研究是十分必要的，也是对全球森林生物多样性监测网络的有机补充（马克平，2008）。自 2004 年起，参照 CTFS 热带雨林研究样地的技术规范（Condit，1998），中国科学院生物多样性委员会组织了多家科研单位分别在热带季雨林（胡跃华等，2010）、亚热带常绿阔叶林（叶万辉等，2008；祝燕等，2008）和温带针阔混交（郝占庆等，2008；张春雨等，2009）建立了固定样地，形成了中国森林生物多样性监测网络。

　　森林采伐经营对森林的结构产生显著影响，从而影响森林功能的改变。森林采伐会对森林生态系统的稳定产生重要影响，甚至会破坏森林生态系统的平衡（雷相东等，2005）。抚育间伐作为森林培育的重要经营措施，会影响林分生长、林下植被更新、林分空间结构、林分物种多样性等多个方面（Mäkinen 等，2004；齐麟等，2015）。大多学者认为间伐能够提高单木生长，但由于间伐后林木数量减少，林下植被的变化状况不一，间伐对林分总生物量的影响状况还不清楚（龚固堂等，2015）。间伐对林分生物多样性的影响进行了大量研究(龚固堂等,2015),但对于间伐是如何影响林分生物多样性变化及其动态过程没有系统的研究。抚育间伐对于森林的影响是一个长期的动态过程,间伐初期林分空间结构受到强烈干扰,影响了林木生长空间和营养空间,特别是林下植被光照条件的改变,会对林分生长和林分生物多样性产生影响,特别是对林下草本植物(李瑞霞等,2012;王凯,2013;段劼等,2010)。不同的采伐强度对森林结构和功能的影响如何是本研究解决的关键问题,主要研究内容包括不同采伐强度对物种组成、林分密度、林分空间格局等林分结构的影响和对物种多样性、碳汇能力和生产力等林分功能作用的影响等方面。

5.1　研究区域及森林类型概述

5.1.1　研究区域概述

研究区样地位于吉林省蛟河林业试验区管理局林场($43°57'$N,$127°44'$E,全区平均海拔为506m。南北最长约30km,东西最宽约25km。局址位于吉林省蛟河市前进乡,地理坐标为$127°35'$~$127°51'$E,$43°51'$~$44°05'$N。总经营面积31823hm^2。该区属长白山系张广才岭山脉,地势西北高东南平坦开阔。地形有陡峭高山、干湿草甸、平缓山地在此均有分布。西北和东北部有较多的山峰且坡度大、石塘多。南部和东南部则山低坡缓。全局最高峰为东北部与吉林省黄泥河林业局和黑龙江省相交处的二秃子山,海拔高度1176m。最低海拔仅330m,相对高差846m(丁胜建,2012)。

研究区处于中纬度北温带,属受季风影响的温带大陆性山地气候,其主要气候特点是:春季干旱而多大风;夏季炎热而多雨水;秋季短暂而多晴天;冬季寒冷漫长。该区年平均气温为3.8°C,气温年较差和日较差均较大,最热月7月,平均温为21.7°C,最冷月1月,平均温度-18.6°C。夏季温暖多雨,平均降水量在700~800mm,平均降水量696.5mm,多集中在6~8月份。初霜期多在9月下旬,终霜期一般在翌年5月中旬,无霜期120~150天。平均积雪厚度为20~60cm,土壤结冻深度为1.5~2.0m。

该区植被属长白山植物区系,共有923种,分属108科404属,主要林分类型为天然针阔混交林,部分地区还保留原始阔叶红松林,植被种类分布复杂,林下资源丰富、物种多样。主要的乔木树种有水曲柳(*Fraxinus mandshurica*)、胡桃楸(*Juglans mandshurica*)、红松(*Pinus koraiensis*)、白牛槭(*Acer mandshuricum*)、春榆(*Ulmus davidiana* var. *japonica*)、怀槐(*Maackia kiaamurensis*)、白桦(*Betula platyphylla*)、色木槭(*Acer pictum* subsp. *mono*)、紫椴(*Tilia amurensis*)、蒙古栎(*Quercus mongolica*)、裂叶榆(*Ulmus laciniata*)、枫桦(*Betula costata*)、黄檗(*Phellodendron amurense*)、山杨(*Populus davidiana*)、大青杨(*Populus ussuriensis*)等。主要下木有簇毛槭(*Acer barbinerve*)、暴马丁香(*Syringa reticulata* var. *mandshurica*)、毛榛子(*Corylus mandshurica*)、东北山梅花(*Philadelphus schrenkii*)、东北溲疏(*Deutzia parviflora* Bge. var. *amurensis*)、刺五加(*Eleuthercoccu* senticosus)等。主要草本有苔草(*Carex* spp.)蚊子草(*Filipendula* sp.)、山茄子(*Brachy-botrys paridiformis*)、小叶芹(*Aegopodum alpestre*)和蕨类(*Adiantum* spp.) 等(丁胜建，2012；姜俊，2012；王娟，2014)。

　　该区森林内野生动物种类繁多，主要有吉林省二类保护动物马鹿、紫貂、水獭、鸳鸯、赤薪翠及黑熊、野猪、黄鼬、花尾榛鸡、雉鸡、戴胜、黑枕啄木鸟、灰喜鹊、苍鹭等。除此以外，该区林副产品丰富，盛产优质种苗、黑木耳、山野菜、红松籽、林蛙油等。

5.1.2　阔叶红松过伐林概述

　　原始阔叶红松林是东北林区顶级群落类型，但由于日伪时期的残酷掠夺，新中国成立初期的过量采伐，森林资源遭到严重破坏(张春雨等，2009；雷相东，2000)。按天然林退化程度可以大致分为原始林、过伐林、次生林、疏林和无林地。过伐林系为原始针阔混交林，经过长期的采伐后仍保留有原始林结构的林分，包括林相有针叶林、针阔混交林和小片混交分布在针阔混交林内的阔叶林，这种林分缺少目的树种，林分结构不合理，但如果得到合理经营，这类森林有希望比较快地恢复到原始林的状态(雷相东，2000)。东北过伐林区包括我国东北黑龙江、吉林和内蒙的天然过伐林区。第五次森林资源清查结果显示，我国东北过伐林区有林地面积占全国有林地面积的 25 %，活立木总蓄积占全国活立木总蓄积的 29 %，对我国林业建设有举足轻重的地位(于洋等，2011)。在过伐林基础上形成大量的森林类型，常见的有次生杨桦林、蒙古栎林、落叶松林、针叶混交林、阔叶混交林、针阔混交林、阔叶红松林等林型(雷相东，2000；叶林等，2011)。

　　阔叶红松林是东北地区原始阔叶红松林的过伐林形成的森林类型之一，许多学者对东北地区阔叶红松林过伐林物种多样性(郑景明等，2003；吴晓莆等，2004)、群落结构(夏富才，2007)、种子雨及其幼苗更新(张象君等，2011；栾奎志，2010；张健等，2009)等方面进行过大量研究，对于阔叶红松林的组成及其空间结构格局状况了解比较全面(王蕾等，2009；王绪高等，2008)。同时，对于该森林类型的生物量和碳储量的研究也已经很多(王宇等，2010；宋媛等，2013；蒋延玲等，2005)。对该森林类型进行经营活动(如采伐处理)如何影响森林群落结构及其生物量和碳储量分配等研究有学者进行了研究(齐麟等，2015；刘琦等，2013；蒋子涵等，2010；齐麟等，2009)。

5.1.3　样地设置和调查

(1)不同龄级经营处理大面积固定样地

　　参照 CTFS 样地建设方案，2009 年和 2010 年夏季在吉林省蛟河林业实验区管理局林场内，根据林分的发育阶段和物种组成分别建立了中龄林(the half – mature forest，HF)、近熟林(the near – mature forest)(王娟等，2011)、成熟林(the mature forest，MF)(姜俊等，2012)和老龄林(the old growth forest，OGF)(丁胜建等，2012)固定监测样地，除老龄林为对照样地外，其他三种林型分别划分为经营区和非经营区进行对照试验。中

龄林总面积为 22ha(440m×500m)，经营区和对照区面积分别为 10hm²(200m×500m)和
12hm²(220m×500m)；近熟林总面积为，经营区面积 22.44hm²(660m×340m)，对照区
面积 21.48(520m×420m)；老龄林为对照林面积为 30hm²(500m×600m)。

中龄林样地(21.84hm²，420 m × 520 m)位于处于演替初期的次生针阔混交林内。
该林分于大约 60 年前经历过皆伐。样地内地形平坦，海拔高度最高为 519 m，最低为
468 m。样地内共有 29035 株 DBH > 1cm 的木本植物个体，隶属于 17 科 26 属 42 种。
胸高断面积之和排前 5 位的树种分别是：胡桃楸、水曲柳、春榆、色木槭和红松。

成熟林样地(42 hm²，500 m × 840 m)位于处于演替中期的次生针阔混交林内。该
林分于大约 60 年前经历过强烈的经营采伐，冠层树种的年龄大约在 100~120 年之间。
样地内地形平坦，海拔高度最高为 517 m，最低为 459 m。样地内共有 55,501 株 DBH
> 1 cm 的木本植物个体，隶属于 17 科 28 属 46 种。胸高断面积之和排前 5 位的树种分
别是：色木槭、红松、胡桃楸、水曲柳和紫椴。

老龄林样地(30 hm²，500 m × 600 m)位于处于演替顶级的原始阔叶红松林内，远
离居民区，很少受到人为干扰。样地地形特征为两斜坡夹一山谷，海拔高度最高为 784
m，最低为 576 m。样地内共有 49,090 株 DBH > 1 cm 的木本植物个体，隶属于 18 科
30 属 47 种。胸高断面积之和排前 5 位的树种分别是：裂叶榆、色木槭、紫椴、红松和
枫华。

样地建立完成后，对样地内所有植物进行群落学调查。调查时以 20 m × 20 m 样方
为单位，清查样方内所有胸径(DBH) ≥ 1 cm 的木本植物。调查内容包括每株植物的种
类、胸径、冠幅、活枝下高和坐标等，并挂牌标记(丁胜建等，2012)。

(2)碳平衡实验样地

2011 年 7 月，在蛟河实验区管理局大坡林场，按照 CTFS(Center for Tropical Forest
Science，CTFS)标准在地形和林分状况大体一致的近熟林内设置 4 块面积为 1hm²(100m
×100m)的固定样地。四块样地分别命名为 1 号地、2 号地、3 号地和 4 号地。为了消
除边缘效应，每块样地相隔 50m，具体样地设置如图 1 所示。样地建成后，每个样地划
分为 25 个 20m×20m 的样方，在每个节点处安装上水泥桩，并进行编号。对每个 20m
×20m 的样方再划分成 16 个 5m×5m 的亚样方进行群落学调查。对样地内所有 DBH≥
1cm 的木本植物进行挂牌，调查并定位。调查项目包括：号牌编码、物种名称、胸径、
树高、枝下高、冠幅(东西长、南北长)，并记录生长状况(枯立、枯倒、断头等)等。
同时在每个 5m×5m 小样方中，划定一个 2m×2m 的灌木(DBH <1cm 或 H≤1.3m)样
方，调查其物种名称、地径、分枝个数、株高、冠幅(东西冠幅长和南北冠幅长)；并
在灌木样方内划定一个 1m×1m 的草本样方，调查草本植物种类、多度(个体数量)、高
度(平均高)、盖度以及总盖度。

同年，根据调查数据，计算每个样地的胸高断面积(Basal area，m²)，按照 0%、
20%、40%、60%强度对样地内的植物进行采伐木的确定。计划 2011 年底进行采伐木
的伐除，由于采伐树木需要当地林业厅的审批，2011 年未能按计划实施。在 2012 年 12
月份，按照已确定的采伐木对 plot2、plot3 和 plot4 进行采伐，并在 2013 年 7 月对 4 块样

地进行复测，复测项目包括：号牌编码、树种名称、胸径和生长状况，以确定实际采伐强度。根据复测数据得出采伐强度为：Plot1 为对照样地，采伐强度为 0%、Plot2 采伐强度 17.2%、Plot3 采伐强度为 34.7% 和 Plot4 采伐强度为 51.9%（表 5-2）。随着采伐强度增大，样地内的保留木数量减少，相应的总胸高断面积也随之减少。表 5-1 和表 5-2 给出了 4 块样地基本特征和采伐前后林分特征。

表 5-1　采伐前样地林分特征

样方号	地理坐标	海拔 （m）	坡向	坡度 （°）	林分密度 （株/hm²）	平均胸径 （cm）	平均树高 （m）	胸高断面积 （m²）	郁闭度
Plot1	N：43°57.9836′ E：127°43.4723′	453	NE	1	1106	14.6	9.7	30.0652	0.9
Plot2	N：43°57.9625′ E：127°43.5727′	443	NE	4	1045	13.9	9.6	29.4726	0.9
Plot3	N：43°57.9087′ E：127°43.4510′	430	NE	5	1007	14.8	9.7	30.3823	0.9
Plot4	N：43°57.8784′ E：127°43.5560′	447	NE	3	1298	12.4	8.8	30.474	0.9

表 5-2　样地采伐后林分特征及采伐强度

样地号	林分密度 （株/hm²）	平均胸径 （cm）	平均树高 （m）	胸高断面 （m²）	郁闭度	株数强度 （%）	胸高断面积 强度（%）
Plot1	1056	14.6	9.7	30.065	0.9	0	0
Plot2	844	13.77	9.8	24.391	0.8	19.23	17.2
Plot3	770	14.83	9.9	19.827	0.6	27.90	34.7
Plot4	716	12.69	8.9	14.668	0.5	44.76	51.9

5.1.4　样地群落学特征

（1）个体数量组成

采伐后（2013 年）调查四块样地所有 DBH≥1cm 物种个体数量分别为：1 号地 1056 株，2 号地 844 株，三号地 770 株和 4 号地 716 株（表 5-3）；从物种个体来看，1、2、3 和 4 号地物种数量分别为 20 种、22 种、21 种和 23 种。四块样地相比，共有种 17 种，1 号地特有种 1 种（臭冷杉），2 号地特有种 1 种（毛榛），3 号地特有种 1 种（花楷槭），4 号地特有种 1 种（花楸），所有特有种的个体数量都很少（1 株/hm²或 2 株/hm²）。从四块样地单种个体数量来看，1 号地中排在前五位的是色木槭（246）、春榆（214）、紫椴（161）、水曲柳（67）和胡桃楸（58），占总数的 70.6%；2 号地中排在前五位的是色木槭（180）、拧筋槭（120）、白牛槭（96）、红松（86）和水曲柳（80），占总数的 66.6%；3 号地中排在前五位的是春榆（120）、色木槭（118）、水曲柳（105）、紫椴（94）和拧筋槭（75），占总数的 66.5%；4 号地中排在前五位的是色木槭（144）、红松（111）、紫椴（83）、春榆（73）和蒙古栎（58），占总数的 65.5%。在所有共有种中色木槭、春榆、水曲柳、紫椴等树种在四块样地中均具有较大的个体数量。

表 5-3　2013 年采伐后 4 块样地物种个体数量

树种	1 号地	2 号地	3 号地	4 号地
白桦 *Betula platyphylla*	9	28	36	18
白牛槭 *Acer mandshuricum*	47	96	32	27
暴马丁香 *Syringa reticulate* var. *mandshurica*	46	5	26	26
茶条槭 *Acer ginnala* subsp. *ginnala*	1	2	2	1
稠李 *Padus racemosa*	7	6	5	2
臭冷杉 *Abies nephrolepis*	1	0	0	0
春榆 *Ulmus japonica*	214	54	120	73
簇毛槭 *Acer barbinerve*	0	7	5	3
枫桦 *Betula costata*	1	0	0	5
红松 *Pinus koraiensis*	53	86	63	111
花楸 *Sorbus pohuashanensis*	0	0	0	2
胡桃楸 *Juglans mandshurica*	58	21	11	3
花楷槭 *Acer ukurunduense*	0	0	1	0
怀槐 *Maackia amurensis*	8	14	16	25
黄檗 *Phellodendron amurense*	21	7	14	6
裂叶榆 *Ulmus laciniata*	1	2	0	2
毛榛 *Corylus mandshurica*	0	1	0	0
蒙古栎 *Quercus mongolica*	21	29	26	58
拧筋槭 *Acer triflorum*	55	120	75	38
青楷槭 *Acer tegmentosum*	0	6	7	17
色木槭 *Acer mono*	246	180	118	144
山丁子 *Malus baccata*	24	19	6	5
山杨 *Populus davidiana*	15	3	4	2
水曲柳 *Fraxinus mandshurica*	67	80	105	57
卫矛 *Euonymus pauciflorus*	0	5	4	8
紫椴 *Tilia amurensis*	161	73	94	83
总计	1056	844	770	716

（2）采伐后四块样地各物种胸径和胸高断面积

表 5-4　四块样地内各物种平均胸径和胸高断面积

树种	平均胸径（cm）				胸高断面积（m²）			
	1 号地	2 号地	3 号地	4 号地	1 号地	2 号地	3 号地	4 号地
白桦	26.3	18.9	17.1	25.2	0.597	0.952	0.994	1.000
白牛槭	4.3	7.2	10.7	5.1	0.133	0.754	0.575	0.076
暴马丁香	6.0	6.0	5.5	3.8	0.138	0.014	0.067	0.039
茶条槭	6.9	4.6	2.8	3.4	0.004	0.004	0.001	0.001
稠李	9.0	6.1	6.5	4.1	0.047	0.021	0.018	0.004
臭松	21.6	0.0	0.0	0.0	0.037	0.000	0.000	0.000
春榆	19.4	14.9	8.5	7.0	8.593	1.867	1.352	0.488
簇毛槭	0.0	1.9	2.7	3.0	0.000	0.002	0.003	0.002
枫桦	15.1	0.0	0.0	16.8	0.018	0.000	0.000	0.115
红松	11.9	17.6	25.2	12.6	0.825	3.434	4.227	2.187
胡桃楸	24.9	24.4	30.3	21.0	3.285	1.232	0.844	0.116
花楷槭	0.0	0.0	0.0	3.7	0.000	0.000	0.000	0.002
花楸	0.0	0.0	6.5	0.0	0.000	0.000	0.003	0.000
怀槐	14.3	11.9	13.0	11.5	0.223	0.201	0.252	0.326
黄檗	22.4	22.9	21.2	21.4	0.909	0.322	0.522	0.244
裂叶榆	8.7	11.4	0.0	2.3	0.006	0.031	0.000	0.001
毛榛	0.0	2.4	0.0	0.0	0.000	0.000	0.000	0.000
蒙古栎	19.6	22.4	27.2	17.2	0.828	1.706	2.162	2.035
拧筋槭	8.8	8.8	11.3	14.5	0.584	1.244	1.008	1.030
青楷槭	0.0	9.1	7.8	7.2	0.000	0.044	0.035	0.092
色木槭	9.1	10.8	10.4	9.3	2.732	2.972	1.250	1.658
山丁子	8.2	9.0	10.1	17.1	0.152	0.142	0.068	0.093
大青杨	19.0	6.0	20.2	14.0	0.973	0.010	0.134	0.031
水曲柳	28.4	27.4	22.3	26.0	4.934	5.716	4.521	3.444
卫矛	0.0	2.6	2.4	2.6	0.000	0.003	0.002	0.004
紫椴	16.8	22.7	15.8	15.5	5.218	3.722	2.290	2.282
总计	15.0	14.5	14.8	12.7	30.236	24.393	20.428	15.270

　　四块样地所有个体的平均胸径和总胸高断面积分别为：1 号地是 15.0cm 和 30.236m²；2 号地是 14.5cm 和 24.393m²；3 号地是 14.8cm 和 20.428m²；4 号地是 12.7 和 15.270m²。从表 5-4 可清楚看出各树种在样地中的平均胸径和所占的胸高断面积。

（3）不同采伐强度样地树种重要值变化

表 5-5　2013 年四块样地所有树种重要值

树种	重要值			
	1 号地	2 号地	3 号地	4 号地
白桦	0.018	0.037	0.051	0.047
白牛槭	0.038	0.076	0.044	0.035
暴马丁香	0.039	0.009	0.028	0.032
茶条槭	0.004	0.004	0.003	0.002
稠李	0.010	0.008	0.006	0.004
臭松	0.002	0.000	0.000	0.000
春榆	0.194	0.077	0.101	0.071
簇毛槭	0.000	0.008	0.007	0.006
枫桦	0.002	0.000	0.001	0.009
红松	0.054	0.113	0.125	0.133
胡桃楸	0.080	0.040	0.028	0.007
花楷槭	0.000	0.000	0.000	0.004
花楸	0.000	0.000	0.002	0.000
怀槐	0.013	0.018	0.028	0.034
黄檗	0.036	0.015	0.028	0.018
裂叶榆	0.002	0.004	0.000	0.004
毛榛	0.000	0.002	0.000	0.000
蒙古栎	0.032	0.060	0.074	0.100
拧筋槭	0.052	0.095	0.079	0.067
青楷槭	0.000	0.007	0.013	0.017
色木槭	0.139	0.146	0.104	0.140
山丁子	0.031	0.022	0.010	0.012
山杨	0.019	0.004	0.007	0.005
水曲柳	0.100	0.136	0.148	0.124
卫矛	0.001	0.006	0.004	0.013
紫椴	0.136	0.112	0.107	0.117

由表 5-5 可知，四块样地中，各物种的重要值有差异，四块样地中重要值排在前五位物种分别为：1 号地是春榆、色木槭、紫椴、水曲柳和胡桃楸；2 号地是色木槭、水曲柳、红松、紫椴和拧筋槭；3 号地是水曲柳、红松、紫椴、色木槭和春榆；4 号地是色木槭、春榆、水曲柳、紫椴和蒙古栎。其中色木槭、水曲柳和紫椴三个树种在四块样

地中均具有很高的重要值，均排在前五位。

（4）径级结构

四个样地所有个体的径级分布基本均呈倒 "J" 形，小径级的个体数较多，而大径级的个体数较小，说明更新情况较好（图 5-1）。

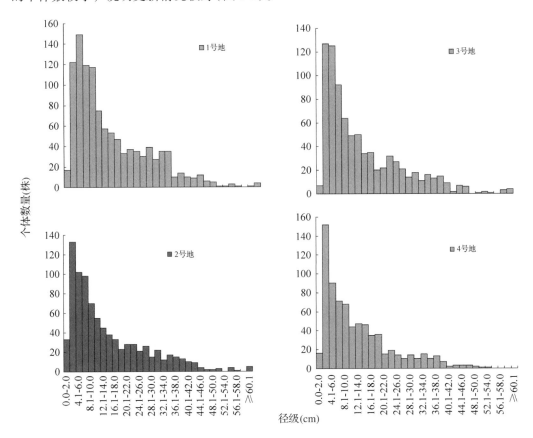

图 5-1　四块样地所有树种径级结构

5.2　林分更新和多样性维持理论基础

5.2.1　研究概况

5.2.1.1　物种共存机理研究

群落构建（community assembly）机制，即生物多样性的产生和维持机理，是群落生态学研究的核心内容。理解驱动群落构建的生态学过程以及这些过程在群落构建中的相对重要性，是研究物种共存的理论基础（闫帮国等，2010），也是生态学家们面临的重要挑战。长久以来，许多理论和假说都试图解释物种共存机理，例如，生态位分化理论（Hutchinson，1959；Silvertown，2004）、生态漂变假说（Hubbell，2001）和负密度制约效应(Janzen，1970；Connell，1971)等。这些理论和假说分别从不同角度解释了物种共存的机制，并首先在物种丰富的热带森林得到验证和支持，同时，由此而引发的争论在生态学界引起了轰动。

5.2.1.1.1 生态位理论

生态位理论主要基于竞争排除原则(competitive exclusion principle；Gause，1934) 和生境过滤(habitat filtering；Keddy，1992)作用。前者强调生物因素的作用，认为物种特征和生活史对策(如资源利用方式)的差异是物种对限制性资源竞争的进化适应结果(Harpole & Tilman，2006)。同一群落内具有相同资源利用方式的不同物种会因争夺有限的环境资源而发生种间竞争，不能长期稳定共存(Vandermeer，1972)。竞争能力弱的物种由于得不到足够的资源而被竞争能力强的物种所排除。最终，每个物种都生活在其最适宜的环境内，即拥有自己的生态位(牛克昌等，2009)。因此，物种间的差异能够使物种避免由种间竞争导致的竞争排除，从而实现物种共存(Gause，1934；Chesson，2000)。也是就说，群落内的物种如果要实现共存则必须产生生态位的分化(张大勇，2000)。生境过滤则主要强调环境因素(如气候、土壤、地形和干扰等)的作用，认为共存的物种是从大区域物种库中经过多层环境过滤筛选出来的(Keddy，1992)。在生态位理论中，生境过滤和竞争排斥被认为是驱动物种共存的两个相反的过程(黄建雄等，2010)。经过筛选的物种都能适应局域环境，因而具有相似的生态位，同时过于相似的物种会发生竞争排斥，使物种间的相似性降低，从而促进物种共存。

用生态位理论来解释物种共存机制，长期以来在生态学界占据着主导地位，并在简单群落中得到了验证(Wright，2002)。然而，传统的生态位理论在解释资源充足、物种多样性极高且生态位分化不明显的热带森林群落的物种共存机制时遇到了困难(Hubbell，2001)。随后，不断有人对生态位理论提出补充和修正，并在此基础上发展了多种假说，如更新生态位理论(Grubb，1977)、资源比例假说(Tilman，1982)和竞争—拓殖权衡假说(Levine & Rees，2002)等。尽管如此，这些假说仍然不足以弥补生态位理论在解释高生物多样性地区物种共存机理的缺陷。

5.2.1.1.2 群落中性理论

20 世纪末，Hubbell(2001)和 Bell(2000)在岛屿生物地理学和种群遗传学中性理论的基础上，提出了统一生物多样性和生物地理学的群落中性理论(the unified neutral theory of biodiversity and biogeography)，其颠覆性的假设在生态学界引起了巨大反响。与生态位理论相反，中性理论认为物种间差异(即生态位分化)对群落构建并不重要，群落内所有个体在生态学上是等价的(ecological equivalence)，物种多度的变化是随机的。

中性理论有两个基本假设：①群落中处于同一营养级的个体，不论属于哪个物种，在生态学上是等价的，它们具有相同的出生/死亡、迁入/迁出和新物种形成概率；②群落大小是固定的并且始终处于饱和状态，一个物种数量的增加(如出生或迁入)，必然会伴随着另一物种数量的减少(如死亡或迁出)。因此，Hubbell (2001)认为群落动态实际上是群落中的个体在随机作用下的生态漂变过程，扩散限制对群落结构有着决定性作用；并推导出局域群落内物种多度分布符合零和多项式分布。

中性理论自提出以来在实际群落中得到了很好的验证(Volkov et al.，2003；McGill，2003；He，2005；Latimer et al.，2005)，但也因与一些研究结果相违背，受到批评和质疑(Gilbert & Lechowicz，2004)。大量研究结果都对中性理论所假设的物种在生态功能上的等价性提出了质疑。如 Chave(2004)基于 BCI(Barrol Colorado Island)样地数据对热带雨林乔木树种的出生、死亡率和拓殖能力进行分析，发现 63 个物种中只有 26 个物种符合中性假设。Harpole 和 Tilman(2006)研究发现，基于功能性状的生态位过程是温带草原群落构建的重要驱动机制。中性的格局并不意味着中性的过程(Chave et al.，2002；McGill，2003)，尽管中性理论能够很好地拟合 Lambir 山地国家公园内 52hm² 样地的树种的种 - 多度分布，但是生态位理论也能够产生类似的相对多度曲线(Chave et al.，2002；Hubbell，2006)。也有研究表明中性理论和生态位理论并不是相互排斥和对立的，而是相容互补，共同决定着物种共存(Chave，2004；Gravel et al.，2006；Leibold & McPeek，2006；Adler et al.，2007)。

关于中性理论的假设科学家们还在进行进一步的检验和修正，生态位分化理论与中性过程的融合是目前研究的趋势，其中扩散限制和更新限制在群落构建中的作用是今后研究的重要内容。特别是扩散限制和更新限制是否可以够缓解种群动态和竞争排除，从而使缓慢的新物种形成能够补偿物种灭亡，还有待进一步探究(周淑荣和张大勇，2006)。

5.2.1.1.3　负密度制约效应

在中性理论提出以前，Janzen(1970)和 Connell(1971)提出了 Janzen - Connell 假说，认为群落物种多样性的维持是距离制约和密度制约(后统称为负密度制约或密度制约)共同作用的结果。即在同种个体密度较高或者距离母树较近的地方，由于聚集的宿主更有利于寄主特异性天敌(如病原微生物和种子捕食者等)的繁殖和传播，使得同种邻体具有较低的生长率、存活率和增补率(recruitment rate)。另一方面，同种个体具有相同的资源需求，为竞争有限的资源，这些个体间会发生相互损害，从而导致生长量下降、死亡率升高(Comita & Hubbell，2009)。受到侵害的物种，其同种个体间的距增大，能够腾出空间和资源给与它们天敌不同但有相似资源需求的其他物种，从而有助于物种共存(祝燕等，2009)。

Janzen-Connell 假说自提出至今受到了广泛关注，人们围绕其假设展开了大量研究(Comita et al.，2014)。早期的研究大多集中于单个物种密度制约的检验，并且只在少数丰富种中检测到负密度制约效应的存在(Hubbell et al.，1990；Condit et al.，1992)。随着全球范围内大型森林动态监测样地的建立，负密度制约的普遍性从以往单个物种的检验转向了群落水平的验证，并且在热带森林、热带季雨林、亚热带森林和温带森林群落中得到了很好的证实(Hille Ris Lambers et al.，2002；Peters，2003；Chen et al.，2010；Bagchi et al.，2010；Lin et al.，2012)。同时人们也意识到，生境异质性和物种的生活史差异等因素也会对负密度制约效应的检测结果产生影响(Piao et al.，2013)。

局域尺度的负密度制约效应在大尺度上可能会导致群落补偿趋势(community compensatory trend，CCT；Connell et al.，1984)，即群落尺度上的负密度制约能够使丰富种比稀有种具有更高的死亡率,给予稀有种竞争优势,从而实现物种共存。以往在热带森林中对群落补偿趋势的验证总是得到自相矛盾的结果(Lin et al.,2012)。Queenborough 等(2007)对 Yasuni 国家公园森林监测样地中同一个科的 15 个树种的幼苗存活数据进行了分析,发现幼苗的存活率与种群大小呈明显的负相关关系,证实了群落补偿趋势对物种共存的影响。而 Metz 等(2010)对该样地中所有树种的幼苗存活状态进行了连续 5 年观测,发现尽管负密度制约效应在局域尺度上对幼苗存活有显著影响,但在群落尺度上并没有检测到群落补偿趋势。Chen 等(2010)在排除生境偏好的影响后发现群落补偿趋势能够很好地解释幼苗种间存活的差异,这证实了密度制约和生境分化在森林群落生物多样性维持中的重要作用。

在森林生态系统中,种子扩散和幼苗更新是森林植物群落构建的重要过程,研究和掌握驱动这些过程的生态学原理,对理解群落物种共存机理具有十分重要的意义。

5.2.1.2　幼苗更新

种子雨是天然林更新繁殖体的主要来源,幼苗则是植物种群更新与恢复的主要载体(何中声,2012)。尽管在森林中幼苗占据的空间和资源都比较少,但是幼苗的格局和动态能够对未来群落的物种组成和结构起到决定作用(路兴慧,2012;Connell & Green,2000)。因此,幼苗增补在种群的更新和建立过程中是一个十分重要的环节(Wagenius et al.,2012)。

5.2.1.2.1　幼苗更新的影响因素

幼苗是植物生活史中最脆弱也是生死动态特征最明显的时期(路兴慧,2012)。影响幼苗更新的因素很多,包括生物因子(如食草动物、病原体等)和环境因子(如光照、土壤养分等)。

①生物因子:影响幼苗更新的主要生物因素之一是动物捕食。昆虫和食草动物等对幼苗的取食和损伤会限制幼苗活力、引起幼苗死亡(彭闪江等,2004)。有研究表明,在热带森林脊椎动物的食草性对幼苗存活的影响远大于生态位分化和负密度制约效应的作用(Clark et al.,2012)。化学他感作用也会影响幼苗存活,如杜鹃花科植物 *Rhododendron maximum* 的他感作用会抑制幼苗的存活和定居(Nilsen et al.,1999)。另外,植物病原体,如细菌、真菌等也是幼苗死亡的重要因素。

②环境因子:种子离开母体后如果扩散到适宜的生境中,其萌发和定植的机会增大;相反,如果生境不适宜,幼苗的死亡率会增大(彭闪江等,2004)。生境异质性可以增加幼苗的生态位,但即使在定植完成后,幼苗的生长还是会受到环境因素的影响(彭闪江等,2004)。

光照是幼苗更新过程中重要的限制性资源,光是林下幼苗生长的最主要限制性因子,光照的变化能引起林地微环境温度和湿度变化,从而影响幼苗生长(Lusk et al.,2009)。不同地区的有幼苗对光照强度的以来不同,如对热带低地雨林的研究发现,接近一半树种的更新需要在林窗进行。而王传华等(2011)在鄂东南低丘地区枫香(*Liquidambar formosana*)林一年生枫香幼苗遮阴试验的结果表明,林下弱的光环境是影响枫香幼苗更新的重要因子之一;而 Wright 等(2003)在 BCI 的研究表明多数物种的更新只需要中等强度的光照。水分胁迫能够明显地抑制幼苗的更新和生长(巩合德等，2011)，李晓亮等(2009)对西双版纳 20 hm² 热带森林监测样地内的幼苗研究发现，幼苗的在旱季死亡比例较大。康冰等(2011)对秦岭山地锐齿栎次生林幼苗更新特征的研究发现，幼苗的密度与海拔有关，随着海拔的上升，幼苗密度呈先增加后减少的趋势。

5.2.1.2.2 负密度制约效应对幼苗存活的影响

负密度制约效应是指同种个体在邻近母株的空间死亡率高，从而为其他物种提供生存空间，进而有促进多物种共存(Janzen，1970；Connell，1971)。在植物生活史的早期，如种子和幼苗阶段，个体更容易受负密度制约效应而表现出较高的死亡率(Luo et al.，2012)。大量关于热带和温带森林幼苗存活动态的研究都表明，负密度制约效应能够很好地解释小尺度上的物种共存(Harms et al.，2000；Bell et al.，2006；Comita et al.，2010；Metz et al.，2010；Piao et al.，2013)。

然而，个体在幼苗阶段极易受外在环境因素的干扰，光照、季节性干旱或水涝、飓风、土壤养分等因素影响会导致死亡率呈现较大的波动。因此，在用幼苗成活率来检验密度制约效应时，应排除其他因素的干扰。如 Comita 等(2009)对波多黎各 16 hm² 样地的幼苗研究发现，对于易受飓风侵害的物种，其幼苗的存活率受到林冠开阔度的强烈影响；而耐飓风的物种，其幼苗存活率受同种幼苗邻体的影响较大。Comita 和 Hubbell (2009)，对 BCI 样地 235 个树种的幼苗研究发现，当将全部幼苗数据组合在一起进行分析时发现，幼苗存活率与同种成年邻体的多度成正比；当排除物种耐阴性的干扰后，幼苗的存活率与物种胸径截面积呈反比。Lin 等(2012)在西双版纳热带季雨林的研究发现，在旱季和雨季，同种成年邻体密度与幼苗存活率呈反比；同种幼苗邻体密度只在旱季与幼苗存活呈反比。

5.2.2　木本植物幼苗数量组成及其时间动态

5.2.2.1　引言

森林天然更新是一个持久而复杂的生态学过程(Szwagrzyk et al.，2001)，是森林群落演替与植被生态恢复的关键(李帅锋等，2012)。在更新过程中，以木本植物为主的生物种群在时间和空间上不断扩大、扩散和延续(苏嫄等，2012)，对未来植物群落的组成、结构、分布与演替格局产生深远影响(于飞等，2013；D'Amato et al.，2009)。因此，深入理解木本植物幼苗的组成、结构、存活和生长规律及幼苗更新的限制因子是森林生态系统经营管理和生物多样性保护的基础(张健等，2009)。

影响幼苗更新的因素有很多，可以分为生物因素和环境因素。首先，充足的种源是保证森林更新的物质前提和基础(郭秋菊，2013)，但由于种子传播方式不同，种子雨和幼苗的相似性可能存在较大差异。Teegalapalli 等(2010)对印度季节性干旱热带森林的研究表明，尽管风力传播的种子在数量上远远大于脊椎动物传播的种子，但脊椎动物传播物种的幼苗多度远大于风力传播的物种。其次，不同类型的林分在树种组成、年龄结构、空间分布和立地条件等方面有很大差异，树种更新状况也不尽相同。康冰等(2011)研究了秦岭山地 5 种典型次生林幼苗的更新特征，发现在不同林分中幼苗物种分化明显，且幼苗和幼树所占比例存在明显差异。此外，植物的化学他感作用、病原体和动物捕食也对幼苗更新有很大影响（彭闪江等，2004；Nilsen et al.，1999；Clark et al.，2012）。如 Janzen（1970）和 Connell（1971）提出了负密度制约效应假说，他们认为在同种个体密度较高的区域，寄主特异性天敌（如病原体、食草动物）会降低幼苗的存活率、生长率和更新率，从而给予其他物种生存的空间和资源，维持了群落物种多样性。这一生态学过程已在热带森林、亚热带森林和温带森林中得到了很好的验证（Chen et al.，2010；Jansen et al.，2014；Yan et al.，2015）。

　　除了生物因素，林下木本植物幼苗更新还受到立地条件、光照、水分和土壤养分等环境因素的影响。苏嫄等（2014）对黄土丘陵沟壑区坡沟不同立地环境下的幼苗密度和幼苗存活率进行了分析，结果发现阳坡幼苗密度较小而存活率较高，阴坡幼苗密度较大但存活率较低；同一物种在不同立地环境下表现出不同的存活曲线，不同物种在不同立地环境下也可呈现同一存活曲线。王传华等（2011）研究发现，在 3% 透光率下一年生枫香树（*Liquidambar formosana*）苗的死亡率接近 90%，并认为良好的光照条件是枫香树成功更新的必要条件。而 Szwagrzyk 等（2001）认为长期的幼苗存活也与光照强度有很大关系。Comita 等（2009）对受飓风影响后的热带森林研究发现，林冠开阔度是影响幼苗存活的一个主要驱动因素。Lin 等（2012）在西双版纳热带季雨林的研究表明，受干旱胁迫的影响，由负密度制约导致的幼苗死亡在旱季比在雨季更为强烈。

　　木本植物幼苗数量特征、更新策略及影响因素在群落演替的不同阶段差异较大，其更新特征很大程度上决定着群落的演替方向与恢复的可能性（俞筱押和李玉辉，2010）。尽管近年来国内外学者已对林下幼苗层更新动态及其影响因素展开了大量研究，但大多集中于单一群落类型（李媛等，2007；尚占环等，2008；姚杰等，2015；Harms et al.，2000；Rüger et al.，2009；Teegalapalli et al.，2010；Willand et al.，2013；Jansen et al.，2014；Lebrija–Trejos et al.，2014），有关演替阶段对幼苗更新影响的研究还比较少（李小双等，2009；俞筱押和李玉辉，2010；康冰等，2012；Chen et al.，2011）。

　　本章以吉林省蛟河地区不同演替阶段针阔混交林群落内的木本植物幼苗为研究对象，基于 2012~2014 年连续 3 年的幼苗调查数据，对木本幼苗的组成及其年际动态进行分析，旨在：

　　①分析木本植物幼苗组成及其在时间上的动态变化规律。

　　②探讨幼苗更新的影响因素及其在不同演替阶段的差异。

　　试图阐述幼苗增补与环境因素、扩散限制以及负密度制约效应的关系，为温带森林生态恢复提供理论依据和数据支撑。

5.2.2.2　材料和方法

5.2.2.2.1　幼苗样方设置与调查

　　2011 年 7 月采用机械布点的方法，在各样地内每隔 40 m 设置一个种子雨收集器，中龄林共设置收集器 99 个，成熟林 209 个，老龄林 143 个（图 5-2）。自 2012 年起，每年 7 月至 10 月每隔 14 天收集一次承接盘内种子及凋落物。将每个收集器内收集到的种子鉴定到种并记录其数量。每年第一次和最后一次的收集时间分别为 7 月 15 日和 10 月

31 日。

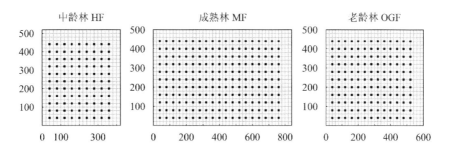

图 5-2　三个样地监测样站分布示意图

以收集器为中心，在种子收集器的四面距其 1 m 处，分别设置 4 个 1 m × 1 m 的幼苗调查样方，每个样方的 4 个角用涂有红油漆的木桩标记。每个收集器和与之对应的 4 个幼苗小样方构成一个种子雨 – 幼苗观测样站(图 5-3)。2012～2014 年，于每年 7~8 月对所有样方内的幼苗进行调查，记录每株幼苗的种名、年龄、高度和基径，并挂牌编号，以便第二年复查时监测其存活状态。

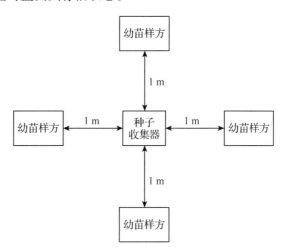

图 5-3　监测样站示意图

5.2.2.2.2　幼苗的数量特征

(1)幼苗重要值

采用相对多度和相对频度来计算各物种的重要值：幼苗重要值 = (相对多度 + 相对频度)/2。其中，

$$相对多度 = (某物种的多度/所有种的多度和) \times 100\% \qquad (5-1)$$

$$相对频度 = (某物种的频度/所有种的频度和) \times 100\% \qquad (5-2)$$

(2)幼苗死亡率

幼苗死亡率 = (前一次调查到的幼苗数量 – 后一次调查到的非新生幼苗数量)/前一次调查到的幼苗数量 × 100%

$$\qquad (5-3)$$

5.2.2.2.3　幼苗的高度等级划分

　　根据幼苗的高度，将其划分为不同的高度等级（cm）：0～5，5～10，10～20，20～30，30～40，40～50，50～60，60～70，70～80，90～100，≥100，并统计不同高度级相对多度与丰富度。

5.2.2.2.4　幼苗密度的影响因素

　　对色木槭、白牛槭和水曲柳等幼苗个体数和出现样站较多的 5 个树种，用多元线性回归方法分析各样站幼苗个数与林分类型、同种成体密度及样站所在位置的林冠开阔度（canopy openness）的关系。同种成体密度（A）是指以样站中心为圆心、半径 20 m 内 $DBH \geqslant 1$ cm 的所有同种个体的胸高断面积除以它到样站的距离之和，即：

$$A = \sum_{i}^{N} BA_i \frac{i}{Distance_i} \tag{5-4}$$

其中，BA_i 为第 i 个个体的胸高断面积，$Distance_i$ 为第 i 个个体到样站中心的距离。进行回归分析之前，先对各个变量进行数据标准化处理。

　　于 2012 年 8 月阴天，用冠层分析仪（WinSCANOPY，Quebec，Canada）在每个样站中心距离地面 1.5 m 处拍摄 1 张半球状照片，用对应的 WinSCANOPY 和 XLScanopy 软件对照片进行处理，得到林冠开阔度。

　　在进行多元回归分析之前，对所有连续变量进行数据标准化处理，并对幼苗数量和同种成体密度进行 log（N + 1）转化。本节中所有数据分析与绘图均采用国际通用软件 R - 3.2.0。

5.2.2.3　研究结果

5.2.2.3.1　幼苗数量与组成

　　2012～2014 年 3 次调查期间，在中龄林 99 个监测样站内共调查到 18 种木本植物幼苗，隶属于 10 科 11 属；成熟林 209 个样站内共调查到 17 个树种的幼苗，隶属于 9 科 11 属；老龄林 143 个样站 3 年内均调查到 16 个树种的幼苗，隶属于 9 科 10 属（表5-6）。三种林分的幼苗都是以水曲柳、沙松、色木槭和白牛槭为主，老龄林中水曲柳的幼苗相对较少。青杨（*Populus cathayana*）、山杨（*Populus davidiana*）、稠李（*Prunusavium*）和乌苏里鼠李（*Rhamnus ussuriensis*）只在中龄林出现，蒙古栎（*Quercus mongolica*）和拧筋槭（*Acer triflorum*）只在成熟林和老龄林中出现，毛榛（*Corylus mandshurica*）只在成熟林出现。各样地内的幼苗总数都在 2013 年达到峰值，2014 年幼苗数量最少，不到 2013 年幼苗数量的一半（表5-6）。

　　尽管林下幼苗的主要物种组成在不同林型间差异不大，各物种重要值排名在不同群落和年际间稍有波动（表5-6）。三次调查期间，白牛槭和色木槭幼苗始终是 3 个演替阶段的优势种，重要值均在前 5 位。水曲柳在中龄林和成熟林具有明显的优势地位，而在老龄林的重要值仅为 5.23～2.92。另外，3 种林分中沙松和色木槭的重要值在年际间差异很大，而中龄林和成熟林中，白牛槭的重要值在年际间差异较大。

5.2.2.3.2　新生幼苗数量与组成

　　2012～2014 年间，中龄林内共调查到 14 种 1 729 株新生木本植物幼苗（表5-6）。色

表 5-6　不同演替阶段幼苗物种数量组成和死亡率的年际变化

林型	物种	幼苗数量			新生幼苗数量			幼苗死亡数量（死亡率）		新生苗死亡数量（死亡率）		重要值		
		2012	2013	2014	2012	2013	2014	2012~2013	2013~2014	2012~2013	2013~2014	2012	2013	2014
中龄林 HF	水曲柳 Fraxinus mandshurica	684	665	267	114	218	6	330 (48.3)	464 (69.8)	81 (71.1)	201 (92.2)	43.45	30.84	32.49
	沙松 Abies holophylla	311	122	47	302	10	6	234 (75.2)	87 (71.3)	226 (74.8)	7 (70.0)	15.48	6.14	6.24
	色木槭 Acer pictum subsp. mono	118	508	155	12	409	51	56 (47.5)	416 (81.9)	7 (58.3)	363 (88.8)	13.76	23.96	22.46
	白牛槭 Acer mandshuricum	55	411	113	—	353	8	13 (23.6)	322 (78.4)	—	302 (85.6)	8.76	21.47	17.48
	胡桃楸 Juglans mandshurica	46	25	14	29	7	—	28 (60.9)	14 (56.0)	18 (62.1)	4 (57.1)	6.39	2.85	3.27
	红松 Pinus koraiensis	28	7	2	26	5	2	26 (92.9)	7 (100.0)	24 (92.3)	5 (100.0)	2.88	0.65	0.60
	春榆 Ulmus davidiana var. japonica	27	49	35	1	9	2	10 (37.0)	25 (51.0)	1 (100.0)	7 (77.8)	2.23	3.94	4.26
	簇毛槭 Acer barbinerve	23	22	11	5	10	—	11 (47.8)	11 (50.0)	0 (0.0)	6 (60.0)	2.28	1.51	1.45
	青杨 Populus cathayana	23	50	37	10	22	—	9 (39.1)	18 (36.0)	4 (40.0)	10 (45.0)	1.06	1.45	2.79
	紫椴 Tilia amurensis	10	40	29	10	39	29	9 (90.0)	40 (100.0)	9 (90.0)	39 (100.0)	1.19	2.45	5.23
	裂叶榆 Ulmus laciniata	4	6	5	—	—	—	—	1 (16.7)	—	—	0.76	0.94	1.27
	黄檗 Phellodendron amurense	3	3	2	3	—	—	—	1 (33.3)	0 (0.0)—	—	0.52	0.39	0.37
	青楷槭 Acer tegmentosum	3	25	3	—	23	2	1 (33.3)	24 (96.0)	—	23 (100.0)	0.52	1.91	0.90
	稠李 Padus avium	1	1	1	—	—	—	—	—	—	—	0.24	0.18	0.30
	山杨 Populus davidiana	1	1	1	—	—	—	—	—	—	—	0.24	0.18	0.30
	乌苏里鼠李 Rhamnus ussuriensis	1	1	1	—	—	—	—	—	—	—	0.24	0.18	0.30
	糠椴 Tilia mandshurica	—	1	—	—	1	—	—	1 (100.0)	—	1 (100.0)	0.00	0.18	0.00
	千金榆 Carpinus cordata	—	5	1	—	5	—	—	4 (80.0)	—	4 (80.0)	0.00	0.76	0.30
	合计	1338	1942	724	512	1111	106	727 (54.3)	1435 (73.9)	376 (73.4)	939 (84.5)	—	—	—

（续）

林型	物种	幼苗数量			新生幼苗数量			幼苗死亡数量（死亡率）		新生苗死亡数量（死亡率）		重要值		
		2012	2013	2014	2012	2013	2014	2012~2013	2013~2014	2012~2013	2013~2014	2012	2013	2014
成熟林 MF	水曲柳 Fraxinus mandshurica	1402	1362	718	114	219	28	576 (41.1)	776 (57.0)	85 (74.6)	172 (78.5)	28.03	22.01	24.24
	沙松 Abies holophylla	1391	174	60	1341	3	22	1258 (90.4)	141 (81.0)	1225 (91.3)	3 (100.0)	23.09	3.92	3.60
	色木槭 Acer pictum subsp. mono	538	1670	628	110	1401	238	345 (64.1)	1332 (79.7)	73 (66.4)	1176 (83.9)	16.80	26.27	24.47
	白牛槭 Acer mandshuricum	143	836	239	1	723	44	54 (37.8)	660 (79.0)	0 (0.0)	617 (85.3)	7.04	16.43	12.86
	簇毛槭 Acer barbinerve	131	137	114	15	30	9	38 (29.0)	44 (32.1)	10 (66.7)	21 (70.0)	3.56	3.40	4.59
	糠椴 Tilia mandshurica	118	118	16	87	104	—	104 (88.1)	106 (89.8)	85 (97.7)	101 (97.1)	4.73	3.69	1.00
	红松 Pinus koraiensis	89	51	27	73	27	9	68 (76.4)	34 (66.7)	63 (86.3)	24 (88.9)	4.37	2.03	2.10
	紫椴 Tilia amurensis	80	442	463	63	420	445	73 (91.3)	429 (97.1)	62 (98.4)	414 (98.6)	3.53	8.32	18.52
	裂叶榆 Ulmus laciniata	29	26	23	1	—	—	5 (17.2)	4 (15.4)	1 (100.0)	—	1.83	1.31	1.80
	胡桃楸 Juglans mandshurica	27	10	4	16	5	1	25 (92.6)	8 (80.0)	14 (87.5)	4 (80.0)	1.74	0.57	0.38
	千金榆 Carpinus cordata	26	104	36	2	84	19	9 (34.6)	87 (83.7)	2 (100.0)	80 (95.2)	1.46	3.87	2.51
	春榆 Ulmus davidiana var. japonica	24	57	24	4	27	3	14 (58.3)	43 (75.4)	1 (25.0)	25 (92.6)	1.37	2.20	1.75
	青楷槭 Acer tegmentosum	23	143	18	2	128	5	10 (43.5)	130 (90.9)	0 (0.0)	120 (93.8)	1.09	4.62	1.48
	蒙古栎 Quercus mongolica	10	6	3	5	2	—	7 (70.0)	4 (66.7)	4 (80.0)	2 (100.0)	0.72	0.32	0.28
	拧筋槭 Acer triflorum	6	23	4	—	15	2	3 (50.0)	22 (95.7)	—	15 (100.0)	0.47	0.97	0.30
	毛榛 Corylus mandshurica	3	—	—	—	—	—	3 (100.0)	—	—	—	0.10	0.00	0.00
	黄檗 Phellodendron amurense	1	1	2	—	—	2	—	1 (100.0)	—	—	0.08	0.06	0.12
	合计	4041	5160	2379	1834	3188	827	2592 (64.1)	3821 (74.1)	1625 (88.6)	2774 (87.0)	—	—	—

（续）

林型	物种	幼苗数量			新生幼苗数量			幼苗死亡数量（死亡率）		新生苗死亡数量（死亡率）		重要值		
		2012	2013	2014	2012	2013	2014	2012~2013	2013~2014	2012~2013	2013~2014	2012	2013	2014
老龄林 OGF	沙松 Abies holophylla	990	71	58	964	6	38	939 (94.9)	53 (74.6)	919 (95.3)	4 (66.7)	29.25	3.83	7.18
	色木槭 Acer pictum subsp. mono	295	740	258	12	570	64	225 (76.3)	578 (78.1)	12 (100.0)	464 (81.4)	15.36	26.93	24.89
	春榆 Ulmus davidiana var. japonica	277	133	64	111	36	14	193 (69.7)	91 (68.42)	83 (74.8)	31 (86.1)	12.76	6.68	6.77
	白牛槭 Acer mandshuricum	174	420	164	—	251	22	84 (48.3)	310 (73.8)	—	211 (84.1)	11.15	17.60	17.34
	簇毛槭 Acer barbinerve	120	205	59	18	149	12	71 (59.2)	164 (80.0)	14 (77.8)	140 (94.0)	5.73	9.25	5.89
	糠椴 Tilia mandshurica	72	36	4	61	2	—	70 (97.2)	33 (91.7)	60 (98.4)	32 (94.1)	5.10	2.18	0.70
	水曲柳 Fraxinus mandshurica	70	42	20	11	7	—	38 (54.3)	26 (61.9)	9 (81.8)	7 (100.0)	5.23	2.92	2.92
	千金榆 Carpinus cordata	43	137	58	15	121	37	30 (69.8)	120 (87.6)	12 (80.0)	110 (90.9)	3.07	6.60	6.69
	红松 Pinus koraiensis	38	22	15	21	5	1	21 (55.3)	11 (50.0)	17 (81.0)	4 (80.0)	3.60	1.96	2.40
	裂叶榆 Ulmus laciniata	36	28	21	5	2	—	11 (30.6)	7 (25.0)	4 (80.0)	2 (100.0)	2.09	1.75	2.48
	紫椴 Tilia amurensis	29	98	136	25	94	130	26 (89.7)	95 (96.9)	24 (96.0)	92 (97.9)	2.39	4.87	14.59
	青楷槭 Acer tegmentosum	23	264	44	4	233	16	13 (56.5)	237 (89.8)	3 (75.0)	215 (92.3)	1.52	12.55	5.93
	胡桃楸 Juglans mandshurica	11	3	1	8	—	1	8 (72.7)	3 (100.0)	7 (87.5)	—	0.98	0.24	0.18
	黄檗 Phellodendron amurense	10	22	12	8	18	8	8 (80.0)	19 (86.4)	7 (87.5)	18 (100.0)	0.86	1.78	1.51
	蒙古栎 Quercus mongolica	10	4	2	2	2	—	9 (90.0)	3 (75.0)	2 (100.0)	2 (100.0)	0.77	0.43	0.35
	拧筋槭 Acer triflorum	1	4	1	—	2	—	—	3 (75.0)	—	2 (100.0)	0.11	0.43	0.18
	合计	2199	2229	917	1265	1530	343	1746 (79.4)	1753 (78.7)	1173 (92.7)	1334 (87.2)	—	—	—

木槭新生幼苗数量最多，其次为白牛槭、水曲柳和沙松，幼苗数量均大于300。而黄檗（*Phellodendron amurense*）、糠椴（*Tilia mandshurica*）和千金榆的新生苗数量均小于10。新生幼苗的数量在年际间存在明显差异：2013年新生幼苗总数约为2012年的2倍和2014年的10倍；水曲柳、色木槭、白牛槭、紫椴和青楷槭（*Acer tegmentosum*）等树种的新生幼苗数量都在2013年出现高峰，其中色木槭、白牛槭、青楷槭和紫椴的出生率均达到80%以上；沙松在2012年出现高峰，约为2013年新生苗数量的30倍和2014年新生苗数量的50倍；红松在2012年调查到26株新生幼苗，而在2013年和2014年仅调查到5株和2株；黄檗的新生幼苗仅在2012年出现，糠椴和千金榆的新生幼苗仅在2013年出现。

成熟林3年内共调查到5779株新生木本植物幼苗，隶属于16个种（表5-6）。新生幼苗数量排前3位的物种为：沙松、色木槭和紫椴，占总幼苗数的69.12%。白牛槭、水曲柳、糠椴、青楷槭、红松和千金榆的新生幼苗数均大于100，而裂叶槭、蒙古栎和黄檗的新生幼苗数均在10以下。新生幼苗总数在2013年达到峰值，约为2012年新生幼苗数量的2倍和2014年的4倍。水曲柳和槭树科植物的幼苗都在2013年出现高峰；而沙松的新生幼苗数量在2012年出现高峰达到1341株，2012年和2013年新生幼苗数量仅为3和22株。紫椴在2013年和2014年分别调查到420和445株，而2012年仅调查到63株。

老龄林3次调查期间共发现3138株16种新生木本植物幼苗，其中沙松和色木槭的新生幼苗个体数目最多，分别占新生幼苗总数的32.12%和20.59%（表5-6）。白牛槭、青楷槭、紫椴、簇毛槭、沙松、色木槭、千金榆和春榆的新生幼苗数均大于100，而裂叶榆、胡桃楸、蒙古栎和拧筋槭的新生幼苗数均在10以下。总数在2013年达到峰值，约为2012年新生幼苗数量的1.2倍和2014年的5倍。紫椴、黄檗和槭树科植物的幼苗都在2013年出现高峰；而沙松和春榆的新生幼苗数量在2012年出现高峰。2012年没有发现白牛槭的新生幼苗。

5.2.2.3.3　死亡幼苗数量与组成

中龄林2012~2013年间共有727株幼苗死亡，分属于11个树种，死亡数量最多的是水曲柳和沙松，占总死亡数的77.6%，死亡率最高的是红松，达到92.9%（表5-6）。2013~2014年，共有1435株幼苗死亡，分属于15个树种，死亡数量最多的依次是水曲柳、色木槭和白牛槭，共1202株，而红松、紫椴、糠椴和青楷槭的死亡率均达到95%以上。色木槭、白牛槭和青楷槭在2013~2014年的死亡率远大于2012~2013年。新生幼苗的死亡数量表明：2012~2013年死亡的幼苗中，新生幼苗占死亡总数的51.7%，沙松的新生苗死亡数量最多，占新生苗死亡总数的60.1%（表5-6）。2013~2014年死亡的幼苗中，新生幼苗占死亡总数的65.4%，沙松的新生苗死亡数量最多，占新生苗死亡总数的60.1%；水曲柳、色木槭和白牛槭等优势种的死亡率达到85%以上（表5-6）。

2012~2013年成熟林共有2592株幼苗死亡，分属于16个树种，死亡数量最多的是沙松，其次是水曲柳，共1603株（表5-6）。2013~2014年，共有3821株幼苗死亡，

分属于 16 个树种,死亡数量最多的是色木槭,共 1 332 株。2013～2014 年幼苗的整体
死亡率明显大于 2012～2013 年,而新生苗的整体死亡率没有明显差异。2012～2013 年
新生幼苗物种间死亡率差异很大:死亡率超过 90% 的有 4 个种,裂叶榆和千金榆死亡率
最高,其次是沙松和紫椴,而其他幼苗的死亡率相对较低(表 5-6)。2013～2014 年新生
幼苗物种间死亡率差异并不明显,均在 70% 以上(表 5-6)。

　　老龄林在两个时间段里分别有 1 746 和 1 603 株幼苗死亡,其中新生幼苗比例分别
为 67.2% 和 76.1%(表 5-6)。幼苗死亡率在物种间差异不大,但在年际间有明显差异,
2012～2013 年沙松及其新生苗死亡率均高于 2013～2014 年;而簇毛槭、水曲柳、千金
榆、青楷槭、黄檗等物种及其新生苗死亡率均低于 2013～2014 年(表 5-6)。

5.2.2.3.4　幼苗高度级分布

　　3 个演替阶段群落中,木本植物幼苗相对多度主要集中在 0～20 cm 高度级间,并且
都呈现出偏峰现象,在 5～10 cm 高度级内最高,而其他高度级范围内的幼苗数量很少,
表明该地区木本植物从幼苗到幼树的发育并不健全,天然更新不良(图 5-4A、C、E)。

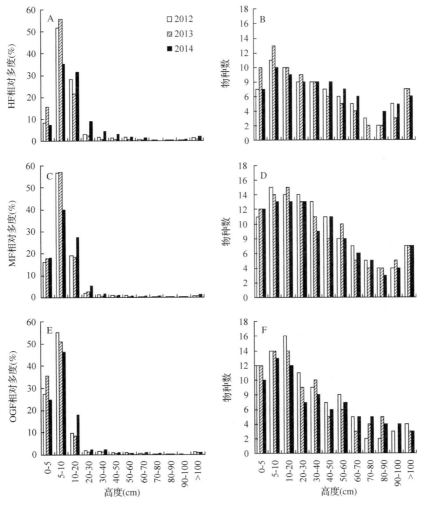

图 5-4　不同演替阶段幼苗相对多度及物种数的高度级分布

3 个演替阶段群落中，木本植物幼苗的丰富度在不同高度级之间也呈现偏峰现象（图 5-4B、D、F）。3 次调查期间，中龄林幼苗丰富度均在 5~10 cm 高度级内最高。成熟林 2012 年幼苗丰富度在 5~10 cm 高度级内最高；2013 年在 10~20 cm 高度级丰富度最高；而 2014 年在 5~10 cm、10~20 cm 和 20~30 cm 高度级内丰富度均为最高。老龄林 2012 年在 10~20 cm 高级内幼苗丰富度最高；2013 年在 5~10 cm 和 10~20 cm 高度级最高；而 2014 年在 5~10 cm 高度级内丰富度最高。

5.2.2.3.5　幼苗数量与同种成体胸高断面积及林冠开阔度的关系

2013 年，色木槭、白牛槭、水曲柳、青楷槭和紫椴的幼苗数量在中龄林和成熟林之间没有显著差异，但都与 20 m 内同种成体胸高断面积之和显著正相关；青楷槭幼苗数量与林冠开阔度显著负相关（表 5-7）。色木槭、白牛槭、水曲柳和青楷槭幼苗数量在中龄林和老龄林之间存在显著差异，当同种成体胸高断面积之和相同时，色木槭、白牛槭和青楷槭在老龄林中的幼苗数量明显高于中龄林，而水曲柳在老龄林的幼苗数量明显低于中龄林（表 5-7）。

2014 年，色木槭、白牛槭、水曲柳、青楷槭和紫椴幼苗数量都与 20 m 内同种成体胸高断面积之和显著正相关；色木槭和青楷槭幼苗数量与林冠开阔度显著负相关（表 5-7）。当同种成体胸高断面积之和相同时，色木槭、白牛槭、青楷槭和紫椴在老龄林中的幼苗数量显著高于中龄林，而水曲柳在老龄林中的幼苗数量显著低于中龄林；紫椴幼苗数量随演替进程的推进逐渐增加（表 5-7）。

表 5-7　5 个物种幼苗数量与林分类型、20 m 内同种成体胸高断
面积之和（A）和林冠开阔度的多元线性回归结果

年份	物种	C_{MF}	C_{OGF}	A	林冠开阔度
2013	色木槭 Acer pictum subsp. mono	0.141	0.584 *	0.473 *	-0.083
	白牛槭 Acer mandshuricum	-0.187	0.329 *	0.521 *	-0.039
	水曲柳 Fraxinus mandshurica	-0.059	-0.589 *	0.214 *	-0.010
	青楷槭 Acer tegmentosum	0.086	0.413 *	0.223 *	-0.092 *
	紫椴 Tilia amurensis	0.031	0.100 *	0.246 *	-0.015
2014	色木槭 Acer pictum subsp. mono	0.135	0.361 *	0.242 *	-0.068 *
	白牛槭 Acer mandshuricum	-0.031	0.281 *	0.265 *	0.035
	水曲柳 Fraxinus mandshurica	0.061	-0.267 *	0.193 *	0.001
	青楷槭 Acer tegmentosum	0.021	0.274 *	0.140 *	-0.067
	紫椴 Tilia amurensis	0.208 *	0.237 *	0.301 *	-0.005

注：* 表示 $p < 0.0$；C_{MF} 为成熟林的幼苗数量相对于中龄林的截距变化；C_{OGF} 为老龄林的幼苗数量相对于中龄林的截距变化。

5.2.2.4　讨论

5.2.2.4.1　树种幼苗的组成特点

2012 至 2014 年 3 次调查期间,在蛟河地区 3 个不同演替阶段的针阔混交林样地内,分别调查到 18、18 和 17 个种的木本植物幼苗,明显低于热带雨林(李晓亮等,2009)和亚热带常绿阔叶林(Chen et al., 2010)。样地内出现的幼苗种类均在该样地存在的树种范围内,并没有发现其他树种的幼苗。而在 3 个样地中均有超过一半的树种幼苗没有在样地中出现,这可能是由于种群内处于繁殖阶段的个体数量较少;或者是由于群落内存在较强的扩散限制;另一方面,种子发芽能力低、幼苗生存力弱,以及动物对种子和幼苗的取食也可能导致林下幼苗缺失(宾粤等,2011)。中龄林中重要值排在前 5 位的乔木树种中,有 4 个树种幼苗的重要值排在前 5 位;成熟林和老龄林重要值排在前 5 位的乔木树种中,各有 2 个树种幼苗的重要值排在前 5 位,表明林下木本植物幼苗的物种组成与样地内主要的树种保持着一定的相似性,主要树种的幼苗在林下同样保持着优势地位,这与以往的研究结果一致(李晓亮等,2009;张健等,2009;姚杰等,2015)。

尽管胡桃楸和红松是构成乔木层群落的主要树种,但是其林下幼苗数量并不多,并且存在明显的年际差异。这与张健等(2009)和姚杰等(2015)的研究结果一致,可能是由于红松和胡桃楸的种子主要依靠动物传播,这些种子也是啮齿类动物和鸟类的主要食物来源,在传播过程中动物对种子的取食对林下幼苗数量有着重要影响(李俊清和祝宁,1990);同时,与依靠风力传播的物种相比,红松和胡桃楸种子扩散能力较低,更容易受到病原体和动物的侵害(李昕等,1989),人类对红松和胡桃楸果实的大量采摘也极大地减少了到达地面的种子数量(刘足根等,2004)。而种子的休眠和丰歉年现象也会导致种子和幼苗数量的年际差异。在本研究中,胡桃楸的幼苗密度和死亡率,特别是新生幼苗的死亡率随演替的推进逐渐升高,而红松则表现出相反的趋势。主要原因可能是植物幼苗在不同光照条件下存活状态有较大差异。胡桃楸幼苗属阳性物种,在演替初期数量较多,随着演替的推进林冠郁闭度增加,林下光环境对胡桃楸幼苗的存活产生明显的抑制作用,幼苗数量逐渐趋于下降。而红松幼苗属耐阴性物种,随着演替的推进,其优势地位逐渐突出(Davies, 2001; Van Breugel et al., 2007)。另外,2013～2014 年幼苗的整体死亡率明显大于 2012～2013 年,这可能是由于 2013 年研究地区初次降雪时间比2012 年提前半个月,造成了大量幼苗的死亡。

5.2.2.4.2　幼苗高度级结构

幼苗多度随高度级的变化可以反映出幼苗的年龄变化,揭示种群在群落内定居的持续性和种群延续能力(李帅锋等,2012)。调查期间 3 个样地内的幼苗数量主要集中在5～10 cm 之间,这在一定程度上反映出新生幼苗的死亡率比其他年龄阶段的死亡率高,这与李帅锋等(2012)、Deb 和 Sundriyal(2008)的研究结果一致。而在 10～20 cm 高度级内,幼苗相对多度依次为中龄林 > 成熟林 > 老龄林。因此,尽管中龄林中幼苗密度较低,但幼苗存活率明显高于其他林分,表明演替初期幼苗的更新能力较强,随演替的推进,幼苗的更新能力逐渐减弱。

从幼苗丰富度来看,3 个样地内幼苗物种数量主要集中在 5～20 cm 之间,之后随高度级增加而逐渐减少，但减少趋势远不及幼苗多度随高度级的变化。表明在温带森林不同演替阶段的森林群落中，幼苗个体间的种间竞争和种内的相互作用都是导致幼苗死亡的重要机制，而同种幼苗间的相互作用是导致幼苗死亡的主要原因。这在一定程度上证实了负密度制约效应在森林更新早期阶段的重要作用（Comita & Hubbell，2009）。

5.2.2.4.3 幼苗多度的影响因素

综合分析针阔混交林 5 个主要物种幼苗多度的影响因子：林分类型、胸高断面积、种子数量和林冠开阔度，结果发现这些因子对 5 个主要物种的幼苗多度具有明显作用。有研究发现幼苗更新与种子的多度有关（LePage et al.，1999），如 Harms 等（2001）认为扩散限制使种子不能扩散到距离母树较远的地区，从而使得群落内物种幼苗呈聚集分布。而 Uriarte 等（2005）认为幼苗不能在特定的地点出现不仅是因为扩散限制，也可能是由于该地区的环境条件不适合幼苗定居。例如，宾粤等（2011）研究表明生态位过程对于样地幼苗种群分布有着重要影响，因为每个物种都可利用其他有机体不能利用的资源（侯继华和马克平，2002）。在本研究中，水曲柳幼苗在演替初期数量较多，青楷槭和紫椴的幼苗数量在演替后期较多；青楷槭偏好林冠开阔度较低的生境，这可能与各树种幼苗的生态位分离有关。

5.2.2.5 小结

本节研究结果表明温带森林植物群落林下木本植物幼苗的数量组成和多样性特征与林分演替阶段有关，并且表现出明显的年际间差异。本研究在一定程度上证实了负密度制约效应、扩散限制和生态位过程对幼苗数量组成的影响。尽管这三个生态过程在幼苗更新过程中并非相互排斥，但其相对重要性仍有待进一步探讨和验证。

5.2.3 幼苗存活的驱动机制及其相对重要性

对于森林植物群落来说，幼苗到幼树的过渡过程被认为是木本植物定植过程的瓶颈（Queenborough et al.，2007）。相比成年个体，幼苗更容易收到生物和非生物因素的制约（Wright，2002），并且生物和非生物因素在幼苗更新过程中的相对重要性会随着时间而变化（Comita et al.，2009）。因此，有关幼苗阶段的研究备受生态学家的关注。

根据 Janzen-Connell 假说的假设，在局域同种邻体密度较高的区域，寄主特异性天敌如种子取食者、病原体和吃草动物等会降低幼苗的存活和增补率（recruitment rate）。此外，与周围同种成年邻体对限制性资源的不均衡竞争，也会导致幼苗的高死亡率（Janzen，1970；Connell，1971）。在群落水平上，局域尺度上的负密度制约效应在大尺度上会表现为群落补偿趋势，即与稀有种相比，丰富种和常见种由于更容易遇到同种邻体而受到较强的负密度制约（Metz et al.，2010）。因此，常见种被认为比稀有种具有更高的死亡率，从而为稀有种提供了生存空间。而 Comita 等（2010）认为，局域尺度的负密度制约强度在不同物种之间存在着差异，当局域邻体密度相同时，稀有种会比常见种遭受更高的死亡率。因此，在评价局域尺度的负密度制约效应对幼苗存活的影响时，需要考虑负密度制约强度在物种间的差异（Lin et al.，2012）。

近年来，有关局域生物邻体对幼苗存活影响的研究已经证实了负密度制约效应和群落补偿趋势在热带和亚热带森林中的普遍性，这支持了 Janzen – Connell 假说的假设（Harms et al.，2000；Volkov et al.，2005；Bell et al.，2006；Zhu et al.，2010；Comita et al.，2014；Jansen et al.，2014）。同时这些研究也表明负密度制约效应是森林生态系统中促进物种共存的重要驱动力。此外，负密度制约效应在温带森林物种多样性维持中的作用也已得到了证实（Packer & Clay，2000；Hille Ris Lambers et al.，2002）。

　　生态位分化是影响幼苗存活的另一个重要因素（Webb & Peart，2000）。根据生态位理论，物种间功能性状的差异很可能是物种为竞争限制性资源而产生的进化适应性（Gillespie，2004；Harpole & Tilman，2006）。物种间的这种权衡关系促进了物种间资源利用的差异，并且影响了物种在异质性生境中的竞争能力（Schoener，1974；Vergnon et al.，2009）。由于物种会在特定的局域非生物环境的组合中（光照、土壤养分和水分）产生生态位的分化（Silvertown，2004；Adler et al.，2007），生态位过程会使得物种在其适宜的生境中表现出适应性与种群大小的正相关关系（Wright，2002）。在这种情况下，如果寄住特异性天敌和种内竞争不能抵消生境优势，即便存在潜在的负密度制约效应，幼苗存活与局域同种邻体密度可能会存在正相关关系（Piao et al.，2013）。

　　许多理论试图从实验和经验上解释物种共存机理（Harms et al.，2001；Russo et al.，2005；Jansen et al.，2014；Lutz et al.，2014），并且已有学者认为这些理论并不相互排斥（Hubbell，2005；Gravel et al.，2006；Queenborough et al.，2009）。但是现有的证据尚不足以解决这些理论之间矛盾，特别是在温带森林中（Bin et al.，2011；Chanthorn et al.，2013）。此外，这些机制可能会随着有机体的生活史阶段而变化。不同的因素在不同的阶段起到主导作用并且产生不同的影响。以往检验幼苗存活驱动机理的研究并没有关注自然天地和资源限制，以及幼苗对这些因素的敏感性。个体较大的幼苗死亡率较低（Winkler et al.，2005；Ratikainen et al.，2008），因为较大的个体对生物和非生物压力的抵抗力和适应性较强（Bai et al.，2012）。因此，为了研究温带森林负密度制约效应和生态为过程对幼苗存活的影响及其相对重要性，需要考虑幼苗的大小。

　　本节，我们检验了温带森林生物和非生物邻体对幼苗存活的影响以及生物邻体对幼苗存活影响的物种间差异。评价了生物和非生物因素的相对重要性是如何随着演替进程、幼苗大小和年龄而变化。并试图回答以下问题：

　　①生物和非生物因素对幼苗存活的影响是如何随着演替进程、幼苗大小（高度大于20 cm 和高度小于20 cm）和年龄而变化的？

　　②局域尺度上，幼苗的存活率是否随着同种邻体密度的增加而减小？

　　③局域尺度如果存在负密度制约效应是否会导致大尺度上的群落补偿趋势？

　　④负密度制约效应的强度在物种间是否存在差异？

　　⑤负密度制约效应与生态分化，哪一种生态学过程决定了幼苗的存活格局？

5.2.3.1　材料与方法

5.2.3.1.1　生物邻体密度变量

　　同、异种幼苗邻体密度为 2012 年在 1804 个幼苗样方（451 个样站 * 4 个幼苗样方）中调查到的幼苗数量。成体年邻体密度（A）是指，以样站中心为圆心，半径 20 m 内

DBH ≥ 1 cm 的所有同种(Cona)或异种(Heta)个体的胸高断面积除以它到样站的距离之和,即:

$$A = \sum_{i}^{N} BA_i / Distance_i \qquad (5-5)$$

其中,BA_i 为第 i 个个体的胸高断面积,$Distance_i$ 为第 i 个个体到样站中心的距离。

5.2.3.1.2　非生物邻体密度变量

非生物邻体密度变量为每个样站处的林冠开阔度和土壤养分。其中,林冠开阔度是于 2012 年 8 月阴天,用冠层分析仪(WinSCANOPY,Quebec,Canada)在每个样站中心距离地面 1.5 m 处拍摄 1 张半球状照片,再用对应的 WinSCANOPY 和 XLScanopy 软件对照片进行处理而得到的。

土壤养分是于 2012 年在每个样站处土壤表层(0~10 cm)采集 500 g 的土壤样品,带回实验室进行分析,测定其全氮、全磷、全钾、有机碳、pH 值和速效氮、磷、钾含量(中国土壤学会,1999)。用主成分分析(principal components analysis,PCA)法对土壤养分变量进行简化分析。中龄林中,前五个主成分可以解释 86% 的总体方差;中龄林中,前五个主成分可以解释 86% 的总体方差;成熟林和老龄林前五个主成分分别可以解释 85% 和 80% 的总体方差(表 5-8)。

5.2.3.1.3　统计与分析

为了评价不同的生态学过程对幼苗存活影响的相对重要性,我们使用广义线性混合效应模型(GLMMs;Bolker et al.,2009)分析了 2012~2013 年间幼苗个体存活率与生物和非生物邻体密度的关系。

$$y_{ijk} \sim binomial(P_{ijk}) \qquad (5-6)$$

$$\pi_{ijk} = log = \left[\beta_{0+} \beta_1 X_{local} \right]_{fixed} + \left[\gamma_{species} X_{local} + u_{species} + u_{jk} + u_k \right]_{random} \qquad (5-7)$$

式中,y_{ijk} 表示幼苗的存活状态,1 表示存活,0 表示死亡。i、j、k 分别表示幼苗、样方和样站编号。P_{ijk} 表示幼苗的存活概率。X_{local} 为影响幼苗存活固定效应变量,即生物和非生物变量。$u_{species}$、u_{jk} 和 u_k 为随机效应,其中 u_{jk} 和 u_k 分别表示幼苗样方和样站尺度的空间自相关,$u_{species}$ 表示物种间的存活率差异。为了研究负密度制约效应强度在物种间的差异,我们增加了一个物种水平的交互随机项 $\gamma_{species} X_{local}$,$\gamma_{species}$ 表示每个物种存活率与表示负密度制约的协变量 X_{local} 的相关系数(Lin et al.,2012)。

幼苗的存活率可能与演替进程、幼苗的大小和年龄有关。我们用线性模型检验了幼苗年龄和高度的关系,发现在三个样地中幼苗的年龄与高度存在显著的正相关(表 5-9)。因此,我们将林分类型作为固定类型变量分别在以下 3 个数据子集中进行分析:①群落水平(包含所有幼苗个体);②不同大小:高度 ≥ 20 cm 的幼苗和高度 < 20 cm 的幼苗;③不同年龄:1~2 年、3~4 年和 ≥ 5 年的幼苗。

表 5-8　3 个样地中的土壤主成分分析

土壤变量	HF					MF					OGF				
	PC1	PC2	PC3	PC4	PC5	PC1	PC2	PC3	PC4	PC5	PC1	PC2	PC3	PC4	PC5
全氮	-0.39	0.44	0.13	-0.43	—	-0.32	0.30	0.51	0.25	-0.37	0.56	0.21	-0.19	—	—
全磷	-0.25	—	0.56	0.47	-0.38	-0.44	-0.26	-0.24	0.28	0.32	—	-0.60	0.13	-0.17	-0.45
全钾	0.37	-0.25	-0.33	-0.36	-0.34	0.37	0.44	—	0.32	0.42	—	—	-0.81	-0.56	—
有机质	-0.43	—	0.10	-0.58	-0.26	-0.38	0.52	0.22	—	—	0.61	—	—	—	—
速效氮	-0.47	-0.26	-0.18	0.38	0.38	-0.42	0.31	-0.37	—	0.39	0.51	—	0.14	-0.11	0.17
速效磷	-0.15	-0.71	0.24	-0.11	-0.32	—	0.24	-0.69	—	-0.63	0.14	-0.42	0.34	-0.53	0.44
速效钾	-0.40	-0.29	-0.42	0.24	0.17	-0.48	-0.38	—	-0.17	—	—	-0.41	-0.37	0.45	0.65
pH 值	-0.25	0.30	-0.53	0.24	-0.63	—	0.30	—	-0.84	0.21	0.18	-0.49	-0.15	0.40	-0.39
方差解释度	0.33	0.16	0.15	0.13	0.08	0.30	0.17	0.14	0.13	0.10	0.27	0.17	0.13	0.12	0.11
累计方差解释度	0.33	0.50	0.65	0.78	0.86	0.30	0.47	0.61	0.75	0.85	0.27	0.44	0.57	0.69	0.80

注：-表示不包括该项

表5-9　3个样地中幼苗年龄与幼苗高度的线性相关系数和(标准误)

林型	斜率	年龄
HF	−2.657(0.624)	6.610(0.180)***
MF	−1.556(0.231)	5.823(0.074)***
OGF	0.197(0.380)	5.296(0.128)***

为了检验每个数据子集中，不同生态学过程对幼苗存活影响的相对重要性，我们建立了以下四种备选模型分别进行分析(表5-10)：①零模型，不包含固定效应；②生物模型，只包含幼苗和成年邻体密度；③非生物模型，只包含林冠开阔度和土壤养分；④生物+非生物全模型，包含生物和非生物变量。在生物模型中，如果同种邻体密度对幼苗存活的负效应比异种邻体密度强，则说明 Janzen-Connell 假说的假设一致。随后用 AIC 值评价各个模型的拟合优度，如果两个模型的 AIC 之差小于2，则这两个模型可以被视为无差别。为了评价生物邻体对幼苗存活的影响在物种间的差异，我们在模型中增加了一个基于物种特性的交互随机效应因子(cross random factor；Lin et al.，2012)。

为了检验我们的研究地区是否存在群落补偿趋势，我们使用 GLMMs 分析了群落尺度上幼苗存活率与种群大小(DBH ≥ 1 cm 个体的数量和胸径截面积)的关系。

所有的统计分析都使用 R 软件，使用拉普拉斯近似法(Laplace approximation method)拟合 GLMMs，使用 Wald Z 检验评价固定效应的显著性，使用似然比检验评价随机效应的显著性(Bolker et al. 2009)。在 GLMMs 中所有的连续变量在分析前都要进行标准化处理。此外，模型中各个参数的优势比率进行计算(Odds ratio)，优势比率大于1(95% 的置信区间)表明该参数与幼苗存活正相关，优势比率小于1(95% 的置信区间)表明与幼苗存活负相关。

表5-10　备选模型及其固定效应

备选模型	固定效应*
零模型	
生物模型	FT + Cons + Hets + Cona + Heta
非生物模型	FT + Soil PC1 + Soil PC2 + Soil PC3 + Soil PC4 + Soil PC5 + Canopy
生物 + 非生物模型	FT + Cons + Hets + Cona + Heta + Soil PC1 + Soil PC2 + Soil PC3 + Soil PC4 + Soil PC5 + Canopy

注：*固定效应包括：FT (林分类型)，Cons (同种幼苗密度)，Hets (异种幼苗密度)，Cona(同种成年邻体密度)，Heta(异种成年邻体密度)，Soil PC1 (土壤PC1)，Soil PC2 (土壤PC2)，Soil PC3 (土壤PC3)，Soil PC4 (土壤PC4)，Soil PC5 (土壤PC5)，Canopy (林冠开阔度)。

5.2.3.2　结果与分析

在2012年调查到的幼苗中，中龄林、成熟林和老龄林样地中分别有47%、33%和20%的个体存活到了2013年。幼苗的存活率随物种和林分类型而变化。幼苗总体存活率和各物种的存活率随演替的推进逐渐降低(表5-11)。

表 5-11　3 个样地中各物种幼苗的死亡率(%)

物种	HF	MF	OGF
东北槭 *Acer mandshuricum*	78.72	55.35	51.72
稠李 *Padus racemosa*	100.00	—	–
春榆 *Ulmus davidiana* var. *japonica*	63.64	45.45	25.98
簇毛槭 *Acer barbinerve*	54.55	68.99	41.67
大果榆 *Ulmus macrocarpa*	—	100.00	–
红松 *Pinus koraiensis*	7.69	18.95	43.24
胡桃楸 *Juglans mandshurica*	52.38	20.59	27.27
黄檗 *Phellodendron amurense*	—	0.00	20.00
糠椴 *Tilia mandshurica*	—	11.48	2.63
裂叶榆 *Ulmus laciniata*	100.00	82.76	68.57
毛榛 *Corylus mandshurica*	—	0.00	–
蒙古栎 *Quercus mongolica*	—	27.27	10.00
三花槭 *Acer triflorum*	—	50.00	–
千金榆 *Carpinus cordata*	100.00	60.00	44.12
青楷槭 *Acer tegmentosum*	66.67	59.26	43.48
青杨 *Populus cathayana*	60.87	—	–
色木槭 *Acer pictum* subsp. *mono*	52.78	33.58	23.83
沙松 *Abies holophylla*	24.79	8.98	5.18
山杨 *Populus davidiana*	100.00	—	–
乌苏里鼠李 *Rhamnus davurica*	100.00	—	–
水曲柳 *Fraxinus mandshurica*	52.30	53.95	46.48
紫椴　*Tilia amurensis*	9.09	7.41	7.69
总计	47.32	33.43	20.40
平均	63.97	39.11	30.79

注：–表示该物种没有在样地中出现

5.2.3.2.1　生物和非生物邻体对不同大小幼苗存活的影响

在群落水平，包含生物邻体和非生物邻体效应的全模型能够很好地拟合幼苗的存活（表 5-12）。同种幼苗邻体和土壤 PC5 对幼苗存活有着显著的负效应（$OR_{Cons}=0.97$，$p<0.05$；$OR_{PC5}=0.78$，$p<0.05$；图 5-5A），而同种成年邻体对幼苗存活没有显著的负效应（$OR_{Cona}=1.02$，$p>0.05$；图 5-5A）。相反，异种幼苗邻体密度与幼苗存活率呈显著正相关（$OR_{Hets}=1.02$，$p<0.05$；图 5-5A）。中龄林中的幼苗存活率与成熟林和老龄林具有显著差异（$OR_{MF}=0.43$，$p<0.05$；$OR_{OGF}=0.27$，$p<0.05$；图 5-5A），表明在相

同水平的生物或非生物因素条件下，幼苗的存活率随演替进程的推进而降低。

　　对于高度 < 20 cm 的幼苗，生物 + 非生物全模型的拟合效果最好（表 5-12）。同种成年邻体和异种幼苗邻体密度与幼苗存活呈显著正相关（OR_{Cona} = 1.16，p < 0.05；OR_{Hets} = 1.02，p < 0.05；图 5-5B）。同种幼苗邻体和土壤 PC5 与幼苗存活呈显著负相关（OR_{Cons} = 0.98，p < 0.05；OR_{PC5} = 0.78，p < 0.05；图 5-5B）。中龄林中的幼苗存活率与成熟林和老龄林具有显著差异（OR_{MF} = 0.44，P < 0.05；OR_{OGF} = 0.25，p < 0.05；图 5-5B）。对于高度 ≥ 20 cm 的幼苗，生物模型的拟合效果最好（表 5-12）。同种成年邻体与幼苗存活呈显著正相关（OR_{Cona} = 0.71，p < 0.05；图 5-5C）。幼苗存活率在不同演替阶段间具有明显差异（OR_{MF} = 0.36，p < 0.05；OR_{OGF} = 0.34，p < 0.05；图 5-5C）。

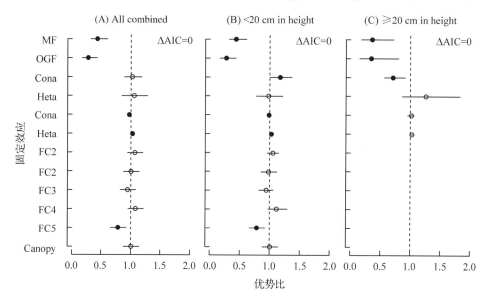

图 5-5　群落水平、高度 < 20 cm 和高度 ≥ 20 cm 幼苗存活的最优模型参数优势比

实心圆点表示相关显著，空心圆点表示相关不显著；直线表示 95% 置信区间；MF 和 OGF 表示相对与 HF 的截距变化。

5.2.3.2.2　生物和非生物邻体对不同年龄幼苗存活的影响

　　邻体效应对幼苗存活的影响同样随着幼苗年龄而变化。1~2 年生幼苗的存活率能够很好地被生物模型和生物 + 非生物全模型拟合（表 5-12）。幼苗存活与同种幼苗邻体密度呈显著负相关，与异种幼苗邻体密度呈显著正相关（OR_{Cons} = 0.98，p < 0.05；OR_{Hets} = 1.02，p < 0.05；图 5-6A）。成熟林和老龄林的幼苗存活率都与中龄林有显著差异（OR_{MF} = 0.49，p < 0.05；OR_{OGF} = 0.27，p < 0.05；图 5-6A）。3~4 年生幼苗的存活率能够很好地被生物模型和生物 + 非生物群模型拟合（表 5-12）。幼苗存活与同种成年邻体密度呈显著正相关，与土壤 $PC5$ 呈显著负相关（OR_{Cona} = 1.18，p < 0.05；OR_{PC5} = 0.77，p < 0.05）；图 5-6B）。成熟林的幼苗存活率都与中龄林有显著差异，而老龄林幼苗存活率都与中龄林没有显著差异（OR_{MF} = 0.68，p < 0.05；OR_{OGF} = 0.81，p < 0.05；图 5-6B）。5 年生以上幼苗的存活率能够很好地被生物模型和生物 + 非生物群模型拟合

（表 5-12）。幼苗存活与同种成年邻体密度和土壤 $PC3$ 呈显著负相关（$OR_{Cona} = 0.67$，$p < 0.05$；$OR_{PC3} = 0.67$，$p < 0.05$；图 5-6C）。成熟林的幼苗存活率都与中龄林有显著差异，而老龄林幼苗存活率都与中龄林没有显著差异（$OR_{MF} = 0.56$，$p > 0.05$；$OR_{OGF} = 0.53$，$p < 0.05$；图 5-6C）。

表 5-12　广义线性混合效应模型中的 AIC 值与 ΔAIC 值

数据集	模型类型							
	零模型		生物模型		非生物模型		生物 + 非生物模型	
	AIC	ΔAIC	AIC	ΔAIC	AIC	ΔAIC	AIC	ΔAIC
All seedlings combined	8101.1	80.7	8024.2	3.8	8048.8	28.4	8020.4	0.0*
Size cohort								
Seedlings < 20 cm tall	7085.2	72.0	7019.3	6.1	7034.2	20.9	7013.2	0.0*
Seedlings ≥20 cm tall	776.6	13.0	763.6	0.0*	779.7	16.1	773.1	9.5
Age class								
1~2 year old	4560.3	37.8	4522.6	0.0*	4531.1	8.5	4524.2	1.6*
3~4 year old	2519.5	5.5	2515.1	1.1*	2516.4	2.4	2514.0	0.0
≥ 5 year old	475.9	0.4*	475.7	0.3*	477.3	1.9*	475.5	0.0*

＊代表基于最小 AIC 值的最优拟合模型

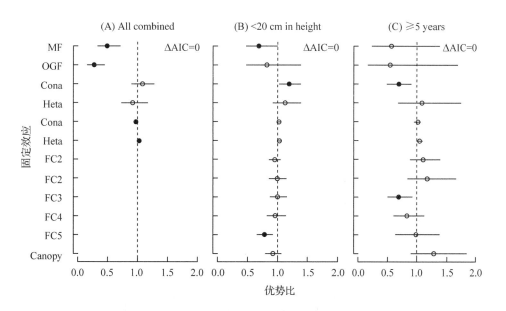

图 5-6　不同年龄幼苗存活的最优模型参数优势比

实心圆点表示相关显著；空心圆点表示相关不显著；直线表示 95% 置信区间。MF 和 OGF 表示相对于 HF 的截距变化。

5.2.3.2.3   生物邻体效应的强度在物种间的差异

为了检验最优拟合模型中生物邻体效应在物种间差异的显著性，我们用似然率检验比较了包含和不包含物种与生物因素交互随机项的最优拟合模型。对于群落水平的所有幼苗和高度 < 20 cm 的幼苗，所有的生物邻体效应都具有显著的物种间差异，生物邻体对有些物种的幼苗存活率具有显著的负效应，而对其他物种则具有显著的正效应（图 5-7A～D，图 5-8A～D）。对于高度 ≥ 20 cm 的幼苗来说，只有异种幼苗邻体的效应在物种间具有显著差异（图 5-7E，F 和图 5-8E，F）。

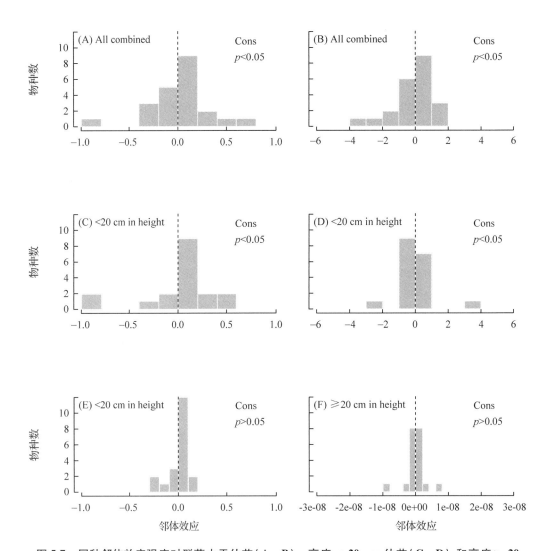

图 5-7   同种邻体效应强度对群落水平幼苗（A、B）、高度 < 20 cm 幼苗（C、D）和高度 ≥ 20 cm 幼苗（E、F）存活影响的分布图以及邻体效应在物种间差异显著性

邻体效应只包括最优拟合模型中的参数；直方图中的方条是基于同种幼苗和成年邻体变量在每个物种前的系数，方条在虚线左侧表明该物种幼苗存活率随邻体效应的增加而减小。

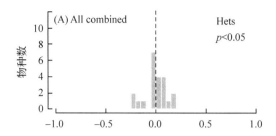
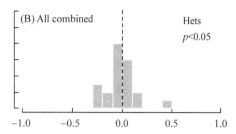

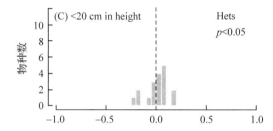
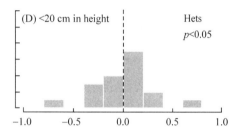

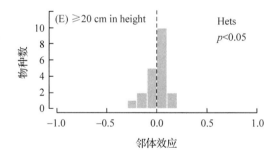
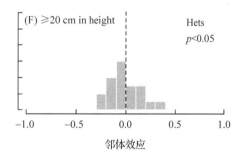

图 5-8 异种邻体效应强度对群落水平幼苗（A、B）、高度 < 20 cm 幼苗（C、D）和高度 ≥ 20 cm 幼苗（E、F）存活影响的分布图以及邻体效应在物种间差异显著性

邻体效应只包括最优拟合模型中的参数；直方图中的方条是基于异幼苗和成年邻体变量在每个物种前的系数，方条在虚线左侧表明该物种幼苗存活率随邻体效应的增加而减小。

当将幼苗划分为不同年龄等级时，我们发现生物邻体效应的强度只在 1~2 年生幼苗中具有显著差异（图 5-9A，B，图 5-10A，B），而在大于 3 年生的幼苗中，幼苗和成年邻体效应的强度在物种间都没有显著差异（图 5-9C~F，图 5-10C~F）。

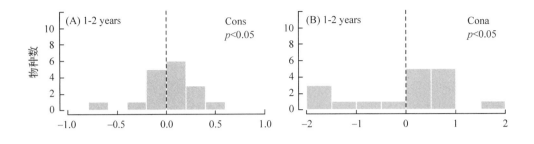

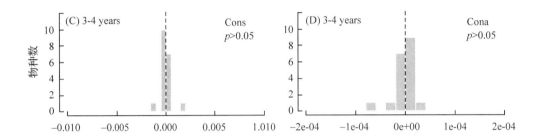

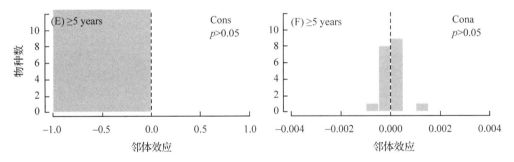

图5-9　同种邻体效应强度对1~2年生幼苗(A、B)、3~4年生幼苗(C、D) 和 ≥5年生幼苗(E、F)存活影响的分布图以及邻体效应在物种间差异显著性

邻体效应只包括最优拟合模型中的参数。直方图中的方条是基于同种幼苗和成年邻体变量在每个物种前的系数，方条在虚线左侧表明该物种幼苗存活率随邻体效应的增加而减小。

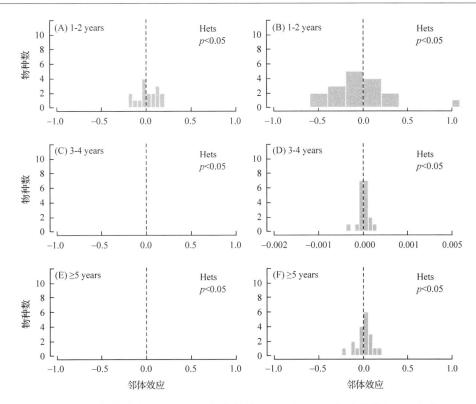

图 5-10　异种邻体效应强度对 1～2 年生幼苗（A、B）、3～4 年生幼苗（C、D）和 ≥ 5 年生幼苗（E、F）存活影响的分布图以及邻体效应在物种间差异显著性

邻体效应只包括最优拟合模型中的参数；直方图中的方条是基于同种幼苗和成年邻体变量在每个物种前的系数，方条在虚线左侧表明该物种幼苗存活率随邻体效应的增加而减小。

5.2.3.2.4　群落补偿趋势

我们发现在群落水平上，幼苗存活率与种群密度呈显著正相关，并且在不同的演替阶段间有显著差异（图 5-11A）；然而胸径截面积与幼苗存活之间没有显著的关系。这表明群落补偿趋势并没有出现在我们的研究样地中（图 5-11B）。

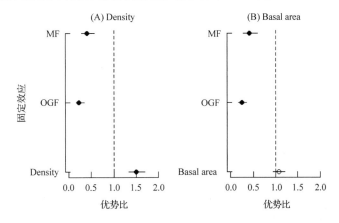

图 5-11　检验种群大小（个体密度或胸径截面积）对幼苗存活影响的模型中参数的优势比

（MF 和 OGF 表示相对于 HF 的截距变化）

5.2.3.3　讨论

5.2.3.3.1　生物和非生物邻体对不同大小幼苗存活的影响

本研究中，当对群落水平的全部幼苗和高度 < 20 cm 的幼苗进行分析时，我们发现生物和非生物变量都对幼苗存活有着显著影响，而生物邻体效应对高度 ≥ 20 cm 的幼苗更为重要。这意味着生物和非生物变量对幼苗存活的相对重要性会随着幼苗的大小而变化。个体较小的幼苗比个体较大的幼苗更容易受到生物邻体和环境因素的影响。这可能是由于不同个体大小的幼苗对生物和非生物因素的敏感性不同(Bai *et al.*，2012)。一些研究发现幼苗高度与幼苗存活率有显著的相关关系，因为个体较小的幼苗更容易受到食草动物和病原菌的侵害(Queenborough *et al.*，2007；Comita & Hubbell，2009；Chen *et al.*，2010)。另一方面，较大的幼苗个体能够更好地从林下层植物和成年邻体的压力下幸存下来，使它们能坚持到有林窗出现，为取得优势地位提供机会(Metz *et al.*，2010)。与此相反，Lin 等(2012)在热带雨林中的研究发现，尽管幼苗高度与存活率呈显著正相关，但是当把幼苗数据按照不同高度划分后，并没有发现分析结果之间存在差异。此外，在高度 < 20 cm 的幼苗中我们发现幼苗存活率与异种幼苗邻体密度呈显著正相关。可能的一种解释是物种保护假说(Wills，1996；Peters，2003)，它强调异种邻体的增加可以降低寄住特异性病原体的侵害从而提高幼苗的存活率。还有一种可能的解释是生境偏好，即物种在其偏好的生境中通常具有较高的存活率(Wright，2002；Getzin *et al.*，2008)，这使得同种邻体对幼苗存活具有正效应。Chen 等(2010)对亚热带森林 70 个物种的幼苗研究发现，同种幼苗密度与不同种幼苗密度具有显著的负相关关系，并认为不同种幼苗密度与存活率的正相关可能是由于同种个体密度下降所导致的。

我们还发现，在个体较大和较小的幼苗中都存在着负密度制约效应。在个体较小的幼苗中，负密度制约效应是由同种幼苗邻体导致的，而在个体较大的幼苗中，负密度制约效应是由同种成年邻体导致的。这可能是由于导致负密度制约效应的天敌类型(如病原体、昆虫和食草动物等)会随生活使阶段而变化(Fricke *et al.*，2014)。相反，同种成年邻体对个体较小的幼苗有显著的正效应。这很可能是由于扩散限制使得个体较小的幼苗都集中在了母树周围。

5.2.3.3.2　生物和非生物邻体对不同年龄幼苗存活的影响

我们检验了邻体效应对不同年龄阶段幼苗存活影响，并且发现生物邻体对 1～2 年生幼苗的存活有着强烈的影响。这与 Bai 等(2012)研究结果一致，他们发现生物邻体对年较小的幼苗的影响更为普遍。而对于 3 年生以上的幼苗来说，幼苗的存活率受到生物和生境因子的影响。这很可能是由于 1～2 年生的幼苗处于定植的早期并且聚集在母树周围，因此会受到更为强烈的种间或种内的资源竞争，并且更容易受到自然天敌的侵害。因此，生物因素对幼苗存活的影响比环境因子更为强烈。随着幼苗年龄的增加，生境因子对幼苗存活的影响越来越重要，这与 Norden 等(2009)研究结果一致，他们认为生境偏好能够更好的解释木本植物在幼苗阶段的多样性。同种成年邻体对大于 5 年生的幼苗存活具有显著的负效应，这表明生物因素对幼苗存活的影响表现为负密度制约效应。这一结果支持了 Johnson 等(2012)的研究结果，他们通过分析跨越了大纬度的 200，

000 个样地中的 151 个物种的数据，发现大多数的物种会受到同种邻体负密度制约效应。

此外，我们的研究还发现存在于 1~2 年幼苗中的生负密度制约效应是由同种幼苗邻体导致的，而大于 5 年生幼苗中的负密度制约效应是由同种成年邻体导致的。然而，尽管 3~4 年生幼苗的存活也受到生物和非生物因素的影响，但我们并没有发现负密度制约效应的存在。这表明新增补的幼苗可能出现在同种邻体密度较高的区域，因而会导致较高的负密度制约死亡率。同时也说明生境偏好是驱动幼苗存活的重要因子（Comita et al.，2009）。

5.2.3.3.3　生物邻体效应的强度在物种间的差异

我们发现在个体和年龄较小的幼苗中负密度制约效应的强度在物种间存在着很大差异。这意味着负密度制约效应的作用在不同的物种之间并不是相同，这与以往的研究结果一致。如 Comita 等（2010）发现在热带森林中同种邻体对幼苗存活的影响在物种间存在显著差异，而 Lin 等（2012）却发现在热带雨林中，在旱季时负密度制约效应强度在物种间有着显著差异。然而我们的研究并没有发现在个体和年龄较大的幼苗中负密度制约效应的强度在物种间存在差异。这表明负密度制约效应在物种间的差异很可能是由于幼苗对生物和非生物压力的抵抗性的差异而导致的。

5.2.3.3.4　群落补偿趋势

近年来，有关群落补偿趋势在森林群落中的验证研究都得到相互矛盾的结果（Queenborough et al.，2007；Comita & Hubbell，2009；Chen et al.，2010；Metz et al.，2010；Bai et al.，2012）。尽管负密度制约效应会影响幼苗的存活，但在我们的研究区域并没有发现稀有种的幼苗在存活率上的优势。相反，在群落水平上，幼苗的存活率会随着种群数量的增加而增加。说明在本研究区域，局域尺度的负密度制约效应并没有导致大尺度的群落补偿趋势。不同的生态学过程可能会导致相似的格局，这可能是由与负密度制约效应和生态位过程会在群落水平上相互抵消。也可能是由于之前的研究都基于较长时间的观测调查（Queenborough et al.，2007），而我们的研究只使用了 2 年间的幼苗数据，使得对群落补偿趋势的检验受到了局限。

5.2.3.4　小结

本节以中龄林、成熟林和老龄林 3 种类型的林分的样地为基础，每块样地代表了一个特定的演替阶段。通过使用 2012~2013 年间 22 种木本植物的 7503 株幼苗存活数据，检验了生物和非生物邻体对幼苗存活的影响以及生物邻体对幼苗存活影响的种间差异。结果表明温带森林中存在着负密度制约效应。生物、非生物因素都会影响幼苗的存活，其相对重要性会随着演替进程、幼苗大小、幼苗年龄的变化而变化。对于高度小于 20 cm、1~2 年生的幼苗以及全部群落水平的幼苗来说，负密度制约的强度在物种间存在着显著差异。同时我们的研究还发现，局域尺度的负密度制约效应并没有导致群落补偿趋势。我们的研究结果证实了负密度制约效应和生态为过程对幼苗存活的影响及其相对重要性会随着幼苗高度、年龄而变化。同时生物和非生物因素对幼苗存活的影响会随着演替进程而变化。

5.3　可持续经营试验

5.3.1　森林经营对地上碳平衡的影响

5.3.1.1　研究方法

在森林生态系统中，地上部分主要包括乔木、灌木、草本、凋落物和枯立、枯倒木。对地上部分碳平衡研究就是对地上部分不同年际间各组分碳储量差异的研究。而碳储量的计算是通过各组分生物量和含碳率进行转化计算。通过对碳平衡的研究可以间接通过各组成生物量计算得出。

（1）生物量测定方法

1）乔木层

2011 年 7~9 月，在植物生物量达到最大时，通过全株挖掘称重法，测定了当地 12 个优势树种生物量，建立了各组分（包括树叶、树枝、树干、树根、地上部分和整株）以胸径作为独立变量的单木生物量异速生长方程。根据群落调查数据和已建立的生物量方程计算样地内每株植物个体生物量，相加得出整个不同样地的生物量总和（Wt）：

$$Wt = \sum Wt_i \qquad\qquad (5-8)$$

其中，Wt 为样地乔木总生物量，Wt_i 为样地内第 i 株乔木植物个体生物量。

对样地中出现的未建立生物量方程的物种归为同属植物或者参考与研究地相邻地区该物种生物量方程进行计算，枯立木生物量按照去除叶的生物量方程计算。

表 5-13　利用方程 $\ln Y = \ln a + b \ln DBH$ 建立的 12 个树种异速生物量方程系数

| 树种[1] | 组分 | 系数 | | R^2 | CF[2] | 适用范围 |
		a (S.E.)	b (S.E.)			(cm)
白牛槭 （10）	整株	-1.983 (0.189) ***	2.502 (0.063) ***	0.995	1.004	7.8~35.9
	地上部分	-2.479 (0.201) ***	2.572 (0.067) ***	0.995	1.005	
	干	-2.111 (0.278) ***	2.310 (0.092) ***	0.988	1.009	
	枝	-6.005 (0.735) ***	3.3230 (0.243) ***	0.959	1.063	
	叶	-3.463 (0.772) **	1.606 (0.255) ***	0.832	1.07	
	根	-2.786 (0.350) ***	2.303 (0.116) ***	0.980	1.014	
色木槭 （12）	整株	-1.693 (0.202) ***	2.371 (0.065) ***	0.993	1.008	6.4~45.3
	地上部分	-1.999 (0.227) ***	2.381 (0.073) ***	0.991	1.01	
	干	-2.164 (0.175) ***	2.336 (0.056) ***	0.994	1.006	
	枝	-4.645 (0.856) ***	2.740 (0.275) ***	0.908	1.15	
	叶	-3.948 (0.502) ***	1.810 (0.161) ***	0.926	1.049	
	根	-3.098 (0.407) ***	2.358 (0.131) ***	0.97	1.032	

（续）

树种①	组分	系数		R^2	CF②	适用范围（cm）
		a（S. E.）	b（S. E.）			
白桦（10）	整株	−2.174（0.270）***	2.549（0.089）***	0.99	1.013	5.7~40.0
	地上部分	−2.194（0.236）***	2.456（0.078）***	0.992	1.01	
	干	−1.941（0.170）***	2.286（0.056）***	0.995	1.005	
	枝	−7.014（1.131）***	3.445（0.372）***	0.915	1.255	
	叶	−6.304（1.089）***	2.599（0.3581）***	0.868	1.234	
	根	−4.354（0.626）***	2.807（0.206）***	0.959	1.072	
千金榆（9）	整株	−2.046（0.378）***	2.487（0.170）***	0.969	1.012	5.1~13.4
	地上部分	−2.189（0.380）***	2.473（0.171）***	0.968	1.012	
	干	−1.909（0.440）**	2.111（0.197）***	0.942	1.016	
	枝	−5.416（0.772）***	3.398（0.347）***	0.932	1.05	
	叶	−4.240（0.855）**	2.200（0.384）***	0.824	1.061	
	根	−4.046（0.781）**	2.544（0.351）***	0.883	1.051	
水曲柳（10）	整株	−2.471（0.191）***	2.666（0.061）***	0.996	1.004	10.7~41.4
	地上部分	−2.631（0.284）***	2.632（0.091）***	0.991	1.009	
	干	−2.301（0.242）***	2.443（0.077）***	0.992	1.006	
	枝	−6.989（0.875）***	3.481（0.279）***	0.951	1.086	
	叶	−5.454（0.904）***	2.315（0.288）***	0.890	1.092	
	根	−4.360（0.304）***	2.800（0.097）***	0.991	1.01	
胡桃楸（10）	整株	−2.290（0.225）***	2.508（0.073）***	0.993	1.009	6.5~42.5
	地上部分	−2.468（0.215）***	2.497（0.067）***	0.994	1.008	
	干	−2.466（0.280）***	2.381（0.091）***	0.989	1.014	
	枝	−5.768（1.233）**	3.063（0.399）***	0.88	1.309	
	叶	−4.231（0.616）***	1.974（0.200）***	0.924	1.07	
	根	−4.142（0.507）***	2.565（0.164）***	0.968	1.047	
怀槐（10）	整株	−1.997（0.279）***	2.390（0.110）***	0.984	1.015	4.9~25.4
	地上部分	−2.188（0.337）***	2.389（0.133）***	0.976	1.022	
	干	−2.001（0.256）***	2.198（0.101）***	0.984	1.013	
	枝	−5.524（1.078）***	3.055（0.424）***	0.867	1.253	
	叶	−4.313（0.733）***	1.700（0.288）***	0.813	1.11	
	根	−3.767（0.357）***	2.391（0.140）***	0.973	1.025	

（续）

| 树种① | 组分 | 系数 | | R^2 | CF② | 适用范围 |
		a (S. E.)	b (S. E.)			（cm）
红松(11)	整株	−2.563 (0.169)＊＊＊	2.519(0.054)＊＊＊	0.996	1.005	
	地上部分	−2.907 (0.185)＊＊＊	2.545(0.059)＊＊＊	0.995	1.006	
	干	−3.394 (0.245)＊＊＊	2.582(0.079)＊＊＊	0.992	1.011	8.4~44.0
	枝	−4.306 (0.393)＊＊＊	2.527(0.126)＊＊＊	0.978	1.028	
	叶	−5.179 (0.509)＊＊＊	2.475(0.163)＊＊＊	0.963	1.047	
	根	−3.779 (0.277)＊＊＊	2.418(0.089)＊＊＊	0.988	1.014	
大青杨(10)	整株	−2.412 (0.117)＊＊＊	2.465(0.036)＊＊＊	0.998	1.002	
	地上部分	−2.591 (0.159)＊＊＊	2.463(0.050)＊＊＊	0.997	1.003	
	干	−2.507 (0.233)＊＊＊	2.358(0.072)＊＊＊	0.993	1.007	9.1~47.1
	枝	−5.930 (0.618)＊＊＊	2.975(0.192)＊＊＊	0.968	1.052	
	叶	−5.506 (1.009)＊＊＊	2.193(0.314)＊＊＊	0.859	1.145	
	根	−4.208 (0.260)＊＊＊	2.465(0.081)＊＊＊	0.991	1.009	
蒙古栎(10)	整株	−2.489 (0.243)＊＊＊	2.629(0.081)＊＊＊	0.993	1.016	
	地上部分	−2.867 (0.305)＊＊＊	2.683(0.101)＊＊＊	0.989	1.024	
	干	−2.797 (0.386)＊＊＊	2.571(0.128)＊＊＊	0.980	1.039	4.2~41.2
	枝	−6.503 (0.846)＊＊＊	3.291(0.282)＊＊＊	0.945	1.204	
	叶	−5.536 (0.355)＊＊＊	2.346(0.118)＊＊＊	0.980	1.033	
	根	−3.635 (0.302)＊＊＊	2.452(0.101)＊＊＊	0.987	1.024	
紫椴(10)	整株	−2.193 (0.261)＊＊＊	2.458(0.084)＊＊＊	0.991	1.012	
	地上部分	−2.556 (0.254)＊＊＊	2.479(0.082)＊＊＊	0.991	1.011	
	干	−2.364 (0.391)＊＊＊	2.323(0.126)＊＊＊	0.977	1.026	7.0~42.2
	枝	−6.171 (0.375)＊＊＊	3.131(0.121)＊＊＊	0.988	1.024	
	叶	−5.969 (0.600)＊＊＊	2.368(0.193)＊＊＊	0.949	1.063	
	根	−3.393 (0.501)＊＊＊	2.398 (0.161)＊＊＊	0.965	1.044	
春榆(10)	整株	−2.126 (0.222)＊＊＊	2.545(0.074)＊＊＊	0.994	1.01	
	地上部分	−2.242 (0.265)＊＊＊	2.480(0.089)＊＊＊	0.991	1.015	
	干	−2.058 (0.339)＊＊＊	2.271(0.112)＊＊＊	0.983	1.024	5.6~39.9
	枝	−5.056 (0.564)＊＊＊	3.001(0.187)＊＊＊	0.974	1.068	
	叶	−5.510 (0.597)＊＊＊	2.438(0.198)＊＊＊	0.956	1.076	
	根	−4.160 (0.358)＊＊＊	2.690(0.118)＊＊＊	0.987	1.027	

注：① 括号内数字表示选取的样本数量；② CF 表示校正系数，公式为：$CF = \exp(SEE^2/2)$；＊＊ 表示在 p < 0.05 条件下显著；＊＊＊ 表示在 p < 0.001 条件下显著。

2）灌木层

2011 年 7 月 – 9 月，采用与乔木植物相同的方法，建立了当地 24 种灌木物种的生物量方程（表 5-14）。根据群落调查数据计算单株（丛）个体生物量方程，计算出调查面积（400m×2m×2m）的生物量总和，得出单位面积灌木生物量，再乘样地总面积即为样地总灌木生物量和 Ws。

$$Ws = 25 \sum Ws_i / 4 \qquad (5-9)$$

其中，Ws 为样地灌木总生物量，Ws_i 为样地内第 i 株乔木植物个体生物量，25/4 即为调查面积转化为样地总面积的系数。

表 5-14　林下层（幼树和灌木）植物最优生物量模型

物种	组分	方程形式[①]	lna	a or a'	b	c	R^2	CF[②]
白牛槭	地下部分	$lny = lna + blnx_1$	2.508	12.794	2.509		0.977	1.042
	地上部分	$lny = lna + blnx_1$	3.294	27.673	2.622		0.986	1.027
	整株	$lny = lna + blnx_1$	3.674	40.435	2.588		0.986	1.026
色木槭	地下部分	$y = a + bx_1 + cx_1^2$		80.398	-102.841	40.669	0.982	
	地上部分	$lny = lna + blnx_1 + clnx_2$	-2.990	0.051	1.498	1.306	0.991	1.022
	整株	$lny = lna + blnx_1$	3.819	47.897	2.406		0.976	1.051
千金榆	地下部分	$lny = lna + blnx_1$	2.788	16.858	2.319		0.977	1.037
	地上部分	$lny = lna + blnx_1$	3.492	33.736	2.712		0.988	1.027
	整株	$lny = lna + blnx_1$	3.908	50.879	2.595		0.989	1.022
裂叶榆	地下部分	$lny = lna + blnx_1 + clnx_3$	3.050	21.499	1.554	0.437	0.992	1.018
	地上部分	$lny = lna + blnx_1 + clnx_3$	3.752	43.000	2.103	0.382	0.997	1.009
	整株	$lny = lna + blnx_1 + clnx_3$	4.202	67.421	1.889	0.430	0.997	1.009
毛榛	地下部分	$y = a + bx_2 + bx_3$		-142.038	1.133	80.576	0.943	
	地上部分	$lny = lna + blnx_1$	3.617	38.381	2.669		0.985	1.031
	整株	$lny = lna + blnx_1$	4.335	80.761	2.449		0.968	1.059
刺五加	地下部分	$lny = lna + blnx_1$	2.687	15.900	1.919		0.848	1.082
	地上部分	$lny = lna + blnx_2$	-5.771	0.003	1.874		0.889	1.072
	整株	$lny = lna + blnx_1$	3.720	44.252	2.067		0.880	1.072
毛脉卫矛	地下部分	$y = a + bx_2 + cx_2^2$		63.034	-1.350	0.007	0.948	
	地上部分	$y = a + bx_1 + cx_1^2$		113.466	-260.940	152.675	0.993	
	整株	$y = a + bx_1 + cx_1^2$		126.693	-297.350	186.643	0.992	
瘤枝卫矛	地下部分	$lny = lna + blnx_1$	2.789	17.272	2.401		0.971	1.061
	地上部分	$y = a + bx_1 + cx_1^2$		104.765	-204.392	122.112	0.994	
	整株	$y = a + bx_1 + cx_1^2$		128.710	-255.880	162.680	0.996	

（续）

物种	组分	方程形式①	lna	$a\ or\ a'$	b	c	R^2	CF②
稠李	地下部分	$lny = lna + blnx_1$	2.859	18.741	2.815		0.961	1.075
	地上部分	$lny = lna + blnx_1$	3.904	50.894	2.471		0.981	1.026
	整株	$lny = lna + blnx_1$	4.234	70.825	2.559		0.982	1.027
东北鼠李	地下部分	$lny = lna + blnx_1$	2.694	15.561	2.293		0.951	1.052
	地上部分	$lny = lna + blnx_1 + clnx_3$	4.231	71.142	1.876	0.381	0.974	1.034
	整株	$lny = lna + blnx_1 + clnx_3$	4.509	93.050	1.865	0.360	0.981	1.024
暴马丁香	地下部分	$lny = lna + blnx_1$	2.884	18.993	2.435		0.971	1.062
	地上部分	$lny = lna + blnx_1$	3.445	33.644	2.722		0.973	1.073
	整株	$lny = lna + blnx_1$	3.941	53.842	2.611		0.981	1.046
珍珠梅	地下部分	$y = a + bx_1 + cx_1^2$		32.115	−80.383	62.420	0.936	
	地上部分	$lny = lna + blnx_1$	3.755	43.094	3.002		0.987	1.008
	整株	$lny = lna + blnx_1$	4.104	61.052	2.816		0.985	1.008
茶条槭	地下部分	$y = a + bx_2 + cx_2^2$		116.190	−2.189	0.009	0.993	
	地上部分	$y = a + bx_2 + cx_2^2$		947.995	−12.475	0.040	0.994	
	整株	$y = a + bx_2 + cx_2^2$		1064.000	−14.660	0.049	0.995	
东北溲疏	地下部分	$lny = lna + blnx_2$	−6.798	0.001	2.188		0.692	1.207
	地上部分	$lny = lna + blnx_1 + clnx_3$	4.158	66.049	1.712	0.296	0.958	1.033
	整株	$y = a + bx_1 + bx_3$		−63.850	149.800	78.640	0.917	
金花忍冬	地下部分	$lny = lna + blnx_1$	2.888	19.559	1.624		0.903	1.089
	地上部分	$lny = lna + blnx_1$	3.655	41.722	1.846		0.930	1.080
	整株	$lny = lna + blnx_1$	4.055	61.399	1.767		0.937	1.065
金银忍冬	地下部分	$lny = lna + blnx_1$	2.885	21.527	1.598		0.824	1.203
	地上部分	$lny = lna + blnx_1 + clnx_3$	4.379	84.548	1.821	0.307	0.926	1.060
	整株	$lny = lna + blnx_1 + clnx_3$	4.913	141.726	0.907	0.842	0.958	1.042
早花忍冬	地下部分	$lny = lna + blnx_1 + clnx_3$	3.740	50.665	0.695	0.909	0.852	1.203
	地上部分	$lny = lna + blnx_1 + clnx_3$	4.748	119.931	1.047	0.874	0.974	1.040
	整株	$lny = lna + blnx_1 + clnx_3$	5.095	171.378	0.946	0.886	0.965	1.050
东北山梅花	地下部分	$lny = lna + blnx_1 + clnx_3$	3.448	36.930	1.443	0.610	0.741	1.174
	地上部分	$lny = lna + blnx_1 + clnx_3$	4.250	74.500	1.687	0.532	0.889	1.063
	整株	$lny = lna + blnx_1 + clnx_3$	4.646	110.337	1.626	0.546	0.892	1.060
长白茶藨	地下部分	$lny = lna + blnx_1$	3.602	37.119	1.252		0.974	1.012
	地上部分	$lny = lna + blnx_1$	4.163	65.255	2.646		0.970	1.015
	整株	$lny = lna + blnx_1$	4.819	131.322	0.941		0.818	1.060

（续）

物种	组分	方程形式①	lna	$a \ or \ a'$	b	c	R^2	CF②
东北茶藨	地下部分	$9lny = lna + blnx_3$	5.395	228.290	0.992		0.948	1.036
	地上部分	$lny = lna + blnx_1$	3.354	34.903	1.299		0.739	1.219
	整株	$lny = lna + blnx_1$	3.955	57.818	1.291		0.844	1.108
尖叶茶藨	地下部分	$lny = lna + blnx_1$	3.154	26.019	2.165		0.675	1.110
	地上部分	$y = a + bx_1 + bx_3$		-20.317	57.580	28.133	0.910	
	整株	$y = a + bx_1 + bx_3$		-26.114	82.213	26.654	0.921	
华北绣线菊	地下部分	$lny = lna + blnx_2$	-9.398	0.000	2.535		0.655	1.130
	地上部分	$lny = lna + blnx_1 + clnx_2$	-7.462	0.001	0.588	2.239	0.901	1.040
	整株	$lny = lna + blnx_1 + clnx_2$	-7.094	0.001	0.474	2.256	0.870	1.048
暖木条荚蒾	地下部分	$y = a + bx_1 + bx_2$		-54.802	26.672	0.383	0.979	
	地上部分	$lny = lna + blnx_2 + clnx_3$	3.525	34.014	0.491	0.229	0.967	1.002
	整株	$y = a + bx_1 + bx_2 + cx_3$		-174.209	1.566	189.279	0.967	

注：①式中 y 表示组分生物量（地上部分、地下部分和整株），x_1、x_2、x_3 均表示自变量，分别代表胸径、树高和冠幅；②表示校正因子，与上表表示的含义相同。

3）草本层

在 2011 年 8 月、2013 年 8 月和 2015 年 8 月挖取草本调查样方（400 个 1m×1m）的所有草本植物，分地上和地下部分带回实验室，洗净地下部分的泥土，放入烘箱在 85℃条件下烘至恒重，称取地上和地下部分生物量，得出调查样方草本生物量。根据样地总面积（10000m²）和调查样方面积（400m²）计算出样地草本植物总生物量（Wg）：

$$Wg = 25 \sum Wg_i \qquad (5-10)$$

其中，Wg 为样地灌木总生物量，Wg_i 为样地内第 i 株乔木植物个体生物量，25 即为调查样方面积转化为样地总面积的系数。

4）凋落物

样地建立时，在每个样地内随机设置 13 个凋落物承接盘（面积大小为：0.8m×0.8m）。自每年 8 月开始，每月收集 1 次，直到 11 月底，再到次年 5 月初收集 1 次记作 1 年的凋落物量 Wly。分别在 2011 年、2012 年、2013 年、2014 年和 2015 年进行了 5 年收集。使用 2011 年、2013 年和 2015 年的数据计算年凋落物生物量。同时在每个 1m×1m 的草本样方内，划定一个 0.5m×0.5m 的凋落物现存量（Wll）调查样方（共计 400个），收集样方内凋落物带回实验室，用以计算群落凋落物生物量的现存量。所有凋落物样品带回实验室放入烘箱，在 85℃下烘至恒重，计算整个样地年凋落物生物量 Wl 和凋落物现存量（Wlt）：

$$Wl = Wly \times 10000/13/0.64 \qquad (5-11)$$

$$Wlt = 100 \sum_{i=1}^{400} Wl_1{}_i \qquad (5-12)$$

其中，式(5-11)中：Wl 为样地年凋落物生物量，Wly 是每个承接盘 1 年收集到的凋落物总量，10000 为样地总面积，13 为每个样地承接盘数量，0.64 为承接盘面积；式(5-12)中：Wlt 为样地凋落物现存量，Wlli 是第 i 个样方凋落物现存生物量，100 为调查面积转化为样地总面积生物量的系数，400 为调查样方个数。

5）植被层总生物量

合计乔木、灌木、草本和凋落物现存量的生物量即为植被层总生物量(Wp)：

$$Wp = Wt + Ws + Wg + Wlt \tag{5-13}$$

其中，Wp 为群落植被层总生物量，Wt、Ws、Wg、Wlt 含义同上。

（2）各组分含碳率

植物碳储量的计算一般采用生物量与植物含碳率的乘积计算得出。由于实验条件的限制未对全部组分的含碳率进行测定，但在东北地区已有很多研究对各乔木树种和灌木等进行过含碳率的测定，可参考这些研究进行碳储量计算，对未查到的某些树种的含碳率采用 0.5 进行计算。

参考范春楠(范春楠，2014)对吉林省各组分含碳率得出的平均值进行各组分碳储量的计算。整理得出各研究组分的含碳率分别为：

表 5-15 东北林区常见物种各组分含碳率和灌木层、草本层和凋落物层的含碳率(%)

物种	叶	枝	干	根	平均值
白桦	47.09	47.73	48.36	47.06	47.56
山杨	45.95	47.69	48.84	49.78	48.07
胡桃楸	44.95	45.59	46.34	43.10	45.00
水曲柳	42.52	47.45	48.77	45.76	46.13
紫椴	47.69	48.83	49.37	49.71	48.9
蒙古栎	46.26	48.20	48.99	46.54	47.5
色木槭	43.96	44.90	46.37	45.99	45.31
春榆	40.75	42.30	42.60	40.45	41.52
怀槐	44.76	45.31	46.28	45.68	45.51
红松	51.27	54.07	52.92	53.31	52.90
灌木层	40.67	45.46		41.48	43.02
草本层地上部分		40.06			37.80
草本层地下部分		35.76			
凋落物层					33.16

5.3.1.2 研究结果和分析

（1）不同采伐强度下乔木层地上部分生物量及碳储量

表 5-16 不同采伐强度样地乔木地上生物量年际变化 单位：t/hm^2

样地编号	组分	2013 年生物量	2015 年生物量	生物量比例	生物量净增量	生物量年增量
1 号地	叶	5.425	5.493	2.64	0.068	0.034
	枝	65.116	67.335	31.98	2.218	1.109
	干	132.799	137.962	65.38	5.163	2.581
	地上	203.340	210.789	—	7.449	3.725
2 号地	叶	5.062	5.189	2.85	0.127	0.063
	枝	53.250	57.549	30.79	4.299	2.149
	干	116.343	122.390	66.36	6.047	3.023
	地上	174.655	185.128	—	10.472	5.236
3 号地	叶	4.899	5.218	3.23	0.319	0.160
	枝	42.860	48.243	29.04	5.383	2.692
	干	102.230	110.010	67.73	7.779	3.890
	地上	149.990	163.471	—	13.482	6.741
4 号地	叶	2.945	3.230	2.92	0.285	0.142
	枝	28.311	31.143	28.07	2.832	1.416
	干	71.681	74.405	69.02	2.724	1.362
	地上	102.937	108.778	—	5.841	2.920

利用异速生物量方程和 2013 年和 2015 年的群落调查数据计算得出了四块样地不同组分（包括叶、枝、干和地上部分）生物量。从表 5-16 可知，2015 年计算得出的各组分生物量均大于 2013 年各组分生物量。根据 2013 年的计算数据可知，各组分生物量均随采伐强度的增大而降低，其中叶生物量范围为：2.945~5.425t/hm^2，占总地上部分生物量的 2.64%~3.23%，是组成地上生物量的最小组分；枝生物量范围为：28.311~65.116t/hm^2，占地上总生物量的比例为 28.07%~31.98%；干生物量占地上生物量的比重最大，其比例范围为 65.38%~69.02%。

不同采伐样地地上生物量净增量和年生物量净增量表现为：在中度采伐强度下最大，分别为 13.482t/hm^2 和 6.741t/(hm^2·a)，轻度采伐次之分别为 10.472t/hm^2 和 5.236t/(hm^2·a)，这两种处理大于对照样地（分别为 7.449t/hm^2 和 3.725t/(hm^2·a)），强度采伐最小（分别为 5.841t/hm^2 和 2.920t/(hm^2·a)）且低于对照处理；从不同组分来看，采伐样地的叶和枝生物量的净增量和年净增量均高于对对照样地，均在中度采伐时达到最大，轻度采伐次之，强度采伐最小。

表5-17　不同采伐强度样地乔木层地上碳储量年际变化　　　单位：t·C/hm²

样地编号	组分	2013年碳储量	2015年碳储量	碳储量净增量	年碳储量年增量
1号地	叶	2.366	2.396	0.030	0.015
	枝	29.552	30.521	0.969	0.485
	干	61.922	64.025	2.103	1.051
	地上	93.840	96.941	3.102	1.551
2号地	叶	2.341	2.398	0.056	0.028
	枝	25.106	27.161	2.055	1.028
	干	55.608	58.521	2.914	1.457
	地上	83.055	88.080	5.025	2.513
3号地	叶	2.314	2.477	0.162	0.081
	枝	20.490	22.774	2.284	1.142
	干	49.277	52.891	3.614	1.807
	地上	72.080	78.141	6.061	3.031
4号地	叶	1.375	1.483	0.108	0.054
	枝	13.547	14.849	1.302	0.651
	干	34.501	35.632	1.131	0.566
	地上	49.423	51.845	2.421	1.211

　　根据各乔木树种生物量和各组分含碳率计算得出各组分碳储量，计算结果详见表5-17。从表5-17可知，各样地中不同组分的碳储量表现出与生物量相似的规律，即干所占地上碳储量的比例最高，枝次之，叶占比例最小。

　　不同样地间的地上碳储量随采伐强度的增大逐渐减少，对照样地地上碳储量在2013年和2015年调查时分别为93.840和96.941t·C/hm²，两年间的碳储量增量为3.102t·C/hm²，年碳储量增量为1.551t·C/(hm²·a)；轻度采伐在2013年和2015年碳储量分别为83.055和88.080t·C/hm²，两年的碳储量增量为5.025t·C/hm²，年净碳储量增量为2.513t·C/(hm²·a)；中度采伐在2013年和2015年碳储量分别为71.080和78.141t·C/hm²，两年间碳储量增量为6.061t·C/hm²，年碳储量增量为3.031t·C/(hm²·a)；强度采伐在2013年和2015年调查时分别为49.423和51.845t·C/hm²，两年间碳储量增量为2.421t·C/hm²，年净碳储量增量为1.211t·C/(hm²·a)。可以看出，中度采伐强度两年间的碳储量增量和年净碳储量增量最大，轻度采伐强度次之，这两种采伐处理碳储量增量和年碳储量增量大于对照样地，而强度采伐下最小。

　　为进一步了解不同采伐样地内各乔木树种2013年和2015年调查时生物量和碳储量状况，对样地内同种所有个体进行相加求得各树种地上生物量，并通过各树种含碳率计算得出各树种地上碳储量详见表 5-18 和表 5-19。

表 5-18　两次调查间不同采伐样地各乔木物种地上生物量　　　单位：t/hm²

树种	1 号地		2 号地		3 号地		4 号地	
	2013 年	2015 年	2013 年	2015 年	2013 年	2015 年	2013 年	2015 年
白桦	4.609	4.961	6.289	6.750	3.973	4.519	4.836	5.083
白牛槭	0.231	0.262	4.760	5.757	6.315	7.112	2.692	3.239
春榆	61.518	62.196	16.456	17.619	10.794	11.057	2.589	3.063
大青杨	6.059	6.366	0.024	0.033	0.135	0.529	0.102	0.118
红松	3.274	3.791	17.765	17.812	25.646	27.981	9.537	9.884
胡桃楸	21.105	22.014	8.759	8.970	6.150	7.546	0.652	0.197
怀槐	1.222	1.393	0.894	0.948	0.840	1.118	1.463	1.539
黄檗	6.995	7.188	2.378	2.588	3.218	3.980	1.838	1.949
蒙古栎	6.099	7.040	17.488	19.795	18.827	22.006	17.303	17.674
拧筋槭	3.726	4.321	7.708	7.953	8.677	10.042	8.345	8.603
色木槭	16.995	17.435	18.535	19.141	10.874	11.330	10.509	12.677
水曲柳	44.910	45.646	52.702	55.587	38.647	39.408	29.018	30.370
紫椴	25.585	26.777	19.826	21.081	14.880	15.283	12.397	12.667
其他	1.012	1.398	1.073	1.093	1.015	1.561	1.656	1.715
总计	203.340	210.789	174.655	185.128	149.990	163.471	102.937	108.778

从表 5-18 可知，四块样地内各树种在 2015 年调查时生物量均大于 2013 年时的生物量，不同样地间各树种生物量存在较大差异。1 号地中，2013 年和 2015 年调查时地上生物量最大的 5 个物种依次是春榆（61.518 和 62.196t/hm²）、水曲柳（44.910 和 45.646t/hm²）、紫椴（25.585 和 26.777t/hm²）、胡桃楸（21.105 和 22.014t/hm²）和色木槭（16.995 和 17.435t/hm²），这五个树种地上生物量占总地上生物量的比例为 83.66% 和 82.58%，其中生物量增加量最大的树种是紫椴，两年间增加量为 1.192t/hm²，增幅为 4.7%；2 号地中，2013 年和 2015 年调查时地上生物量最大的五个树种依次是水曲柳（52.702 和 55.587t/hm²）、紫椴（19.826 和 21.081t/hm²）、色木槭（18.535 和 19.141t/hm²）、红松（17.765 和 17.812t/hm²）和蒙古栎（17.488 和 19.795t/hm²），这五个树种地上生物量占所有树种地上生物量的 72.32% 和 72.07%，两年间生物量增加量最大的是蒙古栎增加量为 2.307t/hm²，增幅达到 13.2%；3 号地中，2013 年和 2015 年调查时地上生物量最大的五个树种依次是水曲柳（38.647 和 39.408t/hm²）、红松（25.646 和 27.981t/hm²）、蒙古栎（18.827 和 22.006t/hm²）、紫椴（14.880 和 15.283t/hm²）和色木槭（10.874 和 11.330t/hm²），这五个树种地上生物量占该样地所有树种地上总生物量的 72.59% 和 70.97%，该样地生物量增加量最大的物种是蒙古栎，增加量为 3.179 增幅为 16.9%；4 号地中，2013 年和 2015 年调查时地上生物量最大的五个树种依次是水曲柳

（29.018 和 30.370t/hm²）、蒙古栎（17.303 和 17.674t/hm²）、紫椴（12.397 和 12.667t/hm²）、色木槭（10.509 和 12.677t/hm²）和红松（9.537 和 9.884t/hm²），这五个树种地上生物量占样地所有树种总地上生物量的 76.52% 和 76.56%。

表 5-19　两次调查间不同采伐样地各乔木树种地上碳储量　　　　单位：t·C/hm²

树种	1 号地		2 号地		3 号地		4 号地	
	2013 年	2015 年	2013 年	2015 年	2013 年	2015 年	2013 年	2015 年
白桦	2.218	2.682	3.028	3.168	1.914	2.680	2.291	2.383
白牛槭	0.106	0.149	2.134	2.633	2.836	2.995	1.309	1.455
春榆	26.097	27.487	6.978	7.062	4.580	4.842	1.099	1.300
大青杨	2.934	3.187	0.012	0.016	0.066	0.257	0.050	0.055
红松	1.737	1.765	9.424	9.450	13.606	14.991	5.059	5.148
胡桃楸	9.720	10.125	4.032	4.144	2.832	3.255	0.300	0.391
怀槐	0.561	0.610	0.411	0.436	0.386	0.514	0.673	0.698
黄檗	3.228	3.410	1.082	1.086	1.465	1.585	0.837	0.887
蒙古栎	2.973	3.084	8.515	10.416	9.168	10.503	8.431	8.610
拧筋槭	1.707	1.766	3.454	3.526	3.891	4.160	3.753	3.869
色木槭	7.807	6.787	8.268	8.985	4.850	4.959	4.685	5.237
水曲柳	21.662	22.280	25.429	26.692	18.662	19.347	14.011	14.706
紫椴	12.585	12.953	9.752	9.921	7.318	7.473	6.098	6.248
其他	0.506	0.656	0.537	0.546	0.507	0.581	0.828	0.857
总计	93.840	96.941	83.055	88.080	72.080	78.141	49.423	51.845

　　不同采伐样地不同调查时间各树种碳储量见表 5-19。从表 5-19 可看出，不同样地间各树种的碳储量存在较大差异，所有树种 2015 年的碳储量均高于 2013 年。其中 1 号地、2 号地、3 号地和 4 号地中碳储量最大的物种分别为春榆（2013 年和 2015 年分别为26.097 和 27.487t/hm²）、水曲柳（2013 年和 2015 年分别为 25.429 和 26.692t/hm²）、水曲柳（2013 年和 2015 年分别为 18.662 和 19.347t/hm²）和水曲柳（2013 年和 2015 年分别为 14.011 和 14.706t/hm²）。

　　（2）不同采伐强度对灌木木、草本层生物量和碳储量的影响

表 5-20　不同采伐样地两次调查间灌木层和草本层地上生物量年际变化　单位：t/hm²

样地编号	组分	2013 年生物量	2015 年生物量	生物量净增量	生物量年增量
	灌木地上	6.834	6.935	0.101	0.051
1 号地	草本地上	1.116	1.335	0.219	0.110
	合计	7.95	8.27	0.32	0.161

（续）

样地编号	组分	2013 年生物量	2015 年生物量	生物量净增量	生物量年增量
2 号地	灌木地上	5.062	6.189	1.127	0.564
	草本地上	1.343	1.49	0.147	0.074
	合计	6.405	7.679	1.274	0.638
3 号地	灌木地上	7.899	10.218	2.319	1.156
	草本地上	2.23	3.41	1.18	0.590
	合计	10.129	13.628	3.499	1.746
4 号地	灌木地上	6.945	8.23	1.285	0.643
	草本地上	2.311	4.143	1.832	0.916
	合计	9.256	12.373	3.117	1.559

从表 5-20 可知，灌木和草本地上生物量 2015 年的调查值均大于 2013 年。与对照样地 2013 年灌木地上生物量相比，2 号地灌木地上生物量降低了 1.762，3 号地和 4 号地分别增加了 1.065 和 0.111，t/hm²，3 号地灌木地上生物量最大为 7.899t/hm²。草本层地上生物量随着采伐强度的增加逐渐增大，4 号地（强度采伐）有最大值 2013 年和 2015 年分别为 2.311 和 4.413t/hm²。

从灌木和草本层生物量净增量和年生物量净增量来看，灌木层在三号地中度采伐强度样地有最大的生物量增为 2.319t/hm²，年净生物量增加为 1.156t/（hm²·a），草本层地上生物量增加量最大的是在四号样地（强度采伐）增量值为 1.832t/hm²，年净增加量为 0.916t/（hm²·a）。

草本层生物量和碳储量随着采伐强度的增大逐渐增加，说明采伐后有利于林下草本植物的生长。从灌木层和草本层合计来看，中度采伐强度下两者合计最大，说明中度采伐能够加速灌木和草本植物对碳的固定（表 5-21）。

表 5-21　不同样地两次调查间灌木和草本地上碳储量及其增量　　　　单位：t/hm²

样地编号	组分	2013 年碳储量	2015 年碳储量	碳储量净增量	碳储量年增量
1 号地	灌木地上	2.930	2.973	0.043	0.022
	草本地上	0.447	0.535	0.088	0.044
	合计	3.377	3.508	0.131	0.066
2 号地	灌木地上	2.170	2.653	0.483	0.242
	草本地上	0.538	0.597	0.059	0.029
	合计	2.708	3.250	0.542	0.271
3 号地	灌木地上	3.386	4.380	0.994	0.497
	草本地上	0.893	1.366	0.473	0.236
	合计	4.280	5.747	1.467	0.733

（续）

样地编号	组分	2013 年碳储量	2015 年碳储量	碳储量净增量	碳储量年增量
	灌木地上	2.977	3.528	0.551	0.275
4 号地	草本地上	0.926	1.660	0.734	0.367
	合计	3.903	5.188	1.285	0.642

（3）对凋落物现存量及其碳储量变化的影响

根据 2013 年、2014 年和 2015 年三年的凋落物收集实验，计算得出了每年凋落物的生物量。从年凋落物的年收获量来看，对照样地均大于采伐样地，这是由于凋落物的来源主要是乔木层的枝和叶，采伐后样地内乔木植物数量减少直接导致凋落物生物量降低。

从凋落物现存量来看，2013 年凋落物现存量不同样地间差异不大，而 2014 年和 2015 年凋落物现存量随采伐强度的增大而降低，是因为 2013 年凋落物的现存量反应的是采伐前样地凋落物的状况凋落物量基本一致，采伐后不同采伐强度对凋落物的输入和分解产生影响导致不同样地间凋落物现存量产生差异。

从凋落物年损失量来看，中度采伐强度下凋落物的年损失量最大为 $[3.509t/(hm^2 \cdot a)]$，其次为对照样地 $[3.276t/(hm^2 \cdot a)]$，再次为轻度采伐 $[3.140t/(hm^2 \cdot a)]$，最小的为强度采伐样地 $[3.025t/(hm^2 \cdot a)]$（表 5-22、表 5-23）。

表 5-22　不同样地凋落物生物量变化情况　　　　单位：t/hm^2

样地编号	年凋落物量			凋落物现存量			年凋落物损失量 $t/(hm^2 \cdot a)$		
	2013	2014	2015	2013	2014	2015	2014	2015	平均
1 号地	3.078	3.688	3.938	6.322	6.643	6.536	2.757	3.795	3.276
2 号地	2.956	3.328	3.078	6.476	6.272	6.481	2.860	3.119	3.140
3 号地	2.781	3.547	3.125	6.327	5.859	5.637	3.249	3.769	3.509
4 号地	2.406	2.688	2.891	6.287	5.294	5.330	3.399	2.652	3.025

表 5-23　不同样地凋落物碳储量变化情况　　　　单位：$t \cdot C/hm^2$

样地编号	年凋落物碳量			凋落物现存碳储量			年凋落物损失碳量		
	2013	2014	2015	2013	2014	2015	2014	2015	平均
1 号地	1.021	1.223	1.306	2.096	2.203	2.167	0.914	1.258	1.086
2 号地	0.881	1.104	1.021	2.147	2.080	2.149	0.948	1.034	1.041
3 号地	0.922	1.176	1.036	2.098	1.943	1.869	1.077	1.250	1.164
4 号地	0.798	0.891	0.959	2.085	1.755	1.767	1.127	0.879	1.003

（4）森林地上植被层总碳储量

森林地上总碳储量包括乔木层碳储量、灌木层碳储量、草本层碳储量和凋落物层碳储量。由于在本实验区林下倒木数量较少，在该研究种未对其进行统计计算。

表 5-24　两次调查期间不同采伐样地各植被层碳储量及其分配

植被层	项目	2013 年				2015 年			
		1 号地	2 号地	3 号地	4 号地	1 号地	2 号地	3 号地	4 号地
乔木层	碳储量($t \cdot C/hm^2$)	93.840	83.055	72.080	49.423	96.941	88.08	78.141	51.845
	百分比(%)	90.633	90.043	87.173	82.906	90.612	90.051	87.285	83.134
灌木层	碳储量($t \cdot C/hm^2$)	2.930	2.170	3.386	2.977	2.973	2.653	4.38	3.528
	百分比(%)	2.830	2.353	4.095	4.994	2.779	2.712	4.893	5.657
草本层	碳储量($t \cdot C/hm^2$)	0.447	0.538	0.893	0.926	0.535	0.597	1.366	1.66
	百分比(%)	0.432	0.583	1.080	1.553	0.500	0.610	1.526	2.662
凋落物层	碳储量($t \cdot C/hm^2$)	6.322	6.476	6.327	6.287	6.536	6.481	5.637	5.33
	百分比(%)	6.106	7.021	7.652	10.546	6.109	6.626	6.297	8.547
总植被层	碳储量($t \cdot C/hm^2$)	103.539	92.239	82.686	59.613	106.985	97.811	89.524	62.363

通过对该研究区四块不同采伐样地的碳储量进行计算可知，2013 年采伐后 1 号地、2 号地、3 号地和 4 号地地上碳储量分别为 103.539、92.239、82.686 和 59.613t · C/hm²，在 2015 年调查时各样地地上碳储量均略有增加，增加量分别为 3.446、5.572、6.838 和 2.750t · C/hm²；且各植被层碳储量与 2013 年相比均表现为增加的趋势(表 5-24)。

从各植被层来看，组成地上碳储量的最主要来源是乔木层，所占百分比均超过80%；其次为凋落物层，所占百分比在 6%~10% 之间，灌木层占比大于草本层，但均不超过 5%，占比最小的草本层均不超过 2%。

随着采伐强度的增加，乔木层碳储量随之大幅度降低，导致总地上植被碳储量降低；随着采伐强度变化，灌木层碳储量表现为不一致的规律，在中度采伐强度时达到最大，轻度采伐时碳储量最低，强度采伐和对照大致相等；草本层的碳储量会随着采伐强度的增加而增大，但轻度采伐草本碳储量要低于照相对样地，中度和强度采伐高于对照样地。由于 2013 年的凋落物的现存量的碳储量是呈现 2013 年以前未采伐时的状况，所以 2013 年凋落物碳量在四块样地中大致相同。在 2015 年时凋落物现存碳储量表现出差异，表现出随采伐强度的增大，碳储量降低，且采伐样地均小于对照样地，这可能是由于采伐后加速了凋落物的分解速度或者是由于采伐后凋落物量减少造成的。

（5）不同采伐强度对地上碳平衡的影响

地上碳平衡 = 地上植被层年碳净增量 − 凋落物层年碳损失量

其中，地上植被层年碳净增量 = 乔木层年碳净增量 + 灌木层年碳净增量 + 草本层年碳净增量。

表 5-25　不同采伐样地碳平衡状况　　　　　　　单位：t·C/(hm² · a)

项目		1 号地	2 号地	3 号地	4 号地
年碳净增量	乔木层	1.551	2.513	3.031	1.211
	灌木层	0.022	0.242	0.497	0.275
	草本层	0.044	0.029	0.236	0.367
年碳损失量	凋落物层	1.086	1.041	1.164	1.003
年碳结余量		0.531	1.743	2.600	0.85

　　通过以上计算可以看出，四块样地的年碳结余量均为正值，说明四块样地地上碳平衡均表现为碳汇。采伐后的样地均高于对照样地，可以说明采伐可以增加地上部分植被的固碳能力。分析不同采伐强度对地上植被固碳能力大小程度可知，在中度采伐强度（34%）下，森林地上碳汇能力最大达到 2.600t·C/(hm² · a)，是对照样地的 4.9 倍；轻度采伐和强度采伐也都提高了（分别提高了 2.3 倍和 0.6 倍）地上植被的固碳能力，但相比而言，强度采伐对地上植被固碳能力的提高要低于轻度采伐和中度采伐，可能是因为强度采伐后，地上单位面积乔木数量变少，固定二氧化碳的能力降低。强度采伐相比于对照样地，地上部分固碳能力也有一定程度的提高，虽然乔木层固碳能力降低，但灌木和草本层在采伐后的固碳能力大幅度提高，从而提高了整体地上部分固碳潜力。

　　从本实验可知，中度采伐强度能够更好地促进植被层对大气二氧化碳的固定，具有最高的碳汇能力，所以在本研究为了更好的增加林地碳汇能力，建议采伐强度为 35%。如果样地不进行经营，其地上部分固碳能力是相对较低的仅有 0.531 t·C/(hm² · a)，所以在该研究区域有必要进行长期的森林经营措施，合理的采伐是很好的选择之一（表 5-25）。

5.3.2　森林经营对土壤呼吸影响

　　土壤碳储量相当于大气碳储量的 3.3 倍和植物碳储量的 4.5 倍（Schulze& Freibauer，2005），土壤碳库、大气碳库、生物碳库和海洋碳库为全球的四大碳库，其中土壤碳库是陆地生态系统的最大的碳库，是小于海洋碳库的全球第二大的碳库。人们日常行为主要干扰的碳库为土壤碳库和生物碳库，而它们又会对大气的碳库造成间接的影响，在整个陆系统中与大气的碳循环中，土壤碳库是作为整个陆地系统中最主要的碳源，每年向大气释放的估计量大致等于陆地的净初级生产力及植物的凋落物量之和（Raich& Schlesinger，1992；Matthews，1997），其碳输入和输出之间的平衡关系可由土壤碳的变化反映（Davidson&Janssens，2006；Busse et al，2009）。土壤碳库主要的通量途径即为土壤呼吸，土壤呼吸是大气中 CO_2 的重要来源（Raich& Schlesinger，1992），土壤呼吸可定义为没有被干扰的土壤中所释放出的 CO_2 的所有代谢过程。土壤呼吸的组成成分为土壤中的微生物呼吸、动物呼吸和根系呼吸这三种生物学的过程和土壤中的矿物质物理化学作用释放呼吸这一非生物学的过程所组成的（栾军伟等，2006），其中土壤中含碳矿物质的化学氧化作用的土壤呼吸量占土壤总呼吸的量百分比很小从而可以忽略，土壤动物的呼吸也很小，有研究者估计，在中、高产的生态系统中（农田），土壤动物呼吸和非生物学呼吸所产生的 CO_2 只占土壤呼吸总量的 50%（崔玉亭，卢进登等，1997）。因为土壤碳库十分的巨大，土壤呼吸的细微的变化都将会对温室气体 CO_2 的释放总值产生影响巨大。当土壤没有遇到较大的沉积和大淋溶的境况时，可以通过测量土壤表面 CO_2 的通量而测定土壤呼吸速率值，土壤表面的 CO_2 的通量及为土壤呼吸速率（Raich& Schlesinger，1992，Burton& Pregitzer，2003），为土壤碳库在土壤微生物作用下的有机质分解和为植物根系呼吸提供着碳源，所以在全球碳平衡中，土壤碳库有着极其重要地位。

与其他的植被类型相比，森林植被分布地区最为广泛、生产力最高、生物量总量也最大，森林面积是地球陆地面积的 40%，是陆地的主体也是生物圈的最重要的成分。森林碳库占全球总碳库的 40%~50%，其中森林土壤碳库占土壤总碳库的 70%~75%，所以森林碳库在碳循环中有着极其重要的地位。森林转变成农田及其他种类的土地转变所排放的 CO_2 总量与在最近的 100 多年来所有的化石燃料燃烧所排放出的 CO_2 总数接近，这也是陆地碳源增加的重要原因（栾军伟等，2006；崔玉亭，卢进登等，1997）。森林经营措施会导致森林的结构类型发生改变，而间接地导致土壤呼吸速率发生变化。采伐会导致森林中林分密度的降低，这会导致总叶面积是减小（王西洋等，2012）。同时采伐会导致森林中土壤中土壤温度和土壤湿度的改变。采伐还会减少土壤中的植物根系数量并且显著影响土壤中微生物群落，这些因素都会导致土壤呼吸速率受到采伐作业的影响。近年来大量学者对关于土壤呼吸对森林采伐的响应进行了众多实验，但结果差异较大。Cheng X Q 等在油松人工林的研究中表明，采伐导致土壤呼吸短时期小幅度增大（Cheng et al，2014）；鲁洋等在对夏季柳杉人工林土壤呼吸速率对不同采伐强度的响应的研究中发现，轻度采伐对土壤呼吸速率无显著的影响，而高强度的采伐会导致土壤呼吸速率变大（鲁洋等，2009）；Ponder 的森林皆伐研究指出，在采伐后 2~4 年内对照样地土壤呼吸速度要明显高于皆伐林地的土壤呼吸速度（Ponder，2005）；而 Closa I 等实验却发现皆伐后土壤呼吸没有显著的变化（Closa& Goicoechea，2010）。

阔叶红松林作为东北地区的地带性森林结构类型，通过研究其土壤呼吸速率对采伐后的响应及其异质性，可以对采伐后土壤呼吸的精准估算从而实现低碳作业有着重要的价值（沈微，王立海，2005）。本试验对采伐后蛟河地区的阔叶红松过伐林土壤呼吸及温度湿度进行观测，以及温度和湿度对阔叶红松过伐林土壤呼吸的影响及变化规律，分析影响采伐后阔叶红松过伐林土壤呼吸速率大小的环境因子，讨论不同采伐强度对林地土壤呼吸速率年际变化的影响，旨在揭示采伐作业后影响土壤呼吸的主要环境因素和其对土壤呼吸速率改变的作用机理，为在不同的条件情况下制定合理的作业方法及采伐强度大小提供依据及理论支撑。

5.3.2.1　土壤呼吸的影响因素

土壤呼吸速率的影响因子有多种，其中包括土壤温度、土壤湿度（Melling et al，1998），土壤养分、根系密度和光合作用（Nadelhoffer et al，2004），大气降水、土壤理化性质如有机质含量、pH 值、C/N 比（Raich& Schlesinger，1992）、孔隙度、紧实度、透气性等、土壤微生物生物量（Edwards& Norby，1998）、土壤类型、植被类型、人为因素如施肥、灌溉、排水、土地利用变化等（Rochette et al，1991）。虽然土壤呼吸速率的影响因素较多，但森林土壤呼吸速率的影响因子可分为生物因子和非生物因子两个方面，其中非生物因素包括土壤温度、土壤湿度及土壤有机质等。其中主要影响因子是土壤的温度及水分条件，生物因素主要包括植被类型和认为干扰等因素。

5.3.2.1.1　土壤温度

　　由于太阳辐射的作用，温度作为影响生态系统的碳循环最为活跃的因素（Melling et al，1998）。其中土壤温度会改变土壤中微生物的活力及根系的生长速度，而间接地改变土壤呼吸（Fang& Moncrieff，1998）。土壤温度对土壤呼吸变化的影响一直是土壤呼吸研究中的重要内容（Janssens& Pilegaard，2003），大量的研究发现，土壤温度和土壤呼吸速度之间有着极其显著的正相关关系，并且土壤呼吸速度变化趋势和土壤温度紧密相关。森林采伐活动导致林地土壤温度发生显著的变化（谷加存等，2006；姜金波，姚国清，2012；安玉泽等，2006；Argyro& Maurizio，2005），林地采伐后，相较于对照比较，采伐后林地土壤温度高于对照样地，并且随着采伐强度的增加，林地土壤温度的增加幅度亦增加，这种温度的增加随着土壤深度的加深而减少，随着采伐后年份的增加亦呈现减少趋势。通常情况下，采伐后土壤温度的增加幅度都不大，在 0.1～4.8℃ 之间。林地采伐后土壤温度的增加是由于采伐改善了林地的光照条件，使得林地土壤的温度发生了程度不一的提高。

5.3.2.1.2　土壤湿度

　　土壤中水分也是影响土壤呼吸速度季节变化的另一个主要因子，而且相对于土壤温度而言，土壤水分对土壤呼吸速度的影响机理更为复杂。水作为生命与生物的化学及新陈代谢等循环中最关键过程的决定因子之一，土壤湿度主要是通过改变根系的生长、根系呼吸、土壤中微生物活性及土壤的代谢活力、土壤中微生物的种群组成进而间接改变土壤呼吸速率的。在土壤湿度低的情况下导致的表层土壤相对较干的情况下，土壤的更新代谢状况会伴随着土壤中含水量的增大而增强，土壤呼吸的速度也随土壤湿度的增大而提高；当土壤中水分在到达了土壤水分饱和时的 40%～70% 的情况下，土壤中更新代谢活力会达到最大程度，而这时土壤呼吸速度也会达到最大；当随着土壤中水分的继续增加，到达了土壤水分饱和时，会因氧气缺乏从而阻滞土壤呼吸速率。在干旱地区和半干旱的地区，土壤中水分因子会变成胁迫因子进而有可能会代替土壤温度变成影响土壤呼吸速率的首要因子（Wang et al，2003）。但当土壤水分过高或发生涝灾时，由于土壤水分过高（大于田间最大持水量的 66.3%）导致的土壤孔隙度的减小，使得异氧呼吸中土壤中 O_2 的吸入及 CO_2 的释放都会遭到限制，从而导致土壤呼吸速率的锐减（张冬秋，石培礼等，2005）。森林采伐活动对土壤湿度影响变化复杂，有研究发现土壤湿度增加，而有些又发现土壤湿度减少，没有一致性的结论（谷加存等，2006；Argyro& Maurizio，2005；满秀玲等，1997）。这主要是因为土壤水分不仅和森林采伐相关，又和森林地表植被条件及下草木的生长情况等条件有关。

5.3.2.1.3　土壤温度和土壤湿度对土壤呼吸的共同作用

土壤温度与土壤湿度之间是共同作用而影响土壤呼吸速率的。因为土壤中根系呼吸及微生物呼吸全都依靠土壤温度及土壤中的水分而进行的生物活动，在适合的土壤温度和土壤湿度值内，土壤呼吸速率会伴随着土壤温度及土壤湿度的增大而升高趋势，而在极端的温湿度情况下土壤呼吸速度会受到抑制。在极端的温湿度情况下，土壤呼吸速度会遭受抑制，即土壤温度很高时土壤呼吸对土壤湿度的响应更强，而在土壤湿度很高时土壤呼吸对土壤温度的响应更强（Howard&Howard，1993）。土壤呼吸速度的野外测定时很多自然因子共同影响的结果，其中主要是土壤温度及土壤湿度共同影响的结果（Mielnick& Dugas，2000；Xu& Qi，2001）。当使用土壤呼吸速率与土壤温度之间的相关关系模型及土壤呼吸速率与土壤湿度之间的相关关系模型都没有考虑另外一个因素的作用。用土壤温度及土壤湿度共同拟合方程提高其模型的预测准确性（金冠一等，2012；刘保新等，2012；沈微，王立海，2005；汪金松等，2012；Edwards& Ross，1983；Lytle& Cronan，1998；杨玉盛等，2005），在其他很多研究中都得到了相同的结果，所以在不同区域、不同植被类型和不用土壤质地条件下建立土壤温度和土壤湿度与土壤呼吸的共同作用方程很有必要。

5.3.2.2　采伐方式对土壤呼吸的影响

根据采伐方式的不同，采伐作业对森林的土壤呼吸速率的影响结果不一致。采伐作业改变了林地的地表状况如林地的叶面积、林地土壤温度、林地土壤水分及枯落物等情况，这些都导致了土壤的物理性质和化学性质受到影响，间接的改变了土壤呼吸（罗辑等，2000；杨玉盛等，2005）。并且森林采伐会改变森林植被组成和土壤根系、土壤微生物及土壤理化性质等因素，从而影响土壤呼吸（McCarthy& Brown，2006；Kim，2008）。采伐方式、森林类型、迹地上植被恢复进程的不同对土壤呼吸影响有较大差异（Vesterdal et al，2012；Chen et al，2013；Wang et al，2016）。

皆伐与择伐作业对土壤呼吸速率的影响都存在的不确定性。这可能与不同样地中林相及地形因素的不同而显示出的差异。皆伐会使土壤物理性质及化学性质都发生极大的变化，这对土壤呼吸速率造成显著影响。罗辑等在四川贡嘎山的峨眉冷杉林皆伐迹地进行了研究（罗辑等，2000），结果发现，峨眉冷杉林皆伐迹地土壤呼吸速率要显著强于峨眉冷杉林的土壤呼吸速率，这是因为林地皆伐后，先锋树种及草本植物的侵入使皆伐迹地内的固碳能力显著增强，同时，犹豫皆伐后林地地表裸露，阳光的直射使得皆伐迹地的土壤温度增强促进了土壤中有机质的分解速度同时土壤中根系呼吸速度的增强也对土壤呼吸速率的增强产生影响（Gordon et al，1986）。有研究者对位于加拿大不列颠哥伦比亚的中部地区的白云杉和黑松林进行了研究，其结果显示皆伐后的五年内该林地为碳汇，但由于期间土壤呼吸速率的大幅度增加，该林地在皆伐后的第六年已变成碳源（Thomas et al，2002）。而在同一地区的阔叶林皆伐中却发现该地区土壤呼吸速率在九、十月没有显著的减少。这是因为在生态系统中，皆伐显著地影响了其碳储量及碳流动，而枯枝落叶层的碳储量的显著持续下降在阔叶林中比针叶林的表现更加的明显。同在加拿大的安大略湖东边未成熟山杨林的研究中发现皆伐后第一年及第二年的土壤呼吸速率要比对照样地低，直到第三年才逐步恢复到了皆伐前的水平（Lucero et al，2006）。这是由于在皆伐后增加了容易被微生物所利用的土壤碳，从而增加了土壤呼吸。王旭等在长白山红松阔叶混交林皆伐 13 年后的迹地进行了实验（王旭等，2007），结果表明，在生长季节红松阔叶混交林皆伐样地的土壤呼吸速度是对照样地土壤呼吸速度的 75%，这是因为林地内土壤呼吸速率主要组成为土壤中根系的自养呼吸及土壤中微生物的异样呼吸，林分皆伐后，植物根系的减少及人为活动导致的土壤结构的破坏，土壤碳输入的降低都会导致土壤呼吸速率的下降（Edwards& Ross，1983；Lytle& Cronan，1998；杨玉盛等，2005），在皆伐后一年内，短时期由于土壤温度的显著升高，采伐剩余物及土壤有机质的加深分解会导致土壤呼吸速率会短时期增加，但随着时间的推移，土壤中根系的死亡及土壤碳源减少导致的有机质含量减少会导致皆伐后土壤呼吸速率的减少（Weber，1990，Ponder，2005）。

目前国内外的研究对择伐是否对土壤呼吸速率造成影响存在着争议。Laurent Misson 在美国加州的内华达山脉中的次生美国黄松幼龄林采伐一年后进行了研究，研究表明间伐对土壤呼吸的影响并不显著。Thierron 的研究结果却发现，与未间伐相比，间伐样地使土壤呼吸速率降低了 13%，这可能是根系呼吸的减少、土壤有机质含量的增加及土壤温度和土壤水分的细微变化的综合作用所导致的（Thierron& Laudelout，1996）。Van 的研究中发现，采伐对土壤呼吸的影响是显著的，在刚采伐后微生物活性的增强及土壤中根系碳的排放增加，导致采伐后的四年里土壤呼吸速率随着根系的减少而降低，这种状况通常要在采伐后大约八年后根系逐渐生长到采伐前水平（Van& Kuikman，1990）。而也有研究显示采伐后土壤呼吸速率更多的是受到异样呼吸的影响而不是自养呼吸，这也是因为采伐降低了土壤中根系的生物量，造成了土壤养分的积累，而为微生物的生长提供了条件，因此认为采伐后土壤呼吸速率是增加的（Ponder，2005），直到采伐后的第三年才逐步的恢复到采伐前的水平，林冠层以上的集中采伐比林冠以下的小强度采伐对土壤呼吸速率的影响更大（Fonte& Schowalter，2004）。M. F Laporte 等人在加拿大糖槭硬木成熟林择伐一年后土壤呼吸速率月变化进行了研究（Laporte et al，2003），结果表明，5 月、6 月择伐后林地土壤呼吸速率与对照相比无显著差异，8 月择伐后林地土壤呼吸速率比对照样地土壤呼吸速率要高，而 7 月、9 月、10 月择伐后林地土壤呼吸速度比对照样地土壤呼吸速度要低。这是因为采伐作业造成的土壤压实导致土壤中气体交换的阻碍，而 8 月份土壤呼吸速率的增加是由于温度增加导致的（Lenhard，1986；Ballard，2000；Rochette et al，1991；Thierron& Laudelout，1996）。Amy Concilio 等人在美国加利福尼亚冷杉林及白栎硬木林择伐六年后土壤呼吸速率进行了研究（Amy et al，2005），结果表明，冷杉林择伐后与对照样地相比，土壤呼吸速率增加了 43%，白栎硬木林择伐后与对照样地相比，土壤呼吸速率增加了 14%。择伐导致土壤呼吸速率的原因很多，大体上是因为土壤微环境的变化导致，如择伐导致的斑块隔离减少了蒸腾作用（Gordon et al，1987）；根系死亡分解、地上采伐剩余物的增加（Rustad et al，2000；Fonte& Schowalter，2004）；植物根系淀粉沉积作用导致呼吸速率的增强；采伐后植物根系竞争减少导致微环境内地下植物根系活性增强等原因（Sohlenius，1982）。

5.3.2.3　科学问题

国内外学者对森林采伐对土壤呼吸的影响进行了大量的实验，但是由于影响森林土壤呼吸速度的因子太多及不同研究的森林类型不同，所以森林采伐对土壤呼吸速率的影响的研究结果有很大差异。目前的实验中关于皆伐对土壤呼吸速率影响的实验较多，对采伐对土壤呼吸速率影响的实验较少。这主要是因为皆伐后林地环境一致性强而所观察到的结论也较为一致。而采伐后林地的微环境随着如采伐强度等众多影响土壤呼吸速率元素的改变，难以进行全面观测与研究。森林采伐导致林分的土壤呼吸速率发生变化，从而会导致森林资源的恢复和碳循环受到影响，所以，对森林采伐对林地土壤呼吸速率的影响进行系统而清晰的机理性研究很有必要。本实验对采伐后蛟河地区的阔叶红松过伐林土壤呼吸及温度湿度进行观测，以及温度、湿度、去除、添加凋落物和挖壕法切根实验对针阔混交林土壤呼吸的影响及变化规律，分析影响采伐后针阔混交林土壤碳释放模式和强度的环境因素，讨论不同采伐强度对林地土壤呼吸速率年际变化的影响，旨在揭示采伐作业后土壤呼吸速率的响应程度主要环境因素对土壤呼吸速率变化的影响机理，为制定在不同情况下合理的森林采伐方式和合理的采伐强度提供数据支撑及科学依据。基于这一目的，本文尝试回答下面两个科学问题：①不同采伐强度处理样地的土壤呼吸速率之间是否显著差异？②造成影响采伐后土壤呼吸速率变化的因素中土壤温度、土壤湿度、根系及凋落物的影响机理是什么？

5.3.2.4　研究方法

5.3.2.4.1　土壤呼吸及土壤温、湿度的测定

2013 年 4 月上旬在每个样地内布置 18 个内径为 20cm，高为 10cm 的 PVC 环，位置布设在 $1hm^2$ 正方形样地内，左上角区域、中心区域和右下角区域各设置 6 个 PVC 环，土壤环之间间距大于 1m，在布设土壤环 24 小时后开始测量，测量时候减掉生长的植物，保留枯枝落叶，并保持土壤环在观测过程中位置不变。自 2013 ~ 2015 年每年的 5 ~ 10 月，每个月初，月中(晴朗天气)测量一次土壤呼吸，月土壤呼吸速率取两次测定值的平均，使用 LI - 8100 土壤 CO_2 通量全自动测量系统，测量时间为一天的 8：00 ~ 18：00。测量时间设定为 2min，每次测量重复 3 次。同时，用 LI - 8100 配套的土壤温度、湿度传感器同步测量土壤 5cm 深处的温湿度。Q_{10} 值通过下式计算：$Q_{10} = e^{10b}$，b 为温度敏感系数，为土壤呼吸速率与土壤温度指数关系方程 $Rs = ae^{bT}$ 中的 b 值。并用线性 $Rs = a(T \times W) + b$；$Rs = a + bT + cW$ 和非线性 $Rs = aT^b W^c$；$Rs = ae^{bT} W^c$ 方程模型拟合土壤呼吸速率 Rs 与土壤温度 T 和土壤湿度 W 的双变量关系模型。

5.3.2.4.2　数据分析

所有的统计分析均在 SPSS22.0 中完成，用 Repeat measured ANOVA 进行方差分析和多重比较检验土壤呼吸季节变化、温度和湿度的显著性。用 SigmaPlot 10.0 软件做图。用线性或非线性方程建立土壤呼吸 Rs 与土壤温度 T 和土壤湿度 W 之间的单因素关系模型。

5.3.2.5　结果与分析

5.3.2.5.1　采伐后林地土壤呼吸季节动态

阔叶红松过伐林各采伐强度样地不同年份的土壤呼吸均呈明显的季节动态(图 5-12)。2013、2014 年各样地的土壤呼吸速率最大值均出现在 7 月份，2015 年各样地的土壤呼吸速率最大值均出现在 8 月份。除 2013、2015 年中等采伐强度样地的土壤呼吸速率最小值出现在 5 月份外，三年中其他各样地的土壤呼吸速率最小值均出现在 10 月份。

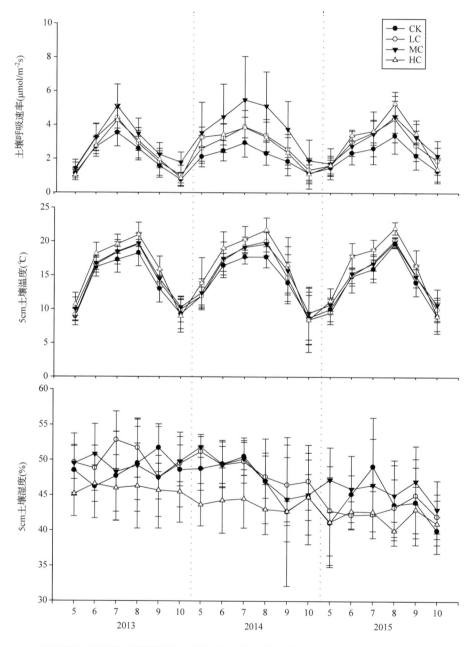

图 5-12　各样地土壤呼吸及土壤温湿度的变化趋势平均值 ± 标准差，n = 108

通过 3 个生长季 3 种采伐强度样地与对照样地土壤呼吸的比较,可以发现,不同采伐强度处理均显著提高了土壤呼吸速率($P < 0.05$)。在研究的第 1 年与第 2 年,轻度采伐处理与重度采伐处理的土壤呼吸速率之间差异不显著($P > 0.05$),而中度采伐处理的土壤呼吸速率显著高于轻度采伐处理和重度采伐处理土壤呼吸速率($P < 0.05$)。在研究的第 3 年各采伐强度处理的土壤呼吸速率之间差异均不显著($P > 0.05$)。

5.3.2.5.2　5cm 土层的土壤温度及土壤湿度变化

2013～2015 年各样地土壤温度均在 8 月份出现最大值,10 月份出现最小值,具有明显的季节变化。对照,低采伐强度,中等采伐强度样地土壤温度之间差异不显著($P > 0.05$),而显著低于高采伐强度样地土壤温度($P < 0.05$)。而不同年份、不同采伐强度样地土壤湿度变化不一致,无明显的季节变化,随降雨量而变化。对照,低采伐强度,中等采伐强度土壤湿度之间差异不显著($P > 0.05$),高采伐强度土壤湿度低于对照、低采伐强度与中等采伐强度处理土壤湿度($P < 0.05$)。

5.3.2.5.3　土壤呼吸与 5cm 土层的土壤温度相关关系

不同采伐强度土壤呼吸速率基本与土壤温度的变化趋势相同,土壤呼吸速率与 5cm 处土壤温度之间均呈显著指数相关($P < 0.001$,表 5-26)。土壤温度能够解释土壤呼吸变异的 43%～73%。中等采伐强度处理的模型决定系数 R^2 最低,表明土壤温度不是导致中等采伐强度处理土壤呼吸值最大的主要因素。各采伐强度处理的 Q_{10} 值表现为中度采伐 > 重度采伐 > 轻度采伐 = 对照(表 5-26)。

表 5-26　土壤呼吸速率与 5 cm 土壤温度的指数关系模型($Rs = ae^{bT}$)

采伐强度	参数				
	$a \pm SE$	$b \pm SE$	R^2	P	Q_{10}
对照 CK	0.55*** ± 0.04	0.091*** ± 0.005	0.58	$p < 0.001$	2.39
轻度采伐 LC	0.63*** ± 0.04	0.091*** ± 0.004	0.65	$p < 0.001$	2.39
中度采伐 MC	0.84*** ± 0.09	0.088*** ± 0.006	0.43	$p < 0.001$	2.46
重度采伐 HC	0.58*** ± 0.04	0.089*** ± 0.004	0.73	$p < 0.001$	2.44

5.3.2.5.4　土壤呼吸与土壤温度、土壤湿度的复合关系方程

利用线性和非线性的双变量复合模型对各采伐强度下土壤呼吸速率与土壤温度和湿度的复合关系进行分析。从表 5-27 可知,4 种复合模型中,2 种线性的复合模型的拟合效果均不如单因子模型,除重度采伐外,2 种非线性的复合模型的拟合效果均好于单因子模型。土壤温度和土壤湿度共同解释土壤呼吸季节变化的 45%～74%,表明复合模型在一定程度上对土壤呼吸的预测准确性更高。与对照相比,采伐降低了复合模型决定系数 R^2。

表 5-27 土壤呼吸速率(Rs)与 5cm 深度土壤温度(T)及土壤湿度(W)的复合关系模型

采伐强度	线性关系		非线性关系	
	$Rs = a(T \times W) + b$	$Rs = a + bT + cW$	$Rs = aT^b W^c$	$RS = ae^{bT} W^c$
对照 CK	$Rs = 0.253(T \times W) + 0.59$	$Rs = 0.955 + 0.18T_s 2.70W$		$Rs = 0.317e^{0.107}$
	$R^2 = 0.36***$	$R^2 = 0.57***$	$R^2 = 0.74***$	$R^2 = 0.69***$
轻度采伐 LC	$Rs = 0.385(T \times W)$	$Rs = 10.397 + 0.217$		$Rs = 0.701e^{0.097}$
	$R^2 = 0.53***$	$R^2 = 0.60***$	$R^2 = 0.68***$	$R^2 = 0.68***$
中度采伐 MC	$Rs = 0.505(T \times W)$	$Rs = 0.574 + 0.31$		$Rs = 0.471e^{0.107}$
	$R^2 = 0.29***$	$R^2 = 0.35***$	$R^2 = 0.45***$	$R^2 = 0.46***$
重度采伐 HC	$Rs = 0.354(T \times W)$			$Rs = 0.923e^{0.087}$
	$R^2 = 0.53***$	$R^2 = 0.54***$	$R^2 = 0.69***$	$R^2 = 0.63***$

5.3.2.6 结论和讨论

森林采伐会改变森林植被组成和土壤根系、土壤微生物及土壤理化性质等因素，从而影响土壤呼吸(McCarthy& Brown，2006；Kim，2008)。采伐方式、森林类型、迹地上植被恢复进程的不同对土壤呼吸影响有较大差异(Vesterdal et al，2012；Chen et al，2013；Wang et al，2016)。皆伐对土壤呼吸的影响的研究结果有较大差异，有皆伐后土壤呼吸速率增加也有土壤呼吸速率减少或无显著差异的结果。而采伐会导致土壤呼吸速率增加(Weber，1990)，这与本研究的研究结果一致。这主要是因为采伐改善了阔叶红松过伐林生长环境，促进光合作用以及根系呼吸作用，采伐后留下的凋落物和易于分解的死根也增加了土壤呼吸(杨玉盛等，2004)，进而导致本研究中轻度采伐、中度采伐和重度采伐样地的土壤呼吸速率显著高于对照样地(P < 0.01)。采伐没有改变样地阔叶红松混交林的森林类型，重度采伐导致采伐样地内出现较大林窗，次年便被草本(水金凤)占据，地表未呈现裸露状态。采伐后中度采伐处理的土壤呼吸速率显著高于轻度采伐处理和重度采伐处理土壤呼吸速率，不同采伐强度样地土壤呼吸速率值均大于对照样地。可能因为采伐强度较小时，土壤扰动较小，采伐剩余物的输入量随采伐强度的增加而增加，使土壤有机质含量增加(沈微，王立海，2005)；同时采伐增加地表所受光照强度，使地表温度升高，微生物活性增强，使土壤呼吸速率随采伐强度的提高而提高(郭辉等，2010)；而高采伐强度时，土壤扰动较大，导致水土流失而使有机质有效保留量减少，同时土壤呼吸中活根呼吸这一份量也随采伐强度的提高而减少(Vesterdal et al，2012)，所以高采伐强度下土壤呼吸速率的减少是导致土壤呼吸增加因素与降低因素综合作用的结果。所以导致中等采伐强度下，土壤呼吸速率最大。

采伐导致土壤温度和土壤湿度发生变化。采伐改变了林分冠层结构，增加地表所受光照，使地表温度升高。在本研究中，高采伐强度样地土壤温度显著高于其他样地，而对照，轻度采伐，中度采伐样地土壤温度之间差异不显著，表明中、轻度采伐对林分透光度等因素无显著影响。不同样地土壤温度是土壤呼吸的关键因子，土壤呼吸与土壤温度呈现显著的指数关系，这与北美黄松（*Pinus ponderosa*）人工林（Tang，2005）、日本柳杉（*Cryptomeria japonica*）林（Ohashi，2000）、白云杉（*Abies concolor*）林（Gordon，1987）、小兴安岭针阔混交林（沈微，王立海，2005）、太岳山油松人工林（刘可等，2013）等的研究结果一致，其机理是土壤温度影响植物根呼吸酶活性和土壤微生物活性从而影响土壤呼吸。本研究中高采伐样地土壤湿度显著低于其他样地，而对照，轻度采伐和中度采伐土壤湿度之间差异不显著，是因为高强度采伐使土壤持水能力降低，而该地区土壤水分含量较高，高采伐强度下温度增高，蒸发量高而导致的。采伐样地土壤呼吸对温度敏感系数高于对照样地，这与孟春在小兴安岭针阔混交林研究结果一致，是因为采伐后林地光照条件的改善为矿质土壤层微生物活动提供了有利条件，使矿质土壤层呼吸速率对土壤温度具有高的敏感性，并且这种敏感性逐年增加（孟春等，2011）。不同研究中土壤湿度对土壤呼吸的影响不一致（王小国等，2007），本研究中土壤呼吸与土壤湿度之间相关关系不显著（$P > 0.05$），这主要是因为土壤湿度只有在最高和最低的情况下才会抑制土壤呼吸，而本地区降雨量充足，土壤比较湿润，适合土壤微生物的活动及土壤根系的生长，所以土壤湿度不是土壤呼吸的抑制因子。土壤温度和土壤湿度对土壤呼吸的交互作用是同时进行的，本研究中线性关系的 2 种土壤温度和土壤湿度的复合模型拟合效果不如单因素关系模型，在而非线性的 2 种复合模型中，对照、轻度采伐和中度采伐的决定系数 R^2 比单一的环境因子的模型要有一定程度的提高，这与温度对土壤呼吸的作用受水分条件的限制有关（Wu et al，2016；Zhang et al，2016），而重度采伐样地中土壤呼吸速率的增高主要是土壤温度因素引起的。

采伐使林地土壤呼吸速率增加，采伐迹地的清理方式不同会影响研究结果，火烧处理增幅大于堆腐处理（Concilio et al，2005），本研究为堆腐处理。中度采伐土壤呼吸速率年平均值在第二年出现了激增现象，而该年中等强度土壤呼吸速率的标准差极高，这可能与该样地中靠近堆腐的样点土壤呼吸产生了激发效应（Wang et al，2013），从而拉高整体土壤呼吸值，而两年后这种效果逐渐消失，这有待于在今后的研究中探讨。在实践生产中，为减小采伐后林地土壤 CO_2 的呼吸量，应采用低强度或高强度采伐，本研究样地为近成熟阔叶红松过伐林，从森林资源永续利用的角度考虑，应采用低强度采伐。

5.4　可持续经营技术模式

森林可持续经营技术是以森林的可持续性为基础，通过合理的控制森林的组成、结构和生长，最大化地实现森林的生态、经济、社会和文化价值与效益。作为我国东北地区典型地带性植被，阔叶红松林因其独特的建群种、丰富的生物多样性、雄伟壮丽的群落外貌以及巨大产量的林产品，而具有非常高的生态、经济和美学价值。然而，由于近年来对森林资源的不合理采伐，使得原始阔叶红松林遭到严重破坏，大面积的原始森林已逐渐被次生林所替代。不合理的采伐造成的生态危机使得人们越来越意识到可持续性的森林经营技术模式对维持森林生态系统功能和生态效益的重要性。本节从野生生物栖息地、森林美学、森林采伐和森林更新的角度总结了可持续经营技术叶红松林的保护和合理经营提供理论依据。

5.4.1　野生生物栖息地

每一个物种与森林生态系统功能的栖息地和生态位相结合，包含了许多大的生态系统过程。生态系统中的生命体损失或者生命体群的损失能够对森林的健康以及较大的生态过程产生巨大的影响。因此，当干扰发生时，为了维持生态系统的弹性，保护特定生态系统中的各个组成部分就成为最大的挑战。

通过森林采伐以及用材林改善过程中所留下的保留木以及枯立木为野生生物提供所需要的避难所，树洞既是觅食场所也是栖息地。枯立木以及保留木可以为不同的物种提供相同的生态位和微环境，其分布形式以及密度会影响到野生动物从环境中的受益状况。因此，采伐迹地中的枯立木和站杆可以零星地保留下来，也可以呈聚集分布。保留木同样也可以影响采伐之后的更新。尤其是在团状分布的时候。保留木和枯立木倒下或者腐烂之后也会改善土壤条件，同样也有益于利用粗木质残体的野生生物。

在森林经营的过程中，保留或者产生粗木质残体和废材，可以为各种各样的有机群提供隐蔽、食物或者生长场所。木质残体可降低土壤侵蚀并影响土壤发育，储藏营养物质和水分，对于植物来说，就是一个巨大的能量和营养物质源，对于微生物，非脊椎和脊椎动物来说是一个巨大的栖息地。殊立地上保留下的粗木质残体可能对生活其中的爬行动物以及两栖类动物有帮助。另外，在针阔叶混交林经营过程中，保留针叶树以及促使针叶树更新，可以为物种提供食物、筑巢和隐蔽场所，从而保证野生生物栖息地的多样性。

5.4.2　森林美学

森林景观经营管理是森林资源综合管理的一个重要环节。森林景观经营管理能够提高森林景观的可观赏性，从而有助于旅游业的健康发展。另一方面，提高公众对森林经营管理和木材采伐措施的认可，从而提高森林的可持续的健康的发展。阔叶红松林群落外观雄伟壮丽，可以为人们提供休闲和度假的场所。因此，完善和发展美学经营管理指导方针成为趋势。

根据游客的视觉感官、旅游和休闲区域的数量和类型等，可以将林地划分为不同敏感区：最敏感区、中等敏感区和较小敏感区。最敏感区通常指森林美学受到关注度最高的区域，如高速公路、乡土道路、可供休闲的湖泊和河流以及指定的风景优美的休闲区域等。中等敏感区不同于"最敏感区"，其森林美学受中等关注。较小敏感区的森林美学受的关注相对较小，如高速公路、小的乡土道路以及非休闲的湖泊和河流。

根据视觉敏感度区域的差异，森林采伐经营措施的应该不同。森林经营单位应该避开"最敏感"的交通道路和休闲区域，但可将其规划在临近道路的"较小敏感"区域内。

5.4.3　森林采伐

森林采伐作业除了砍伐树木之外，通常还包括林道、楞场和集材道的布局以及这些地方的结构和稳定性。在采伐木材的同时，水土保持和伐区的生产力可以受到保护，并且，未来林木组成和质量得到改善。

选择应伐木的原则：总的原则是在保护生物多样性的前提下，充分发挥立地生产力，使林分经济产出最高。具体有：

（1）采伐木的确定原则

①优先伐除病腐木、濒死木，双杈多梢木、弯曲木、被压木、干形不良木，以及影响目的树种生长的非目的树种；目的树种包括：红松、云冷杉、水曲柳、椴树、胡桃楸、柞树、黄波罗等经济价值较高的树种。

②生长在一起的多株林木应伐除非目的树种，对于从根部分叉的林木应保留一枝干型好的。

（2）保留木的确定原则

① 对珍稀树种红松、黄波罗、山槐等应全部保留。

② 保留具有非木质高产出的经济树种，如红松、紫椴等。

③ 保留林分中的大树；保留林分中个别树种生长特别大的单株（包括非目的树种和小乔木）。

④ 保留能够给野生动物提供冬季休眠场所的林木，如空心大树等。

⑤ 保留大的奇形怪状的、可能有潜在艺术价值的林木。

⑥ 注意保护树种多样性，对于林分中个体很少的非目的树种应予以保留。

⑦ 保留特殊的经济树种等。

5.4.4　森林更新

森林更新是在以前的森林立地上进行的更新和培育健康林木的实践活动。森林更新包括天然和人工两种方法。

森林更新的第一步是如何把森林更新与土地所有者的长短期目标相结合。这些目标包括木材收入，改善野生生物的栖息环境，恢复自然群落，减少土地退化，改善水质，增强土地的观赏性。许多目标是可以兼顾的，一个森林种植计划可以达成多重目的。森林更新是以评价种植立地开始的。像土壤，现存植被，和生产潜力等这些立地限制因子可以为选择适生种，立地准备和种植前管理时间等问题提供依据。在进行立地评价时因考虑气候、土壤、地形、竞争植被、生产力、景观位置和病虫害等因素。

其次，森林更新要体现出森林更新和管理的具体细节，如面积，物种，株树，间距，苗圃种苗类型，配置，立地清理和种植方法，道路和防火带的安排，抚育。地图有助于找到精确的森林更新位置，所需物种配置和道路。

另外更新树种选择应与经营者目标和立地的资源和能力相关联。需要考虑美学、野生动物、种树种配置、种子来源等。

森林更新后需根据植物的存活率来进行相应的抚育。如杂草、动物、昆虫和疾病控制等。

参考文献

安玉泽，田洪华，孙亚萍．2006．不同采伐强度对森林土壤温度影响的探讨．森林工程，22(2)：1－2

宾粤，叶万辉，曹洪麟，黄忠良，练琚愉．2011．鼎湖山南亚热带常绿阔叶林20公顷样地幼苗的分布．
　　生物多样性，19(2)：127－133

崔玉亭，卢进登，韩纯儒．1997．集约高产农田生态系统有机物分解及土壤呼吸动态研究．应用生态学
　　报，8(1)：59－64

丁胜建，张春雨，夏富才，赵秀海，倪瑞强，范娟，何怀江．2012．老龄阔叶红松林下层木空间分布的
　　生境关联分析．生态学报，32(11)：3334－3342

段劼，马履一，贾黎明，贾忠奎，公宁宁，车文瑞．2010．抚育间伐对侧柏人工林及林下植被生长的
　　影响．生态学报，30(06)：1431－1441

范春楠．2014．吉林省森林植被碳估算及其分布特征．东北林业大学

龚固堂，牛牧，慕长龙，陈俊华，黎燕琼，朱志芳，郑绍伟．2015．间伐强度对柏木人工林生长及林下
　　植物的影响．林业科学，51(04)：8－15

巩合德，杨国平，鲁志云，刘玉洪，曹敏．2011．哀牢山常绿阔叶林乔木树种的幼苗组成及时空分布
　　特征．生物多样性，19：151－157

谷加存，王政权，韩有志，等．2006．采伐干扰对帽儿山地区天然次生林土壤表层温度空间异质性的
　　影响．应用生态学报，17(12)：2248－2254

郭辉，董希斌，姜帆．2010．采伐强度对小兴安岭低质林分土壤碳通量的影响．林业科学，46(2)：
　　110－115

郭秋菊．2013．择伐和火干扰对长叶松幼苗更新的影响．陕西杨凌：西北农林科技大学学位论文

郝建锋，王德艺，李艳，姚小兰，张逸博，詹美春，齐锦秋．2014．人为干扰对川西金凤山楠木次生林
　　群落结构和物种多样性的影响．生态学报，34(23)：6930－6942

郝占庆，李步杭，张健，王绪高，叶吉，姚晓琳．2008．长白山阔叶红松林样地(CBS)：群落组成与结
　　构．植物生态学报，32(02)：238－250

何中声．2012．格氏栲天然林林窗微环境特征及幼苗更新动态研究[D]．福建：福建农林大学

侯继华，马克平．2002．植物群落物种共存机制的研究进展．植物生态学报，26：1－8

胡跃华，曹敏，林露湘．2010．西双版纳热带季节雨林的树种组成和群落结构动态．生态学报，30
　　(04)：949－957

黄建雄，郑凤英，米湘成．2010．不同尺度上环境因子对常绿阔叶林群落的谱系结构的影响．植物生态
　　学报，34：309－315

姜金波，姚国清，胡万良．2012．森林采伐对森林生态因子的影响．辽宁林业科技．1995，(3)：
　　21－30

姜俊，张春雨，赵秀海．2012．吉林蛟河42hm~2针阔混交林样地植物种－面积关系．植物生态学报，
　　36(01)：30－38

蒋延玲，周广胜，赵敏，王旭，曹铭昌．2005．长白山阔叶红松林生态系统土壤呼吸作用研究．植物生
　　态学报，29(03)：311－314

蒋子涵，金光泽．2010．择伐对阔叶红松林主要组成树种种内、种间竞争的影响．应用生态学报，21
　　(09)：2179－2186

金冠一，赵秀海，郭依秋．太岳山油松人工林干湿交替时期土壤呼吸特征．应用与环境生物学报，18
　　(6)：904－910

康冰，刘世荣，王得祥，张莹，刘红茹，杜焰玲.2011.秦岭山地典型次生林木本植物幼苗更新特征.应用生态学报，22：3123-3130

雷相东，陆元昌，张会儒，张则路，陈晓光.2005.抚育间伐对落叶松云冷杉混交林的影响.林业科学，41（04）：78-85

雷相东.2000.东北过伐林区几种典型森林类型的物种和林分结构多样性及采伐的影响研究.北京林业大学学位论文

李俊清，祝宁.1990.红松的种群结构与动态过程.生态学杂志，9：6-10

李瑞霞，马洪靖，闵建刚，郝俊鹏，关庆伟.2012.间伐对马尾松人工林林下植物多样性的短期和长期影响.生态环境学报，21（05）：807-812

李帅锋，刘万德，苏建荣，张志钧，刘庆云.2012.普洱季风常绿阔叶林次生演替中木本植物幼苗更新特征.生态学报，18：5653-5662

李小双，刘文耀，陈军文，袁春明.2009.哀牢山湿性常绿阔叶林及不同类型次生植被的幼苗更新特征.生态学杂志，28：1921-1927

李晓亮，王洪，郑征，林露湘，邓晓保，曹敏.2009.西双版纳热带森林树种幼苗的组成、空间分布和旱季存活.植物生态学报，33：658-671

李昕，徐振邦，陶大立.1989.小兴安岭丰林自然保护区阔叶红松林红松天然更新研究.东北林业大学学报，17：1-7

李媛，陶建平，王永健，余小红，席一.2007.亚高山暗针叶林林缘华西箭竹对岷江冷杉幼苗更新的影响.植物生态学报，31：283-290

刘保新，汪金松，康峰峰，等.2012.太岳山油松人工林土壤呼吸对抚育强度的响应.应用与环境生物学报，18（1）：17-22

刘可，韩海荣，康峰峰，程小琴，宋娅丽，周彬，李勇.2013.山西太岳山油松人工林生长季土壤呼吸对择伐强度的响应.生态学杂志，32（12）：3173-3181

刘琦，蔡慧颖，金光泽.2013.择伐对阔叶红松林碳密度和净初级生产力的影响.应用生态学报，24（10）：2709-2716

刘足根，姬兰柱，郝占庆，朱教君，康宏樟.2004.松果采摘对长白山自然保护区红松天然更新的影响.应用生态学报，15：958-962

鲁洋，黄从德，李海涛，等.不同采伐强度柳杉人工林的夏季土壤呼吸日变化.浙江林业科技，2009，29（2）：19-23

路兴慧.2012.海南岛热带低地雨林自然恢复过程中木本植物幼苗功能性状及增补动态.北京：中国林业科学研究院学位论文

栾军伟，向成华，骆宗诗，等.2006.森林土壤呼吸研究进展.应用生态学报，17（12）：2451-2456

栾奎志.2010.阔叶红松林内五角槭更新的时空格局与过程.东北林业大学

罗辑，杨忠杨，清伟.2000.贡嘎山东坡峨眉冷杉林区土壤 CO_2 排放.土壤学报，37（3）：402-408

马克平.2008.大型固定样地：森林生物多样性定位研究的平台.植物生态学报，32（2）：237

满秀玲，于凤华，戴伟光，等.1997.森林采伐与造林对土壤水分物理性质的影响.东北林业大学学报，25（5）：57-60

孟春，王立海，沈微.2011.择伐对小兴安岭地区针阔混交林土壤呼吸温度敏感性的影响.林业科学，47（3）：102-106

牛克昌，刘怿宁，沈泽昊，何芳良，方精云.2009.群落构建的中性理论和生态位理论.生物多样性，

17：579 – 593

彭闪江，黄忠良，彭少麟，欧阳学军，徐国良. 2004. 植物天然更新过程中种子和幼苗死亡的影响因素. 广西植物，24：113 – 121

齐麟，代力民，于大炮，周莉，赵福安，李宪洲. 2009. 采伐对长白山阔叶红松林乔木竞争关系的影响. 安徽农业科学，37(27)：13317 – 13321

齐麟，赵福强. 2015. 不同采伐强度对阔叶红松林主要树种空间分布格局和物种空间关联性的影响. 生态学报，35(01)：46 – 55

尚占环，龙瑞军，马玉寿，丁路明. 2008. 青藏高原"黑土滩"次生毒杂草群落成体植株与幼苗空间异质性及相似性分析. 植物生态学报，32：1157 – 1165

沈微，王立海. 2005. 森林作业对林地土壤呼吸的影响. 森林工程，21(5)：12 – 14

宋媛，赵溪竹，毛子军，孙涛，侯玲玲. 2013. 小兴安岭4种典型阔叶红松林土壤有机碳分解特性. 生态学报，33(02)：443 – 453

苏嫄，焦菊英，王志杰. 2014. 陕北黄土丘陵沟壑区坡沟立地环境下幼苗的存活特征. 植物生态学报，38：694 – 709

汪金松，赵秀海，张春雨，等. 2012. 改变C源输入对油松人工林土壤呼吸的影响. 生态学报，32(9)：2768 – 2777

王传华，李俊清，陈芳清，杨莹. 2011. 鄂东南低丘地区枫香林下枫香幼苗更新限制因子. 植物生态学报，35：187 – 194

王娟，张春雨，赵秀海，邹璐，姜庆彪，丁胜建. 2011. 雌雄异株植物鼠李的生殖分配. 生态学报，31(21)：6371 – 6377

王娟. 2014. 东北针阔混交林雌雄异株植物生殖对策研究. 北京林业大学学位论文

王凯. 2013. 间伐强度对河北平泉油松人工林林下植物的短期影响. 北京林业大学学位论文

王蕾，张春雨，赵秀海. 2009. 长白山阔叶红松林的空间分布格局. 林业科学，45(05)：54 – 59

王西洋，马履一，贾忠奎，等. 2012. 森林经营措施对土壤呼吸的影响机理. 世界林业研究，25(1)：7 – 12

王小国，朱波，王艳强，郑循华. 2007. 不同土地利用方式下土壤呼吸及其温度敏感性. 生态学报，27(5)：1960 – 1968

王旭，周广胜，蒋延玲，等. 2007. 长白山阔叶红松林皆伐迹地土壤呼吸作用. 植物生态学报，31(3)：355 – 362

王绪高，郝占庆，叶吉，张健，李步杭，姚晓琳. 2008. 长白山阔叶红松林物种多度和空间分布格局的关系. 生态学杂志，27(02)：145 – 150

王宇，周广胜，贾丙瑞，李帅，王淑华. 2010. 中国东北地区阔叶红松林与兴安落叶松林的碳通量特征及其影响因子比较. 生态学报，30(16)：4376 – 4388

吴晓莆，朱彪，赵淑清，朴世龙，方精云. 2004. 东北地区阔叶红松林的群落结构及其物种多样性比较. 生物多样性，12(01)：174 – 181

夏富才. 2007. 长白山阔叶红松林植物多样性及其群落空间结构研究. 北京林业大学学位论文

闫帮国，文维全，张键，杨万勤，刘洋，黄旭，李泽波. 2010. 放牧干扰梯度下川西亚高山植物群落的组合机理. 植物生态学报，34：1294 – 1302

杨玉盛，董彬，谢锦升，高人，李灵，王小国，郭剑芬. 2004. 森林土壤呼吸及其对全球变化的响应. 生态学报，24(3)：583 – 591

杨玉盛，王小国，等．2005．杉木人工林土壤呼吸的影响．土壤学报，42(4) 584 – 590

姚杰，闫琰，张春雨，邸田辉，赵秀海．2015．吉林蛟河针阔混交林乔木幼苗组成与月际动态．植物生态学报，39：717 – 725

叶林，徐杰，陈媛媛．2011．小兴安岭过伐林红松种群分布格局．东北林业大学学报，39 (06)：8 – 9

叶万辉，曹洪麟，黄忠良，练琚愉，王志高，李林，魏识广，王章明．2008．鼎湖山南亚热带常绿阔叶林 20 公顷样地群落特征研究．植物生态学报，32(02)：274 – 286

于飞，史晓晓，陈莉莉，黄青平，宋彬．2013．秦岭山地松栎混交林主要木本植物组成及更新特征．西北植物学报，33：592 – 598

于洋，王海燕，雷相东，张会儒，赵琨．2011．东北过伐林区蒙古栎天然林土壤有机碳研究．西北林学院学报，39(02)：57 – 62

俞筱押，李玉辉．2010．滇石林喀斯特植物群落不同演替阶段的溶痕生境中木本植物的更新特征．植物生态学报，34：889 – 897

张春雨，赵秀海，赵亚洲．2009．长白山温带森林不同演替阶段群落结构特征．植物生态学报，33 (06)：1090 – 1100

张大勇．2000．理论生态学研究［M］．北京：高等教育出版社

张冬秋，石培礼，张宪州．2005．土壤呼吸主要影响因素的研究进展．地球科学进展，20(7)：778 – 785

张健，李步杭，白雪娇，原作强，王绪高，叶吉．2009．长白山阔叶红松林乔木树种幼苗组成及其年际动态．生物多样性，17：385 – 396

张象君，王庆成，郝龙飞，王石磊．2011．长白落叶松人工林林隙间伐对林下更新及植物多样性的影响．林业科学，47(08)：7 – 13

郑景明，罗菊春．2003．长白山阔叶红松林结构多样性的初步研究．生物多样性，11(04)：295 – 302

周淑荣，张大勇．2006．群落生态学的中性理论．植物生态学报，30：868 – 877

祝燕，米湘成，马克平．2009．植物群落物种共存机制：负密度制约假说．植物生态学报，17：594 – 604

祝燕，赵谷风，张俪文，沈国春，米湘成，任海保，于明坚，陈建华，陈声文，方腾，马克平．2008．古田山中亚热带常绿阔叶林动态监测样地——群落组成与结构．植物生态学报，32(02)：262 – 273.

Adler, P. B., Hillerislambers, J. & Levine, J. M. 2007. A niche for neutrality. *Ecology Letters*, 10：95 – 104

Amy, C., Siyan, M. & Qinglin, Li. 2005, Soil respiration response to prescribed burning and thinning in mixed – conifer and hardwood forests. Canadian Journal of Forest Research. 35：1581 – 1591

Argyro, Z. & Maurizio, M. 2005. Short – term effects of clear felling on soil CO_2, CH_4, and N_2O fluxes in a Sitka spruce plantation. Soil Biology and Biochemistry. 37：2025 – 2036

Bagchi, R., Press, M. C. & Scholes, J. D. 2010. Evolutionary history and distance dependence control survival of dipterocarp seedlings. Ecology Letters, 13：51 – 59

Bai, X. J., Queenborough, S. A., Wang, X. G., Zhang, J., Li, B. H., Yuan, Z. Q., Xing, D. L., Lin, F., Ye, J. & Hao, Z. Q. 2012. Effects of local biotic neighbors and habitat heterogeneity on tree and shrub seedling survival in an old – growth temperate forest. Oecologia, 170：755 – 765

Ballard T M. 2000. Impacts of forest management on northern forest soils. Forest Ecology Management. 133：37 – 42

Bell, G. 2000. The Distribution of Abundance in Neutral Communities. The American Naturalist, 155：

606 – 617

Bell, T., Freckleton, R. P. & Lewis, O. T. 2006. Plant pathogens drive density – dependent seedling mortality in a tropical tree. Ecology Letters, 9: 569 – 574

Bin, Y., Lin, G. J., Li, B., Wu, L., Shen, Y. & Ye, W. 2011. Seedling recruitment patterns in a 20 ha subtropical forest plot: hints for niche – based processes and negative density dependence. European Journal of Forest Research, 131: 453 – 461

Bolker, B. M., Brooks, M. E., Clark, C. J., Geange, S. W., Poulsen, J. R., Stevens, M. H. H. & White, J. S. 2009. Generalized linear mixed models: a practical guide for ecology and evolution. Trends in Ecology and Evolution, 24: 127 – 135

Burton, A. J. & Pregitzer, K. S. 2003. Field measurements of root respiration indicate little to no seasonal temperature acclimation for sugar maple and red pine. Tree Physiology, 23(4): 273 – 280

Busse, M. D., Sanchez, F. G., Ratcliff, A. W., Butnor, J. R., Carter, E. A. & Powers, R. F. 2009. Soil carbon sequestration and changes in fungal and bacterial biomass following incorporation of forest residues. Soil Biology Biochemisty, 41(2): 220 – 227

Chanthorn, W., Caughlin, T., Dechkla, S. & Brockelman, W. Y. 2013. The relative importance of fungal infection, conspecific density and environmental heterogeneity for seedling survival in a dominant tropical tree. Biotropica, 45: 587 – 593

Chave, J. 2004. Neutral theory and community ecology. Ecology Letters, 7: 241 – 253

Chave, J., Muller – Landau, H. C. & Levin, S. A. 2002. Comparing classical community models: theoretical consequences for patterns of diversity. The American naturalist, 159: 1 – 23

Chen, L., Mi, X. C., Comita, L. S., Zhang, L. W., Ren, H. B. & Ma, K. P. 2010. Community – level consequences of density dependence and habitat association in a subtropical broad – leaved forest. Ecology Letters, 13: 695 – 704

Chen, L., Wang, L., Baiketuerhan, Y., Zhang, C. Y., Zhao, X. H. & von Gadow, K. 2013. Seed dispersal and seedling recruitment of trees at different successional stages in a temperate forest in northeastern China. Journal of Plant Ecology, 7: 337 – 346

Cheng, X. Q., Han, H. R. & Kang, F. F., et al. 2014. Short – term effects of thinning on soil respiration in a pine (Pinus tabulaeformis) plantation. Biology and Fertility of Soils, 50(2): 357 – 367

Chesson, P. 2000. Mechanisms of maintenance of species diversity. Annual Review of Ecology, Evolution, and Systematics, 31: 343 – 366

Clark, C. J., Poulsen, J. R. & Levey, D. J. 2012. Vertebrate herbivory impacts seedling recruitment more than niche partitioning or density – dependent mortality. Ecology, 93: 554 – 564

Closa, I. & Goicoechea N. 2010. Seasonal dynamics of the physicochemical and biological properties of soils in naturally regenerating, unmanaged and clear – cut beech stands in northern Spain. European Journal of Soil Biology, 46(3): 190 – 199

Comita, L. S. & Hubbell, S. P. 2009. Local neighborhood and species´shade tolerance influence survival in a diverse seedling bank. Ecology, 90: 328 – 334

Comita, L. S., Muller – Landau, H. C., Aguilar, S. & Hubbell, S. P. 2010. Asymmetric density dependence shapes species abundances in a tropical tree community. Science, 329: 330 – 332

Comita, L. S., Queenborough, S. A., Murphy, S. J., Eck, J. L., Xu, K. Y., Krishnadas, M., Beckman, N. & Zhu Y. 2014. Testing predictions of the Janzen – Connell hypothesis: a meta – analysis of experimental evidence for distance – and density – dependent seed and seedling survival. Journal of Ecology, 102: 845 – 856

Comita, L. S., Uriarte, M., Thompson, J., Jonckheere, I., Canham, C. D. & Zimmerman, J. K. 2009. Abiotic and biotic drivers of seedling survival in a hurricane – impacted tropical forest. Journal of Ecology, 97: 1346 – 1359

Concilio, A., Ma, S., Li, Q., LeMoine, J., Chen, J., North, M. & Jensen, R. 2005. Soil respiration response to prescribed burning and thinning in mixed – conifer and hardwood forests. Canadian Journal of Forest research, 35(7): 1581 – 1591

Condit, R., Hubbell, S. P. & Foster, R. B. 1992. Recruitment near conspecific adults and the maintenance of tree and shrub diversity in a neotropical forest. The American Naturalist, 140: 261 – 286

Condit, R. 1998. Tropical forest census plots: methods and results from Barro Colorado Island, Panama and a comparison with other plots. Springer Science & Business Media

Connell, J. H. & Green, P. T. 2000. Seedling dynamics over thirty – two years in a tropical rain forest tree. Ecology, 81: 568 – 584

Connell, J. H. 1971. On the role of natural enemies in preventing competitive exclusion in some marine animals and in rain forest trees. In Den Boer, P. J. & Gradwell, G. R. (eds.). Dynamics of Population [C], Wageningen: Centre for Agricultural Publishing and Documentation, pp. 289 – 312

Connell, J. H., Tracey, J. G. & Webb, L. J. 1984. Compensatory recruitment, growth, and mortality as factors maintaining rain forest tree diversity. Ecological Monographs, 54: 141 – 164

D'Amato, A. W., Orwig, D. A. & Foster, D. R. 2009. Understory vegetation in old – growth and second – growth Tsuga canadensis forests in western Massachusetts. Forest Ecology and Management, 257: 1043 – 1052

Davidson, E. A. & Janssens, I. A. 2006. Tempeature sensitivityil carbon decomposition and feedbacks to climate change. Nature, 440(7081): 165 – 173

Davies, S. J. 2001. Tree mortality and growth in 11 sympatric Macaranga species in Borneo. Ecology, 82, 920 – 932

Deb, P. & Sundriyal, R. C. 2008. Tree regeneration and seedling survival patterns in old – growth lowland tropical rainforest in Namdapha National Park, northeast India. Forest Ecology and Management, 255: 3995 – 4006

Edwards, N. T. & Norby, R. J. 1998. Below – ground respiratory responses of sugar maple and red maple saplings to atmospheri CO_2 enrichment and elevated air temperature. Plant and Soil, 206 (8): 85 – 97

Edwards, N. T. & Ross, Todd. B. M. 1983. Soil carbon dynamics in a mixed deciduous forest following clear cutting with and without residue removal. Soil Science Society of America Journal, 47: 1014 – 1021

Fang, C. & Moncrieff, J. B. 1998. An open – top chamber for measuring soil respiration and the influence of pressure difference on CO_2 efflux measurement. Functional Ecology, 12 (4), 319 – 325

Fonte, S. & Schowalter, T. 2004. Decomposition of greenfall vs. senescent foliage in a tropical forest ecosystem in Puerto Rico. Biotropica, 36 (4): 464 – 482

Fricke, E. C., Tewksbury, J. J. & Rogers, H. S. 2014. Multiple natural enemies cause distance – dependent mortality at the seed – to – seedling transition. Ecology Letters, 17: 593 – 598

Gause, G. F. 1934. The Struggle for Existence [M], Baltimore: The Williams & Wilkins company

Getzin, S., Wiegand, T., Wiegand, K. & He, F. L. 2008. Heterogeneity influences spatial patterns and de-mographics in forest stands. . Journal of Ecology, 96: 807 – 820

Gilbert, B. & Lechowicz, M. J. 2004. Neutrality, niches, and dispersal in a temperate forest understo-ry. Proceedings of the National Academy of Sciences of the United States of America, 101: 7651 – 7656

Gordon, A. M., Schlentner, R. E. & Cleve, K. V. 1987. Seasonal patterns of soil respiration and CO_2 evolu-tion following harvesting in the white spruce forests of interior Alaska. Canadian Journal of Forest Research, 17(4): 304 – 310

Gravel, D., Canham, C. D., Beaudet, M. & Messier, C. 2006. Reconciling niche and neutrality: the con-tinuum hypothesis. Ecology Letters, 9: 399 – 409

Grubb, P. J. 1977. The maintenance of species richness in plantcommunities: the importance of the regeneration niche. Biological Reviews, 52: 107 – 145

Harms, K. E., Condit, R., Hubbell, S. P. & Foster, R. B. 2001. Habitat associations of trees and shrubs in a 50 – ha neotropocal forest plot. Journal of Ecology, 89: 947 – 959

Harms, K. E., Wright, S. J., Calderon, O., Hernandez, A. & Herre, E. A. 2000. Pervasive density – de-pendent recruitment enhances seedling diversity in a tropical forest. Nature, 404: 493 – 495

Harpole, W. S. & Tilman, D. 2006. Non – neutral patterns of species abundance in grassland communi-ties. Ecology Letters, 9: 15 – 23

He, F. 2005. Deriving a neutral model of species abundance from fundamental mechanisms of population dy-namics. Functional Ecology, 19: 187 – 193

Hille Ris Lambers, J., Clark, J. S. & Beckage, B. 2002. Density – dependent mortality and the latitudinal gradient in species diversity. Nature, 417: 732 – 735

Howard, D. M. & Howard, P. J. A. 1993. Relationships between CO_2 evolution, moisture content, and temper-ature for a range of soil types. Soil Biology and biochemistry, 25 (1): 1537 – 1546

Hubbell, S. P. 2001. The Unified Neutral Theory of Biodiversity and Biogeography [M]. Princeton: Princeton University Press

Hubbell, S. P. 2006. Neutral theory and the evolution of ecological equivalence. Ecology, 2006: 87: 1387 – 1398

Hubbell, S. P., Condit, R., Foster, R. B., Grubb, P. J. & Thomas, C. D. 1990. Presence and Absence of Density Dependence in a Neotropical Tree Community. Philosophical Transactions: Biological Sciences, 330: 269 – 281

Hutchinson, G. E. 1959. Homage to Santa Rosalia or Why Are There So Many Kinds of Animals? . The Ameri-can Naturalist, 93: 145 – 159

Jansen, P. A., Visser, M. D., Wright, S. J., Rutten, G. & Muller – Landau, H. C. 2014. Negative densi-ty dependence of seed dispersal and seedling recruitment in a Neotropical palm. Ecology Letters, 17: 1111 – 1120

Janssens, I. & Pilegaard, K. 2003. Large seasonal changes in Q10 of soil respiration in a beech forest. Global Change Biology, 9(6): 911 – 918

Janzen, D. H. 1970. Herbivores and the number of tree species in tropical forests. The American Society of Nat-uralists, 104: 501 – 528

Johnson, D. J., Beaulieu, W. T., Bever, J. D. & Clay, K. 2012. Conspecific negative density dependence and forest diversity. Science, 336: 904 – 907

Keddy, P. A. 1992. Assembly and response rules: two goals for predictive community ecology. Journal of Vegetation Science, 3: 157 – 164

Kim, C. 2008. Soil CO$_2$ efflux in clear – cut and uncut red pine (Pinus densiflora S. et Z.) stands in Korea. Forest Ecology and Management, 255(8): 3318 – 3321

Laporte, M. F., Duchesne, L. C. & Morrison, I. K. 2003. Effect of clearcutting, selection cutting, shelterwood cutting and microsites on soil surface CO$_2$ efflux in a tolerant hardwood ecosystem of northern Ontario. Forest Ecology and Management, 174 (4): 567 – 575

Latimer, A. M., Silander Jr, J. A. & Cowling, R. M. 2005. Neutral ecological theory reveals isolation and rapid speciation in a biodiversity hot spot. Science, 309: 1722 – 1725

Lebrija – Trejos, E., Wright, S. J., Hernández, A. & Reich, P. B. 2014. Does relatedness matter? Phylogenetic density – dependent survival of seedlings in a tropical forest. Ecology, 95: 940 – 951

Leibold, M. A. & McPeek, M. A. 2006. Coexistence of the niche and neutral perspectives in community ecology. Ecology, 87: 1399 – 1410

Lenhard, R. J. 1986. Changes in void distribution and volume during compaction of a forest soil. Soil Science. 50 (4): 462 – 464

LePage, P. T., Canham, C. D., Coates, K. D. & Bartemucci, P. 1999. Seed abundance versus substrate limitation of seedling recruitment in northern temperate forests of British Columbia. Canadian Journal of Forest Research, 30: 415 – 427

Levine, J. M. & Rees, M. 2002. Coexistence and relative abundance in annual plant assemblages: the roles of competition and colonization. The American naturalist, 160: 452 – 467

Lin, L. X., Comita, L. S., Zheng, Z. & Cao, M. 2012. Seasonal differentiation in density – dependent seedling survival in a tropical rain forest. Journal of Ecology, 100: 905 – 914

Loreau, M., Naeem, S., Inchausti, P., Bengtsson, J., Grime, J. P., Hector, A., Hooper, D. U., Huston, M. A., Raffaelli, D. & Schmid, B. 2001. Biodiversity and ecosystem functioning: current knowledge and future challenges. science, 294(5543): 804 – 808

Lucero, M., Scott, X. & Richard, K. 2006. Effects of tree harvesting, forest floor rmoval, and compaction on soil microbial biomass, microbial respiration, and N availability in a boreal aspen forest in British Columbia. Soil Biology Biochemistry, 38 (9): 1734 – 1744

Luo, Z., Mi, X., Chen, X., Ye, Z. & Ding, B. 2012. Density dependence is not very prevalent in a heterogeneous subtropical forest. Oikos, 121: 1239 – 1250

Lusk, C. H., Duncan, R. P. & Bellingham, P. J. 2009. Light environments occupied by conifer and angiosperm seedlings in a New Zealand podocarp – broadleaved forest. New Zwaland Journal of Ecology, 33, 83 – 89

Lutz, J. A., Larson, A. J., Furniss, T. J., Donato, D. C., Freund, J. A., Swanson, M. E., Bible, K. J., Chen, J. Q. & Franklin, J. F. 2014. Spatially non – random tree mortality and ingrowth maintain equilibrium pattern in an old – growth Pseudotsuga – Tsuga forest. Ecology, 95: 2047 – 2054

Lytle, D. E. & Cronan, C. S. 1998. Comparative soil CO$_2$ evolution, litter decay, and root dynamics in clear cut and uncut spruce – fir forest. Forest Ecology and Management, 10(3): 121 – 128

Mäkinen, H., Isomäki, A. 2004. Thinning intensity and growth of Scots pine stands in Finland. Forest Ecology

& Management, 201(s 2 – 3): 311 – 325

Matthews, E. 1997. Global litter production, pool, and turnover times: Estimates from measurement data and regression models. Journal of Geophysics Research, 102(1): 18771 – 18800

McCarthy, D. R. & Brown, K. J. 2006. Soil respiration responses to topography, canopy cover, and prescribed burning in an oak – hickory forest in southeastern Ohio. Forest Ecology and Management, 237(1): 94 – 102

McGill, B. J. 2003. A test of the unified neutral theory of biodiversity. Nature, 442: 881 – 885

Melling, L., Hatano, R. & Goh, K. J. 1998. Soil CO_2 flux from three ecosystems in tropical peatland of Sarawak, Malaysia. Tellus, 57B, 1 – 11

Metz, M. R., Sousa, W. P. & Valencia, R. 2010. Widespread density – dependent seedling mortality promotes species coexistence in a highly diverse Amazonian rain forest. Ecology, 91: 3675 – 3685

Mielnick, P. C. & Dugas, W. A. 2000. Soil CO2 flux in a tall grass prairie. Soil Biology and Biochemistry 32 (2), 221 – 228

Nadelhoffer, K. J., Boone, R. D. & Bowden, R. D., et al. 2004. The DIRT experiment: litter and root influences on forest soil organic matter stocks and function [M]//Foster D, Aber J eds. Forests in Time: The Environmental Consequences of 1000 Years of Change in New England. New Haven, CT: Yale University Press, 300 – 315

Nilsen, E. T., Walker, J. F., Miller, O. K., Semones, S. W., Lei, T. T. & Clinton, B. D. 1999. Inhibition of seedling survival under Rhododendron maximum (Ericaceae): could allelopathy be a cause. American Journal of Botany, 86: 1597 – 1605

Norden, N., Chave, J., Belbenoit, P., Caubère, A., Châtelet, P., Forget, P. M. Riéra B., Viiers, J. & Thébaud, C. 2009. Interspecific variation in seedling responses to seed limitation and habitat conditions for 14 Neotropical woody species. Journal of Ecology, 97: 186 – 197

Ohashi, M., Gyokusen, K., & Saito, A. 2000. Contribution of root respiration to total soil respiration in a Japanese cedar (Cryptomeria japonica D. Don) artificial forest. Ecological Research, 15(3): 323 – 333

Packer, A. & Clay, K. 2000. Soil pathogens and spatial patterns of seedling mortality in a temperate tree. Nature, 404: 278 – 281

Peters, H. A. 2003. Neighbour – regulated mortality: the influence of positive and negative density dependence on tree populations in species – rich tropical forests. Ecology Letters, 6: 757 – 765

Piao, T., Comita, L. S., Jin, G. & Kim, J. H. 2013. Density dependence across multiple life stages in a temperate old – growth forest of northeast China. Oecologia, 172: 207 – 217

Ponder, J. F. 2005. Effect of soil compaction and biomass removal on soil CO_2 efflux in a Missouri forest. Communications in Soil Science and Plant Analysis, 36(9 – 10): 1301 – 1311

Queenborough, S. A., Burslem, D. F. R. P., Garwood, N. C. & Valencia, R. 2009. Taxonomic scale – dependence of habitatniche partitioning and biotic neighbourhoodon survival of tropical tree seedlings. Proceedings of the Royal Society B – Biological Science, 276: 4197 – 4205

Queenborough, S. A., Burslem, D. F. R. P., Garwood, N. C. & Valencia, R. 2007. Neighborhood and community interactions determine the spatial pattern of tropical tree seedling survival. Ecology, 88: 2248 – 2258

Raich, J. W. & Schlesinger, W. H. 1992. The global carbon dioxide flux in soil respiration and its relationship to vegetation and climate. Tellus B, 44(2): 81 – 99

Ratikainen, I. I., Gill, J. A., Gunnarsson, T. G., Sutherland, W. J. & Kokko, H. 2008. When density dependence is not instantaneous: theoretical developments and management implications. Ecology Letters, 11: 184 – 198

Rochette, P. Desjardins, R. L. & Pattery, E. 1991. Spatial and temporal variability of soil respiration in agricultural fields. Canadian Journal of Soil Science. 71 (14): 189 – 196

Rüger, N. , Huth, A. , Hubbell, S. P. , & Condit R. 2009. Response of recruitment to light availability across a tropical lowland rain forest community. Journal of Ecology, 97: 1360 – 1368

Russo, S. E. , Davies, S. J. , King, D. A. & Tan, S. 2005. Soil – related performance variation and distributions of tree species in a Bornean rain forest. Journal of Ecology, 93: 879 – 889

Rustad, L. E. , Huntington, T. G. & Boone, R. D. 2000. Controls on soil respiration: implications for climate change. Biogeochemistry. 48 (6): 1 – 6

Schoener, T. W. 1974. Resource partitioning in ecological communities. Science, 1974, 185: 27 – 39

Schulze, E. D. & Freibauer, A. 2005. Environmental science: Carbon unlocked from soils. Nature, 437 (7056): 205 – 206

Silvertown, J. 2004. Plant coexistence and the niche. Trends in Ecology & Evolution, 19: 605 – 611

Sohlenius, B. 1982. Short – term influence of clear – cutting on abundance of soil – microfauna(nematode, rotatoria and tardigrada) in a Swedish pine forest soil. Journal of Apply Ecology. 19 (6): 349 – 359

Szwagrzyk, J. , Szewczyk, J. & Bodziarczyk J. 2001. Dynamics of seedling banks in beech forest: Results of a 10 – year study on germination, growth and survival. Forest Ecology and Management, 141: 237 – 250

Tang, J. W. , Qi, Y. , Xu, M. & Misson, L. 2005. Goldstein A H. Forest thinning and soil respiration in a ponderosa pine plantation in the Sierra Nevada. Tree Physiology, 25(1): 57 – 66

Teegalapalli, K. , Hiremath, A. J. & Jathanna, D. 2010. Patterns of seed rain and seedling regeneration in abandoned agricultural clearings in a seasonally dry tropical forest in India. Journal of Tropical Ecology, 26: 25 – 33

Thierron, V. & Laudelout, H. 1996. Contribution of root respiration to total CO_2 efflux from the soil of a deciduous forest. Canadian Journal of Forest Research. 26(2): 1142 – 1148

Thomas, G. , Pypker, A. L. & Fredeen. 2002. Ecosystem CO_2 flux over two growing seasons for a sbu – Boreal clearcut 5 and 6 years after harvest. Agricultural and Forest Meteorology, 114(5): 15 – 30

Tilman, D. 1982. Resource Competition and Community Structure [M]. Princeton: Princeton University Press

Uriarte, M. , Charles, C. D. , Thompson, J. , Zimmerman, J. K. & Brokaw, N. 2005. Seedling recruitment in a hurricane – driven tropical forest: Light limitation, density – dependence and the spatial distribution of parent trees. Journal of Ecology, 93, 291 – 304

van Breugel M, Bongers F, Martínez – Ramos M. 2007. Species dynamics during early secondary forest succession: recruitment, mortality and species turnover. Biotropica, 35: 610 – 619

Van Veen, J. A. & Kuikman, P. J. 1990. Soil structural aspects of decomposition of organic matter by micro – organisms. Biogeochemistry. 11(4): 213 – 233

Vandermeer, J. H. 1972. Niche theory. Annual Review of Ecology and Systematics, 3: 107 – 132

Vergnon, R. , Dulvy, N. K. & Freckleton, R. P. 2009. Niches versus neutrality: uncovering the drivers of diversity in a species – rich community. Ecology Letters, 12: 1079 – 1090

Vesterdal, L. , Elberling, B. , Christiansen, J. R. , Callesen, I. & Schmidt, I. K. 2012. Soil respiration and rates of soil carbon turnover differ among six common European tree species. Forest Ecology and Management, 264: 185 – 196

Volkov, I., Banavar, J. R., He, F. L., Hubbell, S. P. & Maritan, A. 2005. Density dependence explains tree species abundance and diversity in tropical forests. Nature, 438: 658 – 661

Volkov, I., Banavar, J. R., Hubbell, S. P. & Maritan, A. 2003. Neutral theory and relative species abundance in ecology. Nature, 424: 1035 – 1037

Wagenius, S., Dykstra, A. B., Ridley, C. E. & Shaw, R. G. 2012. Seedling recruitment in the long – lived perennial, echinacea angustifolia: A 10 – year experiment. Restoration Ecology, 20: 352 – 359

Wang, Q. K., He, T. X., Wang, S. L. & Liu, L. 2013. Carbon input manipulation affects soil respiration and microbial community composition in a subtropical coniferous forest. Agricultural and Forest Meteorology, 178: 152 – 160

Wang, Y. S., Hu, Y. Q. & Ji, B. M., et al. 2003. An investigation on the relationship between emission/uptake of greenhouse gases and environmental factors in semiarid grassland. Advances in Atmospheric Science. 20(1): 119 – 127

Wang, Z., Ji, L. & Hou, X., et al. 2016. Soil respiration in semiarid temperate grasslands under various land management. Plos one, 11(1): e0147987

Webb, C. O. & Peart, D. R. 2000. Habitat associations of trees and seedlings in a Bornean rain forest. Journal of Ecology, 88: 464 – 478

Weber, M. G. 1990. Forest soil respiration after cutting and burning in immature aspen ecosystems. Forest Ecology and Management, 31(1): 1 – 14

Willand, J. E., Baer, S. G., Gibson, D. J. & Klopf, R. P. 2013. Temporal dynamics of plant community regeneration sources during tallgrass prairie restoration. Plant Ecology, 214: 1169 – 1180

Wills, C. 1996. Safety in diversity. New Scientist, 149: 38 – 42

Winkler, M., Hulber, K. & Hietz, P. 2005. Effect of canopy position on germination and seedling survival of epiphytic bromeliads in a Mexican humid montane forest. Annals of Botany, 95: 1039 – 1047

Wright, S. J. 2002. Plant diversity in tropical forests: a review of mechanisms of species coexistence. Oecologia, 130: 1 – 14

Wright, S. J., Muller – Landau, H. C., Condit, R. & Hubbell, S. P. 2003. Gap dependent recruitment, realized vital rates, and size distributions of tropical trees. Ecology, 84: 3174 – 3185

Wu, J. J., Groldberg, S. D., Mortimer, P. E. & Xu, J. C. 2016. Soil respiration under three different land use types in a tropical mountain region of China. Journal of Mountain Science, 13(3): 416 – 423

Xu, M. & Qi, Y. 2001. Soil – surface CO_2 efflux and its spatial and temporal variation in a young ponderosa pine plantation in northern California. Global Change Biology, 7 (1), 667 – 667

Yan, Y., Zhang, C., Wang, Y., Zhao, X. & von Gadow, K. 2015. Drivers of seedling survival in a temperate forest and their relative importance at three stages of succession. Ecology and Evolution, 5: 4287 – 4299

Zhang, X. B., Xu, M. G., Sun, N., Xiong, W., Huang, S. M. & Wu, L. H. 2016. Modelling and predicting crop yield, soil carbon and nitrogen stocks under climate change scenatios with fertliser management in the North China Plain. Geoderma, 256: 176 – 186

Zhu, Y., Mi, X., Ren, H. & Ma, K. 2010. Density dependence is prevalent in a heterogeneous subtropical forest. Oikos, 119, 109 – 119

Chapter 6

第6章

内蒙古大兴安岭兴安落叶松
可持续经营技术

内蒙古大兴安岭林区东连黑龙江，西接呼伦贝尔大草原，南至吉林洮儿河，北部和西部与俄罗斯、蒙古国毗邻，地跨呼伦贝尔市、兴安盟中的9个旗市，是我国四大国有林区之一。林业主体生态功能区总面积 10.67 万 km^2，占整个大兴安岭的 46%；森林面积 8.17 万 km^2，活立木总蓄积 8.87 亿 m^3，森林蓄积 7.47 亿 m^3，均居全国国有林区之首，因此，在森林资源供给、保障国土生态安全、应对气候变化等方面发挥着不可替代的重要作用，被世人称为"北疆的绿色长城"。兴安落叶松(*Larix gmelinii*)林是内蒙古大兴安岭林区独有的、分布最广的森林类型，本章以此为研究对象，开展可持续经营试验研究，以期形成适应培育健康、稳定森林生态系统目标需求的可持续经营模式，为内蒙古大兴安岭林区森林可持续经营提供范例。

6.1 研究区域及森林类型概述

6.1.1 研究区概况

本研究选取了在内蒙古大兴安岭林区具有代表性的内蒙古大兴安岭森林生态系统国家野外科学观测研究站位研究区域。

6.1.1.1 站址

内蒙古大兴安岭森林生态系统国家野外科学观测研究站(以下简称大兴安岭森林生态站)位于内蒙古大兴安岭林业管理局根河林业局潮查林场境内，地理坐标 N50°49′~ 50°51′、E121°30′~ 121°31′，距内蒙古根河市约 15km。1991 年建站，试验用地面积 11000hm²，其中原始林区 3200hm²。经国家林业局批准站址建筑用地面积 1.2hm²。整个试验区为一自然流域，是根河支流潮查河发源地之一，属额尔古纳河水系，流入黑龙江。

6.1.1.2　自然条件

（1）地质地貌

该区属新华夏构造带，它在古生代晚期被抬升为陆地，到中生带受燕山运动的强烈作用，伴有中性酸性岩浆的侵入和喷出（花岗岩、流纹岩、粗面岩较广，玄武岩较少）。燕山运动后，地壳处于相对稳定状态，长期在外力侵蚀作用下，致使山体浑圆，沟谷宽阔，造成夷平面清晰的地貌形态。喜马拉雅运动使其发生了以挠曲上升和断裂为主的构造运动，顺原华夏构造剧烈上升。最高海拔高度为1199m，最低海拔高度为784m，平均海拔高度为976.5m，属低山区。该区总的趋势东北高，西南低，东北西南走向的坡度在3°~30°之间，平均坡度在15°左右，沟系长且宽阔。

（2）气候条件

大兴安岭林区属寒温带湿润季风气候区，远离海洋，地域偏北，纬度偏高，形成较强的大陆性气候，具有冬季严寒而漫长，夏季短促湿热，无霜期短的特点。年平均气温−5.0℃，极限最高温度为32℃，最低温度−48℃，年日照时数为2630.7小时，年平均降水量为400~500mm，主要集中在6、7、8三个月，早霜期一般在8月下旬，晚霜期在翌年六月上旬，无霜期一般为80~90天，≥10℃的年有效积温1308.9℃，春秋两季风大，一般为4~5级，年平均风速为1.9m/s。

内蒙古大兴安岭森林生态站为寒温带湿润气候区，年均大气温度为−5.4℃，年降水量450~550 mm，降雪厚度20~40 cm。全年地表蒸发量800~1200 mm；年均降水量为500mm，空气湿度保持在65%以上，水土流失、盐碱化等情况较少，受人为活动影响较小，无大的历史性灾害事件发生。

（3）土壤条件

该区地质结构主要由古生代结晶岩中的花岗岩、砂质片岩和玄武岩等组成。成土母质为上述岩石风化后形成的残积物和坡积物。地带性土壤为棕色针叶林土、灰色森林土、黑钙土；非地带性土壤有草甸土和沼泽土。棕色针叶林土主要分布在落叶松、白桦林下；灰色森林土分布在山杨、白桦林下；黑钙土主要分布在南坡荒地；草甸土分布在宜林荒山荒地；沼泽土主要分布在低山谷地及溪旁两岸。土层厚5~40cm，土壤呈偏酸反应，pH值5.2~6.5，腐殖质含量3.3~10.3。

该区自然特点是多年冻土普遍存在（抽样测定为覆盖面积达92%），处于连续多年冻土带。多年冻土的水平和垂直方向基本是连续的，但由于坡向、植被、地下水等因素，也有很大的变化。冻土厚度一般为50~60m，在背阴谷底和低洼沼泽地，厚度可达70~80m，甚至达100m以上。近年来，大兴安岭冻土出现自南向北的区域性的退化趋势，岛状的冻融区在扩大，多年冻土的上限在下降，下限在上移。这种冻土退化趋势将给大兴安岭的森林带来一系列的环境问题，可以说，关系到在冻土基质上生存的现有多种景观将被其他景观所取代。

（4）水文条件

境内最大的河流为根河，依次为乌力库玛河、雅格河、保格得里河、保露嘎耶里河、尼娜河、依克其汗河。河流总长度 80km，宽度 20～40m，水深 1～2m，流速 0.7m/s，河水清澈，河道弯曲，河流两岸地势较平坦，个别地段坡度较急。水深、流速随季节发生变化，河水受雨季影响较大，河岸稍有崩塌现象，个别地段发生河流改道而形成圈河。区内湿地资源丰富，面积达 32%。湿地总是与冻土相关联，低温、潜育、冻土、湿润是湿地形成的主要原因。湿地既是森林肺叶，又是林区碳储库，也是寒温带森林生物、生境多样性的重要组成部分。

（5）动植物资源

该区植物区系共有 74 科 212 属 363 种。其中：苔藓植物 7 科 7 属 8 种；蕨类植物 9 科 9 属 13 种；裸子植物 2 科 3 属 5 种；双子叶植物 45 科 156 属 274 种；单子叶植物 8 科 34 属 60 种。其中：植物种类最丰富的是蓼属、野豌豆属、蒿属等。在所有植物中，属于珍稀濒危植物的有 15 种。

动物资源丰富，根据调查该区共有陆栖脊椎动物（除爬行类）有 141 种，其中：鸟类有 98 种，隶属于 11 目 26 科；兽类 43 种，隶属于 6 目 14 科。在 98 种鸟类中，非雀形目鸟类有 47 种，占该区全部鸟类种类的 48%；雀形目鸟类 30 种，占该区全部鸟类种类的 52%，兽类中啮齿目 11 种，食肉目 13 种，两目合计 24 种，占该区全部兽类种数的 55.8%。在以上动物资源中，有 33 种属于珍稀濒危野生动物，其中鸟类 24 种（如黑嘴松鸡 *Tetrao parvirostris*、苍鹰 *Accipiter gentilis* 等），兽类 9 种（如棕熊 *Ursus actos*、雪兔 *Lepus timidos* 等）。爬行类 3 种（如丽斑麻蜥 *Eremias argus* 等），两栖类 7 种（如中国林蛙 *Rana chensinensis* 等）。鱼类资源主要有哲罗鱼、细鳞鱼、雅罗鱼等（张秋良等，2014）。

6.1.1.3　社会经济条件

大兴安岭森林生态系统定位站隶属内蒙古农业大学，其施业区林地经营使用权归属内蒙古大兴安岭林业管理局根河林业局，区域范围由潮查、上央格气、下央格气、乌力库玛四个林场交接处的部分面积组成。大兴安岭森林生态系统定位站实验区内无居民，最近居民点为 24km 外的根河市。其居民主要为汉族、鄂温克族和蒙古族，共约 18 万人。大兴安岭森林生态系统定位站实验区有林区三级公路 8km，通往根河市。境内有高压线路通过，可接收无线电话及有线电视。根河林业局属国有企业，随着可采资源减少，经济已面临困境。所涉及的周边林场，已有两个林场转为经营林场，以营林和保护为主产业，多种经营发展不畅，职工年收入 1500 元。

6.1.2　主要植被类型

在《中国大兴安岭森林》中，依据海拔，参考气候、土壤和水文等因子将兴安落叶松林划分成高海拔林型组、坡地干燥林型组、坡地潮润林型组、坡地湿润林型组、谷地林型组（徐化成，1998）。研究区所在区域包括了以下主要植被类型：

①偃松兴安落叶松林，属于高海拔林型组，分布于大兴安岭寒温性的针叶疏林带，可为该垂直带的地带性植被，它是所有兴安落叶松林中分布最高的一个。在根河地区分

布在海拔 1000m，该林型下生态环境严酷，土壤为薄层粗骨质山地灰化针叶林土，地位级仅为Ⅳ~Ⅴ级。林木中，除了兴安落叶松外，常混生有少量的岳桦和白桦。

②杜鹃兴安落叶松林，属于坡地干燥林型组，分布的海拔范围为 350~1200m，坡向多为阳坡、半阳坡，土壤为典型的棕色针叶林土。林木生长良好，蓄积量高，地位级为Ⅲ~Ⅳ。属于典型的东西伯利亚明亮针叶林（周以良，1991）。乔木层结构简单，多为兴安落叶松的纯林，少数混生有白桦和樟子松。

③草类兴安落叶松林坡地潮润林型组，分布于海拔 300~800m 的范围内，多为阳坡和半阳坡。土壤为生草棕色针叶林土，土层较厚，具有厚的腐殖质层。该林型生产力在全部草类兴安落叶松林的林型中是最高的，地位级可达到Ⅰ~Ⅱ级。乔木层高达 22~28m，最高可达 30m。主要由兴安落叶松占优势，有较多的白桦和山杨混生。

④杜香兴安落叶松林，属于坡地湿润林型组，分布普遍，多分布在阴坡及半阴坡的下部。生境较生冷，土壤为潜育棕色针叶林土，有轻度的泥炭化现象，枯枝落叶层分解不良。土层较浅薄，永冻层和融解层很浅。本林型生长较差，林木病腐也较严重。在林木组成上，除了兴安落叶松外，很少有其他树种生长，甚至白桦数量也很少。

⑤杜香泥炭藓兴安落叶松林，也属于坡地湿润林型组，是杜香兴安落叶松林进一步沼泽化的结果，分布面积不大，多分布在正阴坡地形略微平坦之处。土壤过湿，永冻层表面的溶解层更加浅，所以土温低。土壤为沼泽土，表层常有 20~30cm 的泥炭层。地位级低，为Ⅳ~Ⅴ级。

该林型结构简单，为纯林，不见其他树种如白桦混交。

⑥塔头兴安落叶松林，属于谷地林型组，多分布于宽的河谷。地势平坦，雨季时地表积水的特点非常突出。由于积水严重，苔草类植物的草丛逐年向上生长，最后形成了塔头。由于积水多，土壤未腐殖质沼泽土，地位级低，为Ⅳ~Ⅴ级。乔木层稀疏，兴安落叶松呈不规则的团状分布。

⑦丛桦兴安落叶松林属于谷地林型组，分布范围较广，但每块面积不大。多分布于河谷地带，常与丛桦沼泽相连。土壤水分过多，地下水位浅。乔木层多为兴安落叶松纯林，有时有少量白桦。

除了作为落叶针叶林的兴安落叶松林以外，还分布着樟子松林、偃松矮曲林，不过它们的面积都较小。还分布着阔叶林，有岳桦林、白桦林、黑桦林、蒙古栎林、山杨林、甜杨林和钻天柳林。除了白桦林外，其他的类型分布也比较局限。白桦在大兴安岭地区经常和兴安落叶松伴生，但是它们二者在分布格局上还是有一定的差别的。白桦不如落叶松抗风能力强，耐寒力也稍逊，所以它们在高海拔和山顶的分布受到限制，对于在低温沼泽地上的生长能力，更不如兴安落叶松，故在沼泽地上白桦少见。白桦林多分布在土壤比较干燥到适中，土壤肥力较高的立地，所以它们的林型主要有草类白桦林和杜鹃白桦林（顾云春，1986）。草类白桦林最典型，它的立地与草类兴安落叶松林大体相同。乔木层常有兴安落叶松占一定比例与之混交，并且前者的年龄常常要大大超过白桦。偶尔也有山杨和黑桦混交。

6.2　研究方案

6.2.1　研究内容及技术路线

①过伐林水平结构特征研究：主要研究落叶松过伐林直径结构、组成结构、林木分布格局、林分分化等结构特点。阐明过伐林径级分布规律，分析林分结构、母树分布以及种间关系对更新格局影响，分析林分结构对枯立木格局成因。

②过伐林垂直结构特征研究：主要研究过伐林垂直层各层高度，各层径级分布、树种组成、蓄积量以及林木格局等结构特点。分析林分演替趋势。

③过伐林林分空间利用技术研究：界定林分空间利用率，揭示过伐林水平空间和垂直空间填补规律。为林分结构优化，间伐对象设定，人工补植位置，林分演替调控等技术措施，提供依据和参考。

④过伐林结构与功能关系研究：主要研究不同结构特征的落叶松过伐林蓄积量、生物量生产力、碳储存特征，分析林分结构灌草植物多样性和土壤改良效果等的影响规律。

⑤过伐林生态功能计量：从涵养水源、保育土壤、固碳释氧、营养物质积累、净化大气环境、物种保育 6 个方面定量评价内蒙古大兴安岭林区 5 个优势树种(兴安落叶松、白桦、山杨、樟子松、蒙古栎)的森林生态服务功能。

⑥过伐林结构优化技术研究：在以生态功能优先，兼顾木材生产和碳储存等主导功能为经营目标，提出针对不同结构过伐林林分结构优化技术。采取人工补植、人工辅助更新、抚育间伐、诱导混交等技术措施，调控树种组成、林木格局、垂直结构，提高林分空间利用率等。并进行案例分析形式，提出具体措施。

研究技术路线见图 6-1。

6.2.2　研究方法

6.2.2.1　标准地设置和基本调查

为保证实验数据可比性、实用性，提高实验数据可靠性、代表性，在认真踏查基础上，选择具有代表性的森林群落类型，按不同的林分因子和立地因子，共设置 14 块标准地。在立地条件相似的前提下，采用空间代替时间的办法，使其林龄、林分密度、树种组成等林分因子形成梯度，以便对不同结构的林分特征进行比较分析。

为了充分反映林分结构特征，保证调查数据精度，标准地内确保足够的林木株数，根据要求的林木株数来确定标准地面积。本实验按照"在幼龄林标准地内至少应有 300 株以上的林木，在中龄林标准地内至少应有 250 株以上的林木"的原则，预先选定 400m² 的样地一块，查数株数，据以推算标准地所需面积。

为标准地形状方形标准地，面积 20m × 30m、30m × 30m、30m × 40m、40m × 40m

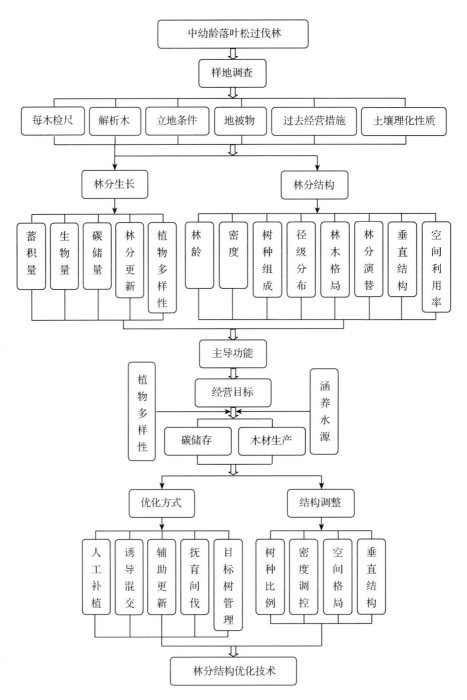

图6-1　研究技术路线框架图

等。在其内设5个直径为2m×2m和1m×1m的样方，主要用于调查灌木、草本和死地被物等。

在标准地内进行每木检尺，量测每株林木的胸径、树高、冠幅、枝下高，调查记载标准地立地因子以及更新状况等。在5个样方内调查林下植被、土壤、死地被物等。在每木检尺的基础上，按不同标准地林木生长状况，落叶松白桦混交林每块标准地分树种（落叶松和白桦）选择平均标准木各 1 株，进行树干解析。

6.2.2.2　生物量的测定

（1）乔木生物量

在标准地每木调查基础上，每块标准地选择 1 株平均木（落叶松、白桦）。伐倒后对根颈以上部分采取分层切割法，测定各层器官鲜重和干重（马雪华，1994）。测干重时，在实验室烘箱中烘干至恒重（树干置于 105℃；皮、枝、叶置于 85℃；烘干的标准是最后两次的称质量相对误差≤0.5%），求出各部分的干重与鲜重的比，在以各部分的鲜重乘以干重率就得出各部分的干重。

单株树干生物量：将解析木按 1 m 分段现场测定其鲜重，并截取圆盘，在实验室测定干重，计算不同区分段含水率，推算解析木树干生物量。

单株枝、叶和皮生物量：测定解析木所有枝年龄、基径和枝长，记载枝叶生长状况（全叶枝、半叶枝、无叶枝或枯枝）。并将树冠分上、中、下三层，每层东、西、南、北等四个方向各截取 2 个样枝，共 24 样枝，剥取其上全部叶片、果，现场测定鲜重。将枝、叶和果等各器官分别带回实验室，测定干重。利用样枝基径和枝长，建立枝、叶和皮等各器官生物量模型，再推算全株枝、叶和皮生物量。树皮生物量根据圆盘树皮体积和干重，推导出。

单株生物量：为单株树干、枝、叶和皮生物量之和。

林分生物量：利用解析木胸径、树高和生物量数据，建立单株各器官生物量模型。根据模型和每木检尺数据，求算林分乔木（兴安落叶松、白桦）总生物量和干、枝、叶和皮等各器官生物量。

（2）灌、草生物量

在标准地内所设 5 个样方中，分别进行灌木和草本的直接收获量测定鲜重，按鲜重比例取样品，在实验室放入置于 85℃ 的烘箱中烘干至恒重（烘干的标准是最后两次的称质量相对误差≤0.5%）测定干重。再推算标准地灌木和草本地上生物量。

（3）枯落物生物量

用"样方收获法"测定林下植被和凋落物，从标准地 5 个样方中收集枯枝落叶，测定鲜重，并按鲜重比例取样品在实验室放入置于 85℃ 的烘箱中烘干至恒重（烘干的标准是最后两次的称质量相对误差≤0.5%）测定干重。再推算标准地枯枝落叶的生物量。

6.2.2.3　林木空间格局调查

林木坐标测定：以标准地西南角作为坐标原点，用皮尺测量每株树木在该标准地内的相对坐标(X, Y)，X 表示东西方向坐标，Y 表示南北方向坐标。

聚集系数计算：应用方差/均值比率法$(V/\bar{X})$、平均拥挤度$(\bar{M})$、聚块性指标$(\bar{M}/M)$、丛生指标(I)、负二项参数(K)、Cassie 指标(CA)等 6 种聚集度指标的方法共同检验（惠刚盈等，2007；李婷婷等，2009），每块标准地林木空间格局。应用 Excel 软件，对数据的计算及处理。运用 SPSS Statistics 17.0 软件，进行相关性分析以及检验等数据统计分析。

6.2.2.4　林分演替规律调查

将林分垂直分为更新层、演替层和主林层等 3 个层次。从主林层、演替层和更新层等各层高度、分层记录不同树种胸径、树高和年龄等，分析进入不同层次的主要树种年龄和生长规律等。

6.2.2.5　土壤理化性质测定

在标准地对角线上设置个 1~2 个土壤剖面，测定土壤密度和土壤含水率等物理性质。测定土壤有机质质量分、全量养分质量分数(全氮、全磷、全钾)等化学性质。

从每土层中采集土样 15~20g 放入铝盒带回实验室，采用烘干法，在 105°C 温度下烘干至恒定重量，测定土壤质量含水量。采用环刀法取样带回实验室烘干后称重量，测算土壤容重。

全氮测定采用半微量凯氏法；全磷测定采用碱熔—钼锑抗比色法(氢氧化钠高温熔融)；全钾测定采用碱熔—火焰光度法(氢氧化钠高温熔融,)；有机质测定采用重铬酸钾氧化—外加热法。

6.2.2.6　碳储量测定

对各解析木的器官(干、干皮、枝、叶、根)进行取样。其中：①干、干皮从树干基部到梢头分段取样；②枝(带皮)从粗枝到细枝按比例取样；③叶混和取样包括不同大小及不同年龄的叶片。采用重铬酸钾—硫酸氧化湿烧法测定含碳率。对各解析木的器官(干、皮、枝、叶)进行取样(取样量 200g 左右)。利用公式估算兴安落叶松林碳储量和碳密度(孙玉军等，2007)。

6.2.2.7　过伐林生态功能计量

(1)评估指标体系的建立

在国内外森林生态系统服务功能评估指标体系研究的基础上，参照《森林生态系统服务功能评估规范》(LY/T1721—2008)，结合大兴安岭森林生态系统特点及森林生态站长期定位观测研究成果，研究提出适合于内蒙古大兴安岭森林生态系统的服务功能评估指标体系，指标体系分为 6 个指标类别，11 个指标因子(图 6-2)。

(2)数据来源与处理

对内蒙古大兴安岭林区的资源数据进行分析，选取 5 个优势树种(组)(兴安落叶松、白桦、山杨、蒙古栎、樟子松)，划分不同龄组(幼龄林、中龄林、近熟林、成过熟林)，结合提出的指标体系。根据《森林生态系统长期定位观测方法》(LY/T1952—2011)在根河、莫尔道嘎、吉文和阿里河等林业局进行的野外调查数据，结合内蒙古大兴安岭 2013 年《资源统计年鉴》中的森林资源调查数据，参照《退耕还林工程生态效益监测国家报告》(2013 年)中的社会公共数据，依据《森林生态系统服务功能评估规范》(LY/T1721—2008)中的实物量评估公式，对内蒙古大兴安岭的森林生态系统服务功能进行评估(郭玉东，2015)。

①优势树种龄组划分：对大兴安岭林区 5 个优势树种(组)的天然林按照幼龄林、中龄林、近熟林、成过熟林四个龄组(表 6-1)划分区域。每个龄组区域的固定样地为独立单元，共 20 个独立单元。将各单元的森林生态服务功能的测算数据进行累加，得到大

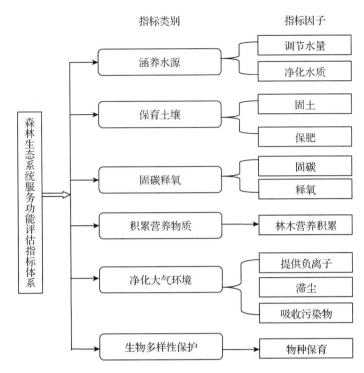

图 6-2　内蒙古大兴安岭森林生态系统的服务功能评估指标体系

兴安岭林区森林生态服务功能的评估结果。

表 6-1　优势树种天然林龄组划分表

树 种	龄　组　划　分					龄级划分
	幼龄林	中龄林	近熟林	成熟林	过熟林	
兴安落叶松/樟子松	40 以下	41~80	81~100	101~140	141 以上	20
白桦/山杨	30 以下	31~50	51~60	61~80	81 以上	10
蒙古栎	40 以下	41~60	61~80	81~120	121 以上	20

②野外调查：在划分的区域内选择典型代表性区域设置固定样地，（样地信息见表 6-2），在样地内完成涵养水源、保育土壤、固碳释氧、营养物质积累、净化大气环境、物种保育六大服务功能指标的观测和数据采集。

植被调查包括乔木、灌木、草本的生物量调查；林木 N、P、K 取样；灌木和草本的多样性调查等；土壤调查包括土壤的物理性质（含水量、容重、孔隙度等）调查；气象与水文观测包括温度、湿度、风速、降水量、树冠截留量、蒸散量、地表径流等；环境调查包括林分负氧离子浓度、滞尘量、吸收污染物等。

表 6-2　标准地基本信息

	龄组	样地面积 （m²）	密度 （株/hm²）	坡度 （°）	平均胸径 （cm）	平均树高 （m）	海拔 （m）
兴安 落叶松	幼龄林	400	6050	20	5.8	7.6	501
	中龄林	600	2400	7	17.6	15.8	842
	近熟林	600	1100	8	22	20.2	839
	成过熟林	1000	610	< 5	27.3	23.1	834
白桦	幼龄林	1600	4856	7	8.4	8.7	869
	中龄林	600	2967	9.5	10.4	9.2	882
	近熟林	1600	1263	12	13.35	10.3	810
	成过熟林	1600	782	7.5	16.9	14.7	877
山杨	幼龄林	400	6475	8	7.36	8.99	843
	中龄林	600	2167	14	11.3	11.7	898
	近熟林	600	1978	24	16.1	12.57	891
	成过熟林	900	844	9	18.6	16.4	884
樟子松	幼龄林	400	5320	7	7.2	8.9	524
	中龄林	600	2380	< 5	11.4	9.4	513
	近熟林	600	1255	11	22	15.8	537
	成过熟林	1200	680	10	28.3	20.5	468
蒙古栎	幼龄林	900	5300	21	3.5	3.2	494
	中龄林	1200	2160	30	5.1	6.3	481
	近熟林	1600	1327	17	9.7	9.3	490
	成过熟林	1600	751	34	14.6	12.5	472

　　③室内实验：将植物样品和土壤样品带回实验室进行化学分析。参考《土壤农化分析》进行土壤有机质含量、含氮量、含磷量、含钾量和林木含氮量、含磷量、含钾量的测定，测定方法见表 6-3。

表 6-3　土壤、植物养分测定方法表

名称	单位	测定方法
土壤有机质含量	%	重铬酸钾容量法 - 外加热法
土壤含氮量（全氮）	%	半微量开氏法
土壤含磷量（全磷）	%	钼锑抗比色法
土壤含钾量（全钾）	%	火焰光度法
林木含氮量（全氮）	%	浓 H_2SO_4 - H_2O_2 消煮、凯氏法
林木含磷量（全磷）	%	酸溶 - 钼锑抗比色法
林木含钾量（全钾）	%	火焰光度法

④定性与定量相结合的分析方法：利用提出的森林生态系统服务功能评估指标体系，应用定性与定量相结合的分析方法，进行实物量和价值量的评估，对大兴安岭 5 个优势树种的森林生态系统六大服务功能进行定量评估，并分析其不同龄组林分的物质量和价值量的动态变化规律。综合评估大兴安岭森林生态系统服务功能。

⑤评估公式参考《森林生态系统服务功能评估规范》（LY/T1721—2008）

6.3　兴安落叶松过伐林可持续经营试验研究

6.3.1　兴安落叶松过伐林结构特征

6.3.1.1　兴安落叶松过伐林水平结构

（1）兴安落叶松过伐林径级结构

①径级分布：根据径级分布曲线的特点，将 14 块标准地直径结构可分成 3 种类型：反"J"形分布型、左偏单峰山状分布型和基本对称的单峰山状分布型（图 6-3、图 6-4）。标准地 1~7、11、13 和 14 林木径级分布呈典型的反"J"形分布型；标准地 8、9 和 12 呈左偏单峰山状分布型；标准地 10 呈基本对称的单峰山状分布型。其中，反"J"形分布型以 4 径阶株数为最多；左偏单峰山状分布型的峰值出现在 8 径阶处；基本对称的单峰山状分布型的峰值出现在 10 径阶处。

标准地 1（34~36cm 径阶）、6（24~26cm 径阶）、7（22cm、32~40cm 径阶）、8（28~32cm 径阶）、10（22cm 径阶）和 14（32cm 径阶）径阶分布有缺失现象（图 6-3、图 6-4）。缺失的径阶范围为 22~40cm 径阶，以中大径木（14 – 36cm）为主，也有少量特大径阶木（38cm 以上）。这主要是由过去采伐干扰所致。

②林木分化：尽管各标准地林分分化程度不同，1~5 级木株数比例有较大的差异（图 6-5）。但也能看出普遍的规律：各标准地 5 级木比例相对较少，除了标准地 1 和 14 之外其他标准地无 5 级木；4 级木或 3 级木比例最高，标准地 3、8、9 和 10 等 4 块标准地 3 级木比例最高，其他 10 块标准地 4 级木比例均最高。各标准地 1~5 级木比例变幅分别为：8.7%~18.7%、5.9%~27.6%、16.3%~47.3%、16.3%~49.6%、3.9%~17.8%。平均比例分别为：14.3%、18.1%、31.4%、34.7%、10.8%。将各级木按照平均株数比例从高到低的排序为：4 级木 > 3 级木 > 2 级木 > 1 级木 > 5 级木。

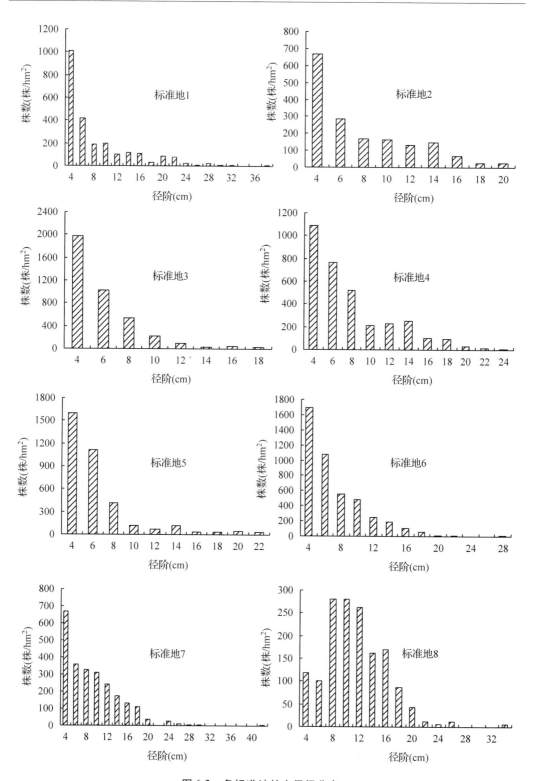

图6-3   各标准地林木径级分布

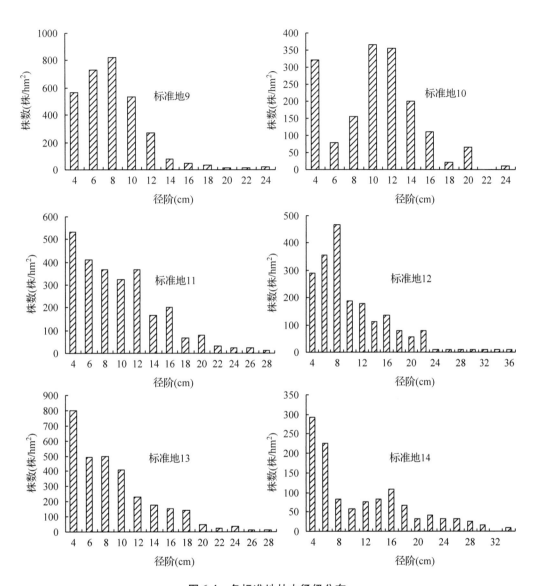

图 6-4　各标准地林木径级分布

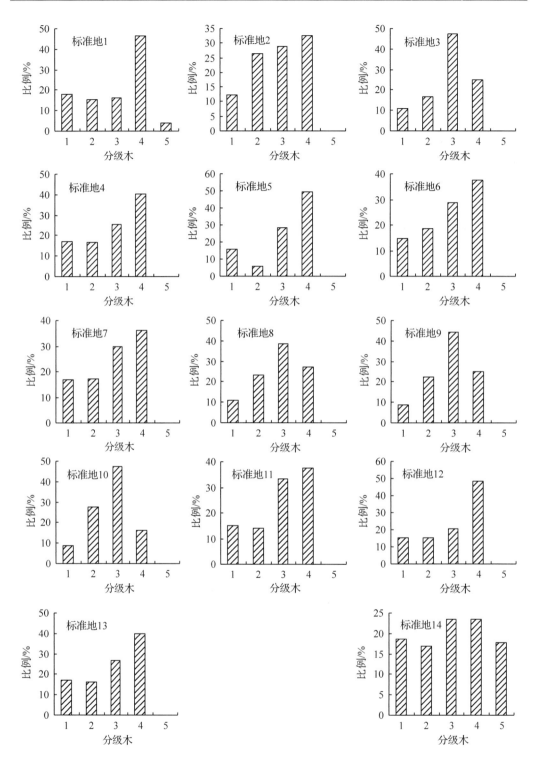

图6-5　各标准地林分分级木株数比例

按照 1 级木和 2 级木划入优势木，3 级木划入平均木，4 级木和 5 级木划入被压木的划分方法，将上述 1~5 级木分为优势木、平均木和被压木等 3 类（表 6-4）。各标准地优势木、平均木和被压木株数比例范围分别为：21.8%~38.7%、16.3%~47.3%、16.3%~50.4%。平均株数比例分别为：32.4%、31.4%、36.2%。

表 6-4　各标准地分级木株数比例（%）

标准地号	优势木	平均木	被压木
1	33.3	16.3	50.4
2	38.7	28.8	32.5
3	27.6	47.3	25.1
4	34.1	25.4	40.5
5	21.8	28.6	49.6
6	33.6	28.8	37.6
7	33.9	30.0	36.1
8	34.2	38.6	27.2
9	30.9	44.3	24.8
10	36.6	47.2	16.3
11	29.0	33.3	37.6
12	31.0	20.6	48.4
13	33.3	26.9	39.8
14	35.5	23.4	41.1
平均	32.4	31.4	36.2

（2）兴安落叶松过伐林林木格局

①更新幼树格局

A. 林木格局：8 块标准地林分和更新幼树总体分布格局均呈聚集分布（表 6-5）。林分和各更新树种分布格局表现相对一致。其中，落叶松和白桦更新幼树格局均为聚集分布。而 5、6 号标准地山杨更新幼树呈均匀分布，主要原因是这 2 块标准地山杨更新幼树很少，分别仅 2 株和 1 株（表 6-6）。

林分和更新幼树格局参数具有相关性，林分 $V/\bar{X}$、$\bar{M}$、$\bar{M}/M$、I、CA 等 5 个参数与更新幼树 $V/\bar{X}$、$\bar{M}$、I 等 3 个参数呈正相关（表 6-7）。尤其更新幼树 $V/\bar{X}$ 和 I 等 2 个指标与林分 5 个指标均有相关性。原因是林分整体格局包含了更新幼树的格局，在 64 个样方内的林木株数和其相互差异性确定了林木格局，也影响了更新幼树的格局。林分更新密度与林分和更新幼树的格局有相关关系，与更新幼树 $V/\bar{X}$、$\bar{M}$、I 等 3 个指标和林分 $\bar{M}$ 指标均呈正相关（表 6-8）。说明，更新幼树的格局不仅受林分更新株数影响，也受林分格局的影响。$V/\bar{X}$、$\bar{M}$、I 等指标计算公式中均含有林木的平均株数和方差两个关键因子。当更新幼树株数增加时，这两个因子的数值也随之变化。

表 6-5 各标准地林分和更新幼树空间格局

标准地号	项目	空间格局参数						空间格局
		$V/\bar{X}$	$\bar{M}$	$\bar{M}/M$	I	K	CA	
1	林分	2.29	9.15	1.16	1.29	6.09	0.16	聚集分布
	更新幼树	2.23	4.37	1.39	1.23	2.55	0.39	聚集分布
2	林分	4.56	15.73	1.29	3.56	3.42	0.29	聚集分布
	更新幼树	5.65	13.84	1.51	4.65	1.98	0.51	聚集分布
3	林分	3.96	20.62	1.17	2.96	5.95	0.17	聚集分布
	更新幼树	3.90	14.86	1.24	2.90	4.13	0.24	聚集分布
4	林分	3.43	15.55	1.19	2.43	5.40	0.19	聚集分布
	更新幼树	3.53	9.84	1.35	2.53	2.89	0.35	聚集分布
5	林分	2.58	14.83	1.12	1.58	8.39	0.12	聚集分布
	更新幼树	3.58	10.46	1.33	2.58	3.05	0.33	聚集分布
6	林分	7.74	24.65	1.38	6.74	2.66	0.38	聚集分布
	更新幼树	6.12	14.40	1.55	5.12	1.81	0.55	聚集分布
7	林分	2.48	9.83	1.18	1.48	5.66	0.18	聚集分布
	更新幼树	1.84	4.51	1.23	0.84	4.38	0.23	聚集分布
8	林分	1.61	7.01	1.09	0.61	10.53	0.09	聚集分布
	更新幼树	2.98	4.65	1.74	1.98	1.35	0.74	聚集分布

表 6-6 各标准地不同更新幼树空间格局

标准地号	树种	空间格局参数						空间格局
		$V/\bar{X}$	$\bar{M}$	$\bar{M}/M$	I	K	CA	
1	落叶松	1.98	2.54	1.63	0.98	1.59	0.63	聚集分布
	白桦	2.48	2.46	2.53	1.48	0.65	1.53	聚集分布
	山杨	4.30	3.91	6.40	3.30	0.19	5.40	聚集分布
2	落叶松	5.62	6.43	3.55	4.62	0.39	2.55	聚集分布
	白桦	5.63	11.35	1.69	4.63	1.45	0.69	聚集分布
	山杨	1.70	0.93	3.98	0.70	0.34	2.98	聚集分布

（续）

标准地号	树种	空间格局参数						空间格局
		$V/\bar{X}$	$\bar{M}$	$\bar{M}/M$	I	K	CA	
3	落叶松	4.59	7.35	1.95	3.59	1.05	0.95	聚集分布
	白桦	2.82	8.24	1.28	1.82	3.54	0.28	聚集分布
	山杨	2.41	1.56	11.06	1.41	0.10	10.06	聚集分布
4	落叶松	2.10	5.37	1.26	1.10	3.86	0.26	聚集分布
	白桦	5.71	7.55	2.65	4.71	0.60	1.65	聚集分布
	山杨	7.88	7.00	56.00	6.88	0.02	55.00	聚集分布
5	落叶松	3.12	4.20	2.02	2.12	0.98	1.02	聚集分布
	白桦	3.77	8.23	1.51	2.77	1.97	0.51	聚集分布
	山杨	0.92	0.00	0.00	−0.08	−1.00	−1.00	均匀分布
6	落叶松	6.64	14.24	1.66	5.64	1.52	0.66	聚集分布
	白桦	2.53	2.19	3.34	1.53	0.43	2.34	聚集分布
	山杨	0.98	0.00	0.00	−0.02	−1.00	−1.00	均匀分布
7	落叶松	2.78	3.46	2.05	1.78	0.95	1.05	聚集分布
	白桦	2.35	2.65	2.04	1.35	0.96	1.04	聚集分布
	山杨	1.53	1.15	1.84	0.53	1.19	0.84	聚集分布
8	落叶松	1.63	1.00	2.67	0.63	0.60	1.67	聚集分布
	白桦	3.01	3.95	2.04	2.01	0.96	1.04	聚集分布
	山杨	1.57	0.91	2.64	0.57	0.61	1.64	聚集分布

表 6-7　林分与更新幼树空间格局参数相关性分析

林分	更新幼树	R^2	P	N
$V/\bar{X}$	$V/\bar{X}$	0.861**	0.006	8
$V/\bar{X}$	$\bar{M}$	0.762*	0.028	8
$V/\bar{X}$	I	0.861**	0.006	8
$\bar{M}$	$V/\bar{X}$	0.792*	0.019	8
$\bar{M}$	$\bar{M}$	0.916**	0.001	8
$\bar{M}$	I	0.792*	0.019	8
$\bar{M}/M$	$V/\bar{X}$	0.799*	0.017	8
$\bar{M}/M$	I	0.799*	0.017	8
I	$V/\bar{X}$	0.861**	0.006	8
I	$\bar{M}$	0.762*	0.028	8
I	I	0.861**	0.006	8
CA	$V/\bar{X}$	0.799*	0.017	8
CA	I	0.799*	0.017	8

注：＊表示 0.05 水平上显著，＊＊表示 0.01 水平上显著。

表6-8　更新密度与林分、更新幼树空间格局相关性分析

项目	幼树空间格局指标			林分空间格局指标
	$V/\bar{X}$	$\bar{M}$	I	$\bar{M}$
R^2	0.717*	0.973**	0.717*	0.888**
P	0.045	0.000	0.045	0.003
N	8	8	8	8

注：* 表示0.05水平上显著，* * 表示0.01水平上显著。

B. 更新格局与 $D \geqslant 10\text{cm}$ 林木关系：林下更新位置和格局均与 $D \geqslant 10\text{cm}$ 林木有关系（表6-9、表6-10）。更新幼树与 $D \geqslant 10\text{cm}$ 林木位置的相关性关系在8块标准地中均有体现（表6-9）。其中，$D \geqslant 10\text{cm}$ 落叶松和白桦更新位置关系较普遍，共有7块标准地。2号标准地是白桦纯林，不存在两者相关关系。$D \geqslant 10\text{cm}$ 落叶松和落叶松、山杨更新位置有相关性关系的标准地数分别为：3块和1块。$D \geqslant 10\text{cm}$ 白桦和落叶松、白桦、山杨更新位置相关性关系的标准地数分别为：3、2和1块。$D \geqslant 10\text{cm}$ 山杨和落叶松更新位置有相关性关系的标准地仅有2块，与白桦和山杨更新位置无相关关系（表6-9），这与在树种组成中杨树成数较少的缘故（表6-4）。兴安落叶松以种子更新为主，而白桦萌生枝条比较多（徐鹤忠等，2006）。从相关性分析结果看，$D \geqslant 10\text{cm}$ 落叶松与落叶松更新位置有正相关也有负相关关系，如标准地6、7和1，种内关系表现可能与距离有关系。而 $D \geqslant 10\text{cm}$ 白桦与白桦更新位置呈正相关，如标准地2和4，这是与白桦萌芽更新有关系。$D \geqslant 10\text{cm}$ 白桦与落叶松更新位置呈负相关，如标准地2、6、7，白桦萌生枝条影响落叶松种子接触土壤，阻碍落叶松的更新。反之，$D \geqslant 10\text{cm}$ 落叶松与白桦更新位置呈正相关，如标准地1、3~8，落叶松种子具有一定飞散能力（罗菊春，1979；韩铭哲，1994；曲晓颖等，2002），一定程度上具有更新位置的不确定性和灵活性的特点，这对白桦的更新腾出缝隙，有利于其萌芽。因此，$D \geqslant 10\text{cm}$ 落叶松对白桦更新具有促进、庇护的作用。

$D \geqslant 10\text{cm}$ 林木格局与更新幼树的分布格局也有关系。如 $D \geqslant 10\text{cm}$ 林木 K 指标与更新幼树的 $V/\bar{X}$、I 等2个格局指标呈正相关关系（表6-10）。说明，$D \geqslant 10\text{cm}$ 林木数量及其样方间株数差异将直接影响更新幼树。

表6-9　$D \geqslant 10\text{cm}$ 林木与更新幼树位置相关性分析

标准地号	$D \geqslant 10\text{cm}$ 林木	更新幼树	R^2	P	N
1	落叶松	落叶松	-0.268*	0.023	72
	落叶松	白桦	0.534**	0.000	70
2	白桦	落叶松	-0.411**	0.000	138
	白桦	山杨	0.430*	0.018	30
	白桦	白桦	0.300**	0.000	138

（续）

标准地号	$D \geqslant 10cm$ 林木	更新幼树	R^2	P	N
3	落叶松	白桦	-0.306^{*}	0.014	64
4	白桦	白桦	0.391^{**}	0.000	136
	落叶松	白桦	0.431^{**}	0.000	130
	落叶松	山杨	0.895^{**}	0.000	16
5	落叶松	白桦	0.787^{**}	0.000	28
6	落叶松	落叶松	0.338^{**}	0.000	168
	山杨	落叶松	0.841^{*}	0.036	6
	落叶松	白桦	0.346^{**}	0.001	84
	白桦	落叶松	-0.290^{**}	0.002	114
7	落叶松	落叶松	0.320^{**}	0.000	176
	山杨	落叶松	-0.564^{*}	0.023	16
	落叶松	白桦	0.643^{**}	0.000	166
	白桦	落叶松	-0.325^{**}	0.002	92
8	落叶松	白桦	0.507^{**}	0.000	208

注：$*$ 表示 0.05 水平上显著，$**$ 表示 0.01 水平上显著。

表 6-10　$D \geqslant 10cm$ 林木与更新幼树空间格局参数相关性分析

$D \geqslant 10cm$ 林木	更新幼树	R^2	P	N
K	$V/\bar{X}$	0.735^{*}	0.038	8
K	I	0.735^{*}	0.038	8

注：$*$ 表示 0.05 水平上显著。

②枯立木格局

A. 枯立木径级分布：各标准地枯立木株数和各树种的比例有所不同。各树种枯立木比例与树种组成成数直接有关。成数越大，该树种枯立木比例也越大（表 6-11）。8 号标准地枯立木比例最高为山杨而并非落叶松，这可能除了枯立木总株数少之外还与林分密度、林木格局等结构有关系。

枯立木径级分布较广，16 径阶以下均有枯立木，但主要集中在 4 径阶以下（图 6-6）。8 块标准地 4 径阶以下枯立木株数占总数的比例分别为：41.5%、85.2%、96.3%、75%、100%、92.6%、66.7%、100%。说明，中幼龄林枯立木主要形成于更新幼树阶段。在更新幼树（含枯立木）中，生成枯立木的比例平均达 8.8%。8 块标准地比例分别为：26.6%、4.6%、3.9%、2.5%、4.7%、15.4%、7.2%、5.6%。

表 6-11　标准地基本情况

标准地号	面积（m×m）	林分高（m）	密度（株/hm²）	树种组成	枯立木密度（株/hm²）	枯立木树种比例(%)			更新密度（株/hm²）
						落叶松	白桦	山杨	
1	30×30	13.2	1433	5 落 3 桦 2 杨	456	92.7	4.9	2.4	1256
2	40×40	9.9	1019	9 桦 1 落 + 杨	169	14.8	81.5	3.7	3675
3	40×40	9.4	1994	6 桦 4 落 + 杨	169	14.8	70.4	14.8	4788
4	40×40	10.9	2238	5 落 5 桦 - 杨	75	41.7	58.3	0.0	2925
5	20×30	10.5	1983	5 桦 5 落 + 杨	150	11.1	88.9	0.0	3150
6	40×40	10.7	2775	7 落 3 桦 + 杨	675	90.7	9.3	0.0	3713
7	40×40	10.9	1750	6 落 3 桦 1 杨	113	72.2	11.1	16.7	1475
8	40×40	12.1	1425	7 落 3 桦 + 杨	63	0.0	40.0	60.0	1069

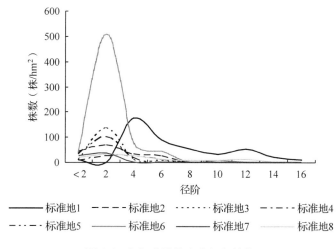

图 6-6　各标准地枯立木径级结构

B. 枯立木空间格局：各标准地枯立木分布格局均表现为聚集分布（表 6-12）。根据相关性分析结果，林分与枯立木空间格局无相关关系。说明，林分空间格局对枯立木格局无显著影响。但枯立木株数与林分和枯立木格局有相关关系（表 6-13）。林分 $V/\bar{X}$、$\bar{M}/M$、I、CA 等 4 个指标和枯立木 $V/\bar{X}$、$\bar{M}$、I 等 3 个指标与枯立木株数均呈正相关关系（表 6-13）。林分空间格局聚集度越大，形成枯立木的可能性越大，枯立木数量就越多。在林木更新阶段，聚集分布格局会满足幼苗的生长需要，可以群聚的形式来增强对其他植物种竞争的能力（韩铭哲，1994）。但在后期生长阶段，在竞争中淘汰一部分林木来释放空间。随着枯立木的数量增加，在林分调查各样方内枯立木平均株数也随之增加，并且样方间株数差异随之加大的可能性。从而影响了枯立木的空间分布格局。

表 6-12　各标准地林分和枯立木空间格局

标准地号	项目	空间格局参数						空间格局
		$V/\bar{X}$	$\bar{M}$	$\bar{M}/M$	I	K	CA	
1	林分	2.29	9.15	1.16	1.29	6.09	0.16	聚集分布
	枯立木	2.11	2.24	1.97	1.11	1.03	0.97	聚集分布
2	林分	4.56	15.73	1.29	3.56	3.42	0.29	聚集分布
	枯立木	1.28	0.71	1.63	0.28	1.58	0.63	聚集分布
3	林分	3.96	20.62	1.17	2.96	5.95	0.17	聚集分布
	枯立木	2.16	1.80	2.82	1.16	0.55	1.82	聚集分布
4	林分	3.43	15.55	1.19	2.43	5.40	0.19	聚集分布
	枯立木	1.10	0.31	1.51	0.10	1.94	0.51	聚集分布
5	林分	2.58	14.83	1.12	1.58	8.39	0.12	聚集分布
	枯立木	1.96	1.33	3.56	0.96	0.39	2.56	聚集分布
6	林分	7.74	24.65	1.38	6.74	2.66	0.38	聚集分布
	枯立木	2.68	3.37	2.00	1.68	1.00	1.00	聚集分布
7	林分	2.48	9.83	1.18	1.48	5.66	0.18	聚集分布
	枯立木	1.55	0.84	2.84	0.55	0.54	1.84	聚集分布
8	林分	1.61	7.01	1.09	0.61	10.53	0.09	聚集分布
	枯立木	1.19	0.36	2.12	0.19	0.90	1.12	聚集分布

表 6-13　枯立木株数与林分和枯立木格局参数相关系数

项目	林分格局参数				枯立木格局参数		
	$V/\bar{X}$	$\bar{M}/M$	I	CA	$V/\bar{X}$	$\bar{M}$	I
R^2	0.874**	0.808*	0.874**	0.808*	0.792*	0.895**	0.792*
P	0.005	0.015	0.005	0.015	0.019	0.003	0.019
N	8	8	8	8	8	8	8

C. 林木株数影响：标准地林木株数和更新幼树数量对枯立木株数有显著影响。尽管林分密度与枯立木株数无显著相关。但样方内的林木株数与枯立木株数间有显著的相关关系。除了标准地 4 和 5 以外，其他标准地林分全株数或更新株数与枯立木株数呈正相关关系（表 6-14）。其中，标准地林木全株数和枯立木株数的相关性较为普遍。样方内的更新株数的差异性（图 6-6），导致了各标准地相关关系的变量并非完全一致（表 6-14）。说明，标准地林木株数较多前提下，更新株数增加时枯立木数量也随之增多。

表 6-14　枯立木株数与更新幼树和标准地全株数的相关系数

标准地号	变量	R^2	P	N
1	全株数	0.379 *	0.023	36
2	更新株数	0.269 *	0.032	64
	全株数	0.374 * *	0.002	64
3	更新株数	0.288 *	0.021	64
	全株数	0.420 * *	0.001	64
6	更新株数	0.472 * *	0.000	64
	全株数	0.659 * *	0.000	64
7	全株数	0.493 * *	0.000	64
8	更新株数	0.289 *	0.0206	64
	全株数	0.371 * *	0.003	64

注：* 表示 0.05 水平上显著，* * 表示 0.01 水平上显著。

D. 枯立木位置：明确了出现枯立木的可能原因后，如何确定枯立木形成的位置。这是关键而又非常困难的问题。枯立木坐标与更新幼树和大树坐标有显著的相关关系（表 6-15）。主要表现为落叶松和白桦相互关系，但标准地之间差异较大。由于山杨组成成数少的缘故，无相关关系。大树对枯立木形成影响较更新幼树大。其中，落叶松大树影响较白桦大树强，落叶松更新幼树较白桦更新幼树明显。白桦更新幼树对形成落叶松枯立木无显著影响（表 6-15），这可能与白桦萌芽更新有关，存在丛生白桦的缘故。受影响的枯立木主要是树种组成成数高、枯立木株数中所占比例高的树种（表 6-15、表 6-12）。而影响枯立木出现位置的林木主要取决于其数量和位置，也就是其样方内（5m 范围内）的林木株数和位置关系等。枯立木出现位置主要在大树和更新幼树集聚区域。另外，林木聚集程度越高，则容易形成枯立木（表 6-12、表 6-13、图 6-7）。如标准地 1 大树和更新幼树数量相当，但之所以更新幼树影响枯立木位置是枯立木主要更新幼树比较分散与枯立木周围（图 6-7）。

表 6-15　枯立木坐标与更新幼树和大树坐标的相关系数

标准地号	枯立木	变量	R^2	P	N
1	落叶松	落叶松更新幼树	0.271 *	0.018	76
3	白桦	白桦更新幼树	0.727 * *	0.000	38
	白桦	白桦大树	0.519 * *	0.001	38
	落叶松	落叶松大树	0.739 *	0.036	8
4	白桦	落叶松大树	0.534 *	0.049	14
5	白桦	落叶松大树	0.642 * *	0.007	16
6	白桦	落叶松更新幼树	0.611 * *	0.004	20
	落叶松	落叶松更新幼树	0.487 * *	0.000	198
	落叶松	白桦大树	0.365 * *	0.000	198
	落叶松	落叶松大树	− 0.310 * *	0.000	198

注：* 表示 0.05 水平上显著，* * 表示 0.01 水平上显著。

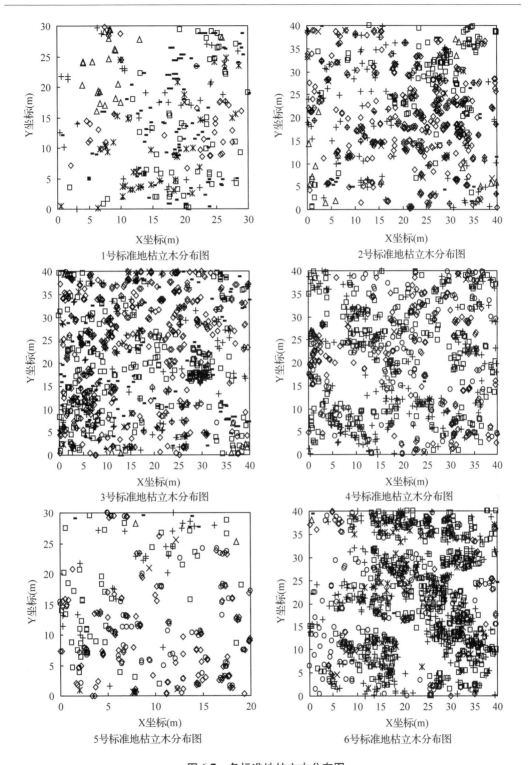

图6-7 各标准地枯立木分布图

◇白桦幼树，□落叶松幼树，△山杨幼树，×白桦枯立木，
＊落叶松枯立木，○白桦大树，＋落叶松大树，－山杨大树

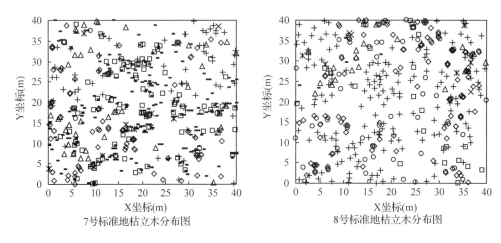

7号标准地枯立木分布图　　　　　8号标准地枯立木分布图

图 6-7　各标准地枯立木分布图(续)

◇白桦幼树，□落叶松幼树，△山杨幼树，×白桦枯立木，
＊落叶松枯立木，○白桦大树，＋落叶松大树，－山杨大树

6.3.1.2　兴安落叶松过伐林过伐林垂直结构

(1)林层划分法

树冠光竞争高度(canopy competition height，CCH)(Latham P A et al，1998；Ishii H T et al，2004；郑景明等，2007；2010)原理划分垂直分层。树冠光竞争高度分层方法将垂直空间具体化、定量化，是采用树高和冠长进行树木垂直层次划分的方法(郑景明等，2010)。树冠光竞争高度计算公式为：$CHH = aC_l + H_w$。式中：CHH 为树冠光竞争高度(m)；a 为截止系数；C_l 为树冠长度(m)；H_w 为枝下高(m)。

本研究对树冠光竞争高度法稍作了改动。以树高和冠长最大的林木 CHH 作为划分林层的依据，计算出各林层高度(各层次高度最低点)。截止系数 a 取值为 0.5。树高大于等于该高度时划入该层次。以此类推，直到所有乔木都被划分完毕或剩余乔木数量小于总株数的 3% 为止。为方便统计分析，将所划分林层划入主林层、演替层和更新层等 3 个层次。具体方法：首先，将调查数据按树高和树冠长度进行降序排列，以树高和树冠长度最大的个体的 CHH 作为第 1 层的树冠光竞争高度($CCH1$)，所有树高大于或等于 $CCH1$ 的树木划入第 1 层中；其次，对于剩余的树高小于 $CCH1$ 的个体，以其中树高和树冠长度最大的树木重新计算第 2 层的树冠光竞争高度($CCH2$)，完成第 2 层的树木筛选；接着进行第 3 层的树冠光竞争高度($CCH3$)的计算和树木的筛选判别(郑景明等，2010)。

标准地情况见表 6-16。

表 6-16　标准地基本情况

标准地号	林分密度（株/hm²）	树种组成	平均胸径（cm）	平均树高（m）	蓄积量（m³/hm²）	空间格局
1	1433	5 落 3 桦 2 杨	13.6	13.2	154.70	聚集分布
2	1019	9 桦 1 落 + 杨	10.8	9.9	62.87	聚集分布
3	1994	6 桦 4 落 + 杨	8.1	9.4	58.19	聚集分布
4	2238	5 落 5 桦 - 杨	10.4	10.9	121.18	聚集分布
5	1983	5 桦 5 落 + 杨	9.1	10.5	74.47	聚集分布
6	2775	7 落 3 桦 + 杨	9.6	10.7	121.16	聚集分布
7	1750	6 落 3 桦 1 杨	12.0	10.9	129.62	聚集分布
8	1425	7 落 3 桦 + 杨	12.8	12.1	112.99	聚集分布
9	2556	7 桦 3 落 - 杨	9.4	10.0	97.28	聚集分布
10	1367	8 落 2 桦	12.2	10.3	96.96	均匀分布
11	2067	8 落 1 桦 1 杨	11.8	10.5	148.75	聚集分布
12	1722	7 落 3 桦 - 杨	12.7	11.1	152.80	聚集分布
13	2233	7 落 3 桦	11.4	10.2	145.77	聚集分布
14	892	9 落 1 桦 - 杨	15.5	10.0	146.52	聚集分布

（2）各层高度

各标准地主林层、演替层和更新层高度变幅分别为 8.8~14.7m、5.3~8.5m、1.0~4.7m。其平均高度分别为 10.9m、6.8m、2.6m（表 6-17）。主林层较演替层高 36.1% 以上，演替层较更新层高 42.5% 以上。随着林分平均高增加，主林层高度也增加，两者在 0.05 水平上显著正相关（$R^2 = 0.555$，$P = 0.039$）。随着主林层高度的增加，演替层高度也增加，两者在 0.01 水平上显著正相关（$R^2 = 0.682$，$P = 0.007$）。标准地 9~14 更新层高度较其他标准地均高。这是在标准地调查时，对 1.3m 以下更新幼树未进行调查，普遍提高了这层次高度所致。

表 6-17　各标准地划分垂直层次高度、树种组成和蓄积量所占比例

标准地号	各层次高度（m）			树种组成			占总蓄积量比例（%）		
	主林层	演替层	更新层	主林层	演替层	更新层	主林层	演替层	更新层
1	14.7	7.3	2.2	4 落 4 桦 2 杨	6 落 3 桦 1 杨	7 落 2 桦 1 杨	66.1	29.9	3.9
2	11.1	7.5	1.1	10 桦 + 杨	8 桦 2 落 + 杨	8 桦 2 落 + 杨	61.1	28.7	10.2
3	9.6	6.3	1.8	5 桦 5 落 + 杨	6 桦 4 落 + 杨	6 桦 4 落 - 杨	47.8	43.7	8.5
4	12.9	7.7	1.0	6 桦 4 落 - 杨	6 落 4 桦 - 杨	8 落 2 桦 - 杨	49.2	41.5	9.3
5	10.0	6.2	2.2	6 落 4 桦 + 杨	8 桦 2 落 - 杨	5 桦 5 落 + 杨	73.2	23.6	3.2
6	13.7	8.5	1.4	5 桦 5 落 + 杨	7 落 3 桦 + 杨	9 落 1 桦 - 杨	33.3	53.5	13.1
7	9.8	7.2	1.7	5 落 4 桦 1 杨	7 落 3 桦 + 杨	7 落 2 桦 1 杨	79.6	15.6	4.9

（续）

标准	各层次高度(m)			树种组成			占总蓄积量比例(%)		
地号	主林层	演替层	更新层	主林层	演替层	更新层	主林层	演替层	更新层
8	10.5	6.9	1.3	7 落 3 桦 + 杨	9 落 1 桦 + 杨	5 桦 3 落 2 杨	87.3	11.6	1.1
9	9.9	6.3	3.9	7 桦 3 落	6 桦 4 落 - 杨	6 落 4 桦	75.6	23.1	1.3
10	10.6	6.8	4.2	7 落 3 桦	8 落 2 桦	6 落 4 桦	57.7	40.2	2.0
11	8.8	5.4	3.6	8 落 1 桦 1 杨	8 落 2 桦	8 落 2 桦	91.2	8.2	0.6
12	10.7	7.5	4.7	7 落 3 桦 - 杨	6 落 4 桦	7 落 3 桦	76.9	20.7	2.5
13	8.9	5.3	3.5	7 落 3 桦	7 落 3 桦	9 落 1 桦	84.5	13.7	1.8
14	11.8	5.7	4.0	9 落 1 桦	8 落 2 桦 + 杨	5 落 4 桦 1 杨	47.4	51.1	1.5

（3）各层径级分布

林分垂直层次各径阶株数明显不同。普遍规律是随着林分层次增高，林木径阶变宽，林木各径阶株数减少，峰值变小并向右移（图 6-8、图 6-9）。更新层径级分布呈反 J 形或左偏单峰型，峰值在 2 径阶处。标准地 9~14 更新层径级分布表现为左偏单峰型，而且峰值在 4 径阶处。这是标准地调查时，对 1.3m 以下更新幼树未进行调查，使得更新层径阶的株数普遍较少，提高了峰值对应的径阶所致。演替层径级分布为左偏单峰型，峰值多数在 8 径阶处。主林层径级分布呈无规则的单峰型，峰值在 8~16 径阶处，其中以 12、14 径阶为多数。而且径阶幅度明显变宽，但株数较更新层和演替层明显减少。

主林层林木直径直接影响林分平均胸径。经相关性分析，林分平均胸径与主林层径级分布峰值在 0.01 水平上极显著正相关（$R^2 = 0.783$，$P = 0.001$）。标准地 7 主林层、标准地 8 主林层和演替层、标准地 12 主林层和标准地 14 主林层和演替层径级分布为均存在缺损现象，这主要是过去择伐所致。

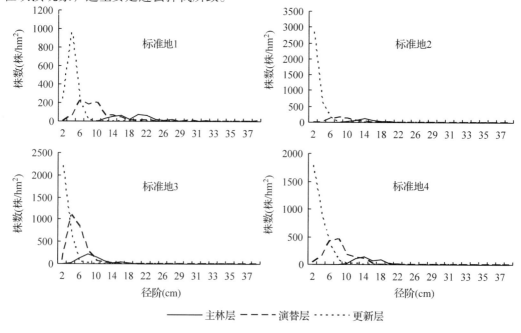

图 6-8　各标准地垂直层次径级分布

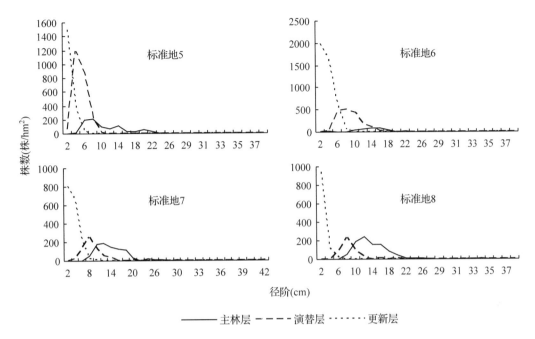

图 6-8　各标准地垂直层次径级分布（续）

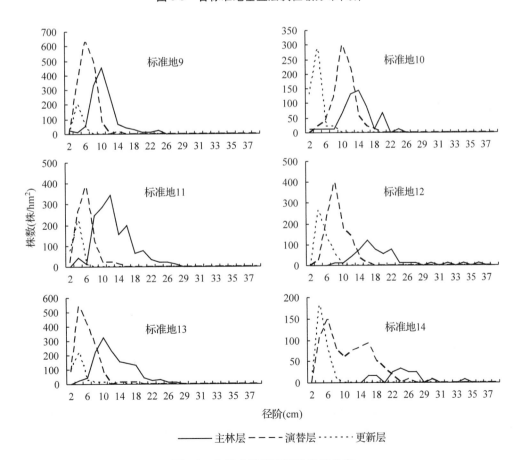

图 6-9　各标准地垂直层次径级分布

(4)各层树种组成

林分各层次树种组成差异较大(表6-17)。主林层树种组成对整个林分树种组成中起到关键作用,与林分树种组成数非常接近。但也有个别标准地演替层树种组成与林分树种组成也接近,如标准地3、6、10和13。主林层的树种组成决定了更新层的树种组成,主林层林木起到母树作用,影响到林下更新树种和组成。但个别标准地更新层树种成数与主林层树种成数不一致,这可能与落叶松和白桦的母树数量和其结实量差异引起的种源有关。如标准地4、6、8和9。从林分垂直层次能看出林分未来演替趋势。植被演替以物种组成和群落结构的变化为主要表征,随着演替的进行,森林群落中较低层次的物种逐渐进入较高层次,使群落上层的物种数和个体数量不断增加(周小勇等,2004)。从演替层看,随着林龄增加,在14块标准地中,未来演替趋势将出现三种可能:一种是落叶松成数增多。如标准地1、2、4、6、7、8、9、10等;另一种是白桦成数逐渐增多。如标准地3、5、11、12、14等;还有一种是树种组成相对稳定,如标准地13等。因此,通过调控主林层、演替层和更新层林木数量比例,来控制林分未来演替趋势是完全有可能的。

(5)各层蓄积量

随着林分垂直层次增高,其蓄积量增大(表6-17)。林分各层蓄积量中主林层所占比例最高,达33.3%~91.2%,平均比例为66.5%。演替层蓄积量所占比例8.2%~53.5%,平均比例为28.9%。更新层比例最小,仅占0.6%~13.1%,平均比例为4.6%。标准地6和14演替层蓄积量高于主林层。这主要是演替层株数较主林层多,而且径阶幅度较宽,径阶峰值较大引起。如标准地6主林层和演替层株数分别为369株/hm^2、1744株/hm^2。标准地14主林层和演替层株数分别为158株/hm^2、758株/hm^2。各层蓄积量所占比例主要由其平均胸径、树高、株数以及演替阶段来决定。

(6)各层水平格局

林分整体分布格局与垂直各层格局并非完全一致(表6-16、表6-18)。虽然按照$D<5cm$的标准划入更新幼树,但划分林层时主要考虑了树高指标,个别更新幼树划入演替层的可能性。因此,各层格局与林分整体格局一定的差异性。林分垂直各层分布格局相对一致,主要呈聚集分布(表6-18)。这可能与研究对象属于中幼龄林,与其生长阶段有关系。标准地7、12和14等3块标准地主林层接近随机分布,标准地8主林层呈均匀分布。这可能与过去择伐经营,导致径级分布缺损有关(图6-8、图6-9)。标准地13更新层也呈均匀分布。这可能与对其未调查1.3m以下的更新幼树,样方内的林木株数减少所致。

林分垂直各层聚集系数变化有明显的规律性。随着林层从主林层到更新层的下降过程中,其聚集系数逐渐增大,聚集化程度明显增加。但标准地9、10、12和13的各层聚集系数变化并无具有明显的规律性,可能与对其更新层1.3m以下幼树未调查有关系,株数减少导致使聚集系数发生变化。随着林龄增加,更新层经过林木竞争生长、自然稀疏过程后,在向演替层和主林层转移的过程中,林木株数逐渐减少,并且样方内的林木株数空间异质性变大,这导致了垂直各层的聚集系数的差异性。

表 6-18　各标准地垂直层空间格局

标准地号	林层	空间格局参数						空间格局
		$V/\bar{X}$	$\bar{M}$	$\bar{M}/M$	I	K	CA	
1	主林层	1.44	1.44	1.44	0.44	2.25	0.44	聚集分布
	演替层	1.74	2.94	1.34	0.74	2.96	0.34	聚集分布
	更新层	1.98	4.50	1.28	0.98	3.61	0.28	聚集分布
2	主林层	1.18	0.98	1.23	0.18	4.34	0.23	聚集分布
	演替层	1.19	1.50	1.14	0.19	7.00	0.14	聚集分布
	更新层	5.12	13.31	1.45	4.12	2.23	0.45	聚集分布
3	主林层	1.92	2.64	1.53	0.92	1.87	0.53	聚集分布
	演替层	2.29	7.37	1.21	1.29	4.71	0.21	聚集分布
	更新层	3.00	9.46	1.27	2.00	3.74	0.27	聚集分布
4	主林层	1.30	1.51	1.25	0.30	3.97	0.25	聚集分布
	演替层	2.81	5.54	1.48	1.81	2.07	0.48	聚集分布
	更新层	3.47	10.38	1.31	2.47	3.20	0.31	聚集分布
5	主林层	1.45	2.62	1.21	0.45	4.83	0.21	聚集分布
	演替层	2.48	7.44	1.25	1.48	4.02	0.25	聚集分布
	更新层	1.85	5.60	1.18	0.85	5.61	0.18	聚集分布
6	主林层	1.94	1.86	2.02	0.94	0.98	1.02	聚集分布
	演替层	2.22	5.58	1.28	1.22	3.58	0.28	聚集分布
	更新层	6.18	16.08	1.47	5.18	2.11	0.47	聚集分布
7	主林层	1.16	2.39	1.07	0.16	14.21	0.07	聚集分布
	演替层	1.20	1.71	1.13	0.20	7.74	0.13	聚集分布
	更新层	2.11	5.40	1.26	1.11	3.88	0.26	聚集分布
8	主林层	0.93	2.37	0.97	−0.07	−37.10	−0.03	均匀分布
	演替层	1.28	1.36	1.26	0.28	3.79	0.26	聚集分布
	更新层	2.93	4.64	1.71	1.93	1.40	0.71	聚集分布
9	主林层	2.25	4.58	1.38	1.25	2.67	0.38	聚集分布
	演替层	1.78	4.67	1.20	0.78	4.97	0.20	聚集分布
	更新层	1.06	0.70	1.09	0.06	11.26	0.09	聚集分布
10	主林层	1.66	2.08	1.47	0.66	2.14	0.47	聚集分布
	演替层	1.22	2.22	1.11	0.22	9.00	0.11	聚集分布
	更新层	1.74	1.90	1.63	0.74	1.58	0.63	聚集分布

（续）

标准地号	林层	空间格局参数						空间格局
		$V/\bar{X}$	$\bar{M}$	$\bar{M}/M$	I	K	CA	
11	主林层	1.44	4.25	1.12	0.44	8.60	0.12	聚集分布
	演替层	2.34	3.48	1.63	1.34	1.59	0.63	聚集分布
	更新层	3.51	3.29	4.22	2.51	0.31	3.22	聚集分布
12	主林层	1.05	1.44	1.04	0.05	27.17	0.04	聚集分布
	演替层	1.46	2.96	1.18	0.46	5.49	0.18	聚集分布
	更新层	1.13	1.27	1.11	0.13	8.80	0.11	聚集分布
13	主林层	1.64	4.14	1.18	0.64	5.44	0.18	聚集分布
	演替层	2.04	4.59	1.29	1.04	3.42	0.29	聚集分布
	更新层	0.64	0.59	0.62	−0.36	−2.65	−0.38	均匀分布
14	主林层	1.03	0.42	1.06	0.03	15.70	0.06	聚集分布
	演替层	1.19	2.09	1.10	0.19	9.87	0.10	聚集分布
	更新层	1.77	1.44	2.16	0.77	0.86	1.16	聚集分布

6.3.1.3　过伐林空间利用技术

（1）林分空间利用率的界定

林分空间利用率是指林木在特定立地条件下，充分利用生境，在水平和垂直空间中使光热、水分以及营养空间的合理被利用水平。主要表现在林木个体大小、在林分中的位置以及格局。通过调整林木空间利用率，降低天然林林分结构"过度"自然属性，使其更趋合理，提高营养空间的利用率，促进林木生长和强化功能。提高林分空间利用率就是有效填充林分空间的过程。

在天然林林分生长过程中，林木胸径和高生长不断分化，达到一定密度范围后生长量受到抑制，在有限的空间内被逐渐"合理布置"，由简单的单层逐渐被分成复层、异龄林，甚至形成多代林。再如，天然林形成林隙后，林隙更新的就是林分空间被填充过程。

（2）空间利用技术

①水平空间填补规律与技术：选出胸高断面积（m^2/hm^2）、林分密度（株/hm^2）、林分蓄积量（m^3/hm^2）、更新密度（株/hm^2）、林木聚集系数（$D \geq 5cm$ 林木）等与水平空间紧密相关的因子进行了相关性分析（表6-19）。林分空间由大树（$D \geq 5cm$）和更新幼树（$D < 5cm$）所占据。因此，林木胸高断面积越大，林分蓄积量就越大，两者呈显著正相关。随着林木胸高断面积的增大，其占据林分空间的比重也增加，而减少更新幼树所占空间，因此影响林分更新密度，两者呈显著负相关。

林木水平空间利用率，应由林木胸高断面积和林木空间格局所决定。前者是个体大小，后者是空间排列方式。在林木胸高断面积相同情况下，当林木格局不同时，其空间利用率将会不同。因此，不同聚集系数的林木格局它所占用的林分空间也将会不同。

表 6-19　相关性分析结果

项目	胸高断面积/ 林分蓄积量	胸高断面积/ 更新密度	林分密度/ 林木聚集系数	林分蓄积量/ 更新密度
R^2	0.918 * *	− 0.635 *	0.594 *	− 0.684 * *
Sig.	0.000	0.015	0.025	0.007
N	14	14	14	14

②垂直空间填补规律与技术：垂直空间主要以林分层次和林木高生长来表示。14 块标准地共有 4 种面积，分别为：$20 \times 30m$、$30 \times 30m$、$30 \times 40m$、$40 \times 40m$ 等（图 6-10、图 6-11、图 6-12、图 6-13）。为表述林木垂直空间利用情况，将标准地对角线上的样方（灰色标注）林木高度和垂直分布作为参考。分别选出标准地 5、1、7 和 14 等 4 块标准地，画出标准地乔木垂直"断面"图（图 6-14、图 6-15、图 6-16、图 6-17）。从 4 张图能看出，不同标准地填充林分垂直空间的差异。也就是说，林分垂直空间利用率大有不同。主要表现为林分高度范围、林分垂直层次数、各层次林木株数以及林木高度是否在垂直层次中表现为阶梯式分布特征等。

为了进一步说明林分垂直空间利用率，将林分垂直层按 2m 等距划分，分析每个层次林木株数情况（图 6-18、图 6-19）。柱形图形状各异，大致可分为反"J"形、左偏单峰型和正态分布型等 3 种。标准地 9 – 14 未调查 1.3m 以下幼树，因此图形不同于其他标准地。从林分空间利用率角度讲，像人工林单一层的林分空间率应该最高，但林分可持续利用、循环利用角度看，复层林的结构更趋合理。林分垂直层不同树高株数呈三角形或梯形较为合理。采伐第一层林木后又很快由第二层林木填补，时间间隔短，效益可观（时间间隔期和各个层次林木株数比例是关键），不破坏林分结构和功能。因此，不同树高株数比例呈反"J"形和斜线型较为合理。在林分密度相近情况下，反"J"形和斜线型林分蓄积量较高，如标准地 1、4、6、7、14（图 6-18、图 6-19），而且树高变化幅度大。尽管标准地 2 也呈反"J"形，但林分密度较小，故林分蓄积量也偏小。上层木是影响林分蓄积量的主要因素。随着树高≥8m 株数比例增加，总体上林分蓄积量也增加，尽管两者达不到显著正相关程度，但成为主要影响因子（图 6-20）。其中，标准地 9 和 10 树高≥8m 株数比例较高，但林分蓄积量不成比例。这主要是树高≥14m 株数比例较小（仅 0.4% 和 0.6%），与采伐干扰有关。标准地 1、4、6、7 树高≥8m 株数比例较少，但林分蓄积量相对高，这主要是是树高 ≥14m 株数比例相对高。分别为：16.9%、5.6%、5.1%、7.2%（图 6-18、图 6-19）。因此，在林分结构优化时，林分垂直各层次林木株数以及各层次之间高差是关键问题，这关系到林分采伐间隔期和林分蓄积量大小。第一层采伐以后，如第一层与第二层次高差合理，则下次采伐间隔期将有效缩短，同时因为各层次的林木株数比例合理，将大大提高林分蓄积量。

24	23	22	21
17	18	19	20
16	15	14	13
9	10	11	12
8	7	6	5
1	2	3	4

图 6-10　标准地面积 20m×30m 样方布置

36	35	34	33	32	31
25	26	27	28	29	30
24	23	22	21	20	19
13	14	15	16	17	18
12	11	10	9	8	7
1	2	3	4	5	6

图 6-11　标准地面积 30m×30m 样方布置

48	47	46	45	44	43	42	41
33	34	35	36	37	38	39	40
32	31	30	29	28	27	26	25
17	18	19	20	21	22	23	24
16	15	14	13	12	11	10	9
1	2	3	4	5	6	7	8

图 6-12　标准地面积 30m×40m 样方布置

64	63	62	61	60	59	58	57
49	50	51	52	53	54	55	56
48	47	46	45	44	43	42	41
33	34	35	36	37	38	39	40
32	31	30	29	28	27	26	25
17	18	19	20	21	22	23	24
16	15	14	13	12	11	10	9
1	2	3	4	5	6	7	8

图 6-13　标准地面积 40m×40m 样方布置

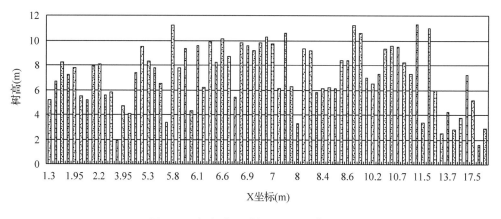

图 6-14　标准地 5 对角线林木树高分布

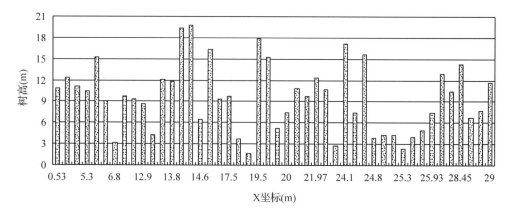

图 6-15　标准地 1 对角线林木树高分布

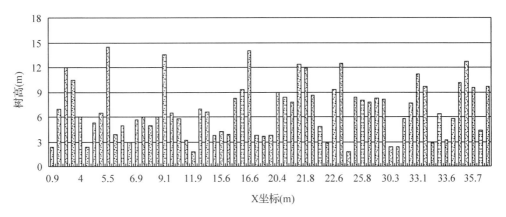

图 6-16　标准地 7 对角线林木树高分布

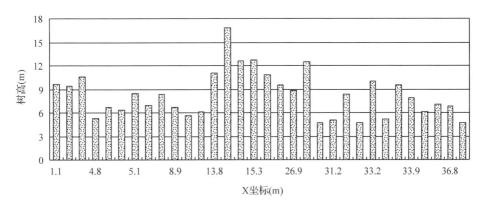

图 6-17　标准地 14 对角线林木树高分布

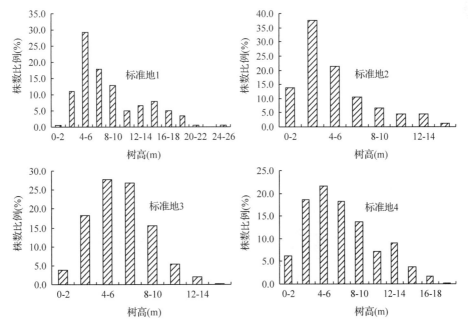

图 6-18　标准地 1~8 不同树高株数比例

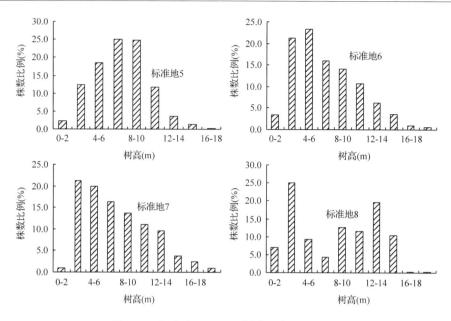

图 6-18　标准地 1~8 不同树高株数比例（续）

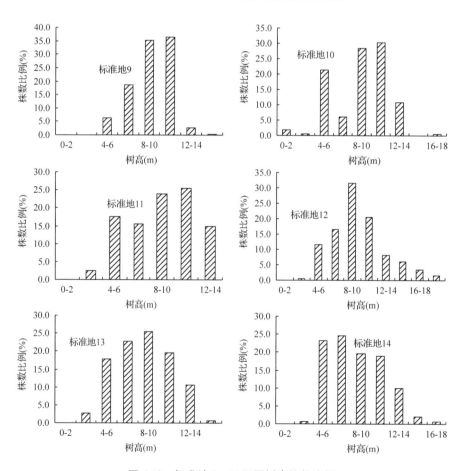

图 6-19　标准地 9~14 不同树高株数比例

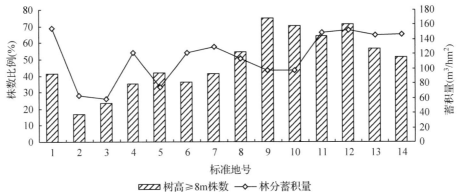

图 6-20　各标准地树高≥8m 株数比例

随着林龄增加，林木空间利用率增加，未干扰的林分结构趋于合理，林分水平空间和垂直空间得到有效填补。也就是说，从幼龄林（年龄≤40a）、中龄林（41a≤年龄≤80a）、近熟林（81a≤年龄≤100a）、成熟林（101a≤年龄≤140a）到过熟林（年龄≥141a）的演变过程中，林结构将产生一系列变化。林木胸高断面积逐渐增加，林分密度逐渐减少，林木聚集系数逐渐减小（图 6-21、图 6-22、图 6-23）。

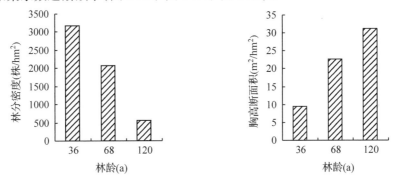

图 6-21　不同年龄林分密度变化　　　　图 6-22　不同年龄林分胸高断面积变化

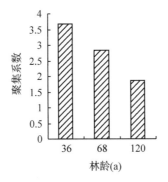

图 6-23　不同年龄林分林木聚集系数变化

6.3.2　兴安落叶松结构与功能关系

6.3.2.1　蓄积量、生物量

随着林分密度的增长，林分蓄积量无明显规律性，两者无显著相关关系（表6-20、表6-21）。林分蓄积量与林分平均胸径、落叶松成数以及林分径阶范围呈显著正相关，与白桦成数呈显著负相关（表6-21）。说明，林分密度影响林分蓄积量较复杂，与林分分化程度和径阶分布有关系。如标准地14，林分密度仅892株/hm²，但平均胸径15.5cm，径阶范围大（最大径阶34）所以林分蓄积量相对高。在林分中往往存在丛生白桦，导致小径阶株数占多数。这样林分密度中白桦株数较多时，使林分蓄积量并不能提高多少。也就是说落叶松成数增多时，有利于林分平均胸径的增大，从而提高了林分蓄积量。如标准地4和5，标准地6和9，标准地2和14等。这表明，林分蓄积量的大小主要由林分密度、林分平均胸径和树高来决定，即由接近林分平均胸径的林木株数所决定。在这种情况下，一定密度范围之内，随着林分密度的增加，林分蓄积量也增加。

表6-20　标准地基本情况

标准地号	林分密度 （株/hm²）	树种组成	平均胸径 （cm）	平均树高 （m）	蓄积量 （m³/hm²）	空间格局
1	1433	5落3桦2杨	13.6	13.2	154.70	聚集分布
2	1019	9桦1落+杨	10.8	9.9	62.87	聚集分布
3	1994	6桦4落+杨	8.1	9.4	58.19	聚集分布
4	2238	5落5桦-杨	10.4	10.9	121.18	聚集分布
5	1983	5桦5落+杨	9.1	10.5	74.47	聚集分布
6	2775	7落3桦+杨	9.6	10.7	121.16	聚集分布
7	1750	6落3桦1杨	12.0	10.9	129.62	聚集分布
8	1425	7落3桦+杨	12.8	12.1	112.99	聚集分布
9	2556	7桦3落-杨	9.4	10.0	97.28	聚集分布
10	1367	8落2桦	12.2	10.3	96.96	均匀分布
11	2067	8落1桦1杨	11.8	10.5	148.75	聚集分布
12	1722	7落3桦-杨	12.7	11.1	152.80	聚集分布
13	2233	7落3桦	11.4	10.2	145.77	聚集分布
14	892	9落1桦-杨	15.5	10.0	146.52	聚集分布

表 6-21　林分主要结构因子间的相关分析

项目	平均胸径			蓄积量				最大径阶		
	林分密度	落叶松成数	白桦成数	平均胸径	最大径阶	落叶松成数	白桦成数	平均胸径	平均树高	白桦成数
R^2	-0.684 **	0.574 *	-0.641 *	0.695 **	0.771 **	0.656 *	-0.751 **	0.722 **	0.654 *	-0.603 *
Sig.	0.007	0.032	0.014	0.006	0.001	0.011	0.002	0.004	0.011	0.023
N	14	14	14	14	14	14	14	14	14	14

6.3.2.2　碳储存量

林分生物量和碳储量大小主要与树种组成、径阶范围有关(表 6-22)。与林分平均树高、蓄积量、落叶松成数和径阶范围呈显著正相关,与白桦成数呈显著负相关(表 6-22)。落叶松成数和径阶范围的增加,将提高林分平均胸径,从而提高林分生物量。白桦成数增加,由于丛生白桦的存在,尽管林木数量增加,将大幅降低林分平均胸径,林分生物量并不占优势。

将林分各器官按照其生物量占总生物量的比例从大到小的排序为:干 > 枝 > 皮 > 叶,其比例变幅分别为 64.0% ~ 72.1%;12.9% ~ 16.6%;11.8% ~ 15.2%;2.9% ~ 5.7%。其平均比例分别为 68.4%;14.6%;13.0%;4.0%(表 6-23)。将林分各器官按照其碳储量占总碳储量的比例从大到小的排序为:干最大,枝次之,皮和叶的排序为因标准地的不同而不同。其比例变幅分别为 53.6% ~ 72.9%;9.2% ~ 20.6%;13.1% ~ 19.5%;2.9% ~ 6.3%。其平均比例分别为 67.6%;13.6%;14.7%;4.2%。各器官平均碳储量比例排序为:干 > 皮 > 枝 > 叶。

表 6-22　林分因子与林分生物量和碳储量的相关分析

因子	项目	平均树高	蓄积量	落叶松成数	白桦成数	最大径阶	林分碳储量
林分生物量	R^2	0.635 *	0.877 **	0.555 *	-0.652 *	0.706 **	0.974 **
	Sig.	0.015	0.000	0.039	0.011	0.005	0.000
	N	14	14	14	14	14	14
林分碳储量	R^2	0.542 *	0.838 **	0.627 *	-0.691 **	0.692 **	—
	Sig.	0.045	0.000	0.016	0.006	0.006	—
	N	14	14	14	14	14	—

表 6-23　　林分生物量和碳储量各器官分配

标准地号	林分生物量（t/hm²）	生物量分配（%）				林分碳储量（t/hm²）	碳储量分配（%）			
		干	枝	叶	皮		干	枝	叶	皮
1	85.27	69.5	15.5	3.2	11.8	38.69	65.2	17.9	3.4	13.6
2	30.04	64.0	16.6	4.9	14.5	12.99	53.6	20.6	6.3	19.5
3	39.12	64.9	14.2	5.7	15.2	21.13	64.4	13.5	5.9	16.3
4	72.09	67.2	15.6	4.2	12.9	38.06	67.5	14.5	4.3	13.7
5	50.36	67.3	13.5	4.7	14.5	28.84	68.6	12.5	4.2	14.7
6	80.89	67.4	15.4	4.5	12.8	40.33	64.6	15.8	4.7	14.9
7	75.28	68.8	15.3	3.6	12.3	41.49	71.5	10.5	3.7	14.3
8	70.73	70.0	14.3	3.4	12.3	38.24	72.9	9.2	3.5	14.3
9	55.60	65.8	15.1	4.7	14.3	28.21	64.4	14.7	4.9	16.0
10	53.29	69.6	14.1	3.7	12.6	27.94	69.9	12.5	3.8	13.9
11	79.90	69.9	14.2	3.6	12.3	41.92	70.2	12.6	3.6	13.6
12	85.75	71.2	13.4	3.1	12.2	44.84	71.4	12.1	3.1	13.4
13	78.94	69.3	14.4	3.8	12.6	41.24	69.5	12.9	3.8	13.9
14	56.35	72.1	12.9	2.9	12.0	29.74	72.6	11.3	2.9	13.1

6.3.2.3　植物多样性

14 标准地丰富度指数、辛普森指数、香农指数、均匀度指数和生态优势度变幅分别为：0.001 – 0.041、0.287 – 0.88、0.559 – 2.376、0.344 – 0.736、0.12 – 0.713；其平均值分别为：0.013、0.599、1.468、0.534、0.401（表 6-24）。

林下灌木和草本植物多样性与林分密度无显著相关关系（表 6-25），与白桦成数、林分郁闭度呈显著正相关（表 6-25）。这可能由以下原因导致：林分密度和郁闭度不高（平均郁闭度 0.7），对灌草生长影响可能不明显；本地区灌草植物种数较少（平均 15 种），不同结构林分之间变化并不大；与灌木和草本种类及其生态学特征有关。在各标准地中，出现了东方草莓（*Fragaria orientalis*）、红花鹿蹄草（*Pyrola incarnata*）、二叶舞鹤草（*Maianthemum bifolium*）和老颧草（*Geranium wilfordi*）等喜阴、喜湿草本植物，杜香（*Ledum palustre*）和越橘（*Vaccinium vitisidaea*）等喜阴灌木。当郁闭度增大时，更有利于喜阴植物的生长。但各标准地中，更多出现以小叶章（*Deyeuxia angustifolia*）、苔草（*Carex appendiculata*）、柳兰（*Chamaenerion angustifolium*）、地榆（*Sanguisorba officinalis*）、裂叶蒿（*Artemisia laciniata*）、野豌豆（*Vicia*）和林问荆（*Equisetum sylvaticum*）等喜光草本植物和以杜鹃（*Rhododendron dauricum*）、绣线菊（*Rosaceae spiraea*）、珍珠梅（*Sorbaria sorbifolia*）等喜光灌木（顾云春，1985；王绪高等，2004；孙家宝等，2010）。这也说明了林分目前的郁闭度相对还小，一定程度上促进了喜光植物的生长。

表 6-24　各标准地林下灌木和草本植物多样性

标准地号	丰富度指数	辛普森指数	香农指数	均匀度指数	生态优势度
1	0.010	0.660	1.617	0.479	0.340
2	0.006	0.543	1.065	0.624	0.457
3	0.005	0.749	1.681	0.683	0.251
4	0.008	0.734	1.770	0.565	0.266
5	0.017	0.845	2.166	0.701	0.155
6	0.008	0.598	1.324	0.538	0.402
7	0.007	0.427	1.049	0.401	0.573
8	0.011	0.654	1.603	0.475	0.346
9	0.041	0.880	2.376	0.736	0.120
10	0.001	0.287	0.559	0.539	0.713
11	0.008	0.317	0.854	0.344	0.683
12	0.015	0.519	1.340	0.381	0.481
13	0.012	0.322	0.855	0.350	0.678
14	0.034	0.856	2.293	0.658	0.144

表 6-25　林分因子与植物多样性指标的相关分析

项目	均匀度指数					郁闭度			
	蓄积量	白桦成数	最大径阶	林分生物量	林分碳储量	辛普森指数	香农指数	均匀度指数	生态优势度
R^2	−0.709**	0.584*	−0.591*	−0.763**	−0.763**	0.661*	0.569*	0.537*	−0.661*
Sig.	0.005	0.028	0.026	0.002	0.002	0.010	0.034	0.047	0.010
N	14	14	14	14	14	14	14	14	14

6.3.2.4　土壤改良效果

各标准地土壤 AB 层的理化性质无明显规律性(表 6-26)。14 标准地 A 层土壤全磷、全钾、全氮和有机质含量变幅分别为：0.23 ~ 0.97、14.04 ~ 17.36、1.66 ~ 9.64、27.85 ~ 160.61g/kg；其平均值分别为：0.528、15.396、4.224、70.206g/kg。A 层土壤含水率和容重变幅分别为：78.35% ~ 128.62%、1.01 ~ 1.06g/cm³；其平均值分别为：105.133%、1.028g/cm³。

14 标准地 B 层土壤全磷、全钾、全氮和有机质含量变幅分别为：0.07 ~ 0.7、13.89 ~ 23.98、1.44 ~ 5.98、20.19 ~ 96.31g/kg；其平均值分别为：0.423、16.512、3.38、50.534g/kg。B 层土壤含水率和容重变幅分别为：90.7% ~ 142.96%、1.01 ~ 1.06g/kg；其平均值分别为：106.72%、1.03g/cm³。

经相关分析，A 层土壤容重与白桦成数呈正相关，与落叶松成数、林分蓄积量、生物量和碳储量呈显著负相关(表 6-27)。丰富度指数、辛普森指数、香农指数等与林分 B

层土壤全钾含量呈显著正相关(表6-28)。说明,灌木和草本多样性指数增加,将提高土壤养分含量,能够改良土壤。

表6-26　各标准地土壤物理和化学性质测定

标准地号	土层	全量养分质量分数(g/kg)			有机质质量分数(g/kg)	含水率(%)	容重(g/cm³)
		全磷	全钾	全氮			
1	A	0.71	14.04	3.16	54.93	111.86	1.02
1	B	0.60	16.77	1.66	27.64	104.49	1.04
2	A	0.73	14.67	2.59	37.46	102.53	1.06
2	B	0.44	15.13	2.01	46.75	103.10	1.06
3	A	0.38	14.07	3.59	51.77	99.28	1.05
3	B	0.56	14.97	3.09	57.03	101.69	1.02
4	A	0.41	15.56	1.74	27.85	106.74	1.02
4	B	0.37	15.15	2.27	20.19	97.58	1.02
5	A	0.94	17.36	1.66	32.77	86.79	1.04
5	B	0.50	22.57	2.23	20.39	93.24	1.03
6	A	0.53	16.47	2.31	38.43	78.35	1.03
6	B	0.33	14.26	1.44	23.90	100.07	1.03
7	A	0.45	16.31	4.28	71.34	100.30	1.03
7	B	0.37	15.38	2.61	26.72	90.70	1.03
8	A	0.24	15.35	2.79	45.73	125.29	1.01
8	B	0.28	15.90	2.62	44.70	101.54	1.01
9	A	0.23	14.96	5.19	103.16	128.62	1.02
9	B	0.20	23.98	4.78	63.29	—	—
10	A	0.97	14.83	5.51	97.52	88.84	1.01
10	B	0.70	13.89	5.67	77.88	131.83	1.04
11	A	0.34	14.83	6.27	104.51	116.73	1.02
11	B	0.30	15.46	5.98	66.35	—	—
12	A	0.53	15.39	4.60	59.99	110.39	1.03
12	B	0.07	14.78	4.23	70.54	142.96	1.02
13	A	0.39	14.96	9.64	160.61	108.77	1.02
13	B	0.60	16.40	4.95	65.79	—	—
14	A	0.54	16.74	5.81	96.81	107.37	1.03
14	B	0.60	16.53	3.78	96.31	—	—

表 6-27 林分因子与 A 层土壤容重相关分析

因子	项目	蓄积量	落叶松成数	白桦成数	林分生物量	林分碳储量
	R^2	-0.581*	-0.606*	0.629*	-0.624*	-0.638*
A 层土壤容重	Sig.	0.029	0.022	0.016	0.017	0.014
	N	14	14	14	14	14

表 6-28 林分因子与 B 层土壤全钾、全氮含量相关分析

项目	B 层土壤全钾				B 层土壤全氮/郁闭度
	丰富度指数	辛普森指数	香农指数	生态优势度	
R^2	0.722**	0.592*	0.681**	-0.592*	-0.555*
Sig.	0.004	0.026	0.007	0.026	0.039
N	14	14	14	14	14

6.3.3 兴安落叶松生态功能计量

6.3.3.1 内蒙古大兴安岭林区资源现状

大兴安岭林区有林地的总面积为 8410013 hm^2，总蓄积为 770672649.7 m^3。其中优势树种(兴安落叶松、白桦、山杨、樟子松、蒙古栎)的面积为 8223861.8 hm^2，占总面积的 97.79%；蓄积为 760909085.7 m^3，占总蓄积的 98.73%。兴安落叶松林的面积为 5117829.1 hm^2，占辖区总面积的 60.85%；白桦林的面积为 2443936.2 hm^2，占辖区总面积的 29.06%；山杨的面积为 298071，占辖区总面积的 3.54%；蒙古栎 252380.2，占辖区总面积的 3.0%；樟子松 111645.3 hm^2，占辖区总面积的 1.33%(表 6-29)。其他树种(云杉、黑桦、岳桦、杨树、柳树、其他树种)的合计面积为 186151.2 hm^2，占总面积的 2.21%，蓄积为 9763564 m^3，占总蓄积的 1.27%。

因其他树种面积较小、野外调查时间有限，本研究只对大兴安岭的优势树种进行了调查。在森林生态系统服务功能评估过程中，为使评估更科学、全面，将其他树种中与优势树种中同一科的树种进行归类合并，将云杉归到兴安落叶松中、将黑桦和岳桦归到白桦中、将杨树和柳树归到山杨中、将其他树种归到蒙古栎中。合并后的面积统计见表 6-29。

表 6-29 优势树种面积分布表(公顷)

优势树种	幼龄林	中龄林	近熟林	成过熟林	总计
兴安落叶松	355410.4	2970490.8	443453.8	1348474.1	5117829.1
白桦	194112.7	966145.3	720062.4	684038.3	2564358.7
山杨	41810.3	139930.7	85588.9	64213.6	331543.5
樟子松	4012	13503.2	17568.6	78644.7	113728.5
蒙古栎	118254.8	86298	26342.5	51657.9	282553.2

6.3.3.2　森林生态功能计量

（1）涵养水源功能

根据根河气象局和阿里河气象局的降雨量数据，根河和阿里河近 10 年的平均降水量分别为 456.9 mm、463.2 mm。据有关研究，针叶林的蒸散率为 0.7，软阔类的蒸散率为 0.78（Daily，1997），蒙古栎的蒸散率为 0.775（Costanza R，1997），通过林木的蒸散率进而求得不同林分的蒸散量。由林分内设置的标准径流场的观测数据所得地表径流量为 0。水库建设单位库容投资为 8.44 元/t，水的净化费用为 3.07 元/t（Myers N.1995），计算得出内蒙古大兴安岭 5 个优势树种不同龄组的涵养水源量及涵养水源价值（见表 6-30）。

表 6-30　森林涵养水源功能及其价值龄级分布表

林型	龄组	单位面积涵养水源量 [m³/(hm²·a)]	林分涵养水源量 （m³/a）	林分调节水量价值 （元/a）	林分净化水质价值 （元/a）	涵养水源价值 （元/a）
兴安落叶松	幼龄林	1370.7	4.87E+08	4.11E+09	1.50E+09	5.61E+09
	中龄林	1370.7	4.07E+09	3.44E+10	1.25E+10	4.69E+10
	近熟林	1370.7	6.08E+08	5.13E+09	1.87E+09	7.00E+09
	成过熟林	1370.7	1.85E+09	1.56E+10	5.67E+09	2.13E+10
小计			7.02E+09	5.92E+10	2.15E+10	8.07E+10
白桦	幼龄林	1005.2	1.95E+08	1.65E+09	5.99E+08	2.25E+09
	中龄林	1005.2	9.71E+08	8.20E+09	2.98E+09	1.12E+10
	近熟林	1005.2	7.24E+08	6.11E+09	2.22E+09	8.33E+09
	成过熟林	1005.2	6.88E+08	5.80E+09	2.11E+09	7.91E+09
小计			2.58E+09	2.18E+10	7.91E+09	2.97E+10
山杨	幼龄林	1005.2	4.20E+07	3.55E+08	1.29E+08	4.84E+08
	中龄林	1005.2	1.41E+08	1.19E+09	4.32E+08	1.62E+09
	近熟林	1005.2	8.60E+07	7.26E+08	2.64E+08	9.90E+08
	成过熟林	1005.2	6.45E+07	5.45E+08	1.98E+08	7.43E+08
小计			3.33E+08	2.81E+09	1.02E+09	3.84E+09
樟子松	幼龄林	1389.6	5.58E+06	4.71E+07	1.71E+07	6.42E+07
	中龄林	1389.6	1.88E+07	1.58E+08	5.76E+07	2.16E+08
	近熟林	1389.6	2.44E+07	2.06E+08	7.49E+07	2.81E+08
	成过熟林	1389.6	1.09E+08	9.22E+08	3.36E+08	1.26E+09
小计			1.58E+08	1.33E+09	4.85E+08	1.82E+09

（续）

林型	龄组	单位面积涵养水源量 [m³/（hm²·a）]	林分涵养水源量 （m³/a）	林分调节水量价值 （元/a）	林分净化水质价值 （元/a）	涵养水源价值 （元/a）
蒙古栎	幼龄林	1042.2	1.23E + 08	1.04E + 09	3.78E + 08	1.42E + 09
	中龄林	1042.2	8.99E + 07	7.59E + 08	2.76E + 08	1.04E + 09
	近熟林	1042.2	2.75E + 07	2.32E + 08	8.43E + 07	3.16E + 08
	成过熟林	1042.2	5.38E + 07	4.54E + 08	1.65E + 08	6.20E + 08
小计			2.945E + 08	2.49E + 09	9.04E + 08	3.39E + 09
总计			1.04E + 10	8.76E + 10	3.19E + 10	1.19E + 11

从单位面积涵养水源能力来看，不同优势树种的涵养水源能力大小顺序为：樟子松 > 落叶松 > 蒙古栎 > 白桦 = 山杨。针叶树的涵养水源能力大于阔叶树涵养水源能力，这是因为针叶树的针状叶片特征决定了针叶树较小蒸散量。由于每个林分的单位面积涵养水源量相同，森林涵养水源量的大小就取决于林地面积的大小。兴安落叶松不同龄组的涵养水源量大小顺序为中龄林 > 近熟林 > 成过熟林 > 幼龄林，白桦为中龄林 > 近熟林 > 成过熟林 > 幼龄林，山杨为中龄林 > 近熟林 > 成过熟林 > 幼龄林，樟子松为幼龄林 > 中龄林 > 成过熟林 > 近熟林，蒙古栎为成过熟林 > 近熟林 > 中龄林 > 幼龄林。森林生态系统服务功能的物质量是价值量的基础，所以价值量的大小顺序同物质量的大小顺序是相同的。由表 6-31 可以看出，大兴安岭 5 个优势树种的涵养水源总量及涵养水源价值的大小排序为：兴安落叶松 > 白桦 > 樟子松 > 山杨 > 蒙古栎。

（2）保育土壤功能

通过室内实验分析得出不同林分的幼龄林、中龄林、近熟林、成过熟林的土壤容重及土壤 N、P、K、有机质含量的数值（见表 6-31）。

表 6-31　内蒙古大兴安岭土壤性质指标参数

林型	龄组	土壤容重 （g/cm³）	土壤含 N 量 （%）	土壤含 P 量 （%）	土壤含 K 量 （%）	土壤含有机质量（%）
兴安落叶松	幼龄林	0.929	0.449	0.062	1.620	2.482
	中龄林	0.840	0.188	0.065	1.641	2.794
	近熟林	1.192	0.368	0.049	1.521	3.171
	成过熟林	1.420	0.534	0.076	1.615	2.956
白桦	幼龄林	0.840	0.465	0.020	1.993	7.792
	中龄林	1.350	0.545	0.081	1.460	10.029
	近熟林	0.920	0.593	0.033	1.534	7.224
	成过熟林	1.270	0.681	0.045	1.522	12.776

（续）

林型	龄组	土壤容重 （g/cm³）	土壤含 N 量 （%）	土壤含 P 量 （%）	土壤含 K 量 （%）	土壤含有机 质量（%）
山杨	幼龄林	1.580	0.174	0.035	1.519	3.892
	中龄林	0.930	0.193	0.082	1.507	2.881
	近熟林	1.060	0.137	0.061	1.524	2.923
	成过熟林	1.240	0.423	0.070	1.470	8.935
樟子松	幼龄林	0.830	0.312	0.056	1.463	2.370
	中龄林	0.910	0.192	0.089	1.412	2.492
	近熟林	1.070	0.419	0.073	1.440	2.946
	成过熟林	1.640	0.419	0.073	1.590	2.741
蒙古栎	幼龄林	0.960	0.227	0.078	1.412	2.975
	中龄林	0.830	0.565	0.071	1.377	2.744
	近熟林	0.920	0.275	0.064	1.962	2.139
	成过熟林	1.240	0.704	0.125	1.421	6.524

由表，6-31 可以看出，不同林分、不同龄组土壤含 N 量的范围在 0.137%~0.704% 之间，土壤含 P 量的范围在 0.02%~0.125% 之间，土壤含 K 量的范围在 1.377%~1.993% 之间，土壤含有机质量的范围在 2.139%~12.776% 之间。

采用人工模拟降雨的方式（孔繁文.1993）计算得出大兴安岭林区的无林地土壤侵蚀模数为 2.218 t/（hm²·a），有林地的土壤侵蚀模数为 0。挖取单位面积土方费用为 63 元/m³（Myers N.1995），计算得出内蒙古大兴安岭 5 个优势树种不同龄组的固土量及固土价值（见表 6-32）。

表 6-32　森林固土功能及其价值龄级分布表

林型	龄组	单位面积固土量 ［t/（hm²·a）］	固土量 （t/a）	单位面积固土价值 ［元/（hm²·a）］	固土价值 （元/a）
兴安落叶松	幼龄林	2.218	7.883E+05	150.40	5.345E+07
	中龄林	2.218	6.589E+06	166.35	4.941E+08
	近熟林	2.218	9.836E+05	117.26	5.200E+07
	成过熟林	2.218	2.991E+06	98.40	1.327E+08
小计			1.135E+07		7.323E+08
白桦	幼龄林	2.218	4.305E+05	166.35	3.229E+07
	中龄林	2.218	2.143E+06	103.51	1.000E+08
	近熟林	2.218	1.597E+06	151.88	1.094E+08
	成过熟林	2.218	1.517E+06	110.03	7.526E+07
小计			5.688E+06		3.169E+08

（续）

林型	龄组	单位面积固土量 [t/(hm² · a)]	固土量 （t/a）	单位面积固土价值 [元/(hm² · a)]	固土价值 （元/a）
山杨	幼龄林	2.218	9.274E+04	88.44	3.698E+06
	中龄林	2.218	3.104E+05	150.25	2.102E+07
	近熟林	2.218	1.898E+05	131.82	1.128E+07
	成过熟林	2.218	1.424E+05	112.69	7.236E+06
小计			7.354E+05		4.324E+07
樟子松	幼龄林	2.218	8.899E+03	168.35	6.754E+05
	中龄林	2.218	2.995E+04	153.55	2.073E+06
	近熟林	2.218	3.897E+04	130.59	2.294E+06
	成过熟林	2.218	1.744E+05	85.20	6.701E+06
小计			2.522E+05		1.174E+07
蒙古栎	幼龄林	2.218	2.623E+05	29.11	1.721E+07
	中龄林	2.218	1.914E+05	33.67	1.453E+07
	近熟林	2.218	5.843E+04	30.38	4.001E+06
	成过熟林	2.218	1.146E+05	22.54	5.821E+06
小计			6.267E+05		4.156E+07
总计			1.865E+07		1.146E+09

因单位面积固土量只与林地的土壤侵蚀模数有关，所以不同林分、不同龄组单位面积固土能力相同，固土量都是 2.218 t/(hm² · a)（表 6-32）。固土量的大小就决定于林分面积的大小，所以不同林分、不同龄组的优势树种的固土量大小顺序与对应的林分面积的大小顺序是相同的。不同优势树种的总固土量及固土价值大小顺序为兴安落叶松 > 白桦 > 山杨 > 樟子松 > 蒙古栎。其中兴安落叶松的贡献率最大，为 67.15%，其次是白桦的贡献率，为 25.72%，山杨的贡献率较小，为 3.86%，樟子松和蒙古栎的贡献率最小，仅为 1.82%、1.44%。

磷酸二铵含氮量为 14%，含磷量为 15.01%，含钾量为 50%。磷酸二铵化肥的平均价格为 3300 元/t，氯化钾化肥的平均价格为 2800 元/t，有机质的平均价格为 800 元/t（Myers N. 1995），计算得出内蒙古大兴安岭林区 5 个优势树种不同龄组的保肥量（减少的 N 流失量、减少的 P 流失量、减少的 K 流失量）及保肥价值（见表 6-33）。

表 6-33　森林保肥功能及其价值龄级分布表

林型	龄组	减少的 N 流失量 （t/a）	减少的 P 流失量 （t/a）	减少的 K 流失量 （t/a）	保肥价值 （元/a）
兴安落叶松	幼龄林	3.539E + 05	4.887E + 04	1.277E + 06	1.731E + 09
	中龄林	1.239E + 06	4.283E + 05	1.081E + 07	1.572E + 10
	近熟林	3.620E + 05	4.770E + 04	1.496E + 06	2.675E + 09
	成过熟林	1.597E + 06	2.273E + 05	4.830E + 06	7.770E + 09
小计		3.552E + 06	7.521E + 05	1.842E + 07	2.789E + 10
白桦	幼龄林	2.003E + 05	8.510E + 03	8.579E + 05	2.781E + 09
	中龄林	1.168E + 06	1.735E + 05	3.129E + 06	1.768E + 10
	近熟林	9.470E + 05	5.265E + 04	2.449E + 06	9.602E + 09
	成过熟林	1.034E + 06	6.885E + 04	2.309E + 06	1.590E + 10
小计		3.349E + 06	3.035E + 05	8.745E + 06	4.596E + 10
山杨	幼龄林	1.610E + 04	3.239E + 03	1.408E + 05	3.011E + 08
	中龄林	5.980E + 04	2.557E + 04	4.678E + 05	7.612E + 08
	近熟林	2.610E + 04	1.166E + 04	2.893E + 05	4.688E + 08
	成过熟林	6.031E + 04	9.952E + 03	2.094E + 05	1.046E + 09
小计		1.623E + 05	5.042E + 04	1.107E + 06	2.577E + 09
樟子松	幼龄林	2.776E + 03	4.983E + 02	1.302E + 04	1.836E + 07
	中龄林	5.747E + 03	2.666E + 03	4.229E + 04	6.402E + 07
	近熟林	1.632E + 04	2.859E + 03	5.611E + 04	9.946E + 07
	成过熟林	7.305E + 04	1.280E + 04	2.773E + 05	4.181E + 08
小计		9.790E + 04	1.882E + 04	3.888E + 05	5.999E + 08
蒙古栎	幼龄林	5.948E + 04	2.050E + 04	3.704E + 05	6.635E + 08
	中龄林	1.082E + 05	1.364E + 04	2.636E + 05	4.634E + 08
	近熟林	1.604E + 04	3.753E + 03	1.146E + 05	1.110E + 08
	成过熟林	8.066E + 04	1.043E + 04	1.628E + 05	6.284E + 08
小计		2.643E + 05	4.832E + 04	9.114E + 05	1.866E + 09
总计		7.425E + 06	1.173E + 06	2.957E + 07	7.890E + 10

对于不同林分而言，减少的 N 流失量的大小顺序为兴安落叶松 > 白桦 > 樟子松 > 蒙古栎 > 山杨。减少的 P 流失量的大小顺序为兴安落叶松 > 白桦 > 山杨 > 樟子松 > 蒙古栎。减少的 K 流失量的大小顺序为兴安落叶松 > 白桦 > 山杨 > 樟子松 > 蒙古栎。从保肥量来看，不同林分的保肥量大小顺序均为减少的 K 流失量 > 减少的 N 流失量 > 减少的 P 流失量，且减少的 K 流失量明显高于减少的 N 流失量和减少的 P 流失量。保肥价值的大小顺序为兴安落叶松 > 白桦 > 山杨 > 蒙古栎 > 樟子松。其中兴安落叶松的贡献率最大为 59.53%，其次是白桦，贡献率为 32.48%，山杨、蒙古栎、樟子松的贡献率较小，分别为 3.46%、3.21%、1.32%（表 6-33）。

由表 6-32 和表 6-33 共同得出，内蒙古大兴安岭林区 5 个优势树种的保育土壤价值的总量分别为 2.863E + 10 元/a、4.628E + 10 元/a、2.621E + 09 元/a、6.116E + 08 元/a、1.908E + 09 元/a，且保育土壤的总价值排序为白桦 > 兴安落叶松 > 山杨 > 蒙古栎 > 樟子松。

对于不同林分的单位面积保肥量而言，减少的 N 流失量的大小顺序为白桦 > 兴安落叶松 > 蒙古栎 > 樟子松 > 山杨；减少的 P 流失量的大小顺序为蒙古栎 > 樟子松 > 兴安落叶松 > 山杨 > 白桦；减少的 K 流失量的大小顺序为白桦 > 兴安落叶松 > 蒙古栎 > 山杨 > 樟子松。不同林分的单位面积保肥量大小顺序均为减少的 K 流失量 > 减少的 N 流失量 > 减少的 P 流失量，且减少的 K 流失量明显高于减少的 N 流失量和减少的 P 流失量。兴安落叶松的保肥量为 18.16 t/(hm² · a)，白桦的保肥量为 19.90 t/(hm² · a)，山杨的保肥量为 15.96 t/(hm² · a)，樟子松的保肥量为 16.72 t/(hm² · a)，蒙古栎的保肥量为 18.29 t/(hm² · a)。从固土量及保肥量来看，保育土壤能力大小顺序为白桦 > 蒙古栎 > 兴安落叶松 > 樟子松 > 山杨。

（3）固碳释氧功能

森林土壤固碳量大约是植被固碳量 2.5 到 3 倍（侯元兆，1995），本书按 2.5 倍计算。固碳价格为 1281 元/t，制造氧气价格为 1299.07 元/t（李俊清，2006），由公式（11）、（12）、（13）、（14）计算得出内蒙古大兴安岭林区 5 个优势树种不同龄组的固碳量、固碳价值、释氧量、释氧价值以及森林固碳释氧总价值（见表 6-34）。

表 6-34 森林固碳释氧功能及其价值龄级分布表

林型	龄组	固碳量 （t/a）	固碳价值 （元/a）	释氧量 （t/a）	释氧价值 （元/a）	固碳释氧价值 （元/a）
兴安落叶松	幼龄林	1.809E + 06	2.317E + 09	1.303E + 06	1.692E + 09	4.009E + 09
	中龄林	2.921E + 07	3.741E + 10	2.234E + 07	2.902E + 10	6.644E + 10
	近熟林	5.933E + 06	7.600E + 09	4.538E + 06	5.896E + 09	1.350E + 10
	成过熟林	1.565E + 07	2.005E + 10	1.197E + 07	1.555E + 10	3.560E + 10
小计		5.260E + 07	6.738E + 10	4.015E + 07	5.216E + 10	1.195E + 11
白桦	幼龄林	1.211E + 06	1.551E + 09	9.263E + 05	1.203E + 09	2.755E + 09
	中龄林	8.628E + 06	1.105E + 10	6.599E + 06	8.573E + 09	1.963E + 10
	近熟林	5.713E + 06	7.319E + 09	4.370E + 06	5.677E + 09	1.300E + 10
	成过熟林	4.597E + 06	5.889E + 09	3.517E + 06	4.568E + 09	1.046E + 10
小计		2.015E + 07	2.581E + 10	1.541E + 07	2.002E + 10	4.583E + 10
山杨	幼龄林	3.070E + 05	3.933E + 08	2.348E + 05	3.051E + 08	6.984E + 08
	中龄林	1.400E + 06	1.793E + 09	1.071E + 06	1.391E + 09	3.184E + 09
	近熟林	7.883E + 05	1.010E + 09	6.030E + 05	7.833E + 08	1.793E + 09

（续）

林型	龄组	固碳量 （t/a）	固碳价值 （元/a）	释氧量 （t/a）	释氧价值 （元/a）	固碳释氧价值 （元/a）
	成过熟林	5.305E+05	6.795E+08	4.058E+05	5.271E+08	1.207E+09
小计		3.026E+06	3.876E+09	2.314E+06	3.006E+09	6.882E+09
樟子松	幼龄林	1.885E+04	2.415E+07	1.442E+04	1.873E+07	4.288E+07
	中龄林	1.771E+05	2.269E+08	1.355E+05	1.760E+08	4.028E+08
	近熟林	2.662E+05	3.410E+08	2.036E+05	2.645E+08	6.056E+08
	成过熟林	9.666E+05	1.238E+09	7.393E+05	9.605E+08	2.199E+09
小计		1.429E+06	1.830E+09	1.093E+06	1.420E+09	3.250E+09
蒙古栎	幼龄林	6.092E+05	7.804E+08	6.670E+05	8.665E+08	1.647E+09
	中龄林	3.028E+05	3.879E+08	3.050E+05	3.962E+08	7.842E+08
	近熟林	8.319E+04	1.066E+08	6.364E+04	8.267E+07	1.892E+08
	成过熟林	1.342E+05	1.719E+08	1.027E+05	1.334E+08	3.053E+08
小计		1.129E+06	1.447E+09	1.138E+06	1.479E+09	2.926E+09
总计		7.833E+07	1.003E+11	6.011E+07	7.809E+10	1.784E+11

由表6-34可知，每个优势树种的不同龄组林分累加后的总的固碳量在1.129E+06 t/a~5.260E+07 t/a之间，释氧量在1.093E+06 t/a~4.015E+07 t/a之间，且固碳量大于释氧量。固碳释氧价值最大的是兴安落叶松林，为1.195E+11元/a，其次是白桦林，为4.583E+10元/a，最小的是蒙古栎林，为2.926E+09元/a。

由图6-24可以看出，不同林分的单位面积年固碳量均大于单位面积年释氧量。固碳能力和释氧能力的大小顺序均为樟子松＞兴安落叶松＞山杨＞白桦＞蒙古栎。

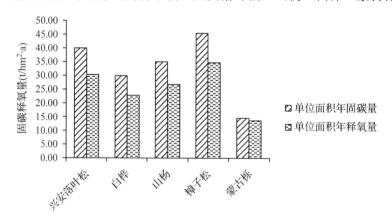

图6-24　不同林分固碳释氧量能力比较

（4）营养物质积累功能

通过室内实验分析得出不同林分的幼龄林、中龄林、近熟林、成过熟林的林木养分

（N、P、K）含量数值（见表 6-35）。

表 6-35　内蒙古大兴安岭林木养分含量指标参数

林型	龄组	林分年净生产力 [t/(hm²·a)]	林木含 N 量 （%）	林木含 P 量 （%）	林木含 K 量 （%）
兴安落叶松	幼龄林	3.08	1.624	0.208	1.364
	中龄林	6.32	1.410	0.259	1.574
	近熟林	8.6	1.369	0.179	1.489
	成过熟林	7.46	1.147	0.074	1.302
白桦	幼龄林	4.01	1.377	0.172	0.968
	中龄林	5.74	1.177	0.207	1.171
	近熟林	5.1	1.060	0.147	1.193
	成过熟林	4.32	1.160	0.207	0.779
山杨	幼龄林	4.72	1.534	0.453	1.953
	中龄林	6.43	1.441	0.424	1.807
	近熟林	5.92	1.299	0.359	2.559
	成过熟林	5.31	1.088	0.267	1.417
樟子松	幼龄林	3.02	1.437	0.264	1.364
	中龄林	8.43	1.284	0.260	1.574
	近熟林	9.74	1.364	0.119	1.489
	成过熟林	7.9	1.152	0.092	1.302
蒙古栎	幼龄林	4.74	1.623	0.329	1.829
	中龄林	2.97	1.429	0.377	1.671
	近熟林	2.03	1.143	0.219	1.774
	成过熟林	1.67	0.931	0.184	1.310

　　由表 6-35 可以看出，不同林分、不同龄组林木含 N 量的范围在 0.931%~1.624% 之间，林木含 P 量的范围在 0.074%~0.453% 之间，林木含含 K 量的范围在 0.779%~2.559% 之间。

　　计算得出内蒙古大兴安岭林区 5 个优势树种不同龄组的林分固氮量、林分固磷量、林分固钾量及林分营养物质积累价值量。

表 6-36　森林营养物质积累功能及其价值龄级分布表

林型	龄组	林分固 N 量 （t/a）	林分固 P 量 （t/a）	林分固 K 量 （t/a）	林分营养物 质积累价值 （元/a）
兴安落叶松	幼龄林	17776.67	2275.72	14935.80	5.527E+08
	中龄林	264744.56	48643.36	295494.92	8.965E+09
	近熟林	52209.59	6826.53	56783.72	1.699E+09
	成过熟林	115383.80	7444.12	130976.21	3.617E+09
小计		450114.63	65189.72	498190.65	1.483E+10
白桦	幼龄林	10716.61	1335.69	7534.22	3.242E+08
	中龄林	65298.01	11453.09	64927.10	2.155E+09
	近熟林	38932.78	5398.95	43803.79	1.282E+09
	成过熟林	34276.04	6107.22	23028.55	1.071E+09
小计		149223.44	24294.95	139293.67	4.832E+09
山杨	幼龄林	3027.27	893.97	3854.14	1.126E+08
	中龄林	12962.20	3814.89	16257.47	4.805E+08
	近熟林	6583.83	1821.02	12967.69	2.678E+08
	成过熟林	3709.89	909.88	4830.25	1.345E+08
小计		26283.18	7439.76	37909.55	9.954E+08
樟子松	幼龄林	174.11	31.99	165.32	5.733E+06
	中龄林	1461.60	295.96	1791.72	5.099E+07
	近熟林	2334.05	203.63	2547.85	7.376E+07
	成过熟林	7157.30	571.59	8089.24	2.266E+08
小计		11127.06	1103.17	12594.11	3.571E+08
蒙古栎	幼龄林	9097.37	1844.14	10252.05	3.124E+08
	中龄林	3662.60	966.27	4282.86	1.316E+08
	近熟林	611.22	117.11	948.65	2.229E+07
	成过熟林	803.16	158.73	1130.12	2.875E+07
小计		14174.35	3086.25	16613.68	4.950E+08
总计		650922.66	101113.86	704601.68	2.151E+10

　　对于不同林分而言，林分固 N 量、林分固 P 量、林分固 K 量的大小顺序均为兴安落叶松＞白桦＞山杨＞樟子松＞蒙古栎。从林分积累营养物质来看，白桦的营养物质积累的大小顺序为林分固 N 量＞林分固 K 量＞林分固 P 量，兴安落叶松、山杨、樟子松、蒙古栎的营养物质积累的大小顺序均为林分固 K 量＞林分固 N 量＞林分固 P 量。且林分固 N 量的百分比为 36.69%~47.70%，林分固 K 量的百分比为 44.53%~52.92%，林分固 P 量的百分比为 4.45%~10.39%。林分营养物质积累值大小顺序为兴安落叶松＞白桦＞山杨＞樟子松＞蒙古栎（表 6-36）。

对于不同林分单位面积积累营养物质量而言，兴安落叶松的营养物质积累量为 0.753 t/(hm² · a)，白桦 0.463 t/(hm² · a)，山杨 0.819 t/(hm² · a)，樟子松 0.846 t/(hm² · a)，蒙古栎 0.387 t/(hm² · a)。营养物质积累量的能力大小顺序为樟子松 > 山杨 > 兴安落叶松 > 白桦 > 蒙古栎。单位面积林分固 N 量的大小顺序为樟子松 > 兴安落叶松 > 山杨 > 白桦 > 蒙古栎；单位面积林分固 P 量的大小顺序为山杨 > 樟子松 > 兴安落叶松 > 白桦 > 蒙古栎；单位面积林分固 K 量的大小顺序为山杨 > 樟子松 > 兴安落叶松 > 白桦 > 蒙古栎。樟子松的固 N 能力最强，山杨的固 P、固 K 能力最强。从林分积累营养物质来看，除白桦以外，其他优势树种营养物质积累的大小顺序均为林分固 K 量 > 林分固 N 量 > 林分固 P 量，且林分固 P 量明显小于林分固 K 量和固 N 量(图 6-25)。

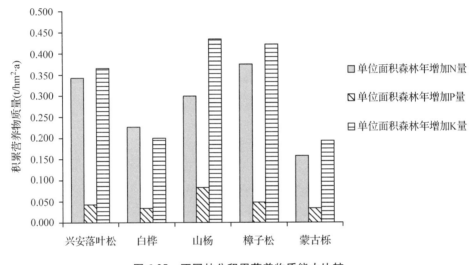

图 6-25　不同林分积累营养物质能力比较

(5)净化大气环境

负离子生产费用为 9.46×10^{-18} 元/个(Myers N. 1995)，计算得出内蒙古大兴安岭林区 5 个优势树种不同龄组的林分提供负离子量和提供负离子价值(见表 6-37)。

表 6-37　森林提供负离子功能及其价值龄级分布表

林型	龄组	负离子浓度 (个/cm³)	林分平均高 (m)	负离子寿命* (min)	林分提供负离子数量 (个)	林分提供负离子价值 (元/a)
兴安落叶松	幼龄林	2015	7.6	10	2.861E + 24	1.900E + 07
	中龄林	2015	8.8	10	2.768E + 25	1.839E + 08
	近熟林	2015	20.2	10	9.487E + 24	6.302E + 07
	成过熟林	2015	20.6	10	2.942E + 25	1.954E + 08
小计					6.945E + 25	4.614E + 08
白桦	幼龄林	1560	10.3	10	1.639E + 24	9.544E + 06

（续）

林型	龄组	负离子浓度（个/cm³）	林分平均高（m）	负离子寿命*（min）	林分提供负离子数量（个）	林分提供负离子价值（元/a）
	中龄林	1560	17.34	10	1.374E+25	7.997E+07
	近熟林	1560	20.03	10	1.183E+25	6.884E+07
	成过熟林	1560	14.4	10	8.076E+24	4.702E+07
小计					3.528E+25	2.054E+08
山杨	幼龄林	1300	8.99	10	2.568E+23	1.308E+06
	中龄林	1300	10.75	10	1.028E+24	5.236E+06
	近熟林	1300	12.57	10	7.351E+23	3.745E+06
	成过熟林	1300	17.56	10	7.705E+23	3.925E+06
小计					2.790E+24	1.421E+07
樟子松	幼龄林	1820	7.89	10	3.028E+22	1.920E+05
	中龄林	1820	12	10	1.550E+23	9.829E+05
	近熟林	1820	20	10	3.361E+23	2.131E+06
	成过熟林	1820	17.6	10	1.324E+24	8.396E+06
小计					1.845E+24	1.170E+07
蒙古栎	幼龄林	1470	2.1	10	1.919E+23	1.074E+06
	中龄林	1470	2.3	10	1.534E+23	8.586E+05
	近熟林	1470	6.5	10	1.323E+23	7.407E+05
	成过熟林	1470	5.4	10	2.155E+23	1.207E+06
小计					6.931E+23	3.880E+06
总计					2.861E+24	1.900E+07

注：* 为公共数据（李俊清，2006）

由表 6-37 可知，大兴安岭林区林分负离子浓度的变化范围为 1300～2015 个/cm³，且负离子浓度大小顺序为兴安落叶松＞樟子松＞白桦＞蒙古栎＞山杨。每个优势树种的不同龄组林分累加后的总的提供负离子数量在 6.931E+23 个～6.945E+25 个之间，林分提供负离子价值 3.880E+06 元/a～4.614E+08 元/a 之间。林分提供负离子量和提供负离子价值的大小顺序为兴安落叶松＞白桦＞山杨＞樟子松＞蒙古栎。

二氧化硫的治理费用为 1.85 元/kg，氟化物的治理费用为 1.06 元/kg，氮氧化物的治理费用为 0.97 元/kg（Myers N. 1995），计算得出内蒙古大兴安岭林区 5 个优势树种不同龄组的林分年吸收污染物（二氧化硫、氟化物、氮氧化物）的物质量和价值量（表 6-38）。单位面积林分年吸收的污染物量采用相关研究及中国森林生态系统服务功能中的参数。据【中国生物多样性经济价值评估】中的研究数据，针叶林吸收 SO_2 的量为 215.60

kg/hm²，阔叶林吸收 SO_2 的量为 88.65 kg/hm²（李怒云等，2000）。据北京市环境保护科学研究所对以排放氟化氢为主的搪瓷厂附近林木的测定，针叶林吸收氟化物的量为 0.50 kg/hm²，阔叶林吸收氟化物的量为 4.65 kg/hm²。据韩国科学技术处测定（森林公益机能的计量化研究，1993），森林吸收氮氧化物的能力为 6.0 kg/hm²（吴水荣等，2002）。

表 6-38　森林吸收污染物功能及其价值龄级分布表

林型	龄组	林分年吸收二氧化硫量（t/a）	林分年吸收二氧化硫价值（元/a）	林分年吸收氟化量（t/a）	林分年吸收氟化物价值（元/a）	林分年吸收氮氧化物量（t/a）	林分年吸收氮氧化物价值（元/a）
兴安落叶松	幼龄林	76626.48	1.418E+08	1652.66	1.752E+06	2132.46	2.068E+06
	中龄林	640437.82	1.185E+09	13812.78	1.464E+07	17822.94	1.729E+07
	近熟林	95608.64	1.769E+08	2062.06	2.186E+06	2660.72	2.581E+06
	成过熟林	290731.02	5.379E+08	6270.40	6.647E+06	8090.84	7.848E+06
小计		1103403.95	2.041E+09	23797.91	2.523E+07	30706.97	2.979E+07
白桦	幼龄林	17208.09	3.183E+07	97.06	1.029E+05	1164.68	1.130E+06
	中龄林	85648.78	1.585E+08	483.07	5.121E+05	5796.87	5.623E+06
	近熟林	63833.53	1.181E+08	360.03	3.816E+05	4320.37	4.191E+06
	成过熟林	60640.00	1.122E+08	342.02	3.625E+05	4104.23	3.981E+06
小计		227330.40	4.206E+08	1282.18	1.359E+06	15386.15	1.492E+07
山杨	幼龄林	3706.48	6.857E+06	20.91	2.216E+04	250.86	2.433E+05
	中龄林	12404.86	2.295E+07	69.97	7.416E+04	839.58	8.144E+05
	近熟林	7587.46	1.404E+07	42.79	4.536E+04	513.53	4.981E+05
	成过熟林	5692.54	1.053E+07	32.11	3.403E+04	385.28	3.737E+05
小计		29391.33	5.437E+07	165.77	1.757E+05	1989.26	1.930E+06
樟子松	幼龄林	864.99	1.600E+06	18.66	1.978E+04	24.07	2.335E+04
	中龄林	2911.29	5.386E+06	62.79	6.656E+04	81.02	7.859E+04
	近熟林	3787.79	7.007E+06	81.69	8.660E+04	105.41	1.022E+05
	成过熟林	16955.80	3.137E+07	365.70	3.876E+05	471.87	4.577E+05
小计		24519.86	4.536E+07	528.84	5.606E+05	682.37	6.619E+05
蒙古栎	幼龄林	10483.29	1.939E+07	59.13	6.268E+04	709.53	6.882E+05
	中龄林	7650.32	1.415E+07	43.15	4.574E+04	517.79	5.023E+05
	近熟林	2335.26	4.320E+06	13.17	1.396E+04	158.06	1.533E+05
	成过熟林	4579.47	8.472E+06	25.83	2.738E+04	309.95	3.006E+05
小计		25048.34	4.634E+07	141.3	1.498E+05	1695.3	1.644E+06
总计		1409693.89	2.608E+09	25916.0	2.747E+07	50460.1	4.895E+07

从林分吸收污染物来看，对每个优势树种不同龄组林分吸收污染物的量进行累加，5 个优势树种林分吸收污染物量的大小顺序均为林分吸收二氧化硫量 > 林分吸收氮氧化物量 > 林分吸收氟化物量。兴安落叶松、樟子松吸收二氧化硫量及价值占吸收污染物总量及价值的 97.38%，吸收氟化物量及价值占吸收污染物总量及价值的 1.20%，吸收氮氧化物量及价值占吸收污染物总量价值的 1.42%；白桦、山杨、蒙古栎吸收二氧化硫量及价值占吸收污染物总量及价值的 96.27%，吸收氟化物量及价值占吸收污染物总量及价值的 0.31%，吸收氮氧化物量及价值占吸收污染物总量及价值的 3.42%。林分吸收污染物的物质量及价值的大小顺序为兴安落叶松 > 白桦 > 山杨 > 蒙古栎 > 樟子松。

降尘清理费用为 0.23 元/kg(Myers N. 1995)。据【中国生物多样性经济价值评估】中的研究数据，针叶林的滞尘能力为 33200 kg/hm²，阔叶林的滞尘能力为 10110 kg/hm²，计算得出林分的年滞尘量和滞尘价值(表 6-39)。

表 6-39　森林滞尘功能及其价值龄级分布表

林型	龄组	单位面积滞尘量 [kg/(hm²·a)]	林分年滞尘量 (t/a)	林分年滞尘价值 (元/a)
兴安落叶松	幼龄林	33200	1.180E+07	2.714E+09
	中龄林	33200	9.862E+07	2.268E+10
	近熟林	33200	1.472E+07	3.386E+09
	成过熟林	33200	4.477E+07	1.030E+10
白桦	幼龄林	10110	1.699E+08	3.908E+10
	中龄林	10110	1.962E+06	4.514E+08
	近熟林	10110	9.768E+06	2.247E+09
	成过熟林	10110	7.280E+06	1.674E+09
山杨	幼龄林	10110	6.916E+06	1.591E+09
	中龄林	10110	2.593E+07	5.963E+09
	近熟林	10110	4.227E+05	9.722E+07
	成过熟林	10110	1.415E+06	3.254E+08
樟子松	幼龄林	33200	8.653E+05	1.990E+08
	中龄林	33200	6.492E+05	1.493E+08
	近熟林	33200	3.352E+06	7.709E+08
	成过熟林	33200	1.332E+05	3.064E+07
蒙古栎	幼龄林	10110	4.483E+05	1.031E+08
	中龄林	10110	5.833E+05	1.342E+08
	近熟林	10110	2.611E+06	6.005E+08
	成过熟林	10110	3.776E+06	8.684E+08

林分年滞尘量和滞尘价值的大小顺序为兴安落叶松 > 白桦 > 樟子松 > 山杨 > 蒙古栎。

由表6-37，6-38，6-39综合得出由林分供负离子量、吸收污染物量、滞尘量三个指标体现的净化大气环境功能的总价值量为5.072E+10元/a。从贡献率来看，提供负离子的价值量为6.965E+08元/a，贡献率为1.37%、吸收污染物的价值量为2.684E+09元/a，贡献率为5.29%、滞尘的价值量为4.734E+10元/a，贡献率为93.33%，可见净化大气环境功能的主体是滞尘功能。

在净化大气环境功能的贡献中，兴安落叶松的贡献率为82.09%，白桦的贡献率为13.02%，樟子松、山杨、蒙古栎的贡献率分别为1.83%、1.66%、1.40%(图6-26)。

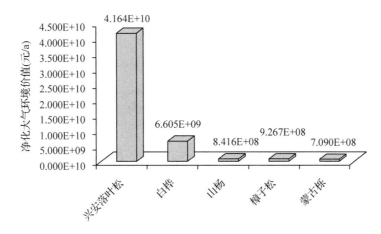

图6-26 不同林分的净化大气环境功能价值比较

在净化大气环境功能价值中，林分滞尘价值 > 林分吸收污染物价值 > 林分提供负离子价值。其中林分滞尘价值占净化大气环境功能价值的比重最大，为90.28%~93.86%；林分吸收污染物价值占净化大气环境功能价值的比重较小，为5.03%~6.79%；林分提供负离子价值占净化大气环境功能价值的比重最小，仅为0.55%~3.11%(表6-40)。

表6-40 森林净化大气环境功能及其价值汇总表(元/a)

树种	林分提供负离子价值	林分吸收污染物价值	林分滞尘价值
兴安落叶松	4.614E+08	2.096E+09	3.908E+10
白桦	2.054E+08	4.368E+08	5.963E+09
山杨	1.421E+07	5.648E+07	7.709E+08
樟子松	1.170E+07	4.658E+07	8.684E+08
蒙古栎	3.880E+06	4.813E+07	6.570E+08

由图6-27可以看出，不同林分单位面积净化大气环境能力的大小顺序为兴安落叶松 > 樟子松 > 白桦 > 山杨 > 蒙古栎。且针叶树种兴安落叶松和樟子松的净化大气环境能

力明显大于阔叶树白桦、山杨和蒙古栎的净化大气环境能力。净化大气环境能力与树冠、叶特性有很大关系。针叶树的滞尘能力强，可能与针叶树的树冠窄小、叶簇生、叶面积大这些特征有关。

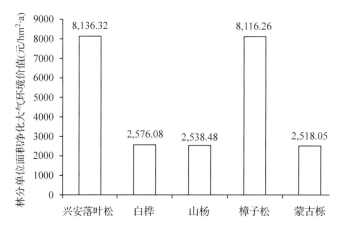

图6-27　不同林分单位面积净化大气环境能力比较

（6）生物多样性保护功能

对大兴安岭林区5个优势树种的生物多样性调查数据结果进行分析，Shannon – Wiener指数在0.578~1.567的范围内，特有种指数为1，濒危指数为2，计算得出不同林分的物种保育价值（表6-41）。

表6-41　森林物种保育功能及其价值龄级分布表

林型	龄组	Shannon-Wiener 指数	单位面积年物种损失的机会成本[元/(hm²·a)]	林分物种保育价值（元/a）
兴安落叶松	幼龄林	0.753	3000	1.066E+09
	中龄林	0.752	3000	1.069E+10
	近熟林	1.567	5000	2.217E+09
	成过熟林	0.996	3000	4.855E+09
白桦	幼龄林	1.075	5000	9.706E+08
	中龄林	0.651	3000	2.898E+09
	近熟林	1.185	5000	3.600E+09
	成过熟林	0.873	3000	2.052E+09
山杨	幼龄林	0.85	3000	1.254E+08
	中龄林	0.71	3000	4.198E+08
	近熟林	0.76	3000	2.568E+08
	成过熟林	0.69	3000	1.926E+08

（续）

林型	龄组	Shannon-Wiener 指数	单位面积年物种损失的机会成本[元/(hm²·a)]	林分物种保育价值（元/a）
樟子松	幼龄林	0.642	3000	1.204E+07
	中龄林	0.774	3000	4.051E+07
	近熟林	1.389	5000	1.054E+08
	成过熟林	1.021	5000	3.932E+08
蒙古栎	幼龄林	0.769	3000	3.548E+08
	中龄林	0.648	3000	2.589E+08
	近熟林	0.72	3000	7.903E+07
	成过熟林	0.578	3000	1.550E+08

由表 6-41 可知，每个优势树种的不同龄组林分累加后物种保育的价值量分别为 1.883E+10 元/a、9.521E+09 元/a、9.946E+08 元/a、5.512E+08 元/a、8.477E+08 元/a，由此可以看出优势树种物种保育的价值量大小顺序为兴安落叶松＞白桦＞山杨＞蒙古栎＞樟子松。

6.3.3.3　森林生态系统服务功能总价值量汇总

（1）森林生态服务功能总价值龄级分布格局

表 6-42　森林生态服务功能总价值龄级分布表（元/a）

优势树种	龄组	涵养水源 功能价值	保育土壤 功能价值	固碳释氧 功能价值	营养积累 功能价值	净化大气 功能价值	物种保育 功能价值	总价值量
兴安落叶松	幼龄林	5.607E+09	1.784E+09	4.009E+09	5.527E+08	2.878E+09	1.066E+09	1.590E+10
	中龄林	4.686E+10	1.621E+10	6.644E+10	8.965E+09	2.408E+10	1.069E+10	1.733E+11
	近熟林	6.996E+09	2.727E+09	1.350E+10	1.699E+09	3.631E+09	2.217E+09	3.077E+10
	成过熟林	2.127E+10	7.903E+09	3.560E+10	3.617E+09	1.104E+10	4.855E+09	8.429E+10
白桦	幼龄林	2.246E+09	2.813E+09	2.755E+09	3.242E+08	4.940E+08	9.706E+08	9.602E+09
	中龄林	1.118E+10	1.778E+10	1.963E+10	2.155E+09	2.491E+09	2.898E+09	5.613E+10
	近熟林	8.331E+09	9.711E+09	1.300E+10	1.282E+09	1.866E+09	3.600E+09	3.779E+10
	成过熟林	7.914E+09	1.597E+10	1.046E+10	1.071E+09	1.754E+09	2.052E+09	3.922E+10
山杨	幼龄林	4.837E+08	3.048E+08	6.984E+08	1.126E+08	1.057E+08	1.254E+08	1.831E+09
	中龄林	1.619E+09	7.823E+08	3.184E+09	4.805E+08	3.545E+08	4.198E+08	6.840E+09
	近熟林	9.902E+08	4.801E+08	1.793E+09	2.678E+08	2.173E+08	2.568E+08	4.005E+09
	成过熟林	7.429E+08	1.053E+08	1.207E+09	1.345E+08	1.642E+08	1.926E+08	3.494E+09
樟子松	幼龄林	6.417E+07	1.904E+07	4.288E+07	5.733E+06	3.247E+07	1.204E+07	1.763E+08
	中龄林	2.160E+08	6.609E+07	4.028E+08	5.099E+07	1.096E+08	4.051E+07	8.860E+08

（续）

优势树种	龄组	涵养水源功能价值	保育土壤功能价值	固碳释氧功能价值	营养积累功能价值	净化大气功能价值	物种保育功能价值	总价值量
蒙古栎	近熟林	2.810E+08	1.017E+08	6.056E+08	7.376E+07	1.435E+08	1.054E+08	1.311E+09
	成过熟林	1.258E+09	4.248E+08	2.199E+09	2.266E+08	6.411E+08	3.932E+08	5.142E+09
	幼龄林	1.419E+09	6.807E+08	1.647E+09	3.124E+08	2.962E+08	3.548E+08	4.710E+09
	中龄林	1.035E+09	4.780E+08	7.842E+08	1.316E+08	2.162E+08	2.589E+08	2.904E+09
	近熟林	3.160E+08	1.150E+08	1.892E+08	2.229E+07	6.648E+07	7.903E+07	7.880E+08
	成过熟林	6.197E+08	6.342E+08	3.053E+08	2.875E+07	1.301E+08	1.550E+08	1.873E+09

由表6-42可知，对于优势树种不同龄组的森林生态服务功能总价值来说，兴安落叶松不同龄组的生态服务功能总价值的大小顺序为中龄林＞成过熟林＞近熟林＞幼龄林；白桦为中龄林＞成过熟林＞近熟林＞幼龄林；山杨为中龄林＞近熟林＞成过熟林＞幼龄林；樟子松为成过熟林＞近熟林＞中龄林＞幼龄林；蒙古栎为幼龄林＞中龄林＞成过熟林＞近熟林。不同龄组森林生态服务功能价值的大小不仅与林分自身特征有关，更与其林分面积有显著的正相关关系。

（2）不同树种价值量分布格局

从不同优势树种的贡献率来看，大兴安岭林区5个优势树种的森林生态服务功能总价值为4.809E+11元/a，兴安落叶松的生态系统服务功能价值为3.042E+11元/a，占63.26%；白桦的生态系统服务功能价值为1.427E+11元/a，占29.68%；山杨的生态系统服务功能价值为1.617E+10元/a，占3.38%；蒙古栎的生态系统服务功能价值为1.027E+10元/a，占2.14%；樟子松的生态系统服务功能价值为7.516E+9元/a，仅占1.56%（见图6-28）。各树种的生态系统服务功能价值大小顺序为：兴安落叶松＞白桦＞山杨＞蒙古栎＞樟子松。兴安落叶松、白桦的生态系统服务功能价值占总价值量的92.94%，可见这2个优势树种在内蒙古大兴安岭森林生态系统服务功能中占有主导地位。

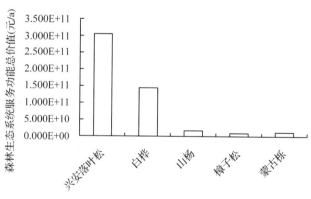

图6-28 不同树种的价值量分布

（3）不同森林生态服务功能价值量分布格局

从不同的生态系统服务功能来看，涵养水源功能的价值量为 1.195E + 11 元/a，占森林生态系统服务功能的24.84%；保育土壤功能的价值量为8.004E + 10 元/a，占森林生态系统服务功能的16.64%；固碳释氧功能的价值量为 1.784E + 11 元/a，占森林生态系统服务功能的37.10%；营养物质积累的价值量为2.151E + 10 元/a，占森林生态系统服务功能的4.47%；净化大气环境功能的价值量为5.072E + 10 元/a，占森林生态系统服务功能的10.55%；物种保育功能的价值量为3.075E + 10 元/a，占森林生态系统服务功能的 6.39%（见图 6-29）。

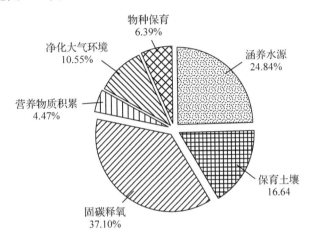

图 6-29　不同森林生态服务功能价值量分布

可以看出，固碳释氧、涵养水源这 2 项功能在内蒙古大兴安岭林区森林生态系统服务总价值中占有重要地位。各价值量的大小顺序为：固碳释氧 > 涵养水源 > 保育土壤 > 净化大气环境 > 物种保育 > 营养物质积累。除此之外，也研究了森林的木材生产功能。

6.4　兴安落叶松持续经营技术模式

6.4.1　兴安落叶松过伐林结构调整技术

6.4.1.1　优化目标

随着经济社会的发展，人类对森林功能的要求不断拓宽，由过去的木材利用等单一需求，向木质、非木质林产品和生态功能等多样化的方向发展。通过多目标经营，发挥森林的多种功能是今后森林经营的主要趋势。大兴安岭天然林由于长期过度利用和保护不善，使大量原始林受到不同程度的干扰和破坏，而形成了大面积的过伐林等。过去对大兴安岭天然林（原始林、过伐林、次生林）的经营，重利用轻经营现象普遍，采取了不合理的非经营性采伐或单一经营目标的抚育经营，使得森林结构遭到严重破坏，功能低下，失去了自然规律性。结构不合理、功能不强的过伐林等受人为干扰的天然林类型在多目标规划前提下，如何进行合理经营，成为结构稳定、功能完善的森林，是当前亟待解决的关键问题。这恐怕还需从林分结构出发，揭示结构与功能关系基础上进行科学优化。

本研究提出的林分结构优化的主要目标是恢复过伐林自然规律，促进过伐林正向演替，使其结构合理，功能完善，为实现大兴安岭多目标经营提供技术支撑。具体包括：①以发挥生态功能为主要经营目标，兼顾木材生产和碳储存等主导功能；②调控林分演替，使其有利于实现经营目标；③提高水平空间和垂直空间利用率，形成林木格局合理、垂直层次呈阶梯式分布的复层、异龄林；④落叶松和白桦组成成数接近8：2至9：1的混交林；⑤强化林分自然更新水平，提高林下草本多样性；⑥调整种间关系，使枯立木形成和更新格局更趋合理化。

6.4.1.2　优化原则

可持续森林经营意味着对森林、林地进行经营和利用时，以某种方式，一定的速度，在现在和将来保持生物多样性、生产力、更新能力、活力，实现自我恢复的能力，在地区、国家和全球水平上保持森林的生态、经济和社会功能，同时又不损害其他生态系统（中国可持续发展林业战略研究课题组，2003）。

近自然森林经营思想是19世纪末起源于德国，于20世纪90年代初传入我国。近自然森林经营是模仿自然、贴近自然的一种森林经营模式，它阐明的思想是"林分结构越接近自然就越稳定，森林就越健康、越安全"，其理论与实践都建立在对原始森林的研究基础上（惠刚盈等，2007）。

发挥多功能：过去对天然林经营目标、资金、技术、政策与今日大不相同，过去对兴安落叶松林过度采伐利用，采取了不合理的采伐方式、采伐强度和采伐对象，导致过伐林的结构遭到了破坏，功能下降，不利于发挥多种功能。本研究将遵循生态功能优先原则，兼顾木材生产和碳储存等功能，优化过伐林结构，以发挥多种功能为宗旨。

充分利用空间：林分从幼龄更新、林分郁闭、林木竞争到林分分化的过程是林分空间被合理填充的过程。也是林木在有限的林分空间中被"合理布置"的过程。在优化过伐林林分结构时，在林分抚育经营技术上，充分考虑空间结构因素，在抚育间伐时，充分考虑林木空间格局。

目标树精细化管理：传统的目标树经营，更多考虑的是促进目标树生长，围绕目标树结构采取经营措施。本研究将目标树按照个体大小、年龄、位置、用途和其他重要程度，进行分类管理。

6.4.1.3　优化方法与技术

本研究提出以生态功能优先，以木材生产和碳储量等主导功能为经营目标的林分结构优化技术。设计出人工辅助更新、人工补植、诱导混交林以及基于目标树精细化管理的抚育间伐等技术措施，调控林分树种组成、林分密度、空间格局、垂直结构，提出针对不同经营目标的林分结构优化技术。确定合理的间伐对象、强度、方式等。主要有以下技术措施：

①综合树种组成、林分密度、直径结构、空间格局、垂直结构、林分演替及林下更

新等多种因素的经营管理技术。

②兼顾林分垂直结构、林木空间格局的近自然化经营技术措施。最大程度地利用水平空间，在垂直分布上形成阶梯式分布特征。

③兼顾种源、母树位置的人工辅助更新技术措施等。

④在传统目标树经营技术基础上，将林分目标树按照个体大小、年龄、空间位置和用途等进行分类管理等目标树精细化管理技术。

6.4.2　兴安落叶松过伐林结构调整示范

按照本书 6.3.2 中提出的结构优化方法和技术，结合标准地 1~8 结构特征（表 6-20），提出了相应的结构优化技术措施，并进行了结构优化示范（表 6-43）。具体结构优化技术可分为 4 类：人工促进更新技术、诱导混交林技术、抚育间伐技术和局部抚育人工促进更新（表 6-43）。

表 6-43　标准地 1~8 结构优化技术措施

标准地号	林型	林分密度/（株/hm²）	郁闭度	树种组成	聚集系数	采伐强度（%）蓄积	采伐强度（%）株数	优化技术
1	杜鹃 – 落叶松白桦混交林	1433	0.8	5 落 3 桦 2 杨	2.29	—	—	人工促进更新
2	杜鹃 – 白桦纯林	1019	0.7	9 桦 1 落 + 杨	4.56	14.4	46.3	诱导混交林
3	杜鹃 – 白桦落叶松混交林	1994	0.8	6 桦 4 落 + 杨	3.96	19.5	43.2	抚育间伐
4	杜鹃 – 落叶松白桦混交林	2238	0.7	5 落 5 桦 – 杨	3.46	14.4	11.9	抚育间伐
5	杜鹃 – 白桦落叶松混交林	1983	0.7	5 桦 5 落 + 杨	2.58	16.6	47.6	局部抚育人工促进更新
6	杜鹃 – 落叶松白桦混交林	2775	0.72	7 落 3 桦 + 杨	7.74	10.6	17.2	抚育间伐
7	杜鹃 – 落叶松白桦混交林	1750	0.7	6 落 3 桦 1 杨	2.48	7.8	20.2	抚育间伐
8	杜鹃 – 落叶松白桦混交林	1425	0.7	7 落 3 桦 + 杨	1.61	5.1	15.0	局部抚育人工促进更新

6.4.2.1　人工促进更新示范

标准地 1 属于落叶松白桦混交林，树种组成为 5 落 3 桦 2 杨。林分密度相对小（1433 株/hm²），林分更新密度也小，仅 1256 株/hm²，需要采取人工辅助天然更新技术，优化林分结构，提高林分空间利用率（表 6-43）。

（1）母树位置

在标准地内 $D \geqslant 10cm$ 落叶松共有 27 株。其中，6 株为皆伐时保留的母树（图 6-30）。根据林木在标准地内位置，挑选出 $D \geqslant 10cm$ 落叶松 14 株（图 6-31）。

在挑选 $D \geqslant 10cm$ 林木位置时，尽量选择枯枝落叶层较厚，林木种子难以接触土壤的地点，避开具有潜在天然更新能力的位置。

挑选的 $D \geqslant 10cm$ 林木分布与潜在更新能力区域，形成集中连片，能够覆盖全标准地。

（2）辅助措施

以小方框标注样方号为 $D \geqslant 10cm$ 落叶松位置，在以黑色底纹标注的样方为可人工辅助更新位置（距 $D \geqslant 10cm$ 落叶松 10m），在其中心设置 $1m \times 1m$ 的小样方，清除小样方内的灌木和草本，抛开死地被物层（枯枝落叶），露出土壤表层（图 6-31）。

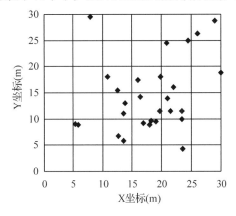

图 6-30　$D \geqslant 10\ cm$ 落叶松位置

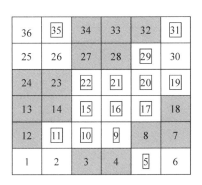

图 6-31　人工辅助更新样方位置

6.4.2.2　诱导混交林示范

标准地 2 为白桦纯林，林木稀疏，林分密度 1019 株/hm²，郁闭度 0.7，更新密度虽然较高（3675 株/hm²），但更新株数的 76.6% 为白桦。需要采取诱导混交林技术，进行局部抚育间伐白桦、人工补植落叶松，提高落叶松比例，逐步形成混交林（表 6-43）。

（1）间伐对象

共伐 348 株。其中，$D \geqslant 5cm$ 林木 17，$D < 5cm$ 林木 331 株。

采伐山杨等非目标树种。间伐丛生白桦（含萌生条），留 1 株，其余都采伐（图 6-32）。

（2）间伐强度

蓄积强度 14.4%（含更新幼树，下同），株数强度 46.3%（含更新幼树，下同）。

（3）人工补植

在标准地林木空隙内，以见缝插针形式栽植 2 年生落叶松 1 级苗，共栽植 398 株，栽植密度为 2490 株/hm²（图 6-32）。春季造林，当年成活率达到 90%，三年保存率要达到 85% 以上。穴状整地长、宽、深度规格为 50cm×50cm×30cm。栽植时根系舒展，分层填土，苗正踩实。

（4）间伐与补植效果

在图 6-32 表示了标准地 2 抚育间伐前、抚育间伐后、人工补植位置以及抚育间伐、人工补植后的林木格局情况。从侧面表明了通过林木株数调整，位置的合理布置，林分水平空间得到合理的填充，调整种间关系和林木竞争。而且林木聚集系数由 4.56 降低为 2.71（表 6-44）。

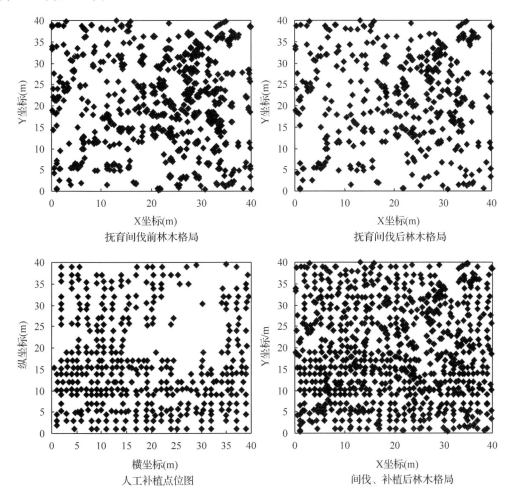

抚育间伐前林木格局　　　　　　　抚育间伐后林木格局

人工补植点位图　　　　　　　　间伐、补植后林木格局

图 6-32　标准地 2 抚育间伐前并人工补植后林木格局变化

表 6-44　各标准地林分结构优化后结构变化

标准地号	各层高度（m）			树种组成				聚集系数
	主林层	演替层	更新层	林分	主林层	演替层	更新层	
1	14.7	7.3	2.2	5 落 3 桦 2 杨	4 落 4 桦 2 杨	6 落 3 桦 1 杨	7 落 2 桦 1 杨	2.29
2	11.1	7.5	1.1	9 桦 1 落 + 杨	10 桦 + 杨	8 桦 2 落 + 杨	8 桦 2 落 + 杨	2.71
3	9.6	6.3	1.8	5 落 5 桦	5 落 5 桦	5 落 5 桦	7 落 3 桦	3.35
4	14.8	9.5	1.1	6 落 4 桦	5 落 5 桦	5 落 5 桦	8 落 2 桦	3.08

（续）

标准地号	各层高度（m）			树种组成				聚集系数
	主林层	演替层	更新层	林分	主林层	演替层	更新层	
5	10.0	6.2	2.2	5 落 5 桦	6 落 4 桦	7 桦 3 落	9 落 1 桦	1.42
6	13.7	8.5	1.4	7 落 3 桦	5 落 5 桦	7 落 3 桦	9 落 1 桦	6.45
7	9.8	7.2	1.7	6 落 4 桦	6 落 4 桦	7 落 3 桦	8 落 2 桦	2.64
8	10.5	6.9	1.3	7 落 3 桦	7 落 3 桦	9 落 1 桦	6 桦 4 落	1.12

6.4.2.3 抚育间伐示范一

标准地 3 属于白桦落叶松混交林，白桦成数占优势，郁闭度 0.8，更新密度 4788 株/hm²，在更新株数中 62.2% 为白桦，林木聚集系数 3.96。从林分垂直层次看，未来林分演替趋势仍然白桦占优势。需要采取基于目标树精细化管理的抚育间伐技术，控制白桦优势，间伐白桦，从林分垂直分布中控制白桦演替趋势，减弱演替层中白桦成数，提高落叶松比例，减小林木聚集系数，将逐渐形成落叶松白桦混交林（表 6-43）。

（1）目标树分类

用材树：1 级木共有 35 株。其中，落叶松 22 株，占林分总株数的 6.9%，占落叶松总株数的 19.5%。从 22 株落叶松中选取部分母树后，剩余落叶松作为用材树来经营。

后备树：2 级木共有 53 株。其中，落叶松 30 株，占林分总株数的 9.4%，占落叶松总株数的 26.5%。从 30 株落叶松中选取部分母树后，剩余落叶松作为后备树来经营。

伴生树：白桦作为伴生树。为林分郁闭、更新、演替、改良土壤以及生物多样性不可或缺。

演替树：3 级木共有 151 株。其中，落叶松 37 株，占林分总株数的 11.6%，占落叶松总株数的 32.7%。还有部分白桦树。

母树：$D \geqslant 10cm$ 林木共有 50 株。其中，落叶松 32 株，这 32 株落叶松属于 1~2 级木。根据标准地内的格局，从中选出落叶松 11 株，白桦 11 株作为母树来培育（图 6-33）。

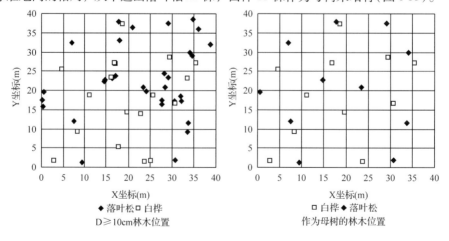

图 6-33 标准地 3 作为母树的林木位置

更新树：更新幼树共有 766 株。其中，落叶松 241 株，白桦 411 株。间伐一部分白桦幼树，剩余的白桦幼树和 241 株落叶松幼树为更新树。

间伐树：无 5 级木，4 级木共有 80 株。其中，落叶松 24 株，占林分总株数的 7.5%，占落叶松总株数的 21.2%。这些落叶松 4 级木、其他非目标树种、丛生白桦（含萌生条）等属于间伐树。

（2）间伐对象

共间伐 468 株。其中，$D \geqslant 5cm$ 林木 74 株，$D < 5cm$ 林木 394 株（图 6-34）。

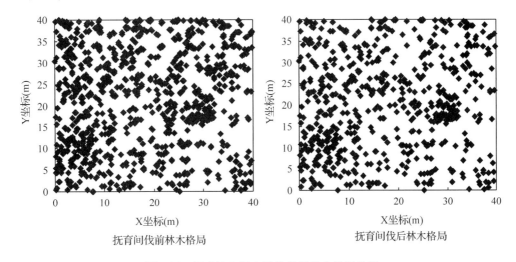

抚育间伐前林木格局　　　　　　抚育间伐后林木格局

图 6-34　标准地 3 抚育间伐前后林木格局比较

采伐山杨等非目标树种。间伐丛生白桦（含萌生条），留 1 株，其余都采伐。间伐落叶松被压木株数的 62.5%。为促进林分演替需要，采伐白桦。

（3）间伐强度

蓄积强度 19.5%，株数强度 43.2%。

（4）间伐效果

林木聚集系数由 3.96 变为 3.35，聚集程度有所下降（表 6-44）。树种组成由 6 桦 4 落 + 杨调整为 5 落 5 桦，落叶松成数已占优势（表 6-20、表 6-44）。对主林层、演替层和更新层树种组成进行了调整。主林层、演替层和更新层树种组成由伐前的 5 桦 5 落 + 杨、6 桦 4 落 + 杨、6 桦 4 落 - 杨调整为 5 落 5 桦、5 落 5 桦、7 落 3 桦（表 6-44），各层落叶松优势已更加明显。

6.4.2.4　抚育间伐示范二

标准地 4 属于落叶松白桦混交林，树种组成为 5 落 5 桦 - 杨，郁闭度 0.7。更新密度 2925 株/hm²，在更新幼树中落叶松、白桦和山杨株数比例分别为：59.0%、39.3%、1.7%，林木聚集系数 3.46。从林分垂直层次看，未来林分演替趋势将落叶松占优势，但主林层中白桦占优势，在演替层中白桦的比重仍然占 4 成。需要采取基于目标树精细化管理的抚育间伐技术，控制白桦优势，间伐白桦，从林分垂直分布中控制白桦演替趋势，减弱演替层中白桦成数，提高落叶松比例，减小林木聚集系数，将逐渐形成落叶松白桦混交林(表6-43)。

(1)目标树分类

用材树：1级木共有62株。其中，落叶松22株，占林分总株数的6.1%，占落叶松总株数的9.4%。从22株落叶松中选取部分母树后，剩余落叶松作为用材树来经营。

后备树：2级木共有60株。其中，落叶松36株，占林分总株数的10.1%，占落叶松总株数的15.5%。从36株落叶松中选取部分母树后，剩余落叶松作为后备树来经营。

伴生树：白桦作为伴生树。为林分郁闭、更新、演替、改良土壤以及生物多样性不可或缺。

演替树：3级木共有91株。其中，落叶松63株，占林分总株数的17.6%，占落叶松总株数的27.0%。还有部分白桦树。

母树：$D \geqslant 10cm$林木共有122株。其中，落叶松64株，这64株落叶松主要属于1~2级木，有少量3级木。根据标准地内的格局，从122株林木中选出落叶松23株，白桦21株作为母树来培育(图6-35)。

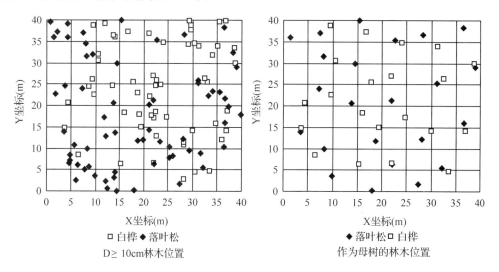

图 6-35　标准地4作为母树的林木位置

更新树：更新幼树共有468株。其中，落叶松273株，白桦182株。间伐一部分白桦幼树，剩余的白桦幼树和273株落叶松幼树为更新树。

间伐树：无5级木，4级木共有145株。其中，落叶松114株，占林分总株数的31.8%，占落叶松总株数的48.9%。这些落叶松4级木、其他非目标树种、丛生白桦(含萌生条)等属于间伐树。

(2)间伐对象

共间伐99株。其中，$D \geqslant 5cm$林木21株，$D < 5cm$林木78株(图6-36)。

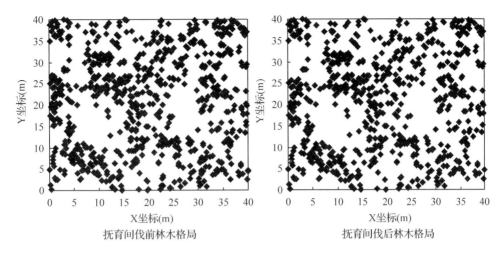

图 6-36 标准地 4 抚育间伐前后林木格局比较

采伐山杨等非目标树种。间伐丛生白桦(含萌生条),留 1 株,其余都采伐。间伐极少数落叶松。为促进林分演替需要,采伐白桦。

(3)间伐强度

蓄积强度 14.4%,株数强度 11.9%。

(4)间伐效果

林木聚集系数由 3.43 变为 3.08,聚集程度有所下降(表 6-44)。树种组成由 5 落 5 桦 – 杨调整为 6 落 4 桦,落叶松成数有所提高,其优势更加明显(表 6-44)。对主林层和演替层树种组进行了调整。主林层、演替层和更新层树种组成由伐前的 6 桦 4 落 – 杨、6 落 4 桦 – 杨、8 落 2 桦 – 杨调整为 5 落 5 桦、5 落 5 桦、8 落 2 桦(表 6-44),主林层落叶松优势更加明显。

6.4.2.5 抚育间伐示范三

标准地 6 属于落叶松白桦混交林,树种组成为 7 落 3 桦 + 杨,郁闭度 0.72。更新密度 3713 株/hm^2,在更新幼树中落叶松、白桦和山杨株数比例分别为:92.7%、7.1%、0.2%,林木聚集系数 7.74。从林分垂直层次看,未来林分演替趋势将落叶松占优势,但主林层中白桦占优势,在演替层中白桦的比重也占 3 成。需要采取基于目标树精细化管理的抚育间伐技术,控制白桦优势,间伐白桦,从林分垂直分布中控制白桦演替趋势,减弱主林层中白桦成数,提高落叶松比例,减小林木聚集系数,将逐渐形成结构更加合理的落叶松白桦混交林(表 6-43)。

(1)目标树分类

用材树:1 级木共有 66 株。其中,落叶松 29 株,占林分总株数的 6.5%,占落叶松总株数的 8.7%。从 29 株落叶松中选取部分母树后,剩余落叶松作为用材树来经营。

后备树:2 级木共有 83 株。其中,落叶松 59 株,占林分总株数的 13.3%,占落叶松总株数的 17.6%。从 59 株落叶松中选取部分母树后,剩余落叶松作为后备树来经营。

伴生树:白桦作为伴生树。为林分郁闭、更新、演替、改良土壤以及生物多样性不可或缺。

演替树：3 级木共有 128 株。其中，落叶松 105 株，占林分总株数的 23.6%，占落叶松总株数的 31.3%。还有部分白桦树。

母树：$D \geq 10$cm 林木共有 130 株。其中，落叶松 83 株，这 83 株落叶松属于 1 – 2 级木。根据标准地内的格局，从 130 株林木中选出落叶松 21 株，白桦 23 株作为母树来培育（图 6-37）。

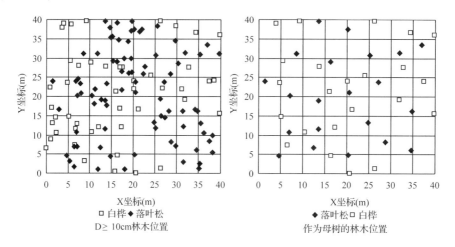

图 6-37　标准地 6 作为母树的林木位置

更新树：更新幼树共有 594 株。其中，落叶松 550 株，白桦 42 株。间伐一部分白桦幼树和落叶松幼树，剩余的白桦幼树和落叶松幼树作为更新树。

间伐树：无 5 级木，4 级木共有 167 株。其中，落叶松 142 株，占林分总株数的 31.9%，占落叶松总株数的 42.4%。这些落叶松 4 级木、其他非目标树种、丛生白桦（含萌生条）等属于间伐树。

（2）间伐对象

共间伐 179 株。其中，$D \geq 5$cm 林木 36 株，$D < 5$cm 林木 143 株（图 6-38）。

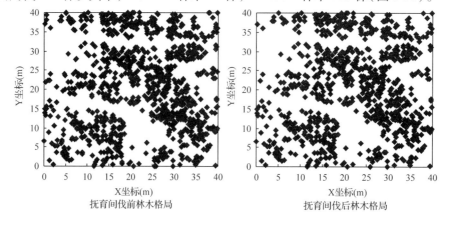

图 6-38　标准地 6 抚育间伐前后林木格局比较

采伐山杨等非目标树种。间伐丛生白桦(含萌生条),留1株,其余都采伐。间伐落叶松更新幼树,为调整林木格局,尚需间伐落叶松 $D \geqslant 5cm$ 林木。为促进林分演替需要,采伐白桦。

(3)间伐强度

蓄积强度10.6%,株数强度17.2%。

(4)间伐效果

林木聚集系数由7.74变为6.45,聚集程度有所下降(表6-44)。树种组成由7落3桦+杨调整为7落3桦,落叶松优势更加明显(表6-20、表6-44)。主要对主林层树种组成进行了调整。主林层、演替层和更新层树种组成由伐前的5桦5落+杨、7落3桦+杨、9落1桦-杨调整为5落5桦、7落3桦、9落1桦(表6-44),削弱了白桦在主林层中的优势,主林层落叶松优势已更加明显。

6.4.2.6 抚育间伐示范四

标准地7属于落叶松白桦混交林,树种组成为6落3桦1杨,郁闭度0.7。更新密度1475 株/hm²,在更新幼树中落叶松、白桦和山杨株数比例分别为:46.8%、35.9%、17.3%,林木聚集系数2.48。从林分垂直层次看,未来林分演替趋势将落叶松占优势,但主林层中白桦占4成山杨占1成,在演替层中白桦的比重仍然占3成。需要采取基于目标树精细化管理的抚育间伐技术,间伐白桦和山杨,从林分垂直分布中控制白桦演替趋势,减弱演替层中白桦成数,提高落叶松比例,减小林木聚集系数,将逐渐形成结构合理的落叶松白桦混交林(表6-43)。

(1)目标树分类

用材树:1级木共有47株。其中,落叶松26株,占林分总株数的9.3%,占落叶松总株数的13.7%。从26株落叶松中选取部分母树后,剩余落叶松作为用材树来经营。

后备树:2级木共有48株。其中,落叶松28株,占林分总株数的10.0%,占落叶松总株数的14.7%。从28株落叶松中选取部分母树后,剩余落叶松作为后备树来经营。

伴生树:白桦作为伴生树。为林分郁闭、更新、演替、改良土壤以及生物多样性不可或缺。

演替树:3级木共有84株。其中,落叶松61株,占林分总株数的21.8%,占落叶松总株数的32.1%。还有部分白桦树。

母树:$D \geqslant 10cm$ 林木共有132株。其中,落叶松86株,这86株落叶松属于1~3级木。根据标准地内的格局,从132株林木中选出落叶松21株,白桦26株作为母树来培育(图6-39)。

更新树:更新幼树共有236株。其中,落叶松108株,白桦83株。间伐一部分白桦和落叶松幼树,伐除山杨幼树,将剩余的白桦幼树和落叶松幼树为更新树。

间伐树:无5级木,4级木共有101株。其中,落叶松75株,占林分总株数的26.8%,占落叶松总株数的39.5%。这些落叶松4级木、其他非目标树种、丛生白桦(含萌生条)等属于间伐树。

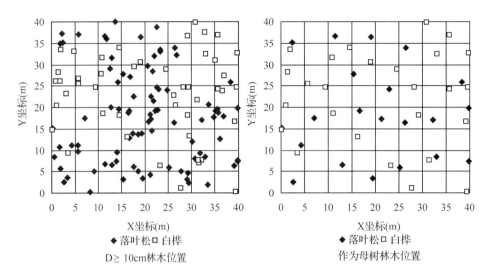

图 6-39   标准地 7 作为母树的林木位置

（2）间伐对象

共间伐 104 株。其中，$D \geqslant 5$cm 林木 17 株，$D < 5$cm 林木 87 株（图 6-40）。

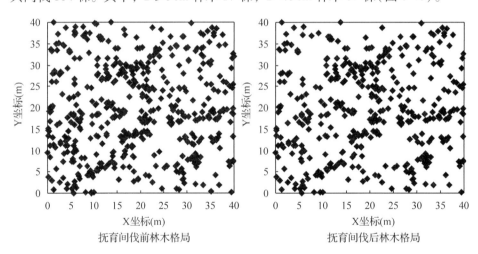

图 6-40   标准地 7 抚育间伐前后林木格局比较

采伐山杨等非目标树种。间伐丛生白桦（含萌生条），留 1 株，其余都采伐。间伐部分落叶松。为促进林分演替需要，采伐白桦。

（3）间伐强度

蓄积强度 7.8%，株数强度 20.2%。

（4）间伐效果

①林木聚集系数由 2.48 变为 2.64，聚集程度有所增大（表 6-44）。

②树种组成由 6 落 3 桦 1 杨调整为 6 落 4 桦，树种组成更趋合理（表 6-43、表 6-44）。

③对主林层和更新层树种组成进行了调整。主林层、演替层和更新层树种组成由伐前的 5 落 4 桦 1 杨、7 落 3 桦 + 杨、7 落 2 桦 1 杨调整为 6 落 4 桦、7 落 3 桦、8 落 2 桦 (表 6-44),主林层和更新层落叶松优势已更加明显。

6.4.2.7　局部抚育人工促进更新示范一

标准地 5 属于白桦落叶松混交林,树种组成为 5 桦 5 落 + 杨,郁闭度 0.7。更新密度 3150 株/hm², 在更新幼树中落叶松、白桦和山杨株数比例分别为:27.3%、71.6%、1.1%,林木聚集系数 2.58。从林分垂直层次看,未来林分演替趋势仍然白桦占优势,在主林层中白桦占 4 成,在演替层中白桦的比重占 8 成。需要采取基于目标树精细化管理的抚育间伐技术,控制白桦优势,间伐白桦,从林分垂直分布中控制白桦演替趋势,减弱演替层中白桦成数,提高落叶松比例,减小林木聚集系数,将逐渐形成落叶松白桦混交林(表 6-44)。

(1) 目标树分类

用材树:1 级木共有 19 株。其中,落叶松 13 株,占林分总株数的 10.9%,占落叶松总株数的 44.8%。从 13 株落叶松中选取部分母树后,剩余落叶松作为用材树来经营。

后备树:2 级木共有 7 株。其中,落叶松 1 株,占林分总株数的 0.8%,占落叶松总株数的 3.4%。从 7 株 2 级木中选取部分母树后,剩余林木作为后备树来经营。

伴生树:白桦作为伴生树。为林分郁闭、更新、演替、改良土壤以及生物多样性不可或缺。

演替树:3 级木共有 34 株。其中,落叶松仅 4 株,占林分总株数的 3.4%,占落叶松总株数的 13.8%。白桦有 25 株。

母树:$D \geq 10 \text{cm}$ 林木共有 21 株。其中,落叶松 13 株,这 13 株落叶松主要属于 1 级木。根据标准地内的格局,从 21 株林木中选出落叶松 6 株,白桦 6 株作为母树来培育(图 6-41)。

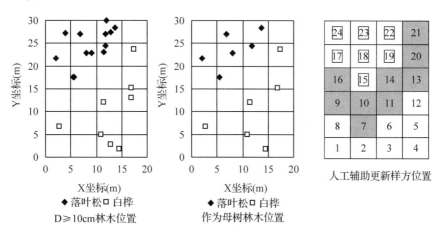

图 6-41　标准地 5 作为母树的林木及辅助更新位置

更新树：更新幼树共有 190 株。其中，落叶松 50 株，白桦 131 株。间伐一部分白桦幼树，剩余的白桦幼树和 50 株落叶松幼树作为更新树。

间伐树：无 5 级木，4 级木共有 59 株。其中，落叶松 11 株，占林分总株数的 9.2%，占落叶松总株数的 37.9%。这些落叶松 4 级木、其他非目标树种、丛生白桦（含萌生条）等属于间伐树。

（2）间伐对象

共间伐 147 株。其中，$D \geqslant 5cm$ 林木 33 株，$D < 5cm$ 林木 114 株（图 6-42）。

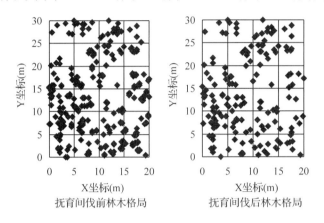

图 6-42　标准地 5 抚育间伐前后林木格局比较

采伐山杨等非目标树种。间伐丛生白桦（含萌生条），留 1 株，其余都采伐。间伐极少数落叶松。为促进林分演替需要，采伐白桦。

（3）间伐强度

蓄积强度 16.6%，株数强度 47.6%。

（4）间伐效果

林木聚集系数由 2.58 变为 1.42，聚集程度有所下降（表 6-44）。

树种组成由 5 桦 5 落 + 杨调整为 5 落 5 桦，落叶松成数有所提高，已占优势（表 6-20、表 6-44）。

对演替层和更新层树种组成进行了调整。主林层、演替层和更新层树种组成由伐前的 6 落 4 桦 + 杨、8 桦 2 落 - 杨、5 桦 5 落 + 杨调整为 6 落 4 桦、7 桦 3 落、9 落 1 桦（表 6-45），更新层落叶松优势已更加明显，增加了演替层落叶松成数。

（5）人工促进更新措施

标准地 5 林分密度相对小（1983 株/hm²），林分更新密度虽然不小（3150 株/hm²），但落叶松幼树比例偏低，仅占 27.3%，主要以白桦更新为主（占 71.6%）。需要采取人工辅助天然更新技术，优化林分结构，促进林分正向演替，增加落叶松成数，提高林分空间利用率（表 6-43）。

母树位置，在标准地内 $D \geqslant 10cm$ 落叶松共有 13 株。其中，5 株为皆伐时保留的母树（图 6-41）。根据林木在标准地内位置，挑选出 $D \geqslant 10cm$ 落叶松 6 株，白桦 6 株作为母树培育（图 6-41）。在挑选 $D \geqslant 10cm$ 林木位置时，尽量选择枯枝落叶层较厚，林木种子难以接触土壤的地点，避开具有潜在天然更新能力的位置。挑选的 $D \geqslant 10cm$ 林木分布与潜在更新能力区域，形成集中连片，能够将覆盖全标准地。

辅助措施，以小方框标注样方号为 $D \geqslant 10cm$ 落叶松位置，在以黑色底纹标注的样方为可人工辅助更新位置（距 $D \geqslant 10cm$ 落叶松 10m），在其中心设置 $1m \times 1m$ 的小样方，清除小样方内的灌木和草本，抛开死地被物层（枯枝落叶），露出土壤表层（图6-41）。

6.4.2.8　局部抚育人工促进更新示范二

标准地 8 属于落叶松白桦混交林，树种组成为 7 落 3 桦 + 杨，郁闭度 0.7。更新密度 1069 株/hm^2，在更新幼树中落叶松、白桦和山杨株数比例分别为：14.1%、72.9%、12.9%，林木聚集系数 1.61。从林分垂直层次看，未来林分演替趋势具有白桦占优势的可能性，在主林层中白桦仅占 3 成，在演替层中落叶松占绝对优势，但更新层却白桦占优势。需要采取基于目标树精细化管理的抚育间伐技术，控制白桦优势，间伐白桦，从林分垂直分布中控制白桦演替趋势，减弱更新层中白桦成数，提高落叶松比例，减小林木聚集系数，将逐渐形成落叶松白桦混交林（表6-43）。

（1）目标树分类

用材树：1 级木共有 25 株。其中，落叶松 16 株，占林分总株数的 7.0%，占落叶松总株数的 9.4%。从 16 株落叶松中选取部分母树后，剩余落叶松作为用材树来经营。

后备树：2 级木共有 53 株。其中，落叶松 37 株，占林分总株数的 16.2%，占落叶松总株数的 21.6%。从 37 株 2 级木中选取部分母树后，剩余林木作为后备树来经营。

伴生树：白桦作为伴生树。为林分郁闭、更新、演替、改良土壤以及生物多样性不可或缺。

演替树：3 级木共有 88 株。其中，落叶松 65 株，占林分总株数的 28.5%，占落叶松总株数的 38.0%。

母树：$D \geqslant 10cm$ 林木共有 146 株。其中，落叶松 104 株，这 104 株落叶松属于 1 - 3 级木。根据标准地内的格局，从 146 株林木中选出落叶松 24 株，白桦 26 株作为母树来培育（图6-43）。

更新树：更新幼树共有 171 株。其中，落叶松 24 株，白桦 124 株。间伐一部分白桦幼树和山杨，剩余的白桦幼树和落叶松幼树作为更新树。

间伐树：无 5 级木，4 级木共有 62 株。其中，落叶松 53 株，占林分总株数的 23.2%，占落叶松总株数的 30.9%。这些落叶松 4 级木、其他非目标树种、丛生白桦（含萌生条）等属于间伐树。

（2）间伐对象

共间伐 60 株。其中，$D \geqslant 5cm$ 林木 6 株，$D < 5cm$ 林木 54 株（图6-44）。

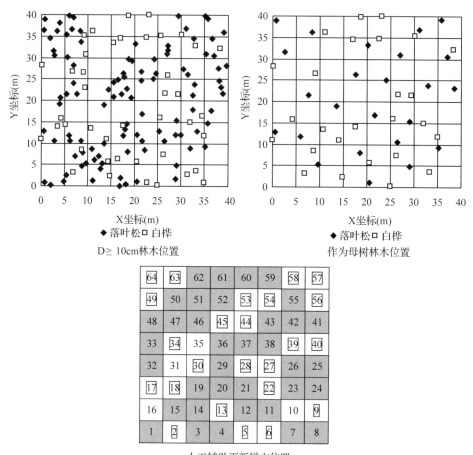

图 6-43　标准地 8 作为母树的林木及圃助更新位置

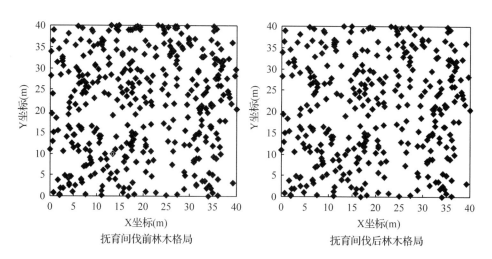

图 6-44　标准地 8 抚育间伐前后林木格局比较

采伐山杨等非目标树种。间伐丛生白桦(含萌生条),留 1 株,其余都采伐。为促进林分演替需要,采伐白桦。

(3)间伐强度

蓄积强度 5.1%,株数强度 15.0%。

(4)间伐效果

林木聚集系数由 1.61 变为 1.12,聚集程度有所下降(表 6-44)。树种组成由 7 落 3 桦 + 杨调整为 7 落 3 桦,树种组成结构更趋合理(表 6-44)。对主林层、演替层和更新层树种组成进行了调整。主林层、演替层和更新层树种组成由伐前的 7 落 3 桦 + 杨、9 落 1 桦 + 杨、5 桦 3 落 2 杨调整为 7 落 3 桦、9 落 1 桦、6 桦 4 落(表 6-44),保持主林层和演替层落叶松优势,同时增加了更新层白桦成数。

(5)人工促进更新措施

标准地 8 林分密度相对小(1425 株/hm^2),林分更新密度也较小(1069 株/hm^2),而且落叶松幼树比例偏低,仅占 14.1%,主要以白桦更新为主(占 72.9%)。需要采取人工辅助天然更新技术,优化林分结构,促进林分正向演替,增加落叶松更新株数,促进落叶松自然更新能力,提高林分空间利用率(表 6-43)。

母树位置,在标准地内 D≥10cm 落叶松共有 104 株。根据林木在标准地内位置,挑选出 D≥10cm 落叶松 24 株,白桦 26 株作为母树培育(图 6-43)。在挑选 D≥10cm 林木位置时,尽量选择枯枝落叶层较厚,林木种子难以接触土壤的地点,避开具有潜在天然更新能力的位置。挑选的 D≥10cm 林木分布与潜在更新能力区域,形成集中连片,能够将覆盖全标准地。

辅助措施,以小方框标注样方号为 D≥10cm 落叶松位置,在以黑色底纹标注的样方为可人工辅助更新位置(距 D≥10cm 落叶松 10m),在其中心设置 1m×1m 的小样方,清除小样方内的灌木和草本,抛开死地被物层(枯枝落叶),露出土壤表层(图 6-43)。

参考文献

顾云春 . 1986. 大兴安岭的森林资源 . 林业资源管理增刊

顾云春 . 1985. 大兴安岭林区森林群落的演替 . 植物生态学与地植物学丛刊,9(1):64 - 70

郭玉东 . 2015. 根河林业局天然林资源保护工程效益评价 . 呼和浩特:内蒙古农业大学学位论文

国家林业局 . 2013. 退耕还林工程生态效益监测国家报告

国家林业局 . 2008. 森林生态系统服务功能评估规范》(LY/T1721—2008). 北京:中国标准出版社

韩铭哲,周晓峰 . 1994. 兴安落叶松—白桦林生态系统生物量和净初级生产量的研究[M]. 哈尔滨:东北林业大学出版社

韩铭哲 . 1994. 兴安落叶松自然更新格局和种群的生态对策 . 内蒙古林学院学报,1(2):1 - 10

侯元兆,王琦 . 1995. 中国森林资源核算研究 . 世界林业研究,(3):51 - 56

惠刚盈,Klausvon Gadow,胡艳波,等 . 2007. 结构化森林经营 . 北京:中国林业出版社,114 - 120

孔繁文 . 1993. 试论森林环境资源核算 . 生态经济,(3):11 - 15

李俊清 . 2006. 森林生态学 . 北京:高等教育出版社

李怒云,洪家宜 . 2000. 天然林保护工程的社会影响评价 - 贵州省黔东南州天保工程评价林业经济 .

（6）：37－44

李婷婷，王俊峰，郑小贤．2009．金沟岭林场主要森林类型林分更新比较研究．林业资源管理，（3）：81－84

罗菊春．1979．兴安落叶松的结实特性．北京林学院学报，（00）：40－54

马雪华，王淑远．1994．森林生态系统研究方法．北京：中国科学技术出版社

曲晓颖，钱世文，宋延霞，等．2002．对兴安落叶松天然更新的思考．林业科技，27（2）：7－9

孙家宝，胡海清．2010．大兴安岭兴安落叶松林火烧迹地群落演替状况．东北林业大学学报，38（5）：30－33

孙玉军，张俊，海爱惠，等．2007．兴安落叶松（Larix gmelini）幼中龄林的生物量与碳汇功能．生态学报．27（5）：1756－1762

王绪高，李秀珍，何红士，等．2004．大兴安岭北坡落叶松林火后植被演替过程研究．生态学杂志，23（5）：35－41

吴水荣，刘璨，李育明．2002．天然林保护工程环境与社会经济评价．林业经济，11：34－35

徐鹤忠，董和利，底国旗，等．2006．大兴安岭采伐迹地主要目的树种的天然更新．东北林业大学学报，34（1）：18－21

徐化成．1998．中国大兴安岭森林．北京：科学出版社

张秋良．等．2014．内蒙古大兴安岭森林生态系统研究．北京：中国林业出版社

郑景明，张春雨，周金星，等．2007．云蒙山典型森林群落垂直结构研究．林业科学研究，20（6）：768－774

郑景明，周志勇，田子珩，等．2010．北京山地天然栎林垂直结构研究．北京林业大学学报，32（增刊1）：67－70

周小勇，黄忠良，史军辉，等．2004．鼎湖山针阔混交林演替过程中群落组成和结构短期动态研究［J］．热带亚热带植物学报，12（4）：323－330

周以良（主编），1991．中国大兴安岭植被［M］．北京：科学出版社

Costanza R，d'Arge R，de Groot R，et al. 1997. The value of the world's ecosystem services and natural capital. Nature，387（6630）：253－260

Daily，G（ed）. 1997. Nature's Services：Societal Dependence on Natural Ecosystems. Washington，DC：Island Press

Ishii H T，Tanabe S，Hiura T. 2004. Exploring the relationships among canopy structure，stand productivity，and biodiversity of temperate forest ecosystems. Forest science，50（3）：342－355

Latham P A，Zuuring H R，Cobel D W. 1998. A method for quantifying vertical forest structure. Forest Ecology and Management，104（1）：157－170

Myers N. 1995. The World Forests：need for a policy appraisal. Science，（6）：823－824

第7章

小兴安岭过伐林可持续经营技术

小兴安岭林区是东北地区的生态屏障，也对华北地区的生态安全保障发挥着极其重要的作用，辽阔的林海北御西伯利亚寒流和蒙古高原寒风，西防黄沙进犯，是东北地区陆地自然生态系统的主体之一。地带性植被是以红松为主的温带针阔叶混交林——阔叶红松林，蕴藏着丰富的野生动物资源。小兴安岭林区过伐林是由于日伪时期在原始林中进行掠夺式采伐，以及新中国成立后50年中在原始林或之前形成的过伐林内进行不同强度的择伐而形成的，是大部分红松等针叶树和一些珍贵阔叶树被采伐，林分中红松等针叶树明显减少，价值低的阔叶树种占优势的森林类型，林木结构不合理，蓄积量较低。因此，对于目前过伐林的现状，改善林分树种组成，提高森林生产力是该区域的经营重点（雷加富，2007）。目前，小兴安岭林区由于过度采伐而形成的杨桦次生林和硬阔叶林面积最大，仅杨桦林分布面积就达98万 hm²（殷东升，2009），由于杨桦林寿命较短、结构不稳定，以提高林分生产力，促进森林生态系统的稳定性为目标，当因势利导实施经营措施。而硬阔叶林中建群种一般为寿命较长的珍贵阔叶树种，种源丰富，应当有针对性对其进行群落系统生态恢复。因此，本章中主要以杨桦次生林和硬阔叶林为研究对象，进行硬阔叶林生态恢复和杨桦林结构调整技术与模式的研究。

7.1 研究区域及森林类型概述

7.1.1 研究区域

7.1.1.1 地理位置

小兴安岭位于中国黑龙江省中北部，地处北纬 46°28′ 至 49°21′，东经 127°42′ 至 130°14′。北部以黑龙江中心航线为界，与俄罗斯隔江相望，边境线长 249.5km，是中国东北边疆的重要门户。林业施业区面积 386 万 hm²。

地形地貌：小兴安岭属低山丘陵，地理特征是"八山半水半草一分田"。北部多台地、宽谷；中部低山丘陵，山势和缓；南部属低山，山势较陡。最高峰为平顶山，海拔 1429m。西部铁力市位于松嫩平原，地势呈波状。

7.1.1.2　水文气象

小兴安岭属北温带大陆季风气候区。四季分明，冬季严寒、干燥而漫长；春季回暖快；夏季温热湿润；秋季暂短、降温迅速。年平均气温 -1~1℃，最冷为 1 月份，-20~25℃，最热为 7 月份，气温 20~21℃，极端最高气温为 35℃。全年 ≥10℃ 活动积温 1800~2400℃，无霜期 90~120 天。年平均日照数 2355~2400h。年降雨量 550~670mm，降雨集中在夏季。干湿指数 0.92~1.13，属湿润地区。

7.1.1.3　生物资源

林区森林茂密，树种较多。有林地面积 280 万 hm²，森林覆被率为 72.6%，活立木总蓄积 2.4 亿 m³。森林类型是以红松为主的针阔叶混交林。主要树种有红松、云杉、冷杉、兴安落叶松、樟子松、水曲柳、黄波罗、胡桃楸、杨、椴、桦、榆等，藤条灌木遍布整个施业区。1998 年木材生产总量为 214.5 万 m³，同时，每年还有 100 多万 m³ 的采伐、造材、加工剩余物，可为木材综合利用提供充足的原料保证。

小兴安岭的森林、沟壑中，栖息着东北虎、马鹿、驼鹿、黑熊、野猪、猞猁、野兔、松鼠、黄鼬等兽类 50 余种，鸟类有榛鸡、雷鸟、中华秋沙鸭、金雕、啄木鸟、猫头鹰、杜鹃等 220 多种。

山林内有野生药材 320 多种，其中鹿茸、熊胆、麝香、林蛙油、人参、刺五加、五味子、三颗针、党参、黄芪、兴安杜鹃等十分名贵。

小兴安岭还是山野果、山野菜的丰产区。有松籽、平榛、山核桃、山梨、山葡萄、狝猴桃、都柿、蓝靛果、草莓等山野果 30 多种；

有蘑菇、木耳、猴头菌、刺嫩芽、金针菜、猴腿、蕨菜等已被采集利用的山野菜资源 20 多种，开发利用潜力巨大。

小兴安岭水域，生长的鱼类有 70 多种，比较著名的有鲑鱼（俗称大马哈鱼）、鲟鱼（俗称七粒附子）、鳇鱼、鲤鱼、鲫花、鳌花、鳊花（俗称"三花"）、哲罗、法罗、雅罗、胡罗、同罗（俗称"五罗"）等。

7.1.1.4　矿产资源

据初步勘探，林区有金、银、铁、铅、锌、铝、锡等金属矿藏 20 多种，已探明的金属矿床、矿点达 100 多处，其中黄金储量居黑龙江省首位。非金属矿产资源分布更为广泛。有石灰石、大理石、玛瑙石、燧石、紫砂陶土、泥炭、珍珠岩、水晶石、褐煤等 25 种，矿点多达 140 多处。

7.1.1.5　旅游资源

巍巍的小兴安岭绵延起伏，逶迤千里；美丽的汤旺河碧波荡漾，流光溢彩；茂密的大森林郁郁葱葱，层峦叠翠。这里，冬长夏短，日温差大，气候变化悬殊。

林区四季分明的气候特点造就了各有特色的四时景观：春天的雪中花、夏季的清凉地、秋日的五花山色、隆冬洁白的世界。依此可开展春游、夏漂、秋赏山色、冬嬉雪的四季养生旅游。这里不仅四季带给你不同的景象，就是每一天、每一时都是气象万千，令人心潮起伏：晨观拱北云海、夕望卧虎日暮、晴日朗空万里、雨中山色空蒙。雨后天晴，整个大山都淹没在滚滚雾海之中，露出的山顶像巨大的鲸鱼背，像海中仙岛，又像雪域神山，显示着大自然强悍不可抗拒的威力。

7.1.2　主要森林类型概述

7.1.2.1　硬阔叶混交林

硬阔叶林是北方森林具有的森林群落类型，其中，以水曲柳（*Fraxinus mandshurica*）、胡桃楸（*Juglans mandshurica*）、黄波罗（*Phellodendron amurense*）三大硬阔叶树种最为典型，各树种的作用由群落内物种本身的生物学和生态学特性决定的，使得各个树种在相同或相似的环境条件下，长期地受环境及其他树种的影响而表现出相同的适应方式和途径（杨磊，2008）。

（1）分布与生境

水曲柳、胡桃楸、黄波罗的自然分布范围仅限于亚洲温带东北部和暖温带北部地区，在国外仅见于俄罗斯远东地区，日本和朝鲜也有分布。在中国以小兴安岭、完达山、长白山为主。

水曲柳、胡桃楸、黄波罗喜湿喜肥，对生境条件要求较严，以其为优势种组成的林分，喜生于江河沿岸漫滩阶地，地平的山间谷地及山坡中下腹缓坡地带，这些地段主要是发育在冲积（或坡积）母质上的沙壤土，土层深厚，排水良好，土壤干燥贫瘠或排水不良的低洼地上生长不良。

（2）组成结构

水曲柳、胡桃楸、黄波罗是原始阔叶红松林的主要伴生树种，在原始林遭受破坏后，保留的植株成为沟谷硬阔叶林的组成树种。以水曲柳、胡桃楸、黄波罗等为主的硬阔叶林中，同时混交有春榆（*Ulmus davidiana* var. *japonica*）、裂叶榆（*U. laciniata*）、色木槭（*Acer mono*）等，在原始林区还残存有红松（*Pinus koraiensis*）和臭冷杉（*Abies nephrolepis*），有时也混有某些软阔叶树种，如紫椴（*Tilia amurensis*）、山杨（*Populus davidana*）、香杨（*P. koreana*）、大青杨（*P. ussuriensis*）、风桦（*Betula costata*）、白桦（*B. platyphylla*）以及柳树（*Salix* spp.）等。组成复杂，变异很大，大多数林分为多代的复层结构。

下木层内，包括原始红松阔叶林中常见的种，如茶条槭（*Acer ginnala*）、青楷槭（*A. tegmentosum*）、东北山梅花（*Philadelphus schrenkii*）、暴马丁香（*Syringa amurensis*）、鸡树条荚蒾（*Viburnum sargentii*）、毛接骨木（*Sambucus buergeriana*）、刺五加（*Acanthopanax senticosus*）、黄花忍冬（*Lonicera sargentii*）等。在林冠疏开的潮湿处，常见有稠李（*Prunus padus*）、珍珠梅（*Sorbaria sorbifolia*）、柳叶绣线菊（*Spiraea salicifolia*）等。

草本层植物有毛缘苔草（*Carex campylorhina*）、四花苔草（*Carex quadriflora*）、小叶芹（*Aegopodium alpestre*）、山茹子（*Brachybotrys paridiformis*）、粗茎鳞毛蕨（*Dryopteris crassirhizoma*）等外，还有一些耐湿性的植物，如木贼（*Equisetum hiemale*）、白花碎米荠（*Car-*

damine leucantha)、金腰子(*Chrysosplenium alternifolium*)、乌苏里毛茛(*Ranunculus ussuriensis*)、水金凤(*Impatiens noti - tangere*)。由于人为干扰，进入一些早春植物及喜光杂草，如东北延胡索(*Corydalis ambigua* var. *amurensis*)、荷青花(*Hylomecon vernalis*)、五福花(*Adoxa moschatellina*)、侧金盏花(*Adonis amurensis*)、光银莲花(*Anemone glabrata*)、菟葵(*Eranthis stellata*)、小顶冰花(*Gagea hiensis*)及蚊子草(*Filipendula palmata*)、窄叶荨麻(*Urtica angustifolia*)、乌头(*Aconitum* spp.)等。

7.1.2.2　杨桦林

杨桦林生态系统是一种稳定性较低的生态系统，往往都是由于人为或者自然力破坏后所形成的次生化森林，是红松林和云杉林被更替的结果(臧润国，2005)。山杨与白桦生态习性相近，常在同一迹地上同时更新形成混交林，但对适宜生境、生长发育方面也有不同。在土层瘠薄而湿润环境较大的环境，山杨生长不良，多发生病虫，经常被白桦更替。在土层较厚而湿度较差的环境，白桦生长不良常被山杨更替(汪滨等，2000)。

(1)白桦次生林

适宜气候与环境：小兴安岭林区白桦林多为次生幼中林，能生长在海拔1000~1200m以下的各种坡向上，在阴坡、缓坡和谷底形成大片纯林或与山杨、紫椴、色木、榆树等形成混交林。

白桦耐阴，对极端低温、霜冻、日灼都有较强的抗性，对温度要求不严格，但喜湿润生境，要求土壤水分充足，气候湿润。小兴安岭平均海拔一般在400~1000m，年平均气温在0℃左右，年降水量550~670mm，多集中在气温较高的夏季。气温较低，蒸发量小，空气湿润。这些气候因素有利于白桦生长，在谷底、低缓坡地和阴坡等土壤水分充足的位置多形成以纯林为主的白桦林。

白桦林能分布在各种森林土壤上，暗棕色森林土、腐殖质潜育土、草甸土上均能生长，白桦林分布的土壤肥力较高，有较多腐殖质，团粒结构，淋溶作用较弱，土壤反应呈中性或微酸和微碱性，土层为中层和厚层。

组成结构：小兴安岭白桦林的组成较简单，主要生长在中低山下部坡地和平缓谷地，多以纯林为主，混生树种主要是山杨，此外有少量紫椴、色木、核桃楸、水曲柳、春榆等。白桦林的组成与林龄有关，幼中龄林以纯林为主，成熟林则混有较多其他树种，包括针叶树种。混交的树种还与人为干扰有关，在人为活动较少的边远林区和高海拔林区，常常混有较多的针叶树种，而人为影响严重的地区则多为纯林，或混有少量阔叶树种。小兴安岭白桦林下木种类很多，主要有毛榛、珍珠梅、稠李、柳叶绣线菊、忍冬、东北接骨木等。

生长发育：在小兴安岭林区，白桦是生长最为快速的树种，高和径生长高峰出现较早，数量成熟期、自然稀疏的起始期与结束期皆早于同属的枫桦和黑桦，与伴生树种山杨比较接近。

白桦的树高生长节律与落叶松相近，属于持续生长类型。幼苗阶段生长较慢，3~5年后生长速度加快，年高生长可达到70cm，初期生长不及山杨，但寿命高于山杨。白桦的生长受到海拔影响，在海拔较低处比海拔较高处生长快些；同时，也受到气候的湿润程度影响，气候湿润处较气候干燥处生长快。

更新：小兴安岭白桦种子更新和萌芽更新能力都很强，天然白桦林在林龄达到15~20 年时即可产生大量种子（周以良等，1986），一株 30 年生的白桦年结实量可达到1.0kg 以上。在采伐迹地、火烧迹地很容易获得良好的天然种子更新。由于白桦属于喜光树种，林冠下更新不良，白桦树冠下一般具有耐阴树种更新，在有种源情况下，经常出现红松、云杉的幼苗幼树。

（2）山杨次生林

适宜气候与环境：在小兴安岭，山杨次生林一般分布在海拔 250~650m，山杨的喜光性仅次于白桦。因为不耐阴，幼树在郁闭林下生长不良，长期庇荫则会死亡。山杨耐寒，其分布要求低温湿润，虽然在湿润区、半湿润区、半干旱区都能生长，但唯有在湿润区生长良好。山杨生长与地形有关，在陡坡山脊和山间谷底的生长都不及坡地中腹好，主要是由于陡坡土壤干燥瘠薄，谷地土壤过湿所致。

组成结构：山杨结实频繁，根蘖力强，在皆伐迹地或者火烧迹地上初期容易形成团块状纯林。在山杨次生林郁闭后，其他针阔叶树种会逐渐更新起来，一般有红松、云杉、色木、紫椴、水曲柳等。山杨有单层林和复层林，山杨纯林多为单层结构，与白桦混交也多为单层结构，与其他针阔叶混交时多为复层结构，乔木层林冠单一，林相整齐。下木和活地被种类与顶级群落基本相同，但山杨林的林冠稀疏，林内透光较多，喜光的榛子和苔草数量较多。

更新：山杨的天然更新有种子更新和无性更新，山杨结实数量多，种粒小，传播远，新种子发芽率高，因此在湿润裸地上容易更新。但种子发芽保存期短，在干燥环境很快失去发芽力。所以在干燥裸地和灌草覆盖度大的各种迹地上种子更新困难。

（3）杨桦次生林演替与经营

杨桦林能首先占据次生裸地，且生长快、成熟早、防护效益明显，对恢复森林和维护森林生态效益有重要意义，而且其生物组成、环境条件等仍然具有破坏前森林的某些特征，因此在进行森林恢复的时候，应当因势利导，实施经营措施时，不应完全地破坏现有森林结构，应当进行不同程度的林相改良和优化，以期在更短时间内提高林分生产力，丰富生物多样性，提高森林生态系统的稳定性，加快森林演替的进程。

白桦林在封山育林的保护下，则会进展演替向以白桦为主的混交林进一步发展为硬阔叶混交林。对于在白桦林下已经形成更新或演替层，只要没有干扰，恢复成原有顶级群落只是时间问题，也可视情况采取疏开上层阔叶树为林下受压的幼苗、幼树留出生长空隙的办法，促进林分的更新和转化。

那些分布于原生林外围、因缺乏种源、目前林内无针叶树种更新的白桦林应以抚育为主。

对林下更新不良，又没有母树和不可能依靠红松等针叶树天然更新的林分进行抚育方式的林相整理，调整林分组成和密度，抚育后的林内空隙处，人工栽植针叶树种，以增加杨桦林内针叶树种比重。在无种源又不断受到破坏的情况下，进行的次生演替中最艰难的过程，会沿逆行演替方向逐步向灌丛甚至草地退化，此种情况要在森林经营中避免(汪滨等,2000)。

7.2 可持续经营试验研究

7.2.1 硬阔叶林生态恢复研究

7.2.1.1 硬阔叶混交林资源现状分析

7.2.1.1.1 研究方法

以铁力林业局的茂林河林场硬阔叶混交林为研究对象,2007年设置固定标准地22块,样地面积40m×40m,对每块标准地进行GPS定位,对样地内的林木进行每木检尺,并计算出主要树种(胡桃楸、水曲柳、黄波罗)平均直径,选取标准木共计23株,伐倒后做树干解析,分析该林分主要树种的生长规律;对样地内不同径阶的林木进行统计,分析硬阔叶混交林的林分结构。

7.2.1.1.2 硬阔叶混交林林分直径结构

林分内的树木并不是杂乱无章地生长着。长期研究证明:不论是天然林还是人工林,在未遭受破坏的情况下,林分内部都存在一些比较稳定的结构规律。早在1899年,法国林学家德莱奥古就发现,理想的异龄林株数按径级的分布是倒J形,即相邻径级的立木株数之比率趋向于一个常数q,或称为q值法则(曾伟生等,1991)。根据q值法则,异龄林在合理采伐和自然死亡等干扰下,围绕理想结构上下波动,但能维持林分结构的动态平衡。森林连续采伐应当以不破坏或容易恢复到初始结构状态为基础。根据德莱奥古的理论,美国做了大量直径分布方面的研究,目的是确定理想的分布曲线,调整收获量,并保持异龄林的结构。这些分布曲线涉及q值、最大径级和断面积。所以,异龄林的直径分布实质上是林木大小多样性的问题。林木大小多样性可用径级多样性和株数按径级的倒J形分布描述,在模型中可建立相应的约束条件。以采伐后不减少径级个数作为径级多样性的约束条件,以采伐后保持株数按径级形成倒J形分布作为林木大小多样性分布形式的约束条件。径级多样性约束条件比较容易建立,倒J形分布约束条件稍复杂一些。美国林学家迈耶在1952年发现,异龄林株数按径级的分布可用负指数分布表示,公式如下:

$$N = ke^{-aD} \tag{7-1}$$

式中:N为株数;D为径级;k,a为参数。

胡希(1979)把q值与负指数分布联系起来,得到:

$$q = e^{ah} \tag{7-2}$$

式中,q为两个相邻径级株数之比;a为负指数分布的结构常数;h为径级距。

显然,如果已知现实异龄林株数按径级的分配,通过对式(7-1)作回归分析,就可以求出常数k和a,把a和径级宽度h代入式(7-2)求得q值。德莱奥古认为,q值几乎是个常数,一般在1.2~1.5之间。也有研究认为,q值在1.3~1.7之间。q值小,表明立地质量较高，直径分布曲线比较平坦，径阶范围较宽，大径木占的比例较高。q值大，立地质量较差，直径分布曲线较陡，径阶范围较窄，小径木占的比例较高（于政中，1993）。本研究结合实际样地调查，适当调整 q 值区间，如果现实异龄林的 q 值落在这个区间内，认为该异龄林的株数分布是合理的，否则是不合理的。

对小兴安岭铁力林业局茂林河林场硬阔叶混交林固定标准地进行统计样地基本情况见表 7-1。

表 7-1　标准地资料的基本特征

	平均数 （cm）	中位数 （cm）	方差	-标准差	标准误	最小值 （cm）	最大值 （cm）	偏度	变异系数
水曲柳	13.22	11.6	26.34	5.13	0.563	7.8	37.3	1.899	0.388
黄波罗	13.27	12.7	17.32	4.16	0.356	7.5	30.0	1.235	0.314
胡桃楸	18.53	16.9	57.59	7.57	0.614	8.2	51.1	1.750	0.409
枫桦	15.12	14.5	21.31	4.62	1.332	9.3	24.0	0.449	0.305
落叶松	13.33	12.7	14.03	3.75	0.225	7.5	26.5	0.706	0.281
红松	12.30	11.2	8.47	2.91	1.680	10.1	15.6	0.595	0.237
云杉	51.3	51.3	—	—	—	51.3	51.3	—	–
山杨	16.71	15.5	39.75	6.30	0.985	7.0	35.5	1.210	0.377
柞树	19.2	19.2	—	—	—	19.2	19.2	—	—
色木	20.90	22.0	93.24	9.66	1.858	8.8	49.4	0.811	0.462
榆树	14.89	13.4	37.55	6.13	0.603	7.5	42.0	1.465	0.412
椴树	14.17	17.5	33.33	5.77	3.333	7.5	17.5	-0.71	0.408
白桦	16.47	15.9	35.17	5.93	1.294	8.2	29.2	0.427	0.360
大青杨	30.50	30.2	86.44	9.29	3.099	10.5	45.0	-0.74	0.305

经过边缘校正以后，总计 2816 株，直径按径阶分布的结果见表 7-2，起测径阶为8cm，径阶距为 2cm。

表 7-2　标准地径阶分布

径阶	8	10	12	14	16	18	20	22	24	26	28	30	32
株数	215	460	479	428	348	291	188	120	72	50	37	34	17
径阶	34	36	38	40	42	44	46	48	50	52	54	56	58
株数	23	11	15	2	7	4	4	1	4	5	0	0	1

根据做出径阶的分布图，可以看出小兴安岭硬阔叶混交林的直径结构为不对称的山状曲线，偏度为正，由于该林分径阶为 20cm 以下的林木株数较多，径阶大的株数较少，最大径阶为 58cm。平均直径较小，只有 16.9cm，曲线尖削，偏度较大。用负指数分布进行模拟，得到 $k = 2319.252$，$a = 0.140$，相关系数 $r = 0.965$。

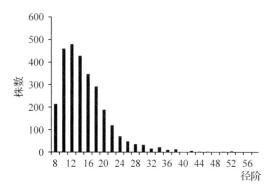

图 7-1 林木株数的径阶分布图

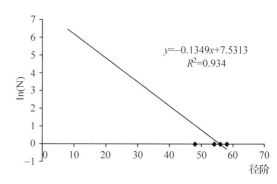

图 7-2 株数的对数与径阶的线性关系

把林木株数对数化后使公式(7-1)变形为线性的(图7-2)，可以看出拟合效果比较好，前面的计算得出参数 $a = 0.140$，径阶距 $h = 2cm$，根据公式(7-2)可以得出 $q = 1.32$，处于德莱奥古所确定的 q 值范围 $1.2 \sim 1.5$ 之间，说明小兴安岭铁力林业局硬阔叶混交林株数分布是合理的。

7.2.1.1.3 硬阔叶混交林的树种组成结构

树种多样性是生态系统在物种尺度上的多样性，包括树种数与各树种的比例。在传统森林经营中，树种多样性常用树种组成式表示，但无法定量描述林分的树种多样性，本研究采用物种丰富度、树种组成指数、群落均匀度和树种单调度对小兴安岭铁力林业局茂林河林场硬阔叶混交林的树种组成进行定量描述(表7-3)(孙楠等，2010；康迎昆等，2013)。

表 7-3 天然阔叶混交林树种组成结构指标

标准地号	树种组成	树种数(个)	蓄积(m³/hm²)	密度(株/hm²)	树种丰富度	树种组成指数	均匀度指数	单调度
01	3杨2青1胡1黄1柳1色1落＋水	12	136.25	806	1.5689	0.9362	0.8894	0.135
02	3胡2水2落1色1杨＋黄	11	142.40	825	1.4196	0.8943	0.8278	0.170
03	2落2胡2水1色1枫1黄1榆	11	118.05	725	1.4582	0.8512	0.7260	0.252
04	3落2杨2胡1水1色1黄	11	115.90	794	1.4309	0.8935	0.7439	0.238
05	4落3胡1杨1水1黄	9	114.08	850	1.1288	0.7148	0.7447	0.259
06	2水2胡2色1黄1落1榆1杨	8	121.55	819	0.9952	0.8140	0.8666	0.188
07	5落1黄1榆1胡1椴1水	10	110.68	838	1.2737	0.7406	0.6618	0.352
08	2色2落2胡2榆1水1黄	11	132.62	1238	1.3107	0.8086	0.6753	0.272
09	4落2胡1黄1色1榆1水	12	133.72	1094	1.4763	0.7774	0.6406	0.317
10	4色2胡1落1黄1水1榆	8	123.18	706	1.0264	0.7214	0.8497	0.193
11	3落2黄2胡1色1榆1椴＋水	11	106.90	775	1.4380	0.8755	0.7367	0.232

（续）

标准地号	树种组成	树种数（个）	蓄积（m³/hm²）	密度（株/hm²）	树种丰富度	树种组成指数	均匀度指数	单调度
12	2 胡 2 杨 1 落 1 色 1 榆 1 水 1 黄 1 白	10	146.71	838	1.2737	0.8822	0.8526	0.162
13	2 胡 2 杨 2 红 1 落 1 黄 1 色 1 榆 + 水	11	167.67	894	1.3967	0.9031	0.7938	0.186
14	2 胡 2 落 2 水 1 色 1 杨 1 黄 1 榆	11	143.46	806	1.4263	0.8985	0.8084	0.185
15	3 落 3 胡 1 色 1 黄 1 青 1 水	10	124.03	931	1.2467	0.8148	0.7482	0.245
16	4 落 2 胡 1 色 1 黄 1 水 1 椴	10	136.84	806	1.2837	0.7729	0.6284	0.374
17	3 榆 2 落 2 胡 1 黄 1 色 1 水	11	144.14	706	1.4662	0.8009	0.7404	0.234
18	3 落 2 榆 1 色 1 胡 1 水 1 黄 1 枫	12	110.66	675	1.6285	0.8560	0.7541	0.218
19	4 落 3 胡 2 水 1 黄	6	113.21	862	0.7034	0.6249	0.7722	0.305
20	5 胡 1 落 1 榆 1 云 1 黄 1 水	9	125.51	575	1.2263	0.6960	0.7648	0.219
21	2 落 2 榆 2 胡 2 黄 1 水 1 白	10	77.14	556	1.3898	0.8435	0.8565	0.159
22	3 胡 3 榆 1 黄 1 水 1 柳 1 落	10	124.67	743	1.3053	0.7563	0.7940	0.200
合计	2 落 2 胡 1 色 1 榆 1 水 1 黄 1 杨 1 白	17	125.88	812	1.3936	0.9505	0.6866	0.197

根据样地数据统计，铁力林业局茂林河林场硬阔叶混交林共有树种 17 个，19 号样地的树种数最少，只有 6 个，树种数达到 10 个的样地数占总样地的 77.27%。林分中胡桃楸、水曲柳和黄波罗的蓄积量较大，平均每公顷蓄积 50.54m³，占林分总蓄积的 40.15%。21 号样地的公顷蓄积最低，这是因为该样地林木的平均胸径只有 16.1cm，低于整个林分的平均直径 16.6cm，公顷株数只有 556 株，较林分平均每公顷株数低 31.53%，13 号样地的公顷蓄积量最大，公顷株数为 894 株，但样地平均直径达到 17.7cm，较林分平均直径高出 6.63%。

树种丰富度与树种数呈正相关，与个体总数呈负相关，但树种数起决定性作用。所有样地中，树种丰富度最高是树种数为 12 种的 01 号、09 号和 18 号 3 块样地，但 3 块样地公顷株数不同，分别是 806 株、1094 株和 675 株，因此，丰富度最高的是样地 18 号（1.6285），其次是 01 号（1.5689）和 09 号（1.4763）。

树种组成指数能定量描述林分树种多样性，但并不能完全取代树种组成式。树种组成指数有随着树种个数增加而增大的趋势，19 号样地的树种数最少（6 种），树种组成指数也最低，01 号样地树种数最多（12 种），树种指数最大，将树种数与树种组成指数拟合成线性模型如图 7-3，相关系数 $R^2 = 0.849$，说明拟合效果良好。

均匀度指数是与样地内各树种的株数相关的函数，因此由均匀度可以清晰地看出林分内各树种个体数量的均匀程度。01 号样地的均匀度指数最大，这是由于该样地树种数最多（12 种），树种组成式为（3211111 +）说明林分中各树种株数所占比例差异较小，均匀度较高；16 号样地树种数不少（10 种），但由于该样地中单一树种（落叶松）所占比例太大，而其他树种株数比例太小，所以造成该样地均匀度指数最小。

单调度是树种个体集中分布的程度，还可以表示分布的均匀程度，与均匀度指数一样，都是与样地内各树种的株数相关的函数，且较均匀度更明显的表示样地内各树种的单一程度。19 号样地树种数最少，只有 6 种，但 6 个树种的株数占林分总株数比例的差

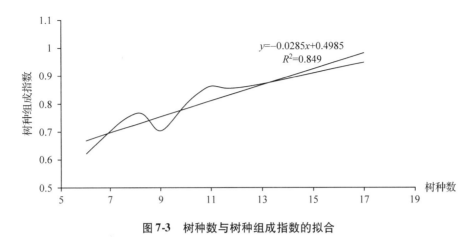

图 7-3　树种数与树种组成指数的拟合

异没有 9 号、7 号和 16 号大，所以单调度不是最大的。树种单调度与树种组成指数相反，同时也取决于丰富度与均匀度两者而非某一方面，树种单调度则与丰富度与均匀度呈负相关（舒华铎，2011）。

7.2.1.1.4　硬阔叶混交林主要树种生长规律

（1）主要树种生长规律

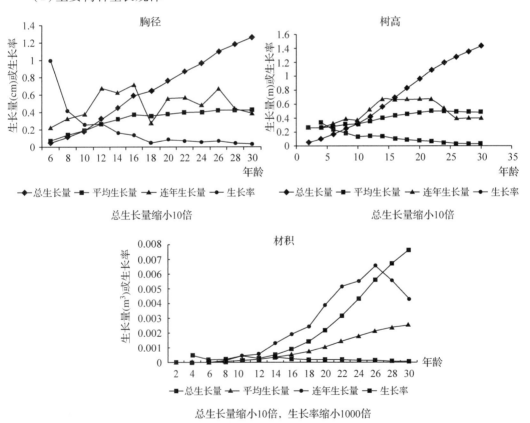

图 7-4　水曲柳胸径、树高和材积的各生长量指标

　　本研究对小兴安岭铁力林业局茂林河林场硬阔叶混交林选取水曲柳、胡桃楸和黄波罗三种主要树种的标准木做树干解析,并对其胸径的总生长量、平均生长量、连年生长量和生长率进行了分析,作为了解小兴安岭铁力林业局茂林河林场硬阔叶混交林生长情况的依据。

　　水曲柳胸径、树高和材积的平均生长量都呈现逐渐上升的趋势(图 7-4),胸径的平均生长量 10 龄到 20 龄之间由 0.2cm 增加到了 0.4cm,目前仍有继续上升的趋势,树高的平均生长量在 10 龄到 20 龄之间也增加得比较快,由 0.3m 增加到了 0.5m,说明该地区水曲柳的生长势头很好,预计在未来的 10 年内有着很好的生长潜力;连年生长量由于受当年气候条件的影响较大,所以波动比较明显,但从总体上看,还是呈上升的趋势(图 7-5)。

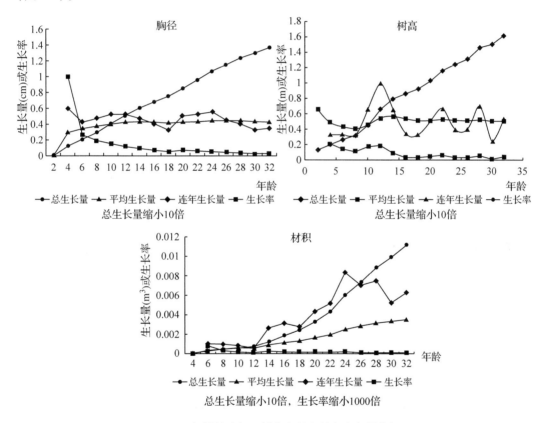

图 7-5　胡桃楸胸径、树高和材积的各生长量指标

　　胡桃楸的胸径和树高的平均生长量在 20 龄后比较稳定,胸径的平均生长量维持在 0.4cm 左右,树高的平均生长量维持在 0.5m 左右,材积的平均生长量由于胸径和树高的稳步增长而呈现上升的趋势;同样,胡桃楸各因子的连年生长量波动幅度依然比较大,总体趋势与平均生长量相同,胸径和树高的连年生长量虽然有波动,尤其是树高非常的明显,但总体上没有明显的上升或是下降的趋势(图 7-5)。

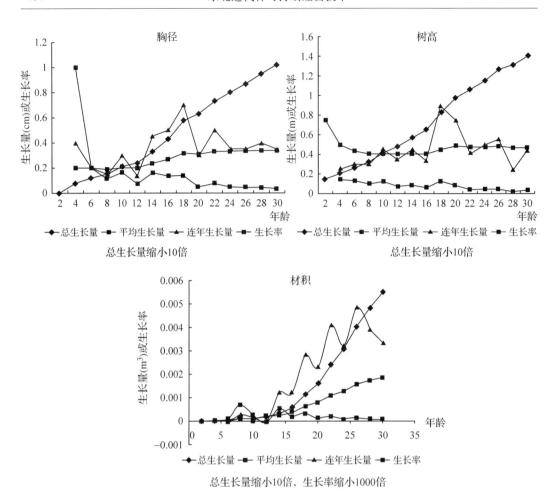

图7-6　黄波罗胸径、树高和材积的各生长量指标

黄波罗胸径的平均生长量稳步增长，在5龄后始终保持在0.2cm以上，17龄后增加到0.3cm以上，并一直持续到现在，树高的平均生长量始终保持在0.4m左右，生长态势良好；黄波罗各因子的连年生长量波动也比较大，胸径和树高的连年生长量没有什么规律性变化，材积的连年生长量虽然也有波动，但总体上升的趋势非常明显。由于各树种的总生长量曲线为"S"形，所以其生长率均是关于年龄的单调递减函数（图7-6）。

（2）主要树种树高曲线

①曲线方程的选取：对小兴安岭硬阔叶混交林主要树种的树高与年龄拟合成树高曲线，常用的树高曲线方程有：

模型1：$h = a_0 + a_1 \log(d)$

模型2：$h = a_0 e^{-a_1/d}$

模型3：$h = a_0 + \dfrac{a_1}{d}$

模型4：$h = a_0 d^{a_1}$

模型 5：$h = 1.3 + \dfrac{1}{\left(a_0 + \dfrac{a_1}{d}\right)^2}$

式中：h 为树高，d 为直径，log 为常用对数符号，e 为自然对数的底，K 为常数，a_0、a_1、a_2 为方程参数。

表 7-4　各模型的参数及检验值

			估计值	标准差	F	R
模型 1	水曲柳	a_0	− 2.984	0.936	290.555	0.847
		a_1	14.014	0.822		
	胡桃楸	a_0	− 0.965	0.448	519.235	0.915
		a_1	11.621	0.510		
	黄波罗	a_0	0.891	0.280	701.238	0.921
		a_1	9.681	0.366		
模型 2	水曲柳	a_0	18.467	1.023	327.824	0.669
		a_1	4.908	0.271		
	胡桃楸	a_0	11.763	1.044	318.504	0.871
		a_1	2.255	0.126		
	黄波罗	a_0	9.551	1.046	236.991	0.808
		a_1	1.337	0.087		
模型 3	水曲柳	a_0	16.824	0.305	196.650	0.672
		a_1	− 49.348	3.519		
	胡桃楸	a_0	11.194	0.389	112.187	0.725
		a_1	− 12.132	1.145		
	黄波罗	a_0	9.523	0.316	112.163	0.686
		a_1	− 6.494	0.613		
模型 4	水曲柳	a_0	3.111	1.080	329.046	0.770
		a_1	0.536	0.030		
	胡桃楸	a_0	1.484	1.034	2475.100	0.980
		a_1	0.837	0.017		
	黄波罗	a_0	1.878	1.035	1575.838	0.962
		a_1	0.769	0.019		
模型 5	水曲柳	a_0	0.212	0.006	312.252	0.660
		a_1	1.165	0.066		
	胡桃楸	a_0	0.244	0.012	1008.012	0.953
		a_1	1.117	0.035		
	黄波罗	a_0	0.323	0.025	211.998	0.792
		a_1	0.697	0.048		

从表7-4 中可以看出，小兴安岭硬阔叶混交林主要树种的树高与年龄按照5 个数学模型进行拟合，并用相关系数和F 值对所选回归方程进行检验，其中，水曲柳树高曲线拟合的相关系数较低，但也超过了0.66，最高的达到0.847，其他两树种的相关系数较高，最低0.792，最高达到0.980，说明模型的相关性较强，且无论哪一组的F 值均远大于 $F_{0.05}$ 或 $F_{0.01}$，说明其树高与其年龄呈显著相关。根据这两个指标初步选出水曲柳树高曲线方程为模型1，胡桃楸和黄波罗的树高曲线方程为模型4。

②模型检验：表7-4 对模型的拟合结果提出了2 个统计指标，说明模型的拟合效果还很好的，但就模型的通用性而言，单凭这两个指标还不够，还要对树高曲线模型进行评价，本研究采用总相对误差（RS）、平均系统误差（E）、相对误差绝对值平均数（RMA）和预估精度（P）等4 个统计指标（骆期邦，1999）进行检验。以上指标中，RS、E 是检验模型是否存在系统偏差的指标；RAM 是检验模型与样板点的切合程度的一个重要指标；而 P 则检验模型用来预测效果好坏的重要指标。各指标的计算公式为：

$$RS = \frac{\sum wi - \sum wi'}{\sum wi'} \times 100\%$$

$$E = \frac{\sum \dfrac{wi - wi'}{wi'}}{n} \times 100\%$$

$$RMA = \frac{\sum \left| \dfrac{wi - wi'}{wi'} \right|}{n} \times 100\%$$

$$P = 1 - \frac{ta \cdot \sqrt{\sum (wi - wi')^2}}{\overline{w} \cdot \sqrt{n(n - T)}} \times 100\%$$

其中：wi 为实测值，wi' 为估计值，n 为样本数，T 为回归模型中的参数个数，ta 为置信水平 $a(0.05)$ 时的 T 临界值。

表 7-5　模型整体检验结果

		RS	E	RMA	P
模型 1	水曲柳	0.7034%	0.9686%	12.8472%	98.2302%
	胡桃楸	0.8422%	−11.0365%	33.3086%	95.8066%
	黄波罗	−0.0008%	−48.0198%	66.7039%	96.4807%
模型 2	水曲柳	1.9416%	1.7620%	14.1724%	98.1913%
	胡桃楸	7.2821%	5.3634%	27.4618%	94.2201%
	黄波罗	9.3674%	8.1624%	33.3621%	94.3293%

（续）

		RS	E	RMA	P
模型 3	水曲柳	−0.0037%	3.3180%	19.4358%	98.0983%
	胡桃楸	0.0035%	1.9554%	41.6528%	93.1539%
	黄波罗	0.1050%	−3.8875%	39.0844%	93.4077%
模型 4	水曲柳	3.2116%	1.7655%	13.7752%	98.2033%
	胡桃楸	1.2311%	0.7646%	10.2964%	97.4467%
	黄波罗	1.6566%	2.1323%	12.8715%	97.7449%
模型 5	水曲柳	3.4653%	3.5720%	13.8070%	98.2043%
	胡桃楸	12.5574%	7.1580%	17.1359%	95.4703%
	黄波罗	25.8708%	18.1973%	28.4790%	93.9780%

从表 7-5 中可以看出，模型 1 中胡桃楸和黄波罗的平均系统误差（E）和模型 5 中胡桃楸和黄波罗的总相对误差（RS）较大，超过了 10%，模型 1 中水曲柳的平均系统误差（E）和总相对误差（RS）是所有模型中最小的；模型 4 中胡桃楸和黄波罗的估计精度（P）均达到了 98% 以上，是 5 个模型中最高的，5 个模型中水曲柳的估计精度（P）均达到了 98% 以上，但模型 1 的变动系数（RMA）最小，由此可以得出小兴安岭硬阔叶混交林主要树种的树高曲线方程为：

水曲柳：$H = -2.984 + 14.014 log(D)$
胡桃楸：$H = 1.484 D^{0.837}$
黄波罗：$H = 1.878 D^{0.769}$

7.2.1.1.5　立地质量评价

在评定林分立地质量时，我国常用地位级和地位级指数作为评定指标。由于我们所收集的各固定样地未测定林分优势木平均高，并且在森林经理调查小班因子中也无林分优势木平均高变量，所以无法应用地位指数指标。为了便于实际应用，我们采用地位级指数（翁国庆，1996）来评价立地质量。依据林分条件平均高与林分平均年龄的关系，将同立地质量按相同年龄时林分条件平均高的变动幅度划分为若干个级数，将每一地位级所对应的各个年龄时的平均高列成表，称为地位级表。

根据硬阔叶混交林主要树种的平均高和平均年龄，用 Forstat 软件地位级导向曲线进行拟合，用相关指数（R^2）作为拟合优度。经分析最后确定采用理查德方程方程作为小兴安岭硬阔叶混交林主要树种的地位级指数导向曲线：

$$H = A(1 - e^{ct})^B$$

式中：H 为林分平均高，t 为林分年龄，A、B、C 为待定参数。

小兴安岭硬阔叶混交林主要树种地位级指数导向曲线参数预估结果和模型统计量见表 7-6。

表 7-6　小兴安岭硬阔叶混交林主要树种地位级导向曲线拟合结果

树种	地位级	参数 A	参数 B	参数 C	N	R^2
水曲柳	地位级 1	20.658935	1.424092	0.030309	198	0.9654
	地位级 2	24.956490	1.263077	0.030309	198	0.9654
	地位级 3	30.148039	1.102063	0.030309	198	0.9654
胡桃楸	地位级 1	21.074105	1.692721	0.020301	120	0.9472
	地位级 2	26.551872	1.321553	0.020301	120	0.9472
	地位级 3	33.987049	0.950385	0.020301	120	0.9472
黄波罗	地位级 1	19.098269	1.082876	0.010205	136	0.9777
	地位级 2	24.905996	1.007809	0.010205	136	0.9777
	地位级 3	29.028241	0.932741	0.010205	136	0.9777

将小兴安岭硬阔叶混交林主要树种的年龄按照各个地位级的导向曲线进行计算，列成地位级表，见表 7-7。

表 7-7　小兴安岭硬阔叶混交林主要树种地位级表

年龄	平均高								
	地位级 1			地位级 2			地位级 3		
	水曲柳	胡桃楸	黄波罗	水曲柳	胡桃楸	黄波罗	水曲柳	胡桃楸	黄波罗
1	0.14	0.15	0.14	0.30	0.24	0.29	0.63	0.80	0.62
2	0.37	0.38	0.35	0.70	0.58	0.67	1.33	1.63	1.28
3	0.64	0.65	0.60	1.14	0.98	1.09	2.04	2.46	1.94
4	0.94	0.95	0.87	1.61	1.40	1.53	2.76	3.29	2.59
5	1.26	1.27	1.15	2.09	1.85	1.97	3.47	4.09	3.24
6	1.61	1.61	1.45	2.59	2.31	2.43	4.17	4.88	3.88
7	1.96	1.96	1.75	3.09	2.78	2.89	4.87	5.66	4.50
8	2.32	2.31	2.07	3.59	3.26	3.35	5.55	6.42	5.11
9	2.69	2.67	2.38	4.09	3.74	3.81	6.22	7.16	5.72
10	3.06	3.04	2.70	4.58	4.22	4.26	6.87	7.88	6.31
11	3.43	3.40	3.02	5.08	4.71	4.72	7.52	8.59	6.89
12	3.81	3.77	3.34	5.57	5.19	5.17	8.14	9.28	7.45
13	4.18	4.14	3.66	6.05	5.66	5.61	8.76	9.95	8.00
14	4.55	4.50	3.98	6.53	6.14	6.05	9.35	10.61	8.54
15	4.92	4.86	4.30	7.00	6.60	6.49	9.94	11.25	9.07
16	5.29	5.22	4.62	7.46	7.07	6.91	10.51	11.87	9.58
17	5.66	5.58	4.93	7.91	7.52	7.33	11.06	12.48	10.08

（续）

年龄	平均高								
	地位级 1			地位级 2			地位级 3		
	水曲柳	胡桃楸	黄波罗	水曲柳	胡桃楸	黄波罗	水曲柳	胡桃楸	黄波罗
18	6.02	5.93	5.24	8.36	7.98	7.75	11.60	13.07	10.57
19	6.37	628	5.54	8.79	8.42	8.15	12.13	13.64	11.05
20	6.72	6.63	5.84	9.22	8.86	8.55	12.64	14.20	11.52
21	7.07	6.97	6.14	9.64	9.29	8.94	13.14	14.75	11.97
22	7.41	7.30	6.43	10.05	9.71	9.33	13.63	15.28	12.42
23	7.74	7.63	6.72	10.45	10.12	9.70	14.11	15.79	12.85
24	8.07	7.95	7.01	10.84	10.53	10.07	14.57	16.30	13.27
25	8.39	8.27	7.29	11.23	10.93	10.44	15.02	16.79	13.68
26	8.71	8.58	7.56	11.60	11.32	10.79	15.45	17.26	14.08
27	9.02	8.89	7.83	11.97	11.71	11.14	15.88	17.73	14.47
28	9.32	9.19	8.10	12.32	12.08	11.48	16.29	18.18	14.86
29	9.62	9.49	8.36	12.67	12.45	11.81	16.69	18.62	15.23
30	9.91	9.78	8.61	13.01	12.81	12.14	17.08	19.04	15.59
31	10.20	10.06	8.86	13.35	13.16	12.45	17.46	19.46	15.94
32	10.48	10.34	9.11	13.67	13.51	12.76	17.83	19.86	16.29
33	10.75	10.61	9.35	13.98	13.85	13.07	18.19	20.26	16.62
34	11.02	10.88	9.58	14.29	14.18	13.37	18.54	20.64	16.95
35	11.28	11.14	9.81	14.59	14.50	13.66	18.87	21.01	17.26
36	11.53	11.39	10.04	14.88	14.81	13.94	19.20	21.37	17.57
37	11.78	11.64	10.26	15.17	15.12	14.22	19.52	21.72	17.88
38	12.03	11.89	10.48	15.44	15.42	14.49	19.83	22.07	18.17
39	12.26	12.12	10.69	15.71	15.71	14.75	20.14	22.40	18.46
40	12.49	12.36	10.90	15.98	16.00	15.01	20.43	22.72	18.74
41	12.72	12.58	11.10	16.23	16.28	15.26	20.71	23.04	19.01
42	12.94	12.81	11.30	16.48	16.55	15.51	20.99	23.34	19.27
43	13.15	13.02	11.49	16.72	16.82	15.75	21.26	23.64	19.53
44	13.36	13.23	11.68	16.96	17.07	15.98	21.52	23.93	19.78
45	13.56	13.44	11.87	17.19	17.33	16.21	21.77	24.21	20.03
46	13.77	13.64	12.05	17.41	17.57	16.44	22.02	24.48	20.26
47	13.96	13.84	12.23	16.63	17.81	16.65	22.26	24.75	20.50
48	14.15	14.03	12.40	17.84	18.05	16.87	22.49	25.01	20.72
49	14.33	14.22	12.57	18.04	18.28	17.07	22.72	25.26	20.94
50	14.51	14.40	12.73	18.24	18.50	17.28	22.94	25.50	21.16

7.2.1.2 硬阔叶混交林树种组成调整技术

7.2.1.2.1 研究方法

以铁力林业局的茂林河林场硬阔叶混交林为研究对象，2008 年采用弱度、中度和强度三种抚育强度对林分进行干预。本研究共设置固定标准地 20 块，均匀分布在各个不同的经营方式下，并设置对照。连年对样地内林木进行每木检尺，分析其生长的变化规律。

7.2.1.2.2 硬阔叶混交林树种组成变化情况

采伐前，小兴安岭铁力林业局茂林河林场硬阔叶混交林的树种有 17 种，其中水曲柳、胡桃楸、黄波罗三大硬阔所占比例较大，占林分组成的 4 层以上，每公顷株数在 575~1094 株之间，平均为 849 株/hm²，蓄积在 76.31~134.81m³/hm² 之间，平均蓄积为 116.29m³/hm²；进行林分调整后，总的树种仍为 17 种，其中三大硬阔的比例加大，最大的达到了 7 层，每公顷株数在 469~725 株之间，平均株数为 602 株/hm²，减少了 24.31%，蓄积在 50.15~99.29m³/hm² 之间，平均蓄积为 71.88m³/hm²，降低了 38.19%（表 7-8）。

弱度采伐的林分平均每公顷株数减少了 154 株，占原来株数的 19.26%，平均每公顷蓄积减少了 29.75m³，占原来蓄积的 25.57%；中度采伐的林分平均每公顷株数减少了 235 株，占原来株数的 28.20%，平均每公顷蓄积减少了 37.88m³，占原来蓄积的 38.11%；强度采伐的林分平均每公顷株数减少了 125 株，占原来株数的 18.03%，平均每公顷蓄积减少了 61.76m³，占原来蓄积的 47.76%（表 7-8）。

7.2.1.2.3 树种组成调整后林分生长情况

树种组成调整后 5 年对林分进行复测，各经营方式下林分的树种组成和树种数没有变化，仍与刚采伐时保持一致。

林分密度有所下降，其中未被采伐的对照林分密度下降的最多，由原来的 931 株/hm² 降低到 750 株/hm²，占原来株数的 19.44%；在采伐过的林分中，强度采伐的林分由于采伐时对林分的干扰过大，林分的株数减少的比较多，占原来株数的 15% 左右；中度采伐和弱度采伐的林分密度也稍有降低，但不是很明显（表 7-9）。

对水胡黄硬阔叶林进行树种组成结构调整 5 年后，各经营方式下林分的蓄积发生了不同的变化。未采伐林分的蓄积增加了 21.92m³/hm²，占原来蓄积的 17.68%，平均每年增长 4.38m³/hm²；在采伐的林分中，强度采伐的林分蓄积增长的最小，年平均增加 4.82m³/hm²；中度采伐的林分 5 年增加了 30m³/hm² 左右，年平均增加 6.26m³/hm²；弱度采伐的林分蓄积增长的最快，5 年增加了 32.25m³/hm²，年平均增加 6.45m³/hm²。

表 7-8　调整前后硬阔叶林树种组成结构变化情况

标准地	调整前树种组成				标准地	调整后树种组成			
	树种组成	树种数	蓄积 (m^3/hm^2)	密度 (株/hm^2)		树种组成	树种数	蓄积 (m^3/hm^2)	密度 (株/hm^2)
弱度采伐不更新	3 槐 2 黄 2 胡 1 水 1 落 1 白	10	118.72	744	弱度采伐不更新	3 槐 2 黄 2 胡 2 水 1 落	7	99.29	669
中度采伐不更新	2 水 2 落 2 榆 1 胡 1 黄 1 柳	10	76.31	569	中度采伐不更新	3 水 2 榆 2 落 2 胡 1 黄	10	53.15	469
强度采伐不更新	3 胡 3 落 2 榆 1 水 1 黄	9	123.77	575	强度采伐不更新	3 落 3 榆 2 胡 2 水 + 黄	7	70.11	519
弱度采伐更新	4 落 2 胡 1 黄 1 水 1 白 1 杨	9	113.95	850	弱度采伐更新	3 落 3 胡 2 水 2 黄	8	73.89	618
中度采伐更新	5 落 2 黄 1 胡 1 水 1 榆	12	122.47	1094	中度采伐更新	5 落 3 黄 1 水 1 胡	10	69.88	725
强度采伐更新	2 黄 2 杨 1 胡 1 水 1 落 1 枫 1 榆 1 色	13	134.81	806	强度采伐更新	2 黄 2 胡 1 水 1 杨 1 落 1 枫 1 椴 1 榆	11	64.96	613
对照	4 落 2 胡 2 黄 1 色 1 水	11	124.00	931	对照	4 落 2 胡 2 黄 1 色 1 水	11	124.00	931

表 7-9　林分树种调整后 5 年硬阔叶林树种组成及生长情况

标准地	树种组成	树种数	蓄积(m³/hm²)	密度(株/hm²)
弱度采伐不更新	3 榆 2 黄 2 胡 2 水 1 落	7	129.38	612
中度采伐不更新	3 水 2 榆 2 落 2 胡 1 黄	10	80.79	450
强度采伐不更新	3 落 3 榆 2 胡 2 水 + 黄	7	93.25	419
弱度采伐更新	3 落 3 胡 2 水 2 黄	8	108.39	588
中度采伐更新	5 落 3 黄 1 水 1 胡	10	103.86	694
强度采伐更新	2 黄 2 胡 1 水 1 杨 1 落 1 枫 1 椴 1 榆	11	89.99	525
对照	4 落 2 胡 2 黄 1 色 1 水	11	145.92	750

7.2.1.2.4　采伐强度对硬阔叶林主要树种生长的影响

（1）采伐强度对主要树种胸径生长的影响

对不同采伐强度硬阔叶混交林主要树种（水曲柳、黄波罗和胡桃楸）进行调查，并对其胸径生长量进行分析。弱度采伐的林分，水曲柳 7 年间胸径生长量为 3.37cm，平均年生长量为 0.48cm，黄波罗胸径生长量为 2.87cm，平均年生长量为 0.41cm，胡桃楸胸径生长量为 3.70cm，平均年生长量为 0.53cm；中度采伐的林分，水曲柳 7 年间胸径生长量为 3.80cm，平均年生长量为 0.54cm，黄波罗胸径生长量为 3.97cm，平均年生长量为 0.57cm，胡桃楸胸径生长量为 4.45cm，平均年生长量为 0.64cm；强度采伐的林分，水曲柳 7 年间胸径生长量为 2.90cm，平均年生长量为 0.41cm，黄波罗胸径生长量为 2.93cm，平均年生长量为 0.42cm，胡桃楸胸径生长量为 4.61cm，平均年生长量为 0.65cm；采伐前，水曲柳 10 龄到 20 龄之间胸径的平均生长量为 0.2cm～0.4cm，17 龄黄波罗胸径生长量才只有 0.3cm，胡桃楸 20 龄之后胸径的平均生长量在 0.4cm 左右。对比后，清楚地看到采伐对硬阔叶混交林主要树种胸径的平均生长量有很大的促进作用，单因素方差分析结果显示，不同的采伐强度对主要树种胸径平均生长量有显著影响，中度采伐的林分，主要树种胸径生长量最大，较未采伐的林分高出 40.87%、87.11% 和 25.26%（图 7-7、图 7-8、图 7-9、图 7-10）。

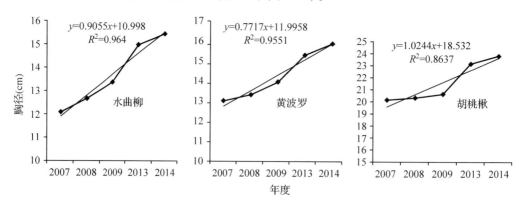

图 7-7　弱度采伐林分主要树种胸径生长情况

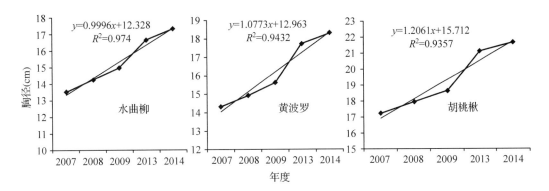

图 7-8 中度采伐林分主要树种胸径生长情况

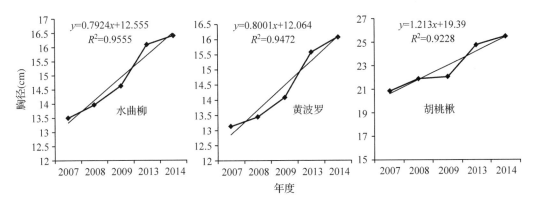

图 7-9 强度度采伐林分主要树种胸径生长情况

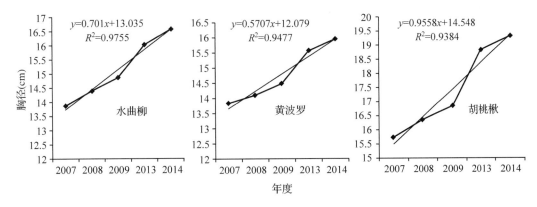

图 7-10 未采伐林分主要树种胸径生长情况

（2）采伐强度对主要树种单株材积生长的影响

对不同采伐强度硬阔叶混交林主要树种（水曲柳、黄波罗和胡桃楸）进行调查，并对其单株材积生长量进行分析。弱度采伐的林分，水曲柳 7 年间单株材积生长量为 0.0619m³，平均年生长量为 0.0088m³，黄波罗单株材积生长量为 0.0573m³，平均年生长量为 0.0082m³，胡桃楸单株材积生长量为 0.1191m³，平均年生长量为 0.0170m³；中度采伐的林分，水曲柳 7 年间单株材积生长量为 0.0735m³，平均年生长量为 0.0105m³，黄波罗单株材积生长量为 0.0852m³，平均年生长量为 0.0122m³，胡桃楸单株材积生长量为 0.1297m³，平均年生长量为 0.0185m³；强度采伐的林分，水曲柳 7 年间单株材积生长量为 0.0561m³，平均年生长量为 0.0080 m³，黄波罗单株材积生长量为 0.0622m³，平均年生长量为 0.0089m³，胡桃楸单株材积生长量为 0.1633m³，平均年生长量为 0.0233m³；采伐前，硬阔叶混交林主要树种(水曲柳、黄波罗和胡桃楸)单株材积的平均生长量只有 0.002~0.003m³，可见，采伐对硬阔叶混交林主要树种单株材积的平均

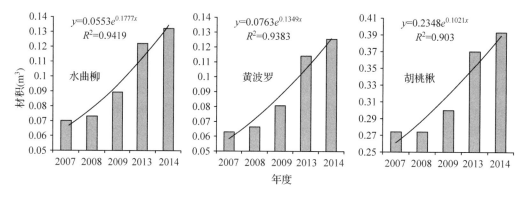

图 7-11　弱度采伐林分单株材积生长情况

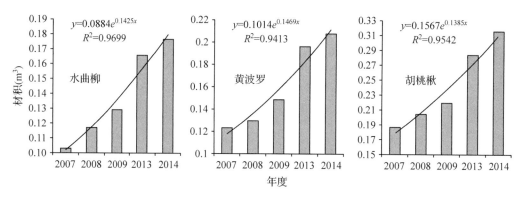

图 7-12　中度采伐林分单株材积生长情况

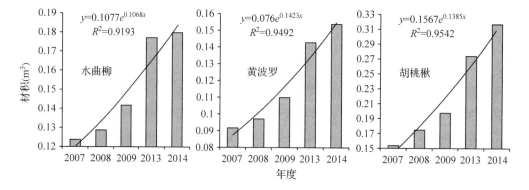

图 7-13　强度采伐林分单株材积生长情况

生长量有很大的促进作用，单因素方差分析结果显示，不同的采伐强度对主要树种单株材积的生长量及平均生长量有显著影响，中度采伐的林分，水曲柳和黄波罗单株材积生长量最大，较未采伐的林分高出 72.94%（0.0310m³）、20.68%（0.0146m³），强度采伐的林分，胡桃楸单株材积的生长量最大，较未采伐的林分高出 62.33%（0.0627m³）（图7-11、图7-12、图7-13、图7-14）。

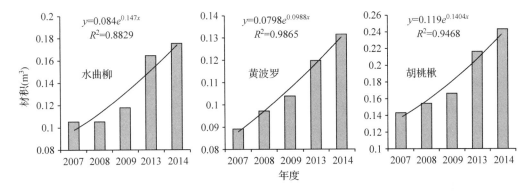

图 7-14　未采伐林分单株材积生长情况

（3）采伐强度对主要树种公顷蓄积生长的影响

对不同采伐强度硬阔叶混交林主要树种（水曲柳、黄波罗和胡桃楸）进行调查，并对其公顷蓄积生长量进行分析。弱度采伐的林分，水曲柳 7 年间公顷蓄积生长量为 4.26m³，平均年生长量为 0.61 m³，黄波罗公顷蓄积生长量为 5.19m³，平均年生长量为 0.74 m³，胡桃楸公顷蓄积生长量为 10.42m³，平均年生长量为 1.49 m³，林分主要树种（水曲柳、黄波罗和胡桃楸）的公顷蓄积生长量为 19.87m³，平均年生长量为 2.84 m³；中度采伐的林分，水曲柳 7 年间公顷蓄积生长量为 6.21m³，平均年生长量为 0.89m³，黄波罗公顷蓄积生长量为 5.86m³，平均年生长量为 0.84 m³，胡桃楸公顷蓄积生长量为 12.97m³，平均年生长为 1.85m³ 林分主要树种（水曲柳、黄波罗和胡桃楸）的公顷蓄积生长量为 25.04m³，平均年生长量为 3.58 m³；强度采伐的林分，水曲柳 7 年间公顷蓄积生长量为 4.38m³，平均年生长量为 0.63 m³，黄波罗公顷蓄积生长量为 9.33m³，平均年生长量为 1.33 m³，胡桃楸公顷蓄积生长量为 14.29m³，平均年生长量为 2.04m³，林分主要树种（水曲柳、黄波罗和胡桃楸）的公顷蓄积生长量为 28.00m³ 平均年生长量为 4.00 m³；未采伐的林分，水曲柳 7 年间公顷蓄积生长量为 2.21m³，平均年生长量为 0.32 m³，黄波罗公顷蓄积生长量为 5.32m³，平均年生长量为 0.76 m³，胡桃楸公顷蓄积生长量为 21.39m³，平均年生长量为 3.06m³ 林分主要树种（水曲柳、黄波罗和胡桃楸）的公顷蓄积生长量为 28.92m³，平均年生长量为 4.13 m³。单因素方差分析结果显示，采伐强度对硬阔叶混交林主要树种公顷蓄积的生长和平均年生长量差异显著，强度采伐的林分，主要树种公顷蓄积较中度采伐高出 11.82%（2.96m³）和 11.73%（0.42m³），较弱度采伐高出 40.92%（8.13m³）和 40.85%（1.16m³）（图 7-15、图 7-16、图 7-17、图 7-18）。

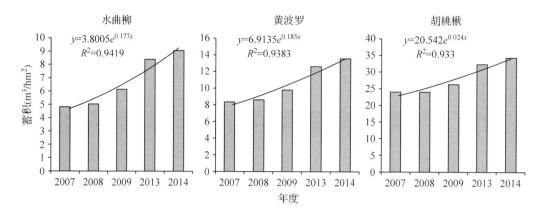

图 7-15　弱度采伐林分公顷蓄积生长情况

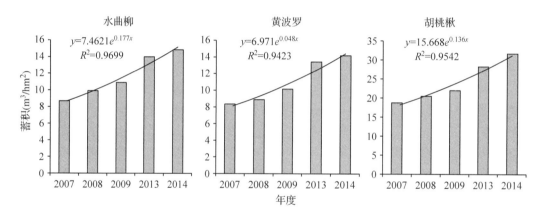

图 7-16　中度采伐林分公顷蓄积生长情况

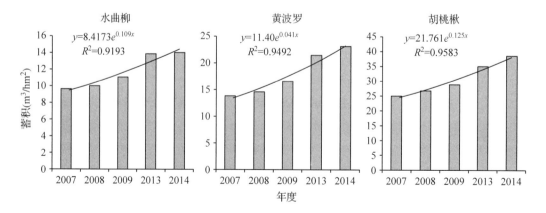

图 7-17　强度采伐林分公顷蓄积生长情况

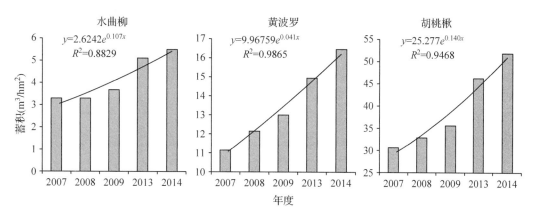

图 7-18　未采伐林分公顷蓄积生长情况

7.2.1.3　硬阔叶混交林可持续经营技术

7.2.1.3.1　研究方法

以铁力林业局的茂林河林场硬阔叶混交林为研究对象，2008 年采用弱度、中度和强度三种强度对林分进行抚育间伐，对林木进行修枝和林下更新。本研究共设置固定标准地 20 块，均匀分布在各个不同的经营方式下，并设置对照。2013 和 2014 两年对样地内更新苗木的地径和苗高进行测量，分析不同经营模式下更新苗木的生长情况，筛选出合适的经营方式，促进硬阔叶混交林的可持续经营。

7.2.1.3.2　采伐强度对林下更新生长的影响

（1）采伐强度对林下更新地径的影响

2013 年和 2014 年分别对不同采伐强度的硬阔叶混交林林下的更新情况进行调查，地径的统计结果见表 7-10。2013 年，水曲柳的地径在三种采伐强度的林分生长的差异不大，平均 1.67cm，2014 年水曲柳、2013 和 2014 年胡桃楸和黄波罗的地径均是强度采伐的林分生长的较好（1.83cm、2.03cm、1.72cm 和 2.38cm、2.05cm），2013 和 2014 年椴树的地径均是中度采伐的林分生长的好些（1.58cm 和 1.94cm）；强度采伐林分更新的水曲柳、胡桃楸和黄波罗，其地径生长量最大，达到 0.16cm、0.35cm 和 0.33cm，较中度采伐高出 33.33%、40.00% 和 13.79%，较弱度采伐高出 45.45%、59.09% 和 57.14%，中度采伐林分更新椴树的地径生长量最大（0.36cm），超出弱度采伐林分 12.50%（0.32cm），超出强度采伐林分 89.47%（0.19cm）。分别对不同采伐强度下更新水曲柳、胡桃楸、黄波罗和椴树的地径进行单因素的方差分析，结果显示，除了 2013 年水曲柳的地径差异不显著，采伐强度对 2014 年水曲柳、2013 和 2014 年胡桃楸、黄波罗和椴树的影响差异均显著（$P > 0.05$）。

表 7-10　不同采伐强度下各更新树种的地径

采伐强度	2013 地径（cm）				2014 地径（cm）			
	水曲柳	胡桃楸	黄波罗	椴树	水曲柳	胡桃楸	黄波罗	椴树
弱度	1.65 ±0.43A	1.50 ±0.40B	1.24 ±0.41C	1.22 ±0.31B	1.76 ±0.66C	1.72 ±0.69C	1.45 ±0.57C	1.54 ±0.60B
中度	1.68 ±0.42A	1.63 ±0.51B	1.56 ±0.39B	1.58 ±0.37A	1.80 ±0.48B	1.86 ±0.51B	1.85 ±0.48B	1.94 ±0.48A
强度	1.67 ±0.55A	2.03 ±0.96A	1.72 ±0.56A	1.17 ±0.26C	1.83 ±0.61A	2.38 ±0.80A	2.05 ±0.68A	1.36 ±0.50C

（2）采伐强度对林下更新苗高的影响

2013 年和 2014 年分别对不同采伐强度的硬阔叶混交林林下的更新情况进行调查，苗高的统计结果见表 7-11。2013 和 2014 年水曲柳、胡桃楸和椴树的苗高均是强度采伐的林分生长的较好（191.42cm、177.78cm、141.11cm 和 220.80cm、225.20cm、163.83cm），较弱度采伐的林分高出 19.94%、12.28%、11.19%、19.85%、18.69%、13.47%，较中度采伐的林分高出 37.74%、22.51%、0.16%、40.36%、31.04%、2.61%；弱度采伐林分下更新黄波罗的苗高生长的最好，达到 188.65cm 和 221.78cm。强度采伐林分更新的水曲柳、胡桃楸、黄波罗和椴树，其苗高生长量最大（29.38cm、47.42cm、36.50cm 和 22.50cm），较中度采伐高出 60.20%、77.27%、131.75% 和 21.29%，较弱度采伐高出 19.28%、50.97%、10.17% 和 13.75%。分别对不同采伐强度下更新水曲柳、胡桃楸、黄波罗和椴树的苗高进行单因素的方差分析，结果显示差异均显著（P > 0.05）。

表 7-11　不同采伐强度下各更新树种的苗高

采伐强度	2013 苗高（cm）				2014 苗高（cm）			
	水曲柳	胡桃楸	黄波罗	椴树	水曲柳	胡桃楸	黄波罗	椴树
弱度	159.60 ±40.32B	158.33 ±36.61 B	188.65 ±27.48A	127.11 ±21.40B	184.23 ±40.51B	189.74 ±53.51B	221.78 ±40.51A	146.89 ±53.51B
中度	138.97 ±30.60C	145.11 ±27.76C	96.5 ±11.54C	141.11 ±25.79A	157.31 ±31.40C	171.86 ±39.62C	112.25 ±31.40C	159.66 ±39.62AB
强度	191.42 ±40.84A	177.78 ±47.14A	138.43 ±36.79B	141.33 ±22.08A	220.80 ±51.60A	225.20 ±32.76A	174.93 ±51.60B	163.83 ±47.14A

7.2.1.3.3　修枝强度对林下更新生长的影响

（1）修枝强度对林下更新地径的影响

对不同修枝强度硬阔叶混交林林下的更新情况进行调查，2013 和 2014 年地径的统计结果见表 7-12。强度修枝的林分，各更新树种的地径较大，地径生长量也较大，水曲柳、胡桃楸、黄波罗和椴树地径较弱度修枝的林分分别高出 11.11%（0.01cm）、16.67%（0.04cm）、28.57%（0.08cm）和 11.11%（0.02cm）。分别对不同修枝强度下更新水曲柳、胡桃楸、黄波罗和椴树的地径进行单因素的方差分析，结果显示差异均显著（P > 0.05）。

表7-12　不同修枝强度下各更新树种的地径

修枝强度	2013 地径（cm）				2014 地径（cm）			
	水曲柳	胡桃楸	黄波罗	椴树	水曲柳	胡桃楸	黄波罗	椴树
弱度	1.65±0.60B	1.48±0.42B	1.38±0.32B	1.18±0.28B	1.76±0.66B	1.72±0.69B	1.67±0.51B	1.36±0.53B
强度	1.71±0.61A	1.73±0.44A	1.68±0.43A	1.29±0.36A	1.81±0.62A	2.01±0.69A	2.05±0.68A	1.49±0.53A

（2）修枝强度对林下更新苗高的影响

对不同修枝强度硬阔叶混交林林下的更新情况进行调查，2013 和 2014 年苗高的统计结果见表7-13。强度修枝的林分，各更新树种的苗高较大，苗高生长量也较大，水曲柳、胡桃楸、黄波罗和椴树地径较弱度修枝的林分分别高出 36.10%（7.49cm）、20.05%（6.19cm）、46.94%（8.68cm）和 24.50%（4.92cm）。分别对不同修枝强度下更新水曲柳、胡桃楸、黄波罗和椴树的苗高进行单因素的方差分析，结果显示差异均显著（P＞0.05）。

表7-13　不同修枝强度下各更新树种的苗高

修枝强度	2013 苗高（cm）				2014 苗高（cm）			
	水曲柳	胡桃楸	黄波罗	椴树	水曲柳	胡桃楸	黄波罗	椴树
弱度修枝	122.88±34.25B	125.29±36.61B	146.48±32.65B	100.92±19.88B	143.63±32.25B	156.17±38.12B	164.97±36.87B	121.00±42.09B
强度修枝	160.70±38.49A	148.10±41.26A	176.25±38.12A	117.38±24.27A	188.94±40.08A	185.17±43.40A	203.42±35.86A	142.38±39.31A

7.2.1.3.4　修枝对主要树种生长的影响

（1）修枝对主要树种胸径生长的影响

对不同修枝强度硬阔叶混交林主要树种（水曲柳、黄波罗和胡桃楸）进行调查，并对其胸径生长量进行分析。弱度修枝的林分，水曲柳 7 年间胸径生长量为 3.38cm，平均年生长量为 0.48cm，黄波罗胸径生长量为 2.94cm，平均年生长量为 0.42cm，胡桃楸胸径生长量为 3.86cm，平均年生长量为 0.55cm；强度修枝的林分，水曲柳 7 年间胸径生长量为 3.08cm，平均年生长量为 0.44cm，黄波罗胸径生长量为 2.82cm，平均年生长量为 0.40cm，胡桃楸胸径生长量为 4.02cm，平均年生长量为 0.58cm。弱度修枝的林分，水曲柳和黄波罗生长稍快，弱度修枝的林分胡桃楸生长稍快，方差分析结果显示，强度修枝与弱度修枝两种方式对硬阔叶混交林主要树种胸径的生长影响差异不显著，与未修枝林分差异显著，弱度修枝的林分，水曲柳、黄波罗和胡桃楸胸径生长较未修枝林分高出 25.19%、8.73% 和 60.66%（图7-19、图7-20、图7-21）。

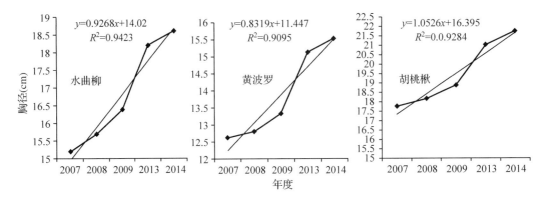

图 7-19　弱度修枝林分主要树种胸径生长情况

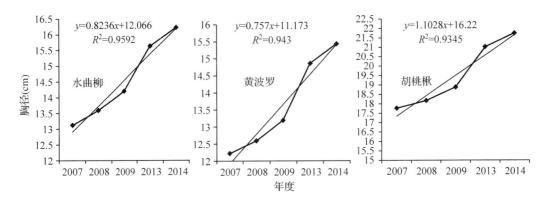

图 7-20　强度度修枝林分主要树种胸径生长情况

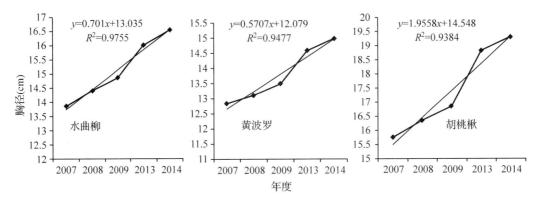

图 7-21　未修枝林分主要树种胸径生长情况

（2）修枝对主要树种单株材积生长的影响

对不同修枝强度硬阔叶混交林主要树种（水曲柳、黄波罗和胡桃楸）进行调查，并对其单株材积生长量进行分析。弱度修枝的林分，水曲柳 7 年间单株材积生长量为 0.0536m³，平均年生长量为 0.0077m³，黄波罗单株材积生长量为 0.0368m³，平均年生长量为 0.0053m³，胡桃楸单株材积生长量为 0.0778m³，平均年生长量为 0.0111m³；强度修枝的林分，水曲柳 7 年间单株材积生长量为 0.0410m³，平均年生长量为 0.0059m³，黄波罗单株材积生长量为 0.0334m³，平均年生长量为 0.0048m³，胡桃楸单株材积生长量为 0.0854m³，平均年生长量为 0.0122m³；采伐前，硬阔叶混交林主要树种（水曲柳、黄波罗和胡桃楸）单株材积的平均生长量只有 0.002—0.003m³，可见，修枝对硬阔叶混交林主要树种单株材积的平均生长量有很大的促进作用，单因素方差分析结果显示，不同的修枝强度对主要树种单株材积的生长量及平均生长量有显著影响（图 7-22、图 7-23、图 7-24）。

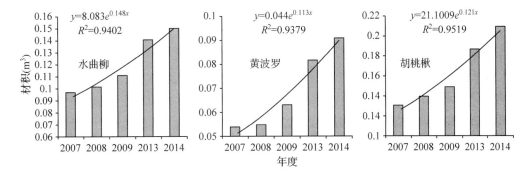

图 7-22　弱度修枝林分单株材积生长情况

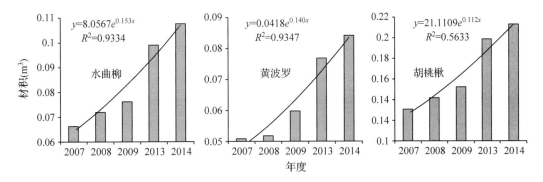

图 7-23　强度度修枝林分单株材积生长情况

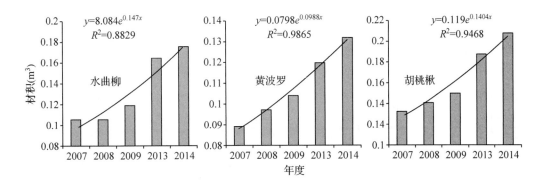

图 7-24　未修枝林分主要树种单株材积生长情况

（3）修枝对主要树种公顷蓄积生长的影响

对不同修枝强度硬阔叶混交林主要树种（水曲柳、黄波罗和胡桃楸）进行调查，并对其公顷蓄积生长量进行分析。弱度修枝的林分，水曲柳 7 年间公顷蓄积生长量为 9.37m³，平均年生长量为 1.34 m³，黄波罗公顷蓄积生长量为 7.35m³，平均年生长量为 1.05 m³，胡桃楸公顷蓄积生长量为 20.42m³，平均年生长量为 2.92 m³，林分主要树种（水曲柳、黄波罗和胡桃楸）的公顷蓄积生长量为 37.14m³，平均年生长量为 5.31 m³；强度修枝的林分，水曲柳 7 年间公顷蓄积生长量为 5.64m³，平均年生长量为 0.81m³，黄波罗公顷蓄积生长量为 8.35m³，平均年生长量为 1.19 m³，胡桃楸公顷蓄积生长量为 17.09m³，平均年生长量为 2.44m³，林分主要树种（水曲柳、黄波罗和胡桃楸）的公顷蓄积生长量为 31.08m³，平均年生长量为 4.44 m³；未修枝林分，水曲柳 7 年间公顷蓄积生长量为 2.21 m³，平均年生长量为 0.32 m³，黄波罗公顷蓄积生长量为 5.32 m³，平均年生长量为 0.76 m³，胡桃楸公顷蓄积生长量为 21.39 m³，平均年生长量为 3.06 m³林分主要树种（水曲柳、黄波罗和胡桃楸）的公顷蓄积生长量为 28.92 m³，平均年生长量为 4.13 m³。单因素方差分析结果显示，修枝强度对硬阔叶混交林主要树种公顷蓄积的生长和平均年生长量差异显著，弱度修枝的林分，主要树种公顷蓄积和平均生长量较强度修枝的林分高出 19.50%（6.06 m³）和 19.50%（0.87 m³），较未修枝林分高出 28.42%（8.22 m³）和 28.57%（1.18 m³）（图 7-25、图 7-26、图 7-27）。

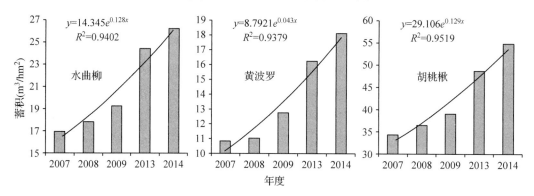

图 7-25　弱度修枝林分公顷蓄积生长情况

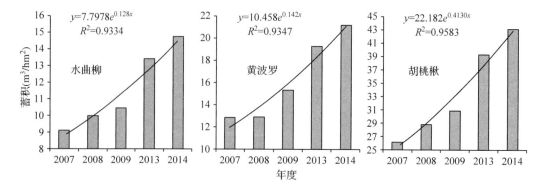

图 7-26　强度度修枝林分公顷蓄积生长情况

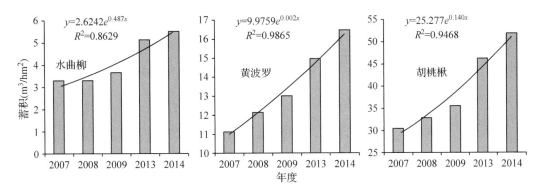

图 7-27 未修枝林分主要树种公顷蓄积生长情况

7.2.1.3.5 林下更新对硬阔叶林主要树种生长的影响

（1）更新对主要树种胸径生长的影响

对采伐后更新和未更新的硬阔叶混交林主要树种（水曲柳、黄波罗和胡桃楸）进行调查，并对其胸径生长量进行分析。采伐后未更新的林分，水曲柳 7 年间胸径生长量为 3.66cm，平均年生长量为 0.52cm，黄波罗胸径生长量为 3.93cm，平均年生长量为 0.56cm，胡桃楸胸径生长量为 4.34cm，平均年生长量为 0.62cm，较采伐后更新林分胸径生长量和平均年生长量分别高出 5.17%（0.18cm）、12.29%（0.43cm）、6.63%（0.27cm）和 4.00%（0.02cm）、12.00%（0.06cm）、6.90%（0.04cm）（图 7-28、图 7-29）。

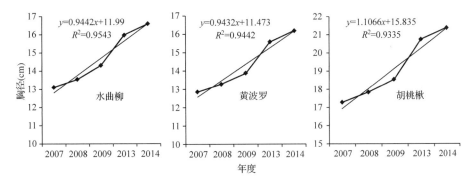

图 7-28 伐后更新的林分胸径生长情况

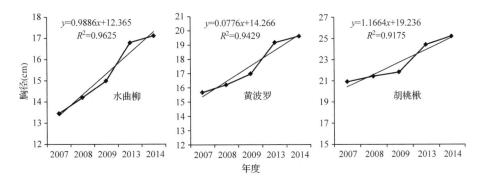

图 7-29 采伐后未更新的林分胸径生长情况

（2）更新对主要树种单株材积生长的影响

对采伐后更新和未更新的硬阔叶混交林主要树种（水曲柳、黄波罗和胡桃楸）进行调查，并对其单株材积生长量进行分析。采伐后未更新的林分，水曲柳 7 年间单株材积生长量为 0.0851m³，平均年生长量为 0.0122 m³，黄波罗单株材积生长量为 0.1138m³，平均年生长量为 0.0163 m³，胡桃楸单株材积生长量为 0.1741 m³，平均年生长量为 0.0249m³，较采伐后更新林分单株材积生长量和平均年生长量分别高出 2.57%（0.0021m³）、44.60%（0.0351m³）、43.41%（0.0527m³）和 2.52%（0.0003m³）、45.54%（0.0051m³）、43.93%（0.0076m³）（图 7-30、图 7-31）。

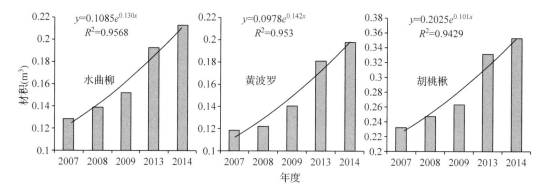

图7-30　伐后更新的林分单株材积生长情况

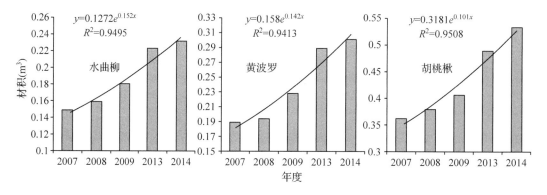

图7-31　采伐后未更新的林分单株材积生长情况

（3）更新对主要树种公顷蓄积生长的影响

对采伐后更新和未更新的硬阔叶混交林主要树种（水曲柳、黄波罗和胡桃楸）进行调查，并对其公顷蓄积生长量进行分析。采伐后未更新的林分，水曲柳 7 年间公顷蓄积生长量为 3.66m³，平均年生长量为 0.52 m³，黄波罗公顷蓄积生长量为 3.76 m³，平均年生长量为 0.54 m³，胡桃楸公顷蓄积生长量为 7.83 m³，平均年生长量为 1.12 m³，水曲柳和胡桃楸的公顷蓄积生长量较更新的林分高出 42.41%（1.09m³）和 57.23%（2.85m³），平均年生长量高出 40.54%（0.15m³）和 57.75%（0.41m³）（图 7-32、图 7-33）。

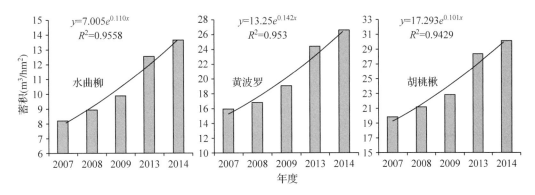

图 7-32　伐后更新的林分公顷蓄积生长情况

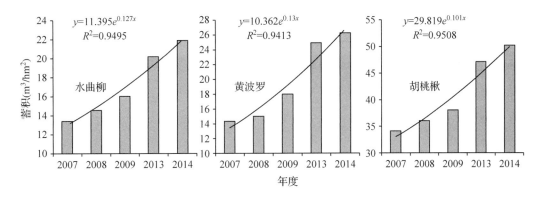

图 7-33　采伐后未更新的林分公顷蓄积生长情况

7.2.1.3.6　采伐强度和林下更新的双因素影响

树种组成调整后 5 年对林分进行复测，各经营方式下林分的树种组成和树种数没有变化，仍与刚采伐时保持一致。

林分密度有所下降，其中未被采伐的对照林分密度下降的最多，由原来的 931 株/hm^2 降低到 750 株/hm^2，占原来株数的 19.44%；在采伐过的林分中，强度采伐的林分由于采伐时对林分的干扰过大，林分的株数减少的比较多，占原来株数的 15% 左右；中度采伐和弱度采伐的林分密度也稍有降低，但不是很明显（表 7-14）。

对水胡黄硬阔叶林进行树种组成结构调整 5 年后，对硬阔叶混交林进行不同强度的采伐和更新双重的干预，各经营方式下林分的蓄积发生了不同的变化。未采伐林分的蓄积增加了 21.92m^3/hm^2，占原来蓄积的 17.68%，平均每年增长 4.38m^3/hm^2；在采伐的林分中，强度采伐的林分蓄积增长的最小，年平均增加 4.82m^3/hm^2；中度采伐的林分 5 年增加了 30m^3/hm^2 左右，年平均增加 6.26m^3/hm^2；弱度采伐的林分蓄积增长的最快，5 年增加了 32.25m^3/hm^2，年平均增加 6.45m^3/hm^2。对不同采伐强度和更新进行双因素方差分析，结果显示，采伐强度和采伐后更新对硬阔叶混交林公顷蓄积的生长有着显著的影响，中度采伐后更新的林分，5 年间公顷蓄积增加了 33.98m^3，平均年公顷蓄积增加了 0.4863m^3。

表 7-14   林分树种调整后 5 年硬阔叶林树种组成及生长情况

标准地	树种组成	树种数	采伐后		采伐后 5 年	
			蓄积 （m³/hm²）	密度 （株/hm²）	蓄积 （m³/hm²）	密度 （株/hm²）
弱度采伐不更新	3榆2黄2胡2水1落	7	99.29	669	129.38	612
中度采伐不更新	3水2榆2落2胡1黄	10	53.15	469	80.79	450
强度采伐不更新	3落3榆2胡2水+黄	7	70.11	519	93.25	419
弱度采伐更新	3落3胡2水2黄	8	73.89	618	108.39	588
中度采伐更新	5落3黄1水1胡	10	69.88	725	103.86	694
强度采伐更新	2黄2胡1水1杨1落1枫1椴1榆	11	64.96	613	89.99	525
对照	4落2胡2黄1色1水	11	124.00	931	145.92	750

7.2.1.4   硬阔叶混交林生态恢复技术
7.2.1.4.1   研究方法

以铁力林业局的茂林河林场硬阔叶混交林为研究对象，2008 年采用弱度、中度和强度三种强度的抚育间伐，并进行修枝及林下更新，本研究共设置固定标准地 20 块，均匀分布在各个不同的经营方式下，并设置对照。2014 年对不同经营方式林分林下的生物多样性进行调查，与对照进行对比，分析其变化情况；2013 年 5 月和 10 月两次在不同经营模式的林分按照不同土层厚度取土壤样品，测定其理化性质及有机碳含量，分析不同的经营模式对硬阔叶混交林的生态恢复功能的影响，为硬阔叶林可持续经营模式提供数据支撑。

7.2.1.4.2   间伐强度对林分生物多样性的影响
（1）间伐强度对林下物种丰富度的影响

表 7-15   不同间伐强度林分林下草本及灌木种数

间伐强度	草本	灌木
弱度采伐	28	6
中度采伐	20	6
强度采伐	21	8
对照	16	6

茂林河林场硬阔叶混交林林下草本植物共有 37 种，三种间伐强度的硬阔叶混交林林下物种数较对照有不同程度的增加，其中弱度采伐草本植物种数增加了 75.00%，中度采伐草本植物种数增加了 25.00%，强度采伐草本植物种数增加了 31.25%。样地中灌木种类共计 11 种，其中弱度采伐和中度采伐灌木种数都与对照相同，没有变化，只有强度采伐增加了 33.33%（表 7-15）。

（2）间伐强度对林下物种密度、盖度、平均高的影响抚育间伐 6 年后，对不同间伐强度硬阔叶混交林林下物种密度、盖度和平均高进行调查，结果显示：采伐后样地内草本植物每平方米的株数有所减少，弱度采伐、中度采伐和强度采伐样地比对照样地分别降低了 22.27%，39.92% 和 56.13%，各样地灌木密度有所增加，分别增加 20%，3.33% 和 16.67%；，弱度采伐、中度采伐、强度采伐和对照样地草本植物的盖度大小顺序为中度采伐 > 弱度采伐 > 对照 > 强度采伐，灌木植物的盖度大小顺序为中度采伐 > 弱度采伐 > 强度采伐 > 对照；采伐后样地内草本植物和灌木植物的平均高都有所增加，弱度采伐、中度采伐和强度采伐样地比对照样地的草本植物的平均高分别增加了 2.22%，10.12% 和 32.92%，比对照样地的灌木植物的平均高分别增加了 91.27%，105.72% 和 96.28%。可见，采伐降低了草本植物的数量，但由于光照强度的增加，林地内灌木的株数增加，盖度和平均高也都有所增加。三种采伐强度中，中度采伐林分中草本和灌木株数虽不是最多的，但平均高最高，盖度最大（表 7-16）。

表 7-16　不同间伐强度林分林下草本及灌木的密度、盖度、平均高

间伐强度	草本			灌木		
	密度（株/m²）	盖度（%）	平均高（cm）	密度（株/m²）	盖度（%）	平均高（cm）
弱度采伐	9.25	48.50	43.25	1.08	18.12	111.95
中度采伐	7.15	51.42	46.59	0.93	21.20	120.41
强度采伐	5.22	40.15	56.24	1.05	16.37	114.88
对照	11.90	43.12	42.31	0.90	8.47	58.53

（3）间伐强度对林下植物重要值的影响

采伐 6 年后，弱度采伐和对照林分草本植物重要值前 5 位相同，但重要程度不同，弱度采伐中蹄盖蕨和木贼的重要值较对照林分有所增加，金腰子和荨麻的重要性下降，中度采伐林分水金凤的重要值排序提升到了第四位，金腰子已经被排除前 5 位，强度采伐林分中蚊子草和荚果蕨的重要值提升较快，荨麻也被排除前 5 位，这表明不同的采伐强度对林下草本植物的重要值产生了显著的影响。不同采伐强度林分内，草本植物中蕨类植物（蹄盖蕨、荚果蕨、铁线蕨）的重要值比例有不同程度的增加，弱度采伐、中度采伐和强度采伐蕨类植物的重要值比例分别较对照高出 47.67%、46.28%、74.16%。蕨类植物适于在阴湿的环境下生长，项目所设样地位置处于坡下，且有小河经过，适当的采伐增加了样地内的温度、湿度，给蕨类植物的生长创造了合适的生长条件。

采伐 6 年后，三种采伐强度林分灌木植物的重要值与对照林分不同，暴马丁香的重要值较对照分别增加了 237.07%、162.66%、57.44%，暴马丁香的重要值随着采伐强度的增加而降低，五味子的重要值随着采伐强度的增加而降低，在强度采伐的林分已经看不到五味子了，山梅花的重要值在采伐后的林分中有所降低，在弱度采伐、中度采伐和强度采伐林分分别降低了 76.29%、58.05% 和 51.69%（表 7-17）。

表 7-17　不同间伐强度林分林下草本及灌木的重要值

间伐强度	草本植物		灌木植物		间伐强度	草本植物		灌木植物	
	物种	重要值（%）	物种	重要值（%）		物种	重要值（%）	物种	重要值（%）
对照	金腰子	21.70	山梅花	33.99	弱度采伐	蹄盖蕨	18.06	暴马丁香	48.47
	荨麻	17.74	五味子	20.26		木贼	17.77	五味子	16.81
	木贼	12.60	溲疏	17.32		金腰子	15.98	溲疏	13.33
	蹄盖蕨	12.23	暴马丁香	14.38		荨麻	10.41	山葡萄	9.31
	山茄子	7.01	刺五加	8.50		山茄子	7.50	山梅花	8.06
	黄芩	4.68	珍珠梅	8.50		蚊子草	5.51	稠李	4.03
	紫花变豆菜	4.36				荚果蕨	4.16		
	水金凤	3.77				水金凤	3.49		
	荚果蕨	3.14				乌头	1.49		
	老山芹	2.61				小叶芹	1.40		
	野芝麻	2.38				风毛菊	1.31		
	蚊子草	2.38				白花碎米荠	1.29		
	堇菜	1.59				茜草	1.20		
	花葱	1.37				天南星	1.00		
	野豌豆	1.23				铁线蕨	0.97		
	乌头	1.23				堇菜	0.88		
						野豌豆	0.85		
						紫花变豆菜	0.76		
						北重楼	0.75		
						露珠草	0.64		
						透茎冷水花	0.64		
						野芝麻	0.58		
						扁果草	0.57		
						老山芹	0.57		
						鹿药	0.57		
						七瓣莲	0.55		
						升麻	0.55		
						水珠草	0.55		

（续）

间伐强度	草本植物		灌木植物		间伐强度	草本植物		灌木植物	
	物种	重要值（%）	物种	重要值（%）		物种	重要值（%）	物种	重要值（%）
中度采伐	蹄盖蕨	17.98	暴马丁香	37.77	强度采伐	山茄子	18.84	暴马丁香	22.64
	木贼	17.58	溲疏	23.31		蚊子草	15.67	刺五加	21.87
	山茄子	13.12	山梅花	14.26		木贼	14.78	山梅花	16.42
	水金凤	12.94	茶藨子	7.70		荚果蕨	11.43	茶藨子	13.54
	荨麻	10.00	刺五加	6.55		蹄盖蕨	9.87	毛榛子	11.10
	蚊子草	7.41	五味子	6.55		荨麻	6.88	珍珠梅	8.21
	金腰子	3.64	珍珠梅	3.85		乌头	3.38	溲疏	3.78
	铁线蕨	2.97				水金凤	2.83		
	水珠草	2.64				鹿药	2.41		
	乌头	2.53				升麻	2.03		
	荚果蕨	1.43				茜草	1.49		
	小叶芹	1.27				金腰子	1.46		
	堇菜	1.26				水珠草	1.46		
	黄芩	1.15				驴蹄草	1.24		
	老山芹	0.68				藜芦	1.17		
	茜草	0.68				紫花变豆菜	1.17		
	三尖子	0.68				老山芹	1.14		
	白花碎米荠	0.68				堇菜	0.99		
	花葱	0.68				裂瓜	0.97		
	铃兰	0.68				山牛蒡	0.81		

（4）间伐强度对林下植物多样性的影响

采伐 6 年后，强度采伐硬阔叶混交林下灌木植物 Simpson 多样性指数、Shannon-Wiener 多样性指数、Pielou 均匀度指数、Alatalo 均匀度指数 4 个指数均高于对照，而弱度采伐和中度采伐的灌木植物低于对照，弱度采伐的林分 4 个指数最低。草本植物中，弱度采伐和中度采伐的林分，物种多样性指数有所提高，强度采伐林分物种多样性稍有下降，弱度采伐和强度采伐林分 Pielou 均匀度指数较对照都有不同程度的下降，而中度采伐林分 Alatalo 均匀度指数却稍高于对照。

产生上述结果的原因是：不同强度的抚育间伐，使林分的光照、温度、湿度等发生改变，物种在适宜的环境中会生长的较好，强度采伐的林分（强度采伐）光照充足，促进了林内灌木物种多样性和均匀度的增加，而中度采伐的林分（中度采伐）为草本植物提供了很好的生长环境，促进了草本植物物种多样性和均匀度的增加（表 7-18）。

表7-18 不同间伐强度林分林下草本及灌木的多样性及均匀度指数

间伐强度	灌木植物				草本植物			
	D	H'	Jsw	AL	D	H'	Jsw	AL
弱度采伐	0.7023	1.4726	0.8219	0.7018	0.8862	2.5523	0.7660	0.6578
中度采伐	0.7667	1.6650	0.8557	0.7667	0.8828	2.4086	0.8040	0.7447
强度采伐	0.8351	1.8092	0.9298	0.9921	0.8662	2.4574	0.8203	0.7296
对照	0.7783	1.6918	0.9442	0.7927	0.8766	2.3601	0.8512	0.7408

注：表中 D 为 Simpson 多样性指数，H' 为 Shannon-Wiener 多样性指数，Jsw 为 Pielou 均匀度指数，AL 为 Alatalo 均匀度指数。

（5）间伐强度对林下天然更新的影响

抚育间伐6年后，对不同间伐强度硬阔叶混交林林下天然更新苗木的种类，株数和平均高进行调查，结果显示：采伐后样地内天然更新的苗木种数、每公顷株数和平均高都有所增加。对照林分林下天然更新的苗木只有水曲柳一种，而采伐过的林分，除水曲柳外，还增加了色木槭，紫椴，红松，胡桃楸和春榆，物种多样性有所增加；三种采伐强度的林分天然更新每公顷株数的大小顺序为强度采伐＞中度采伐＞弱度采伐，分别较对照林分高出150%，100%和75%；采伐后林下天然更新苗木的平均高均高于对照林分，其中中度采伐林分最高，强度采伐林分次之（表7-19）。

表7-19 不同间伐强度林下天然更新苗木种类、密度、平均高

采伐强度	树种数	株数（株/hm²）	平均高（cm）
弱度采伐	3	1750	53.10
中度采伐	4	2000	161.25
强度采伐	4	2500	148.50
对照	1	1000	32.00

7.2.1.4.3 经营模式对土壤理化性质的影响

（1）经营模式对物理性质的影响

土壤容重是指单位原状土壤体积内干土的质量。它是反映森林土壤物理性质的优良指标，不仅直接反映森林土壤的结构性、土壤的孔性及通水透气性的好坏，还能反映森林土壤的物理性能受植被、人为干扰及其他自然条件综合影响的程度（Worrell R. et. al，1997）。

土壤孔隙度即土壤孔隙容积占土体容积的百分比。土壤中各种形状地粗细土粒集合和排列成固相骨架。骨架内部有宽狭和形状不同的孔隙，构成复杂的孔隙系统，全部孔隙容积与土体容积的百分率，称为土壤孔隙度（张鼎华等，2001）。

土壤水分是土壤肥力指标的一个重要组成部分，是土壤肥力诸因素中最活跃的因素，它积极参与土壤中物质的转化与运输过程，是植物生长所必需的，并影响着土壤结构的形成和稳定（张鼎华等，2001）。

文中对硬阔叶混交林林地土壤的容重、土壤孔隙度、最大持水量、毛管持水量和田间持水量等物理性质进行测定并分析，筛选出有利于改善土壤物理性质的经营模式。

①采伐强度对土壤物理性质的影响：小兴安岭硬阔叶林林下土壤的容重比较小，在 $0.57 \sim 1.19 \, \text{g/cm}^3$ 之间，随着土层厚度的增加，土壤的容重越来越大，对不同土层土壤的容重进行方差分析，结果显示差异显著。土壤表层 $0 \sim 10\text{cm}$ 的土壤容重仅在 $0.57 \sim 0.81\text{g/cm}^3$ 之间，这是由于取样位置偏上，混入了枯落物层，同时表层土壤受凋落物分解的有机质影响最大，分解的有机质进入到矿质土层中从而形成良好的土壤结构。采伐 5 年后，不同土层土壤的容重较对照都有所降低，方差分析结果显示，采伐强度对林地 $0 \sim 10\text{cm}$ 土壤容重的影响显著，对 $10 \sim 20\text{cm}$、$20 \sim 40\text{cm}$ 土壤容重的影响不显著，这可能是由于采伐时人为的干扰比较大造成的，而土层较厚（$10 \sim 20\text{cm}$、$20 \sim 40\text{cm}$）的土壤几乎没有受到干扰，所以差异不显著。其中，中度采伐的林分，$0 \sim 10\text{cm}$、$10 \sim 20\text{cm}$ 和 $20 \sim 40\text{cm}$ 土壤的容重均最低，较对照林分分别降低 29.63%、7.22% 和 10.92%。

土壤孔隙度是在自然状态下单位体积土壤中孔隙体积所占的百分率。一般情况下，总孔隙度在 50% 左右，其中非毛管孔隙占 $1/5 \sim 2/5$ 时，这种情况使得土壤的通气性、透水性和持水能力比较协调。硬阔叶混交林土壤的总孔隙度在 $49.46\% \sim 69.85\%$ 之间，平均在 56.11%，其中非毛管孔隙度在 $45.53\% \sim 62.55\%$ 之间，平均 50.95%，占总孔隙度的比例稍大，说明该林分林下土壤比较松散。采伐 5 年后，硬阔叶混交林土壤的总空隙度均高于对照林分，说明采伐促进了土壤空隙度的增加，增加土壤的通气性和透水性，经过方差分析可得，采伐强度对硬阔叶混交林林下土壤的孔隙度、毛管孔隙度和非毛管孔隙度有显著性影响（$P > 0.05$），弱度采伐与对照林分差异不显著，中度和强度采伐的林分与弱度采伐和对照林分间的差异显著，其中，中度采伐的林分，$0 \sim 10\text{cm}$、$10 \sim 20\text{cm}$ 和 $20 \sim 40\text{cm}$ 土壤的总空隙度和非毛管孔隙度均最高，较对照林分分别高出 24.24%、12.67%、6.64% 和 21.93%、10.51%、5.88%。

土壤水分是土壤肥力指标的一个重要组成部分，是土壤肥力诸因素中最活跃的因素，它积极参与土壤中物质的转化与运输过程，是植物生长所必需的，并影响着土壤结构的形成和稳定（陈乾富，1999）。采伐 5 年后，硬阔叶混交林土壤的最大持水量、毛管持水量和田间持水量均有增加。通过对不同采伐强度下土壤的最大持水量、毛管持水量和田间持水量进行方差分析，结果显示，中度采伐和强度采伐的林分，土壤的最大持水量、毛管持水量和田间持水量与弱度采伐和对照林分之间的差异显著（$P > 0.05$）。其中，中度采伐的林分，$0 \sim 10\text{cm}$、$10 \sim 20\text{cm}$ 和 $20 \sim 40\text{cm}$ 土壤最大持水量、毛管持水量和田间持水量均最大，较对照林分高出 80.51%、24.60%、19.65%，76.79%、21.78%、18.91% 和 80.58%、23.18%、20.21%（表 7-20）。

表 7-20　不同采伐强度林分土壤的物理性质

采伐强度	土层厚度（cm）	土壤容重	土壤孔隙度			土壤水分		
			毛管孔隙度	非毛管孔隙度	总孔隙度	最大持水量	毛管持水量	田间持水量
弱度采伐	0~10	0.66	7.88	48.73	56.61	89.46	76.71	69.38
	10~20	0.91	5.39	50.74	56.13	65.82	59.41	54.01
	20~40	1.11	3.93	45.53	49.46	45.61	42.04	37.78
中度采伐	0~10	0.57	7.30	62.55	69.85	129.48	115.69	107.30
	10~20	0.90	6.19	51.53	57.72	66.91	59.55	53.78
	20~40	1.06	5.07	48.40	53.47	51.09	46.21	41.52
强度采伐	0~10	0.69	8.25	56.61	64.85	103.29	87.89	80.95
	10~20	0.97	4.31	52.45	56.77	59.61	55.14	49.63
	20~40	1.06	4.67	46.25	50.91	48.86	44.19	38.97
对照	0~10	0.81	4.92	51.30	56.22	71.73	65.44	59.24
	10~20	0.97	4.60	46.63	51.23	53.70	48.90	43.66
	20~40	1.19	4.44	45.71	50.14	42.70	38.86	34.54

②林下更新对土壤物理性质的影响：在硬阔叶混交林林下更新 5 年后，不同土层土壤的容重较对照都有所降低，与采伐不同，林下更新对表层土壤的容重影响不大，对深层的土壤容重影响较大。方差分析结果显示，林下更新对林地 10~20cm、20~40cm 土壤容重的影响显著，对 0~10cm 土壤容重的影响不显著，这是由于林下更新苗木根的生长在 5 年的时间里比较快，影响到了深层土壤的容重，表层土壤虽然也被干扰，但经过 5 年时间的恢复，更新与未更新林分差异已经不明显了。

林下更新 5 年后，硬阔叶混交林土壤的总空隙度与非毛管孔隙度均高于未更新的林分，说明林下更新促进了土壤空隙度的增加，增加土壤的通气性和透水性，经过方差分析可得，林下更新对硬阔叶混交林林下土壤的孔隙度、毛管孔隙度和非毛管孔隙度有显著性影响（P>0.05）。

林下更新 5 年后，硬阔叶混交林土壤的最大持水量、毛管持水量和田间持水量均有增加。方差分析结果显示，林下更新对土壤的最大持水量、毛管持水量和田间持水量有显著影响（P>0.05）（表 7-21）。

表 7-21　不同更新情况下林分土壤的物理性质

更新情况	土层厚度（cm）	土壤容重	土壤孔隙度			土壤水分		
			毛管孔隙度	非毛管孔隙度	总孔隙度	最大持水量	毛管持水量	田间持水量
更新	0~10	0.66	6.48	56.74	63.23	102.01	90.92	83.65
	10~20	0.89	5.43	53.83	59.26	69.20	62.59	56.67
	20~40	1.06	3.94	49.38	53.32	51.49	47.62	42.71
未更新	0~10	0.67	8.08	54.21	62.29	101.54	88.32	80.89
	10~20	0.96	5.03	48.65	53.67	57.69	52.33	47.12
	20~40	1.12	4.99	44.48	49.47	44.84	40.23	35.74

（2）经营模式对化学性质的影响

①更新对土壤化学性质的影响：对采伐后更新、采伐后不更新和对照林分（未采伐）林地土壤的化学性质进行测定，结果见表 7-22。

表 7-22　不同更新情况下林地土壤化学性质

	全 N（g/kg）	全 P（g/kg）	全 K（g/kg）	水解 N（mg/kg）	有效 P（mg/kg）	速效 K（mg/kg）
采伐后不更新	3.47 ± 0.34	5.75 ± 0.50	2.65 ± 0.03	23.58 ± 6.06	34.88 ± 2.20	151.98 ± 9.66
采伐后更新	3.23 ± 0.58	5.40 ± 0.79	2.26 ± 0.13	31.87 ± 6.93	43.16 ± 3.32	174.49 ± 16.69
对照	3.96 ± 0.64	5.23 ± 0.55	2.47 ± 0.47	40.44 ± 7.34	43.35 ± 4.13	135.84 ± 10.25

采伐后更新的林分，土壤中水解 N、有效 P 和速效 K 的含量要比采伐后不更新的林分高，分别高出 8.29mg/kg（35.14%）、8.28mg/kg（23.14%）和 22.5mg/kg（14.81%），全 N、全 P 和全 K 的含量较采伐后不更新的林分低，分别低出 0.24g/kg（6.92%）、0.36g/kg（6.20%）和 0.39g/kg（14.82%），对照林分土壤中的全 N、水解 N 和有效 P 的含量较采伐后的林分要高，全 P、全 K 和速效 K 的含量相对较低些。

②采伐强度对林地土壤化学性质的影响：对弱度、中度和强度采伐林分土壤的化学性质进行测定，结果见表 7-23。

表 7-23　不同采伐强度下林地土壤化学性质

	全 N（g/kg）	全 P（g/kg）	全 K（g/kg）	水解 N（mg/kg）	有效 P（mg/kg）	速效 K（mg/kg）
弱度采伐	3.69 ± 0.29	5.76 ± 0.54	2.40 ± 0.33	25.22 ± 5.06	40.89 ± 4.91	165.78 ± 18.19
中度采伐	3.41 ± 0.54	6.07 ± 0.19	2.45 ± 0.35	32.03 ± 7.91	39.79 ± 8.38	165.30 ± 33.11
强度采伐	2.95 ± 0.24	4.91 ± 0.40	2.53 ± 0.16	25.93 ± 2.49	36.39 ± 4.27	158.63 ± 3.55

采伐强度对小兴安岭水胡黄阔叶混交林土壤化学性质的影响差异显著。中度采伐的林分,土壤的全P、水解N和速效K含量都是最高的,分别为6.07g/kg、32.03mg/kg和165.30mg/kg,全N、全K和有效P的含量均处于弱度采伐和强度采伐之间,分别为3.41g/kg、2.45g/kg和39.79mg/kg,其中,弱度采伐林分土壤中全N和有效P的含量最高(3.69g/kg和40.89mg/kg),强度采伐林分土壤中全K的含量最高(2.53g/kg)。

③土层厚度对土壤化学性质的影响:对不同土层厚度土壤的化学性质进行测定,结果见表7-24。

表7-24　不同土层厚度下林地土壤化学性质

	全 N (g/kg)	全 P (g/kg)	全 K (g/kg)	水解 N (mg/kg)	有效 P (mg/kg)	速效 K (mg/kg)
0~10cm	5.28 ± 0.77	6.06 ± 0.56	2.50 ± 0.25	47.83 ± 8.93	63.32 ± 9.17	186.60 ± 21.34
10~20cm	3.22 ± 0.53	5.57 ± 0.64	2.48 ± 0.20	24.62 ± 6.97	30.57 ± 3.88	155.96 ± 20.27
20~40cm	2.23 ± 0.29	4.95 ± 0.77	2.48 ± 0.20	16.17 ± 4.66	25.03 ± 8.93	135.41 ± 18.18

不同土层厚度土壤的化学性质差异比较显著,土壤中各营养元素含量随着土层厚度的增加而减少。0~10cm土壤中全N、全P、全K、水解N、有效P和速效K的含量均是最高的,分别为5.28g/kg、6.06g/kg、2.50g/kg、47.83mg/kg、63.32mg/kg 和186.60mg/kg,较10~20cm土壤中各含量高出63.83%、8.65%、1.08%、94.26%、107.15%和19.65%,较20~40cm土壤中各含量高出135.94%、22.35%、4.01%、195.74%、153.98%和37.81%。

7.2.1.4.4　经营模式对土壤碳储量的影响

(1)采伐强度对硬阔叶混交林土壤碳储量的影响

①采伐强度对土壤有机碳含量的影响:不同采伐强度硬阔叶混交林土壤有机碳含量如表7-25所示,中度采伐的林分,0~10cm平均有机碳含量为115.15 g/kg,较强度采伐高出8.83%,较弱度采伐高出40.98%,较对照高出62.46%;10~20cm平均有机碳含量为57.3 g/kg,较对照高出32.52%,较强度采伐高出38.07%,较弱度采伐高出48.18%;中度采伐林分20~40cm平均有机碳含量为36.44 g/kg,较强度采伐高出9.53%,较弱度采伐高出18.58%,较对照高出24.20%。方差分析显示不同采伐强度硬阔叶混交林土壤有机碳含量(0~10cm、10~20cm、20~40cm)差异显著($P > 0.05$),不同土层厚度土壤有机碳含量差异显著($P > 0.05$)。

表 7-25　不同采伐强度土壤有机碳含量

采伐强度	土壤有机碳含量(g/kg)		
	0~10cm 有机碳含量	10~20cm 有机碳含量	20~40cm 有机碳含量
弱度采伐	81.68 ± 12.14Ba	38.67 ± 8.48Bb	30.73 ± 9.21Ac
中度采伐	115.15 ± 11.23Aa	57.30 ± 8.80Ab	36.44 ± 5.80 Ac
强度采伐	105.81 ± 11.83Aa	41.54 ± 7.66Bb	33.27 ± 7.42 Ac
对照	70.88 ± 6.81Ca	43.24 ± 5.55Bb	29.34 ± 3.86Ac

表 7-25 中数值为平均值 ± 标准差，每列不同大写字母表示不同经营模式同一土层深度土壤有机碳含量差异显著(P < 0.05)，每行不同小写字母表示不同土层深度土壤有机碳含量差异显著(P < 0.05)，下同。

②采伐强度对土壤碳储量的影响

土壤碳储量计算公式为：CSO = C·D·E·(1 - G)/10

式中：CSO 为土壤碳储量 t/hm²；C 为土壤有机碳含量 g/kg；D 为土壤密度，g/cm³；E 为土层厚度，cm；G 为直径 >2mm 的石砾所占的体积比例；土壤密度测定采用环刀法。

表 7-26　不同采伐强度土壤碳储量

采伐强度	土壤碳储量(t/hm²)		
	0~10cm 碳储量	10~20cm 碳储量	20~40cm 碳储量
弱度采伐	26.14 ± 5.43Ba	48.56 ± 8.16Cb	86.98 ± 9.51Bc
中度采伐	37.42 ± 6.25Aa	71.17 ± 9.29Ab	98.50 ± 10.84 Ac
强度采伐	35.41 ± 6.10Aa	55.60 ± 8.85Bb	89.93 ± 9.26 ABc
对照	27.85 ± 5.19Ba	57.88 ± 8.64Bb	89.04 ± 8.87Bc

不同采伐强度硬阔叶混交林土壤碳储量如表 7-26 所示，中度采伐的林分，0~10cm、10~20cm、20~40cm 土壤的碳储量均是最高的，分别较对照林分高出 34.36%、22.96%、10.62%。方差分析显示不同采伐强度硬阔叶混交林土壤碳储量(0~10cm、10~20cm、20~40cm) 差异显著(P > 0.05)，不同土层厚度土壤碳储量差异显著(P > 0.05)。

(2)更新对硬阔叶混交林土壤碳储量的影响

①更新对硬阔叶混交林土壤有机碳含量的影响：经单因素方差分析，采伐后更新与否对硬阔叶混交林不同土层土壤有机碳含量(0~10cm、10~20cm、20~40cm)影响差异显著(P > 0.05)，更新的林分较未更新高出 19.64%(18.04 g/kg)、11.81%(5.11 g/kg) 和 19.63%(6.01 g/kg) 较对照高出 55.00%(38.98 g/kg)、11.91%(5.15 g/kg) 和 24.76%(7.28 g/kg)。进一步对不同土层厚度土壤有机碳含量进行单因素方差分析，结果显示，不同土层对硬阔叶混交林土壤有机碳含量影响差异显著，0~10cm 的表层土壤有机碳含量最高，较 20~40cm 高出 200.11%(73.28 g/kg)、200.10%(61.25 g/kg) 和

141.58%（41.54 g/kg）（表 7-27）。

表 7-27　不同更新情况土壤有机碳含量

采伐强度	土壤有机碳含量（g/kg）		
	0~10cm 有机碳含量	10~20cm 有机碳含量	20~40cm 有机碳含量
更新	109.9±20.27Aa	48.39±10.35Ab	36.62±5.71Ac
未更新	91.86±15.97Ba	43.28±12.50Bb	30.61±8.56Bc
对照	70.88±6.81Ca	43.24±5.55Bb	29.34±3.86Bc

②更新对土壤碳储量的影响

硬阔叶混交林采伐后不同更新状况的土壤碳储量如表。经单因素方差分析，采伐后更新与否对硬阔叶混交林土壤碳储量（0~10cm、20~40cm）差异显著（$P > 0.05$）。采伐后更新的林分，0~10cm、10~20cm、20~40cm 土壤的碳储量均是最高的，分别较对照林分高出 26.32%、2.70%、10.32%（表 7-28）。

表 7-28　不同更新情况土壤有机碳储量

采伐强度	土壤碳储量（t/hm）		
	0~10cm 碳储量	10~20cm 碳储量	20~40cm 碳储量
更新	35.18±20.27Aa	59.44±10.35Ab	98.23±5.71Ac
未更新	29.85±15.97Ba	57.34±12.50Ab	87.44±8.56Bc
对照	27.85±5.19Ba	57.88±8.64Bb	89.04±8.87Bc

7.2.2　杨桦林林分结构调整

杨桦林是次生软阔林的代表类型，在整个小兴安岭林区都具有十分广泛的分布。该森林类型受其结构的影响，生长发育状况差异很大。无论是杨树还是桦树都是生长速度快的阳性树种，原始林一经破坏，一般首先占据采伐和火烧迹地的就是杨树和桦树。然而，这些树种稳定性低，极易被其他树种所替代，所以要积极地调整杨桦林结构。但同时，我们也要认识到在小兴安岭林区，杨桦林的存在也为整个生态系统的平衡和稳定起到的积极的作用，因此认为，对杨桦林结构的调整不能急于求成，利用与诱导恢复同时进行，使其逐步地演替到稳定的生态系统。

7.2.2.1　杨桦林生长与立地条件的关系

立地条件直接影响林木的生长和发育，立地条件间林分的生产力存在较大差异，因此，林木生长和环境条件间的相关性是立地分类与评价的理论依据。研究林木生长与立地因子的关系是实现科学营林的基础工作，对不同立地条件的林分采取相应的技术措施，对有效地改善林分质量，发挥林分生长潜力，具有重要意义。

在小兴安岭 6 个林业局按不同的立地类型、林龄、林分类型和密度分别选设固定标准地 52 块和临时标准地 120 块，收集树干解析木数据 546 株。

综合全部标准地数据，按照立地条件分类，在其他生态条件基本相同的情况下，对不同立地条件下林木生长与立地因子之间关系的调查资料及方差分析结果见表7-29。

表 7-29　山杨次生林林分因子与立地因子相关性分析结果

性状	坡向因子					坡位因子				
	阳坡	半阳坡	半阴坡	阴坡	F	坡上位	坡中位	坡下位	山脊	F
胸径(cm)	9.16	14.46	14.02	13.32	9.58*	10.54	12.47	11.44	9.25	5.11*
树高(m)	12.72	16.24	16.21	14.90	12.08*	12.31	15.57	14.09	11.34	9.55*
优势木平均高(m)	14.36	18.19	17.66	16.05	13.53*	13.81	17.27	15.29	12.93	9.18*
蓄积(m³/hm²)	149.6	169.1	151.8	150.9	0.92	175.4	208.8	184.6	148.2	6.78*

性状	坡度因子				黑土层厚(cm)				
	斜坡	缓坡	平坡	F	≤10	10~20	20~30	≥30	F
胸径(cm)	11.46	12.66	11.57	1.53	12.21	13.61	14.34	15.82	10.51*
树高(m)	13.96	16.23	15.39	4.49*	13.62	14.92	15.36	16.98	8.10*
优势木平均高(m)	14.98	17.87	16.63	7.35*	14.66	15.91	16.69	18.32	11.10*
蓄积(m³/hm²)	181.8	207.4	180.7	5.75*	148.3	165.6	182.2	205.6	19.16*

表 7-30　白桦次生林林分因子与立地因子相关性分析结果

性状	坡向因子					坡位因子				
	阳坡	半阳坡	半阴坡	阴坡	F	坡上位	坡中位	坡下位	山脊	F
胸径(cm)	9.97	11.63	13.43	12.51	7.35*	8.74	9.10	10.14	8.33	7.44*
树高(m)	14.88	15.48	17.18	16.55	5.54*	11.20	11.81	12.13	11.14	3.50*
优势木平均高(m)	16.72	17.26	18.57	17.76	4.01*	12.68	12.96	13.41	12.56	2.17
蓄积(m³/hm²)	145.4	169.7	209.6	180.9	4.70*	111.8	114.6	129.9	106.4	6.15*

性状	坡度因子				黑土层厚(cm)				
	斜坡	缓坡	平坡	F	≤10	10~20	20~30	≥30	F
胸径(cm)	9.00	10.33	8.33	7.73*	10.30	10.88	12.43	12.90	4.70*
树高(m)	12.23	13.30	11.14	4.12*	14.30	14.55	15.10	15.77	1.46
优势木平均高(m)	14.13	14.62	12.60	2.94	16.66	16.97	17.07	17.40	3.61*
蓄积(m³/hm²)	124.5	139.0	113.5	5.59*	129.3	133.2	143.0	144.4	6.99*

从表7-29、表7-30中可以看出，在不同立地条件下，山杨林和白桦林的平均胸径、平均树高、优势木平均高和单位面积蓄积量都有很大差异，经方差分析，仅有个别差异不显著，在山杨次生林中，坡向对单位面积蓄积、坡度对平均胸径影响差异不显著；白桦次生林中，坡位、坡度对优势木平均高、黑土层厚对平均树高影响差异不显著。其余绝大多数结果显示差异均显著。由此可见，立地条件对杨桦林的生长影响较大，对杨桦林生长立地条件划分等级从森林经营角度上看是十分有必要的。

7.2.2.2 杨桦次生林生长立地等级划分

在林分立地分类时，以立地因子（坡向、坡位、坡度、黑土层厚）、地位指数分别为自变量和因变量，运用数量化Ⅰ理论，选取偏相关系数绝对值最大的因子为最佳生长条件，依次类推，将杨桦次生林的立地类型归类成4个立地等级（表7-31）。

表7-31　杨桦次生林林立地类型划分结果

立地因子		山杨次生林白桦次生林		山杨次生林白桦次生林	
		偏相关系数	立地等级	偏相关系数	立地等级
坡向	阳坡	0.00546	Ⅲ	−0.00505	Ⅳ
	半阳坡	−0.04952	Ⅰ	0.00746	Ⅱ
	半阴坡	0.03636	Ⅱ	0.00745	Ⅰ
	阴坡	−0.00252	Ⅳ	0.00723	Ⅲ
	山脊	0.00134	Ⅳ	−0.00165	Ⅳ
坡位	坡上位	0.00771	Ⅱ	−0.00881	Ⅲ
	坡中位	0.00866	Ⅰ	0.15281	Ⅱ
	坡下位	0.00626	Ⅲ	0.16411	Ⅰ
坡度	−0°~5°	−0.09284	Ⅲ	−0.10204	Ⅱ
	6°~15°	0.22813	Ⅰ	0.11609	Ⅰ
	16°~25°	0.14312	Ⅱ	0.07636	Ⅲ
	≥26°	0.02625	Ⅳ	0.00169	Ⅳ
黑土层厚(cm)	≤10	0.03989	Ⅳ	−0.01122	Ⅳ
	11~20	−0.14458	Ⅲ	0.01342	Ⅲ
	21~30	−0.20317	Ⅱ	0.01921	Ⅱ
	≥30	0.26634	Ⅰ	−0.02586	Ⅰ

由表7-31可见综合评价可知，山杨次生林的四个立地级分别为：Ⅰ立地等级为：半阳坡、坡中位、缓坡、黑土层厚≥30cm；Ⅱ立地等级为：半阴坡、坡上位、斜坡、黑土层厚20~30cm；Ⅲ立地等级为：阳坡、坡下位、平地、黑土层厚10~20cm；Ⅳ立地等级为：阴坡、山脊部、陡坡、黑土层厚≤10cm。白桦次生林四个立地级分别为：Ⅰ立地等级，半阴坡、坡下位、缓坡、黑土层厚≥30cm；Ⅱ立地等级，半阳坡、坡中位、平地、黑土层厚20~30cm；Ⅲ立地等级为：阴坡、坡上位、斜坡、黑土层厚10~20cm；

IV 立地等级为：阳坡、山脊部、陡坡、黑土层厚≤10cm。白桦和山杨作为先锋树种，在生长和适生条件上虽然有很多共同点，但也略有差异，从以上白桦和山杨在不同立地条件下的分析结果中可以看出，白桦较山杨更喜阴和湿润的环境。

7.2.2.3　杨桦次生林生长进程规律分析

在立地分类的基础上，进行杨桦次生林的胸径和树高随着树龄变化规律的研究，根据解析木数据拟合出不同立地等级的林分生长规律模型（表 7-32）。不同立地等级白桦、山杨的胸径、树高生长过程见表 7-33 和表 7-34。

表 7-32　各立地级杨桦次生林林木生长规律模型

林分类型	生长性状	立地等级	生长模型	相关系数
山杨林	胸径	I	$DBH_1 = -1.7900 + 0.9193A - 0.0139A^2 + 0.00010A^3$	0.99
		II	$DBH_2 = -1.4567 + 0.6966A - 0.0079A^2 + 0.00004A^3$	0.99
		III	$DBH_3 = -2.0467 + 0.6852A - 0.0097A^2 + 0.00007A^3$	0.99
		IV	$DBH_4 = -1.9133 + 0.5333A - 0.0054A^2 + 0.00003A^3$	0.99
	树高	I	$H_1 = -1.0633 + 1.0315A - 0.0148A^2 + 0.00008A^3$	0.99
		II	$H_2 = -0.7320 + 0.8282A - 0.0083A^2 + 0.00001A^3$	0.99
		III	$H_3 = -1.0870 + 0.7779A - 0.0089A^2 + 0.00003A^3$	0.99
		IV	$H_4 = -1.1460 + 0.7653A - 0.0120A^2 + 0.00007A^3$	0.99
白桦林	胸径	I	$DBH_1 = -0.1490 + 0.7735A - 0.0094A^2 + 0.00006A^3$	0.99
		II	$DBH_2 = -0.9933 + 0.7735A - 0.0097A^2 + 0.00007A^3$	0.99
		III	$DBH_3 = -1.7267 + 0.7324A - 0.0093A^2 + 0.00007A^3$	0.99
		IV	$DBH_4 = -1.8733 + 0.6879A - 0.0079A^2 + 0.00005A^3$	0.99
	树高	I	$H_1 = -0.7976 + 1.1256A - 0.0149A^2 + 0.00006A^3$	0.99
		II	$H_2 = -0.5913 + 0.9278A - 0.0112A^2 + 0.00005A^3$	0.99
		III	$H_3 = -1.3290 + 0.9578A - 0.0108A^2 + 0.00003A^3$	0.99
		IV	$H_4 = -1.8420 + 0.8947A - 0.0102A^2 + 0.00004A^3$	0.99

图 7-34、图 7-35 为山杨次生林和白桦次生林林木生长随着树龄增长的变化规律，由图中可以看出较为明显的生长速度变化过程。根据生长进程动态趋势，我们可以将杨桦次生林的树高和胸径生长进程大致划分为速生期（0~20a）、均稳生长期（21~40a）和缓慢生长期（41a 以后）等 3 个阶段。

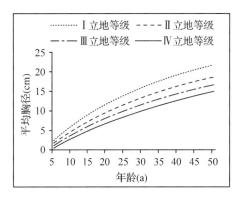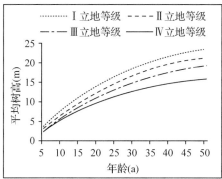

图 7-34　不同立地等级白桦次生林生长规律

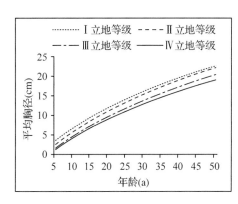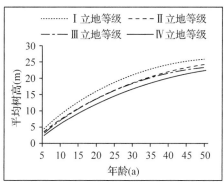

图 7-35　不同立地等级山杨次生林生长规律

　　若按主伐林龄 45a 计算，在整个生长过程中，山杨次生林 3 个生长阶段的胸径生长量分别占 48%~51%，33%~40%，7%~15%，树高生长量分别占 55%~58%，33%~36%，7%~9%。白桦次生林 3 个生长阶段的胸径生长量分别占 51%~54%，34%~39%，10%~13%，树高生长量分别占 58%~63%，31%~34%，6%~8%。可见，山杨和白桦次生林的径生长和高生长高峰出现较早，也是其成为先锋树种的重要因素。

7.2.2.4　杨桦次生林经营密度的研究

　　经营密度是林木在不同生长阶段有利于林木生长的密度。经营密度不同，直接影响山杨林和白桦次生林的生长与发育，是实现杨桦次生林规格材高效经营的关键技术之一（吴增志，1988；赵彤堂，1993）。科学合理的经营密度可有效地提高林分的稳定性、全林地的生产力和生产者的经济效益（徐宏远，1994）。

7.2.2.4.1　单木材积方程

　　林分公顷蓄积与其增长量是衡量经营密度是否合理的重要指标，而林分公顷蓄积是根据标准地内所有林木的单木材积累加所得到的，因此要统计林分公顷蓄积，首先需要建立单木生长模型。

　　以表 7-35 中的 5 个模型为基础模型，分别拟合了小兴安岭北部山区的白桦天然林单木生长模型与南部山区的白桦天然林和山杨天然林的单木生长模型。

表 7-33　小兴安岭不同立地等级白桦生长过程

年龄(a)	I 立地等级				II 立地等级				III 立地等级				IV 立地等级			
	胸径(cm)	径生长量(cm/a)	树高(m)	高生长量(m/a)	胸径(cm)	径生长量(cm/a)	树高(m)	高生长量(m/a)	胸径(cm)	径生长量(cm/a)	树高(m)	高生长量(m/a)	胸径(cm)	径生长量(cm/a)	树高(m)	高生长量(m/a)
4	1.67	0.42	2.83	0.71	1.21	0.30	2.45	0.61	0.54	0.14	1.88	0.47	0.14	0.03	1.73	0.43
6	3.25	0.79	4.61	0.89	2.45	0.62	3.94	0.75	1.73	0.59	3.27	0.69	1.10	0.48	3.03	0.65
8	4.73	0.74	6.28	0.84	3.63	0.59	5.37	0.71	2.85	0.56	4.58	0.66	2.02	0.46	4.24	0.61
10	6.11	0.69	7.85	0.78	4.76	0.56	6.73	0.68	3.91	0.53	5.83	0.63	2.91	0.44	5.38	0.57
12	7.41	0.65	9.32	0.74	5.83	0.54	8.03	0.65	4.90	0.50	7.02	0.59	3.76	0.43	6.43	0.53
14	8.63	0.61	10.70	0.69	6.86	0.51	9.26	0.62	5.84	0.47	8.14	0.56	4.58	0.41	7.41	0.49
16	9.77	0.57	11.98	0.64	7.83	0.49	10.44	0.59	6.72	0.44	9.20	0.53	5.36	0.39	8.31	0.45
18	10.84	0.53	13.18	0.60	8.76	0.46	11.54	0.55	7.55	0.42	10.21	0.50	6.11	0.38	9.15	0.42
20	11.84	0.50	14.29	0.56	9.64	0.44	12.59	0.52	8.34	0.39	11.15	0.47	6.83	0.36	9.92	0.39
22	12.77	0.47	15.32	0.52	10.47	0.42	13.58	0.49	9.08	0.37	12.04	0.44	7.53	0.35	10.63	0.35
24	13.65	0.44	16.27	0.48	11.26	0.40	14.50	0.46	9.78	0.35	12.87	0.42	8.19	0.33	11.28	0.32
26	14.47	0.41	17.16	0.44	12.02	0.38	15.37	0.43	10.44	0.33	13.65	0.39	8.83	0.32	11.87	0.30
28	15.25	0.39	17.97	0.41	12.73	0.36	16.17	0.40	11.07	0.31	14.38	0.36	9.44	0.31	12.41	0.27
30	15.98	0.37	18.72	0.38	13.41	0.34	16.91	0.37	11.67	0.30	15.05	0.34	10.04	0.30	12.90	0.25
32	16.67	0.35	19.41	0.34	14.06	0.32	17.60	0.34	12.24	0.29	15.68	0.31	10.61	0.29	13.35	0.22
34	17.33	0.33	20.04	0.32	14.67	0.31	18.23	0.31	12.79	0.27	16.25	0.29	11.16	0.27	13.75	0.20
36	17.96	0.31	20.62	0.29	15.25	0.29	18.79	0.28	13.32	0.26	16.78	0.27	11.69	0.27	14.12	0.18
38	18.56	0.30	21.15	0.26	15.80	0.28	19.30	0.26	13.83	0.25	17.27	0.24	12.20	0.26	14.45	0.16
40	19.14	0.29	21.64	0.24	16.33	0.26	19.76	0.23	14.32	0.25	17.71	0.22	12.70	0.25	14.75	0.15
42	19.71	0.28	22.08	0.22	16.83	0.25	20.15	0.20	14.81	0.24	18.11	0.20	13.18	0.24	15.01	0.13
44	20.27	0.28	22.48	0.20	17.31	0.24	20.49	0.17	15.29	0.24	18.47	0.18	13.65	0.24	15.26	0.12
46	20.82	0.28	22.86	0.19	17.76	0.23	20.78	0.14	15.76	0.24	18.78	0.16	14.11	0.23	15.48	0.11

表 7-34　小兴安岭不同立地等级山杨生长过程

年龄 (a)	I 立地等级 胸径 (cm)	I 径生长量 (cm/a)	I 树高 (m)	I 高生长量 (m/a)	II 胸径 (cm)	II 径生长量 (cm/a)	II 树高 (m)	II 高生长量 (m/a)	III 胸径 (cm)	III 径生长量 (cm/a)	III 树高 (m)	III 高生长量 (m/a)	IV 胸径 (cm)	IV 径生长量 (cm/a)	IV 树高 (m)	IV 高生长量 (m/a)
4	2.80	0.70	3.47	0.87	1.95	0.49	2.94	0.74	1.06	0.26	2.33	0.58	0.76	0.19	1.58	0.39
6	4.17	0.68	5.43	0.98	3.31	0.68	4.58	0.82	2.35	0.64	4.04	0.85	1.98	0.61	3.17	0.80
8	5.47	0.65	7.28	0.93	4.61	0.65	6.14	0.78	3.57	0.61	5.66	0.81	3.15	0.58	4.68	0.76
10	6.71	0.62	9.03	0.87	5.84	0.62	7.62	0.74	4.74	0.58	7.20	0.77	4.27	0.56	6.13	0.72
12	7.88	0.59	10.67	0.82	7.01	0.59	9.02	0.70	5.84	0.55	8.66	0.73	5.33	0.53	7.49	0.68
14	9.00	0.56	12.21	0.77	8.13	0.56	10.34	0.66	6.90	0.53	10.05	0.69	6.35	0.51	8.79	0.65
16	10.07	0.53	13.64	0.72	9.19	0.53	11.59	0.63	7.90	0.50	11.35	0.65	7.32	0.48	10.03	0.62
18	11.08	0.51	14.99	0.67	10.20	0.50	12.77	0.59	8.85	0.48	12.59	0.62	8.24	0.46	11.19	0.58
20	12.04	0.48	16.23	0.62	11.16	0.48	13.88	0.56	9.76	0.45	13.75	0.58	9.12	0.44	12.29	0.55
22	12.96	0.46	17.39	0.58	12.07	0.46	14.93	0.52	10.63	0.43	14.83	0.54	9.97	0.42	13.33	0.52
24	13.83	0.44	18.46	0.54	12.95	0.44	15.92	0.49	11.46	0.42	15.85	0.51	10.78	0.40	14.31	0.49
26	14.66	0.42	19.45	0.49	13.79	0.42	16.84	0.46	12.26	0.40	16.80	0.47	11.55	0.39	15.23	0.46
28	15.46	0.40	20.35	0.45	14.60	0.40	17.70	0.43	13.03	0.38	17.68	0.44	12.29	0.37	16.09	0.43
30	16.22	0.38	21.18	0.41	15.37	0.39	18.51	0.40	13.77	0.37	18.50	0.41	13.00	0.36	16.90	0.40
32	16.94	0.36	21.93	0.37	16.12	0.37	19.27	0.38	14.48	0.36	19.24	0.37	13.69	0.34	17.65	0.38
34	17.64	0.35	22.61	0.34	16.84	0.36	19.97	0.35	15.18	0.35	19.93	0.34	14.35	0.33	18.36	0.35
36	18.31	0.34	23.21	0.30	17.55	0.35	20.63	0.33	15.85	0.34	20.55	0.31	14.99	0.32	19.01	0.33
38	18.96	0.32	23.75	0.27	18.23	0.34	21.24	0.30	16.52	0.33	21.12	0.28	15.60	0.31	19.62	0.30
40	19.59	0.31	24.23	0.24	18.91	0.34	21.80	0.28	17.17	0.33	21.62	0.25	16.20	0.30	20.19	0.28
42	20.20	0.31	24.64	0.21	19.57	0.33	22.32	0.26	17.82	0.32	22.07	0.22	16.79	0.29	20.71	0.26
44	20.80	0.30	24.99	0.18	20.22	0.33	22.81	0.24	18.46	0.32	22.46	0.20	17.36	0.29	21.18	0.24
46	21.38	0.29	25.29	0.15	20.88	0.33	23.26	0.22	19.10	0.32	22.80	0.17	17.92	0.28	21.62	0.22

表 7-35　小兴安岭北部山区白桦一元材积方程拟合结果

序号	一元材积方程	a	b	c	R^2
1	$V = a + bD^2$	8.675	0.024	—	0.934
2	$V = aD + bD^2$	1.000	$-1.39E - 10$	—	0.846
3	$V = a + bD + cD^2$	$3.095E - 8$	1.000	$-4.31E - 11$	0.999
4	$V = aD^b$	1.000	1.000	—	0.628
5	$V = aD^b c^D$	1.000	1.000	1.000	0.569

表 7-36　小兴安岭北部山区白桦一元材积方程参数统计

参数	估计值	标准误差	95% 置信区间	
			下限	上限
a	$3.095E - 8$	0.000	$3.021E - 11$	$3.170E - 11$
b	1.000	0.000	1.000	0.999
c	$-4.31E - 11$	0.000	$-4.420E - 11$	$-4.212E - 11$

表 7-35 为小兴安岭北部山区白桦数据进行拟合的结果，可以看出方程 3 的决定系数达到了 0.999，因此选择方程 3 作为白桦的一元材积方程，其参数各统计量见表 7-36。

$$V = 3.095 \times 10^{-8} + D - 4.31 \times 10^{-11} D^2$$

表 7-37　小兴安岭南部山区山杨一元材积方程拟合结果

序号	一元材积方程	a	b	c	R^2
1	$V = a + bD^2$	7.616	0.030	—	0.964
2	$V = aD + bD^2$	1.000	$-3.23E - 10$	—	0.837
3	$V = a + bD + cD^2$	$-1.559E - 8$	1.000	$3.29E - 10$	0.999
4	$V = aD^b$				
5	$V = aD^b c^D$				

表 7-38　小兴安岭南部山区山杨一元材积方程参数统计

参数	估计值	标准误差	95% 置信区间	
			下限	上限
a	$-1.559E - 8$	0.000	$-1.559E - 8$	$-1.559E - 8$
b	1.000	0.000	1.000	0.999
c	$3.29E - 10$	0.000	$3.100E - 10$	$3.484E - 10$

表 7-37 为对小兴安岭南部山区山杨数据进行拟合的结果，可以看出方程 3 的决定系数达到了 0.999，因此选择方程 3 作为山杨的一元材积方程，其参数各统计量见表 7-38。

$$V = -1.559 \times 10^{-8} + D + 3.29 \times 10^{-10}D^2$$

表 7-39　小兴安岭南部山区白桦一元材积方程拟合结果

序号	一元材积方程	a	b	c	R^2
1	$V = a + bD^2$	10.005	0.021	—	0.941
2	$V = aD + bD^2$	1.000	5.77E-11	—	0.842
3	$V = a + bD + cD^2$	3.039E-7	1.000	6.65E-10	1.000
4	$V = aD^b$	1.000	1.000	—	0.628
5	$V = aD^b c^D$	0.583	2.400	0.159	0.852

表 7-40　小兴安岭南部山区白桦一元材积方程参数统计

参数	估计值	标准误差	95% 置信区间	
			下限	上限
a	3.039E-7	0.000	2.728E-7	3.351E-7
b	1.000	0.000	1.000	1.000
c	6.65E-10	0.000	6.183E-10	7.127E-10

表 7-39 为对小兴安岭南部山区对白桦数据进行拟合的结果，可以看出同样是方程 3 的决定系数达到了 0.999，因此选择方程 3 作为白桦的一元材积方程，其参数各统计量见表 7-40。

$$V = 3.039 \times 10^{-7} + D + 6.65 \times 10^{-10}D^2$$

从以上分析结果可以看出，小兴安岭南部地区的优势树种的最优拟合方程均为 $V = a + bD + cD^2$。

7.2.2.4.2　杨桦次生林最大经营密度

选出未经采伐和破坏的，或虽遭破坏和采伐，但时间已超 5a，且郁闭度 >0.7 的标准地。在深入细致地分析林分经营密度与胸径间相关关系的基础上，拟合出最大经营密度与林分平均胸径间相关性模型如下：

山杨林：$LogN = -1.57629 \times LogD_{1.3} + 5.05151$，$R^2 = 0.996$

白桦林：$LogN = -1.55113 \times LogD_{1.3} + 4.94507$，$R^2 = 0.990$

7.2.2.4.3　杨桦次生林最适经营密度

根据所有标准地调查资料，通过对林分蓄积量和生长量进行综合评价，确定杨桦次生林最适经营密度。首先，求出各标准地平均胸径，按 1cm 径级归类标准地调查资料，分别剔除各径级标准地中密度和蓄积正负二倍标准差以外的极端值；然后在各径级标准地内，选取单位面积上蓄积量最大的林分密度，运用最小二乘法理论，使其与径级回归，拟合各径级的密度模型和不同立地的蓄积模型，如下：

最适密度模型：山杨 $LogN = -1.5157 \times LogD + 4.8289$，$R^2 = 0.997$

白桦 $LogN = -1.4937 \times LogD + 4.7250$，$R^2 = 0.996$

最适蓄积模型：山杨 $\mathrm{LogM} = -0.4959\,\mathrm{LogN} + 3.4523$，$R^2 = 0.994$

　　白桦 $\mathrm{LogM} = -0.4959 \times \mathrm{LogN} + 3.6423$，$R^2 = 0.994$

将估算出的各径级最适密度及该密度的产量与最大密度林分相应值的比值作为最适经营密度，测定结果见表 7-41。从表 7-41 可以明显看出，各径级最适经营密度均为 0.7 左右。因此初步认为，0.7 经营密度值为山杨次生林和白桦次生林的最适经营密度（崔云英等，2012）。

表 7-41　杨桦次生林最适经营密度

径级	山杨次生林				白桦次生林			
	最大密度 （株/hm²）	径级密度 （株/hm²）	最适 密度	蓄积 （m³/hm²）	最大密度 /（N/hm²）	径级密度 /（N/hm²）	最适 密度	蓄积 /（m³/hm²）
6	6682	4463	0.67	94.1	5470	3829	0.67	75.1
8	4246	2886	0.68	112.3	3501	2276	0.68	92.9
10	2987	2058	0.68	128.5	2477	1610	0.69	109.6
12	2241	1561	0.69	143.9	1867	1307	0.7	125.5
14	1757	1236	0.7	158.3	1470	1029	0.7	140.7
16	1424	1009	0.7	171.8	1195	896	0.71	155.2
18	1182	844	0.71	184.7	995	746	0.71	169.6
20	1002	719	0.71	197	845	583	0.72	183.1
22	862	622	0.72	208.9	729	510	0.72	196.7
24	751	546	0.72	220.4	637	446	0.72	209.6
26	662	486	0.72	231.4	563	422	0.72	222.7

7.2.2.4.4　杨桦次生林不同经营密度的生长量、产量

（1）不同经营密度的生长量

在带岭林业局内，选择经营密度值为 0.5、0.6、0.7、0.8、1.0 的山杨次生林和白桦次生林固定标准地 2 组，每种经营密度各 3 块样地，分别选设在坡上位、坡中位和坡下位，共 30 块（标准地号 DL01~DL30）。连续 5a 测定林木生长量，进行小兴安岭林区杨桦次生林的最适经营密度的研究，测定与分析结果见表 7-42。

表 7-42　不同经营密度杨桦次生林生长量（4a）

林分类型	经营密度	林分平均胸径（cm）		林分材积（m³/hm²）	
		总生长量	年平均生长量	总生长量	年平均生长量
山杨林	0.5	1.64	0.41	13.0	3.26
	0.6	1.52	0.38	17.9	4.46
	0.7	1.50	0.37	21.9	5.49
	0.8	1.30	0.32	18.0	4.49
	0.9	1.00	0.25	16.8	4.1

（续）

林分类型	经营密度	林分平均胸径（cm）		林分材积（m³/hm²）	
		总生长量	年平均生长量	总生长量	年平均生长量
白桦林	0.5	1.60	0.40	13.5	3.38
	0.6	1.56	0.39	13.3	3.24
	0.7	1.52	0.38	17.6	4.40
	0.8	1.48	0.37	17.5	4.37
	1.0	1.36	0.34	13.2	3.29

由表 7-42 可知，单位面积林分胸径年平均生长量随经营密度的增大而逐渐减小，林分蓄积的变化规律则不同，以中等经营密度（0.7）最大，山杨次生林和白桦次生林年均生长量分别为 5.486m³/hm² 和 4.404m³/hm²，分别高于其他经营密度 21.67% – 68.46% 和 0.57% –33.33%。主要由于经营密度较低，单株材积较大，但单位面积株数较少；经营密度过大，林分单位面积株数较多，单株材积却较小。因此认为，确定 0.7 经营密度值为山杨次生林和白桦次生林的最适经营密度较为合理，在此密度下，林分的蓄积生长量和出材量最大。

（2）不同经营密度的产量

在带岭林业局，选择同一林分（林分类型：杨桦次生林；立地级：Ⅰ立地等级；林龄：约 27a；$\overline{D}_{1.3}$ = 14.0cm；单位面积株数：1757 株/hm²）内，采用密度调控和抚育间伐技术，分区将林分密度控制在 0.6、0.7、0.8 经营密度值，以未采取任何措施的林分为对照。林龄 45a 时，对不同经营密度条件下林分最终产量和经营过程中的产量进行对比分析，结果见表 7-43。

表 7-43　不同经营密度杨桦次生林单位面积产量

间伐次数	0.6 经营密度		0.7 经营密度		0.8 经营密度	
	间伐株数（株/hm²）	间伐蓄积（m³/hm²）	间伐株数（株/hm²）	间伐蓄积（m³/hm²）	间伐株数（株/hm²）	间伐蓄积（m³/hm²）
第1次	698	61.005	521	45.535	345	30.153
第2次	—		355	49.487	283	34.102
第3次	—		—		226	36.160
最终产量	1059	244.947	881	227.915	903	208.864
总产量	—	305.952	—	322.937	—	309.278

从表 7-43 可明显看出，控制在 0.6 经营密度值的林分，林龄 45a 以前进行抚育间伐 1 次，45a 时，单位面积林木株数 1059 株/hm²、单位面积蓄积 244.967m³/hm²、单位面积总产量 305.9519m³/hm²；控制在 0.7 经营密度值的林分，林龄 45a 以前进行抚育间伐 2 次，45a 时，单位面积林木株数 881 株/hm²、蓄积 227.9147m³/hm²、单位面积总产量 322.9371m³/hm²，控制在 0.8 经营密度值的林分，林龄 45a 以前进行抚育间伐 3 次，

45a 时，单位面积林木株数 903 株/hm²、单位面积蓄积 208.8639m³/hm²、单位面积总产量 309.2784m³/hm²。经比较，杨桦次生林林分密度控制在 0.7 经营密度值的单位面积总产量较 0.6、0.8 经营密度值的林分分别提高 5.55%、4.42%，结果与连续观测标准地生长量的结论相同，认为，天然杨桦次生林最适经营密度为 0.7 经营密度值。

（3）经营密度对杨桦林叶面积的影响

①叶面积测量方法：测定叶面积及单株叶重时，在固定标准地内按照等断面积分级法选取 5 株标准树，将树冠分上、中和下 3 层，确定每层侧枝数量。按 4 个方位选取标准枝，查出每个标准枝总叶数。每个标准枝选取 10 片样叶，测定每片叶的叶面积和重量，以求算平均单叶面积和叶重。根据标准枝总叶数，求出标准枝总叶面积和叶重，再根据标准枝叶面积、标准枝叶重和树冠分层，即可求出单株总叶面积和单株叶重。

②不同经营密度杨桦林叶面积：通过对标准地 DL01～DL30 中伐取平均木叶面积测量，经营密度不同的杨桦次生林单株叶面积测定结果（图 7-36）表明：天然杨桦林单株叶片总面积以中等经营密度（0.7）为最大。可以说明在该密度下光能利用率较高，林木制造的营养物质较多，因此，林分平均胸径和平均树高均为最大。山杨林和白桦林的林分平均胸径分别为 14.5 和 15.2 cm，林分平均树高分别为 16.73 和 16.92 m，均高于其他几个经营密度（兰士波，2007）。

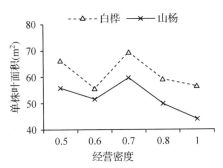

图 7-36　不同经营密度的杨桦次生林（28a）单株叶面积比较

（4）经营密度对凋落物分解及养分归还量的影响

森林凋落物（也称枯落物）是森林生态系统内植物生长发育过程中通过新陈代谢并归还到林地表面的产物（范春楠等，2014），作为分解者的物质和能量来源，在维持土壤肥力和生态系统正常物质循环、养分平衡等方面起着重要作用（Zheng L，2012），特别是作为森林生态系统碳库的重要组成部分，在森林生态系统碳存储和碳转移中发挥着重要作用。

①凋落物分解量测定方法：在固定标准地 DL01～DL30 内，每块标准地内取 40 cm×50 cm 样方 5 块，将凋落物装入同样面积特制铁丝网筐内，风干后称重，然后置于林地上，1 年后取出风干并称重，前后之差即为 1 年的分解量。根据凋落物的年分解量与凋落物的养分含量计算养分归还量。

②不同经营密度下凋落物分解和养分归还量：林内凋落物层具有保持水土、涵养水源的作用，尤为重要的是可通过微生物的分解释放养分，保持地力的生态平衡。凋落物

的分解是森林生态系统生物循环和能量流动的重要环节。影响凋落物分解的因素很多，其中，温度是影响凋落物分解的主导因子。不同经营密度条件下凋落物的分解量和营养元素归还量调查结果见表7-44，其中总叶量为根据单株叶量和林分密度计算得到。

表7-44　不同经营密度下杨桦林的凋落物分解和养分归还量

经营密度	叶量（kg/hm²）			营养元素归还量均值（kg/hm²）				
	总叶量	分解量	分解率%	N	P	K	Ca	Mg
0.5	12140	6177	50.88	130.76	11.12	19.21	59.30	13.53
0.6	13167	6306	47.89	133.50	11.35	19.61	60.54	13.81
0.7	13906	6447	46.36	136.48	11.60	20.05	61.89	14.12
0.8	14840	5534	37.29	117.15	9.96	17.21	53.13	12.12
1.0	16800	5895	35.09	124.80	10.61	18.33	56.59	12.91

由表7-44可知：天然杨桦林内凋落物总量随经营密度的增大而增多，林内凋落物的分解率则随经营密度的增大而减少，这是因为密度影响林内及土壤中温度的变化，林内温度直接来源于太阳辐射，林分密度大，通过林冠层到达地面的太阳辐射能量少，林内及土壤的温度低；同时，林分密度大导致通风不良，使微生物的数量减少，活动能力减弱，从而直接影响凋落物的分解速度。

营养元素的归还量则不同，归还量最大的既不是最小经营密度，也不是最大经营密度，而是以中等经营密度0.7为最大。其原因是较小经营密度林分中，虽然凋落物分解速度快，但林内凋落物的数量少，单位面积上年平均归还量则少；密度大的林分虽然凋落物数量多，但因分解速度慢，单位面积上年平均营养元素归还量并不大。

7.2.2.5　杨桦林次生林土壤理化性质研究

在铁力林业局马永顺林场选择4块杨桦林作为研究对象，在其中设置面积为40m×40m的标准地，在样地中划出8m×5m的实验小区，以1m为分割，分别进行表层土壤取样，每块标准地共取样40个。重点开展进行土壤理化性质（土壤孔隙度、速效养分、有机质等指标）的室内化验分析，拟通过对数据的综合分析，研究土壤理化性质的空间异质性，初步开展土壤空间异质性研究。

对实验标准地进行了林分调查，并分别将4个标准样地编号为1、2、3、4号样地，标准地的基本情况如表7-45所示。

表7-45　标准地基本信息

样　地　号	1 山杨林	2 杨桦混交林	3 白桦林	4 山杨林
树种组成	9杨1白	7杨3白	8白1杨1榆	8杨1白1枫
平均胸径（cm）	18	21	20	17
平均树高（m）	15	17	17	15
郁闭度	0.5	0.4	0.6	0.5
密度（株/hm²）	629	618	573	539

7.2.2.5.1　土壤物理性质

对 4 个实验林分进行了表层土壤物理性质分析，重点研究过伐林土壤层物理性质的均匀性，探索高强度采伐条件下对于土壤的干扰情况。表层土壤是对采伐干扰最为敏感的层次，因此，以表层土壤(0~10cm)为切入点，分别开展各项物理指标的研究。

（1）土壤容重变化

利用环刀法进行了 4 个典型实验样地表层土壤的容重测定，并进行了数据的统计分析，实验结果表明，平均容重为 0.78~0.92，4 个实验样地的表层土壤容重均较高，其中 1 号样地容重超过了 0.90，反映出频繁反复的采伐活动等强烈的人为干扰对于表层土壤的压实作用。组内数据变异系数均为 15% 左右，表明在 4 个样地的内部，表层土壤的容重指标在采样点之间的差异变化不大，空间异质性不明显，反而具有较好的均一性（表 7-46）。

表 7-46　土壤容重分析表

	1 山杨林	2 杨桦混交林	3 白桦林	4 山杨林
平 均 值	0.92	0.78	0.84	0.83
最 大 值	1.10	1.10	1.17	1.16
最 小 值	0.39	0.51	0.60	0.42
中 值	0.94	0.80	0.84	0.82
标 准 差	0.14	0.13	0.11	0.14
变 异 系 数	14.74%	17.26%	13.61%	17.53%

（2）土壤总孔隙度变化

由分析结果可以看出（表 7-47），4 个典型实验样地表层土壤平均总孔隙度为44.08%~60.55%，4 个实验样地的表层土壤总孔隙度情况尚可，其中 4 号样地总孔隙度超过了 60.55%。4 个样地的组内数据变异系数在 13%~22% 之间，表明在 4 个样地的内部，表层土壤的总孔隙度指标在采样点之间存在着较为明显的差异，具有一定的空间异质性显，均一性程度有所降低。

表 7-47　土壤总孔隙度分析表

	1 山杨林	2 杨桦混交林	3 白桦林	4 山杨林
平 均 值(%)	44.08	55.43	57.64	60.55
最 大 值(%)	85.42	88.28	73.91	70.67
最 小 值(%)	32.90	35.54	35.64	30.82
中 值(%)	42.21	54.15	58.69	63.14
标 准 差	9.97	10.60	7.89	9.97
变 异 系 数	22.62%	19.13%	13.68%	16.46%

（3）土壤毛管孔隙度变化

由分析结果可以看出（表7-48），4个典型实验样地表层土壤平均毛管孔隙度为34.37%~52.76%，4个实验样地的表层土壤毛管孔隙度情况尚可，其中3、4号样地毛管孔隙度超过了50%。4个样地的组内数据变异系数在12%~24%之间，最低的是3号白桦林，变异系数12.86%，最高的是2号杨桦混交林林，为24.33%，表明在4个样地的内部，表层土壤的毛管孔隙度指标在采样点之间存在着较为明显的差异，具有一定的空间异质性显，均一性程度有所降低。

表7-48　土壤毛管孔隙度分析表

	1 山杨林	2 杨桦混交林	3 白桦林	4 山杨林
平 均 值(%)	34.37	46.59	50.90	52.76
最 大 值(%)	52.57	86.68	65.21	62.89
最 小 值(%)	25.15	28.54	31.14	27.02
中 值(%)	33.70	43.81	51.79	53.64
标 准 差	5.27	11.33	6.54	8.98
变 异 系 数	15.33%	24.33%	12.86%	17.01%

（4）土壤非毛管孔隙度变化

由分析结果可以看出（表7-49），4个典型实验样地表层土壤平均总孔隙度为6.75%~9.71%，4个实验样地的表层土壤毛管孔隙度情况稍差，其中仅有1号样地非毛管孔隙度接近10%。4个样地的组内数据变异系数在51.94%~98.55%之间，最低的3号白桦林其变异系数也超过了50%，最高的是1号山杨林，接近100%，表明在4个样地的内部，表层土壤的非毛管指标在采样点之间的存在着较为强烈的差异个体，空间异质性极高，均一性很差。

表7-49　土壤非毛管孔隙度分析表

	1 山杨林	2 杨桦混交林	3 白桦林	4 山杨林
平 均 值(%)	9.71	8.84	6.75	7.79
最 大 值(%)	56.40	24.80	17.70	16.90
最 小 值(%)	1.50	1.00	1.30	2.20
中 值(%)	6.60	8.05	6.35	7.45
标 准 差	9.56	5.69	3.50	4.36
变 异 系 数	98.55%	64.41%	51.94%	55.98%

7.2.2.5.2　土壤化学性质

对4个实验林分进行了表层土壤化学性质分析，与物理性质在同一采样点位置进行表层土壤（0~10cm）取样，分别开展速效氮、磷、钾含量及组内变化情况的研究。测定方法参照相关行业标准。

(1)表层土壤速效氮含量

由分析结果可以看出(表 7-50),4 个典型实验样地表层土壤平均速效氮含量为 836.68~1040.51mg/kg,含量均较高,都超过了 800mk/kg,其中 4 号样地含量超过了 1040.41mg/kg。4 个样地的组内数据变异系数为 23.85%~31.12%,最低的是 3 号白桦林,变异系数 23.85%,最高的是 4 号山杨林,为 31.12%,表明在 4 个样地的内部,表层土壤的速效氮在采样点之间有较大的差异变化,有一定的空间异质性,均一性稍差。

表 7-50　表层土壤速效氮统计对比表

	1 山杨林	2 杨桦混交林	3 白桦林	4 山杨林
平均值(mg/kg)	948.89	918.47	836.68	1040.51
最大值(mg/kg)	1500.06	1378.05	1318.29	1747.07
最小值(mg/kg)	120.43	445.83	462.60	360.00
中　值(mg/kg)	969.87	910.11	862.14	1010.36
标　准　差	277.28	267.26	199.52	323.85
变　异　系　数	29.22%	29.10%	23.85%	31.12%

(2)表层土壤速效磷含量变化

由分析结果可以看出(表 7-51),4 个典型实验样地表层土壤平均速效磷含量为 7.03~14.51mg/kg,含量均较低,都未超过了 15mk/kg。4 个样地的组内数据变异系数均为 46.53~80.53%,最低的是 3 号白桦林,变异系数 46.53%,最高的是 4 号山杨林,为 80.53%,表明在 4 个样地的内部,表层土壤的速效氮在采样点之间有强烈的个体差异变化,空间异质性极高,均一性极差。

表 7-51　表层土壤速效磷统计对比表

	1 山杨林	2 杨桦混交林	3 白桦林	4 山杨林
平均值(mg/kg)	13.70	11.67	7.03	14.51
最大值(mg/kg)	38.21	27.59	16.02	66.15
最小值(mg/kg)	2.92	2.62	2.26	2.73
中　值(mg/kg)	11.33	11.31	6.38	11.37
标　准　差	8.82	6.74	3.27	11.68
变　异　系　数	64.39%	57.75%	46.53%	80.53%

(3)表层土壤速效钾含量

由分析结果可以看出(表 7-52),4 个典型实验样地表层土壤平均速效钾含量为 35.38~43.33mg/kg,含量均较低,都未超过了 45mk/kg,4 个样地的组内数据变异系数均为 49.69~133.04%，最低的是 1 号山杨林，变异系数 49.69%，最高的是 4 号山杨林，为 133.04%，表明在 4 个样地的内部，表层土壤的速效氮在采样点之间有强烈的个体差异变化，空间异质性极为显著。

表 7-52　表层土壤速效钾统计对比表

	1 山杨林	2 杨桦混交林	3 白桦林	4 山杨林
平均值（mg/kg）	31.11	33.58	43.33	25.38
最大值（mg/kg）	77.40	92.96	135.41	155.30
最小值（mg/kg）	7.51	8.59	1.21	0.40
中　值（mg/kg）	27.61	33.34	16.35	14.79
标　准　差	15.46	17.04	50.24	33.77
变 异 系 数	49.69%	50.76%	115.95%	133.04%

7.3　可持续经营技术模式

7.3.1　硬阔叶混交林可持续经营模式

通过对小兴安岭硬阔叶混交林总体分析研究结果看，该森林类型虽然树种多样性良好，树种组成合理，但阔叶树种多，针叶树种少，低价树种多，珍贵树种少，林分质量较差，林木生长量较低，经济效益不够，生态功能不强。因此，必须对小兴安岭林区硬阔叶混交林林分进行人为的调整与经营，改善林分结构，构建良好的经营技术与模式，提高林木生长量和林地利用率，达到充分利用森林资源，恢复和提高森林的生态功能和经济效益的目的。

根据对小兴安岭硬阔叶混交林树种组成、林分结构及其生长规律的调查与分析，在采用不同采伐强度、不同修枝强度对林分进行改造后，对林分的树种组成、生物多样性、土壤理化性质及碳储量、主要树种的生长情况进行对比分析，确定了小兴安岭硬阔叶混交林的经营模式如下：

模式一：小兴安岭硬阔叶混交林定向培育经营模式

培育目标：以培育木材为主。

经营方法：

（1）对小兴安岭硬阔叶混交林进行强度采伐，每公顷保留约 500 株，主要树种占 4 层以上。

（2）对林分中林木修去全部死枝。

（3）除灌清林后，在林下采用本地树种进行人工更新，更新密度为 2000 株/hm²，整地方式为秋整地，方式为揭草皮 60cm×60cm。

模式二：小兴安岭硬阔叶混交林生态恢复经营模式

培育目标：以生态恢复为主，培育木材为辅。

经营方法：

(1)对小兴安岭硬阔叶混交林进行中度采伐，每公顷保留约 600 株，主要树种占 4 层以上。

(2)对林分中林木修去全部死枝，靠天然更新促进小兴安岭硬阔叶混交林的生态恢复。

建议在生产过程中应根据不同的培育目标选择不同的方法对小兴安岭硬阔叶混交林林分进行经营。

7.3.2　杨桦林可持续经营技术模式

白桦、山杨是森林破坏后的先锋树种，可快速成林，替代原有森林产生防护效益，但由于其林分寿命较短，带来了发挥生态效益不够稳定的问题。在小兴安岭林区，对杨桦次生林的可持续经营应当采用提高生产力结合诱导恢复的方式，既保证其经济效益与生态效益的充分发挥，又要考虑该森林类型有效地向着稳定的阔叶红松林发展。

书中主要从杨桦次生林经营密度的角度考虑其生长量、产量以及叶面积、养分归还等因素，可持续经营技术模式也以经营密度控制为核心技术制定。

(1)技术模式 1

经营林分：经营密度 0.8~1.0 杨桦次生林，以进行密度调整为主，辅以红松人工更新。优先采伐对针叶幼树已经构成影响的白桦和山杨，保护好针叶树种和其他硬阔叶树种的幼树、幼苗。

①在立地条件较好的Ⅰ、Ⅱ立地等级，通过 1~2 次抚育间伐将经营密度控制在 0.7 左右，经营密度 0.8 宜采用 1 次间伐，经营密度 0.9 和 1.0 宜采用 2 次间伐。公顷株树参照表 7-41，尽量使保留木均匀分布，抚育间伐后在天窗内进行红松人工更新。

②在坡度较大、土层较薄的Ⅲ、Ⅳ立地等级，考虑到保持水土，只采伐病腐木、雪压木等，并在采伐天窗内进行红松人工更新。

(2)技术模式 2

经营林分：经营密度 0.7 以下的杨桦次生林，以红松人工更新为主，辅以卫生伐。卫生伐后进行红松人工更新，经营密度 0.5、0.6 和 0.7 的林分，人工更新采用行间距 2m×3m、3m×3m 或 3m×4m，密度可视天然针叶树种更新情况做调整，红松天然更新幼树达到 600 株/hm² 时，可暂不进行人工更新。

7.4　小结

本章以小兴安岭过伐林区阔叶次生林典型类型(杨桦林、硬阔叶林)为对象，重点研究各种森林经营措施对林地生产力、碳吸存、生物多样性、林分结构、森林更新能力、土壤理化性质等的影响，开展各种森林经营技术实施效果的综合评价和预测，建立起适合我国国情、林情的小兴安岭过伐林区阔叶次生林可持续经营的技术模式。

（1）小兴安岭硬阔叶混交林的直径结构呈不对称的山状曲线，树种多样性良好，株数分布合理，主要目的树种水曲柳、胡桃楸和黄波罗的蓄积量占林分蓄积的 4 层以上，连年生长量目前保持着比较平稳的生长态势。存在的问题是：硬阔叶混交林阔叶多，针叶少；从表面上看，林分的蓄积量很大，但由于次生林中非目的树种、生长衰弱木和病害木比较多，实际出材率很低。

基于小兴安岭硬阔叶混交林的生长规律和存在的问题，对林分加以改造。采伐后林分的每公顷株数有所下降，平均株数为 602 株/hm²，采伐 5 年后，林分公顷蓄积年平均增加 5.84m³/ hm²，较未采伐林分高出 33.33%；采伐后的硬阔叶混交林，草本植物和灌木植物的种类有所增加，林下天然更新的苗木种数、每公顷株数和平均高都有所增加。采伐强度对硬阔叶混交林主要树种的生长、林下更新的生长、生物多样性、土壤理化性质及碳储量都有显著影响。其中，中度采伐的林分，公顷蓄积年平均增加 6.26m³/ hm²，林分中主要树种（水曲柳、胡桃楸、黄菠萝）平均胸径生长量和平均单株材积生长量都较大，样地林木的蓄积量增长最快；强度采伐的林分，林下更新水曲柳、胡桃楸和椴树的地径和苗高都较好，中度采伐的林分次之；采伐 6 年后，中度采伐的林分，草本植物和灌木植物的平均高最高，盖度最大，林下天然更新最好，强度采伐次之；中度采伐林分不同土层土壤的物理性质、化学性质、土壤的有机碳含量和碳储量均是三种采伐强度中最高的。

采伐后进行林下更新的林分，主要树种的平均胸径和平均单株材积在采伐后的 7 年内较采伐后未更新的林分低 8% 和 40% 左右，水曲柳的生长受林下更新的影响较小；林下更新的林分，土壤的物理性质（总空隙度、非毛管孔隙度、土壤的最大持水量、毛管持水量和田间持水量）、化学性质、土壤有机碳含量和碳储量均高于未更新的林分。

修枝可以促进硬阔叶混交林主要树种平均胸径和平均单株材积的增长，其中，强度修枝（修除全部死枝），其林下更新苗木的地径及苗高的生长均明显高于弱度修枝（修除1/2 死枝）的林分，说明该林分中林木的死枝严重干扰了林木的生长及林下更新苗木的生长。

综合相关研究，提出了小兴安岭硬阔叶混交林的经营模式 2 套，为硬阔叶混交林的定向培育及生态恢复提供理论基础和数据支撑。

（2）在不同立地条件下，山杨林和白桦林的平均胸径、平均树高、优势木平均高和单位面积蓄积量都有很大差异，根据坡度、坡向、破位和土层厚度的差异对杨桦次生林的立地等级划分了 4 个等级。

通过杨桦林的生长规律分析，将杨桦次生林的树高和胸径生长进程大致划分为速生期（0a～20a）、均稳生长期（21～40a）和缓慢生长期（41a 以后）等 3 个阶段，在速生期胸径和树高的生长量平均占比在 50% 以上。

郁闭度低的杨桦次生林表层土壤（0～10cm）物理性质容重和非毛管孔隙度较差，除容重异质性较低外，其他土壤物理性质异质性均较明显；速效氮含量较高，速效磷、速效钾含量均较低。

通过杨桦次生林的最大经营密度和不同径级林分最适密度的计算，得出林分最适经营密度为 0.7，该经营密度下山杨次生林和白桦次生林的年均蓄积生长量较其他经营密度提高 21.67%~68.46% 和 0.57%~33.33%，较 0.6、0.8 经营密度的林分分别提高 5.55%、4.42%。

天然杨桦林的单株平均叶面积为经营密度 0.7 林分最大，林内凋落物总量随经营密度的增大而增多，凋落物的分解率则随经营密度的增大而减少，而分解量和营养元素的归还量则以中等经营密度 0.7 为最大。同一土壤深度的土壤含水量随经营密度的减小而降低。

综合相关研究，提出了小兴安岭杨桦林可持续经营模式 2 套，为杨桦林的定向培育及生态恢复提供理论基础和数据支撑。

参考文献

柏广新，牟长城.2012.抚育对长白山幼龄次生林群落结构与动态的影响.东北林业大学学报，40（10）：48~54

曾伟生，于政中.1991.异龄林的生长动态研究.林业科学 27（3）：193-198

陈乾富.1999.毛竹林不同经营措施对林地土壤费力的影响.竹子研究会刊，18（3）：19-24

崔鸿侠，唐万鹏，胡兴宜等.2012.杨树人工林生长过程中碳储量动态.东北林业大学学报，40（2）：47-49

崔武社，于政中，宋铁英.1993.混交异龄林的一个动态模型.山西农业大学学报 13（3）：244-248

崔云英等.2012.天然杨桦次生林林分最适经营密度.黑龙江生态工程职业学院学校，25（1）：13-15

范春楠等.2014.磨盘山天然次生林凋落物数量及动态.生态学报，34（3）：633-641

贾炜玮，李凤日，董利虎等.2012.基于相容性生物量模型的樟子松林碳密度与碳储量研究.北京林业大学学报，34（1）：6-13

康迎昆，侯振军.2013.天然阔叶混交林林分结构调整技术研究.林业科技，38（1）：9~12

兰士波.2007.天然杨桦林密度效应的研究.南京林业大学学报（自然科学版），31（2）：83-87

兰士波.2011.天然杨桦工业纤维林优质高效经营技术.北华大学学报（自然科学版），12（3）：334-340

兰士波.2012.天然杨桦工业原料林密度调控技术.北华大学学报（自然科学版），13（4）：457-462

雷加富.2007.中国森林生态系统经营——实现林业可持续发展的战略途径.北京：中国林业出版社

李静鹏，徐明峰，苏志尧等.2013.小尺度林分碳密度与碳储量研究.华南农业大学学报，34（2）：214-223

刘红民，邢兆凯，顾宇书等.2012.辽东山区天然次生阔叶混交林空间结构的研究.西北林学院学报，27（3）：150~154

刘亭岩，张彦东，彭红梅等.2012.林分密度对水曲柳人工幽灵林植被碳储量的影响.东北林业大学学报，40（6）：1-4

骆期邦，曾伟生，贺东北等.1999.立木地上部分生物量模型的建立及其应用研究.自然资源学报，14（3）：271-277

宁杨翠，郑小贤，蒋桂娟等.2012.长白山天然云冷杉异龄林林分结构动态变化研究.西北林学院学

报，27（2）：169～174

舒华铎，石磊，甘兆华等．2011．水胡黄天然次生林分紫椴更新技术．林业科技情报，43（3）：1～3

孙楠，李亚洲，张怡春．2010．笑山林场天然阔叶混交林资源现状．林业科技，38（6）：20～23

汪滨等．2000．中国林业．北京：中国林业出版社

乌吉斯古楞．2010．长白山过伐林区云冷杉针叶混交林经营模式研究．北京林业大学学位论文

巫涛，彭重华，田大伦等．2012．长沙市区马尾松人工林生态系统碳储量及其空间分布．生态学报，32
　　（13）：4034－4342

巫志龙，周成军，周新年等．2013．杉阔混交人工林林分空间结构分析．林业科学研究，26（5）：609～
　　615

吴增志．1988．合理的密度管理是提高林分生产力的重要途径．世界林业研究，1（2）：42－47

徐宏远．1994．杨树工业用材林的定向培育．世界林业研究，7（2）：33－39

徐振邦，代力民，陈吉泉等．2001．长白山红松阔叶混交林森林天然更新条件的研究．生态学报，21
　　（9）：1413～14

杨磊．2008．硬阔叶林内树种的生态价值研究．林业勘查设计，（1）：76－77

殷东升，张海峰等．2009．小兴安岭白桦种群径级结构与生命表分析．林业科技开发，23（6）：40－43

玉宝，乌吉斯古楞，王百田等．2010．兴安落叶松天然林不同林分结构林木水平分布格局特征研究．林
　　业科学研究，23（1）：83～88

臧润国等．2005．天然林生物多样性保育与恢复．北京：中国科学技术出版社

张鼎华，叶章发，范必有等．2001．抚育间伐对人工林土壤肥力的影响．应用生态学报，12（5）：
　　672－676

赵彤堂，姚庆学，魏利．1991．林分密度效应与密度定量管理技术．哈尔滨：东北林业大学出版社

周以良等．1986．黑龙江树木志．哈尔滨：黑龙江科学技术出版社

Buongiorno J，Dahir S. 1994. Tree size diversity and economic returns in uneven－aged forest stand. For Sci，
　　40（1）：83－103

Cao Q V. 2006. Predictions of individual tree and whole stand attributes for loblolly pine plantations. Forest Ecol-
　　ogy and Management，236（2）：342－347

Gilliam F S，Turrill N L，Adams M B. 1995. Herbaceous layer and overstory species in clearcut and mature
　　central Appalachian hardwood forest. Ecol Appl，5（4）：947－955

Worrell R，Hampson A. 1997. The influence of some forest operations on the sustainable management of forest
　　soils－a review. Forestry 70（1）：61－85

Zhao D，Bruce B，Machelle W. 2004. Individual tree diameter growth and mortality models for bottomland
　　mixed species hardwood stands in the lower Mississippi alluvial valley. Forest Ecology and Management，199
　　（2）：307－322

Zheng L，Lu L H. 2012，Standing crop and nutrient characteristics of forest floor litter in China. Journal of
　　Northwest Forestry University，27（1）：63－69